21世纪高等院校电气工程及其自动化专业系列教材

电力系统继电保护

第2版

刘学军　主编
吕　欣　杜　洋　刘　畅　参编

机械工业出版社

本书着重阐述继电保护的基本原理与运行特性分析的基本方法，并介绍了继电保护新技术和新发展，对微机继电保护做了较深入的介绍和分析。

本书共10章，分别是绪论、电网的电流、电压保护、电网的距离保护、输电线路的纵联保护、输电线路的自动重合闸、电力变压器的保护、发电机的保护、母线保护、电动机和电力电容器的保护、微机保护的软件原理。

本书可作为电力系统及其自动化、电气工程及其自动化专业的本科教材，还可以供从事继电保护工作的工程技术人员参考。

本书以二维码形式嵌入各章学习要点和思考题与习题解答、测试题与答案、扩展阅读资料等资源，供读者自学。本书还配有授课电子课件、模拟试卷及参考答案、实验指导书等电子资源，需要的教师可登录www.cmpedu.com免费注册，审核通过后下载，或联系编辑索取（微信：18515977506，电话：010-88379753）。

图书在版编目（CIP）数据

电力系统继电保护/刘学军主编．—2版．—北京：机械工业出版社，2023.11（2025.1重印）

21世纪高等院校电气工程及其自动化专业系列教材

ISBN 978-7-111-73668-4

Ⅰ．①电…　Ⅱ．①刘…　Ⅲ．①电力系统-继电保护-高等学校-教材　Ⅳ．①TM77

中国国家版本馆CIP数据核字（2023）第151621号

机械工业出版社（北京市百万庄大街22号　邮政编码100037）

策划编辑：汤　枫　　　责任编辑：汤　枫　尚　晨

责任校对：丁梦卓　张　征　　　责任印制：张　博

北京建宏印刷有限公司印刷

2025年1月第2版第2次印刷

184mm×260mm · 22.75印张 · 578千字

标准书号：ISBN 978-7-111-73668-4

定价：79.00元

电话服务　　　　　　　网络服务

客服电话：010-88361066　　机　工　官　网：www.cmpbook.com

010-88379833　　机　工　官　博：weibo.com/cmp1952

010-68326294　　金　书　网：www.golden-book.com

　机工教育服务网：www.cmpedu.com

前言

科技兴则民族兴，科技强则国家强。党的二十大报告指出：“必须坚持科技是第一生产力、人才是第一资源、创新是第一动力，深入实施科教兴国战略、人才强国战略、创新驱动发展战略，开辟发展新领域新赛道，不断塑造发展新动能新优势。”当前，电子技术、计算机技术和通信技术的飞速发展与应用，使继电保护技术发生了革命性的变化。为了适应继电保护技术发展的需要，本书在第1版的基础上做了修改和补充，删除了一些过时的内容，增加了继电保护理论研究中的一些新成果和新技术，将传统的保护原理和微机型保护原理相结合进行介绍。考虑到继电保护是一门实践性很强的应用学科，所有理论分析都应该落实到实际应用中。为提高学生在工程实际中对各种保护装置的整定计算的能力，本次修订加强了线路纵联保护、变压器保护、发电机保护、母线保护整定计算的介绍，增加了大型发电机组的整定计算例题，以及微机保护装置实际应用的介绍。

考虑到目前教学大纲精简内容、减少学时的要求，将原第10章微机继电保护基础缩减为微机保护的软件原理，但原第10章仍保留作为本书的数字资源。

本书自第1版出版以来得到了广泛应用，经过10余年的教学积累，应读者要求配备了丰富的教学资源。为便于教学，本书提供的数字资源包括电子教案、PPT课件、模拟试卷及参考答案、实验指导书。为方便自学，读者可以扫描书中二维码查看电力系统继电保护学习要点、测试题与答案以及教材思考题与习题详细解答、微机继电保护基础等扩展阅读资料。

本书第1章、第2章由刘畅编写，第5章由杜洋编写，第9章由吕欣编写。其余章节由刘学军编写，刘学军教授任主编并对全书进行了统稿。

由于编者水平和实践经验有限，书中难免存在不足之处，敬请读者批评指正。

编　者

目 录

第1章

绪　　论

基本要求

1. 了解与继电保护关系密切的基本概念，如故障、不正常运行状态和事故的各自特点和区别。

2. 了解继电保护的任务。

3. 掌握电力系统继电保护装置的工作原理、分类及构成。

4. 理解对继电保护的基本要求。

5. 了解继电保护发展史。

本章主要介绍电力系统继电保护的作用和任务、对电力系统继电保护的基本要求，以及继电保护的工作原理、保护装置的分类及构成、电力系统继电保护发展简史。

1.1　继电保护的作用

1.1.1　电力系统的故障和不正常运行状态及引起的后果

电力系统的运行状态根据运行条件可以分为正常运行状态、不正常运行状态和故障状态。电力系统在运行中，可能出现各种故障和不正常运行状态。最常见同时也是最危险的故障是各种类型的短路，其中包括相间短路和接地短路。此外，还可能发生输电线路断线，旋转电机、变压器同一相线圈的匝间短路等，以及上述几种故障组合成的复杂故障。

电力系统中发生短路故障时，可能产生以下严重后果：

1）数值较大的短路电流通过故障点时，引燃电弧，使故障元件损坏或烧毁。

2）短路电流通过非故障元件时，产生发热和电动力，使其绝缘遭受到破坏或缩短元件使用年限。

3）电力系统中部分地区电压值大幅度下降，破坏电能用户正常工作或影响产品质量。

4）破坏电力系统中各发电厂之间并联运行的稳定性，引起系统振荡，甚至使整个电力系统瓦解。

电力系统中电气元件的正常工作遭到破坏，但没有发生故障，这种情况属于不正常运行状态。例如，因负荷超过供电设备的额定值引起的电流升高，称为过负荷，就是一种常见的不正常运行状态。发生过负荷时，电气元件载流部分和绝缘材料温度升高而过热，加速绝缘老化和损坏，并有可能发展成故障。此外，系统中出现有功功率缺额而引起的频率降低，发电机突然甩负荷而产生的过电压，以及电力系统振荡等，都属于不正常运行状态。

电力系统中发生不正常运行状态和故障时，都可能引起系统事故。事故是指系统或其中一部分的正常工作遭到破坏，并造成对用户少送电或电能质量变坏到不能容许的地步，甚至造成人身伤亡和电气设备损坏。

系统事故的发生，除自然条件的因素（如遭受雷击等）以外，一般都是由设备制造上的缺陷、设计和安装的错误、检修质量不高或运行维护不当引起的。因此应提高设计和运行水平，并提高制造与安装质量，这样可能会大大减少事故发生的概率，力争把事故消灭在发生之前。但是不可能完全避免系统故障和不正常运行状态的发生，故障一旦发生，故障将以近似于光速影响其他非故障设备，甚至引起新的故障。为了防止系统事故扩大，保证非故障部分仍能可靠供电，并维持电力系统运行的稳定性，要求迅速有选择性地切除故障元件。切除故障的时间有时要求短到十分之几秒甚至百分之几秒，显然在这样短的时间内，由运行人员发现故障设备，并将故障设备切除是不可能的，只有借助于安装在每一个电气设备上的自动装置，即继电保护装置，才能实现。

1.1.2　继电保护的任务

1. 继电保护装置

继电保护装置是指安装在被保护元件上，反映被保护元件故障或不正常运行状态并作用于断路器跳闸或发出信号的一种自动装置。由于继电保护装置最初是由机电式继电器为主构成的，故称为继电保护装置。尽管现代继电保护装置已发展成由电子元件或以微型计算机为主或以可编程逻辑控制器为主构成的，但仍沿用此名称。故“继电保护”一词泛指继电保护技术或由各种继电保护装置组成的继电保护系统，“继电保护装置”一词则指各种具体的装置。

2. 继电保护装置的基本任务

继电保护装置的基本任务是：

1）自动、迅速、有选择性地将故障元件从电力系统中切除，使故障元件免于继续遭到破坏并保证其他无故障元件迅速恢复正常运行。

2）反映电气元件的不正常运行状态，根据运行维护的条件（如有无值班人员），而动作于发出信号、减负荷或跳闸。此时一般不要求保护迅速动作，而是根据对电力系统及其元件危害程度规定一定的延时，以免不必要的动作和由于干扰而引起误动作。

3）继电保护装置还可以和电力系统的其他自动化装置配合，在条件允许时，采取预定措施，缩短事故停电时间，尽快恢复供电，从而提高了电力系统运行的可靠性。

综上所述，继电保护在电力系统中的主要作用是通过预防事故或缩小事故范围来提高系统的可靠运行。继电保护装置是电力系统中重要的组成部分，是保证电力系统安全运行、可靠运行的重要技术措施之一。在现代化的电力系统中，如果没有继电保护装置，就无法维持电力系统的正常运行。

1.2 对继电保护的基本要求

动作于跳闸的继电保护，在技术上一般应满足四条基本要求，即选择性、速动性、灵敏性和可靠性，现分别说明如下。

1. 选择性

选择性是指继电保护装置动作时，仅将故障元件从电力系统中切除，保证系统中非故障元件仍然继续运行，尽量缩小停电范围。

图 1-1 所示单侧电源网络，母线 A、B、C、D 代表相应变电所，断路器 1QF~7QF 都装有继电保护装置。

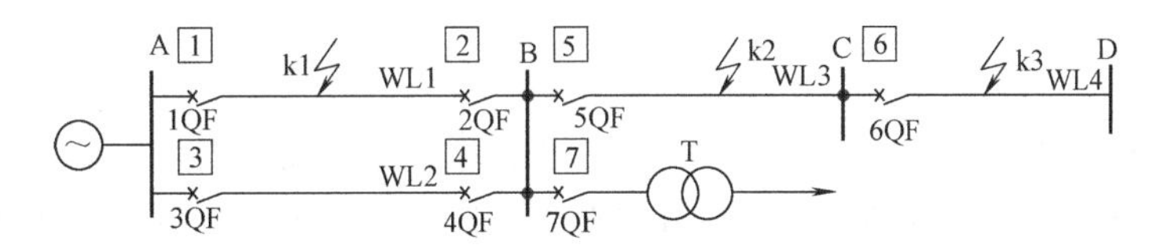

图 1-1 单侧电源网络中有选择性动作的说明

当 k3 点短路时，应由距短路点 k3 最近的保护装置 6 动作，6QF 跳闸，将故障线路 WL4 切除，变电所 D 停电。当 k1 点发生短路时，保护装置 1 和 2 动作，1QF 和 2QF 跳闸，切除故障线路 WL1，变电所 B 仍可由线路 WL2 继续供电，由此可见，继电保护有选择性的动作可将停电范围限制到最小，甚至可以做到不中断向用户供电。

对继电保护动作有选择性的要求，同时还必须考虑继电保护装置或断路器由于自身故障失灵等原因而拒绝动作（简称拒动）的可能性，因而需要考虑后备保护的问题。如图 1-1 所示，当 k3 点短路时，应由继电保护装置 6 动作，将故障线路 WL4 切除，但由于某种原因，保护装置 6 拒动，可由保护装置 5 动作，将故障切除。保护装置 5 的这种作用称为相邻元件的后备保护，按上述方式构成的后备保护在远处实现，故又称为远后备保护。同理，保护装置 1~4 作为保护装置 5 的远后备保护。

一般地，把反映被保护元件严重故障、快速动作于跳闸的保护装置称为主保护，而把在主保护系统失效时作备用的保护装置称为后备保护。在复杂高压电力系统中，实现远后备保护有困难时，可采用近后备保护方式，即当本元件的主保护拒动时，由本元件另一套保护装置作为后备保护。当断路器拒绝动作时，由同一发电厂或变电所内有关断路器动作，实现后备保护。为此，在每一元件上装设单独的主保护和后备保护，并装设设备的断路器失灵保护。由于这种后备保护作用是在保护安装处实现，故又称它为近后备保护。由于远后备保护是一种完善的后备保护方式，它对相邻元件的保护装置、断路器、二次回路和直流电源引起的拒动，均能起到后备保护作用，同时它的实现简单、经济，因此应优先采用。只有当远后备保护不能满足要求时，才考虑采用近后备保护方式。

2. 速动性

快速地切除故障可以提高电力系统并列运行的稳定性，减少用户在电压降低的情况下的工作时间，以及降低故障元件的损坏程度。因此，在发生故障时，应力求保护装置能迅速动作，切除故障。

动作迅速而同时又能满足选择性要求的保护装置，一般结构都比较复杂，价格也比较昂贵。在一些情况下，允许保护装置带有一定时限切除故障的元件。因此，对继电保护速动性的具体要求，应根据电力系统的接线以及被保护元件的具体情况来确定。下面列举一些必须快速切除的故障：

1）根据维持系统稳定的要求，必须快速切除高压输电线路上发生的故障。

2）使发电厂或重要用户的母线低于允许值（一般为额定电压的70%）的故障。

3）大容量的发电机、变压器以及电动机内部发生的故障。

4）1~10kV线路导线截面积过小，为避免过热不允许延时切除的故障。

5）可能危及人身安全，对通信系统或铁路信号系统有强烈电磁干扰的故障等。

故障切除的总时间等于保护装置和断路器动作时间之和。一般快速保护的动作时间为0.02~0.04s，最快的可达0.01~0.02s；一般断路器的动作时间为0.06~0.15s，最快的有0.02~0.04s。

3. 灵敏性

继电保护的灵敏性是指对于保护范围内发生故障或不正常运行状态的反应能力。满足灵敏性要求的保护装置应该是在事先规定的保护范围内部发生故障时，不论短路点的位置、短路的类型如何，以及短路点是否有过渡电阻，都能敏锐感觉、正确反应。保护装置的灵敏性通常用灵敏系数 K_{sen} 来衡量，它决定于被保护元件和电力系统的参数和运行方式。在《继电保护和安全自动装置技术规程》（GB/T 14285—2006）（以下简称为《继电保护规程》）中，对各类保护的灵敏系数的要求都做了具体规定（参见附录D）。关于灵敏系数这个问题在以后各章中将分别进行讨论。

4. 可靠性

保护装置的可靠性是指在其规定的保护范围内发生了它应该动作的故障时，它不应该拒绝动作，而在任何其他该保护不应该动作的情况下，则不应该错误动作。

继电保护装置误动作和拒动都会给电力系统造成严重的危害，但提高其不误动作和不拒动的可靠性措施常常是互相矛盾的。由于电力系统的结构和负荷性质的不同，误动和拒动的危害程度有所不同，因而提高保护装置可靠性的重点在各种情况下有所不同。例如，当系统中有充足的旋转备用容量（热备用），输电线路很多，各系统之间以及电源与负荷之间联系很紧密时，若继电保护装置发生误动作使某发电机、变压器或输电线路切除，给电力系统造成的影响可能不大；但如果发电机、变压器或输电线路故障时继电保护装置拒动，将会造成设备损坏或破坏系统稳定运行，造成巨大损失。在此情况下，提高继电保护不拒动的可靠性比提高不误动的可靠性更加重要。反之，系统旋转备用容量较少，以及各系统之间和电源与负荷之间的联系比较薄弱时，继电保护装置发生误动使某发电机、变压器或某输电线路切除，将会引起对负荷供电的中断，甚至造成系统稳定性的破坏，造成巨大的损失；而当某一保护装置拒动时，其后备保护仍可以动作，切除故障。在这种情况下，提高保护装置不误动的可靠性比提高其不拒动的可靠性更为重要，由此可见，提高保护装置的可靠性要根据电力系统和负荷的具体情况采取适当的对策。

许多学者称不误动的可靠性为“安全性”（security），称不拒动和不会非选择动作的可靠性为“可信赖性”（reliability）。安全性和可信赖性属于可靠性的两个方面。为提高可信赖性，可采用二中取一的双重化方案，但此方案降低了安全性。为同时提高可信赖性和安全性（如大容量发电机组的保护），可采用三中取二的双重化方案或双倍的二中取一双重化方案。

可靠性主要针对保护装置本身的质量和运行维护水平而言，一般来说，保护装置组成元件的质量越高，接线越简单，回路中继电器的触点数量越少，保护装置的可靠性就越高。同时，正确的设计和整定计算，保证安装、调整试验的质量，提高运行维护水平，对于提高保护装置的可靠性也具有重要作用。对于一个确定的保护装置在一个确定的系统中运行而言，在继电保护的整定计算中用可靠系数来校核是否满足可靠性的要求。在国家或行业制定的继电保护运行整定计算规程中，对各类保护的可靠性系数都做了具体规定。

以上四条基本要求是分析研究继电保护性能的基础，也是贯穿全书的一条基本线索。它们之间既有矛盾的一面，又有在一定条件下统一的一面。继电保护的科学研究、设计、制造和运行的绝大部分工作是围绕着如何处理好这四条基本要求之间的辩证统一关系而进行的。在学习本书时应注意学习和运用这样的分析方法。

选择继电保护方式时除应满足上述四条基本要求，还应考虑经济条件。应从国民经济的整体利益出发，按被保护元件在电力系统中的作用和地位来确定保护方式，而不能只从保护装置本身投资考虑，因为保护不完善或不可靠而给国民经济造成的损失，一般都会超过最复杂的保护装置的投资。但要注意，对较为次要的数量多的电气元件（如小容量电动机等），则不应装设过于复杂和昂贵的保护装置。

1.3 继电保护的工作原理、分类及构成

1.3.1 继电保护的工作原理

为了完成继电保护所担负的任务，要求它能正确区分电力系统正常运行状态与故障状态或不正常运行状态，可根据电力系统发生故障或不正常运行状态前后的电气物理量变化特征构成继电保护装置。

电力系统发生故障后，工频电气量变化的主要特征如下：

1）电流增大。短路时，故障点与电源之间的电气元件上的电流，将由负荷电流值增大到远远超过额定负荷电流。

2）电压降低。系统发生相间短路或接地短路故障时，系统各点的相间电压或相电压值均下降，且越靠近短路点，电压下降越多，短路点电压最低可降至零。

3）电压与电流之间的相位角发生改变。正常运行时，同相电压与电流之间的相位角即负荷的功率因数角，一般约为20°；三相金属性短路时，同相电压与电流之间的相位角即阻抗角，对于架空线路，一般为60°~85°；而在反方向三相短路时，电压与电流之间的相位角为180°+(60°~85°)。

4）测量阻抗发生变化。测量阻抗即为测量点（保护安装处）电压与电流相量的比值，即$Z=\dot{U}/\dot{I}$。以线路故障为例，正常运行时，测量阻抗为负荷阻抗，金属性短路时，测量阻抗为线路阻抗，故障后测量阻抗模值显著减小，而阻抗角增大。

5）出现负序和零序分量。正常运行时，系统只有正序分量，当发生不对称短路时，将出现负序分量和零序分量。

6）电气元件流入和流出电流的关系发生变化。对任一正常运行的电气元件，根据基尔霍夫定律，其流入电流应等于流出电流，但元件内部发生故障时，其流入电流不再等于流出电流。

利用故障时电气量的变化特征，可以构成各种作用原理的继电保护。例如，根据短路故

障时电流增大，可构成过电流保护和电流速断保护；根据短路故障时电压降低，可构成低电压保护和电压速断保护；根据短路故障时电流与电压之间相角的变化可构成功率方向保护；根据故障时电压与电流比值的变化，可构成距离保护；根据故障时被保护元件两端电流相位和大小的变化，可构成差动保护；高频保护则是利用高频通道来传递线路两端电流相位、大小和短路功率方向信号的一种保护；根据不对称短路故障出现的相序分量，可构成灵敏的序分量保护。这些继电保护既可作为基本的继电保护元件，也可通过它们做进一步的逻辑组合，构成更为复杂的继电保护，例如，将过电流保护与方向保护组合，构成方向电流保护。

此外，除了反映各种工频电气量的保护外，还有反映非工频电气量的保护，如超高压输电线的行波保护和反映非电气量的电力变压器的瓦斯保护、过热保护等。

对于反映电气元件不正常运行情况的继电保护，主要根据不正常运行情况时电压和电流变化的特征来构成。

1.3.2 继电保护装置的分类及构成

电力系统继电保护是从电力系统自动化中独立出来的，因此，继电保护实际上是一种自动控制装置，按控制过程信号性质的不同可分为模拟型和数字型两大类。20世纪70年代前应用的常规继电保护装置都属于模拟型的。20世纪70年代后发展的微机继电保护则属于数字型的。这两类继电保护装置的基本原理是相同的，但实现方法及构成却有很大不同。模拟型继电保护装置又分为机电型继电保护装置和静态型继电保护装置。

1. 继电保护装置的分类

（1）机电型继电保护装置

该保护装置由若干个不同功能的机电型继电器组成。机电型继电器基于电磁力或电磁感应作用产生机械动作的原理制成，只要加入某种物理量或加入的物理量达到某个规定数值时，它就会动作，即其常开触点闭合，常闭触点断开，输出信号。每个继电器都由感受元件、比较元件和执行元件三个主要部分组成。感受元件用来测量控制量（如电压、电流等）的变化，并以某种形式传送到比较元件；比较元件将接收到的控制量与整定值进行比较，并将比较结果的信号送到执行元件；执行元件执行继电器动作输出信号的任务。继电器按动作原理可分为电磁型、感应型和整流型等；按反映的物理量可分为电流、电压、功率方向、阻抗继电器等；按继电器在保护装置中的作用可分为主继电器（如电流、电压、阻抗继电器等）和辅助继电器（如中间继电器、时间继电器和信号继电器等）。由于这些继电器都具有机械可动部分和接点，故称它们为机电型继电器。由这类继电器组成的保护装置称为机电型继电保护装置。

（2）静态型继电保护装置

该装置是应用晶体管或集成电路等电子元件实现的，由若干个不同功能的回路（如测量、比较或比相、触发、延时、逻辑和输出回路）相连组成，具有体积小、重量轻、消耗功率小、灵敏性高、动作快和不怕振动、可实现无触点等优点。

2. 继电保护装置的构成

（1）模拟型继电保护装置

这种保护装置种类很多，就一般而言，它们都是由测量部分、逻辑部分和执行部分三个主要部分组成。其原理框图如图1-2所示。

测量部分：测量从被保护对象输入的有关电气量，并与给定的整定值进行比较，根据比较结果，给出“是”“非”；“大于”“不大于”；等于“0”或“1”性质的一组逻辑信号，从而判断保护是否应该启动。

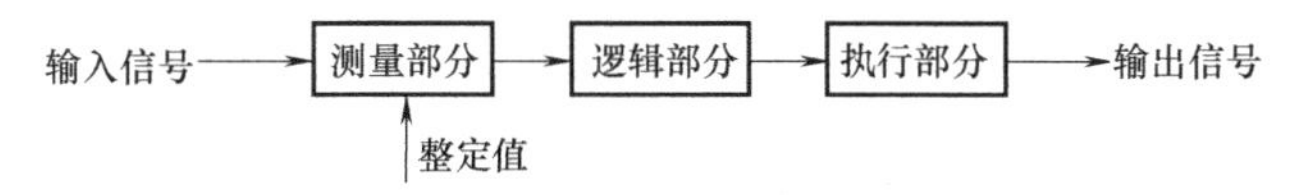

图 1-2 模拟型继电保护装置原理框图

逻辑部分：根据测量部分各输出量的大小、性质、输出的逻辑状态、出现的顺序或它们的组合，使保护装置按一定的逻辑关系工作，然后确定是否应该使断路器跳闸或发出信号，并将有关命令传给执行部分。继电保护中常用的逻辑回路有“或”“与”“否”“延时启动”“延时返回”以及“记忆”等回路。

执行部分：根据逻辑部分传递的信号，最后完成保护装置所担负的任务。如发生故障时，动作跳闸；异常运行时，发出信号；正常运行时，不应动作。

现以图 1-3 所示简单的线路过电流保护装置为例，说明继电保护的组成及工作原理。

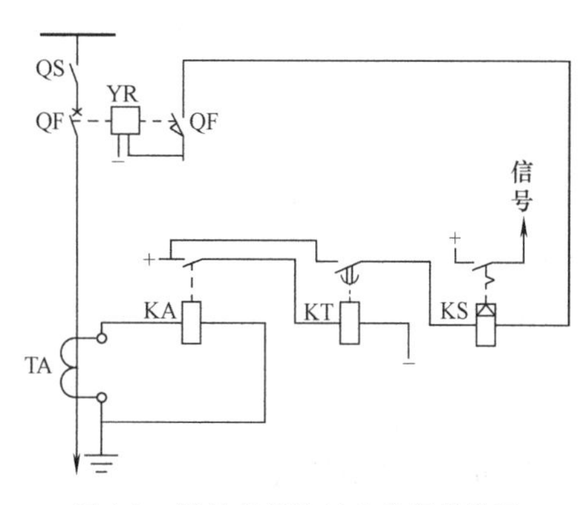

图 1-3 简单的线路过电流保护装置

测量回路由电流互感器 TA 的二次绕组连接电流继电器 KA 组成。电流互感器的作用是将被保护元件的大电流变成小电流，并将保护装置与高压隔离。在正常运行时，通过被保护元件的电流为负荷电流，小于电流继电器 KA 的动作电流，电流继电器不应动作，其触点不应闭合。当线路发生短路故障时，流经电流继电器的电流大于继电器的动作电流，电流继电器立即动作，其触点闭合，将逻辑回路中的时间继电器 KT 线圈回路接通电源，时间继电器 KT 动作，经整定时间 t_{set} 闭合其触点，接通执行回路中的信号继电器 KS 线圈和断路器 QF 的跳闸线圈 YR 回路，使断路器 QF 跳闸，切除故障线路。同时，信号继电器 KS 动作，其触点闭合发出远方信号和就地信号，并自保持，该信号由值班人员做好记录后，手动复归。

（2）数字型微机继电保护

这种保护装置是把被保护元件输入的模拟电气量经模/数转换器（A/D）变换成数字量，利用微机进行处理和判断。微机继电保护装置由硬件部分和软件部分组成。微机继电保护硬件结构原理框图如图 1-4 所示。

微机保护的硬件一般包括以下三大部分。

1）数据采集系统（或称为模拟量输入系统）：包括电压形成、模拟滤波、采样保持（S/H）、多路转换开关（MPX）以及模/数（A/D）转换等功能块，实现将模拟量输入准确地转换为数字量。

2）微机主系统：包括微处理器（MPU）、只读存储器（ROM）或闪存内存单元（FLASH）、随机存取存储器（RAM）、定时器、并行接口及串行接口等。微型机执行编制好的程序，对数据采集系统输入 RAM 区的原始数据进行分析、处理，完成各种保护的测量、逻辑和控制功能。

3）开关量（或数字量）输入/输出系统：由微机的并行接口（PIA 或 PIO）、光隔离器件及有触点的中间继电器等组成，以完成各种保护出口的跳闸、信号、外部触点输入、人机对话及通信等功能。

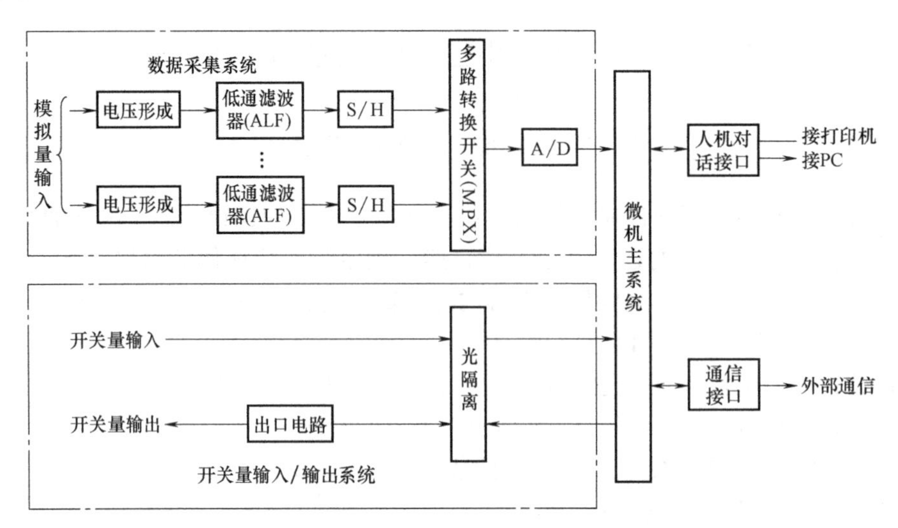

图 1-4　微机继电保护硬件结构原理框图

被保护元件的模拟量（交流电压、电流）经电流互感器 TA 和电压互感器 TV 进入微机继电保护的模拟量输入通道。由于需要同时输入多路电压或电流（如三相电压和三相电流），因此要配置多路输入通道。在输入通道中，电量变换器将电流和电压变成适用于微机保护用的低电压量±(5~10)V，再由模拟低通滤波器（ALF）滤除直流分量、低频分量和高频分量及各种干扰波后，进入采样保持电路（S/H），将一个在时间上连续变化的模拟量转换为在时间上的离散量，完成对输入模拟量的采样。通过多路转换开关（MPX）将多个输入电气量按输入时间前后分开，依次送到模/数（A/D）转换器，将模拟量转换为数字量进入计算机系统进行运算处理，判断是否发生故障，通过开关量输出通道，经光隔离电路送到出口继电器发出跳闸脉冲给断路器跳闸线圈 YR，使断路器跳闸，切除系统故障部分。

人机接口部件的作用是建立起微机型保护与使用者之间的信息联系，以便对装置进行人工操作、调试和得到反馈信息。外部通信接口部件的作用是提供计算机局域通信网络以及远程通信网络的信息通道。

软件部分是根据保护工作原理和动作要求编制计算程序，不同原理的保护其计算程序不同。微机保护的计算程序是根据保护工作原理的数学模型即数学表达式来编制的。这种数学模型称为计算机继电保护的算法，通过不同的算法可以实现各种保护功能。各类型保护的计算机硬件和外围设备是通用的，只要计算程序不同，就可以得到不同原理的保护，而且计算机根据系统运行方式改变能自动改变动作的整定值，使保护具有更大的灵敏性。保护用计算机有自诊断能力，不断地检查和诊断保护本身的故障，并及时处理，大大地提高了保护装置的可靠性，并能实现快速动作的要求。

电力系统的继电保护根据被保护对象的不同，分为发电厂、变电所电气设备的继电保护和输电线路的继电保护。前者是发电机、变压器、母线和电动机等元件的继电保护，简称为元件保护；后者是指电力网及电力系统中输电线路的继电保护，简称为线路保护。

按作用不同，继电保护又可分为主保护、后备保护和辅助保护。

继电保护装置需要有操作电源供给保护回路、断路器合闸及信号等二次回路，按操作电源性质的不同，可分为直流操作电源和交流操作电源。在发电厂和变电所中继电保护的操作电源是由蓄电池直流系统供电。交流操作电源的继电保护只适用于中小型变电所。

1.4 继电保护的发展简史

电力系统继电保护技术是随着电力系统的发展而发展起来的。电力系统的短路故障是不可避免的。短路故障点通过很大的短路电流和所燃起的电弧，使故障元件损坏。为了保护电气元件免受短路的破坏，最初出现了反映电流超过一定预定值的过电流保护。熔断器就是最早出现的最简单的过电流保护。这种保护时至今日仍被广泛应用于低压线路和用电设备上。熔断器的特点是融保护装置与切断电流的装置于一体，因而最简单。由于电力系统的发展，发电机容量不断增大，发电厂、变电所和供电网络的接线不断复杂化，使电力系统正常工作电流和短路电流都不断增大，单纯采用熔断器保护难以实现选择性和快速性要求，于是出现了作用于专门的断流装置（断路器）的过电流继电器。

19 世纪 90 年代出现了装于断路器上并直接作用于断路器的一次式的电磁型过电流继电器，20 世纪初，随着电力系统的发展，二次式继电器才开始广泛应用于电力系统的保护。这个时期可认为是继电保护技术发展的开端。1901 年出现了感应型过电流继电器。1908 年提出了比较被保护元件两端电流的差动保护原理。1910 年方向性电流保护开始得到应用，在此时期也出现了将电流与电压比较的保护原理，并促使 20 世纪 20 年代初距离保护的出现。随着电力系统载波通信的发展，1927 年前后，出现了利用高压输电线上高频载波电流传送和比较输电线两端功率方向或相位的高频保护装置。20 世纪 50 年代，微波中继通信开始应用于电力系统，从而出现了利用微波传送和比较输电线两端故障电气量的微波保护。早在 20 世纪 50 年代就出现了利用故障点产生的行波实现快速继电保护的设想。经过 20 余年的研究，终于诞生了行波保护装置。目前，随着光纤通信在电力系统中被大量采用，利用光纤通道的继电保护已经得到广泛的应用。

与此同时，构成继电保护装置的元件、材料、保护装置的结构型式和制造工艺也发生了巨大的变革。20 世纪 50 年代以前的继电保护装置都是由电磁型、感应型或电动型继电器组成的。这些继电器统称为机电式继电器。由这些继电器组成的继电保护装置称为机电式保护装置。这种保护装置工作可靠，目前电力系统中仍应用这种装置。但这种装置体积大，消耗功率大，动作速度慢，机械转动部分和触点容易磨损或粘连，调试维护比较复杂，不能满足超高压、大容量电力系统的要求。

20 世纪 50 年代初由于半导体晶体管的发展，开始出现了晶体管式继电保护装置，又称为电子式静态保护装置。20 世纪 70 年代是晶体管继电保护装置在我国大量采用的时期，满足了当时电力系统向超高压大容量方向发展的需要。20 世纪 80 年代后期是静态继电保护从第一代（晶体管式）向第二代（集成电路式）发展的过渡期。目前后者已成为静态继电保护装置的主要形式。20 世纪 60 年代末有人提出用小型计算机实现继电保护的设想，由此开始了对继电保护计算机算法的大量研究，对后来微型计算机式继电保护（简称微机保护）的发展奠定了理论基础。20 世纪 70 年代后半期比较完善的微机保护样机开始投入到电力系统中试运行。20 世纪 80 年代微机保护在硬件结构和软件技术方面已趋于成熟并已在一些国家推广应用，这就是第三代的静态继电保护装置。微机保护装置具有巨大的优越性和潜力，因而受到运行人员的欢迎。进入 20 世纪 90 年代，它在我国得到了大量的应用并成为继电保护装置的主要形式，可以说微机保护代表着电力系统继电保护的未来，已成为电力系统保护、控制、运行调度及事故处理的统一计算机系统的组成部分。

在20世纪50年代至90年代的40年时间中，继电保护经历了机电式、整流式、晶体管式、集成电路式和微机式五个发展阶段。计算机网络的发展和在电力系统中被大量采用，以及变电站综合自动化和调度自动化的兴起和电力系统光纤通信网络的形成，为继电保护技术的发展提供了可靠的条件。

此外，由于计算机网络提供的数据信息共享的优越性，微机保护可以占有全系统的运行数据和信息，应用自适应原理和人工智能方法使保护原理、性能和可靠性得到进一步的发展和提高，使继电保护技术沿着网络化、智能化、自适应和保护、测量、控制和数据通信一体化的方向不断前进。

思考题与习题

1-1　什么是故障、异常运行方式和事故？它们之间有何不同，又有何联系？

1-2　常见故障有哪些类型？故障后果表现在哪些方面？

1-3　什么是主保护、后备保护和辅助保护？远后备保护和近后备保护有什么区别？

1-4　继电保护装置的任务及其基本要求是什么？

1-5　什么是保护的最大和最小运行方式？确定最大和最小运行方式应考虑哪些因素？

1-6　图1-5所示网络中，各断路器处均装有继电保护装置P1~P7。试回答下列问题：

（1）当k1点短路时，根据选择性要求应由哪个保护装置动作并跳开哪台断路器？如果断路器6QF因失灵而拒动，保护又将如何动作？

（2）当k2点短路时，根据选择性要求应由哪些保护动作并跳开哪几台断路器？如果此时保护装置P3拒动或3QF拒跳，但保护装置P1动作并跳开断路器1QF，问此种动作是否有选择性？如果拒动的断路器为2QF，对保护装置P1的动作又应如何评价？

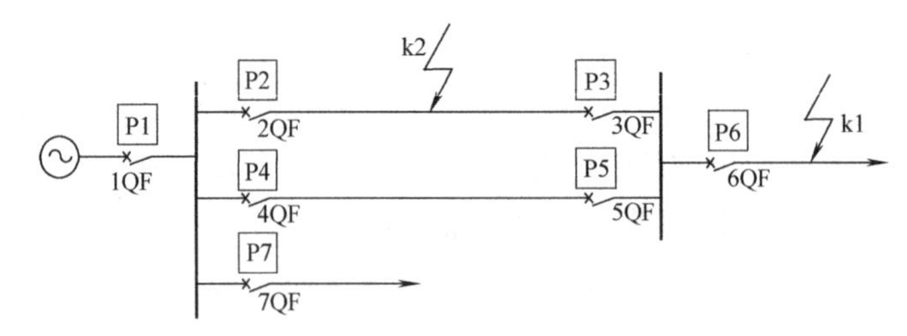

图1-5　题1-6图

本章学习要点

思考题与习题解答

第 2 章

电网的电流、电压保护

基本要求

1. 了解电流保护用的电压互感器、电流互感器和变换器。
2. 了解电流保护用的继电器。
3. 掌握单侧电源网络相间短路电流、电压保护的接线、工作原理及整定计算。
4. 掌握电网相间短路的方向性电流保护的接线、工作原理及整定计算。
5. 掌握电网接地保护的接线、工作原理及整定计算。

电网输电线路发生短路故障时，其主要特征是电流增大、电压降低，利用这两个特征可以构成电流电压保护。电流保护主要包括无时限电流速断保护、带时限电流速断保护和带时限过电流保护，称为三段式电流保护。

电压保护主要指低电压保护，当发生短路故障时，保护安装处母线上残压低于低电压保护的整定值，其保护动作。在电压互感器二次回路断线时，低电压保护也会误动作，所以很少单独采用，多数情况下，低电压保护和电流保护配合使用，如电压电流联锁速断保护。

本章主要介绍相间短路的电压、电流保护和接地短路的电流、电压保护，以及电流保护用的互感器、变换器和电流保护用的电磁型继电器。

2.1 单侧电源网络的相间短路电流、电压保护

2.1.1 电流保护用的互感器和变换器

互感器包括电流互感器（TA）和电压互感器（TV），是一次回路和二次回路的联络元件，分别用于向测量仪表及继电器的电流线圈和电压线圈供电，能够正确反映电气元件正常运行和故障情况。

互感器的作用是将一次回路的高电压和大电流变换为二次回路的标准低电压（100V）和小电流（5A 或 1A），使测量仪表和保护装置标准化和小型化，并使其结构轻巧、价格便宜，便于在屏内安装，并使二次设备和高压部分隔离，且互感器二次侧接地，从而保证了设备和人员的安全。

为了使互感器提供的二次电流和电压进一步减小，以适应弱电元件（如电子元件）的要求，可采用输入变换器（U），同时，输入变换器还担负着在二次回路与继电保护装置内部电路之间实行电气隔离和电磁屏蔽作用，以保障人身安全及保护装置内部弱电元件的安全，减小来自高压设备对弱电元件的干扰。

1. 电流互感器

目前广泛应用的是铁心不带气隙的电磁式电流互感器。此外还有带小气隙、大气隙或不带铁心的电流互感器。这里只讨论铁心不带气隙的电磁式电流互感器。

电流互感器的结构如图2-1所示，主要由铁心、一次绕组 W_1 和二次绕组 W_2 构成。其工作原理和变压器一样，特点是一次绕组匝数很少，流过一次绕组为主回路负荷电流，与二次绕组的电流大小无关，二次绕组所接仪表和继电器的线圈阻抗很小，所以在正常情况下电流互感器相当于工作在短路状态下。

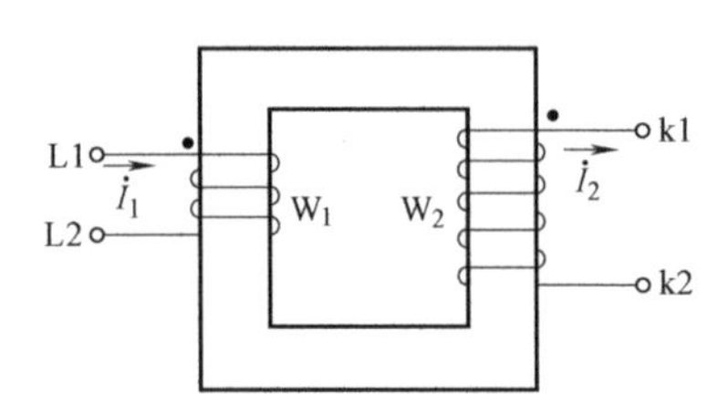

图2-1　电流互感器的结构图

电流互感器的额定电流比定义为其一次额定电流和二次额定电流之比，即

$$K_{TA}=\frac{I_{1N}}{I_{2N}}=\frac{N_2}{N_1} \tag{2-1}$$

式中，N_1、N_2 分别为一、二次绕组的匝数。

（1）电流互感器的误差

电流互感器的等效电路及相量图如图2-2所示。

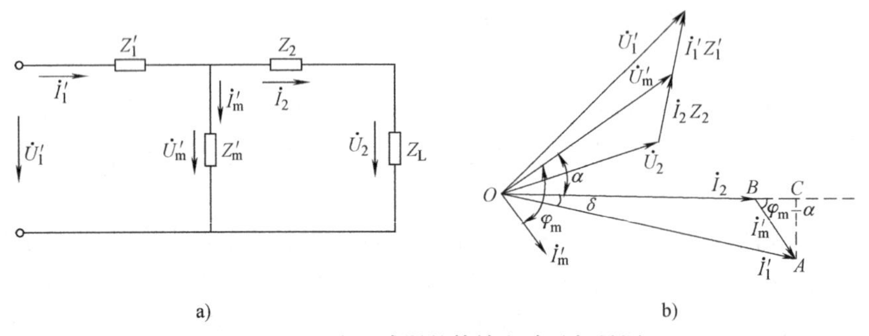

图2-2　电流互感器的等效电路及相量图

a）等效电路　b）相量图

图2-2a中，Z_1'、Z_2 为电流互感器一次绕组和二次绕组的漏阻抗；Z_m' 为励磁电抗；Z_L 为负荷阻抗。$\dot{U}_1'$、$\dot{I}_1'$、Z_1'、Z_m' 为折合到二次匝数时的值。从图2-2b中可知，由于励磁电流 $\dot{I}_m'$ 的存在，$\dot{I}_1'$ 和 $\dot{I}_2$ 在数值上存在一个差值，在相位上也不相同，这说明电流互感器存在误差。电流互感器的基本误差有电流误差和角度误差。

电流误差 ΔI 定义为

$$\Delta I=\frac{I_1'-I_2}{I_1'}\times 100\% \tag{2-2}$$

由于角度误差 δ 很小，可认为 $\overline{OA}\approx\overline{OC}$，所以电流误差可表示为

$$\Delta I\approx-\frac{I_m'\cos(\varphi_m-\alpha)}{I_1'} \tag{2-3}$$

角度误差 δ 可近似表示为

$$\delta \approx \sin\delta \approx \frac{I'_{\mathrm{m}}\sin(\varphi_{\mathrm{m}} - \alpha)}{I'_1}(\text{弧度}) \tag{2-4}$$

《继电保护规程》规定，用于保护的电流互感器，电流误差在最坏条件下不超过 10%，角度误差不超过 7°。用式（2-3）和式（2-4）分析表明，电流误差和角度误差都与励磁电流 I'_{m} 成正比。当一次绕组电流增加，铁心饱和程度加深，励磁阻抗减少，励磁电流增加，电流误差 ΔI 增大。当电流互感器二次绕组负荷增加时，励磁电流增加，电流误差 ΔI 增大。在某确定负荷阻抗条件下，为保证电流互感器的误差不超过 10%，一次电流 I'_1 不能超过规定数值。习惯上用一次电流倍数 $m_{10} = I'_1/I_{1\mathrm{N}}$ 表示。不同的负荷阻抗，对应于不同的规定限值，从而形成一条限制曲线，称为 10%误差曲线。不同规格的电流互感器有与之对应的 10%误差曲线，由制造商提供。

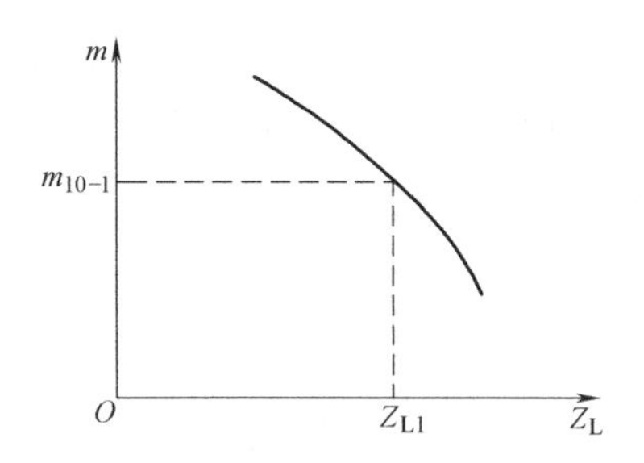

图 2-3　电流互感器的 10%误差曲线

电流互感器的 10%误差曲线如图 2-3 所示，在已知最大可能一次电流倍数 m_{10} 时，可求得最大允许负荷阻抗 $|Z_{\mathrm{L}}|$。在 m_{10-1} 条件下，欲使 $\Delta I<10\%$，则 $|Z_{\mathrm{L}}|<|Z_{\mathrm{L1}}|$。

（2）电流互感器的极性

电流互感器一次绕组和二次绕组引出线端子都标有极性符号，如图 2-4 所示，一次绕组首端 L1、尾端 L2，二次绕组首端 k1、尾端 k2。通常在一、二次绕组中，将感应电动势同时为高电位的点称为同极性端，用符号“●”表示，如图 2-4a 中 L1 和 k1。

根据图 2-1 列出磁通势平衡方程如下：

$$\dot{I}_1N_1 - \dot{I}_2N_2 = \dot{I}_{\mathrm{m}}N_1 \approx 0 \tag{2-5}$$

$$\dot{I}_2 = \frac{N_1}{N_2}\dot{I}_1 = \frac{\dot{I}_1}{K_{\mathrm{TA}}} \tag{2-6}$$

式（2-6）表明 $\dot{I}_1$ 和 $\dot{I}_2$ 同相位，如图 2-4b 所示。这种标示方式称为减极性标示，用它分析保护装置的特性和接线方式很方便。

（3）电流互感器的接线方式

电流互感器的接线方式是指电流互感器二次绕组与电流继电器的接线方式。目前常用的有三相完全星形联结、两相不完全星形联结和两相电流差接线。

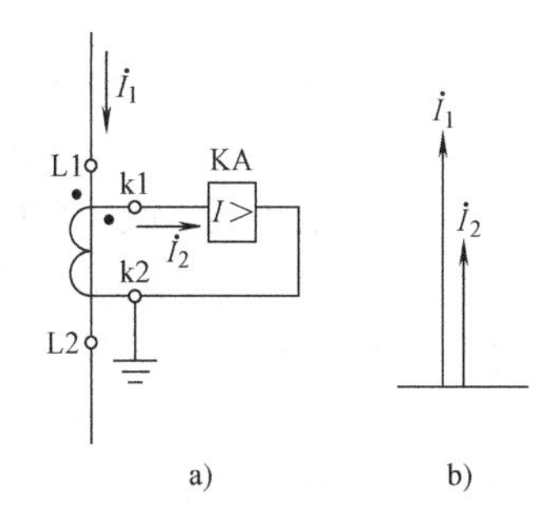

图 2-4　电流互感器的极性及相量图
a）TA 的减极性标示方式
b）TA 的相量图

图 2-5a 所示为两相电流差接线方式。这种接线方式虽然节约投资，但 B 相短路时保护不能反应，并且对于不同形式的短路故障，其接线系数和灵敏度并不相同，故只适用 10kV 以下小接地电流系统中，作为相间短路保护、小容量设备和高压电动机的保护。

对于保护装置来说，流过电流继电器的电流 I_{r} 与电流互感器二次电流 I_2 的比值称为接线系数，用符号 K_{con} 表示。

$$K_{\mathrm{con}} = \frac{I_{\mathrm{r}}}{I_2} \tag{2-7}$$

对于两相差接线，三相短路时，流过继电器的电流是两相互感器二次电流相量差，即等于电流互感器二次电流的$\sqrt{3}$倍，所以接线系数$K_{con}=\sqrt{3}$。当A、C两相短路时，流过继电器的电流是两相互感器二次电流的相量差，这时A、C两相电流相位相反（相位差为180°），故接线系数$K_{con}=2$。当A、B两相或B、C两相短路时，流过继电器的电流为故障相二次电流，所以接线系数$K_{con}=1$。

图2-5b、c所示为三相星形联结和两相星形联结，它们都能反映相间短路故障，不同的是三相星形联结还可以反映各种单相接地短路故障，而两相星形联结不能反映无电流互感器那一相（B相）的单相接地故障。另外，三相星形联结中性线电流为$\dot{I}_N=\dot{I}_a+\dot{I}_b+\dot{I}_c$。正常运行及三相对称短路时，其值近似为零。当发生接地短路故障时，$\dot{I}_N=3\dot{I}_0$（三倍零序电流）。

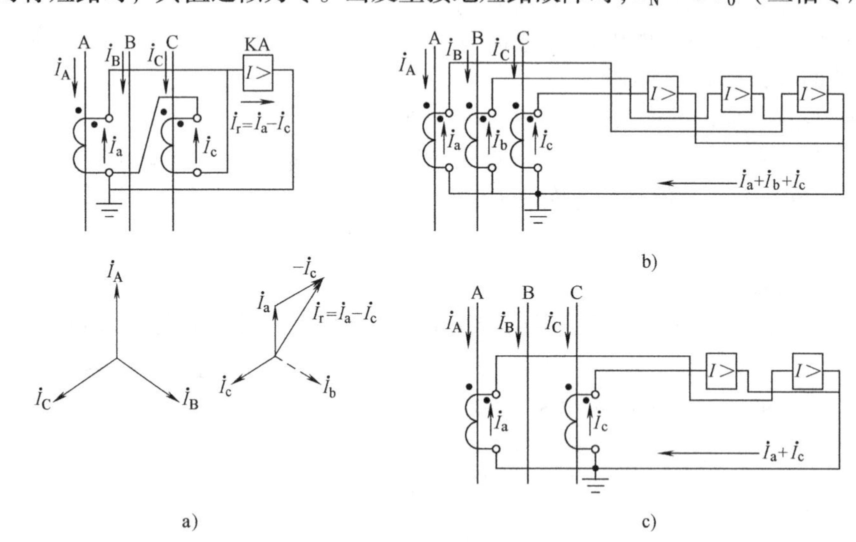

图2-5　电流互感器的接线图

a）两相电流差接线及电流相量图　b）三相星形联结　c）两相星形联结

对上述两种接线在各种短路故障时的性能分析如下：

1）对中性点接地和非直接接地电网中各种相间短路故障都能正确反映，接线系数为1。

2）对中性点不接地或非直接接地电网中的两点接地短路时两种接线方式的工作性能分析。

在中性点非直接接地小接地电流电网中，允许单相接地时继续短时运行，因此希望只切除一个故障点，图2-6所示为一小接地电流电网，在图中并行线的不同地点、不同相分别发生两点（kB、kC）接地短路时，设并行线路WL2、WL3上保护具有相同时限，若采用三相星形联结，则100%地切除两条线路，因此不必要地切除两条线路的概率较大。若采用不完全星形联结，则保护只有$\frac{2}{3}$的概率切除一条线路，这是因为只要某一条线路上具有B相一点接地，由于B相未装保护，因此该条线路不能被切除。这正是不完全星形联结的优点。

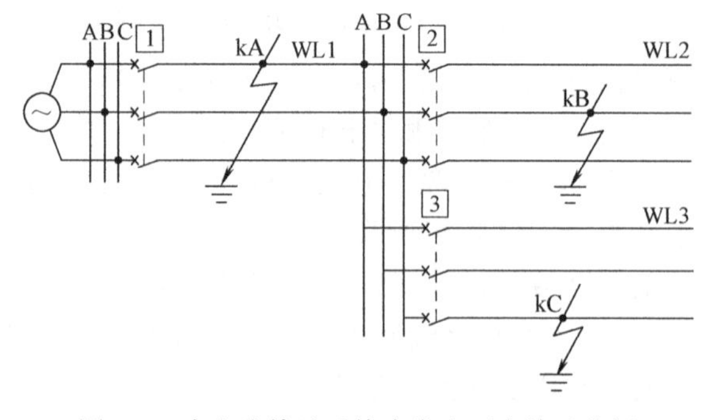

图2-6　小电流接地系统中发生两点接地分析

在图 2-6 中串联线路（如 WL1、WL2）上发生两点（kA、kB）短路时，只希望切除距电源较远的那条线路 WL2。而不切除 WL1，这样可以保证继续对变电所 B 供电。若采用三相星形联结，则保护 2 和保护 1 整定值和时限上都是按选择性要求配合整定的，则能够保证 100%地切除线路 WL2。如果采用两相星形联结，线路 WL2 的 B 相短路，由于 B 相未装保护，则保护 2 不能动作，只有由保护 1 动作切除线路 WL1，扩大了停电范围。由此可见，这种接线方式在不同相别的两点接地组合中，只有 $\frac{2}{3}$ 的概率有选择性地切除后面一条线路。这是两相星形联结的缺点。

从上面分析可知，对于小接地电流电网，当采用以上两种接线方式时，各有优缺点。但为了节省投资，一般采用两相星形联结，而大接地电流电网为了能反映所有单相接地短路故障，都采用三相星形联结。

3）对 Yd 联结变压器，两相短路时两种接线方式的工作性能分析。

以常用的 Yd11 联结变压器为例进行分析，设电压比 $K_T=1$，当在三角形侧发生 a、b 两相短路时，三角形侧电流相量如图 2-7b 所示。星形侧正序电流相位比三角形侧滞后 30°，即 $\dot{I}_{A1}=\dot{I}_{a1}e^{-j30°}$，由于星形侧负序电流相位比三角形侧超前 30°，即 $\dot{I}_{A2}=\dot{I}_{a2}e^{j30°}$，经过转换后，星形侧电流相量如图 2-7c 所示。根据不对称短路分析，可得

$$\begin{cases}I_{a1}=I_{a2},\ I_k^{(2)}=I_a=I_b=\sqrt{3}I_{a1}\\ I_c=0\end{cases} \tag{2-8}$$

$$\dot{I}_A=\dot{I}_C=\dot{I}_{a1}=\frac{1}{\sqrt{3}}\dot{I}_k^{(2)},\ \dot{I}_B=-2\dot{I}_A=-\frac{2}{\sqrt{3}}\dot{I}_k^{(2)} \tag{2-9}$$

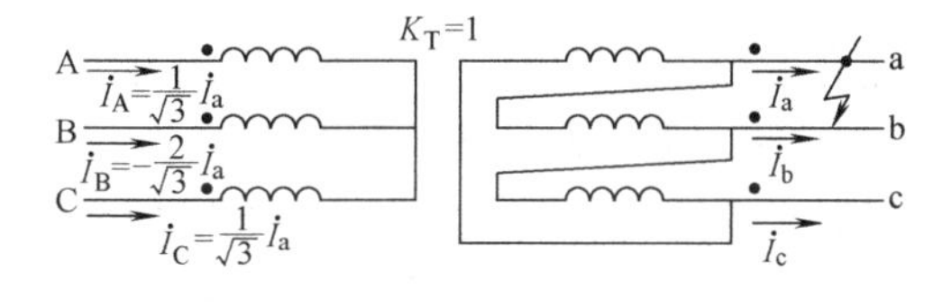

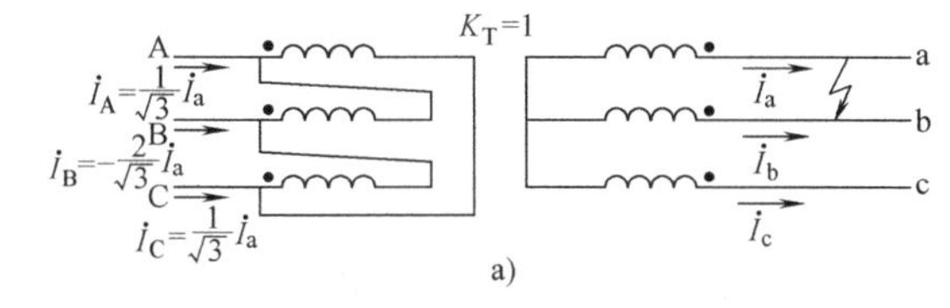

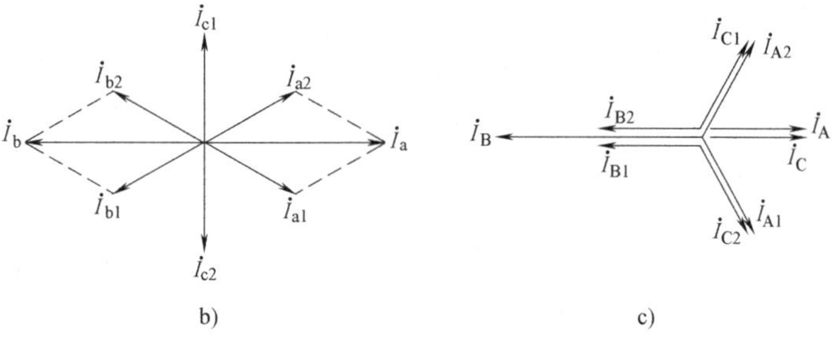

图 2-7 Yd11 联结降压变压器后相间短路时的电流分布和相量图
a）联结图 b）三角形侧电流相量图 c）星形侧电流相量图

由式（2-9）可知，三角形侧发生 a、b 两相短路时，星形侧 A 相和 C 相中电流为 B 相电

流一半。当在星形侧发生各种两相短路时，三角形侧电流分布也有同样结果，总有两相电流为第三相电流的一半。当采用电流保护作为降压变压器相邻线路后备保护时，三相星形联结接于B相继电器电流比其他两相电流大一倍，故灵敏度系数也提高一倍；若采用两相星形联结，由于B相没装电流互感器，则灵敏度系数比三相星形联结的灵敏度系数低一半，为提高灵敏度系数，可在两相星形联结的中性线上再接一个电流互感器。

三相星形联结需要三个电流互感器、三个电流继电器和四根二次电缆线，与两相星形联结相比是不经济的。

要注意的是，当电网中电流保护采用两相星形联结时，所有线路上保护装置必须安装在相同的两相（A相、C相）上，以保证在线路上发生两点及多点接地短路时能可靠地切除故障。

（4）电流互感器使用注意事项

1）电流互感器在工作时其二次侧不允许开路。当电流互感器二次绕组开路时，电流互感器由正常短路工作状态变为开路状态，$I_2=0$，励磁磁动势由正常时很小的 $\dot{I}_{m}N_1$ 骤增为 $\dot{I}_1N_1$，由于二次绕组感应电动势与磁通变化率 $\frac{\mathrm{d}\Phi}{\mathrm{d}t}$ 成正比，因此在二次绕组磁通过零时将感应产生很大数值的尖顶波电动势，其数值可达数千伏甚至上万伏，危及工作人员安全和仪表、继电器的绝缘。由于磁通猛增，铁心严重饱和，引起铁心和线圈过热。此外，还可能在铁心中产生很大剩磁，使互感器的特性变坏，增大误差。因此，电流互感器严禁二次侧开路运行，从事继电保护的工作人员必须十分注意这点。为此，电流互感器二次绕组必须牢靠地接在二次设备上，当必须从正在运行的电流互感器上拆除继电器时，应首先将其二次绕组可靠地短路，然后才能拆除继电器。

2）电流互感器二次侧有一端必须接地。一端必须接地是为了防止一、二次绕组绝缘击穿时，一次侧的高电压窜入二次侧，危及人身和设备安全。

3）电流互感器在连接时，要注意其端子的极性。在安装和使用电流互感器时，一定要注意端子的极性，否则二次侧所接仪表、继电器中流过的电流不是预想的电流，甚至会引起事故。如不完全星形联结中，C相k1、k2如果接反，则中性线中的电流不是相电流，而是相电流的 $\sqrt{3}$ 倍，可能烧坏电流表。

2. 电压互感器

电压互感器主要分为电磁式电压互感器和电容式电压互感器两种。

（1）电磁式电压互感器

电磁式电压互感器的工作原理与一般电力变压器一样，其特点是容量较小，二次侧所接测量仪表和继电器的电压线圈的阻抗值很大，相当于在空载状态下运行。

电压互感器的额定电压比为其一、二次侧的额定电压之比：

$$K_{\mathrm{TV}}=\frac{U_{1\mathrm{N}}}{U_{2\mathrm{N}}} \tag{2-10}$$

1）电压互感器的误差及准确度等级。电压互感器的等效电路与普通变压器相同，其相量如图2-8所示。图中一次电量已折算到二次侧，为了说明问题，图中负荷电压降 $\Delta\dot{U}$ 被夸大了。

从图中可看出，$\dot{U}_1'\neq\dot{U}_2$ 说明电压互感器有误差 $\Delta\dot{U}=\dot{U}_1'-\dot{U}_2$，包括电压误差 ΔU 和角度误差 δ。电压互感器误差与二次负荷及其功率因数和一次电压等运行参数有关。

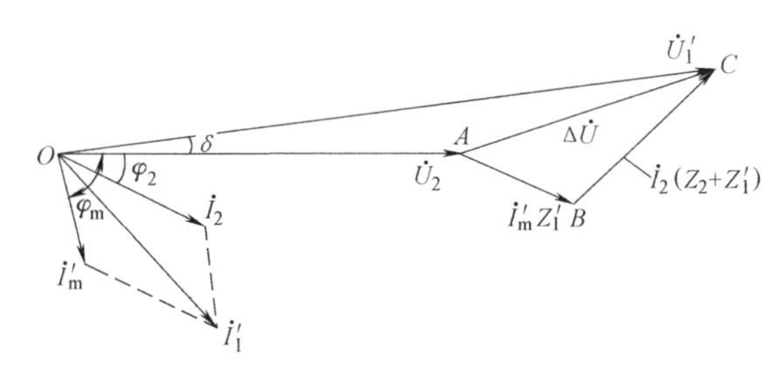

图 2-8 电磁式电压互感器的相量图

电压误差（%）定义为

$$\Delta U = \frac{U_2 - U_1'}{U_1'} \times 100\% \tag{2-11}$$

角度误差（′）定义为

$$\delta = \arg \frac{\dot{U}_2}{\dot{U}_1'} \tag{2-12}$$

电压互感器的准确度等级，是指在规定的一次电压和二次负荷允许变化范围内，负荷功率因数为额定值时，电压误差的最大值。我国电压互感器的准确度等级和误差限值标准见表 2-1。

表 2-1 电压互感器的准确度等级和误差限值标准

准确度等级	误差限值		一次电压变化范围	二次负荷变化范围
	电压误差（%）	相位差/（′）		
0.5	±0.5	±20	$(0.85\sim1.15)U_{1N}$	$(0.25\sim1)S_{2N}$
1	±1.0	±40		
3	±3.0	不规定		$\cos\varphi_2=0.8$

由于电压互感器与负荷有关，所以同一台电压互感器对于不同准确度等级下有不同的容量。通常额定容量是指对应于最高准确度等级的容量。电压互感器按照在最高工作电压下长期工作允许的发热条件，规定了最大容量。

2）电压互感器的接线方式。电压互感器在三相电路中有四种常见的接线方式，如图 2-9 所示。

① 一个单相电压互感器的接线，如图 2-9a 所示，供仪表、继电器的线圈接于一个线电压。

② 两个单相电压互感器接成 V/V，如图 2-9b 所示，供仪表、继电器接于三相三线制电路的各个线电压。这种接线方式用于中性点不直接接地或经消弧线圈接地的小接地电流电网中。这种装置二次总输出容量为两台单相电压互感器容量之和的 $\frac{\sqrt{3}}{2}$。

③ 三个单相电压互感器星形联结，如图 2-9c 所示。电压互感器的电压比为 $\frac{U_{1N}}{\sqrt{3}}\Big/\frac{0.01}{\sqrt{3}}$（kV），供电给要求线电压的仪表、继电器，并供电给接相电压的绝缘监视电压表。由于

小接地电流的电网发生单相金属性接地短路时，非故障相的相电压升高到线电压，所以绝缘监视电压表不能接入按相电压选择的电压，否则在发生单相接地短路时会损坏电压表。

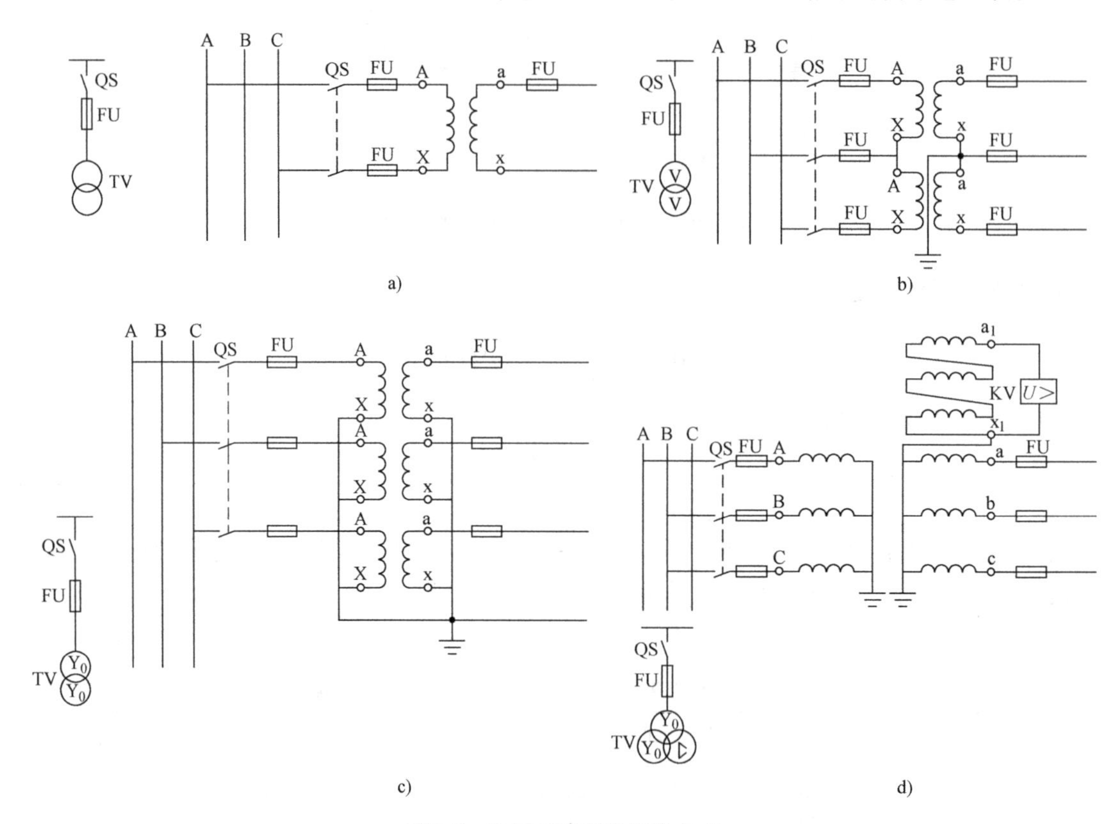

图 2-9　电压互感器的接线方式

a）一个单相电压互感器　b）两个单相电压互感器接成 V/V　c）三个单相电压互感器接成 Y_0/Y_0

d）三个单相三线圈电压互感器或一个三相五柱三线圈电压互感器接成 $Y_0/Y_0/\triangle$

④ 三个单相三线圈电压互感器或一个三相五柱三线圈电压互感器星形和开口三角形联结，如图 2-9d 所示。电压互感器电压比为$\frac{U_{1N}}{\sqrt{3}}\Big/\frac{0.01}{\sqrt{3}}\Big/\frac{0.01}{3}$（kV），星形联结的二次绕组，供电给需要线电压的仪表、继电器及作为监视的电压表，辅助二次绕组接成开口三角形，构成零序电压滤过器，供电给监视线路绝缘的电压继电器。在三相电路正常运行时，开口三角形两端电压接近于零。当某一相接地短路时，开口三角形两端将出现 100V 的零序电压，使电压继电器动作，发出预告信号。

3）电压互感器的使用注意事项。

① 电压互感器在工作时其二次不允许短路。电压互感器和普通电力变压器一样，二次侧如发生短路，将产生很大短路电流烧坏互感器。因此电压互感器的一次、二次绕组必须装设熔断器，以进行短路保护。

② 电压互感器二次侧有一端必须接地。这是为了防止一、二次侧接地时，一、二次绕组绝缘击穿时，一次侧的高电压窜入二次侧危及人身和设备安全。

③ 电压互感器在连接时，也要注意其端子的极性。我国规定单相电压互感器一次绕组端子标以 A、X，二次绕组端子标以 a、x，A 与 a 为同极性端。三相电压互感器，按照相序，一

次绕组端子分别标以 A、X、B、Y、C、Z；二次绕组端子分别为 a、x、b、y、c、z。这里的 A 与 a、B 与 b、C 与 c 各为相对应的同极性端。

（2）电容式电压互感器

电容式电压互感器（CVT）用于 110~500kV 中性点直接接地电力系统中，它是利用分压原理实现电压变换的，在超高压电容式电压互感器中，还需要一个电磁式电压互感器将电容分压器输出的较高电压进一步变换成二次额定电压，并实现一次电路与二次电路之间的隔离。

图 2-10 所示为电容式电压互感器的原理接线图。C_1、C_2 为分压电容。T 为隔离变压器，其电压比为 $K_T=1$，Z_L 为负荷阻抗。图 2-11 为电容式电压互感器的等效电路，图中 Z_T 为隔离变压器的漏阻抗，$Z_n=\dfrac{Z_{C1}Z_{C2}}{Z_{C1}+Z_{C2}}$ 为等值电源内阻，$\dfrac{C_1}{C_1+C_2}\dot{U}_1$ 为等值电源电动势。

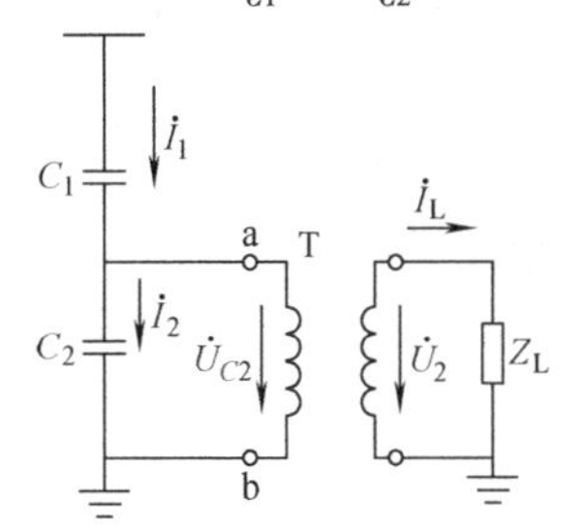

图 2-10　电容式电压互感器的原理接线图

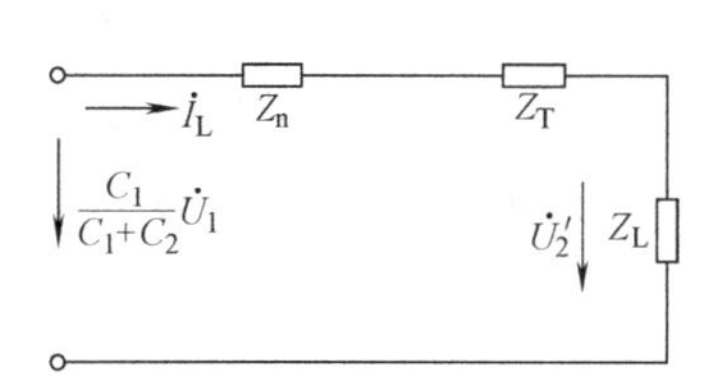

图 2-11　电容式电压互感器的等效电路

如忽略隔离变压器励磁阻抗并将其漏阻抗归并到负荷阻抗中，当隔离变压器二次侧开路时，图 2-10 和图 2-11 的电压关系为

$$\dot{U}_2=\dot{U}_{C2}=\frac{C_1}{C_1+C_2}\dot{U}_1=K\dot{U}_1 \tag{2-13}$$

式中，K 为分压比，$K=\dfrac{C_1}{C_1+C_2}$。

由于 $\dot{U}_{C2}$ 和一次电压 $\dot{U}_1$ 成比例变化，故可测出其相对地电压。但当 C_2 两端与负荷接通时，由于 C_1、C_2 有内阻电压降，使 $\dot{U}_{C2}$ 小于电容分压值，负荷电流越大，误差也越大。

当二次侧接入负荷后，由图 2-11 中可得到输出电压 $\dot{U}_2'$ 为

$$\dot{U}_2'=\frac{C_1}{C_1+C_2}\dot{U}_1-\dot{I}_L\left(\frac{1}{j\omega(C_1+C_2)}+Z_T\right) \tag{2-14}$$

比较式（2-13）与式（2-14）可见，接入负荷后，由于负荷电流和内阻抗 Z_n 造成电压误差 $\Delta\dot{U}$ 为

$$\Delta\dot{U}=\dot{I}_L\left(\frac{1}{j\omega(C_1+C_2)}+Z_T\right) \tag{2-15}$$

可见要减小误差，就要减小负荷或减小内阻抗。为减小内阻抗，在图 2-10 中 a、b 回路串入一个补偿电抗器 L，亦称为谐振电抗器，选择合适的 L 值使满足谐振条件 $j\omega(L+L_T)-j\dfrac{1}{\omega(C_1+C_2)}=0$，则电压误差为

$$\begin{aligned}\Delta\dot{U}&=\dot{I}_L\left(-j\frac{1}{\omega(C_1+C_2)}+j(X_L+jX_T)+R_L+R_T\right)\\&=\dot{I}_L(R_L+R_T)\end{aligned} \tag{2-16}$$

式中，R_L 为谐振电抗器的电阻；R_T 为隔离变压器一次电阻与折算到一次侧的二次电阻之和。

当完全谐振时，电容式电压互感器的电压误差仅由二次负荷电流 $\dot{I}_L$ 在 R_L+R_T 上引起的电压降决定，由于 R_L、R_T 的数值很小，使电压变换误差显著减小；另外，完全谐振时，$\dot{U}_1$ 与 $\dot{U}_2$ 几乎同相位，使电压角度误差接近于零。

3. 变换器

常用的测量变换器有电压变换器（UV）、电流变换器（UA）和电抗变换器（UX）。

（1）电压变换器（UV）

电压变换器的工作原理与电磁式电压互感器完全相同，UV 的铁心一般采用无气隙的硅钢片叠成，一次绕组匝数多、导线细，与被保护元件的电压互感器二次绕组并联。二次绕组所接负载的电阻通常很大，接近开路状态。二次电压 $\dot{U}_2=\dot{K}_U\dot{U}_1$，式中，$\dot{K}_U$ 为 UV 的变换系数，其值小于 1。当忽略励磁电流的影响时，UV 的二次电压 $\dot{U}_2$ 与一次电压 $\dot{U}_1$ 同相位。

在继电器的电压形成回路中，有时利用电压变换器不仅仅进行降压而且还需要移相，如图 2-12a 所示。在 UV 一次绕组串接一个电阻 R，这样 $\dot{U}_2$ 将超前 $\dot{U}_1$ 一个 θ 角，如图 2-12b 所示。这时电压变换系数 $\dot{K}_U$ 为复数，即 $\dot{U}_2=\dot{K}_U\dot{U}_1$。系数 $\dot{K}_U$ 不仅反映 $\dot{U}_2$ 的数值降低，而且还反映相位的改变。改变电阻 R 的大小，可使 θ 在 0°~90°范围内变化。

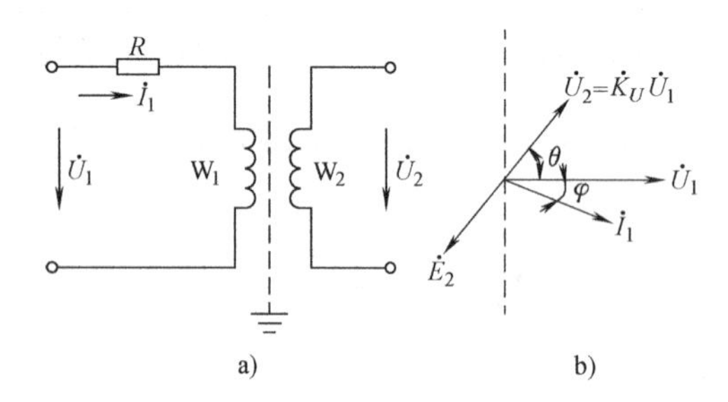

图 2-12　电压变换器一次线圈串接电阻

a）原理接线图　b）相量图

（2）电流变换器（UA）

电流变换器（UA）的原理接线图如图 2-13 所示，它由一个小容量辅助电流互感器（TA）及其固定负荷电阻构成。电流变换器一次绕组接保护元件的电流互感器二次绕组，将输入电流 $\dot{I}_1$ 变换成与其成正比的电压 $\dot{U}_2$。

电流变换器的等效电路如图 2-14 所示，图中忽略了辅助电流互感器的漏阻抗，因为测量变换器的共同特点是漏阻抗可忽略不计。图中 $\dot{I}'_1$、$\dot{I}'_m$、Z'_m 为折算到 TA 二次侧的数值。在一般情况下，为减小 Z'_m 的非线性影响，TA 二次电阻远小于 Z'_m，因此可忽略励磁电流 $\dot{I}'_m$。当负荷电流 $\dot{I}_L=0$ 时，其输出电压 $\dot{U}_2$ 可近似表示为

$$\dot{U}_2\approx\dot{I}_2R=\dot{I}'_1R=\frac{\dot{I}_1}{K_{TA}}R=K_i\dot{I}_1 \tag{2-17}$$

式中，K_{TA} 为辅助电流互感器二次匝数与一次匝数之比；K_i 为电流变换器的电压变换系数，$K_i=\dfrac{R}{K_{TA}}$。

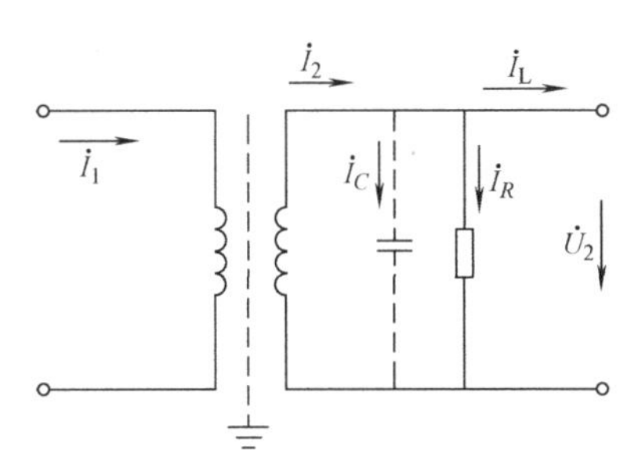

图 2-13　电流变换器（UA）的原理接线图

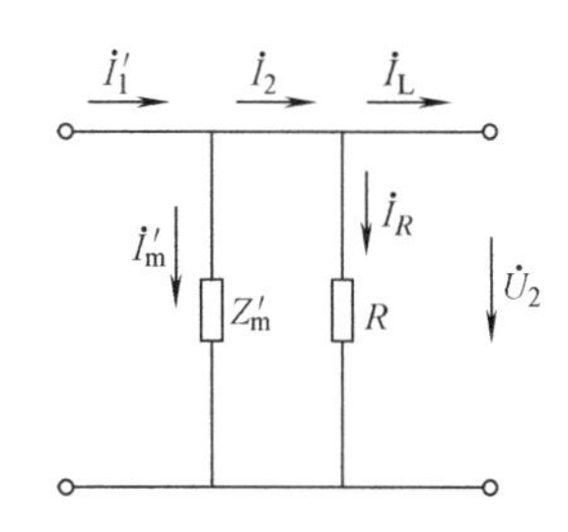

图 2-14　电流变换器（UA）的等效电路

由式（2-17）可知，在忽略 $\dot{I}'_{\mathrm{m}}$，且 $\dot{I}_{\mathrm{L}}=0$ 时，UA 的输出电压 $\dot{U}_2$ 与输入电流 $\dot{I}_1$ 成正比，且同相位。如不忽略励磁电流 $\dot{I}'_{\mathrm{m}}$，则 $\dot{U}_2$ 超前 $\dot{I}_1$ 一个小角度 σ。如要保持 $\dot{U}_2$ 与 $\dot{I}_1$ 同相位，可在 R 上并联一个小电容 C，调整该电容值大小，使其容抗等于 X'_{m}，则可以使输出电压 $\dot{U}_2$ 与输入电流 $\dot{I}_1$ 同相位，如图 2-15b 所示。图 2-15a 为不加电容时的相量图。

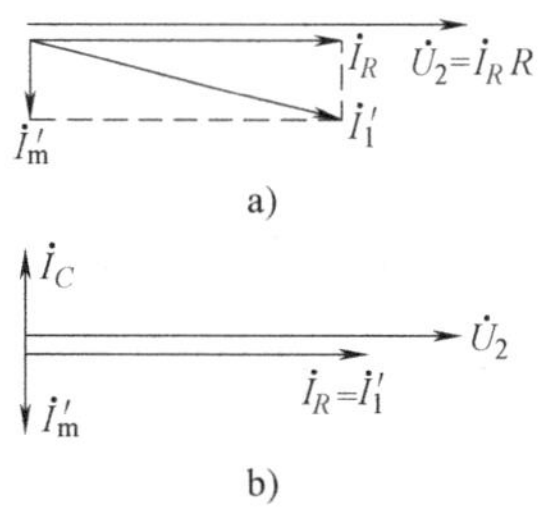

图 2-15　电流变换器（UA）的相量图

a）不加电容时的相量图

b）加电容时的相量图

当 UA 二次接入负荷时电压变换系数为

$$K_i=\frac{1}{K_{\mathrm{TA}}}\left(\frac{RZ_{\mathrm{L}}}{R+Z_{\mathrm{L}}}\right) \tag{2-18}$$

式中，Z_{L} 为负荷阻抗。

从式（2-18）可见，当 UA 接入负荷阻抗后，电压变换系数变小了，但因为 Z_{L} 一定，故 K_i 仍为常数。

（3）电抗变换器（UX）

电抗变换器的作用是将由电流互感器输入的电流 $\dot{I}_1$ 转换成与其成正比的输出电压 $\dot{U}_2$。电抗变换器（UX）的结构如图 2-16a 所示。通常有一个或两个一次绕组 W_1，两个或三个二次绕组 W_2、W_3。一次绕组用线径较粗的导线绕制，并且匝数很少，二次绕组一般用较细的导线绕制，并且匝数较多。采用三柱式铁心，在中间心柱上有 1~2mm 的空气隙 σ。全部绕组都绕制在中间心柱上。

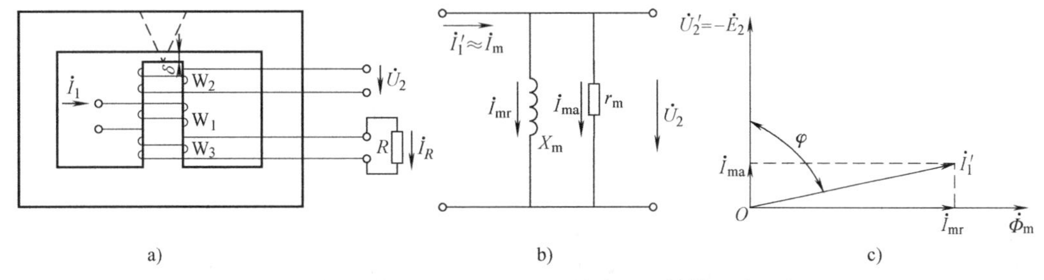

图 2-16　电抗变换器（UX）的原理接线图、等效电路和相量图

a）原理接线图　b）等效电路　c）相量图

1）电抗变换器（UX）的工作原理。当 UX 二次侧 W_2、W_3 开路时，忽略 UX 的漏阻抗，画出等效电路如图 2-16b 所示。由于 UX 有空气隙，所以磁路磁阻很大，励磁阻抗 $Z_{\mathrm{m}}=r_{\mathrm{m}}+\mathrm{j}X_{\mathrm{m}}$ 很小，励磁电流 $\dot{I}_{\mathrm{m}}$ 很大，通常 UX 二次负荷阻抗很大，负荷电流可忽略不计，这样可

认为一次电流全部流入励磁回路作为励磁电流，$\dot{I}'_1 \approx \dot{I}_m$，所以二次侧近于在开路状态下运行，于是可以把 UX 看成一只电抗器，这就是电抗变换器的名称由来。

$$\dot{I}'_1 = \frac{\dot{I}_1}{K_{UX}} \tag{2-19}$$

式中，K_{UX} 为 UX 的二次绕组与一次绕组的匝数比，$K_{UX} = \frac{N_2}{N_1}$。

一次电流 $\dot{I}'_1 \approx \dot{I}_m = \dot{I}_{ma} + j\dot{I}_{mr}$，分为两部分，其中，无功分量电流 $\dot{I}_{mr}$ 建立磁通 $\dot{\Phi}_m$ 并与 $\dot{I}_{mr}$ 同相位；有功分量中 $\dot{I}_{ma}$ 与 $\dot{U}'_2 = -\dot{E}_2$ 同相位，补偿铁心损耗。$\dot{U}_2$ 超前 $\dot{\Phi}_m$ 90°，画出相量图如图 2-16c所示。$\dot{U}'_2$ 与 $\dot{I}'_1$ 的夹角 $\varphi \approx 90°$，关系式如下：

$$\dot{U}'_2 = \dot{I}'_1 Z_m = \frac{Z_m}{K_{UX}}\dot{I}_1 = \dot{K}_I \dot{I}_1 \tag{2-20}$$

式中，$\dot{K}_I$ 为 UX 的转移阻抗，$\dot{K}_I = \frac{Z_m}{K_{UX}}$，是一个复数，当铁心未饱和时，它是一个常数。

在实际应用时，为了调整 UX 的输出电压 $\dot{U}_2$ 与输入电流 $\dot{I}'_1$ 的相位关系，可将二次侧的移相回路线圈 W_3 接入电阻 R。流过 W_3 的电流 $\dot{I}_R$ 折算到 W_2 侧为 $\dot{I}'_R$ 和 R'，忽略 UX 二次漏阻抗，画出等效电路如图 2-17a 所示。这时电流 $\dot{I}'_1 = \dot{I}_{ma} + \dot{I}_{mr} + \dot{I}'_R$，输出电压 $\dot{U}_2$ 为

$$\dot{U}_2 = \frac{(R' + r_m)jX_m}{(R' + r_m + jX_m)K_{UX}}\dot{I}_1 \tag{2-21}$$

从图 2-17b 看到，$\dot{I}'_R$ 滞后输出电压 $\dot{U}_2$ 一个阻抗角 φ_2，由于 $\dot{I}'_R$ 的存在，使 $\dot{U}_2$ 与 $\dot{I}'_1$ 之间的夹角 φ' 比图 2-16c 中的 φ 减小了，于是可以推论，减小 R'，$\dot{I}'_R$ 增加，则 $\dot{U}_2$ 与 $\dot{I}'_1$ 之间的夹角 φ 将继续减小，这说明改变 R 可以改变 $\dot{U}_2$ 与 $\dot{I}'_1$ 之间的相位关系，φ 的变化范围为 $0° < \varphi < 90°$。

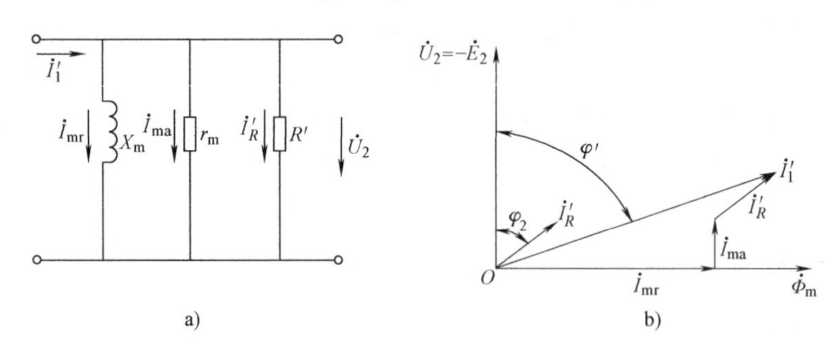

图 2-17　线圈 W_3 接入电阻时的 UX 等效电路及相量图

a）等效电路　b）相量图

2）电抗变换器（UX）的使用注意事项。

① 因为 UX 一次绕组接入电流源，故 $\dot{I}_1$ 是不变的，当 W_3 接入电阻时，励磁电流 $\dot{I}_m$ 比没接 R 时小，则磁通 Φ 减小，将会引起二次输出电压 $\dot{U}_2$ 下降。

② 在实际调试中，要减小 φ，必须减小 R，但当 R 减小到一定值时，这种方法就不奏效了。因为在 R 减小时，虽然 $\dot{I}_R$ 增大，但 W_3 二次回路阻抗角 φ_2 也在增大，对减少 φ 来说，这两个因素的作用正好相反。所以在调节过程中，当 R 较大时，前一个因素起主要作用，故随着 R 减小，φ 也减小，当 R 减小到一定程度，第二个因素起主要作用，如继续减小 R，φ 反而

会增大。

③ 提高UX的线性度。为使 $\dot{U}_2$ 与 $\dot{I}_1$ 之间在很大范围内保持线性关系，UX的励磁阻抗 Z_m 应为常数，但UX的铁心磁化曲线是非线性的。为改善UX的非线性可采取下列措施：

——采用带气隙铁心，气隙长度与一次绕组磁通势要适当配合，保证通入最大电流时铁心不饱和。

——在UX空气隙中插入铍镆合金片，在小电流时，它的磁导率很高，当电流增大时很快饱和。利用这个特性，当电流很小时，铍镆合金片的高磁导率减小了气隙中的磁阻，提高了整个铁心的磁导率，当电流增大后，合金片迅速饱和不起补偿作用。采用上述措施后，满足了UX的线性要求。

④ 电抗变换器本身是一个模拟阻抗 $Z=R+jX_m\approx jX_m$，$X_m=\omega M=2\pi fM$（M 为UX的一次和二次绕组互感）。可见，Z 是一次电流频率 f 的函数，f 越高，Z 越大，因此，在负荷电流中含有大量高次谐波的电路中禁止使用UX，UX对非同期分量及低次谐波电流有削弱作用。

2.1.2　电流保护用的继电器

保护用的继电器常用的有机电型和静态型两种。机电型包括电磁型和感应型，静态型包括晶体管型、集成电路型、整流型和数字型。本节只介绍电磁型继电器和数字型继电器。

1. 电磁型继电器

（1）电磁型继电器的结构和工作原理

电磁型继电器按其结构可分为螺管线圈式、吸引衔铁式和转动舌片式三种，如图2-18所示。通常电磁型电流和电压继电器均采用转动舌片式结构，时间继电器采用螺管线圈式结构，中间继电器和信号继电器采用吸引衔铁式结构。以上三种继电器都是由电磁铁、可动衔铁（或舌片）、线圈、触点、反作用力弹簧和止挡所组成。

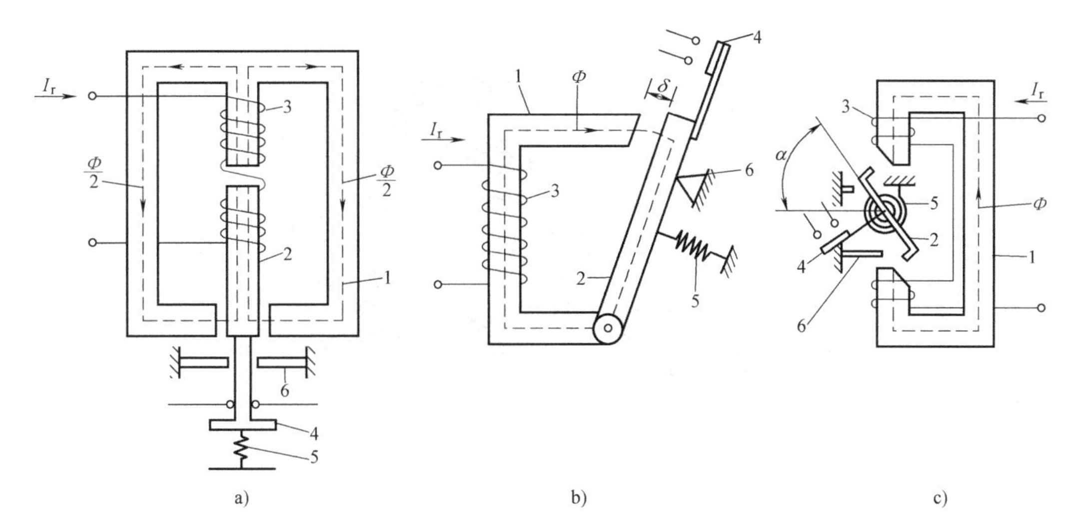

图2-18　电磁型继电器的原理结构图

a）螺管线圈式　b）吸引衔铁式　c）转动舌片式

1—电磁铁　2—可动衔铁　3—线圈　4—触点　5—反作用力弹簧　6—止挡

当线圈通入电流 I_r 时，产生磁通 Φ，磁通 Φ 经过铁心、空气隙和衔铁构成闭合回路。衔铁（或舌片）在磁场中被磁化，产生电磁力 F 和电磁转矩 M，当电流 I_r 足够大时，衔铁被吸引移动（或舌片转动），使继电器动触点和静触点闭合，称为继电器动作。由于止挡的作用，衔铁只能在预定范围内运动。

根据电磁学原理可知，电磁力 F 与电磁转矩 M 与磁通 Φ 的二次方成正比，即

$$F=K_1\Phi^2 \tag{2-22}$$

式中，K_1 为比例系数。

磁通 Φ 与线圈中通入电流 I_r 产生的磁通势 I_rN_r 和磁通所经过的磁路的磁阻 R_m 有关，即

$$\Phi=\frac{I_rN_r}{R_m} \tag{2-23}$$

将式（2-23）代入式（2-22）中可得

$$F=K_1N_r^2\frac{I_r^2}{R_m^2} \tag{2-24}$$

电磁转矩 M 为

$$M=FL=K_1LN_r^2\frac{I_r^2}{R_m^2}=K_2I_r^2 \tag{2-25}$$

式中，K_2 为系数，当磁阻 R_m 一定时，K_2 为常数。

式（2-25）说明，当磁阻 R_m 为常数时，电磁转矩 M 正比于电流 I_r 的二次方，而与通入线圈中电流的方向无关，所以根据电磁原理构成的继电器，可以制成直流继电器或交流继电器。

（2）电磁型电流继电器

电流继电器在电流保护中用作测量和启动元件，它是反映电流超过某一定值而动作的继电器。在电流保护中常用 DL-10 系列电流继电器，它是一种转动舌片式的电磁型继电器，其结构如图 2-19 所示。

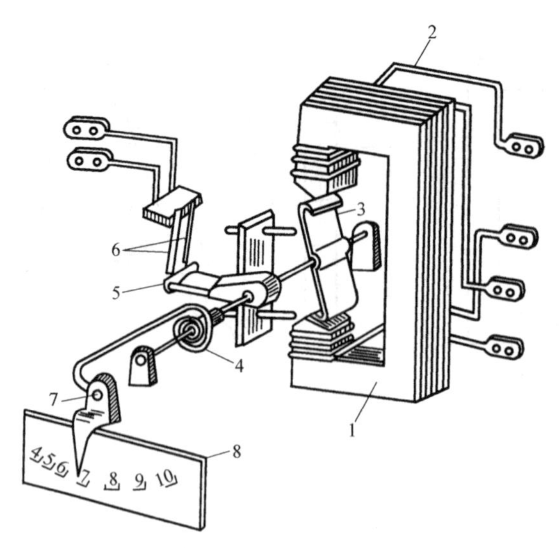

图 2-19　DL-10 系列电磁型电流继电器结构

1—电磁铁　2—线圈　3—Z 形舌片　4—弹簧　5—动触点　6—静触点　7—调整动作电流指示片　8—刻度盘

1）电流继电器的动作电流、返回电流及返回系数。电流继电器采用转动舌片式结构，这类继电器在动作过程中，随着舌片转动，空气隙长度 δ 不断缩小，磁路磁导 G 不断增加，在 I_r 不变时，电磁转矩不断增加，这说明继电器在动作过程中，电磁转矩 M 是转角 α 的函数，这种关系表示为

$$M=\frac{1}{2}(N_rI_r)^2\frac{dG_m}{d\alpha} \tag{2-26}$$

式中，N_rI_r 为磁通势；dG_m 为磁导增量；α 为舌片对水平位置所转动的角度。

① 动作电流。当继电器线圈中流入电流 I_r 时，在转动舌片上产生电磁转矩 M，企图使舌片转动，同时在转动舌片轴上还作用弹簧产生的反抗转矩 M_{re} 和摩擦转矩 M_f。弹簧的反抗转矩 M_{re} 与舌片旋转角度 α 成正比，而由可动系统的重量产生的摩擦转矩 M_f 实际上是恒定不变的。反抗转矩的总和称为反作用机械转矩 $M_{ma}=M_f+M_{re}$。

在通入继电器电流为负荷电流时，$M<M_{ma}$，继电器不动作。要继电器动作，必须增大 I_r，以增大 M，继电器能够动作的条件是 $M\geqslant M_{re}+M_f$。能使继电器动作的最小电磁转矩称为继电器的动作转矩，其对应的能使继电器动作的最小电流称为继电器的动作电流 $I_{op.r}$。

② 继电器的返回电流 I_{re}。当继电器动作后，减小 I_r，继电器将在弹簧作用下返回，这时 M_{re} 的作用是使 Z 形舌片返回，而电磁转矩 M 和摩擦转矩 M_f 企图阻止 Z 形舌片返回，故继电器返回的条件是 $M_{re}\geqslant M+M_f$ 或写成 $M\leqslant M_{re}-M_f$。

当 I_r 减小到继电器刚好能够返回，能够使继电器可靠返回原来位置的最大电磁转矩就称为返回转矩，其最大返回电流称为继电器的返回电流 $I_{re.r}$。

③ 继电器的返回系数。继电器的返回电流 $I_{re.r}$ 与动作电流 $I_{op.r}$ 的比值，称为返回系数，用 K_{re} 表示：

$$K_{re}=I_{re.r}/I_{op.r} \tag{2-27}$$

由于剩余转矩 ΔM 和摩擦转矩 M_f 的存在，决定了返回电流必然小于动作电流，故电流继电器的返回系数恒小于 1。在实际应用中，要求继电器有较高的返回系数，如 0.85~0.90。要提高返回系数，就要设法减小继电器转动系统的摩擦转矩 M_f 和剩余转矩 ΔM，否则不能保证转动部分可靠快速地转动到行程终点位置，并保证触点在接触时有足够压力，从而保证继电器动作的可靠性。

2）继电器的特性。电流继电器的继电特性如图 2-20 所示。当 $I_r<I_{op.r}$ 时，继电器不动作；当 $I_r\geqslant I_{op.r}$ 时，则继电器能够突然迅速动作，闭合其常开触点。在继电器动作后，当 $I_r>I_{re.r}$ 时，继电器保持动作状态；当 $I_r<I_{re.r}$ 时，则继电器能突然返回原来位置，常开触点重新被打开。无论动作和返回，继电器从起始位置到最终位置是突发性的，它不可能停留在某一个中间位置上，这种特性称为继电器特性。继电器具有这种特性，是因为无论在动作过程中，还是在返回过程中，都有剩余转矩存在。

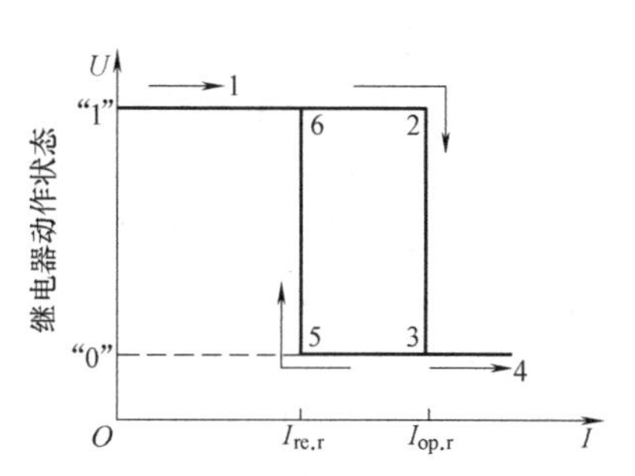

图 2-20　电流继电器的继电特性

3）继电器动作电流的调整方法。

① 改变弹簧反作用力矩 M_{re}，即改变动作电流调整把手的位置。当调整把手由左向右移动时，由于弹簧的弹力增强，使 M_{re} 增大，因而使继电器的动作电流 $I_{op.r}$ 增大；反之，如将调整把手由右向左移动，则动作电流 $I_{op.r}$ 减小。

② 用压板改变继电器两个线圈的连接方法，可串联或并联，这样可使刻度盘的调整范围增大一倍。如果加上改变调整把手的位置，那么电流动作值的调整范围可改变四倍。当线圈串联时，电流动作值较并联时小一半。

（3）电磁型电压继电器

1）电磁型电压继电器的结构及工作原理。电磁型电压继电器通常也是采用转动舌片式，如常用的 DJ-100 系列，其构造和工作原理与 DL-10 系列电流继电器基本上相同，不同的只是电压继电器的线圈匝数多、导线细、阻抗大，反映的参数是电网电压。

电压继电器的电磁转矩可表示为

$$M = K'I_r^2 \tag{2-28}$$

式中，I_r 为继电器中的电流；K' 为系数，当磁阻 R_m 一定时为常数。

$$I_r = \frac{U_r}{Z_r} = \frac{U_s}{K_{TV}Z_r} \tag{2-29}$$

式中，U_r 为继电器的输入电压；Z_r 为继电器线圈的阻抗；U_s 为电网电压；K_{TV} 为电压互感器的电压比。

将式（2-29）代入式（2-28），得

$$M = K'I_r^2 = \frac{K'U_s^2}{K_{TV}^2 Z_r^2} = KU_s^2 \tag{2-30}$$

式中，K 为系数，$K = \frac{K'}{K_{TV}^2 Z_r^2}$，当磁阻 R_m 一定时为常数。

式（2-30）说明，继电器动作取决于电网电压 U_s。为减少电网频率变化和环境温度变化对继电器工作的影响，电压继电器的部分线圈采用电阻率高、温度系数小的导线材料（如康铜）绕制，或在线圈中串联一个温度系数小、阻值较大的附加电阻。

2）电压继电器的动作电压、返回电压和返回系数。电压继电器分为过电压继电器和低电压继电器，作为过电压保护或低电压闭锁的动作元件。DJ-111 型和 DJ-131 型过电压继电器的动作和返回的概念与电流继电器相似，返回系数 K_{re} 可表示为

$$K_{re} = \frac{U_{re.r}}{U_{op.r}} \tag{2-31}$$

式中，$U_{re.r}$ 为继电器的返回电压；$U_{op.r}$ 为继电器的动作电压。

显然，过电压继电器的返回系数也小于 1，一般在 0.85 左右。

DJ-122 型低电压继电器有一对常闭触点。在正常运行时，继电器线圈接入电网额定电压的二次值，其电磁力矩大于弹簧反抗转矩和摩擦转矩之和，Z 形舌片已被吸引到电磁铁的磁极下面，其常闭触点处于断开状态，此时称为继电器非工作状态。当电压下降到整定值时，电磁转矩减小到 Z 形舌片被弹簧反作用力拉开磁极，继电器常闭触点闭合，这个过程称为低电压继电器的动作过程。因此，能使低电压继电器 Z 形舌片释放，其常闭触点从打开到闭合的最高电压称为继电器的动作电压 $U_{op.r}$，在继电器动作后，如增大外加电压，低电压继电器就要返回。能使继电器返回到 Z 形舌片又被电磁铁磁极吸引而断开触点的最低电压，称为继电器的返回电压。根据式（2-31）可知返回系数恒大于 1，一般情况不大于 1.2，用于强行励磁的不大于 1.06。

（4）时间继电器

在各种继电保护和自动装置中，时间继电器作为时限元件，用来建立必需的动作时限。

对时间继电器的要求是动作时间要准确，而且动作时间不应随操作电压的波动而变化。

电磁型时间继电器由一个电磁启动机构带动一个钟表延时机构组成。电磁启动机构采用螺管线圈式结构，一般由直流电源供电，也可以由交流电源供电。时间继电器一般有一对瞬动转换触点和一对延时主触点（终止触点）。根据不同要求，有的还有一对滑动延时触点。

当螺管线圈加上额定电压时，衔铁被吸入线圈，连杆被释放，同时上紧钟表机构发条，钟表机构带动可动触点反时针匀速转动。经过整定时限，动、静触点闭合，继电器动作，发出信号。改变动、静触点间的距离可以改变继电器的整定时限。当继电器线圈失电时，弹簧将衔铁与连杆顶回原位，继电器返回。

为了缩小时间继电器的尺寸，它的线圈一般不按长期通电设计。因此，当需要长期（超过 30s）加电压时，必须在线圈回路中串一个附加电阻 R。在正常情况下，电阻 R 被继电器瞬动常闭触点所短接，继电器启动后，该触点立即断开，电阻 R 串入线圈回路，以限制电流，提高继电器的热稳定。

（5）电磁型中间继电器

中间继电器的作用是在继电器保护装置和自动装置中用以增加触点数量和容量，所以该类继电器一般有几个触点，其触点容量也比较大。当前常用的系列较多，如 DZ-10、DZB-100、DZS-100 系列以及组合式的 DZ-30B、DZS-10B、DZB-10B 等系列，它们都是舌门电磁式中间继电器，结构原理基本相同。当电压加在线圈两端时，舌门衔铁被吸向闭合位置，并带动触点转换，常开触点闭合，常闭触点断开。当电源断开时，衔铁在触点后的线圈压力作用下，返回原来位置，触点也随之复归。

DZB-10B 系列中间继电器的电磁铁中有一个电压线圈、一个或几个电流线圈。DZB-11B、DZB-12B、DZB-13B 各型为电压启动、电流保持的中间继电器，DZB-14B 型为电流线圈启动、电压保持的中间继电器，而 DZB-15B 则为电流或电压启动、电压或电流线圈保持的中间继电器。DZ-30B 和 DZB-10B 系列的中间继电器的动作时间一般不超过 0.05s，DZS-10B 系列的中间继电器在其线圈的上面或下面装有阻尼环，用以阻碍主磁通的增加或减少，从而获得继电器动作延时或返回延时，如 DZS-11B、DZS-13B 为动作延时型，DZS-12B、DZS-14B 为返回延时型继电器，电流保护的中间继电器动作延时一般不小于 0.06s 或返回时限不小于 0.4s。上述各系列中间继电器的触点容量大，长期允许通过电流为 5A。

（6）电磁型信号继电器

信号继电器在继电保护和自动装置中用作动作指示，根据信号继电器发出的信号指示，运行维护人员能够方便地分析事故和统计保护装置的正确动作次数。常采用的主要有 DX-11 型和组合式的 DX-20、DX-30 系列的舌门电磁式信号继电器。它们的内部结构都相同，图 2-21 为 DX-11 型信号继电器的结构图。当线圈通入电流时，舌门片被吸引，信号掉牌靠自重落下，并停留在水平位置。断电后，舌门片在弹簧力作用下返回原位，但信号掉牌需用手转动或按动外壳上的旋钮，才能返回原位。平时信号掉牌被舌门片卡住而不会自动转动落下。上述 DX-11、DX-31 型为具有信号掉牌的信号继电器。DX-20 和 DX-32 型无信号掉牌但具有灯光信号，当启动线圈通电时，接通保持线圈，信号小灯亮。当启动线圈断电时，信号灯仍继续亮，直至保持线圈断电后方可熄灭。

此外，还有用干簧密封磁触点构成的 DXM-2A 和 DXM-3 型信号继电器，用磁力自保持代替机械自保持，用灯光指示代替信号掉牌，能实现远方复归。

DXM-2A型继电器由干簧密封触点、工作线圈、释放线圈、永久磁铁和指示灯等组成，其工作原理如图2-22所示。

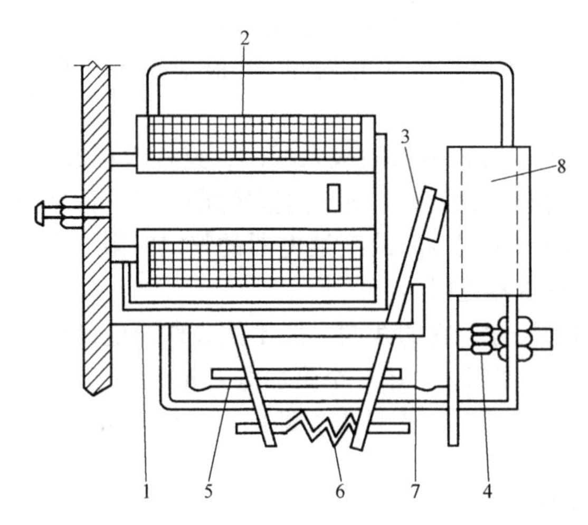

图2-21　DX-11型信号继电器的结构图

1—电磁铁　2—线圈　3—舌门片　4—调节螺钉　5—带有可动触点的轴　6—弹簧　7—舌门片行程限制挡　8—信号掉牌

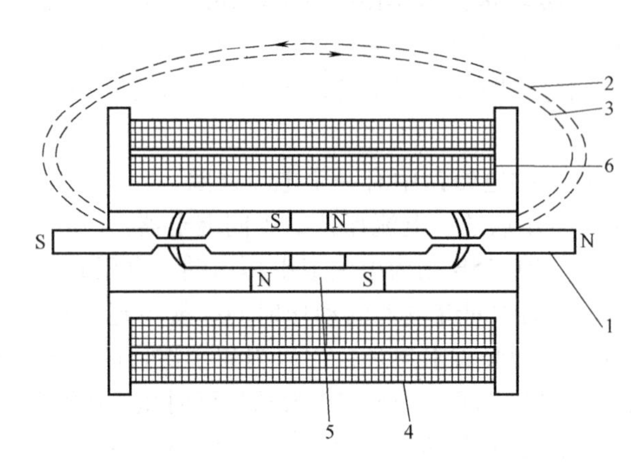

图2-22　DXM-2A型信号继电器的工作原理图

1—干簧密封触点　2—工作线圈磁通　3—释放线圈磁通　4—释放线圈　5—永久磁铁　6—工作线圈

当继电器工作线圈通电时，工作线圈产生的磁通与放置在线圈内的永久磁铁的磁通方向相同，两磁通叠加，使干簧密封触点闭合，信号指示灯亮。当工作线圈断电后，借助永久磁铁的作用，可使干簧密封触点保持在闭合位置。复归时，在释放线圈加上电压后，因其所产生磁通与永久磁铁的磁通方向相反而相互抵消，使触点返回原位，指示灯灭，准备下一次动作。DXM-2A型信号继电器的内部接线如图2-23所示。

2. 数字型继电器

数字型继电器又称为微机继电器，是以微处理器（CPU）为核心组成的新型继电保护装置。微机保护装置主要由硬件部分和软件部分组成。微机继电保护硬件部分的结构原理框图如图1-4所示。

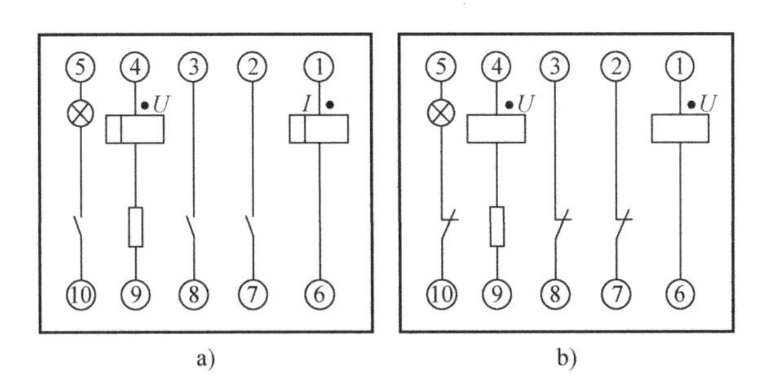

图 2-23　DXM-2A 型信号继电器的内部接线图

a）电流启动的继电器　b）电压启动的继电器

软件部分是根据保护的工作原理和动作要求，编制计算程序，微机保护硬件和外围设备是通用的，只要计算程序不同，就可以实现不同原理的保护。而且计算机根据系统运行方式改变能自动改变动作的整定值，实现自适应继电保护，使保护具有更大的灵敏性。

微机保护具有自诊断功能，不断地检查和诊断本身的故障，并及时处理，大大地提高了护装置的可靠性，并能实现快速动作的要求。

在微机保护中常用逻辑元件和逻辑框图来描述、表达动作过程，下面介绍几种常用逻辑元件。

（1）与逻辑元件

与逻辑符号如图 2-24a、b 所示，软件流程图如图 2-24c 所示。图 2-24a 为两个变量的与逻辑符号，图 2-24b 为多个变量的与逻辑符号。分析图 2-24a，当两个变量都有输入（A=1，B=1）时，才有输出（F=1）。从图 2-24c 流程图看出，只有 A=1 且 B=1 时，F=1；否则 F=0。

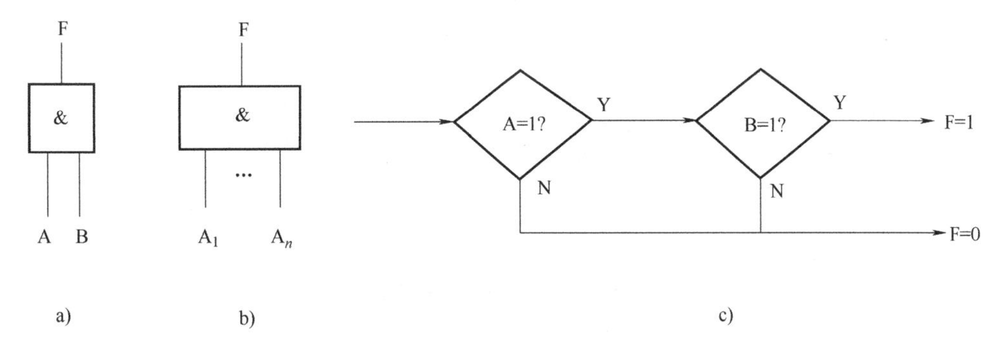

图 2-24　与逻辑符号和流程图

a）两个变量的与逻辑符号　b）多个变量的与逻辑符号　c）与逻辑软件流程图

（2）或逻辑元件

或逻辑符号图 2-25a、b 所示，软件流程图如图 2-25c 所示。分析图 2-25a，两个变量只要有一个有输入（A=1 或 B=1），则有输出（F=1）。两个变量都没有输入（A=0 且 B=0）时，没有输出（F=0）。从图 2-25c 看出，只要 A=1 或 B=1，则 F=1，只有 A=0 且 B=0 时，F=0。

（3）非逻辑元件

非逻辑符号如图 2-26a 所示，一个小圆圈相当于反相器。非逻辑软件流程图如图 2-26b 所示。该图表示输出 F 与输入 A 的状态相反，即有输入（A=1）则没有输出（F=0）；没有输入（A=0），有输出（F=1）。

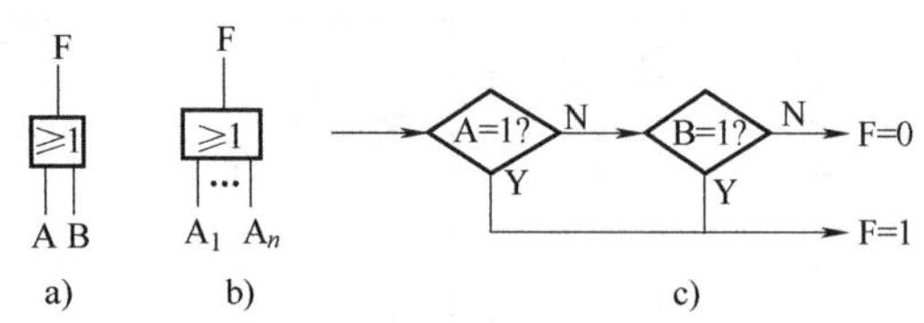

图 2-25　或逻辑符号和流程图

a）两个变量的或逻辑符号　b）多个变量的或逻辑符号　c）或逻辑软件流程图

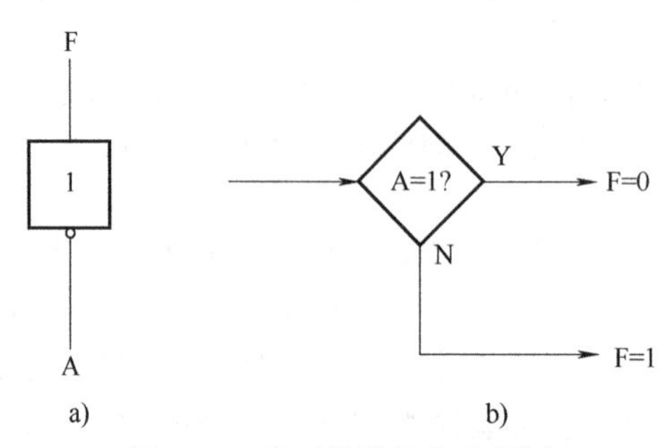

图 2-26　非逻辑符号和流程图

a）非逻辑符号　b）非逻辑软件流程图

（4）禁止逻辑元件

禁止逻辑符号如图 2-27a 所示，B 经反相器加与逻辑上。该图表示只要有 B 的输入（B=1），肯定 F 没有输出（F=0）。只有 B 没有输入（B=0）而且 A 有输入（A=1）时，F 才有输出（F=1）。在继电保护中，输入 B 表示是一个闭锁元件。当 B 有输入时，与逻辑闭锁，F 没有输出（F=0）。图 2-27b 为禁止逻辑软件流程图。

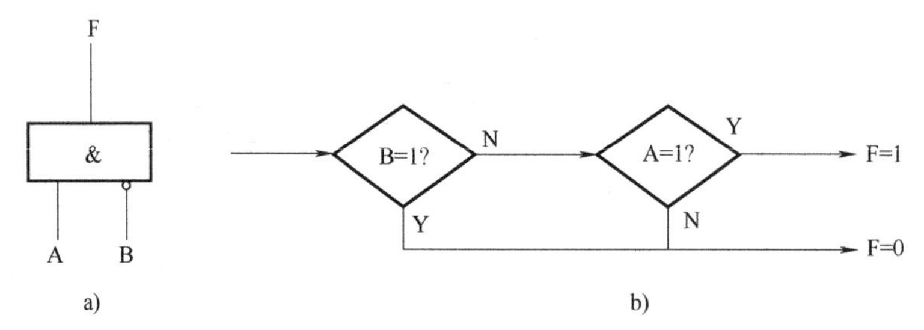

图 2-27　禁止逻辑符号和流程图

a）禁止逻辑符号　b）禁止逻辑软件流程图

（5）延时逻辑元件（时间元件）

延时逻辑符号如图 2-28a 所示，该图中第一个时间 t_1是延时动作时间，它表示当 A 有输入（A=1）时，经延时 t_1后，F 才有输出（F=1）。该图中第二个时间 t_2是延时返回时间，它表示 A 输入返回（A=0），经 t_2延时后 F 才返回（F=0）。

延时逻辑示意图如图 2-28b 所示。图中 t_1是延时动作时间，t_2是延时返回时间。在微机保护中延时元件的软件流程图如图 2-28c 所示，每过一个采样周期 T_s时间程序从 P 到 Q 执行一遍，执行完后在 P 点等下一次采样周期 T_s时间到来。计数器经过一次其值加 1。初始时刻设计数器 N、M 和 R 的值为零。从延时软件流程图可见，只有 A 有输入（A=1）的时间大于 t_1后 F 才能有输出（F=1）。F 有输出后（F=1），只有 A 的输入消失（A=0）的时间大于 t_2后输出 F 才能消失（F=0，即返回）。

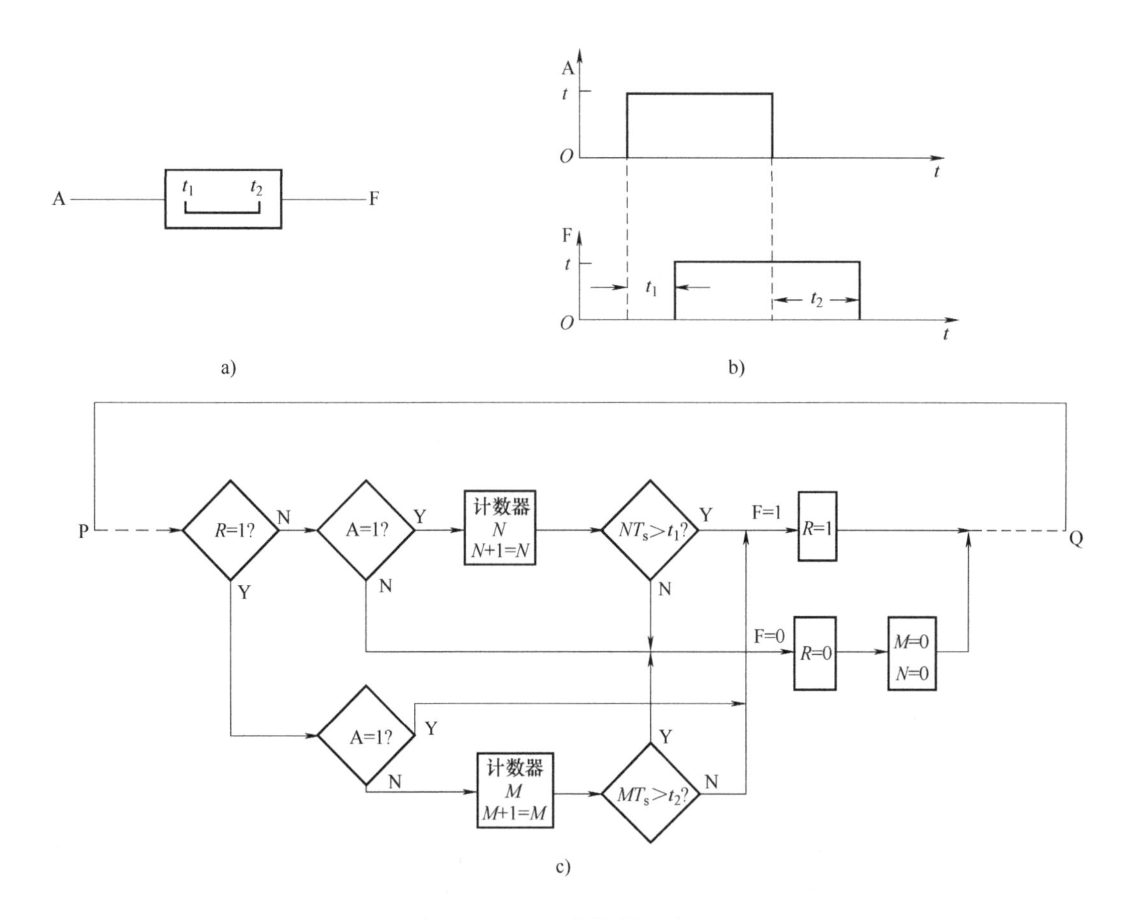

图 2-28　延时逻辑符号和流程图

a）延时逻辑符号　b）延时逻辑示意图　c）延时逻辑软件流程图

（6）脉冲展宽逻辑元件

脉冲展宽逻辑符号如图 2-29a 所示。该图表示当有输入（A=1）时，就有输出（F=1），以后不管 A 什么时候消失（A=0），F 固定输出（F=1）t 时间。t 时间后，没有输出（F=0）。其工作情况示意图如图 2-29b 所示。在微机保护中，脉冲展宽逻辑软件流程图如图 2-29c 所示。每过一个采样周期 T_s 时间程序从 P 到 Q 执行一遍，执行完以后在 P 点等着下一个采样周期 T_s 时间的到来。计数器每经过一次其值加 1。初始时刻计数器 N 及 R 的值为 0。从软件流程图可见，A 有输入（A=1）就有输出（F=1），此后不论 A 输入如何，F 固定有输出（F=1）的时间为 t。

2.1.3　无时限电流速断保护

1. 无时限电流速断保护的工作原理及其整定计算

在满足可靠性和保证选择性的前提下，反映电流增大而瞬时动作的电流保护称为无时限电流速断保护。无时限电流速断保护为了保证选择性，一般情况下只能保护线路的一部分。无时限电流速断保护又称为第 I 段电流保护，其工作原理可用图 2-30 表示。保护装设在单侧电源辐射型电网各线路的电源侧。

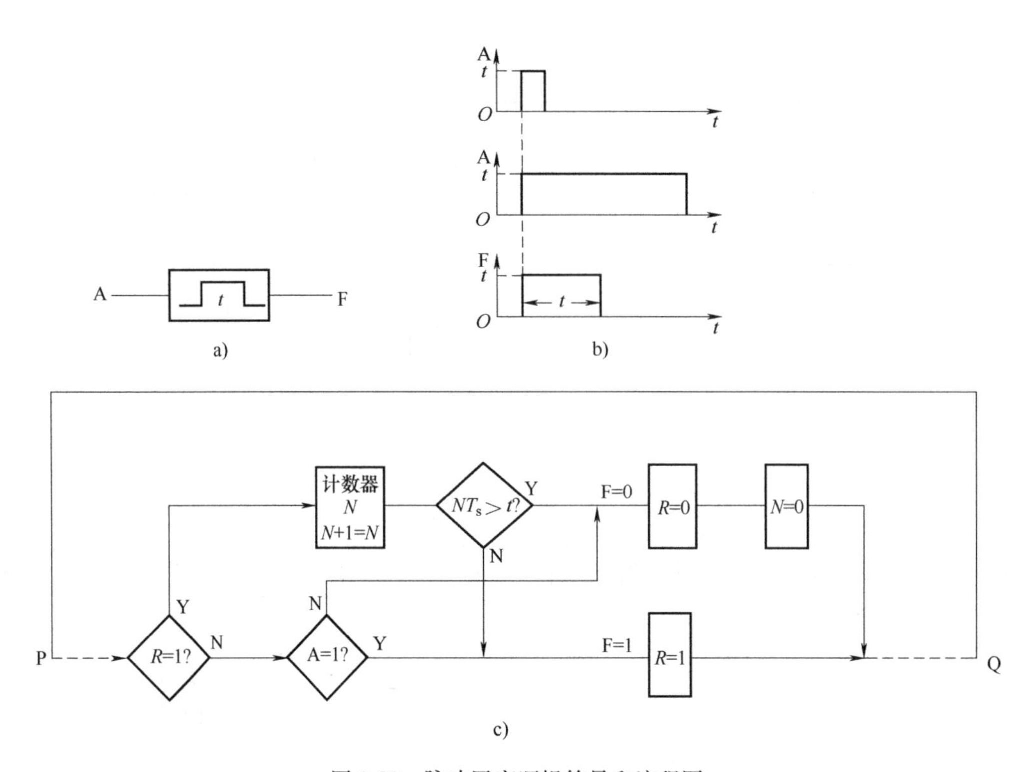

图 2-29 脉冲展宽逻辑符号和流程图

a）脉冲展宽逻辑符号 b）脉冲展宽逻辑示意图 c）脉冲展宽逻辑软件流程图

根据电力系统短路分析，当电源电势一定时，短路电流 I_k 的大小取决于故障类型系数 K_k 及短路点和电源之间的总电抗 X_Σ（忽略总电阻 R_Σ），一般可表示为

$$I_k = \frac{K_k E_{ph}}{X_\Sigma} = \frac{K_k E_{ph}}{X_s + X_1 l} \qquad (2\text{-}32)$$

式中，K_k 为短路故障类型系数，三相短路时，$K_k = 1$，两相短路时，$K_k = \frac{\sqrt{3}}{2}$；E_{ph} 为系统等效电源的相电势（V）；X_s 为归算至保护安装处系统的等值电抗（Ω）；X_1 为线路单位千米长度的正序电抗（Ω/km）；l 为短路点至保护安装处的距离（km）。

当短路点从线路末端逐渐向变电所母线移动时，由于 l 逐渐减小，短路电流也逐渐增大，根据式（2-32），可画出不同地点短路时流经保护安装处的短路电流曲线，如图 2-30所示。曲线 1 为最大运行方式下的短路电流 $I_{k.max}^{(3)}$ 的变化曲线，曲线 2 为最小运行方式下的两相短路电流 $I_{k.min}^{(2)}$ 的变化曲线。

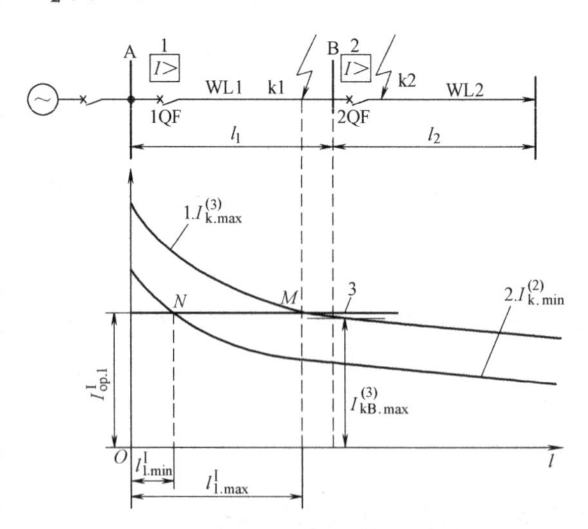

图 2-30 无时限电流速断保护整定计算说明

假定在线路 WL1 和 WL2 上分别装设无时限电流速断保护 1 和保护 2。根据选择性的要求，在相邻下一级线路出口处短路时不启动，对保护 1 而言，当 WL2 线路首端 k2 点短路时，保护 1 不动作，而应由保护 2 动作切除故障。由于 k2 点最大短路电流和本级线路 WL1 末端 B 母线

上短路时的最大短路电流近似相等，故保护 1 的动作电流按大于变电所 B 母线上最大运行方式下的短路电流 $I_{kB.max}^{(3)}$ 整定，即

$$I_{op.1}^{I} > I_{kB.max}^{(3)}$$

写成等式为

$$I_{op.1}^{I} = K_{rel}^{I} I_{kB.max}^{(3)} \tag{2-33}$$

式中，$I_{op.1}^{I}$ 为保护装置 1 第Ⅰ段电流保护动作电流值，又称为保护装置一次动作电流；K_{rel}^{I} 为电流保护第Ⅰ段可靠系数，考虑到短路电流计算与继电器整定误差以及短路电流非周期分量对保护的影响，当采用 DL 电磁型电流继电器时取值为 1.2～1.3，当采用 GL 感应型继电器时取值为 1.5～1.6；$I_{kB.max}^{(3)}$ 为系统最大运行方式下，线路末端 B 母线上三相短路时一次次暂态短路电流周期分量有效值。

电流速断保护动作电流与短路点的关系可用图 2-30 直线 3 说明，它与曲线 1 相交于 M 点，M 点至保护安装处的长度为电流速断保护的最大保护范围 $l_{1.max}^{I}$。当运行方式和短路类型改变时，电流速断保护的范围也相应发生改变，直线 3 与曲线 2 相交于 N 点，N 点至保护安装处的长度为电流速断的最小保护范围 $l_{1.min}^{I}$。

从图 2-30 中可知，电流速断保护最大范围也小于线路全长，存在死区，因此电流速断保护只能保护线路的一部分。运行方式改变或短路类型改变，电流速断的保护范围也发生改变。

确定保护范围可以用图解法，也可以用解析法。电流速断保护的灵敏系数用保护区长度 l_p 与被保护线路全长 l 的百分数表示，即

$$m = \frac{l_p}{l} \times 100\% \tag{2-34}$$

《继电保护规程》要求在最小运行方式下两相短路时校验灵敏系数应为 15%～20%，最大运行方式下 $m \geqslant 50\%$。

计算保护范围用下式表示：

$$\begin{cases} l_{p.min} = \dfrac{1}{X_1}\left(\dfrac{\sqrt{3}}{2}\dfrac{E_{ph}}{I_{op.1}^{I}} - X_{s.max}\right) \\ l_{p.max} = \dfrac{1}{X_1}\left(\dfrac{E_{ph}}{I_{op.1}^{I}} - X_{s.min}\right) \end{cases} \tag{2-35}$$

2. 无时限电流速断保护的接线

小接地电流系统无时限电流速断保护接线如图 2-31 所示。电流互感器采用两相星形联结。它的两个电流继电器 1KA、2KA 作为测量元件，中间继电器 KM 有两个作用：①利用它的触点接通跳闸回路，起到增大电流继电器触点容量的作用；②当线路接有管型避雷器时，利用 KM 延时闭合触点增加保护的固有动作时间，避免当避雷器动作放电时，引起保护误动作。因为避雷器放电时相当于线路瞬时接地短路，但当放电结束时，线路立即恢复正常工作，因此保护不应动作。为此要求保护躲过避雷器放电时间，一般避雷器放电时间约 10ms，也可能延长到 20～30ms，为此，用延时 0.06～0.08s 动作的中间继电器可满足这一要求。

信号继电器 KS 用于指示该保护动作，便于运行人员处理和分析故障。

无时限电流速断保护不能保护全长线路，有死区，保护范围受系统运行方式和短路类型变化的影响。对于短距离线路，由于首端和尾端短路电流的数值差别不大，致使它的保护范围可能为零，因此不能采用无时限电流速断保护。

在个别情况下，无时限电流速断保护也可以保护线路的全长，如图 2-32 所示，采用线路-

变压器组接线方式时，由于线路和变压器可以看成一个元件，而速断保护可以按照躲过变压器低压侧出口处 k1 点短路来整定，由于变压器阻抗较大，因此 k1 点短路电流较小，这样整定电流速断保护就可以保护线路全长及变压器的一部分。

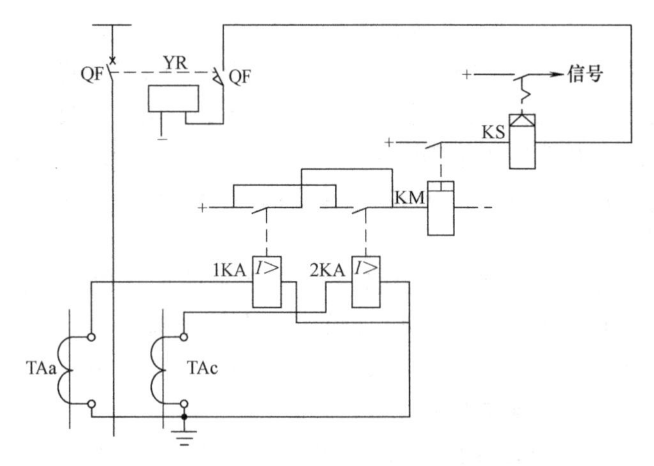

图 2-31　小接地电流系统无时限电流速断保护的原理接线图

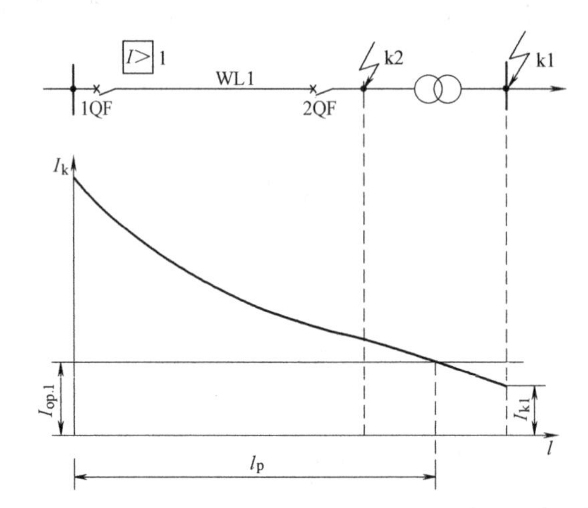

图 2-32　线路-变压器组接线的无时限电流速断保护范围

3. 电压、电流联锁速断保护

当电网运行方式变化很大时，无时限电流速断保护的保护范围可能很小，甚至没有保护区。为了在不延长保护动作时间的条件下增加保护范围、提高灵敏度，可以采用电压、电流联锁速断保护。它兼用短路故障时电流增大和电压降低两种特征，以取得本线路故障保护的较高灵敏度和防止下一级线路故障时保护误动作。

电压、电流联锁速断保护的原理接线图如图 2-33 所示。三个电压继电器（1KV ~ 3KV）的触点并联后控制中间继电器 1KM，两个电流继电器（1KA 和 2KA）的触点并联后通过 1KM 的触点控制出口中间继电器 2KM。测量元件中电流继电器和电压继电器构成逻辑与门，只有电流继电器和电压继电器同时动作时，出口继电器 2KM 才能动作，发出跳闸脉冲。如果电压互感器二次回路断线或由于其他原因造成低电压时，仅能使 1KM 动作，发出低电压信号，而不能启动跳闸回路。

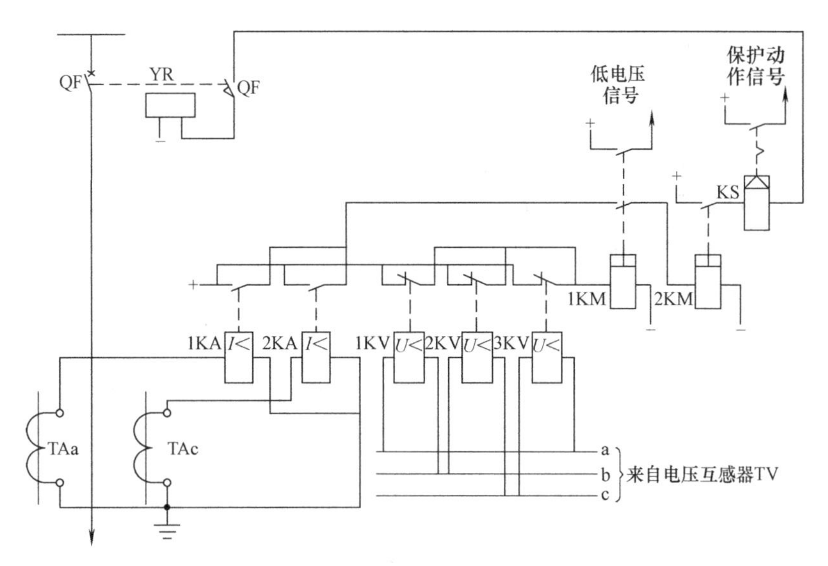

图2-33 电压、电流联锁速断保护的原理接线图

电流元件采用两相星形联结，电压元件有较高的灵敏系数，在输电线上任两点短路（如A、B两相短路）时，电压相量图如图2-34所示。从图中可见，$\dot{U}_{kA}=\dot{U}_{kB}=-\dfrac{\dot{E}_C}{2}$，$\dot{U}_{kC}=\dot{E}_C$，则$\dot{U}_{kAB}=0$，$\dot{U}_{kBC}=-1.5\dot{E}_C$，$\dot{U}_{kCA}=1.5\dot{E}_C$。所以，保护安装处母线电压近似为零，即$\dot{U}_{AB}\approx 0$，而$\dot{U}_{BC}$和$\dot{U}_{CA}$均很高。这样只有接AB相间电压$\dot{U}_{AB}$的低电压继电器动作，且很灵敏，而接于$\dot{U}_{BC}$、$\dot{U}_{CA}$上的低电压继电器均不能动作。因此必须设三个低电压继电器，才能保证不同相间的两相短路时保护的灵敏性。

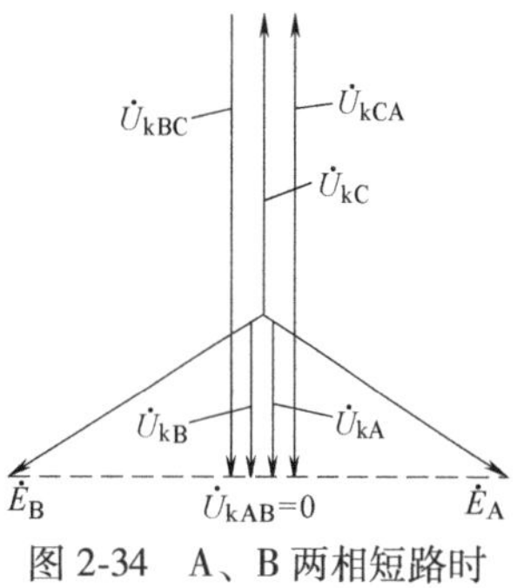

图2-34 A、B两相短路时电压相量图

电压、电流联锁速断保护的整定有多种整定方法，原则上同无时限电流速断保护一样，按躲过线路末端短路故障来整定。通常为了使保护在某一主要运行方式下有较大保护范围，保护装置按某一主要运行方式下电流元件和电压元件保护范围相等的条件来进行整定计算。

图2-35中，假设系统在某一主要运行方式下，系统等值电抗为X_s，保护范围为$l_{p.1}$，则

$$l_{p.1}=\frac{l}{K_{rel}}\approx 0.75l \tag{2-36}$$

式中，K_{rel}为可靠系数，取1.3~1.4；l为被保护线路全长（km）。

电流元件的动作电流为

$$I_{op.1}^{I}=\frac{E_{ph}}{X_s+X_1 l_{p.1}} \tag{2-37}$$

式中，E_{ph}为在主要运行方式下，系统的等值相电动势；X_s为在主要运行方式下，系统的等值电抗；X_1为线路单位长度的正序电抗（Ω/km）。

$I_{op.1}^{I}$就是在主要运行方式下，保护范围末端三相短路时的短路电流。根据主要运行方式下电流、电压元件保护范围相等的原则，在此情况下，电压元件也应该动作，所以三个电压继

电器（1KV~3KV）的动作电压应为

$$U_{op.1}^{I}=\sqrt{3}I_{op.1}^{I}X_1l_{p.1} \tag{2-38}$$

$U_{op.1}^{I}$ 是在主要运行方式下保护范围末端三相短路时，母线 A 上的残余电压。$U_{op.1}^{I}$ 和 $I_{op.1}^{I}$ 如图 2-35 的直线 8、7 所示。图中，曲线 1、2 和 3 分别表示最大、主要和最小运行方式下被保护线路各点短路时的短路电流的变化 $I_k^{(3)}=f(l)$，曲线 4、5、6 分别表示最大、主要和最小运行方式下被保护线路各点短路时 A 母线的残余电压变化 $U_{res}=f(l)$，曲线 9 表示最小运行方式下的两相短路电流变化 $I_k^{(2)}=f(l)$。

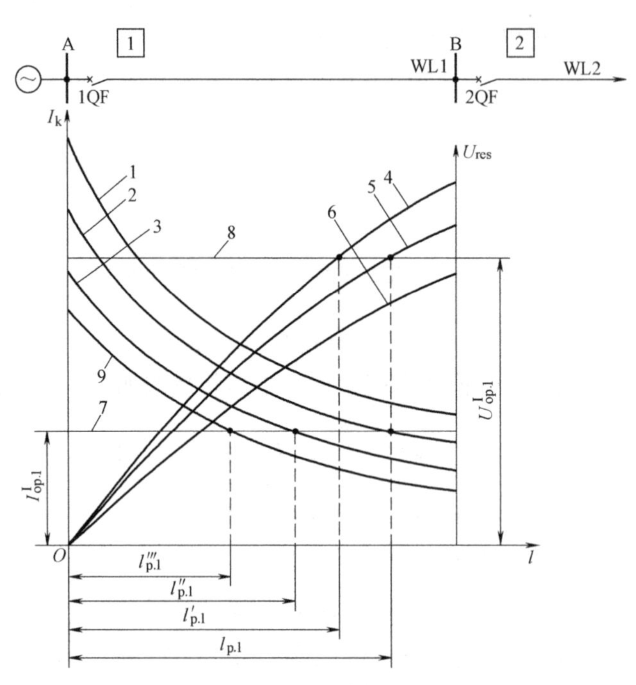

图 2-35　电压、电流联锁速断保护的原理说明

从图 2-35 中可见，当最大运行方式下，电流元件的保护范围伸长，可能超过本级线路，但电压元件保护范围缩短，整个保护装置的动作范围取决于电压元件，保护范围为 $l'_{p.1}$；在最小运行方式下时，电流元件保护范围缩短，电压元件保护范围伸长，整个保护装置的动作范围取决于电流元件，保护范围为 $l''_{p.1}$。在这两种运行方式下，整个装置的保护范围由动作范围较短的一种元件确定，因此保护装置不会误动作。而在主要运行方式下，保护范围要比无时限电流速断保护范围大。

对于系统运行方式变化较大的线路，其各种可能运行方式下，电压、电流联锁速断保护的最小保护范围均应不小于线路全长的 15%。

此外，对于图 2-36 所示的线路-变压器组接线，电压、电流联锁速断保护应躲过变压器低压侧短路电流来整定计算，即

$$I_{op}^{I}=\frac{I_{k1.min}^{(2)}}{K_{sm.(k1)}^{I}} \tag{2-39}$$

式中，$I_{k1.min}^{(2)}$ 为系统最小运行方式下，被保护线路末端 k1 点两相短路时流经保护装置的短路电流值；$K_{sm.(k1)}^{I}$ 为电流元件的灵敏系数，取 1.25~1.5。

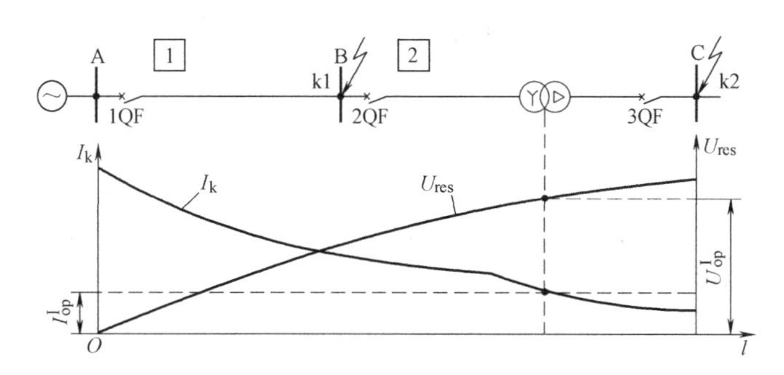

图 2-36　单侧电源供电线路-变压器组接线图

电压元件为三个电压继电器，因接在相间电压上，它的动作电压按下式整定：

$$U_{op.1}^{I} = \sqrt{3} I_{op.1}^{I}(X_L + X_T)/K_{rel} \tag{2-40}$$

式中，X_L 为被保护线路的电抗；X_T 为变压器电抗；K_{rel} 为可靠系数，取 1.2~1.3。

电压元件的灵敏度系数按下式校验：

$$K_{sm.u}^{I} = \frac{U_{op.1}^{I}}{U_{res.max}} \geqslant 1.25 \sim 1.5 \tag{2-41}$$

式中，$U_{res.max}$ 为系统在最大运行方式下，线路末端 k1 点短路时，保护安装处母线 A 的最大残余电压，$U_{res} = \sqrt{3} X_L I_{k1.max}^{(3)}$，这里 $I_{k1.max}^{(3)}$ 为系统在最大运行方式下，线路末端 k1 点三相短路时流过保护装置的最大短路电流。

当外部短路电流 I_{k2} 小于动作电流 $I_{op.1}^{I}$ 时，电流元件不动作；当 $I_{k2} > I_{op.1}^{I}$ 时，虽然电流元件动作，但电压元件受到残压 $U_{op.1}^{I} = \sqrt{3} I_{op.1}^{I}(X_L + X_T)$，所以电压元件不动作，从而保证了保护装置的选择性。

4. 自适应无时限电流速断保护

无时限电流速断保护不能保护线路全长，并且保护范围直接受系统运行方式影响，为克服这一缺点，可采用具有自适应功能的电流速断保护。自适应继电保护是根据电力系统运行方式和故障类型的变化，实时地改变保护装置的动作特性，或整定值的一种保护。其目的在于使保护装置适应这些变化，进一步改善保护性能。电流速断保护按最大运行方式选择动作电流整定值，即

$$I_{op.1}^{I} = K_{rel}^{I} I_{k.max} = \frac{K_{rel}^{I} K_k E_{ph}}{Z_{s.min} + Z_L} \tag{2-42}$$

式中，$Z_{s.min}$ 为系统等值正序的最小阻抗；Z_L 为被保护线路正序阻抗；E_{ph} 为系统等值相电动势，常数；K_{rel}^{I} 为可靠系数；K_k 为短路类型系数。

短路电流的大小与系统运行方式、短路类型系数 K_k 和短路点在被保护线路上位置有关。设在线路 aZ_L 处短路，则短路电流为

$$I_k = \frac{K_k E_{ph}}{Z_s + aZ_L} \tag{2-43}$$

令式（2-42）和式（2-43）相等，则可求出实际运行方式下电流速断保护范围 a 为

$$a = \frac{K_k(Z_{s.min} + Z_L) - K_{rel}^{I} Z_s}{K_{rel}^{I} Z_L} \tag{2-44}$$

由于式（2-44）中，$K_{rel}^{I}>1$，$K_k \leqslant 1$，$Z_s > Z_{s.min}$，因此，实际的保护范围 a 总小于最大运行

方式下保护范围，且保护范围将随短路类型系数 K_k 变小和 Z_s 增大而缩短直到为零。其保护范围为零的条件为

$$Z_s = \frac{K_k}{K_{rel}^{I}}(Z_{s.min} + Z_L) \tag{2-45}$$

为克服式（2-42）的缺点，自适应电流速断保护整定值应随系统运行方式和短路类型的实际情况变化，其电流整定值为

$$I_{op.1.s} = \frac{K_k K_{rel}^{I} E_{ph}}{Z_s + Z_L} \tag{2-46}$$

式中，Z_s 为保护安装处系统的等值正序阻抗，随运行方式改变而改变。

自适应电流速断范围为

$$a_s = \frac{Z_L - (K_{rel}^{I} - 1)Z_s}{K_{rel}^{I} Z_L} \tag{2-47}$$

由式（2-47）可知，a_s 随系统阻抗 Z_s 变化而变化，但总能满足电流速断保护动作原理的基本要求而处于最佳状态。

自适应保护范围为零的条件为

$$Z_s = \frac{Z_L}{K_{rel}^{I} - 1} \tag{2-48}$$

由式（2-44）和式（2-47）进行比较可得

$$a_s = \frac{Z_L + Z_s - K_{rel}^{I} Z_s}{K_k(Z_L + Z_{s.min}) - K_{rel}^{I} Z_s} a \tag{2-49}$$

由于 $K_k(Z_L + Z_{s.min}) \leqslant (Z_L + Z_s)$，所以 $a_s \geqslant a$。

显然采用自适应保护后，电流速断保护性能得到显著提高。为实现自适应保护，必须实行监测电力系统运行中的有关参数，并在发生故障瞬间快速获得故障类型以及系统阻抗 Z_s 的信息，这些信息可以利用各种通道从系统调度或相邻变电站得到。电力系统调度自动化、变电站综合自动化以及微机的智能化为获得更多有用信息并加以实时处理提供了有利条件。

2.1.4　带时限的电流速断保护

由于无时限电流速断保护不能保护线路全长，因此考虑增加新的一段保护用来切除本线路无时限电流速断保护范围外的故障，同时也作为无时限电流速断保护的后备保护。这新增加的保护称为带时限电流速断保护，又称为第Ⅱ段电流保护。它的保护范围延伸到下一级线路但不超过相邻线路的速断保护区。这样，它的动作时限只需比相邻线路无时限电流速断保护动作时限大一时限级差 Δt。

1. 工作原理及整定计算

如图2-37所示，线路WL1和WL2分别装有带时限电流速断保护和无时限电流速断保护。

为使线路WL1的带时限电流速断保护范围不超出相邻线路WL2无时限电流速断保护范围，要求保护1带时限电流速断保护动作电流 $I_{op.1}^{II}$ 要大于保护2无时限电流速断保护的动作电流 $I_{op.2}^{I}$，即

$$I_{op.1}^{II} > I_{op.2}^{I}$$

引入可靠系数 K_{rel}^{II}，则得

$$\begin{cases}I_{op.1}^{\mathrm{II}}=K_{rel}^{\mathrm{II}}I_{op.2}^{\mathrm{I}}\\I_{op.2}^{\mathrm{I}}=K_{rel}^{\mathrm{I}}I_{kC.max}^{(3)}\end{cases}\tag{2-50}$$

考虑到短路电流中非周期分量已衰减，故 K_{rel}^{II} 可选得比无时限电流速断保护的 K_{rel}^{I} 小一些，取 1.1~1.2，同时也不超出相邻变压器电流速断保护区外，即

$$I_{op.1}^{\mathrm{II}}=K_{co}I_{kD.max}^{(3)}\tag{2-51}$$

式中，K_{co} 为配合系数，取 1.3；$I_{kD.max}^{(3)}$ 为变压器低压侧母线发生短路时流经保护 1 安装处的最大三相短路电流值。

为保证选择性，保护 1 带时限电流速断保护动作时限 t_1^{II} 要与保护 2 无时限电流速断保护和保护 4（变压器差动保护）动作时限 t_2^{I}、t_4^{I} 相配合，即

$$\begin{cases}t_1^{\mathrm{II}}=t_2^{\mathrm{I}}+\Delta t\\t_1^{\mathrm{II}}=t_4^{\mathrm{I}}+\Delta t\end{cases}\tag{2-52}$$

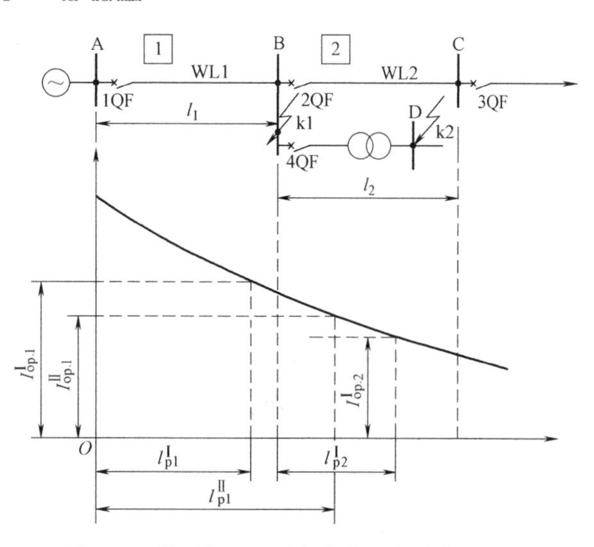

图 2-37　带时限电流速断保护整定计算说明图

式中，Δt 为时限级差，机电型继电器取 0.5~0.7s，静态型继电器取 0.3~0.35s。

由此可见，线路装置无时限电流速断保护和带时限电流速断保护可以保证线路在 0.5s 时间内切除故障，在一般情况下可满足速动性要求，因此可作为线路的主保护。

2. 灵敏系数校验

为保证带时限电流速断保护能够保护线路的全长，限时电流速断保护必须在最小运行方式下，线路末端发生两相短路时，具有足够的反应能力，这个能力通常用灵敏系数 K_{sen} 来衡量。对保护 1 的灵敏系数计算公式为

$$K_{sen}^{\mathrm{II}}=\frac{I_{kB.min}^{(2)}}{I_{op.1}^{\mathrm{II}}}\tag{2-53}$$

式中，$I_{kB.min}^{(2)}$ 为系统在最小运行方式下被保护线路末端发生两相短路时，流过保护装置的最小短路电流；$I_{op.1}^{\mathrm{II}}$ 为保护 1 带时限电流速断保护的动作电流；K_{sen}^{II} 为带时限电流速断保护的灵敏系数，其值在《技术规程》中规定，线路长度小于 50km，$K_{sen}^{\mathrm{II}}>1.5$，在 50~200km 时，$K_{sen}^{\mathrm{II}}=1.4$，当线路长度大于 200km 时，$K_{sen}^{\mathrm{II}}\geqslant 1.3$。

带时限电流速断保护的原理接线图如图 2-38 所示，它与无时限电流速断保护原理接线相似。不同的是以时间继电器 KT 替代中间继电器 KM，时间继电器的作用是建立保护的延时，由于时间继电器触点容量较大，故可直接接通跳闸线圈 YR。

带时限电流速断保护可以保护线路全长，而且由于减小了动作电流值使保护灵敏系数提高了，可作为本级线路近后备保护。

2.1.5　定时限过电流保护

定时限过电流保护（简称过电流保护），也称为第三段电流保护。它是指其动作电流按躲过线路最大负荷电流整定，并以时限保证动作的选择性。它不仅能保护本线路全长，而且也能保护相邻线路全长，不仅可作为本级线路的近后备保护，还可以作相邻线路的远后备保护。

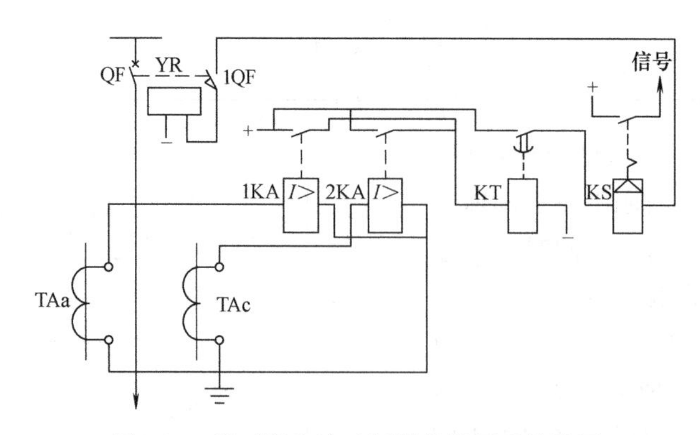

图 2-38　带时限电流速断保护的原理接线图

1. 过电流保护的工作原理

图 2-39a 所示为单侧电源辐射形电网，在线路 WL1、WL2、WL3 上靠近电源侧分别装设过电流保护 1、2、3。当线路 WL3 上 k1 点发生短路时，短路电流将从电源流过保护 1、2、3 安装处到 k1 点，一般情况下，短路电流均大于保护 1、2、3 的动作电流，所以保护 1、2、3 将同时启动，但是根据选择性要求，应该由距故障点最近的保护 3 动作，使断路器 3QF 跳闸，切除故障。而保护装置 1、2 则应在故障切除后立即返回，所以要求各保护装置的整定时限不同，越靠近电源侧则时限应越长。

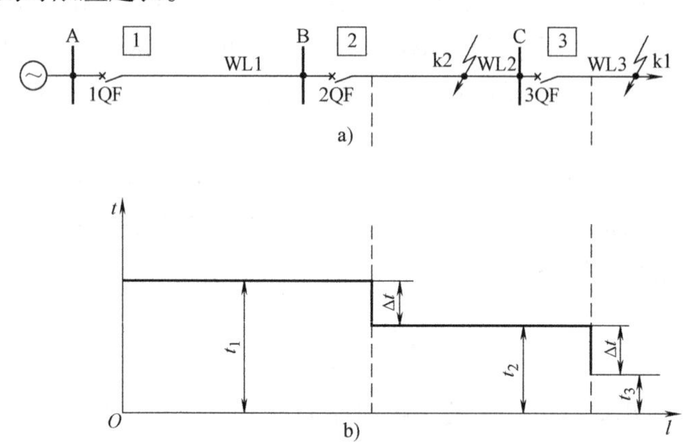

图 2-39　单侧电源辐射形电网中定时限过电流保护的配置和时限特性

a）配置示意图　b）时限特性

保护 3 位于电网最末端，只要线路 WL3 故障，它可以瞬时动作切除故障，所以 t_3 为保护装置本身固有动作时间，对于保护 2 要保证 k1 点短路动作有选择性，则应整定时限 $t_2>t_3$，引入时限级差 Δt，则 $t_2=t_3+\Delta t$。保护 2 的时限确定后，当 k2 点短路时，它将以 t_2 时限切除故障。同理，为保证保护 1 动作的选择性，必须整定 $t_1>t_2$，引入 Δt 后，则 $t_1=t_2+\Delta t$。依次类推，对 n 段线路的过电流保护，其动作时限可用下式整定，即

$$\begin{cases} t_1 = t_2 + \Delta t \\ t_2 = t_3 + \Delta t \\ \vdots \\ t_n = t_{(n+1).\max} + \Delta t \end{cases} \tag{2-54}$$

式中，$t_{(n+1).\max}$ 为相邻下级母线具有分支线路，其分支线路中保护时间最长的时限。

过电流保护的时限特性如图2-39b所示，这种选择保护装置动作时限的方法称为时限的阶梯原则。这种过电流保护动作时间与短路电流大小无关，因而称其为定时限过电流保护。实现过电流保护的原理接线图与带时限电流速断保护的原理接线图相同。

过电流保护的缺点是越靠近电源侧故障短路电流越大，切除故障时间越长。因此在电网中广泛采用无时限电流速断保护和带时限电流速断保护作为线路的主保护，以快速切除故障，利用过电流保护作为本级线路和相邻线路的后备保护。

处于电网终端附近的保护装置，其过电流保护动作时限并不长，在这种情况下，它就可以作为主保护兼后备保护而不需要再装设无时限电流速断保护和带时限电流速断保护。

2. 整定计算

（1）动作电流的整定

为保证保护线路通过最大负荷电流时，过电流保护不误动作，并且在外部故障切除后能可靠返回，过电流保护动作电流 $I_{op}^{Ⅲ}$ 必须满足下面两个条件：①过电流保护动作电流必须大于流过被保护线路的最大负荷电流 $I_{L.max}$，即 $I_{op}^{Ⅲ}>I_{L.max}$；②过电流保护的返回电流必须大于外部短路故障切除后，流过被保护线路的自启动电流 $I_{ss.max}$，即

$$I_{re}=K_{re}I_{op.1}^{Ⅲ}>I_{ss.max}=K_{ss}I_{L.max}$$

$$I_{op.1}^{Ⅲ}=\frac{K_{rel}^{Ⅲ}K_{ss}}{K_{re}}I_{L.max} \tag{2-55}$$

式中，$K_{rel}^{Ⅲ}$ 为可靠系数，取值为1.15~1.25；K_{ss} 为自起动系数，由网络接线和负荷性质决定，一般取值为1.5~3；K_{re} 为返回系数，一般取值为0.85~0.95，对机电型继电器取0.85，静态型继电器取0.95；$I_{L.max}$ 为最大负荷电流。

（2）灵敏系数校验

按其保护范围末端最小短路电流进行灵敏系数校验，如图2-39中保护1的灵敏系数为

① 近后备保护
$$K_{sen}^{Ⅲ}=\frac{I_{kB.min}^{(2)}}{I_{op.1}^{Ⅲ}}\geqslant 1.3\sim1.5 \tag{2-56}$$

② 远后备保护
$$K_{sen}^{Ⅲ}=\frac{I_{kC.min}^{(2)}}{I_{op.1}^{Ⅲ}}\geqslant 1.2 \tag{2-57}$$

此外，在各个过电流保护之间，要求灵敏系数之间相互配合，即对同一故障点而言，越靠近故障点的保护应具有越高的灵敏系数，如图2-37中k1点短路时，要求 $K_{sen}^{(3)}>K_{sen}^{(2)}>K_{sen}^{(1)}$。

3. 提高过电流保护灵敏度的措施

若过电流保护装置的灵敏系数不能满足要求，可以采用低电压启动的过电流保护装置，提高灵敏系数。低电压闭锁过电流保护单相的原理接线如图2-40所示，测量启动元件由低压继电器KV和电流继电器KA组成。只有两种继电器都动作时，才能接通时间继电器。在正常运行时，不管线路负荷电流多大，母线电压总是接近于额定电压，电压继电器的Z形舌片被吸动，其常闭触点打开，即使电流继电器

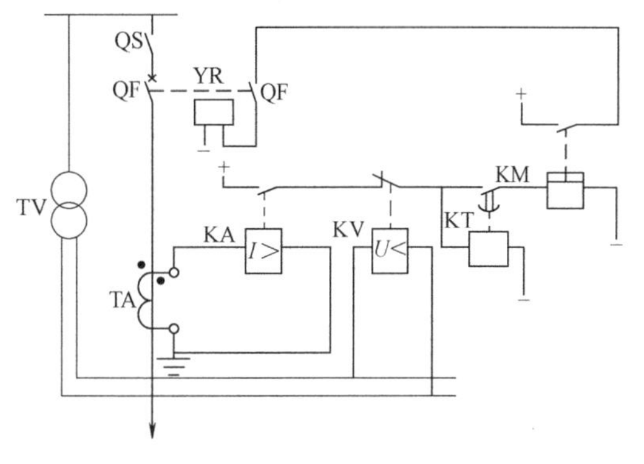

图2-40　低电压闭锁过电流保护单相的原理接线图

常开触点闭合也不能接通中间继电器。因此，电流继电器的动作电流可以不按躲过最大负荷电流整定，只按躲过线路的计算电流 I_c 来整定，即

$$I_{op.r}^{\mathrm{III}}=\frac{K_{rel}K_{con}}{K_{re}K_{TA}}I_c \tag{2-58}$$

式中，K_{con} 为接线系数；K_{TA} 为电流互感器的电流比。

由于减小了保护装置的动作电流 $I_{op.r}^{\mathrm{III}}$，因而提高了灵敏系数。

低电压继电器的动作电压按躲过母线最低工作电压 $U_{w.min}$ 整定，同时返回电压也应躲过 $U_{w.min}$，因此低电压继电器动作电压按下式整定：

$$U_{op.r}=\frac{U_{w.min}}{K_{rel}K_{re}K_{TV}}\approx(0.6\sim0.7)\frac{U_N}{K_{TV}} \tag{2-59}$$

式中，K_{rel} 为可靠系数，取 1.2；K_{re} 为低压继电器的返回系数，取 1.25；K_{TV} 为电压互感器的电压比。

4. 自适应过电流保护

由于过电流保护的启动电流要按躲过被保护元件的最大负荷电流整定，所以其灵敏系数要用最小运行方式下末端两相短路时的电流进行效验。可实时地在线测出被保护元件的负荷电流，并按式（2-55）计算出保护装置的动作电流。同时在发生故障的瞬间，测出系统阻抗，并据此计算出末端短路电流值，求出在这种运行方式下保护的灵敏系数。

由于在大多数情况下，线路负荷都在小于最大负荷条件下运行，同时在最小运行方式下，在线路末端发生两相短路的概率也远小于其他各种运行方式。因此，按照上述自适应条件，算出的保护动作电流和灵敏系数显著地改善了保护性能。

2.1.6　三段式电流保护装置

1. 三段式电流保护装置的构成

在 35kV 及以下电网中通常采用三段式电流保护装置。三段式电流保护的保护范围及时限特性如图 2-41 所示。

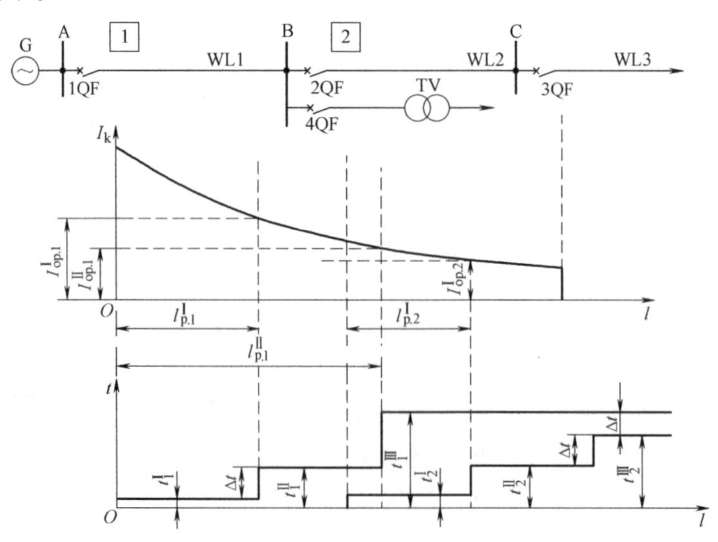

图 2-41　三段式电流保护的保护范围及时限特性

以保护 1 为例，第Ⅰ段电流保护的保护范围为保护线路的一部分 $l_{p.1}^{I}$，其动作时限为 t_1^{I}；第Ⅱ段电流保护的范围为 $l_{p.1}^{II}$，其动作时限为 $t_1^{II}=t_1^{I}+\Delta t$；第Ⅰ、Ⅱ段电流保护构成线路主保护。第Ⅲ段电流保护作为第Ⅰ、Ⅱ段电流保护的近后备保护和下一级线路远后备保护，它的保护范围为线路 WL1 和 WL2 的全部，其动作时限为 t_1^{III}，按阶段原则，$t_1^{III}=t_2^{III}+\Delta t$，$t_2^{III}$ 为线路 WL2 的过电流保护时限。

必须指出，输电线路上并不一定要装设三段式电流保护，应当根据电网具体情况确定，如线路-变压器组接线，无时限电流速断保护按保护线路全长考虑后，可不装设带时限的电流速断，因此，只装设第Ⅰ、Ⅲ段电流保护。又如在较短线路上，第Ⅰ段的保护区很短甚至没有，这时只需装设第Ⅱ、Ⅲ电流保护。对于终端短线路，第Ⅰ、Ⅱ段电流保护没有保护范围，因此只需装设第Ⅲ段电流保护。

2. 三段式电流保护装置的原理接线图和展开接线图

继电保护装置属于电力系统的二次设备，其接线称为二次接线。二次接线图有三种，包括归总式原理接线图，简称原理接线图；展开式原理接线图，简称展开接线图和安装接线图。对于继电保护装置，三种接线图都在使用，在讲述继电保护装置工作原理时，常采用原理接线图，在设计、安装、施工和维护、检修、调试时，常采用展开接线图和安装接线图。这里只介绍原理接线图和展开接线图。

（1）原理接线图

继电保护装置的原理接线图是用来表示保护装置的工作原理的，它以二次元件整体形式表示各二次元件之间的电气联系，并与一次接线有关部分画在一起，其相互联系的电流回路、电压回路以及直流回路综合在一起，二次元件之间连线按实际工作顺序画出，不考虑实际位置，这样对继电保护整个装置形成一个清楚的整体概念。原理接线图对分析继电保护装置二次回路的工作原理、了解动作过程都很方便，但由于电路中各元件之间联系是以整体形式连接，当元件较多时，接线相互交叉，显得零乱，没有画出元件的内部接线、元件端子及连接线无符号标注，实际接线及查线很困难。

（2）展开接线图

继电保护展开接线图是按供电给二次回路的每个独立电源来划分的，即将二次回路按交流电压、电压、直流操作回路、信号回路及保护回路等几个主要部分，每一个部分又分为许多行，交流回路按 A、B、C 相序排列。直流回路按元件先后动作顺序从上到下或从左到右排列，其中同一个继电器元件的电压线圈及触点要分开表示在各相回路里，各回路中，属于同一元件的线圈和触点采用相同的文字符号，各行或列中各元件的线圈和触点按实际连线方式，即按电流通过方向，依次连接成回路，在各行右边一般有文字说明，说明回路名称和各个回路的主要元件的作用。

（3）三段式电流保护装置原理接线图和展开接线图

三段式电流保护装置的原理接线图和展开接线图如图 2-42 所示。如图 2-42a 所示，1KA、2KA、1KS、KCO 组成第Ⅰ段电流保护，3KA、4KA、1KT、2KS、KCO 组成第Ⅱ段电流保护，5KA、6KA、7KA、2KT、KCO 组成第Ⅲ段电流保护。出口中间继电器 KCO 触点带 0.1s 延时，为的是躲过避雷器的放电时间，电流继电器 7KA 接于 A、C 两相电流之和上，是为了在 Yd 联结变压器后发生两相短路时提高过电流保护的灵敏性。任一段保护动作均有相应信号继电器 KS 的掉牌指示，可以知道哪段保护动作，从而分析故障的大概范围。图 2-42b 为三段式电流保护的展开接线图，它由交流回路、直流回路和信号回路三部分组成。交流回路由电流互感器

TAa、TAc构成两相星形联结，二次绕组接电流继电器1KA~7KA的线圈。直流回路由直流屏引出的直流操作电源正控制小母线（+WC）和负控制小母线（-WC）供电。信号回路由直流屏引出直流操作电源正信号小母线（+WS）和负信号小母线（-WS）供电。

从展开图中看出，对属于同一继电器的各个组成部分如线圈、触点被画在属于不同的回路中，属于同一个继电器的全部部件注以同一个标号。在绘制展开图时，尽量按保护动作顺序自左向右及自上而下依次排列。展开图右侧有文字说明，以帮助了解各回路作用。读展开图时，各行由左向右、由上向下看。

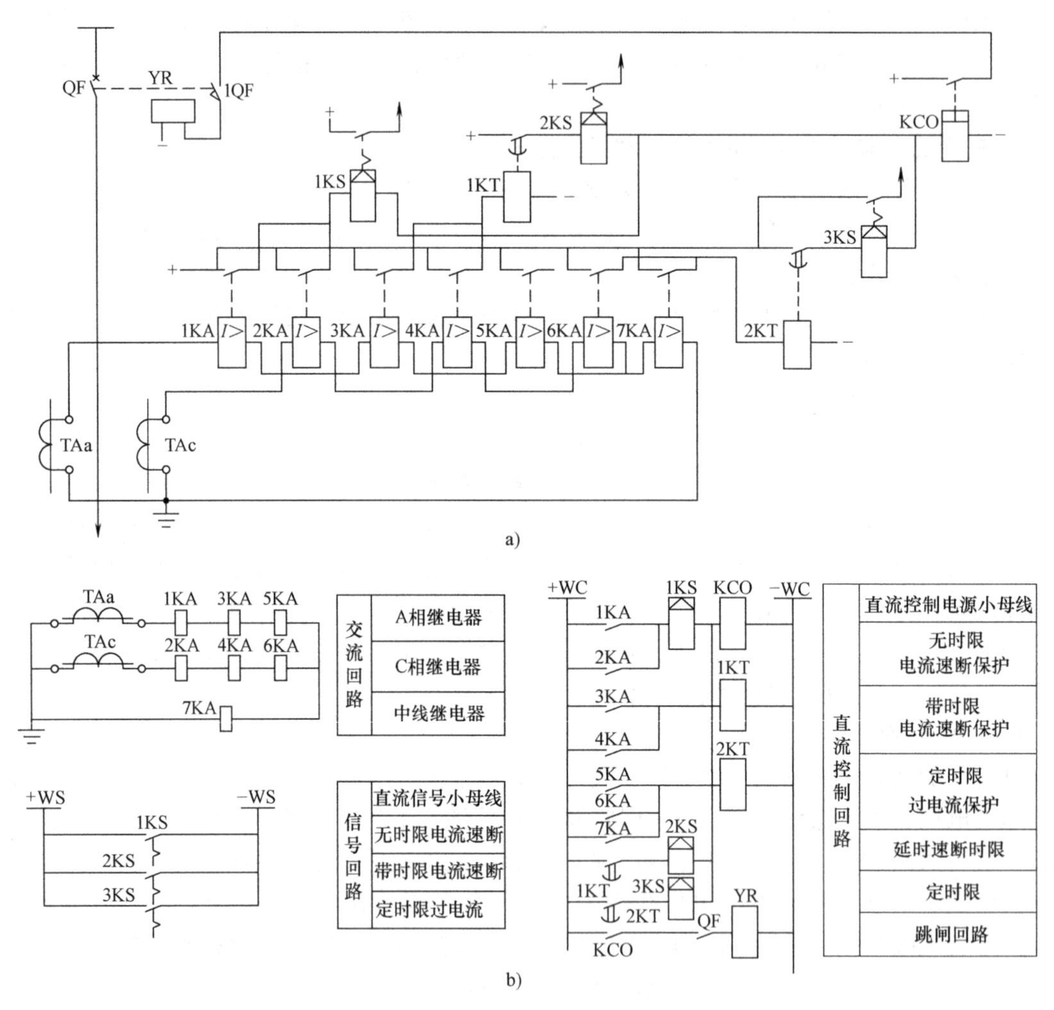

图2-42　三段式电流保护装置的接线图

a）原理接线图　b）展开接线图

展开图虽然不如原理图那样形象，但它能清楚地表达保护装置动作过程，易于查找接线错误，对复杂回路的设计、研究、安装和调试非常方便，因此，展开图在生产上得到广泛应用。

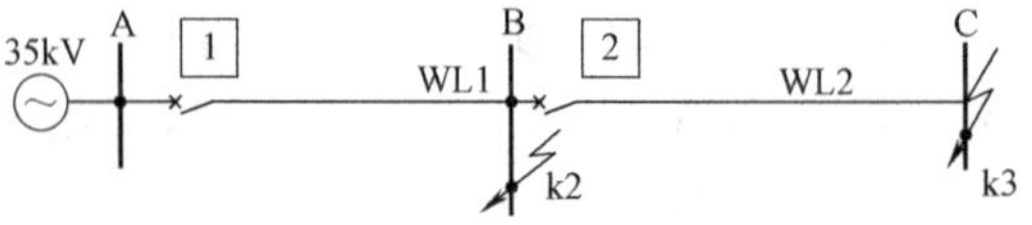

图2-43　例2-1的网络接线图

【例2-1】 如图2-43所示，网络中每条线路的断路器上均装有三段式电流保护。已知电源最大、最小等效阻抗为 $X_{s.max}=9\Omega$，$X_{s.min}=6\Omega$，线路阻抗 $X_{AB}=10\Omega$，$X_{BC}=24\Omega$。线路 WL2 上过电流保护时限为 2.2s，线路 WL1 上最大负荷电流为 150A，电流互感器采用两相星形联结，其电流比为 300/5，试计算各段保护动作电流及动作时限，校验保护的灵敏系数，并选择保护装置的主要继电器。

解：（1）计算 k2 点、k3 点最大、最小运行方式下的三相短路电流

k2 点：

$$I_{k2.max}^{(3)}=\frac{E_{ph}}{X_{s.min}+X_{AB}}=\frac{(37/\sqrt{3})\text{kV}}{(6+10)\Omega}=1.335\text{kA}$$

$$I_{k2.min}^{(3)}=\frac{E_{ph}}{X_{s.max}+X_{AB}}=\frac{(37/\sqrt{3})\text{kV}}{(9+10)\Omega}=1.124\text{kA}$$

k3 点：

$$I_{k3.max}^{(3)}=\frac{E_{ph}}{X_{s.min}+X_{AB}+X_{BC}}=\frac{(37/\sqrt{3})\text{kV}}{(6+10+24)\Omega}=0.534\text{kA}$$

$$I_{k3.min}^{(3)}=\frac{E_{ph}}{X_{s.max}+X_{AB}+X_{BC}}=\frac{(37/\sqrt{3})\text{kV}}{(9+10+24)\Omega}=0.497\text{kA}$$

（2）保护 1 第 I 段整定计算

1）保护装置一次动作电流 $I_{op.1}^{\text{I}}$ 的计算如下：

$$I_{op.1}^{\text{I}}=K_{rel}^{\text{I}}I_{k2.max}^{(3)}=1.3\times1.335\text{kA}=1.736\text{kA}$$

2）保护装置二次动作电流，即继电器的动作电流 $I_{op1.r}^{\text{I}}$ 计算如下：

$$I_{op1.r}^{\text{I}}=\frac{K_{con}}{K_{TA}}I_{op.1}^{\text{I}}=\frac{1}{300/5}\times1736\text{A}=28.9\text{A}$$

查附录 C 中表 C-1，选用 DL-25C/50 型电流继电器，动作电流整定范围为 12.5~50A。

3）最小灵敏系数校验：

$$X_1l_{p.min}^{\text{I}}=\left(\frac{\sqrt{3}}{2}\frac{E_{ph}}{I_{op.1}^{\text{I}}}-X_{s.max}\right)=\left(\frac{\sqrt{3}}{2}\times\frac{37/\sqrt{3}}{1.736}-9\right)=1.657$$

$$m=\frac{X_1l_{p.min}^{\text{I}}}{X_1l_{AB}}\times100\%=\frac{1.657}{10}\times100\%=16.57\%>15\%\text{，合格}$$

4）第 I 段电流保护动作时限 $t_1^{\text{I}}\approx0\text{s}$。

（3）第 II 段电流保护整定计算

1）保护 1 第 II 段动作电流要与保护 2 第 I 段动作电流相配合，所以要先计算保护 2 第 I 段动作电流 $I_{op.2}^{\text{I}}$。

$$I_{op.2}^{\text{I}}=K_{rel}^{\text{I}}I_{k3.max}^{(3)}=1.3\times0.534\text{kA}=0.694\text{kA}$$

$$I_{op.1}^{\text{II}}=K_{rel}^{\text{II}}I_{op.2}^{\text{I}}=1.1\times694\text{A}=763.4\text{A}$$

$$I_{op.1r}^{\text{II}}=\frac{K_{con}}{K_{TA}}I_{op.1}^{\text{II}}=\frac{1}{300/5}\times763.4\text{A}=12.7\text{A}$$

选用 DL-25C/25 型电流继电器，其动作电流整定范围为 12.5~25A。

2）动作时限与 WL2 电流保护 2 第 I 段时限配合，故

$$t_1^{\text{II}}=t_2^{\text{I}}+\Delta t=(0+0.5)\text{s}=0.5\text{s}$$

选用 DS-21 型时间继电器，其时限整定范围为 0.2~1.5s。本保护取 0.5s。

3）校验第 II 段电流保护灵敏系数：

$$K_{\text{sen.1}}^{\text{II}}=\frac{I_{\text{k2.min}}^{(2)}}{I_{\text{op.1}}^{\text{II}}}=\frac{\sqrt{3}}{2}\frac{I_{\text{k2.min}}^{(3)}}{I_{\text{op.1}}^{\text{II}}}=\frac{0.866\times1.124}{0.7634}=1.28>1.25\text{，合格}$$

（4）保护1第Ⅲ段电流整定计算

1）定时限过电流保护动作电流 $I_{\text{op.1}}^{\text{III}}$ 的计算如下：

$$I_{\text{op.1}}^{\text{III}}=\frac{K_{\text{rel}}^{\text{III}}K_{\text{ss}}}{K_{\text{re}}}I_{\text{L.max}}=\frac{1.2\times1.3}{0.85}\times150\text{A}=275.3\text{A}$$

$$I_{\text{op.1r}}^{\text{III}}=\frac{K_{\text{con}}}{K_{\text{TA}}}I_{\text{op.1}}^{\text{III}}=\frac{1\times275.3\text{A}}{300/5}=4.59\text{A}$$

选用DL-21C/10型电流继电器，其动作电流整定范围为5~10A。

2）保护1第Ⅲ段保护动作时限 t_1^{III} 应与保护2第Ⅲ段保护时限相配合，故

$$t_1^{\text{III}}=t_2^{\text{III}}+\Delta t=(2.2+0.5)\text{s}=2.7\text{s}$$

选用时间继电器DS-21型，时限整定范围为2.5~3s，本保护动作时间为2.7s。

3）保护1第Ⅲ段灵敏系数校验

近后备保护：$K_{\text{sen}}^{\text{III}}=\frac{I_{\text{k2.min}}^{(2)}}{I_{\text{op.1}}^{\text{III}}}=\frac{0.866\times1.124}{0.2753}=3.5>1.5$，合格。

远后备保护：$K_{\text{sen}}^{\text{III}}=\frac{I_{\text{k3.min}}^{(2)}}{I_{\text{op.1}}^{\text{III}}}=\frac{0.866\times497}{275.3}=1.56>1.2$。

2.1.7 反时限过电流保护

反时限过电流保护装置的动作时间与故障电流大小成反比，故称为反时限特性。图2-44所示为反时限过电流保护原理接线图，其中KA采用感应式GL型电流继电器，这类继电器本身有测量启动的机构以及反时限机构，而且触点容量大，无须再用其他继电器，可直接跳闸，也不用信号继电器，本身有机械掉牌信号装置，因此保护接线简单、可靠性高。

图2-44a为直流操作电源、两相星形联结的反时限过电流保护装置原理接线图。正常运行时，继电器不动作，当线路发生短路故障时，流经继电器线圈中电流超过动作电流整定值，继电器铝盘上蜗杆与扇形齿片立即咬合，经反时限延时，触点闭合，使高压断路器跳闸，跳闸后继电器中电流消失，返回原始状态。

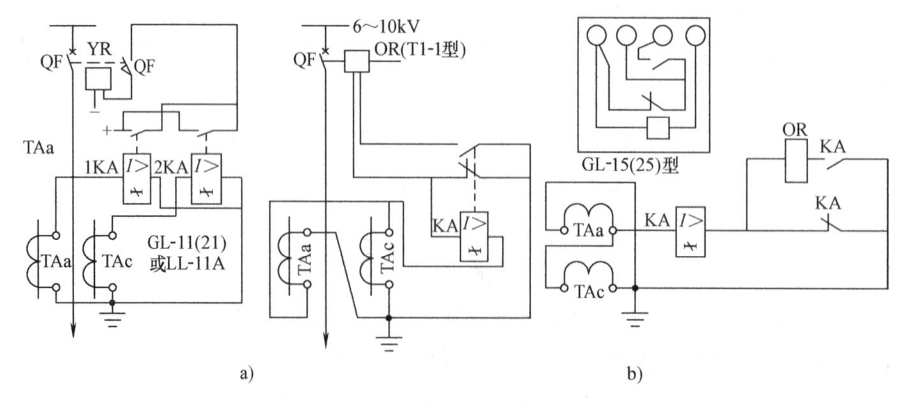

图2-44 反时限过电流保护装置原理接线图

a）采用两相星形联结直流操作电源 b）采用两相差流式接线交流操作电源

图 2-44b 为交流操作电源、两相差流式接线的反时限过电流保护装置原理接线图，其中 KA 采用 GL-15（25）型感应式电流继电器，正常时常开触点断开，交流瞬时脱扣器 OR 无电流，不能跳闸。当线路发生短路时，电流经继电器本身常闭触点流过其线圈，如果电流超过动作电流整定值，经过反时限延时，其触点立即转换，常开触点先接通，常闭触点随后断开，将瞬时电流脱扣器 OR 串入电流互感器二次回路，利用短路电流的能量使断路器跳闸。当断路器跳闸后，短路电流被切除，继电器和瞬时电流脱扣器又都返回原来状态。这种交流操作无须外加操作电源，对 6~10kV 及以下的小型变电所或高压电动机的保护很实用。

以图 2-45 所示网络说明反时限过电流保护动作特性的配合。线路 WL1 和 WL2 均装设有反时限过电流保护，设最后一级线路 WL2 反时限过电流保护装置的 10 倍动作电流时间为 t_2，现在要确定前一级线路 WL1 的反时限过电流保护装置 1 的 10 倍动作电流时间 t_1。

保护 2 的动作特性曲线如图 2-45c 中曲线 2 所示，计算出配合点即线路 WL2 首端 k1 点短路时的短路电流 I_{k1}，然后计算保护 2 的动作电流倍数 $n_2 = I_{k1}/I_{op.2}$，在图 2-45c 中曲线 2 上找到 A 点，对应的电流时间就是保护 2 在通过短路电流 I_{k1} 时的实际动作时间 t'_2。

根据选择性要求，保护 1 实际动作时间 $t'_1 = t'_2 + \Delta t$。对 GL 型继电器 Δt 取 0.7s。I_{k1} 对保护 1 的动作电流倍数 $n_1 = I_{k1}/I_{op.1}$，由 n_1 和 t'_1 交于图 2-45c 中曲线 1 的 B 点，再由 B 点在曲线 1 上找到对应 $n = 10$ 的纵坐标 t_1，即为保护 1 的 10 倍动作电流时间。

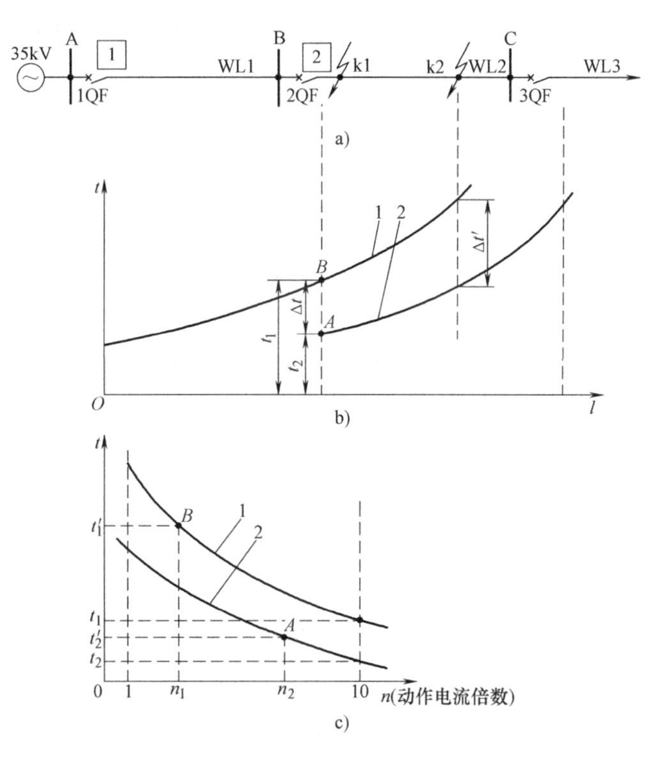

图 2-45　反时限过电流保护动作特性配合

a）动作时限特性互相配合　b）反时限过电流保护时限特性配合

c）反时限过电流保护的动作时间整定

【例 2-2】　某 10kV 电力线路如图 2-45a 所示。线路 WL1 和 WL2 均装设有反时限过电流保护，采用两相星形联结，采用 GL-15/10 型继电器。保护 1 的 TA1 电流比为 100/5，保护 2 的

TA2 电流比为50/5。已知保护1的电流继电器1KA整定动作电流为7A，10倍动作电流为1s。线路WL2上最大负荷电流为28A，WL2首端短路电流 $I_{k1.max}^{(3)}=420A$，其末端三相短路电流为 $I_{kC.min}^{(3)}=200A$。试整定保护装置2的动作电流及动作时间，并检验其最小灵敏系数。

解：（1）整定2KA的动作电流

取 $K_{rel}=1.3$，$K_{con}=1$，$K_{re}=0.8$，$K_{TA.2}=10$，$K_{ss}=2$，则

$$I_{op.r(2)}=\frac{K_{rel}K_{con}K_{ss}}{K_{re}K_{TA.2}}I_{L.max}=\frac{1.3\times1\times2}{0.8\times10}\times28A=9.1A$$

故继电器2KA动作电流整定为9A。

（2）整定KA的动作时间

先确定1KA的实际动作时间。由 $I_{k1.max}^{(3)}=420A$，k1点短路电流归算到1KA中的电流为

$$I'_{k1(1)}=\frac{I_{k1.max}^{(3)}K_{con}}{K_{TA.1}}=420A\times1/20=21A$$

动作电流倍数

$$n_1=\frac{I'_{k1(1)}}{I_{op.r(1)}}=\frac{21A}{7A}=3$$

由 $n_1=3$ 和1KA整定时间 $t_1=1s$，查GL-15型继电器动作特性曲线，如图2-45c中的曲线1所示，得出1KA的实际动作时间 $t'_1=1.8s$，由此可知2KA的实际动作时间为

$$t'_2=t'_1-\Delta t=(1.8-0.7)s=1.1s$$

再确定2KA的10倍动作电流时间。k1点发生三相短路时，2KA中的电流为

$$I'_{k1(2)}=\frac{I_{k1.max}^{(3)}K_{con}}{K_{TA.2}}=420A\times1/10=42A$$

动作电流倍数为

$$n_2=\frac{I'_{k1(2)}}{I_{op.r(2)}}=\frac{42A}{9A}=4.7$$

由 $n_2=4.7$ 和2KA的实际动作时间 $t'_2=1.1s$，查GL-15型继电器的动作特性曲线，如图2-45c中的曲线2所示，得2KA的10倍动作电流时间 $t_2\approx0.8s$。

（3）校验保护装置2的灵敏系数

按被保护线路末端最小两相短路电流校验，有

$$I_{k2.min}^{(2)}=\frac{\sqrt{3}}{2}I_{k2.min}^{(3)}=0.866\times200A=173A$$

$$K_{sen}=\frac{K_{con}I_{k2.min}^{(2)}}{K_{TA.2}I_{op.r(2)}}=\frac{1\times173}{10\times9.1}=1.9>1.5\text{，合格}$$

反时限保护切除故障时间较短，但只用一个继电器来实现，它的缺点是整定配合较复杂，以及在最小运行方式下短路时其动作时限可能很长。因此它主要用于单侧电源供电的终端线路或电动机上，作为主保护和后备保护。

常规的反时限特性曲线的动作方程为

$$t=\frac{0.14K}{\left(\frac{I}{I_{op1.r}}\right)^{0.02}-1}\tag{2-60}$$

式中，$I_{op1.r}$ 为继电器的动作电流；I 为流入继电器里的电流；K 为时间整定系数；t 为动作时间。

当用微机保护实现反时限过电流保护时，可以方便地用软件实现任何反时限电流时间特性。

2.1.8　电流、电压保护的评价和应用

1. 选择性

无时限电流速断保护是依靠动作电流的整定获得选择性的，过电流保护主要依靠选择动作时间的方法获得选择性，而带时限电流速断保护则同时依靠选择动作电流和动作时间的方法来获得选择性。

上述三种电流保护用于单侧电源辐射形电网时，一般能满足电力系统对选择性的要求。当它们用于两侧电源辐射形电网或单侧电源环形电网时，则不能保证动作的选择性要求。

2. 速动性

无时限电流速断保护和电压、电流联锁速断保护没有人为的延时，只有保护装置中继电器本身固有动作时间（0.06～0.1s），所以动作是快速的。带时限的电流速断保护的动作时间一般为 0.5s。它的保护范围通常是被保护线路靠近末端的一部分，而这部分发生短路时，保护安装处母线的残压还较高，对无故障部分设备的运行影响较小，所以延时 0.5s 切除故障是允许的。这是无时限电流速断和带时限电流速断保护的主要优点。

过电流保护的动作时限一般较长，特别是靠近电源的保护，有时长达数秒，这是它的主要缺点，所以它只能作为后备保护。

3. 灵敏性

速断保护的灵敏性（保护范围）随系统运行方式的变化而变化，当系统运行方式变化很大时，它们的灵敏系数或保护范围往往不能满足要求。

对无时限电流速断保护，当被保护线路阻抗与保护背后系统阻抗相比很小时（比如短线路），它的保护范围有时候能降到零。对带时限电流速断保护，当相邻线路阻抗很小时，它的灵敏系数也可能达不到要求。电压、电流联锁速断保护的灵敏性比电流速断灵敏性高，但当运行方式与整定计算的运行方式相差很大时，灵敏性也大为减小。

过电流保护的灵敏性一般较高，但用在长距离重负荷的线路上时，灵敏性也往往不能满足要求。当相邻线路阻抗很大（如长线路，带电抗器或变压器等）时，过电流保护作为下一元件的后备保护，灵敏性也往往不够用。

4. 可靠性

电流、电压保护均采用最简单的继电器，且数量不多，接线比较简单，整定计算和调整实验也比较简单，因此，可靠性较高是电流、电压保护的主要优点。

根据以上分析，电流、电压保护，特别是三段式电流保护广泛用于 35kV 及以下电网，因为在这些电压等级的电网中，保护的灵敏性、快速性一般都能满足要求。在更高电压等级电网中，电流、电压保护已很少采用，代替它们的是距离保护、零序电流保护和高频保护等。

2.2　电网相间短路的方向性电流保护

2.2.1　方向性电流保护的基本原理

1. 方向过电流保护的工作原理

在单侧电源网络中，各种电流保护装置安装在被保护线路靠近电源侧，线路发生短路

时，它们的功率方向都是从母线流向线路的，保护动作具有选择性。随着电力工业的发展和用户对供电可靠性要求的提高，现代电力系统实际上都是由多电源组成的复杂网络，如图2-46所示的双侧电源辐射形电网和单侧电源环形电网。

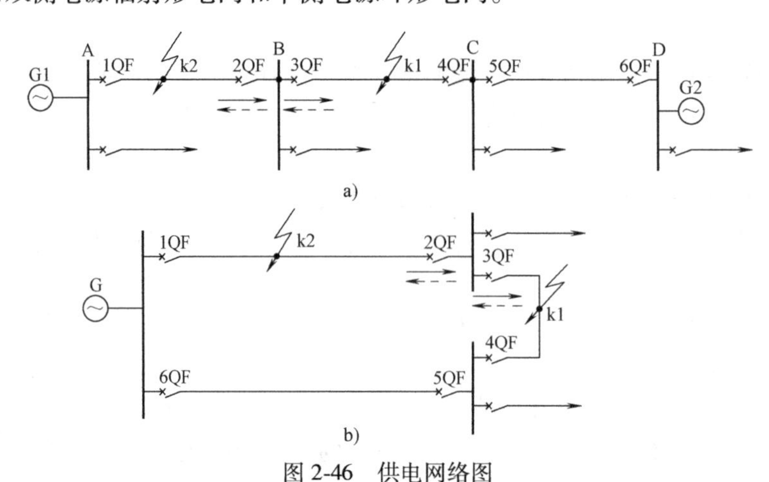

图2-46　供电网络图

a）双侧电源辐射形电网　b）单侧电源环形电网

这种电网，任一个变电所都可由双侧电源供电，当任一侧电源或线路因故障断开时，仍有一侧电源供电，从而大大提高了供电的可靠性。这种网络中，为了切除故障元件，应在线路两端都装设断路器和保护装置，如图2-46a中，如在k1点短路，要求保护3、4动作，断开3、4这两个断路器；如在k2点短路，则要求保护1、2动作，断开1、2这两个断路器。如采用一般的过电流保护，不能满足选择性的要求。图2-46a中k1点短路，由发电厂A供给的短路电流通过B母线两侧保护2、3，为了有选择性地切除故障，要求保护3时限t_3小于保护2时限t_2；而当k2点发生短路时，由发电厂D供给的短路电流通过B母线两侧的保护3、2，为了有选择性地切除故障，则要求保护2时限t_2小于保护3时限t_3。显然这两个要求相互矛盾，保护无法实现。分析位于其他母线两侧的保护，亦可得出相同结论。

下面进一步分析在k1和k2点短路时流过保护2和保护3的功率方向。当k1点短路时，保护2的功率方向由线路流向母线，此时保护2不应动作，保护3的功率方向从母线流回线路，此时保护3应动作。当k2点短路时，保护2的功率方向从母线流回线路，保护2应动作，保护3的功率方向是从线路流向母线，此时保护3不应动作。由此可知，在一般过电流保护2和3上各加一个方向元件（功率方向继电器），它只有短路功率从母线流向线路时，才允许动作，这样就解决了过电流保护选择性的问题。这种在过电流保护基础上加装方向元件的保护称为方向电流保护。

在图2-47a所示双侧电源供电的辐射形电网中，保护1、3、5为一组，保护2、4、6为另一组，保护间的时限配合仍按阶梯原则整定，$t_1>t_3>t_5$，$t_6>t_4>t_2$，它们的时限特性如图2-47b所示。

图2-47b中，同一母线上$t_3>t_2$，$t_4>t_5$，则保护3和4不装方向元件仍可满足选择性要求。

方向过电流保护装置由三个主要元件组成，即启动元件（电流继电器KA）、方向元件（功率方向继电器KW）和时间元件（时间继电器KT）。其单相原理接线图如图2-48所示，方向元件和启动元件必须都动作以后，才能去启动时间元件，再经过预定延时后动作于跳闸。

应当指出，在双侧电源线路上，并不是所有过电流保护装置中都需要装设功率方向元件，只有在仅靠时限不能满足动作选择性时，才需要装设功率方向元件。

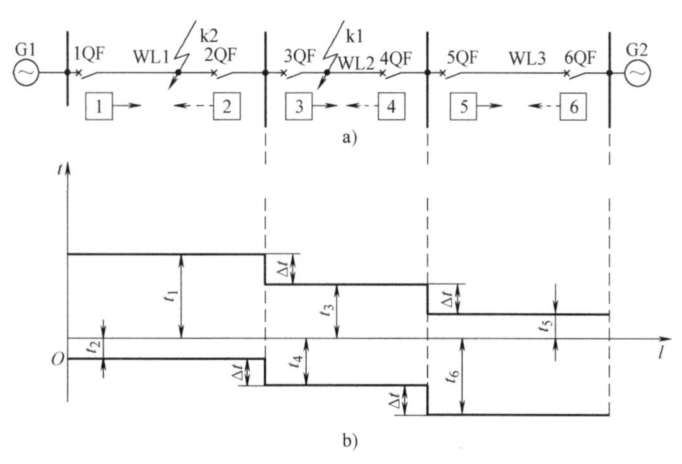

图 2-47　双侧电源电网线路方向过电流保护的时限特性

a）网络图　b）保护时限特性

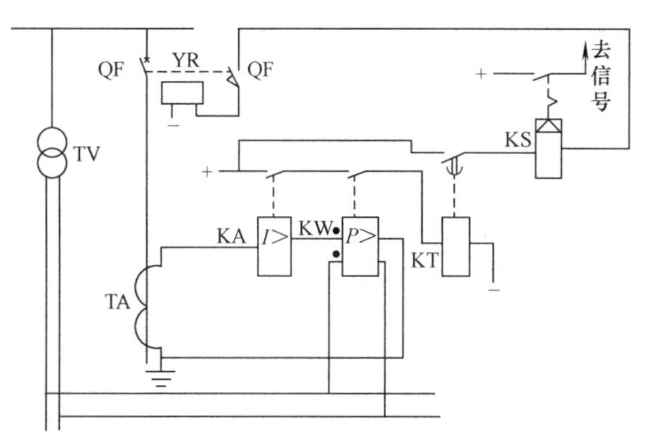

图 2-48　方向过电流保护单相原理接线图

在原理上，无时限电流速断保护用于双侧电源线路时，其动作电流要按同时躲过线路首端和末端短路的最大短路电流，才能保证动作的选择性。但是，由于线路两侧电源的容量和系统阻抗不同，当在线路发生短路时，两侧电源供给的短路电流大小并不相同，甚至数值相差很大，这时安装在小电源一侧的电流速断保护范围就不能满足灵敏度的要求，甚至可能没有保护范围。在这种情况下，小电源一侧需要采用方向电流速断保护，当保护后发生短路时，利用功率方向元件闭锁，使保护只根据小电源一侧的短路功率方向来动作。因此，这时小电源侧方向电流速断保护只需按躲过线路末端短路时通过该保护处的短路电流来整定即可，从而提高了保护的灵敏性，满足了保护范围的要求。

2. 功率方向继电器（KW）的结构及工作原理

如图 2-49 所示，对保护 3 而言，加入功率方向继电器的电压 $\dot{U}_r$ 是保护安装处母线电压，通过继电器中的电流 $\dot{I}_r$ 是被保护线路中的二次电流，$\dot{U}_r$ 和 $\dot{I}_r$ 反映了一次电压和电流的相位和大小。

在正方向 k1 点短路，流过保护 3 的电流 $\dot{I}_{k1}$ 从母线指向线路，由于线路短路阻抗呈感性，$\dot{I}_{k1}$ 滞后母线残压 $\dot{U}_{res}$ 的阻抗角 φ_{k1} 为 0°~90°，通过保护 3 的短路功率 $P_{k1}=U_{res}I_{k1}\cos\varphi_{k1}>0$；反方向 k2 点短路，则 $\dot{I}_{k2}$ 滞后 $\dot{U}_{res}$ 角度 φ_{k2} 为 180° ~ 270°，其相量图如图 2-49b 所示。$P_{k2}=U_{res}I_{k2}\cos(\varphi_{k2}+180°)=-U_{res}I_{k2}\cos\varphi_{k2}<0$。

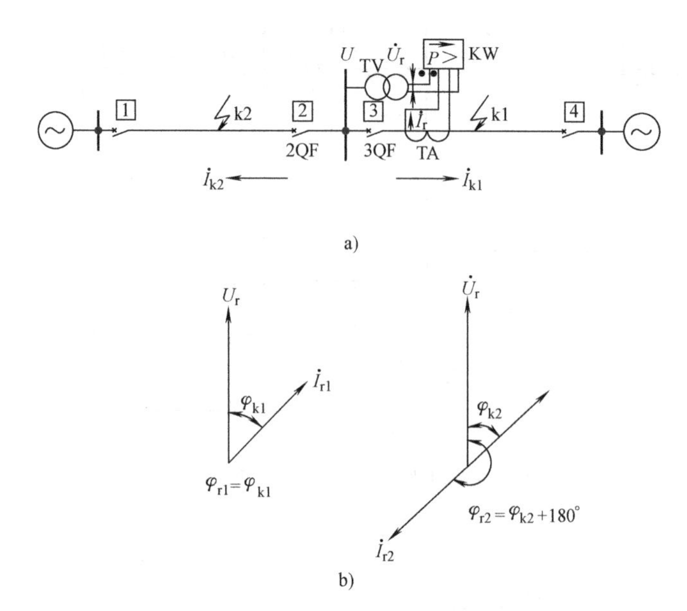

图 2-49　功率方向继电器的工作原理

a）原理接线图　b）相量图

由以上分析可知，用于反映相间短路的功率方向继电器在加入其上电压超前电流角度为 φ_k 时，$P_{k1}>0$，继电器动作；当电压超前电流相角 $180°+\varphi_k$ 时，$P_{k2}<0$，继电器不动作。这种功率方向继电器动作方程可表示为

$$-90° \leqslant \arg\frac{\dot{U}_r}{\dot{I}_r} \leqslant 90° \tag{2-61}$$

其动作特性可用图 2-50a 表示，以 $\dot{U}_r$ 为参考相量固定于正实轴，而电流 $\dot{I}_r$ 相量落在带阴影的部分，继电器动作，即阴影区为动作区。考虑到实际应用时，为了适应判别各种正方向的短路故障，使功率方向继电器测量功率最大，有最好的灵敏性，在继电器中应有可调整的内角 α，这时功率方向继电器动作方程为

$$\begin{cases} -(90°+\alpha) \leqslant \arg\dfrac{\dot{U}_r}{\dot{I}_r} \leqslant (90°-\alpha) \\ -90° \leqslant \arg\dfrac{\dot{U}_r e^{j\alpha}}{\dot{I}_r} \leqslant 90° \end{cases} \tag{2-62}$$

其动作特性为逆时针移动的一条直线，如图 2-50b 所示。移动的角度为继电器内角 α，通常取 45°或 30°，当 $\dot{I}_r$ 垂直于动作特性时，功率方向继电器动作最灵敏，因此，这一位置称为最大灵敏线，最大灵敏线与 $\dot{U}_r$ 之间夹角 φ_m 称为最大灵敏角，且 $\varphi_m=-\alpha$。因为 $\dot{I}_r$ 超前 $\dot{U}_r$，所以 φ_m 为负角度。

功率方向继电器可以按比较两电气量的相位原理构成，一般采用间接比较电气量 $\dot{U}_r$ 和 $\dot{I}_r$ 的线性函数 $\dot{U}_C$ 和 $\dot{U}_D$ 之间的相角构成，即

$$\begin{cases} \dot{U}_C = \dot{K}_U \dot{U}_r \\ \dot{U}_D = \dot{K}_I \dot{I}_r \end{cases} \tag{2-63}$$

式中，$\dot{K}_U$、$\dot{K}_I$ 为已知量，由继电器内部元件的参数决定。这时继电器动作条件为

$$-90° \leqslant \arg \frac{\dot{U}_C}{\dot{U}_D} \leqslant 90° \tag{2-64}$$

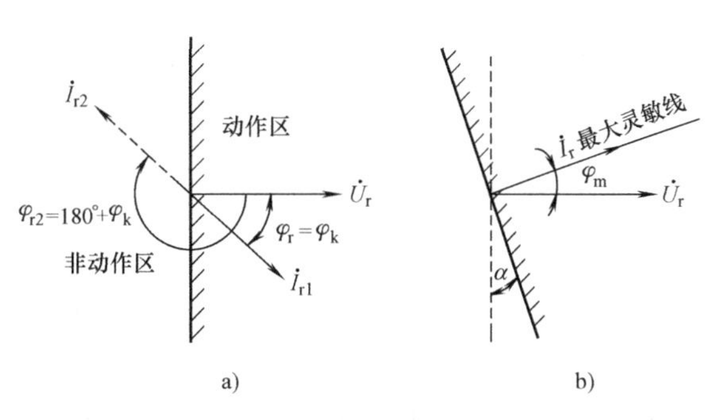

图 2-50　功率继电器的动作特性和最大灵敏线
a）对应式（2-61）　b）对应式（2-62）

目前多采用按幅值比较原理构成的整流型功率方向继电器构成方向过电流保护。而按幅值比较的两个电气量 $\dot{U}_A$ 和 $\dot{U}_B$，可以通过按相位比较 $\dot{U}_C$ 和 $\dot{U}_D$ 经过线性变换得到，它们的变换关系可用平行四边形法则证明，如图 2-51 所示。

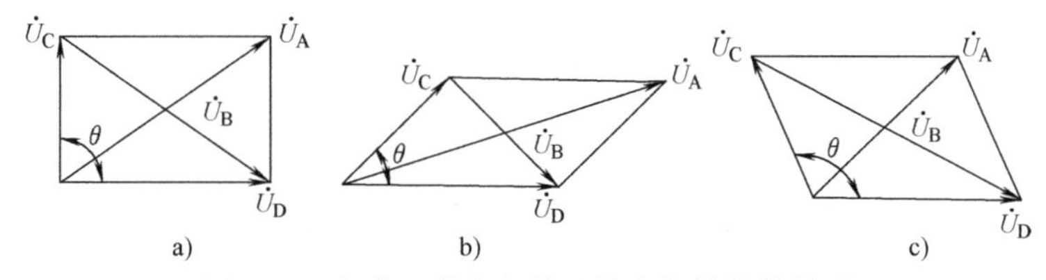

图 2-51　相位比较与幅值比较之间的转换关系
a）$\theta=90°$　b）$\theta<90°$　c）$\theta>90°$

$$\begin{cases} \dot{U}_A = \dot{U}_C + \dot{U}_D \\ \dot{U}_B = \dot{U}_D - \dot{U}_C \end{cases} \tag{2-65}$$

或

$$\begin{cases} \dot{U}_C = \dfrac{1}{2}(\dot{U}_A - \dot{U}_B) \\ \dot{U}_D = \dfrac{1}{2}(\dot{U}_A + \dot{U}_B) \end{cases} \tag{2-66}$$

以 $|\dot{U}_A|$ 为动作量，$|\dot{U}_B|$ 为制动量，则当 $\dot{U}_D$ 与 $\dot{U}_C$ 相位差 $\theta=90°$时，$|\dot{U}_A|=|\dot{U}_B|$，继电器不动作；当 $\theta<90°$时，$|\dot{U}_A|>|\dot{U}_B|$，继电器动作；当 $\theta>90°$时，$|\dot{U}_A|<|\dot{U}_B|$，继电器不动作。

将式（2-63）代入式（2-65），可得

$$\begin{cases} \dot{U}_A = \dot{K}_U \dot{U}_r + \dot{K}_I \dot{I}_r \\ \dot{U}_B = \dot{K}_I \dot{I}_r - \dot{K}_U \dot{U}_r \end{cases} \tag{2-67}$$

下面以整流型功率方向继电器（LG-11）为例，说明其工作原理。LG-11 整流型功率方向继电器是按幅值比较原理构成的，故动作方程为 $|\dot{U}_A| \geqslant |\dot{U}_B|$，即

$$|\dot{K}_U\dot{U}_r+\dot{K}_I\dot{I}_r|\geqslant|\dot{K}_I\dot{I}_r-\dot{K}_U\dot{U}_r| \tag{2-68}$$

继电器由电压形成回路和幅值比较回路构成。

（1）电压形成回路

如图2-52a所示，电压形成回路的作用是将加到继电器电压 $\dot{U}_r$ 和电流变换成比例的 $\dot{K}_U\dot{U}_r$ 和 $\dot{K}_I\dot{I}_r$。输入电流 $\dot{I}_r$ 通过电抗变换器UX的一次绕组 W_1，二次绕组 W_2、W_3 端获得电压分量 $\dot{K}_I\dot{I}_r$，它超前 $\dot{I}_r$ 的相角就是转移阻抗角 φ_r，绕组 W_4 可用来调整 φ_r 的数值以得到继电器的最大灵敏角。电压 $\dot{U}_r$ 经电容 C_1 接入电压变换器UV的一次绕组 W_1，两个二次绕组获得电压分量 $\dot{K}_U\dot{U}_r$，$\dot{K}_U\dot{U}_r$ 超前 $\dot{U}_r$ 相角90°。根据图2-52中UX和UV的接线方式可得到动作电压 $\dot{U}_A=\dot{K}_I\dot{I}_r+\dot{K}_U\dot{U}_r$，并加到整流桥U1的输入端，得到制动量 $\dot{U}_B=\dot{K}_I\dot{I}_r-\dot{K}_U\dot{U}_r$ 并加到整流桥U2的输入端。

（2）幅值比较回路

图2-52b为循环电流式幅值比较回路，U1和U2为两线圈桥式全波整流器，R_5、R_6 及电容 C_2、C_3 构成滤波电路，电容 C_4 和极化继电器KP线圈并联，进一步滤去交流分量，防止KP动作时触点抖动。极化继电器作为执行元件。继电器最大灵敏角用改变UX第三个二次绕组 W_4 所接电阻的阻值实现。继电器内角 $\alpha=90°-\varphi_k$，当接入 R_3 时，阻抗角 $\varphi_k=60°$，$\alpha=30°$，最大灵敏角 $\varphi_m=-\alpha=-30°$；当接入 R_4 时，$\varphi_k=45°$，$\alpha=45°$，则 $\varphi_m=-45°$。

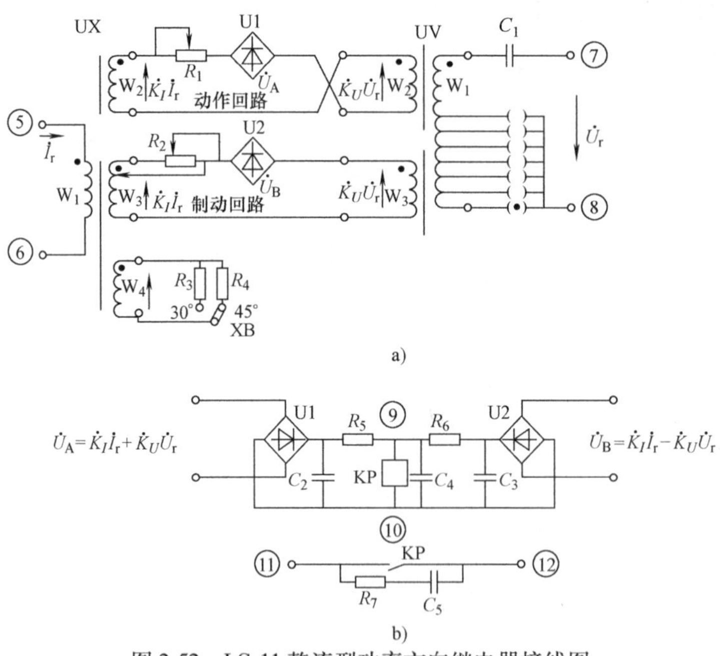

图2-52　LG-11整流型功率方向继电器接线图

a）电压形成回路　b）幅值比较回路

由式（2-68）功率方向继电器按幅值比较的动作方程可画出功率方向继电器的动作特性，如图2-53所示，以 $\dot{U}_r$ 为参考相量，由短路点决定 $\dot{I}_r$ 的变化范围，规定 $\dot{I}_r$ 滞后 $\dot{U}_r$ 时测量角为正，反之为负。从图中可见，继电器动作变化范围为

$$-(90°+\alpha)\leqslant\varphi_r\leqslant(90°-\alpha) \tag{2-69}$$

（3）消除快速保护时正方向出口短路时的电压死区

如在保护安装处正方向出口发生三相短路，由于母线残余电压接近零，故加到继电器上

电压也为零，即 $\dot{U}_r \approx 0$，则式（2-68）变成 $|\dot{K}_I \dot{I}_r| = |\dot{K}_I \dot{I}_r|$，即动作量和制动量相等，继电器不能动作，称这段线路为死区。为消除死区，在继电器回路中串联电容 C_1 和电压变换器 UV 的一次绕组，构成在工频下的串联谐振回路。当被保护线路安装处正方向出口发生三相短路时，$\dot{U}_r$ 下降为零。但是，谐振回路内还储存有电场能量和磁场能量。它将按照原有频率进行能量交换，在这个过程中，保持故障前 $\dot{U}_r$ 的大小和相位，直到储存能量 $\dot{U}_r$ 消耗完为止。因此，该回路相当于记住了故障前的电压和相位，故称该回路为电压记忆回路。在记忆作用这段时间内，$\dot{K}_U \dot{U}_r \neq 0$，可以继续进行幅值比较，保证继电器可靠动作，从而消除了电压死区。但记忆作用消失后，电压死区仍然存在。对于方向速断电流保护，其记忆作用可以消除死区，对方向带时限速断电流保护和过电流保护，由于动作带时限，而记忆作用时间较短，因此，不能消除方向继电器的电压死区。

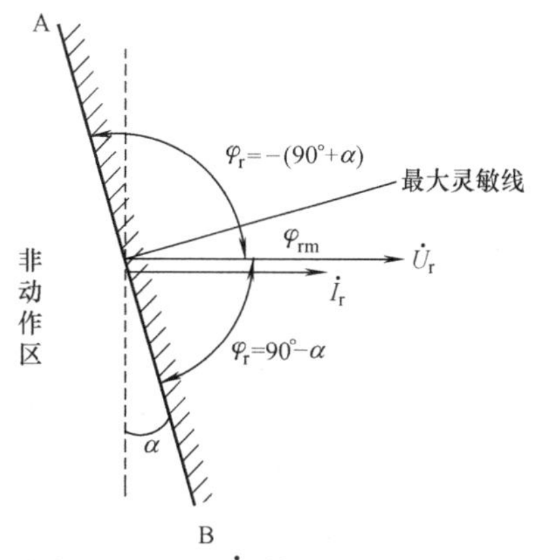

图 2-53　电流 $\dot{I}_r$ 落在最大灵敏线时的相量图

2.2.2　相间短路保护中功率方向继电器的接线方式

功率方向继电器的接线方式，是指它与电流互感器和电压互感器的接线方式。功率方向继电器的接线方式必须保证在各种短路故障形式下，能正确地判断短路功率方向，并使加到继电器上的电压 $\dot{U}_r$ 和电流 $\dot{I}_r$ 尽可能大，还使 φ_r 接近于最大灵敏角 φ_m，以提高功率方向继电器的灵敏性和动作可靠性。

相间短路的功率方向继电器普遍采用 90°接线方式。这种接线方式在三相对称且功率因数 $\cos\varphi = 1$ 的情况下，接入继电器的电流 $\dot{I}_r$ 超前电压 $\dot{U}_r$ 的相角 90°，如图 2-54a 所示。90°接线方式接入继电器的电流和电压的组合见表 2-2，其接线如图 2-54b 所示。

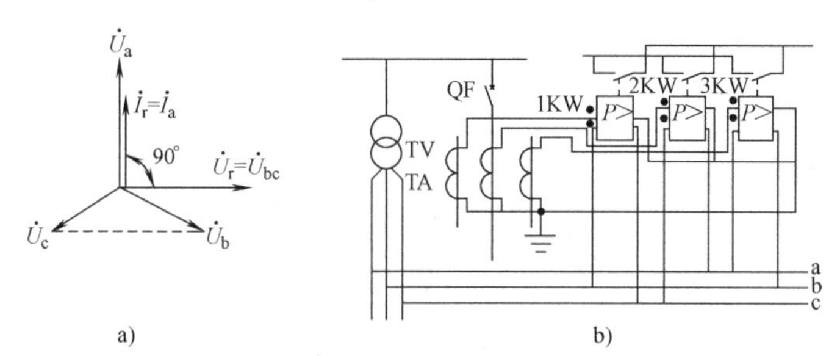

图 2-54　功率方向继电器 90°接线方式的相量图和接线图
a）以 A 相为例的相量图　b）接线图

表 2-2　90°接线方式接入继电器电流和电压的组合

功率继电器序号	$\dot{I}_r$	$\dot{U}_r$
1KW	$\dot{I}_a$	$\dot{U}_{bc}$
2KW	$\dot{I}_b$	$\dot{U}_{ca}$
3KW	$\dot{I}_c$	$\dot{U}_{ab}$

功率方向继电器的内角选定为30°或45°，这是因为选择继电器内角 α 为30°或45°时，继电器能正确判断短路功率方向，而不致误动作。下面分析继电器在各种相间短路时，继电器的内角变化范围。

（1）三相短路

在保护正方向发生三相对称短路时，保护安装处的残压为 $\dot{U}_a$、$\dot{U}_b$、$\dot{U}_c$（该电压已归算到电压互感器的二次值），电流 $\dot{I}_a$、$\dot{I}_b$、$\dot{I}_c$ 分别落后各对应相电压的相角为 φ_{ka}、φ_{kb}、φ_{kc}，由于三相短路是对称的，所以只选择其中A相继电器1KW的工作情况进行分析。

三相对称短路时加入功率方向继电器的电流、电压相量图如图2-55所示，流入继电器的电流 $\dot{I}_{ra}=\dot{I}_a$，加入继电器的电压 $\dot{U}_{ra}=\dot{U}_{bc}$，$\dot{I}_r$ 超前 $\dot{U}_r$ 的相角为 $\varphi_{ra}=-(90°-\varphi_{ka})$。在一般情况下，电力系统中任何架空线路和电缆线路的阻抗可能的变化范围为 $0°\leqslant\varphi_k\leqslant 90°$，将该式代入 $\varphi_{ra}=-(90°-\varphi_{ka})$ 中，求出三相短路时相角 φ_{ra} 可能的变化范围为 $0°\leqslant\varphi_{ra}\leqslant 90°$，将 φ_{ra} 代入式（2-69）中，得到使功率方向继电器在任何可能的阻抗角 φ_{ka} 情况下，满足动作时应选择的内角 α，即 $0°\leqslant\alpha\leqslant 90°$。

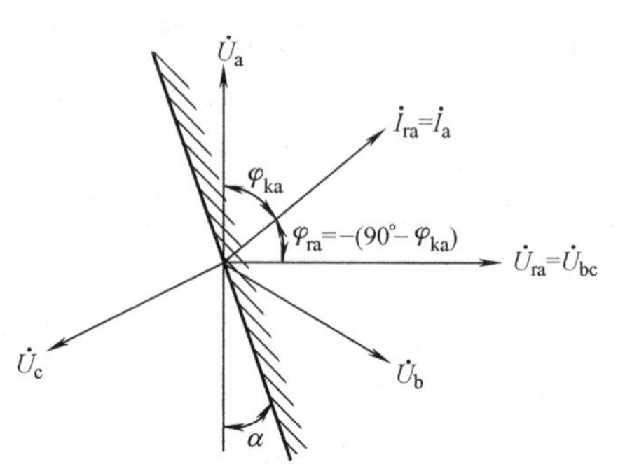

图2-55 三相对称短路时加入功率方向继电器的电流、电压相量图

（2）两相短路

当发生AB、BC、CA两相短路时，接入故障相的继电器电流 $\dot{I}_r$ 和电压 $\dot{U}_r$ 间相位差 φ_r 的变化范围相同，故以BC两相短路为例说明 φ_r 的变化范围。

1）近处两相短路。当短路故障点靠近保护安装处时，短路阻抗 Z_k 远小于系统阻抗 Z_s，在极限情况下，取 $Z_k=0$，这时的相量图如图2-56a所示。短路电流 $\dot{I}_b$ 由电动势 $\dot{E}_{bc}$ 产生，$\dot{I}_b$ 滞后于 $\dot{E}_{bc}$ 的相角为 φ_k，φ_k 取决于短路回路的阻抗。电流 $\dot{I}_c=-\dot{I}_b$，保护安装处母线电压为

$$\dot{U}_a=\dot{E}_a$$

$$\dot{U}_b=\dot{U}_c=-\frac{1}{2}\dot{E}_a$$

接入各相继电器的电压分别为

$$\dot{U}_{ca}=\dot{U}_c-\dot{U}_a=-1.5\dot{E}_a$$

$$\dot{U}_{ab}=\dot{U}_a-\dot{U}_b=1.5\dot{E}_a$$

$$\dot{U}_{bc}=\dot{U}_b-\dot{U}_c=0$$

这时，由于 $\dot{I}_a=0$，$\dot{U}_{bc}=0$，A相继电器1KW不动作。对于继电器2KW，$\dot{I}_{rb}=\dot{I}_b$，$\dot{U}_{rb}=\dot{U}_{ca}$，则相角为

$$\varphi_{rb}=-(90°-\varphi_k)$$

对于继电器3KW，$\dot{I}_{rc}=\dot{I}_c$，$\dot{U}_{rc}=\dot{U}_{ab}$，则相角为

$$\varphi_{rc}=-(90°-\varphi_k)$$

以上两式同三相短路的情况，φ_k 在0°~90°范围内变化，为使继电器动作，也需要选择继电器的内角为 $0°\leqslant\alpha\leqslant 90°$。

2）远处两相短路。当短路点远离保护安装处，且系统容量很大时，$Z_k\gg Z_s$，极限情况

取 $Z_s=0$，则电流、电压的相量图如图 2-56b 所示。短路电流 $\dot{I}_b$ 滞后 $\dot{E}_{bc}$ 的相角为 φ_k，$\dot{I}_{kb}=-\dot{I}_{kc}$，$B$ 相短路点电压为 $\dot{U}_{kb}$，C 相短路点电压为 $\dot{U}_{kc}$，保护安装处母线电压为

$$\dot{U}_a=\dot{E}_a$$

$$\dot{U}_b=\dot{U}_{kb}+\dot{I}_{kb}Z_k\approx\dot{E}_b$$

$$\dot{U}_c=\dot{U}_{kc}+\dot{I}_{kc}Z_k\approx\dot{E}_c$$

接入继电器的电压分别为

$$\dot{U}_{ca}=\dot{U}_c-\dot{U}_a\approx\dot{E}_c-\dot{E}_a=\dot{E}_{ca}$$

$$\dot{U}_{ab}=\dot{U}_a-\dot{U}_b\approx\dot{E}_a-\dot{E}_b=\dot{E}_{ab}$$

$$\dot{U}_{bc}=\dot{U}_b-\dot{U}_c\approx\dot{E}_b-\dot{E}_c=\dot{E}_{bc}$$

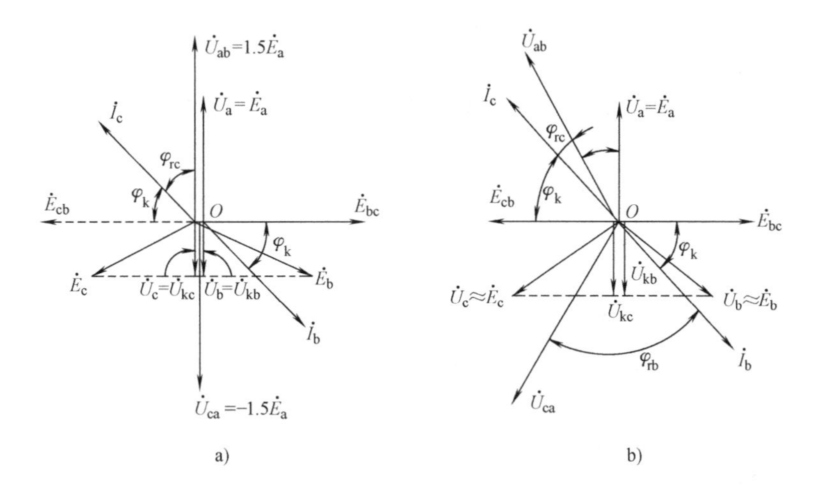

图 2-56　BC 两相短路时保护安装处的电流、电压相量图

a）近处故障时两相短路　b）远处故障时两相短路

由于 $\dot{I}_a=0$，故功率方向继电器 1KW 不动作，而对于继电器 2KW，$\dot{I}_{rb}=\dot{I}_b$，$\dot{U}_{rb}=\dot{U}_{ca}\approx\dot{E}_{ca}$，它较近处短路时的 $\dot{I}_{rb}$ 滞后了 30°相角，故 $\varphi_{rb}=-(90°+30°-\varphi_k)=\varphi_k-120°$，因此，在 $0°\leqslant\varphi_k\leqslant90°$时，使继电器均能动作的内角为 $30°\leqslant\alpha\leqslant120°$。

对于继电器 3KW，$\dot{I}_r=\dot{I}_c$，$\dot{U}_r=\dot{U}_{ab}\approx\dot{E}_{ab}$，它较近处短路时的 $\dot{I}_{rc}$ 超前了 30°相角，故 $\varphi_{rc}=-(90°-30°-\varphi_k)=\varphi_k-60°$，因此，当 $0°\leqslant\varphi_k\leqslant90°$时，使继电器均能动作的继电器内角为 $-30°\leqslant\alpha\leqslant60°$。

为了满足以上两种极限情况下发生两相短路时，使功率方向继电器均能动作的条件是 $30°\leqslant\alpha\leqslant60°$。综合上述三相短路和各种两相短路情况分析，当线路短路阻抗角在 $0°\leqslant\varphi_k\leqslant90°$时，为使功率方向继电器均能动作，应选择继电器内角满足 $30°\leqslant\alpha\leqslant60°$。LG-11 整流型功率方向继电器提供了 $\alpha=30°$ 和 $\alpha=45°$ 两种内角，可见能满足上述要求。

应当指出，以上讨论的继电器内角 α 的范围，只是继电器在各种短路情况下可能动作的条件，而不是动作最灵敏条件，继电器最灵敏条件应按 $\cos(\varphi_r+\alpha)=1$ 的条件来考虑，因此对某一已确定了阻抗角的线路，应该根据这个条件来选择适当的内角，以使继电器动作最灵敏。

由以上分析可见，90°接线的优点是：①适当选择最大灵敏角 φ_m，对于线路上各种相间短路都能正确动作，而且对于各种两相短路都有较高的继电器输入电压，保证了有较高的灵敏

性；②在发生两相和单相接地短路时，没有死区，在三相短路时出现的电压死区较小，有利于用电压记忆回路消除出口短路时的电压死区。

2.2.3 非故障相电流的影响和按相启动

1. 非故障相电流的影响

当电网中发生不对称短路时，非故障相仍有负荷电流通过，下面以两相短路故障为例，说明非故障相电流对方向电流保护的不良影响及消除影响的方法。如图2-57所示，网络中线路WL2上发生k点B、C两相短路，保护1故障相B、C相中短路电流 $\dot{I}'_{kB}$、$\dot{I}'_{kC}$ 的方向从线路指向母线，B、C相的功率方向继电器不应动作。而非故障相A相负荷电流 $\dot{I}_{LA}$ 由母线指向线路，因而A相功率方向元件可能误动作。

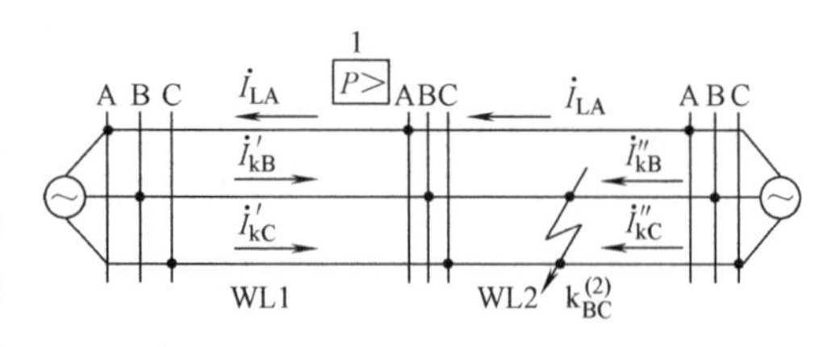

图2-57 两相短路时非故障相电流对方向电流保护的影响

2. 功率方向继电器的按相启动

图2-58a所示为直流回路非按相启动的接线，由于B、C两相短路，电流继电器2KA、3KA动作，其常开触点闭合，如方向元件1KW在负荷电流作用下误动作其常开触点闭合，则启动时间继电器KT，保护1误动作使断路器跳闸。若采用按相启动接线，如图2-58b所示，当反方向故障时，故障相的方向元件2KW、3KW不能动作，非故障相电流元件1KA也不会动作，即使在负荷电流作用下1KW误动作，保护1也不会误动作。如图2-58c所示，对于大接地电流电网中发生单相接地时，非故障相中不仅有负荷电流，而且还有一部分故障电流，故这时对保护影响更严重。这时可采用零序电流保护闭锁方向过电流保护接线，用接地保护中零序电流继电器KAZ的触点来闭锁相间保护的方向过电流保护。

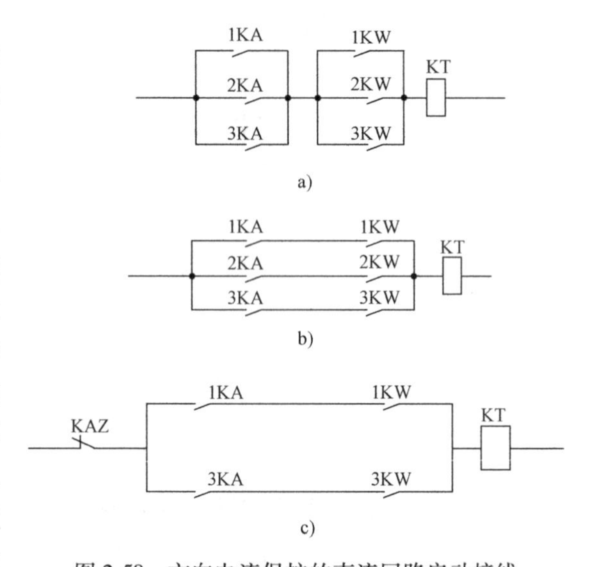

图2-58 方向电流保护的直流回路启动接线
a）非按相启动 b）按相启动
c）零序电流继电器闭锁相间保护

2.2.4 方向过电流保护的整定计算

1. 方向电流速断保护的整定计算

在两端供电或单电源环形网络中，同样可构成瞬时方向电流速断保护和限时方向电流速断保护。它们的整定计算可按一般不带方向的电流速断保护的整定计算原则进行。

2. 方向过电流保护的整定计算

方向过电流保护动作电流按下述5个条件来整定。

1）躲开被保护线路中最大负荷电流 $I_{L.max}$，即

$$I_{op}=\frac{K_{rel}}{K_{re}}I_{L.max} \tag{2-70}$$

式中，$I_{L.max}$为考虑电动机自起动的最大负荷电流。

在单侧电源环形网络中，应考虑开环时负荷电流的突然增加，如图 2-59 所示环网中，正常时，在保护 6 中流过正常闭环时的负荷电流，而当 k 点发生故障后，保护 1 和 2 动作将使其断路器 1QF、2QF 跳闸，电网变成开环运行，此时将在保护 6 中流过开环网络的全部负荷电流。

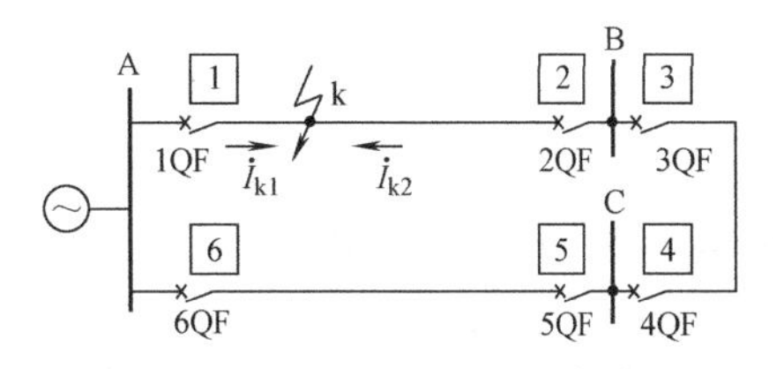

图 2-59　单侧电源环形网络举例

同时，还要考虑电动机此时自起动的影响。对于保护 2 和 5，在电网正常运行时，流过这两保护的电流方向总是从线路流向母线，所以它们的方向元件总是处于制动状态，但考虑到电压互感器二次回路断线时，方向元件有误动的可能，因此，其启动元件的动作电流仍按大于线路上正常负荷电流来整定。

2）躲过非故障相电流整定。在小接地电流电网中，非故障相电流为负荷电流，故保护装置的动作电流只需按式（2-70）整定即可。在大接地电流电网中，非故障相电流 $\dot{I}_{unf}$ 除负荷电流 $\dot{I}_L$ 外，还包括故障电流的零序分量 3 $\dot{I}_0$，可用下式计算：

$$\dot{I}_{unf}=\dot{I}_L+3K\dot{I}_0 \tag{2-71}$$

式中，K 为非故障相中零序电流与故障相电流的比例系数，显然，对于单相接地短路时，$K=\frac{1}{3}$。启动元件动作电流按下式计算：

$$I_{op}=K_{rel}I_{unf}=K_{rel}(I_L+3KI_0) \tag{2-72}$$

如采用图 2-58c 所示的零序电流闭锁接线，保护装置动作电流可只按式（2-70）计算。

3）同方向的保护，它们的灵敏性应互相配合。方向过电流保护通常用作下一段线路的后备保护，为保证保护装置动作的选择性，应使前一段线路保护的动作电流大于后一段线路保护的动作电流，即沿着同一保护方向，保护装置的动作电流，从距电源最远处开始逐级增大，这称为与相邻线路保护的灵敏性配合。以图 2-59 为例，上述原则可表示为

$$\begin{cases}I_{op.2}<I_{op.4}<I_{op.6}\\ I_{op.5}<I_{op.3}<I_{op.1}\end{cases} \tag{2-73}$$

以保护 2、4、6 为例，保护 4 的动作电流应表示为

$$I_{op.4}=K_{co}I_{op.2} \tag{2-74}$$

式中，K_{co} 为配合系数，一般取 1. 1。

同方向保护应按上述计算结果中最大者作为方向过电流保护的动作值。

如不满足式（2-73）要求，在图 2-59 中，根据负荷大小在变电所 B 和 C 相中分布情况不同，保护 2 动作电流可能大于保护 4 的动作电流，即 $I_{op.2}>I_{op.4}$，而当在 k 点发生短路时，短路电流分成两路（$\dot{I}_{k1}$ 和 $\dot{I}_{k2}$）流向故障点，这时 $\dot{I}_{k2}$ 较小，有 $I_{op.2}>I_{k2}>I_{op.4}$，则保护 4 将误动，造成越级跳闸。

4）保护的相继动作和灵敏系数校验。图 2-59 所示的单侧电源环形网络，当短路点靠近 A 母线时，几乎全部短路电流经过 1QF 流向故障点，经过 2QF、3QF、4QF、5QF、6QF 流向短路点的电流可忽略不计。故保护 2 只有在保护 1 动作断开 1QF 后，2QF 才能动作。保护的这

种动作称为相继动作，能产生相继动作的某段区域称为相继动作区。保护装置相继动作的结果使切除故障时间加长，对电力系统是不利的，但在环形网络中，发生相继动作是不可避免的。

方向过电流保护的灵敏系数主要取决于电流元件的灵敏系数，其校验方法与不带方向的过电流保护相同，即作本线路主保护时，本线路末端发生短路的最小灵敏系数不应小于1.5，作相邻线路后备保护时，相邻线路末端发生短路的最小灵敏系数为1.2。如果电流启动元件的灵敏系数不能满足上述要求，则可采用低电压启动的方向过电流保护，这时电流元件启动电流计算可不必考虑由于电动机自起动而引起的最大负荷电流，而按正常工作时的最大负荷电流进行整定计算，同样可以提高保护的灵敏系数。

至于功率方向元件，通常不计算它的灵敏系数，因为这种继电器动作功率不大，当被保护线路末端或相邻线路短路时，一般接入功率方向继电器的母线残压数值很高，足以使功率方向继电器动作。

5）保护装置的动作时限。方向过电流保护的动作时限是按逆向阶梯原则整定的，即同一动作方向的保护装置，其动作时限按阶梯原则来整定。如图2-60所示，图中注明了各保护的动作方向，其中1、3、5、7为一组，2、4、6、8为一组。它们的动作时限为$t_1>t_3>t_5>t_7$，$t_8>t_6>t_4>t_2$。它们的时限特性如图2-60所示。这里需要指出的是，按照阶梯原则，保护装置动作时限不仅要与相邻主干线上保护相配合，而且要与被保护线路对侧母线上所有出线的保护相配合。

从图2-60中的时限特性可以看出，不是所有保护上都必须加装方向元件的。如变电所D中的保护6和7，因为$t_6>t_7$，所以当在DE线路上发生短路时，保护7将先于保护6动作，将故障切除，即动作时限的配合已能保证保护6不会发生非选择性动作，故保护6上可不装设方向元件，由此得出结论：对装设在同一母线两侧的保护来说，动作时限较长者，可不装设方向元件；动作时限较短者，必须装设方向元件；如两保护动作时限相同，则在两保护上都必须装设方向元件。

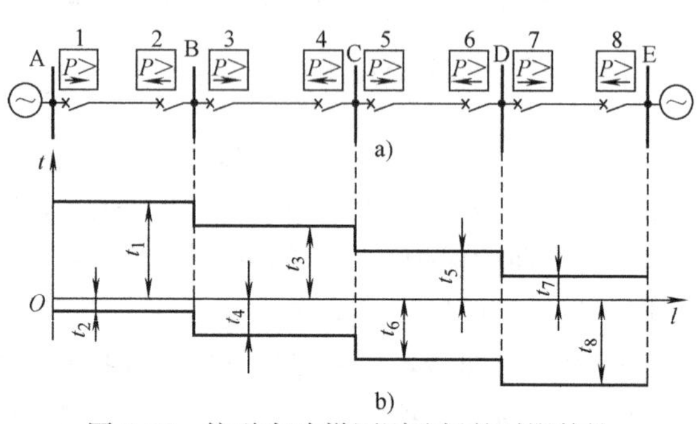

图2-60　按逆向阶梯原则选择的时限特性

a）网络图　b）时限特性

【例2-3】　求图2-61所示网络的方向过电流保护动作时间，时限级差取0.5s。并说明哪些保护需要装设方向元件。

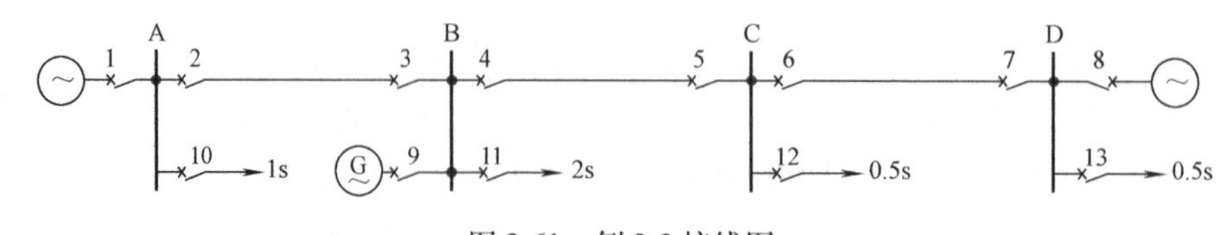

图2-61　例2-3接线图

解：（1）计算各保护动作时限

保护1、2、4、6为同方向，其动作时限为

$t_6=t_{13}+\Delta t=0.5\text{s}+0.5\text{s}=1\text{s}$

$t_4 = t_6 + \Delta t = 1\text{s} + 0.5\text{s} = 1.5\text{s}$

$t_4 = t_{12} + \Delta t = 0.5\text{s} + 0.5\text{s} = 1\text{s}$

取 $t_4 = 1.5\text{s}$。

$t_2 = t_4 + \Delta t = 1.5\text{s} + 0.5\text{s} = 2\text{s}$

$t_2 = t_{11} + \Delta t = 2\text{s} + 0.5\text{s} = 2.5\text{s}$

取 $t_2 = 2.5\text{s}$。

$t_1 = t_2 + \Delta t = 2.5\text{s} + 0.5\text{s} = 3\text{s}$

$t_1 = t_{10} + \Delta t = 1\text{s} + 0.5\text{s} = 1.5\text{s}$

取 $t_1 = 3\text{s}$。

保护 3、5、7、8 为同方向，其动作时限为

$t_3 = t_{10} + \Delta t = 1\text{s} + 0.5\text{s} = 1.5\text{s}$

$t_5 = t_3 + \Delta t = 1.5\text{s} + 0.5\text{s} = 2\text{s}$

$t_5 = t_{11} + \Delta t = 2\text{s} + 0.5\text{s} = 2.5\text{s}$

取 $t_5 = 2.5\text{s}$。

$t_7 = t_5 + \Delta t = 2.5\text{s} + 0.5\text{s} = 3\text{s}$

$t_7 = t_{12} + \Delta t = 0.5\text{s} + 0.5\text{s} = 1\text{s}$

取 $t_7 = 3\text{s}$。

$t_8 = t_7 + \Delta t = 3\text{s} + 0.5\text{s} = 3.5\text{s}$

$t_9 = t_{11} + \Delta t = 2\text{s} + 0.5\text{s} = 2.5\text{s}$

$t_9 = t_4 + \Delta t = 1.5\text{s} + 0.5\text{s} = 2\text{s}$

$t_9 = t_3 + \Delta t = 1.5\text{s} + 0.5\text{s} = 2\text{s}$

取 $t_9 = 2.5\text{s}$。

（2）确定应装设方向元件的保护

观察 A 母线，由于 $t_2<t_1$，所以保护 2 应装设方向元件；观察 B 母线，由于 $t_3=t_4<t_{11}<t_9$，所以保护 3 和保护 4 均应装设方向元件；观察 C 母线，由于 $t_6<t_5$，所以保护 6 应装设方向元件；观察 D 母线，由于 $t_7<t_8$，所以保护 7 应装设方向元件。

2.2.5　对电网相间短路方向性电流保护的评价

1. 选择性

方向电流保护装置动作的选择性是依靠逆向阶梯原则的时限特性和方向元件来保证的。对于多电源的辐射形网络和单电源的环形网络，能保证动作的选择性，但保护增加方向元件将使接线复杂、投资增加，同时方向元件还存在死区。由于这个缺点，在继电保护装置中应根据各个地点、各段电流保护的工作情况和具体的整定计算来确定是否有必要加设方向元件。

如图 2-62 所示，双侧电源线路上无时限电流速断保护，线路上各点短路电流分布，曲线 1 表示由电源 E_1 供电的短路电流，曲线 2 表示由电源 E_2 供电的短路电流。由于电源容量不同，短路电流 $I_{k1} \neq I_{k2}$。

当任一侧区外相邻线路出口处，如图中的 k1 点、k2 点短路时，短路电流 I_{k1} 和 I_{k2} 要同时流过保护 1 和保护 2，此时按照选择性的要求，两个保护均不应动作。因此，两个保护启动电流应选择相同，并按照较大的短路电流整定，如 $I_{k2.\max}>I_{k1.\max}$，则取 $I_{op.1}^{I}=I_{op.2}^{I}=K_{rel}^{I}I_{k2.\max}$。这样整定将使位于小电源侧保护 2 的保护范围缩小，而且两端电源容量相差越大，对保护 2 影响

越大。为解决这个问题，可在保护2处安装方向元件，使其只当电流从母线流向被保护线路时才动作。这样，保护2启动电流可按照躲开k1点短路整定，即 $I_{op.1}^{I} = K_{rel}^{I} I_{k1.max}$。

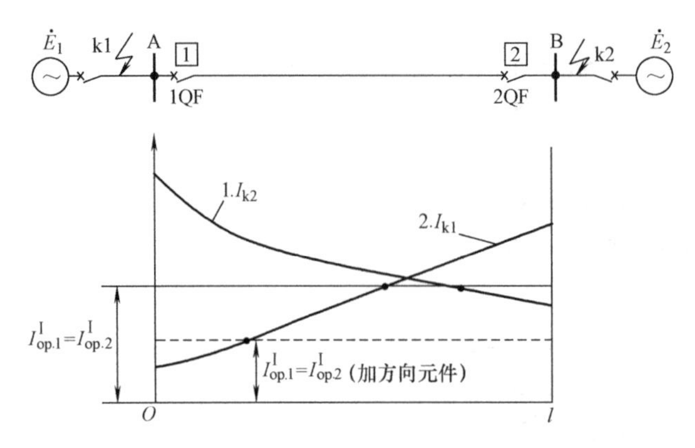

图 2-62　双侧电源线路上电流速断保护的整定计算说明

从图2-62中的虚线可以看出，其保护范围较以前增加许多，因而保护1处就无须加设方向元件，因为它从定值上已可靠地躲开反向短路时流过保护的最大电流 $I_{k1.max}$。对于过电流保护，一般不易从整定值上躲开反方向短路，应从动作时限上进行比较，从而决定是否装设。两个保护中动作时限短的必须装设，动作时限相等均应装设。对于带时限电流速断保护，其基本整定原则与上面分析要求相同，仍应与下一级保护的电流速断保护相配合。但应考虑保护安装地点与短路点之间有电源或线路具有分支的影响，对此，可归纳为如下两种典型情况。

（1）助增电流的影响

如图2-63所示，变电所B母线上接有分支电源，当线路BC的k点发生短路时，流过故障线路电流为 $I_{k3} = I_{k1} + I_{k2}$，大于被保护线路短路电流 I_{k1}，因此，由于分支电路相当于一个电源，它使故障线路电流增大，该电流称为助增电流。与无分支电路相比较，对有分支电路，相当于流过被保护线路WL1的电流减少了，如果不考虑助增电流的影响，保护1带时限电流速断的动作电流仍按式（2-50）整定，结果是实际电流的 I_{k3}/I_{k1} 倍，其保护范围缩短了，所以在这种情况下，线路WL1带时限电流速断保护动作电流应按式（2-50）整定后再缩小为 I_{k1}/I_{k3} 才正确，用下式表示：

$$I_{op.1}^{II} = \frac{I_{k1}}{I_{k3}} K_{rel}^{II} I_{op.2}^{I} = \frac{1}{K_b} K_{rel}^{II} I_{op.2}^{I} \tag{2-75}$$

式中，K_b 为分支系数，$K_b = I_{k3}/I_{k1}$。K_b 在数值上等于在下一级线路WL2无时限电流速断保护区末端短路时，流过故障线路的短路电流与保护安装处短路电流的比值，在助增电流时，$K_b > 1$。

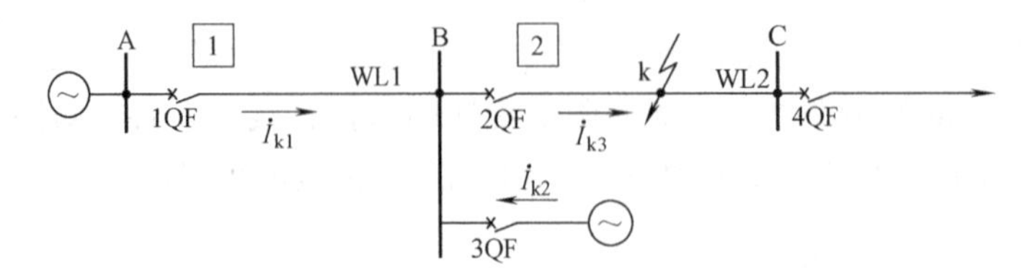

图 2-63　具有助增电流的电网

（2）汲出电流的影响

如图2-64所示，分支电路WL3为一并联线路，当在并联线路WL2上k点发生短路故障时，流过线路 WL2 的短路电流为 $I_{k3}=I_{k1}-I_{k2}$，其数值小于 I_{k1}，这是因为并联支路有 I_{k2} 存在，使故障线路短路电流减小了，该电流称为汲出电流。汲出电流与无分支电路情况相比，相当于流过保护安装处线路 WL1 的电流增大了，在这种情况下，如不考虑汲出电流的影响，线路 WL1 保护 1 的带时限电流速断保护的动作电流仍按式（2-50）计算，比实际电流减小为原来的 I_{k3}/I_{k1}，而使保护范围伸长，导致无选择性动作。动作电流值必须考虑汲出电流的影响，按式（2-50）计算增大到原来的 I_{k1}/I_{k3} 倍，用下式表示：

$$I_{op.1}^{\mathrm{II}}=\frac{I_{k1}}{I_{k3}}K_{rel}^{\mathrm{II}}I_{op.2}^{\mathrm{I}}=\frac{1}{K_b}K_{rel}^{\mathrm{II}}I_{op.2}^{\mathrm{I}} \tag{2-76}$$

式中，K_b 为分支系数，在有汲出电流情况下，$K_b=\dfrac{I_{k3}}{I_{k1}}$。

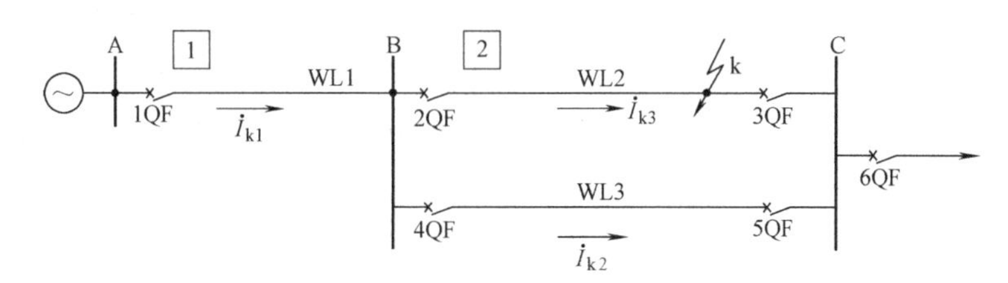

图 2-64　具有汲出电流的电网

显然，在有助增电流情况下，$K_b>1$；在有汲出电流情况下，$K_b<1$；在无分支电路情况下，$K_b=1$。

由以上分析可见，在继电保护中应尽量不用方向元件。实际上，是否能够取消方向元件又同时不失掉动作的选择性，将根据电流保护的工作情况和具体的整定计算来确定。

2. 速动性

方向过电流保护与不带方向性的过电流保护一样，动作时限按阶梯原则选择，因此，动作时限长，特别是靠近电源的保护装置。

3. 灵敏性

方向过电流保护的灵敏性是由电流元件决定的。受网络结构和系统运行方式变化的影响，一般情况下具有足够的灵敏系数。但在长距离负荷较大的线路上，灵敏系数往往不能满足要求。

4. 可靠性

方向过电流保护采用的继电器和接线都比较简单，故运行中动作可靠。因此，方向过电流保护主要用于 35kV 及以下两侧电源辐射形网络和单电源环形网络中。常采用三段式方向电流保护作为相间短路的主保护，在灵敏系数和快速性要求不够高时，某些情况下，速断部分可以无选择性地动作，但应以自动重合闸来补救。在 110kV 电网中，如果满足要求也可以采用方向过电流保护。

2.3　电网的接地保护

我国电力系统中采用中性点接地方式，通常有中性点直接接地方式、中性点经消弧线圈接地方式和不接地方式三种。一般 110kV 及其以上电压等级的电网都采用中性点直接接地方式，3~35kV 的电网采用中性点不接地或经消弧线圈接地的方式。

前面讨论过的电流保护如果采用三相星形联结，虽然也可以反映中性点接地电网的单相接地短路，但灵敏性较低，时限较长，因此要考虑装设专用的接地保护。电网中发生接地故障时，将出现零序电压和零序电流，以此作为判据可以构成专用的接地保护，又称为零序保护。

2.3.1　中性点直接接地电网的零序电流保护及零序方向电流保护

中性点直接接地电网中发生单相接地故障时，在故障相中流过很大短路电流，所以这种电网又称为大接地电流电网。在中性点直接接地电网中，发生单相接地短路时，要求继电保护装置尽快切除故障。

1. 单相接地时零序分量的特点

在电网发生单相接地短路时，如图2-65a所示，可以利用对称分量法将不对称的电网电压和电流分解为对称的正序、负序和零序分量，并能用复合序网图表示它们之间的关系，进行短路计算。短路计算的零序等效网络如图2-65b所示。零序电流可看成是由故障点出现的零序电压 $\dot{U}_{k0}$ 产生的，它经过变压器接地中性点构成零序回路。假设零序电流正方向由母线指向线路故障点为正，零序电压正方向以线路电压高于大地为正。

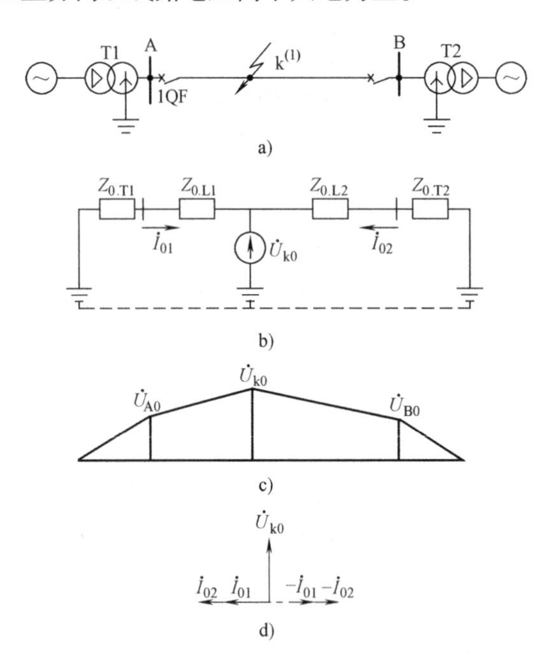

图2-65　接地短路时的零序等效网络

a）电网接线　b）零序网络　c）零序电压分布　d）零序电流、电压相量图

根据零序网络可写出保护安装处A和B及故障点k处的零序电压分别为

$$\begin{cases}\dot{U}_{k0}=-\dot{I}_{01}(Z_{0.T1}+Z_{0.L1})\\ \dot{U}_{A0}=-\dot{I}_{01}Z_{0.T1}\\ \dot{U}_{B0}=-\dot{I}_{02}Z_{0.T2}\end{cases}\tag{2-77}$$

故障点处的零序电流 $\dot{I}_0$ 为

$$\dot{I}_0=\frac{\dot{E}_{\Sigma}}{Z_{1\Sigma}+Z_{2\Sigma}+Z_{0\Sigma}}\tag{2-78}$$

式中，$\dot{E}_{\Sigma}$ 为电源等值电动势；$Z_{1\Sigma}$、$Z_{2\Sigma}$、$Z_{0\Sigma}$分别为系统综合正序、负序和零序阻抗；$Z_{0.T1}$、$Z_{0.T2}$分别为变压器 T1、T2 的零序阻抗；$Z_{0.L1}$为线路的零序阻抗。

根据对称分量法求解，可知在图 2-65b 中，故障点处各序电压和电流有下列关系：

$$\begin{cases}\dot{U}_{k1}=-(\dot{U}_{k2}+\dot{U}_{k0})\\ \dot{I}_{k1}=\dot{I}_{k2}=\dot{I}_{k0}\end{cases} \tag{2-79}$$

由于各序电流的共轭复数也相等，所以各序复数功率之间的关系为

$$\bar{S}_{k1}=-(\bar{S}_{k2}+\bar{S}_{k0}) \tag{2-80}$$

当 A 相发生单相接地短路时，忽略回路电阻，零序电流、电压相量图如图 2-65d 所示。

根据上述对零序网络的分析可知，零序分量有如下特点：

1）故障点处的零序电压最高，网络中距离故障点越远，零序电压越低，零序电压分布如图 2-65c 所示。

2）零序电流由 $\dot{U}_{k0}$ 产生，当忽略回路电阻时，如图 2-65d 所示，$\dot{I}_{01}$ 和 $\dot{I}_{02}$ 超前$\dot{U}_{k0}$相角 90°。零序电流的分布主要由线路零序阻抗和中性点接地变压器的零序阻抗决定，而与电源的数目和位置无关。例如，图 2-65a 中变压器 T2 的中性点不接地，则$\dot{I}_{02}=0$。

3）从任一保护（如保护 1）安装处零序电压和电流之间的关系看，母线 A 上的零序电压实际上是从该点到零序网络中性点之间零序阻抗上的电压降，因此可表示为

$$\dot{U}_{A0}=-\dot{I}_{01}Z_{0.T1} \tag{2-81}$$

该处零序电流与零序电压之间的相角由 $Z_{0.T1}$ 的阻抗角决定，与被保护线路的零序阻抗和中性点的位置无关。

4）零序电流的分布和大小由电网中线路的零序阻抗和中性点变压器的零序阻抗及中性点接地变压器的数目和位置决定。当电力系统运行方式改变时，线路和中性点的变压器数目及其位置不变，则零序网络保持不变，但此时，系统正序阻抗和负序阻抗随运行方式的改变而发生改变，因此将引起故障点各序分量电压（$\dot{U}_{k1}$、$\dot{U}_{k2}$、$\dot{U}_{k0}$）之间分布的改变，从而间接影响零序电流的大小。

5）在故障线路上，正序功率的方向是从电源指向故障点的，而零序功率的方向则与之相反，是由故障点向变压器中性点传播的，即零序功率是从线路流向母线的，由于接地故障点的零序电压 $\dot{U}_{k0}$ 最大，所以故障点的零序功率最大。

2. 中性点直接接地电网的零序电流保护

（1）零序电流保护的构成

零序电流保护是通过零序电流滤过器获得零序电流的。如图 2-66a 所示，零序电流滤过器由三台相同型号和相同电流比的电流互感器构成。从图中可知，流出零序电流滤过器的电流 $\dot{I}_r$ 为三相电流之和，即

$$\begin{aligned}\dot{I}_r&=\dot{I}_a+\dot{I}_b+\dot{I}_c=\frac{1}{K_{TA}}[(\dot{I}_A+\dot{I}_B+\dot{I}_C)-(\dot{I}_{mA}+\dot{I}_{mB}+\dot{I}_{mC})]\\&=\frac{3\dot{I}_0}{K_{TA}}-\frac{1}{K_{TA}}(\dot{I}_{mA}+\dot{I}_{mB}+\dot{I}_{mC})\end{aligned} \tag{2-82}$$

当三相电流对称时，$\dot{I}_A+\dot{I}_B+\dot{I}_C=0$，则

$$\dot{I}_r=-\frac{1}{K_{TA}}(\dot{I}_{mA}+\dot{I}_{mB}+\dot{I}_{mC})=-\dot{I}_{unb} \tag{2-83}$$

式中，$\dot{I}_{unb}$ 为不平衡电流，它是由于三个 TA 的励磁特性曲线不同造成的。

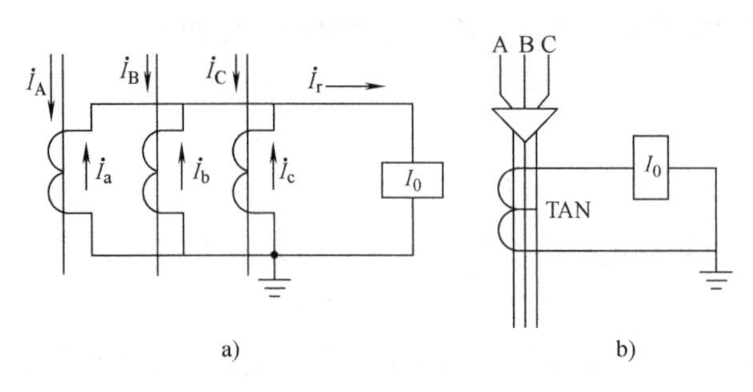

图 2-66　零序电流滤过器的接线

a）由三个 TA 接成零序电流滤过器　b）由零序电流互感器构成零序电流滤过器

对于采用电缆引出的送电线路，广泛采用零序电流互感器的接线以获得 $3I_0$，如图 2-66b 所示。电流互感器套在电缆外面，电缆是一次绕组，一次电流为 $\dot{I}_A+\dot{I}_B+\dot{I}_C$。只当一次侧出现零序电流时，二次侧才有相应的 $3\dot{I}_0$ 输出。采用零序电流互感器的优点是没有不平衡电流，同时接线也简单。

零序电流滤过器的最大不平衡电流可用下式计算：

$$I_{unb.max}=K_{np}K_{st}K_{err}\ I_{k.max}^{(3)}/K_{TA} \tag{2-84}$$

式中，K_{np} 为短路电流非周期分量系数，采用重合闸后加速时，取 1.5~2，否则取 1；K_{st} 为 TA 的同型系数，相同型号取 0.5，不同型号取 1；K_{err} 为 TA 的 10%电流误差，取 0.1；$I_{k.max}^{(3)}$ 为最大外部三相短路电流。

对于采用电缆引出的送电线路，采用零序电流互感器 TAN 来获得零序电流，如图 2-66b 所示。采用零序电流互感器作零序保护的好处是没有不平衡电流，同时保护接线比较简单。

（2）零序电流保护的接线

零序电流保护和相间电流保护一样，广泛采用三段式零序电流保护。通常零序第Ⅰ段为无时限电流速断保护，只保护线路中一部分；零序第Ⅱ段为带时限零序电流速断保护，一般带 0.5s 延时，可保护线路全长，并与相邻线路保护相配合；零序第Ⅲ段为零序过电流保护，作为本级线路和相邻线路接地短路的后备保护，其原理接线图如图 2-67 所示。

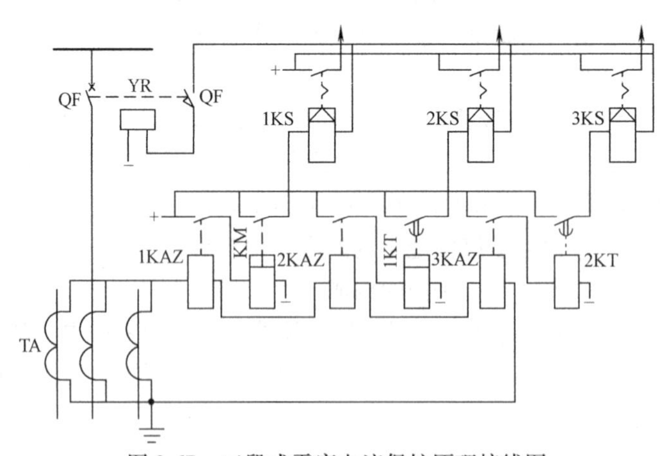

图 2-67　三段式零序电流保护原理接线图

零序电流继电器 1KAZ、中间继电器 KM、信号继电器 1KS 构成零序第Ⅰ段电流保护；2KAZ、1KT（时间继电器）和 2KS 构成零序第Ⅱ段电流保护；3KAZ、2KT、3KS 构成零序第Ⅲ段电流保护。

（3）三段式零序电流保护的整定计算

1）无时限零序电流速断保护（零序第Ⅰ段电流保护）其整定计算和相间短路无时限电流速断保护相类似，不同的是零序电流速断保护只反映接地短路时通过的零序电流。图 2-68a 所示的大接地电流电网，在输电线路上发生接地短路时，画出接地短路点沿被保护线路移动时流经保护 1 的最大零序电流 $3I_0$ 的变化曲线 1，如图 2-68b 所示。为保证选择性，保护 1 零序电流第 I 段的保护范围不超过本级线路的末端，因此，它的动作电流按以下原则整定：

① 躲过被保护线路末端接地短路时的最大零序电流 $3I_{0.\max}$，即

$$I_{0.\mathrm{op}}^{\mathrm{I}}=K_{\mathrm{rel}}^{\mathrm{I}}\cdot 3I_{0.\max} \tag{2-85}$$

式中，$K_{\mathrm{rel}}^{\mathrm{I}}$ 为可靠系数，取 1.2~1.3。

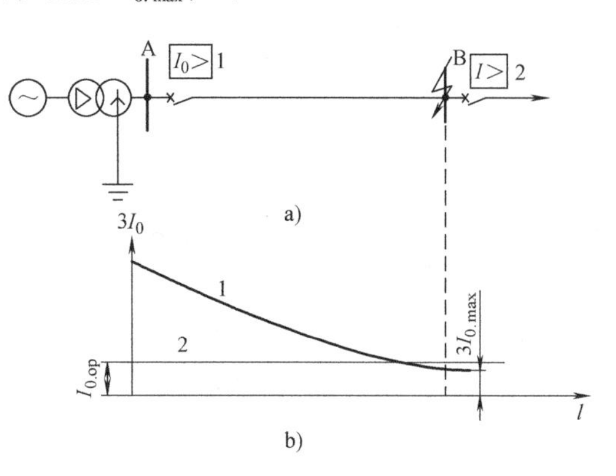

图 2-68　无时限零序电流速断保护原理图

a）网络接线　b）零序电流曲线

在接地短路中，两相接地短路时的零序电流 $I_0^{(1,1)}$ 可能大于单相接地短路时的零序电流 $I_0^{(1)}$，当网络正序阻抗和负序阻抗相等时，即 $Z_1=Z_2$，则

$$\begin{cases}3I_0^{(1)}=\dfrac{3E_1}{2Z_1+Z_0}\\[2ex]3I_0^{(1,1)}=\dfrac{3E_1}{Z_1+2Z_0}\end{cases} \tag{2-86}$$

因此，当 $Z_0>Z_1$ 时，$3I_0^{(1)}>3I_0^{(1,1)}$，启动电流采用单相接地短路时的零序电流 $3I_{0.\max}$ 整定；而当 $Z_1>Z_0$ 时，$3I_0^{(1,1)}>3I_0^{(1)}$，启动电流应采用两相接地短路的零序电流 $3I_{0.\max}$ 整定。

② 躲过断路器三相触点不同时接通所引起的最大零序电流 $3I_{0.\mathrm{ust}}$，即

$$I_{0.\mathrm{op}}^{\mathrm{I}}=K_{\mathrm{rel}}^{\mathrm{I}}\cdot 3I_{0.\mathrm{ust}} \tag{2-87}$$

式中，$K_{\mathrm{rel}}^{\mathrm{I}}$ 为可靠系数，取 1.1~1.2。

断路器一相闭合或两相闭合时所产生的零序电流，可按系统两相或一相断线时零序等效序网图计算，然后取其中最大值。

a）当断路器接通一相时，相当于两相断线，则

$$I_0=\frac{|\dot{E}_1-\dot{E}_2|}{2Z_{1\Sigma}+Z_{0\Sigma}} \tag{2-88}$$

b）当断路器先接通两相，相当于一相断线，则

$$I_0=\frac{|\dot{E}_1-\dot{E}_2|}{Z_{1\Sigma}+2Z_{0\Sigma}} \tag{2-89}$$

式中，$\dot{E}_1$、$\dot{E}_2$ 为断线两侧系统的等值电动势，考虑最严重时，$\dot{E}_1$、$\dot{E}_2$ 相位差为 180°；$Z_{1\Sigma}$、$Z_{0\Sigma}$ 为从断线点看进去的网络的正序、零序综合阻抗。

在装有管型避雷器的线路上，为避免在避雷器放电动作时引起保护误动作，可在无时限电流速断保护接线中装有带小延时的中间继电器，这样可以在时间上躲过断路器三相触点不同期的时间，在整定动作电流时可不必考虑第②个条件。

③ 当被保护线路采用单相自动重合闸时，保护还应躲过非全相运行又发生系统振荡时所出现的最大三倍零序电流 $3I_{0.\mathrm{unc}}$，即

$$I_{0.\mathrm{op}}^{\mathrm{I}}=K_{\mathrm{rel}}^{\mathrm{I}}\cdot 3I_{0.\mathrm{unc}} \tag{2-90}$$

当 $3I_{0.\mathrm{unc}}$ 按实际摇摆计算时，$K_{\mathrm{rel}}^{\mathrm{I}}\geqslant 1.1$；当 $3I_{0.\mathrm{unc}}$ 按 180°摇摆角计算时，$K_{\mathrm{rel}}^{\mathrm{I}}\geqslant 1.2$；在发电厂出线时，$K_{\mathrm{rel}}^{\mathrm{I}}$ 应比上述值更大。

在装有综合重合闸线路上，常采用两个零序第 I 段保护。一个是灵敏第 I 段，其动作电

流按第一条和第二条要求整定。按此原则整定的灵敏第Ⅰ段不能躲过非全相振荡出现的零序电流 $3I_{0.unc}$，为此，在单相自动重合闸时，自动将灵敏第Ⅰ段闭锁，需待恢复全相运行时再重新投入。为在非全相运行时快速切除故障，再设置一个不灵敏的零序第Ⅰ段，其动作电流按第③个条件整定。通过设置两个零序第Ⅰ段电流保护，解决了全相与非全相运行下保护灵敏系数和选择性之间产生的矛盾。

零序电流保护第Ⅰ段的保护最小范围要求不小于本保护线路长度的15%~20%，其整定的动作延时为0s。

2）带时限零序电流速断保护（零序第Ⅱ段电流保护）。其作用与动作值计算原则也与相间电流保护第Ⅱ段整定计算原则相同。

零序第Ⅱ段的动作电流应与相邻线路第Ⅰ段保护相配合整定，即要躲过下段线路零序电流保护第Ⅰ段范围末端接地短路时，流经本保护装置的最大零序电流。以图2-69所示的电网为例，保护1的零序第Ⅱ段动作电流为

$$I_{0.op.1}^{\mathrm{II}}=\frac{K_{rel}^{\mathrm{II}}}{K_{b.min}}I_{0.op.2}^{\mathrm{I}} \tag{2-91}$$

式中，$I_{0.op.2}^{\mathrm{I}}$ 为相邻下一线路无时限零序电流速断保护的动作电流；K_{rel}^{II} 为可靠系数，取1.1；$K_{b.min}$ 为最小分支系数，等于下一线路BC零序第Ⅰ段保护范围末端接地短路时，流经故障线路与被保护线路的零序电流之比的最小值，即

$$K_{b.min}=\left(\frac{I_{0.BC}}{I_{0.AB}}\right)_{min} \tag{2-92}$$

当相邻线路有多条出线时，应取按式（2-91）计算的最大值作为保护1的整定值，并进行灵敏系数的校验，即

$$K_{sen}^{\mathrm{II}}=\frac{3I_{0.min}}{I_{0.op.1}^{\mathrm{II}}}\geqslant 1.3\sim 1.5 \tag{2-93}$$

式中，$3I_{0.min}$ 为被保护线路末端接地短路时，流过保护的最小零序电流。

若灵敏系数校验不合格，可采用以下措施：按与下一线路带时限电流速断保护相配合进行整定，即

$$I_{0.op.1}^{\mathrm{II}}=\frac{K_{rel}^{\mathrm{II}}}{K_{b.min}}I_{0.op.2}^{\mathrm{II}} \tag{2-94}$$

式中，$I_{0.op.2}^{\mathrm{II}}$ 为相邻线路保护2带时限电流速断的动作电流。

按式（2-91）整定后，其灵敏系数校验电流不满足要求时，可保留此零序第Ⅱ段，同时增加一个按式（2-94）整定的零序第Ⅱ段。这样装置中具有两个定值和时限不同的零序第Ⅱ段，一个定值较大，能在正常运行方式或最大运行下，以较短的延时切除本线路所发生的接地短路；另一个定值较小，有较长的延时，它能保证在系统最小运行方式下线路末端发生接地短路时，具有足够的灵敏性。

此外，根据上述原则整定的零序第Ⅱ段的动作电流若不能躲开非全相运行时的零序电流，则装有综合自动重合闸的线路出现非全相运行时应将该保护退出工作，或者装设两个零序第Ⅱ段保护，其中不灵敏的零序第Ⅱ段保护按躲过非全相运行时最大零序电流整定。当线路在单相自动重合闸过程中和非全相运行时不退出工作，灵敏的零序第Ⅱ段保护按与相邻线路零序保护配合的条件整定，本线路进行单相重合闸过程中和非全相运行时退出工作。

零序第Ⅱ段动作时间整定有两点：

① 当零序第Ⅱ段整定值与相邻线路零序第Ⅰ段配合时，其动作延时取 0.5s，即

$$t_{01}^{\mathrm{II}} = \Delta t = 0.5\mathrm{s}$$

② 当零序第Ⅱ段整定值与相邻线路零序第Ⅱ段配合时，其动作延时为

$$t_{01}^{\mathrm{II}} = t_{02.\max}^{\mathrm{II}} \tag{2-95}$$

式中，$t_{02.\max}^{\mathrm{II}}$ 为相邻线路零序第Ⅱ段的最大动作延时。

3）零序过电流保护（零序第Ⅲ段电流保护）。零序过电流保护主要作为本线路零序第Ⅰ段和零序第Ⅱ段的近后备保护和相邻线路、母线、变压器接地短路的远后备保护。在中性点直接接地电网中的终端线路上，也可以作为接地短路的主保护。它的动作电流整定计算应当遵循以下原则：

① 躲过相邻线路始端三相短路时，流过保护的最大不平衡电流，即

$$I_{0.\mathrm{op}.1}^{\mathrm{III}} = K_{\mathrm{rel}}^{\mathrm{III}} I_{\mathrm{unb.max}} \tag{2-96}$$

式中，$K_{\mathrm{rel}}^{\mathrm{III}}$ 为可靠系数，一般取值为 1.2~1.3；$I_{\mathrm{unb.max}}$ 为相邻线路始端三相短路，零序电流滤过器中出现的最大不平衡电流，按式（2-84）计算。

② 与相邻线路零序第Ⅲ段保护进行灵敏性配合，以保证动作的选择性，即本级线路的零序第Ⅲ段的保护范围不能超过相邻线路第Ⅲ段的保护范围。为此，零序第Ⅲ段的动作电流必须进行逐级配合。如图 2-69 所示，线路 AB 保护 1 的零序第Ⅲ段的动作电流必须与相邻线路 BC 保护 2 零序第Ⅲ段进行选择性配合整定，即

$$I_{0.\mathrm{op}.1}^{\mathrm{III}} = \frac{K_{\mathrm{rel}}^{\mathrm{III}}}{K_{\mathrm{b.min}}} I_{0.\mathrm{op}.2}^{\mathrm{III}} \tag{2-97}$$

式中，$K_{\mathrm{rel}}^{\mathrm{III}}$ 为可靠系数（又称配合系数），取值为 1.1~1.2；$K_{\mathrm{b.min}}$ 为分支系数；$I_{0.\mathrm{op}.2}^{\mathrm{III}}$ 为保护 2 零序第Ⅲ段保护动作电流的二次值。

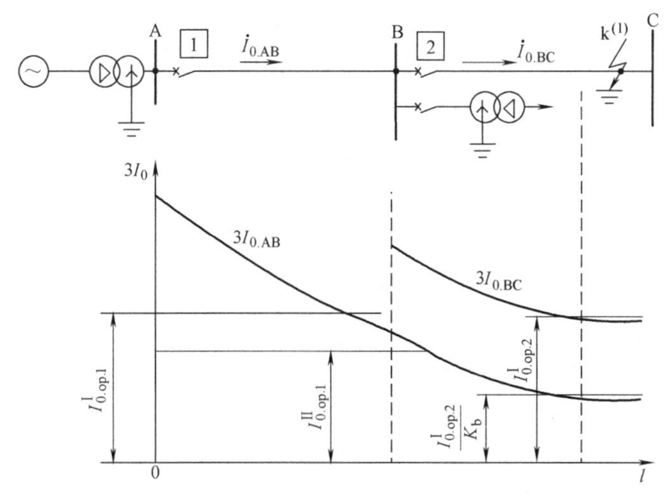

图 2-69　带时限零序电流速断保护的配置和整定计算说明

③ 躲过系统非全相运行时出现的最大三倍零序电流，即

$$I_{0.\mathrm{op}.1}^{\mathrm{III}} = K_{\mathrm{rel}}^{\mathrm{III}} I_{0.\mathrm{unc}} \tag{2-98}$$

式中，$K_{\mathrm{rel}}^{\mathrm{III}}$ 为可靠系数，取 1.2~1.3；$I_{0.\mathrm{unc}}$ 为系统非全相运行时流过保护的最大零序电流的二次值。

④ 对于 110kV 网络，该段应躲过线路末端变压器另一侧短路时可能出现的最大不平衡电

流 $I_{\text{unb. max}}$，即

$$I_{0.\text{op}.1}^{\text{Ⅲ}}=K_{\text{rel}}^{\text{Ⅲ}}I_{\text{unb. max}} \tag{2-99}$$

式中，$K_{\text{rel}}^{\text{Ⅲ}}$ 为可靠系数，取 1.2～1.3；$I_{\text{unb. max}}$ 按式（2-84）计算，式（2-84）中的 $I_{\text{k. max}}^{(3)}$ 为线路末端变压器另一侧短路时流过保护的最大短路电流。

零序过电流保护灵敏系数校验按下式进行：

$$K_{\text{sen}}^{\text{Ⅲ}}=\frac{3I_{0.\min}}{K_{\text{TA}}I_{0.\text{op}.1}^{\text{Ⅲ}}} \tag{2-100}$$

式中，$3I_{0.\min}$ 为灵敏系数校验点发生接地短路时，流过保护的最小零序电流。

当该保护作近后备保护时，校验点在被保护线路末端，灵敏系数 $K_{\text{sen}}^{\text{Ⅲ}}\geq 1.3\sim1.5$；当该保护作远后备保护时，校验点在相邻线路末端，要求灵敏系数 $K_{\text{sen}}^{\text{Ⅲ}}\geq 1.2$。

按上述原则整定的零序过电流保护，其启动电流一般都很小，因此，当本电压级电网发生接地短路时，同一电压级内零序保护都可能启动，这时，为了保证各保护之间的选择性，其动作时限应按阶梯原则来整定。图 2-70a 所示的电网接线中，安装在受电端变压器 T2 低压侧发生接地故障时，变压器因为 Yd 联结，所以高压侧无零序电流，因此零序过流保护 3 可以瞬时动作，不需要和保护 4 配合。零序过电流保护动作时限应从保护 3 开始逐级加大一时间级差，如图 2-70b 所示，$t_{0.1}^{\text{Ⅲ}}>t_{0.2}^{\text{Ⅲ}}>t_{0.3}^{\text{Ⅲ}}$，即

$$t_{0.(n-1)}^{\text{Ⅲ}}=t_{0.n}^{\text{Ⅲ}}+\Delta t \tag{2-101}$$

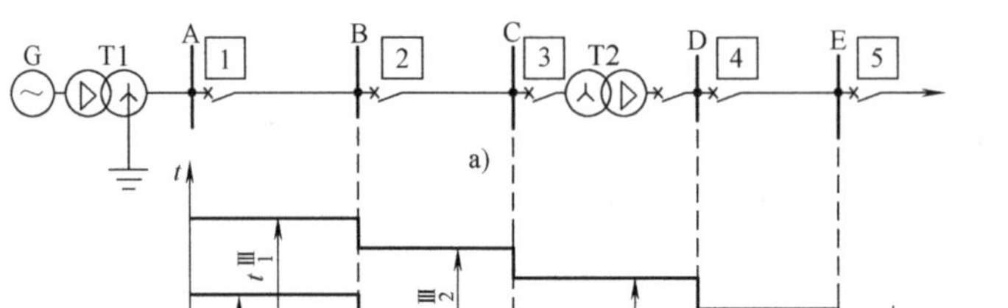

图 2-70　零序过电流保护的时限特性

a）网络接线图　b）时限特性

为了便于比较，将反映相间短路的过电流保护动作时限也画在同一图上。显然，接地保护的动作时限，比相间短路保护动作时限缩短了，这是零序过电流保护的一个突出优点。

3. 中性点直接接地电网的零序方向电流保护

（1）零序方向电流保护的工作原理

在中性点直接接地电网中发生接地短路时，零序功率的方向总是由故障点指向各个中性点，即零序电流方向是由故障点流向各个变压器的中性点。因此，在变压器接地数目比较多的复杂网络，必须考虑零序保护动作的方向性。在线路两侧或多侧有接地中性点时，必须在零序电流保护中增设功率方向元件，才能保证动作的选择性。如图 2-71a 所示电网，两电源侧的变压器均中性点直接接地，当 k1 点发生接地短路时，零序网络和零序电流分布如图 2-71b 所示。

按选择性的要求，保护 1、2 动作切除故障，但零序电流 $\dot{I}_{0.\text{k1}}''$ 流过保护 3，可能引起保护 3 误动作，因此必须加装零序功率方向元件，将保护 3 闭锁。同理，k2 点发生接地故障时，零

序网络和零序电流分布如图 2-71c 所示，应该保护 3、4 动作切除故障，但零序电流 $\dot{I}'_{0.k2}$ 流过保护 2，保护 2 可能会误动作，因此保护 2 应装设零序功率方向元件将保护 2 闭锁，由保护 3 和 4 切除故障，保证了动作的选择性。

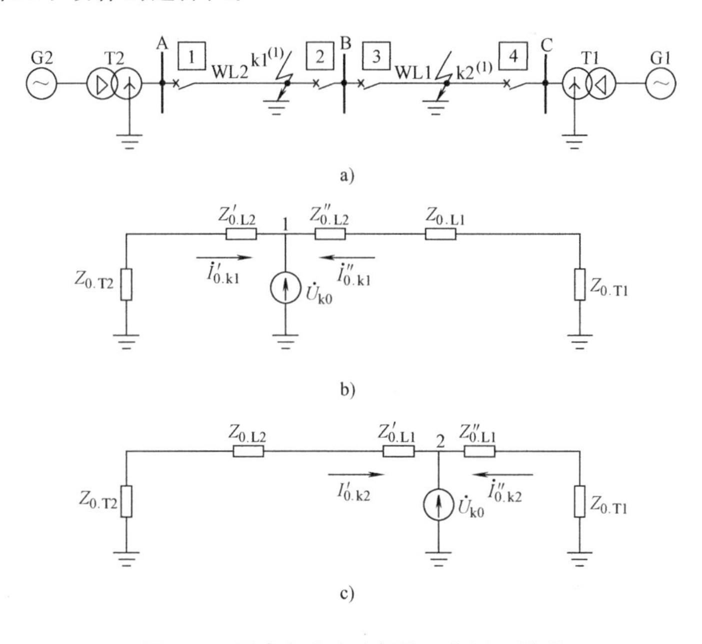

图 2-71　零序方向电流保护工作原理说明

a）网络接线图　b）k1 点短路零序网络　c）k2 点短路零序网络

（2）零序电压滤过器

零序功率方向继电器需要输入保护处的零序电流和零序电压，零序电流可通过零序电流滤过器提供，而零序电压则由零序电压滤过器提供。

零序电压滤过器由三个单相电压互感器或三相五柱式电压互感器构成，如图 2-72a 所示，电压互感器一次侧的三相绕组接成星形联结并将中性点接地，接于被保护线路母线上，二次侧三相绕组接成开口三角形，其端子 m、n 上的电压与一次系统的三倍零序电压成正比，即

$$\dot{U}_{mn}=\dot{U}_{a}+\dot{U}_{b}+\dot{U}_{c}=\frac{1}{K_{TV}}(\dot{U}_{A}+\dot{U}_{B}+\dot{U}_{C})=\frac{3\dot{U}_{0}}{K_{TV}}$$

由于正序和负序电压为对称分量，其三相电压的相量和为零。因此，这种接线方式的电压互感器称为零序电压滤过器。另外一种零序电压滤过器如图 2-72c 所示。

此外，若发电机的中性点经电压互感器或消弧线圈接地时，如图 2-72b 所示，也可从它的二次绕组中（m、n 端）获取零序电压，还可以用加法器获得零序电压，如图 2-72d 所示，图中，K 为比例系数。

（3）接地短路保护安装处零序电压与零序电流的相位关系

如图 2-73a 所示的电网，当保护 1 正向 k1 点发生接地故障时，零序网络如图 2-73b 所示。取保护安装处的零序电流 $\dot{I}_{01}$ 的参考方向为由母线指向线路，零序电压 $\dot{U}_{01}$ 的参考方向为由母线指向地。由图可知，$\dot{I}_{01}$、$\dot{U}_{01}$ 的关系可表示为

$$\begin{cases}\dot{U}_{01}=-\dot{I}_{01}Z_{0.\mathrm{T1}}\\ \dot{I}_{01}=-\dfrac{\dot{U}_{0\mathrm{k}}}{Z_{0.\mathrm{T1}}+Z'_{0.\mathrm{L}}}\end{cases}\tag{2-102}$$

式中，$Z_{0.\mathrm{T1}}$ 为变压器 T1 的零序阻抗；$Z'_{0.\mathrm{L}}$ 为接地短路点至保护安装处的线路之间的零序阻抗。

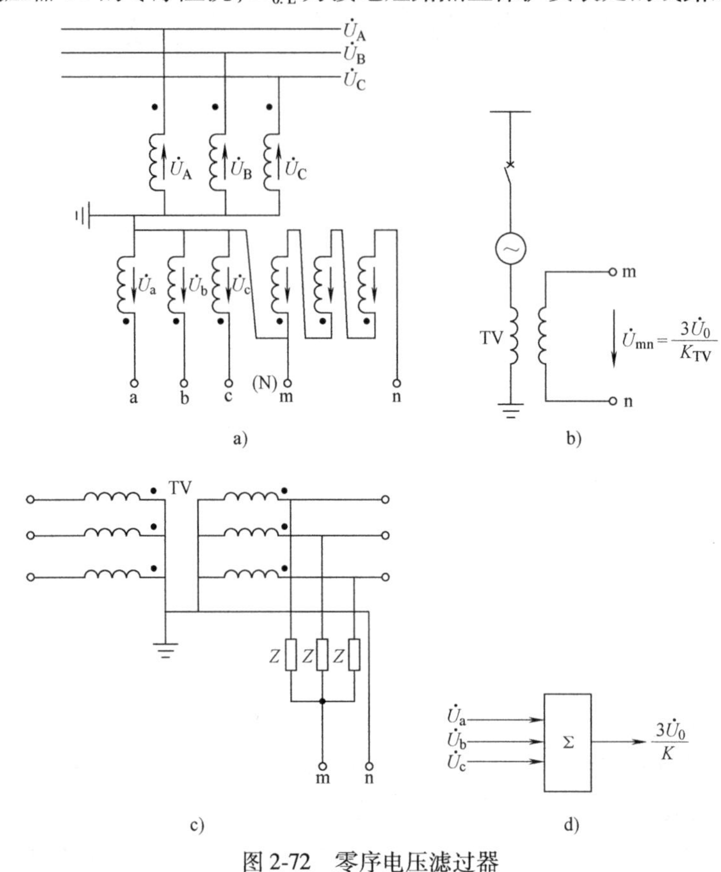

图 2-72　零序电压滤过器

a）网络接线图　b）从二次绕组获取零序电压　c）另一种接线形式　d）从加法器获取零序电压

式（2-102）表明，零序功率方向继电器输入电压 $\dot{U}_{01}$ 和零序电流 $\dot{I}_{01}$ 之间的相角取决于保护安装处背后变压器的零序阻抗。根据式（2-102）画出 $\dot{U}_{01}$ 和 $\dot{I}_{01}$ 的相量图，如图 2-73c 所示。从图中可知，$\dot{I}_{01}$ 超前 $\dot{U}_{01}$ 相角 $\varphi_{0.\mathrm{r}}=-(180°-\varphi_{0.\mathrm{T1}})$，通常 $\varphi_{0.\mathrm{T1}}$ 为 70°～85°，故零序电流超前零序电压的相位角一般为 95°～110°。

当保护 1 反向 k2 点发生接地故障时，零序网络如图 2-73d 所示，由图可知，保护安装处的零序电压 $\dot{U}_{01}$ 和零序电流 $\dot{I}_{01}$ 之间的关系为

$$\dot{U}_{01}=\dot{I}_{01}(Z_{0.\mathrm{L1}}+Z_{0.\mathrm{T2}})=\dot{I}_{01}Z_{0\Sigma}\tag{2-103}$$

式中，$Z_{0\Sigma}$ 为保护正向系统零序总阻抗。

由式（2-103）可画出反向故障时保护安装地点零序电压和零序电流之间的相位关系，如图 2-73e 所示。图中，$\varphi_{0.\mathrm{r}}$ 为 $Z_{0\Sigma}$ 的阻抗角，背后故障时 $\dot{U}_{01}$ 超前 $\dot{I}_{01}$ 的角度为 $\varphi_{0.\mathrm{r}}$。

（4）零序功率方向继电器的接线

零序功率方向继电器的接线如图 2-74a 所示，其电流线圈接于零序电流滤过器回路，输入电流 $\dot{I}_{\mathrm{r}}=3\dot{I}_0$，电压线圈接于电压互感器二次侧开口三角形线圈的输出端，输入电压为 $3\dot{U}_0$。

零序功率方向继电器只反映保护线路正方向接地短路时的零序功率方向，按规定的电流、电压正方向，当被保护线路发生正向接地故障时，$3\dot{I}_0$ 超前 $3\dot{U}_0$ 相角 95°~110°，这时继电器应正确动作，并应在最灵敏的条件下，即继电器的最大灵敏角 φ_m 应为−100°~−95°。

目前，电力系统中实际使用的零序功率方向继电器最大灵敏角 $\varphi_m=70°\sim80°$，即当从其正极性输入端的电流 $3\dot{I}_0$ 滞后于按正极性输入的电压 $3\dot{U}_0$ 的相角为 70°~80°时，继电器最灵敏。所以把 $3\dot{I}_0$ 和 $3\dot{U}_0$ 不加改变均从正极性端子输入继电器，则继电器将不工作在最灵敏状态下。由图 2-74b 相量图可以看出，如果把 $3\dot{U}_0$ 以反极性加到继电器正极性端子上，这时接入的电压为 $\dot{U}_r=-3\dot{U}_0$，加入电流为 $\dot{I}_r=3\dot{I}_0$，$\dot{I}_r$ 滞后 $\dot{U}_r$ 相角 70°，即 $\varphi_r=70°$，亦即 $\varphi_r=\varphi_m$，这样才能使继电器工作在最灵敏的条件下。

因此，在实际工作中要注意功率方向继电器和电流、电压滤过器的接线要正确，即把继电器电流线圈中标有“·”号的端子与零序电流滤过器标有“·”号的同极性端子相连，以得到继电器 $\dot{I}_r=3\dot{I}_0$，把继电器电压线圈中不带“·”号的端子与电压滤过器中带有“·”号的异性端子相连，以得到继电器的输入电压 $\dot{U}_r=-3\dot{U}_0$。

当线路上发生接地故障时，接地点的零序电压最高，而离故障点越远，零序电压就越低，当故障点发生在保护安装处附近时，接入继电器的零序电压很高，因此，零序功率方向继电器没有死区。

（5）三段式零序方向电流保护

三段式零序方向电流保护的原理接线如图 2-75 所示。它是由无时限零序方向电流速断保护、限时零序方向电流速断保护和零序方向过电流保护组成的。

在同一方向上，零序方向电流保护动作电流和动作时限的整定与前面介绍的三段式零序电流保护相同，零序电流元件的灵敏度校验也与前面相同。只是由于零序电压分布的特点可知，在靠近保护安装处不存在方向元件死区，但远离保护安装地点发生接地短路时，流过保护的零序电流很小，零序电压也很低，方向元件有可能不动作，为此应分别检验方向元件的电流和电压灵敏系数。

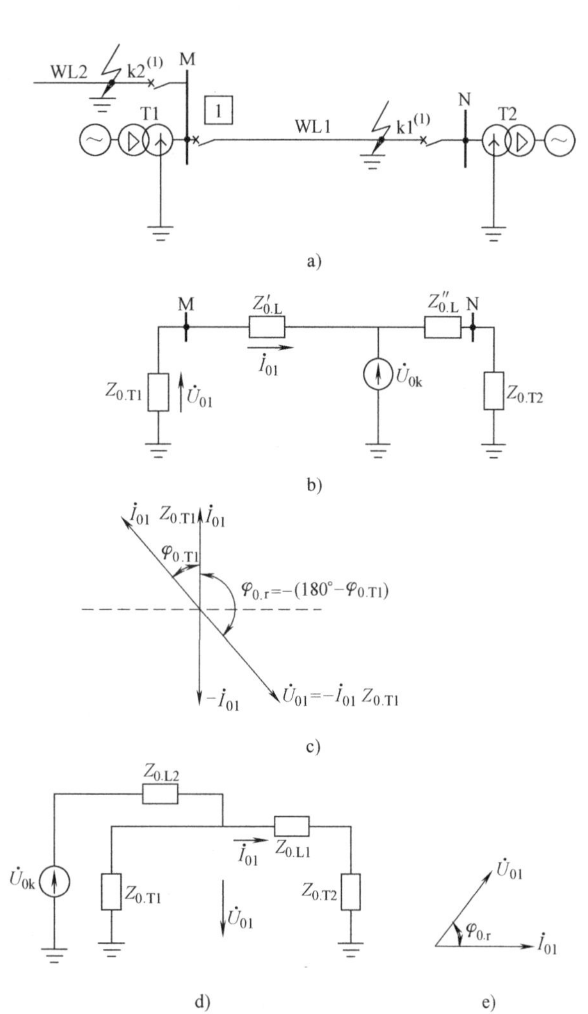

图 2-73　正反故障时，保护安装处零序电压和零序电流的相位关系

a）网络接线图　b）正向故障零序网络　c）正向故障的相量图　d）反向故障零序网络　e）反向故障的相量图

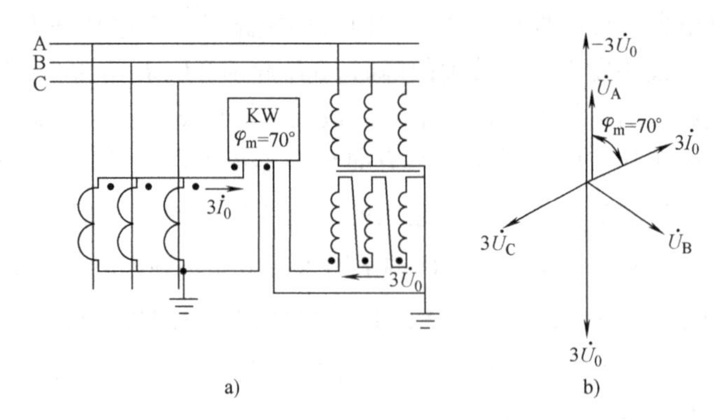

图 2-74　零序功率方向继电器接线及相量图

a）继电器接线　b）零序电流 $3\dot{I}_0$ 与零序电压 $3\dot{U}_0$ 的相量图

$$\begin{cases} K_{sen.U}=\dfrac{3U_{0.min}}{U_{0.op.min}}\geqslant 1.5 \\ K_{sen.I}=\dfrac{3I_{0.min}}{I_{0.op.min}}\geqslant 1.5 \end{cases} \tag{2-104}$$

式中，$3U_{0.min}$、$3I_{0.min}$分别为相邻线路末端接地短路时，加在方向元件上的最小三倍零序电压和电流；$U_{0.op.min}$、$I_{0.op.min}$分别为零序方向元件的最小动作电压和电流，也可用下式校验方向元件的灵敏系数。

$$K_{sen}^{Ⅲ}=\frac{1}{S_{0.op}}(3U_{0.min}\times 3I_{0.min})\geqslant 1.5\sim 2 \tag{2-105}$$

式中，$S_{0.op}$为零序功率方向元件的动作功率；$3U_{0.min}\times 3I_{0.min}$为保护区末端短路时，保护安装处的最小零序功率。

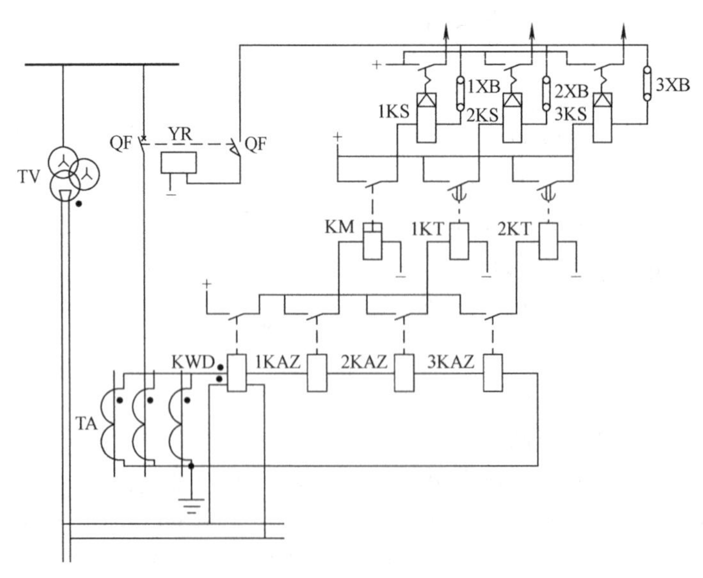

图 2-75　三段式零序方向电流保护原理接线图

图 2-75 中，零序功率方向继电器 KWD 采取异极性相连，即继电器电压线圈和零序电压滤过器输出端采用非极性端子连接，KWD 的触点与三段电流继电器 1KAZ、2KAZ、3KAZ 触

点分别构成三个“与门”回路输出。只有当功率方向继电器和对应段电流继电器同时动作，才能分别启动各段的出口继电器。为便于分析保护装置动作情况，每段保护的跳闸出口都接有信号继电器 KS，同时为在运行中能够临时停用某段保护，在每段保护的跳闸出口回路中串联了连接片 XB。

2.3.2　中性点不直接接地电网的接地保护

在中性点不直接接地电网中发生单相接地时，由于接地故障电流很小，而且三相之间线电压仍然保持对称，对负荷供电没有影响，因此，在一般情况下允许带一个接地点继续运行一段时间（1~2h），不必立即跳闸。但是发生单相接地后，不接地的另外两相对地电压升高 $\sqrt{3}$ 倍，为防止扩大故障，保护应及时发出信号，以便值班运行人员采取措施，及时解除故障。因此，在中性点不直接接地电网中，发生单相接地时，一般只要求继电保护装置能无选择性地发出预告信号，不必跳闸。但对人身和设备的安全造成危险时，应有选择性地动作于断路器跳闸。

1. 中性点不接地电网单相接地故障的特点

如图 2-76a 所示的中性点不接地电网，为分析方便，假定电网负荷为零，并忽略电源和线路上的电压降，电网的各相对地电容 C_0 相等。在正常运行时，中性点不接地电网三相对地电压是对称的，中性点对地电压为零，即 $\dot{U}_N = 0$。忽略电源和线路上的电压降，各相对地电压为各相电动势。在三相对称电压作用下，产生的三相电容电流也是对称的，并超前对应相电压 90°，其相量图如图 2-76b 所示。由于三相对称电压和三相对称电容电流之和都为零，所以电网正常运行时无零序电压和零序电流。

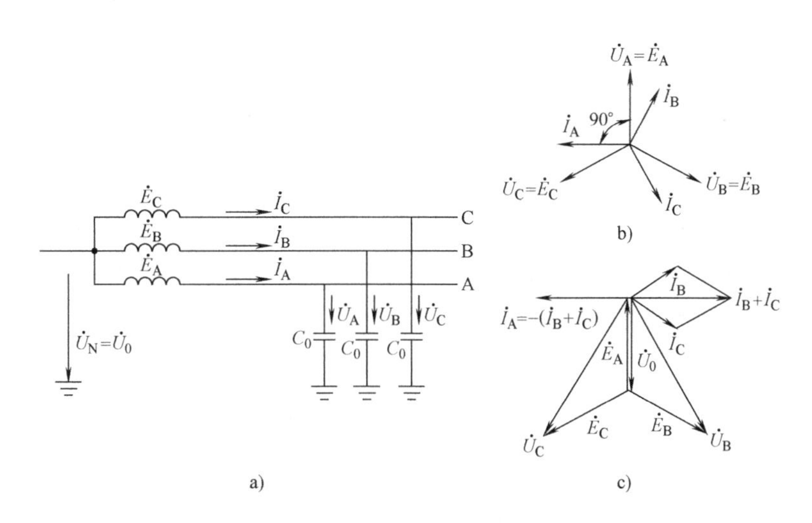

图 2-76　中性点不接地电网单相接地短路

a）电网络图　b）电流及电压相量图　c）出现零序电压的相量图

（1）单侧电源单线路电网的单相接地

图 2-76a 所示电网中，设在 A 相线路上发生金属性单相接地，则接地相对地电容 C_0 被短路，中性点对地电位升至 $\dot{U}_N = -\dot{E}_A$，线路各相对地电压、母线上零序电压分别为

$$
\begin{cases}
\dot{U}_{A}=0\\
\dot{U}_{B}=\dot{E}_{B}-\dot{E}_{A}=\sqrt{3}\,\dot{E}_{A}e^{-j150^{\circ}}\\
\dot{U}_{C}=\dot{E}_{C}-\dot{E}_{A}=\sqrt{3}\,\dot{E}_{A}e^{j150^{\circ}}\\
\dot{U}_{0}=\dfrac{1}{3}(\dot{U}_{A}+\dot{U}_{B}+\dot{U}_{C})=-\dot{E}_{A}=\dot{U}_{N}
\end{cases}
\tag{2-106}
$$

式（2-106）说明，A相接地后B相和C相对地电压升高至$\sqrt{3}$倍，此时三相电压之和不为零，出现了零序电压，其相量图如图2-76c所示。两个非故障相在电压$\dot{U}_B$和$\dot{U}_A$的作用下，出现超前相电压90°的电容电流$\dot{I}_B$和$\dot{I}_C$，非故障相电流为$\dot{I}_A$，即

$$
\begin{cases}
\dot{I}_{B}=j\omega C_{0}\dot{U}_{B}=j\sqrt{3}\omega C_{0}\dot{E}_{A}e^{-j150^{\circ}}\\
\dot{I}_{C}=j\omega C_{0}\dot{U}_{C}=j\sqrt{3}\omega C_{0}\dot{E}_{A}e^{j150^{\circ}}\\
\dot{I}_{A}=-(\dot{I}_{B}+\dot{I}_{C})=j3\omega C_{0}\dot{E}_{A}
\end{cases}
\tag{2-107}
$$

从接地点流回的接地电流$\dot{I}_k$为

$$
\dot{I}_{k}=-\dot{I}_{A}=\dot{I}_{B}+\dot{I}_{C}=-j3\omega C_{0}\dot{E}_{A}
\tag{2-108}
$$

用E_{ph}表示相电动势的有效值，则$\dot{I}_B$、$\dot{I}_C$、$\dot{I}_k$的有效值为$I_B=I_C=\sqrt{3}\omega C_0E_{ph}$，$I_k=3\omega C_0E_{ph}=3I_0$。故障线路始端的零序电流为零，即

$$
3\dot{I}_{0}=\dot{I}_{A}+\dot{I}_{B}+\dot{I}_{C}=\dot{I}_{A}+(-\dot{I}_{A})=0
\tag{2-109}
$$

由式（2-109）可见，对于单条线路，当线路发生单相接地时，流过故障线路的零序电流为零，所以此时零序电流保护不能反映故障。

（2）单侧电源多条线路电网的单相接地

图2-77a所示为单侧电源的多线路电网，电源发电机及每条线路的对地电容分别为C_{0G}、C_{01}、C_{02}、C_{03}等，以集中电容表示。设线路WL3的A相接地短路，忽略负荷电流及电容电流在线路阻抗上的电压降，则电网A相对地电压均为零，各元件A相对地电容电流为零，B相、C相对地电压和电容电流升高至$\sqrt{3}$倍。这时电网的电容电流分布如图2-77a所示，各元件B相和C相对地电容电流通过大地、故障点、电源和本元件构成回路。

1）非故障线路保护安装处的各相电流及三倍零序电流。非故障线路WL1上A

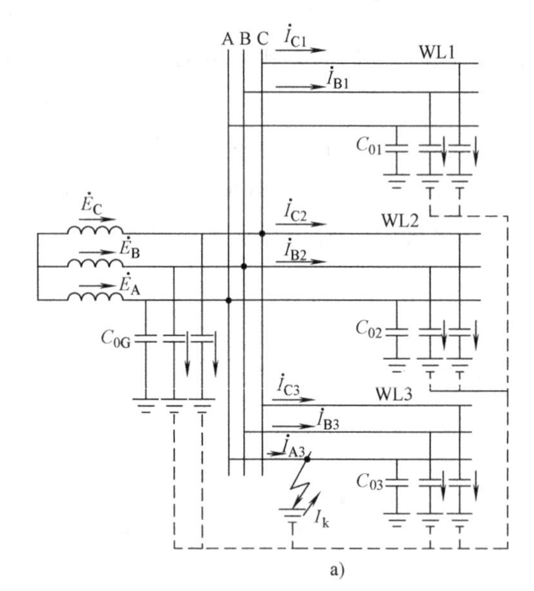

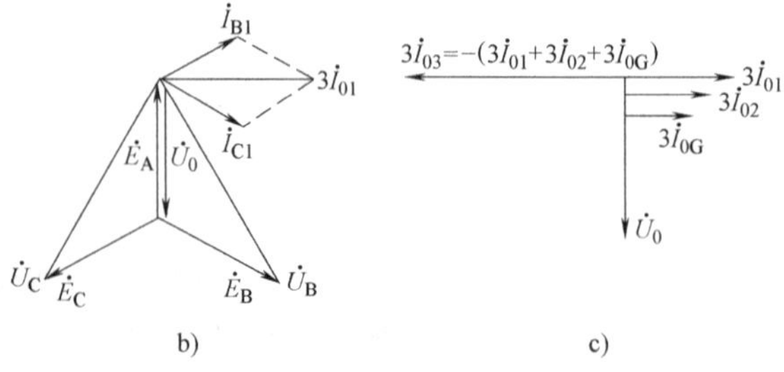

图2-77　单侧电源多线路中性点不接地电网单相接地时电压、电流的相量图

a）网络图及电流分布

b）非故障线路WL1电容电流及母线电压的相量图

c）故障线路WL3电容电流及母线电压的相量图

相电流为零，B 相和 C 相电流为本身的电容电流 $\dot{I}_{B1}$ 和 $\dot{I}_{C1}$，故障线路始端的零序电流从母线指向线路，可表示为

$$3\dot{I}_{01}=\dot{I}_{B1}+\dot{I}_{C1}=-j3\omega C_{01}\dot{E}_A \tag{2-110}$$

则非故障线路 WL1 上的三倍零序电流有效值为

$$3I_{01}=3\omega C_{01}E_{ph} \tag{2-111}$$

同理可得，非故障线路 WL2 上的三倍零序电流有效值为

$$3I_{02}=3\omega C_{02}E_{ph} \tag{2-112}$$

2）发电机端的零序电流。电源发电机 G 本身的 B 相和 C 相对地电容电流 $\dot{I}_{BG}$ 和 $\dot{I}_{CG}$ 经电容 C_{0G} 流向故障点而不经发电机的出口端。因为发电机 G 的 B 相和 C 相绕组中分别流出各条线路的同名相对地电容电流，而从 A 相流回经故障点的全部电容电流 $\dot{I}_k$，这时设置在发电机出口处的零序电流滤过器输出的零序电流仅为发电机本身的电容电流，因为各条线路的电容电流从 A 相绕组流入，又从 B 相和 C 相绕组流出，三相电流相量和为零，所以发电机端的零序电流为

$$3\dot{I}_{0G}=\dot{I}_{BG}+\dot{I}_{CG}=-j3\omega C_{0G}\dot{E}_A \tag{2-113}$$

其有效值为

$$3I_{0G}=3\omega C_{0G}E_{ph} \tag{2-114}$$

3）故障线路保护处的各相电流和三倍零序电流。故障线路 WL3 上，流有它本身的电容电流 $\dot{I}_{B3}$ 和 $\dot{I}_{C3}$，经故障点流回全电网 B 相和 C 相对地电容电流的总和 $\dot{I}_k$ 为

$$\dot{I}_k=(\dot{I}_{B1}+\dot{I}_{C1})+(\dot{I}_{B2}+\dot{I}_{C2})+(\dot{I}_{B3}+\dot{I}_{C3})+(\dot{I}_{BG}+\dot{I}_{CG}) \tag{2-115}$$

其方向由线路指向母线，即故障线路始端 A 相电流 $\dot{I}_{A3}=-\dot{I}_k$，$\dot{I}_k$ 的有效值为

$$\begin{aligned}I_k&=3I_{01}+3I_{02}+3I_{03}+3I_{0G}\\&=3\omega E_{ph}(C_{01}+C_{02}+C_{03}+C_{0G})\\&=3\omega C_{0\Sigma}E_{ph}\end{aligned} \tag{2-116}$$

式中，$C_{0\Sigma}$ 为全电网每相对地电容的总和。

故障线路 WL3 始端的零序电流为

$$\begin{aligned}3\dot{I}_{03}&=\dot{I}_{A3}+\dot{I}_{B3}+\dot{I}_{C3}=-\dot{I}_k+\dot{I}_{B3}+\dot{I}_{C3}\\&=-(\dot{I}_{B1}+\dot{I}_{C1}+\dot{I}_{B2}+\dot{I}_{C2}+\dot{I}_{BG}+\dot{I}_{CG})\\&=-(3\dot{I}_{01}+3\dot{I}_{02}+3\dot{I}_{0G})=j3\omega\dot{E}_A(C_{01}+C_{02}+C_{0G})\end{aligned} \tag{2-117}$$

其有效值为

$$3I_{03}=3\omega E_{ph}(C_{01}+C_{02}+C_{0G})=3\omega E_{ph}(C_{0\Sigma}-C_{03}) \tag{2-118}$$

由式（2-118）可见，在故障线路上的零序电流，其数值等于全电网非故障元件对地电容电流的总和，其方向由线路指向母线，恰好与非故障线路上的零序电流方向相反，滞后于零序电压 90°，如图 2-77b、c 所示。

根据以上分析，可得出如下结论：

1）在中性点不接地电网中发生单相接地时，电网各处故障相对地电压为零，非故障相对地电压升高至电网电压，电网中出现零序电压，其大小等于电网正常时的相电压。

2）非故障线路保护安装处，流过本线路的零序电容电流，其方向由母线指向非故障线路，超前零序电压 90°。

3）故障线路保护安装处，流过的是所有非故障元件的零序电容电流之和，数值较大，其方

向由故障线路指向母线，滞后零序电压 90°。

4）故障线路的零序功率与非故障线路的零序功率方向相反。

2. 中性点不接地电网的接地保护

根据中性点不接地电网发生单相接地时出现的各种特征，可以构成以下几种保护方式。

（1）绝缘监视装置

利用中性点不接地电网发生单相接地时，电网出现零序分量电压的特点，构成绝缘监视装置，实现无选择性的接地保护。当电网中任一线路发生单相接地时，全电网都会出现零序电压，发出告警信号，因此，它发出的是无选择性信号。为找出故障线路，必须由值班人员顺序短时断开各条线路，并继之以自动重合闸将断开线路重新投入运行。若断开某一线路，零序电压信号消失，说明该线路即是故障线路。

如图 2-78 所示，绝缘监视装置由一个过电压继电器接于三相五柱式电压互感器二次侧开口三角形绕组的输出端构成。电压互感器二次侧另外一个绕组联结成星形，在它的引出线上接三块电压表或一块电压表加一个三相切换开关测量各相对地电压。

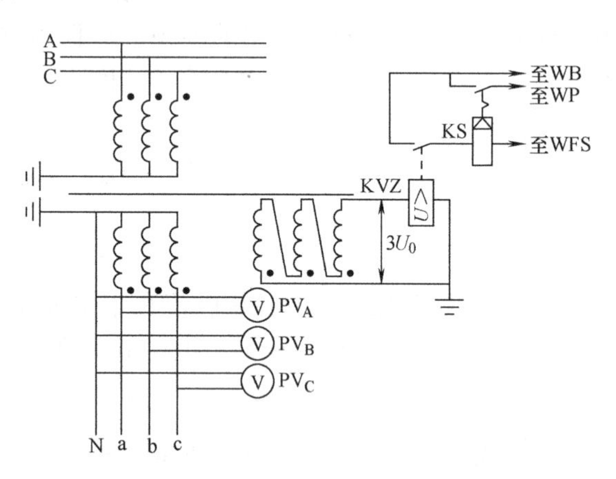

图 2-78　绝缘监视装置接线图

图 2-78 中，WB 为辅助小母线；WP 为“掉牌未复归”光字牌小母线；WFS 为预告信号小母线。

在正常运行时，电网三相电压对称，没有零序分量电压，所以三块电压表读数相等，过电压继电器不动作。当电网母线上任一条线路发生金属性单相接地时，接地相电压变为零，该相电压表读数为零，而其他两相对地电压升高至原来的 $\sqrt{3}$ 倍，所以电压表读数升高。同时出现零序电压，使电压继电器动作，发出接地故障信号。值班人员通过选线操作，找出故障线路，采取措施，转移故障线路上的负荷，以便停电检查。

在电网正常运行时，由于电压互感器本身有误差以及高次谐波电压存在，在 TV 开口三角形绕组输出端有不平衡电压输出，因此，电压继电器的动作电压要躲过这一不平衡电压，一般取 15V。

（2）零序电流保护

利用单相接地时，故障线路零序电流大于非故障线路零序电流的特点，区分故障元件和非故障元件，构成有选择性的零序电流保护。这种保护根据需要可发出预告信号或作用于故障线路的断路器跳闸，一般用在有条件安装零序电流互感器的电缆线路或经电缆引出的架空线上。

对于架空线路采用零序电流滤过器的接线方式，接线如图 2-66a 所示，保护装置动作电流应整定为

$$I_{0.\mathrm{op.r}} = K_{\mathrm{rel}}(I_{\mathrm{unb}} + 3I_0/K_{\mathrm{TA}}) \tag{2-119}$$

式中，K_{rel} 为可靠系数，它的大小与保护动作时间有关，如保护瞬时动作，为防止暂态电容电流的影响，K_{rel} 一般取 4~5，如保护延时动作，可取 1.5~2；I_{unb} 为正常负荷电流产生的不平衡电流；$3I_0$ 为其他线路接地时，本线路的三倍零序电流，由式（2-111）确定。如按式（2-119）整定，$I_{0.\mathrm{op.r}}$ 不能躲开本级线路外部三相短路时所出现的最大不平衡电流，则必须用延时保证选择性，

其时限比下一条线路相间短路保护动作时限大一个 Δt。

对于电缆线路，可采用零序电流互感器接线方式，如图 2-66b 所示，正常运行时，它的不平衡电流 I_{unb} 很小，可忽略不计，因此它的动作电流要按下式整定：

$$I_{0.op.r} = K_{rel} \cdot 3I_0/K_{TA} \tag{2-120}$$

式中各符号意义同式（2-119）。

灵敏系数按下式校验：

$$K_{sen} = (3I_0/K_{TA})/I_{0.op.r}$$

或

$$K_{sen} = \frac{3\omega(C_{0\Sigma} - C_0)E_{ph}}{K_{rel} \cdot 3\omega C_0 E_{ph}} = \frac{C_{0\Sigma} - C_0}{K_{rel}C_0} \tag{2-121}$$

式中，$C_{0\Sigma}$为各线路每相对地电容总和的最小值；$3I_0$ 为本线路单相接地时，流经保护安装处的三倍零序电流，它等于其他线路三倍零序电流之和，应取最小值。

在实用计算中，可用经验公式计算各条线路本身的零序电容电流：

对电缆线路
$$3I_0 = \frac{35l_1U_N}{350} \quad (\mathrm{A}) \tag{2-122}$$

对架空线路
$$3I_0 = \frac{U_Nl_2}{350} \quad (\mathrm{A}) \tag{2-123}$$

式中，U_N 为电网额定相间电压（kV）；l_1、l_2 分别为电缆线路、架空线路的长度（km）。

流过故障点的零序电流为

$$\Sigma 3I_0 = \frac{U_N(35\Sigma l_1 + \Sigma l_2)}{350} \quad (\mathrm{A}) \tag{2-124}$$

式中，Σl_1、Σl_2 分别为该电压电网中所有（包括故障线路）电缆线路和架空线路的总长度（km）。

根据《继电保护规程》规定，采用零序电流互感器时，$K_{sen} \geqslant 1.25$；采用零序电流滤过器时，$K_{sen} \geqslant 1.5$。显然，只有在出线较多时，才能满足保护的灵敏系数的要求。

在中性点不接地电网中，由于单相接地零序电流很小，所以对零序电流互感器和接地继电器要求都比较高，在机电型保护中，采用 LJ 型电缆式零序电流互感器与 DD-11 型接地电流继电器配合使用，一次启动电流可达 5A 以下。

3. 零序功率方向保护

在中性点不接地电网中出线较少的情况下，非故障相零序电流与故障相零序电流差别可能不大，采用零序电流保护不能满足灵敏性要求，这时可采用零序功率方向保护。

零序功率方向保护的接线如图 2-79a 所示，零序功率方向继电器的最大灵敏角为 90°，采用正极性接入方式，接入 $3\dot{U}_0$ 和 $3\dot{I}_0$，功率方向元件采用正弦型功率方向继电器 KWD，动作方程为

$$|U_rI_r\sin\varphi_r| \geqslant 0 \tag{2-125}$$

当电网发生单相接地时，故障线路的 $3\dot{I}_0$ 滞后 $3\dot{U}_0$ 相角 90°，即 $\varphi_r = 90°$，继电器此时动作最灵敏；对于非故障线路，其 $3\dot{I}_0$ 超前 $3\dot{U}_0$ 相角 90°，即 $\varphi_r = -90°$，继电器不动作，即实现了有选择性的电流保护。图 2-79b 所示为零序功率方向继电器的动作范围，图中 $3\dot{I}_{0.f}$ 为故障线路三倍零序电流，$3\dot{I}_{0.unf}$ 为非故障线路三倍零序电流。

【例 2-4】 网络如图 2-80 所示，已知电源等值正序、零序电抗分别为 $X_{1s} = X_{2s} = 5\Omega$，

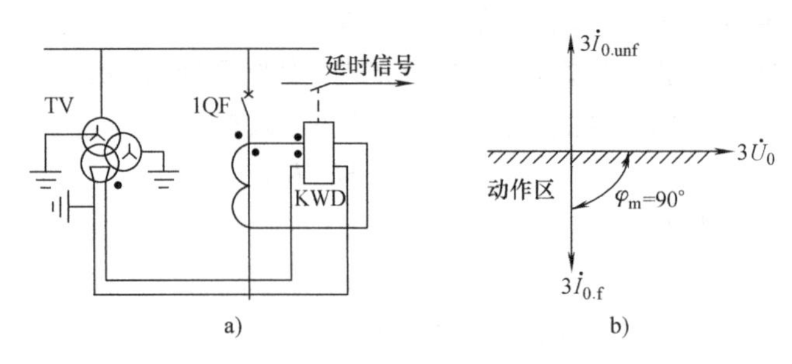

图2-79　小接地电流电网零序功率方向保护的原理接线图

a）保护接线图　b）零序功率方向元件动作区

$X_{0s}=8\Omega$；线路AB、BC正序电抗和零序电抗为$X_1=0.4\Omega/\text{km}$、$X_0=1.4\Omega/\text{km}$；变压器T1的额定参数为31.5MV·A，110kV/6.6kV，$U_k\%=10.5\%$；BC线路零序电流保护第Ⅲ段保护时限$t_{02}^{Ⅲ}=1.2\text{s}$，其他参数如图2-80所示，试确定AB线路的零序电流保护第Ⅰ段、第Ⅱ段、第Ⅲ段的动作电流、灵敏系数和动作时限。

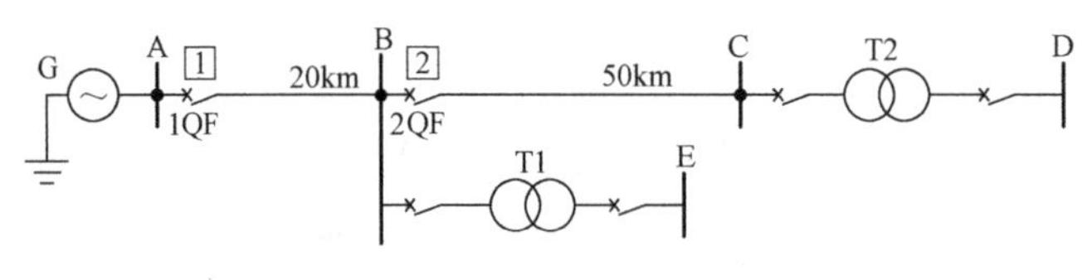

图2-80　例2-4的网络图

解：(1) 计算零序短路电流

先求各元件的各序电抗值：

线路AB：$X_1=X_2=0.4\Omega/\text{km}\times20\text{km}=8\Omega$，$X_0=1.4\Omega/\text{km}\times20\text{km}=28\Omega$；

线路BC：$X_1=X_2=0.4\Omega/\text{km}\times50\text{km}=20\Omega$，$X_0=1.4\Omega/\text{km}\times50\text{km}=70\Omega$；

变压器T1：$X_1=X_2=\dfrac{U_k\%}{100}\dfrac{U_N^2}{S_N}=\dfrac{10.5}{100}\times\dfrac{110^2}{31.5}\Omega=40.33\Omega$。

B母线短路时的零序电流计算如下：

因为$X_{1\Sigma}=X_{2\Sigma}=(5+8)\Omega=13\Omega$，$X_{0\Sigma}=(8+28)\Omega=36\Omega$，$X_{0\Sigma}>X_{1\Sigma}$，所以$I_{k0}^{(1)}>I_{k0}^{(1.1)}$，故按单相接地短路作为整定条件，两相接地短路作为灵敏度校验条件。

$$I_{k0}^{(1.1)}=I_{k1}\frac{X_{2\Sigma}}{X_{2\Sigma}+X_{0\Sigma}}=\frac{E_{ph}}{X_{1\Sigma}+\dfrac{X_{2\Sigma}X_{0\Sigma}}{X_{2\Sigma}+X_{0\Sigma}}}\frac{X_{2\Sigma}}{X_{2\Sigma}+X_{0\Sigma}}$$

$$=\frac{E_{ph}}{X_{1\Sigma}+2X_{0\Sigma}}=\frac{115000}{\sqrt{3}(13+2\times36)}\text{A}=781\text{A}$$

$$3I_{k0}^{(1.1)}=3\times781\text{A}=2343\text{A}$$

$$I_{k0}^{(1)}=\frac{E_{ph}}{\sqrt{3}(X_{1\Sigma}+X_{2\Sigma}+X_{2\Sigma})}=\frac{115000}{\sqrt{3}(13+13+36)}\text{A}=1071\text{A}$$

$$3I_{k0}^{(1)}=3\times1071\text{A}=3213\text{A}$$

B母线的最大三相短路电流为

$$I_{\mathrm{kB.max}}^{(3)}=\frac{E_{\mathrm{ph}}}{\sqrt{3}X_{1\Sigma}}=\frac{115000}{\sqrt{3}\times 13}\mathrm{A}=5107\mathrm{A}$$

C 母线短路时的零序电流计算如下：

$X_{1\Sigma}=X_{2\Sigma}=(5+8+20)\Omega=33\Omega$，$X_{0\Sigma}=(8+28+70)\Omega=106\Omega$

$$3I_{\mathrm{k0}}^{(1.1)}=\frac{3E_{\mathrm{ph}}}{X_{1\Sigma}+2X_{0\Sigma}}=\frac{3\times 115000}{\sqrt{3}(33+2\times 106)}\mathrm{A}=813\mathrm{A}$$

$$3I_{\mathrm{k0}}^{(1)}=\frac{3\times 115000}{\sqrt{3}(33+33+106)}\mathrm{A}=1158\mathrm{A}$$

（2）进行各段零序电流保护的整定计算和灵敏度校验

1）零序第Ⅰ段保护

$$I_{\mathrm{op.1}}^{\mathrm{I}}=K_{\mathrm{rel}}^{\mathrm{I}}3I_{0.\max}=1.25\times 3213\mathrm{A}=4016\mathrm{A}$$

单相接地短路时保护区的长度 l 计算如下：

$$X_{1\Sigma}=X_{2\Sigma}=5+0.4l_{\mathrm{p.max}}$$

$$X_{0\Sigma}=8+1.4l_{\mathrm{p.max}}$$

$$\frac{I_{\mathrm{op.1}}^{\mathrm{I}}}{K_{\mathrm{rel}}}=\frac{3E_{\mathrm{ph}}}{2X_{1\Sigma}+X_{0\Sigma}}$$

$$4016=\frac{3\times 115000}{\sqrt{3}(18+2.2l_{\mathrm{p.max}})}$$

$$l_{\mathrm{p.max}}=14.4\mathrm{km}>0.5\times 20\mathrm{km}=10\mathrm{km}$$

两相接地短路时保护区的长度 l 计算如下：

$$4016=\frac{3\times 115000}{\sqrt{3}(5+0.4l_{\mathrm{p.min}}+16+2\times 1.4l_{\mathrm{p.min}})}$$

$$l_{\mathrm{p.min}}=8.94\mathrm{km}>0.2\times 20\mathrm{km}=4\mathrm{km}$$

2）零序第Ⅱ段保护

$$I_{\mathrm{op.1}}^{\mathrm{II}}=1.15\times(1.25\times 1158)\mathrm{A}=1664\mathrm{A}$$

$$K_{\mathrm{sen}}^{\mathrm{II}}=\frac{2340}{1664}=1.4>1.3\text{，满足要求}$$

动作时限：$t_1^{\mathrm{II}}=\Delta t=0.5\mathrm{s}$。

3）零序第Ⅲ段保护

因为 110kV 线路可以不考虑非全相运行情况，按躲过末端最大不平衡电流整定，即

$$I_{\mathrm{op.1}}^{\mathrm{III}}=K_{\mathrm{rel}}^{\mathrm{III}}K_{\mathrm{st}}K_{\mathrm{np}}K_{\mathrm{err}}I_{\mathrm{kB.max}}^{(3)}=1.25\times 0.5\times 1.5\times 0.1\times 5107\mathrm{A}=479\mathrm{A}$$

近后备保护：$K_{\mathrm{sen}}^{\mathrm{III}}=\dfrac{3I_{\mathrm{k0.B}}^{(1.1)}}{I_{\mathrm{op.1}}^{\mathrm{III}}}=\dfrac{2343}{479}=4.9>1.3$，满足要求。

远后备保护：$K_{\mathrm{sen}}^{\mathrm{III}}=\dfrac{3I_{\mathrm{k0.C}}^{(1.1)}}{I_{\mathrm{op.1}}^{\mathrm{III}}}=\dfrac{813}{479}=1.69>1.2$，满足要求。

动作时限：$t_{01}^{\mathrm{III}}=t_{02}^{\mathrm{III}}+\Delta t=1.2\mathrm{s}+0.5\mathrm{s}=1.7\mathrm{s}$。

2.3.3　中性点经消弧线圈接地的单相接地保护

当中性点不接地电网发生单相接地时，流过故障点的电流为全电网零序电流的总和 $I_{\mathrm{C}\Sigma}$。若此电流数值很大，就会在接地点燃起电弧，引起间歇性弧光过电压，造成非故障相绝缘破

坏，从而发展为相间故障或多点接地故障，扩大事故。因此，当22~66kV电网单相接地时，故障点的零序电容电流总和若大于10A，10kV电网大于20A，3~6kV电网大于30A，则其电源中性点应采取经消弧线圈（带铁心的电感线圈）接地方式。这样当单相接地时，在接地点就有一个电感分量电流流过，此电流和原电网的电容电流相抵消，使故障点电流减小。

1. 消弧线圈对电容电流的补偿作用

图2-81所示，中性点经消弧线圈接地电网。当发生单相接地时，其零序电流分布与图2-77a相似，不同的是在零序电压作用下，消弧线圈有一电感电流 $\dot{I}_L$ 经接地点流回消弧线圈。假设消弧线圈的电感值为 L，则电感电流为

$$\dot{I}_L=\frac{\dot{E}_{\rm A}}{{\rm j}\omega L}=-\frac{{\rm j}\dot{E}_{\rm A}}{\omega L} \tag{2-126}$$

由图2-81a可知，通过接地点的电容电流 $\dot{I}_{\rm k}$ 为

$$\dot{I}_{\rm k}=\dot{I}_{C\Sigma}-\dot{I}_L \tag{2-127}$$

将式（2-116）、式（2-126）代入式（2-127），可得

$$\dot{I}_{\rm k}=-{\rm j}3\dot{E}_{\rm A}\left(\omega C_{0\Sigma}-\frac{1}{3\omega L}\right) \tag{2-128}$$

由式（2-128）可知，选择电感 L 的大小，可使单相接地时流经故障点的电容电流 $\dot{I}_{\rm k}$ 减小到零，因此称该电感为消弧线圈。由于接地电流很小，所以中性点经消弧线圈接地的系统也属于小接地电流系统。

由前面分析可知，消弧线圈的作用就是用电感电流来补偿接地点的电容电流，根据对电容电流补偿程度不同，可以分为完全补偿、欠补偿和过补偿三种方式。

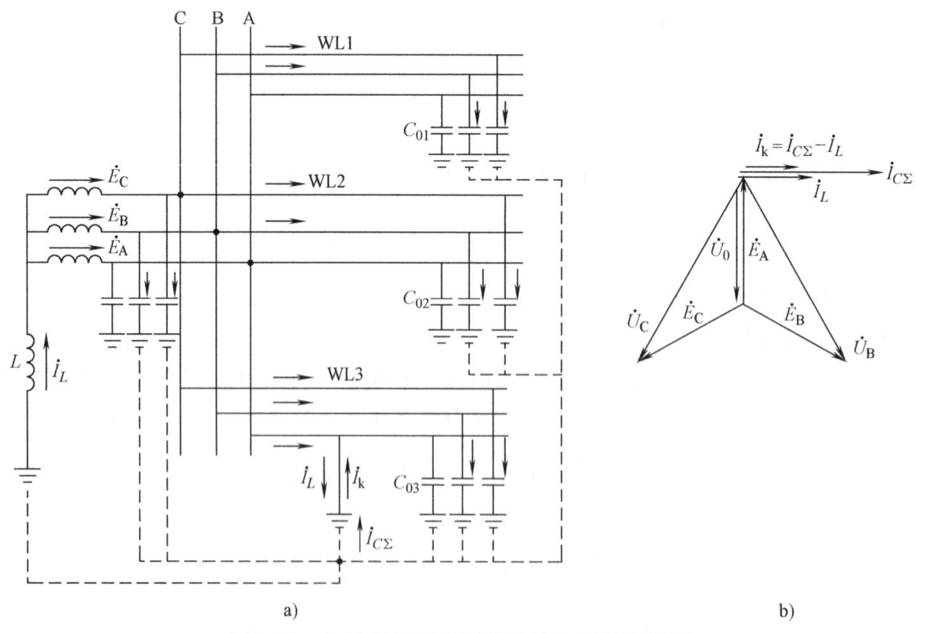

图2-81　中性点经消弧线圈接地电网单相接地

a）网络接线图　b）零序电压电流相量图

（1）完全补偿

完全补偿是使 $\dot{I}_{\rm k}=\dot{I}_L-\dot{I}_{C\Sigma}=0$ 的补偿方式。从消除故障点的电弧，避免出现弧光过电压角

度来看，这种补偿方式最好。但是从另一方面来看，却存在着严重缺点，因为当完全补偿时，$\omega L=\dfrac{1}{3\omega C_{0\Sigma}}$，正是串联谐振的条件。在这种补偿方式下，如果正常运行，三相对地电容不完全相等，则在消弧线圈开路的情况下，电源中性点对地之间有偏移电压，即零序电压 $\dot{U}_0$，其值为

$$\begin{aligned}\dot{U}_0&=-\frac{\dot{E}_{\mathrm{A}}\mathrm{j}\omega C_{0\mathrm{A}}+\dot{E}_{\mathrm{B}}\mathrm{j}\omega C_{0\mathrm{B}}+\dot{E}_{\mathrm{C}}\mathrm{j}\omega C_{0\mathrm{C}}}{\mathrm{j}\omega C_{0\mathrm{A}}+\mathrm{j}\omega C_{0\mathrm{B}}+\mathrm{j}\omega C_{0\mathrm{C}}}\\&=-\frac{\dot{E}_{\mathrm{A}}C_{0\mathrm{A}}+\dot{E}_{\mathrm{B}}C_{0\mathrm{B}}+\dot{E}_{\mathrm{C}}C_{0\mathrm{C}}}{C_{0\mathrm{A}}+C_{0\mathrm{B}}+C_{0\mathrm{C}}}\end{aligned} \tag{2-129}$$

式中，E_{A}、E_{B}、E_{C} 为三相电源相电动势；$C_{0\mathrm{A}}$、$C_{0\mathrm{B}}$、$C_{0\mathrm{C}}$ 为 A、B、C 相各相对地的总电容。

此外，在断路器三相触点不同时闭合或断开时，也将短时出现一个数值更大的零序分量电压 $\dot{U}_0$，$\dot{U}_0$ 电压将在串联谐振回路中产生更大的电流，此电流在消弧线圈上又会产生更大的电压降，从而使电源中性点对地电压升高，这是不允许的，因此实际上不采用完全补偿方式。

（2）欠补偿

欠补偿就是使 $I_L<I_{C\Sigma}$ 的补偿方式，补偿后接地点的电流仍然是容性的，当系统运行方式改变时，例如某些线路因检修被迫切除或因短路跳闸时，系统零序电容电流会减小，致使可能得到完全补偿。所以欠补偿方式一般也不采用。

（3）过补偿

过补偿是使 $I_L>I_{C\Sigma}$ 的补偿方式。采用这种补偿方式后，接地点残余电流是感性的，这时即使系统运行方式发生改变，也不会产生串联谐振。因此这种补偿方式得到了广泛的应用，补偿程度用过补偿度 P 表示，其值为

$$P=\frac{I_L-I_{C\Sigma}}{I_{C\Sigma}} \tag{2-130}$$

一般选择过补偿度 P 为 5%～10%。在过补偿情况下，通过故障线路保护安装处的电流为补偿以后的感性电流。此电流在数值上很小，在相位上超前 $\dot{U}_0$ 的相角为 90°，与非故障线路容性电流与 $\dot{U}_0$ 的关系相同，因此在过补偿的情况下，零序电流保护和零序电流方向保护已不适用。

2. 中性点经消弧线圈接地电网的接地保护

由上述分析可知，在中性点经消弧线圈接地电网中，一般采用过补偿方式运行，当线路发生单相接地时，无法采用零序功率方向保护来选择故障线路，而且由于残余电流不大，采用零序电流保护也很难满足灵敏性要求。因此在这类电网中，实现接地保护很困难，需要采用其他原理构成保护。

（1）反映稳态过程的接地保护

1）采用绝缘监视装置。其工作原理与中性点不接地系统的绝缘监视相同，接线原理图仍如图 2-78 所示。

2）零序电流保护。若中性点经消弧线圈接地电网，发生单相接地时，补偿后故障点的残余电流较大，能满足选择性和灵敏性要求时，可以采用零序电流保护。

3）反映接地电流有功分量的保护。其特点是在消弧线圈两端并联接入一个电阻，在正常运行情况下，电阻由断路器断开，在线路发生接地故障的瞬间投入，使接地点产生一个有功

分量电流，该有功分量电流作用于余弦型功率方向继电器并动作，从而实现接地保护，同时有选择性地发出接地信号。保护动作后，电阻自动切除。这种保护方式的缺点是，投入电阻时，接地电流加大，可能导致故障扩大；同时还需要增加电阻和断路器等一次设备，因此投资较大。另外，由于零序过电流滤过器三个电流互感器的特性不同、二次负荷的不平衡、线路参数不平衡等，在正常工作时有较大的不平衡电流流过继电器，因此，容易使保护误动作，所以这种保护是不可靠的。

4）反映高次谐波分量的保护。在电力系统中，五次谐波分量数值最大，它是由于电源电动势中存在高次谐波分量和负荷的非线性而产生，并随系统运行方式的改变而变化。在中性点经消弧线圈接地的电网中，五次谐波电容电流不能被消弧线圈所补偿，所以可以不考虑消弧线圈存在的影响。它在中性点经消弧线圈接地电网中的分布与基波在中性点不接地电网中分布一致。因此，当发生单相接地时，故障线路上五次谐波零序电流基本上等于非故障线路上五次谐波电容电流之和，而非故障相线路上五次谐波零序电流基本上等于本身的五次谐波电容电流，在出线较多情况下，两者差别很大。所以五次谐波电流分量的接地保护能灵敏地反映单相接地故障。

（2）反映暂态过程的接地保护

根据理论分析和实验结果可以得出，中性点经消弧线圈单相接地的暂态过程与中性点不接地系统单相接地的暂态过程相同。根据单相接地暂态过程的特点，可以构成反映暂态过程的接地保护，一般反映暂态过程的接地保护方式有如下几种：

1）反映暂态电流幅值的接地保护。利用在暂态过程中接地电容电流首半波幅值很大的特点构成零序保护，考虑到暂态过程的迅速衰减，应采用速动继电器，并在启动后实现自保持。

2）反映暂态零序分量首半波方向的接地保护。这种保护是应用反映暂态零序电流和零序电压首半波方向原理构成。对于辐射形网络，非故障线路始端暂态零序电压和零序电流首半波方向相同，而接地故障线路暂态零序电流和零序电压首半波方向相反。根据这一特点，可以构成接地保护装置。

3）反映暂态行波的接地保护。通过对单相接地故障后暂态电流行波的故障特征进行分析研究，得出接地线路和非接地线路初始暂态行波具有明显的特征差异，因此可以利用电流行波进行接地保护，进行接地选线。根据行波各个线路初始行波的幅值和极性差异进行接地选线。

行波法与中性点接地方式无关，可以应用于各种中性点接地方式的接地选线。若接地故障发生在电压过零点时刻，则无行波产生，行波法失效，但这种情况极少见。

2.3.4　对电网接地保护的评价和应用

1. 对大接地电流电网保护的评价及应用

在大接地电流系统中，采用三相完全星形联结的相间电流保护来保护接地短路时，与采用专门的零序电流保护来保护接地短路相比较，后者有较突出的优点。

1）灵敏性高。相间短路的过电流保护动作电流按躲过最大负荷电流来整定，电流继电器动作值一般为5~7A，而零序过电流保护按躲过最大不平衡电流来整定，一般为0.5~1A。由于发生单相接地短路时，故障相的电流与三倍零序电流 $3I_0$ 相等，因此，零序过电流保护的灵敏性高。对于电流速断保护，因线路的阻抗 $X_0=3.5X_1$，所以在线路始末端接地短路的零序电流的差别比相间短路电流差别要大很多，从而零序电流速断的保护区要大于相间短路电流速断的保护区。

2）延时时间短。对同一线路，因零序过电流保护的动作时限不必考虑与 Yd 联结变压器后保护的配合，所以，一般零序过电流保护动作时限要比相间短路过电流保护时限小。

3）无时限电流速断和限时电流速断保护的保护范围受系统运行方式变化影响大，而零序电流保护受系统运行方式变化影响小。因为系统运行方式改变时，零序网络参数变动比正序网络小，一方面是线路零序阻抗远比正序、负序阻抗大，另一方面通过对变压器中性点接地方式的灵活及合理确定，更是保证零序网络参数稳定的重要原因。

4）当系统发生振荡、短时过负荷等不正常运行情况时，零序电流保护不会误动作，而相间短路电流保护可能误动作，故必须采取措施予以防止。

5）采用零序电流保护后，相间短路电流保护可采用两相星形联结，并可和零序电流保护合用一组电流互感器，这样既可节省设备，又能满足技术上要求，而且接线也简单。

6）结构与工作原理简单。零序电流保护以单一的电流量作为动作量，而且每段只需用一个继电器便可以为三相中任一相接地故障做出反应，因而使用继电器数量少、回路简单、试验维护方便，容易保证整定试验质量和保持保护装置质量经常处于良好状态，所以其动作准确率高于其他复杂保护。

在大接地电流系统中，零序保护获得广泛应用，因为在 110kV 及以上电压系统中，单相接地故障占全部故障的 80%~90%，而其他类型的故障也都是由单相接地引起的，所以采用专门的零序电流保护是十分必要的，但是零序电流保护也存在一些缺点，主要表现如下：

1）对于短路线路或运行方式变化大的电网，零序保护往往不能满足系统运行提出的要求，如保护范围稳定或由于运行方式的改变需重新整定零序保护。

2）随着单相重合闸广泛的应用，在综合重合闸动作过程中将出现非全相运行状态，再考虑系统两侧的发电机发生摇摆，则可能出现很大的零序电流，因此影响零序电流保护正确工作。这时必须增大保护动作值或在重合闸动作过程中使之短时退出运行，等全相运行后再投入。由于零序电流保护具有以上优点，故在各级电压的大接地电流系统中得到广泛应用。

2. 对小接地电流电网的评价

绝缘监视装置是一种无选择性的信号装置，它的优点是简单、经济，但在寻找接地故障过程中，不仅要短时中断对用户的供电，而且操作工作量大。这种装置广泛安装在发电厂和变电所母线上，用以监视本网络中的单相接地故障。

当中性点不接地系统中出线线路数较多，全系统对地电容电流较大时，可采用零序电流保护实现有选择性的接地保护，当灵敏系数不够时，可利用接地故障时故障线路与非故障线路电容电流方向不同的特点来实现零序功率方向保护。

在中性点经消弧线圈接地的系统中，仍可用零序电压保护原理构成的绝缘监视，但不能采用零序电流或零序电流方向构成有选择性的保护，可以利用零序电流的高次谐波分量构成高次谐波（五次）电流方向保护，或根据暂态电流的幅值、暂态零序电流首半波构成接地保护，利用暂态行波进行接地选线，确定接地线路。

思考题与习题

2-1 电流互感器的极性是如何确定的？常用的接线方式有哪几种？

2-2 电流互感器的 10%误差曲线有何用途？怎样进行 10%误差校验？

2-3 电流互感器在运行中为什么要严防二次侧开路？电压互感器在运行中为什么要严防二次侧短路？

2-4　电流互感器二次绕组的接线有哪几种方式？

2-5　画出三相五柱式电压互感器的 $Y_N y_n d$ 接线图，并说明其特点。

2-6　试述阻容式单相负序电压滤过器的工作原理。

2-7　什么是电抗变换器？它与电流互感器有什么区别？

2-8　电磁式电压互感器的误差表现在哪两个方面？画出其等效电路和相量图说明。

2-9　为什么差动保护使用 D 级电流互感器？

2-10　电流继电器的返回系数为什么恒小于 1？

2-11　在计算无时限电流速断和带时限电流速断保护的动作电流时，为什么不考虑负荷的自启动系数和继电器的返回系数？

2-12　采用电压、电流联锁速断保护为什么能提高电流保护的灵敏系数？

2-13　如图 2-82 所示双电源网络，两电源最大电抗和最小电抗为 $X_{A.max}$、$X_{A.min}$；$X_{B.max}$、$X_{B.min}$；线路 AB 和 BC 的电抗为 X_{AB}、X_{BC}，试确定母线 C 短路时，AB 线路 A 侧保护最大、最小分支系数。

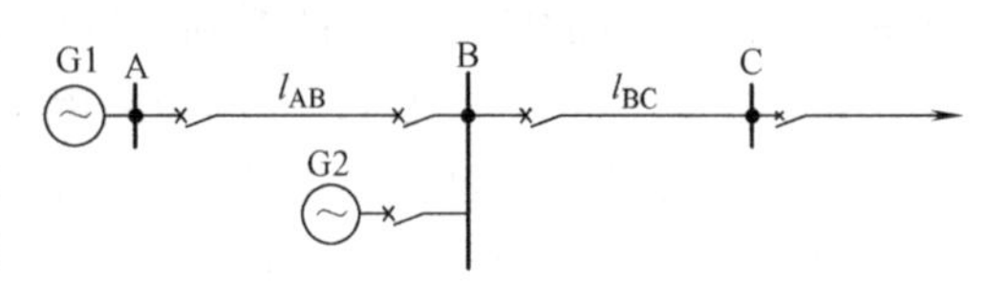

图 2-82　题 2-13 的网络图

2-14　如图 2-83 所示网络，电源 A 的电抗为 $X_1 = X_2 = 20\Omega$，$X_0 = 31.45\Omega$；电源 D 的电抗为 $X_1 = X_2 = 12.6\Omega$，$X_0 = 25\Omega$；所有线路电抗为 $X_1 = X_2 = 0.4\Omega/\text{km}$，$X_0 = 1.4\Omega/\text{km}$。已知可靠系数 $K_{rel}^{I} = 1.25$，$K_{rel}^{II} = 1.15$。试确定线路 AB 上 A 侧零序电流保护第Ⅱ段动作值，并校验灵敏度。

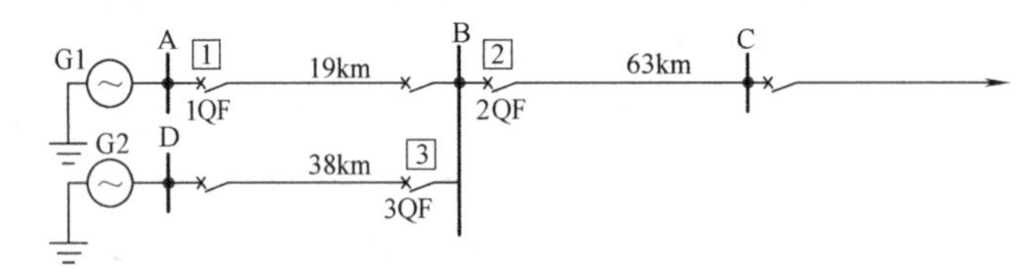

图 2-83　题 2-14 的网络图

2-15　图 2-84 所示的单侧电源网络中，已知电源的最大、最小电抗分别为 $X_{s.max}$、$X_{s.min}$，线路 AB 和 BC 的电抗为 X_{AB}、X_{BC1}、X_{BC2}，且 $X_{BC1}>X_{BC2}$，当母线 C 短路时，求对 AB 线路电流配合的最大、最小分支系数。

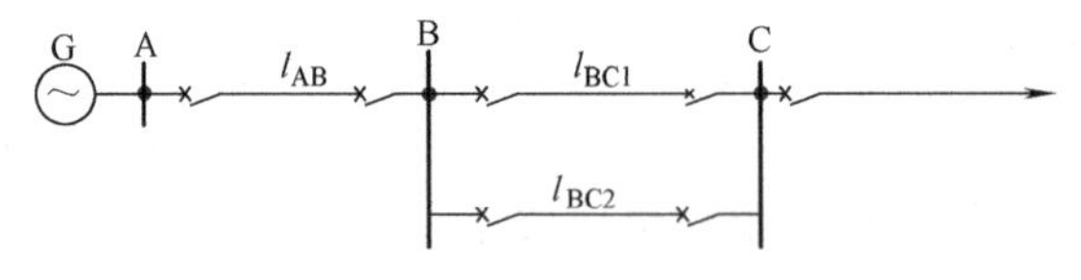

图 2-84　题 2-15 的网络图

2-16　比较电流、电压保护第Ⅰ、Ⅱ、Ⅲ段的灵敏系数，哪一段保护的灵敏系数最高，保护范围最长？为什么？

2-17　如图 2-85 所示电网中，线路 WL1 和 WL2 均装有三段式电流保护，当在线路 WL2 的首端 k 点短路时，都有哪些保护启动和动作？跳开哪个断路器？

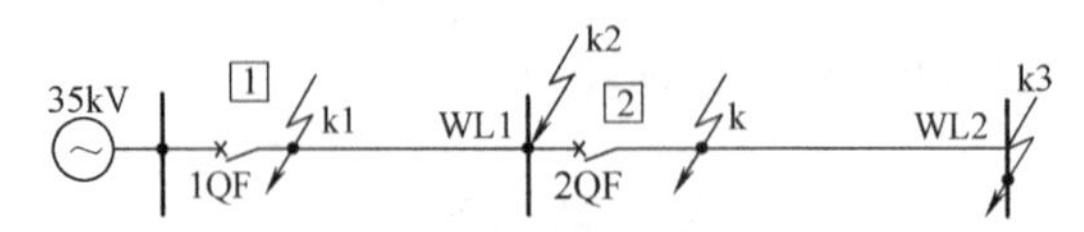

图 2-85　题 2-17 的网络图

2-18　如图 2-86 所示电网中，试指出对 6QF 电流保护来说，在什么情况下具有最大和最小运行方式？

2-19　试说明电流保护整定计算时，所用各种系数 K_{rel}、K_{re}、K_{con}、K_{st} 及 K_{sen} 的意义和作用。

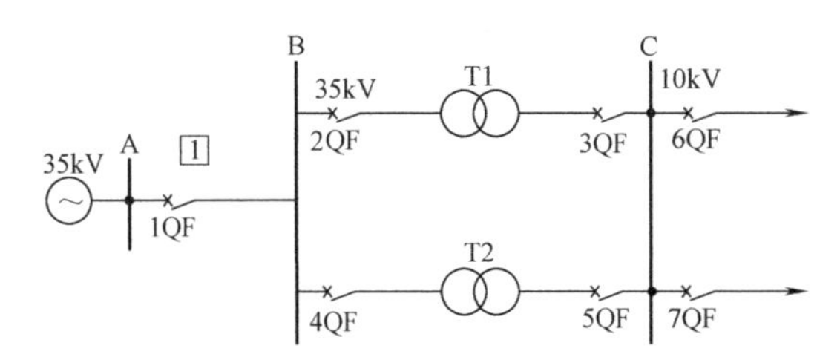

图 2-86　题 2-18 的网络图

2-20　电流保护采用两相三继电器接线时，若将 C 相电流互感器极性接反，如图 2-87 所示，试分析三相短路及 AC 两相短路时继电器 1KA、2KA、3KA 中电流的大小。

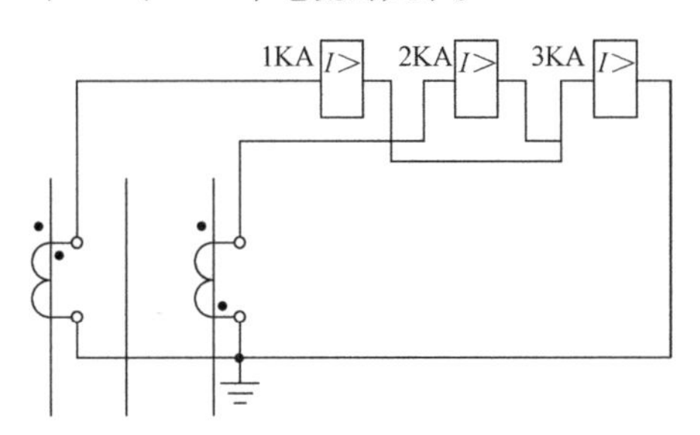

图 2-87　题 2-20 的电流互感器 TA 接线图

2-21　在 Yd11 联结的变压器在△侧发生两相短路时，装在 Y 侧的电流保护采用三相完全星形联结与采用两相不完全星形联结，其灵敏系数有何不同？为什么采用两相三继电器接线方式就能使其灵敏系数与采用三相完全星形联结相同呢？

2-22　图 2-88 为无限大容量系统供电的 35kV 辐射式线路，线路 WL1 上最大负荷电流 $I_{L.max}=220A$，电流互感器的电流比为 300/5，且采用两相星形联结，线路 WL2 上的动作时限 $t_{p2}=1.8s$，k1、k2、k3 各点在最大运行方式下的三相短路电流分别为 $I_{k1.max}^{(3)}=4kA$，$I_{k2.max}^{(3)}=1400A$，$I_{k3.max}^{(3)}=540A$，在最小运行方式下，$I_{k1.min}^{(3)}=3.5kA$，$I_{k2.min}^{(3)}=1250A$，$I_{k3.min}^{(3)}=900A$。拟在线路 WL1 上装设三段式电流保护，试完成：（1）计算出定时限过电流保护的动作电流与动作时限（$K_{rel}^{Ⅲ}=1.2$，$K_{re}=0.85$，$\Delta t=0.5s$，$K_{ss}=2$），并进行灵敏系数校验；（2）计算出无时限与带时限电流速断保护的动作电流，并进行灵敏系数校验（$K_{rel}^{Ⅰ}=1.3$，$K_{re}^{Ⅱ}=1.15$）；（3）画出三段式电流保护原理接线图及时限配合特性曲线。

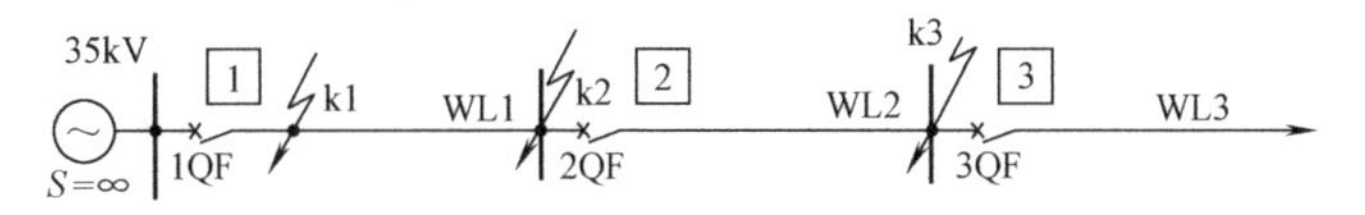

图 2-88　题 2-22 的网络图

2-23　如图 2-89 所示，已知电源相电动势 $E_{ph}=115/\sqrt{3}kV$，$X_{s.max}=15\Omega$、$X_{s.min}=14\Omega$，线路单位长度正序电抗 $X_1=0.4\Omega/km$，取 $K_{rel}^{Ⅰ}=1.25$，$K_{rel}^{Ⅱ}=1.2$。试对电流保护 1 的第Ⅰ、Ⅱ段进行整定计算，即求第Ⅰ、Ⅱ段的动作电流 $I_{op.1}^{Ⅰ}$、$I_{op.1}^{Ⅱ}$，动作时间 $t_1^{Ⅰ}$、$t_1^{Ⅱ}$，并校验第Ⅰ、Ⅱ段的灵敏系数。若灵敏系数不满足要求，怎么办？

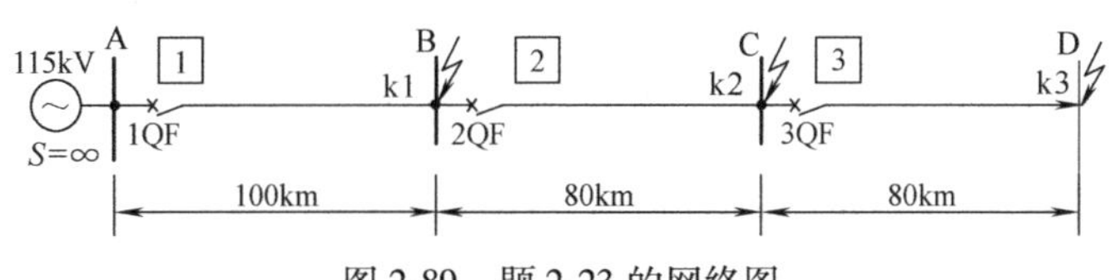

图 2-89　题 2-23 的网络图

2-24　如图2-90所示的网络中，每条线路断路器处均装设三段式电流保护。试求线路WL1断路器1QF处电流保护第Ⅰ、Ⅱ、Ⅲ段的动作电流、动作时间和灵敏系数。已知图中电源电动势为115kV，A处电源的最大、最小等效阻抗为$X_{sA.max}=20\Omega$，$X_{sA.min}=15\Omega$。线路阻抗为$X_{AB}=40\Omega$，$X_{BC}=26\Omega$，$X_{BD}=24\Omega$，$X_{DE}=20\Omega$，线路WL1的最大负荷电流为200A，电流保护可靠系数$K_{rel}^{Ⅰ}=1.3$，$K_{rel}^{Ⅱ}=1.15$，$K_{rel}^{Ⅲ}=1.2$。

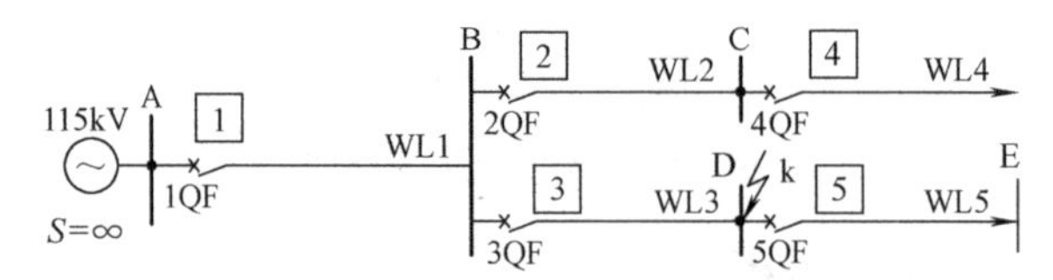

图2-90　题2-24的网络图

2-25　确定图2-91中各断路器上过电流保护的动作时间（取时限级差$\Delta t=0.5s$），并在图上绘出过电流保护的时限特性。

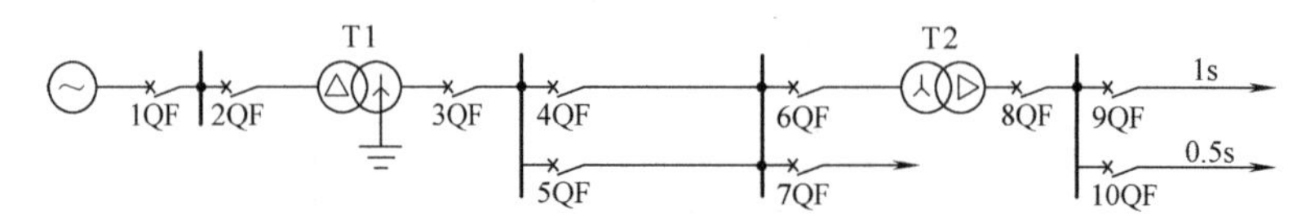

图2-91　题2-25的网络图

2-26　过电流保护和电流速断保护在什么情况下需要装设方向元件？试举例说明。

2-27　说明构成相位比较和幅值比较的功率方向继电器的基本方法。

2-28　试分析90°接线时某相间短路功率方向元件在电流极性接反时，正方向发生三相短路时的动作情况。

2-29　画出功率方向继电器90°接线，分析在采用90°接线时，通常继电器的内角α取何值为好？

2-30　LG-11型功率方向继电器内角α有两个定值，一个是30°，一个是45°。试分别画出当最大灵敏角$\varphi_m=-30°$和$\varphi_m=-45°$时，功率方向继电器的动作区和φ_r的变化范围的相量图。

2-31　有一个按90°接线的LG-11型功率方向继电器，其电抗变换器UX的转移阻抗角为60°或45°，问：（1）该继电器的内角α多大？灵敏角φ_m多大？（2）该继电器用于阻抗角多大的线路才能在三相短路时最灵敏？

2-32　如图2-92所示的输电网络，在各断路器上装有过电流保护，已知时限级差为$\Delta t=0.5s$，为保证动作选择性，试确定各过电流保护的时间及哪些保护需要装设方向元件。

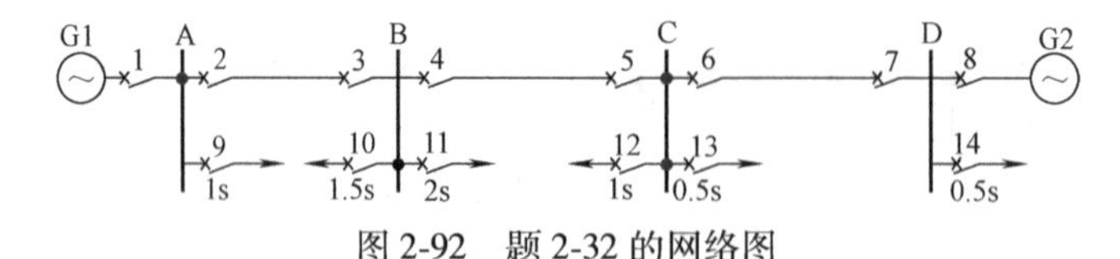

图2-92　题2-32的网络图

2-33　如图2-93所示的输电网络，各断路器采用方向过电流保护，时限级差取0.5s，试确定各过电流保护的动作时间，并说明哪些保护需要装设方向元件。

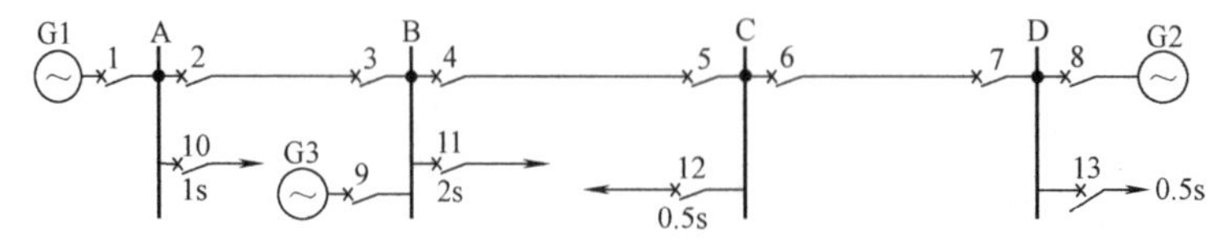

图2-93　题2-33的网络图

2-34　为什么反映接地短路的保护一般要利用零序分量而不是其他序分量？

2-35　什么是中性点非直接接地电网？在此种网络中发生单相接地故障时，出现的零序电压和零序电流有什么特点？它与中性点直接接地电网中，接地故障时出现的零序电压和零序电流在大小、分布及相位上都有什么不同？

2-36　在中性点直接接地电网中，接地保护有哪些？它们的基本原理是什么？

2-37　为什么零序电流速断保护的保护范围比反映相间短路的电流速断保护的保护范围长而且稳定、灵敏系数高？

2-38　如图 2-94 所示中性点直接接地电网零序电流保护原理接线图，已知正常时线路上流过的一次负荷电流为 450A，电流互感器的电流比为 600/5，零序电流继电器的动作电流 $I_{0.op}$ 为 3A，问：(1) 正常运行时，若电流互感器的极性有一个接反，保护会不会误动作？为什么？(2) 如有一个电流互感器 TA 断线，保护会不会误动作？为什么？

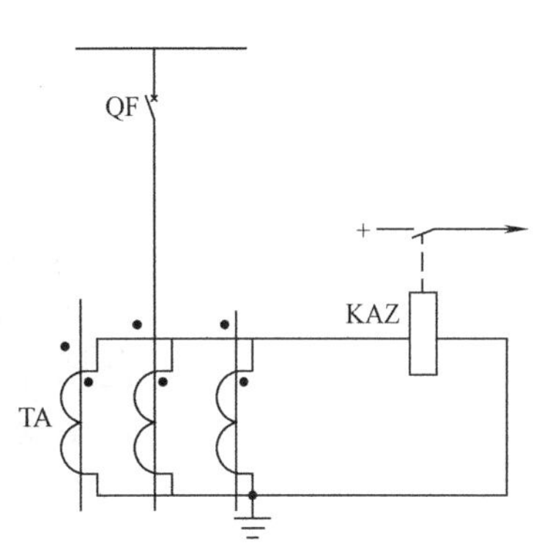

图 2-94　题 2-38 的接线图

2-39　如图 2-95 所示网络，已知电源等值电抗 $X_1=X_2=5\Omega$，$X_0=8\Omega$；线路正序电抗及零序电抗 $X_1=0.4\Omega/\text{km}$，$X_0=1.4\Omega/\text{km}$；变压器 T1 的额定参数：31.5MV·A，110kV/6.6kV，$U_k=10.5\%$，其他参数如图所示，试确定 AB 线路的零序电流保护第Ⅰ段、第Ⅱ段、第Ⅲ段的动作电流、灵敏系数和动作时限。

2-40　如图 2-96 所示单侧电源网络，各断路器采用方向过电流保护，时限级差 $\Delta t=0.5\text{s}$。试确定各过电流保护动作时限和零序过电流保护的动作时间。

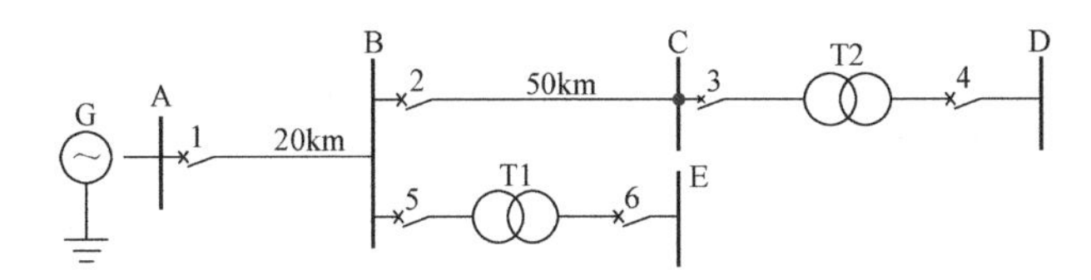

图 2-95　题 2-39 的网络图

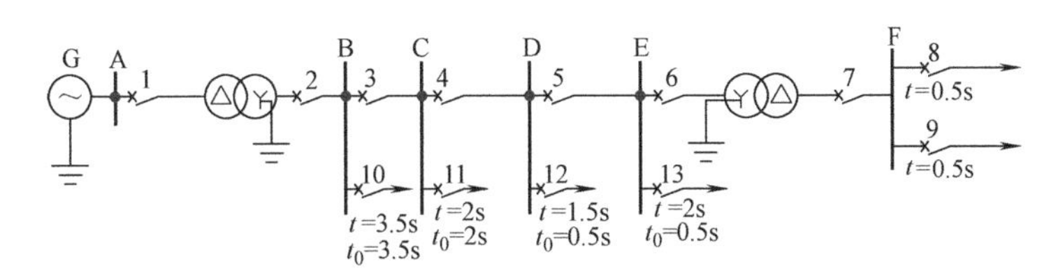

图 2-96　题 2-40 的网络图

2-41　中性点经消弧线圈接地电网中，单相故障的特点及保护方式如何确定？

2-42　什么是欠补偿、过补偿及完全补偿？采用哪种补偿方式较好？为什么？

2-43　什么是绝缘监视，作用如何，如何实现？

2-44　什么是零序保护？直接接地电网中为什么要单设零序保护？在什么条件下要加装方向继电器组成零序电流方向保护？

2-45　零序电流保护由哪几部分组成？零序电流保护有什么优点？

2-46　中性点直接接地电网中零序电流保护的时限特性和相间短路电流保护的时限特性有何异同？为什么？

2-47　零序功率方向继电器的最大灵敏角为什么是 70°？

2-48　零序电流方向保护与三相重合闸配合使用时应注意什么问题？

2-49　将图2-97所示零序电流方向保护的接线连接正确，并给TV、TA标上极性（继电器动作方向指向线路，最大灵敏角为70°）。

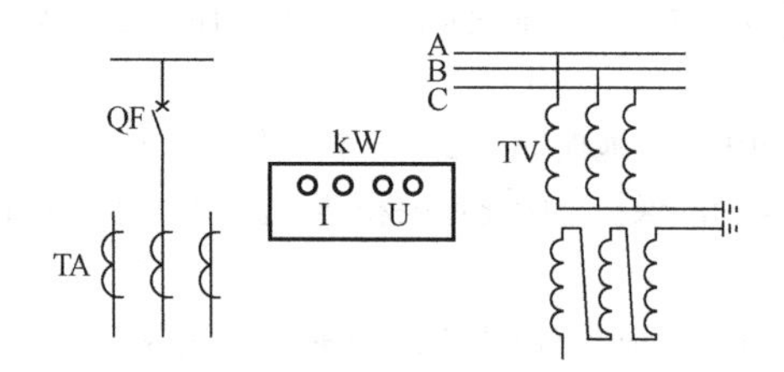

图2-97　题2-49的设备图

本章学习要点

思考题与习题解答

第 3 章

电网的距离保护

基本要求

1. 了解距离保护的工作原理、主要组成元件及动作时限。
2. 掌握用幅值比较原理和相位比较原理构成阻抗继电器的方法，在复平面上分析阻抗继电器的整体性。
3. 掌握阻抗继电器用于相间短路、接地保护的接线方式。
4. 了解影响阻抗继电器正确动作的因素。
5. 掌握三段式距离保护的接线及整定计算原则。

本章讲述距离保护的基本原理、组成元件及动作时限，重点介绍单相式阻抗继电器的构成原理及动作特性，介绍幅值比较原理和相位比较原理在复平面上分析单相式阻抗继电器的动作特性，以及应用这两种原理构成各种单相式阻抗继电器的方法。

本章还介绍阻抗继电器相间短路保护和接地短路保护的基本接线方式及方向阻抗继电器产生死区的原因、消除死区的措施及引入极化电压；分析过渡电阻、分支电流、系统振荡、电压回路断线对测量阻抗的影响。

最后，本章阐述三段式距离保护整定计算原则、多相补偿式阻抗继电器工作原理及自适应距离保护的基本原理。

3.1 距离保护的作用及基本原理

电流、电压保护的主要优点是简单、经济及工作可靠，但是这种保护整定值的选择、保护范围以及灵敏系数等都直接受电网接线方式及系统运行方式的影响较大，特别是重负荷、长距离、高电压等级的复杂网络难以满足选择性、灵敏性以及快速切除故障的要求。例如，对于高压长距离重负荷的线路，由于线路的最大负荷电流可能与线路末端短路时的短路电流相差不大，采用过电流保护，其灵敏性也往往不能满足要求；对于电流速断保护，其保护范围受电网运行方式的变化而改变，保护范围不稳定，甚至可能无保护区；对于多电源复杂网络，方向过电流保护的动作时限往往不能按选择性的要求整定，而且动作时限长，难以满足电力系统对保护快速性的要求。因此，在结构复杂的高压电网中，应采用性能更加完善的保护装置，距离保护就是其中的一种。

3.1.1　距离保护的基本原理

距离保护是反映故障点至保护安装地点之间的距离，并根据该距离的大小确定动作时限的一种继电保护。短路点越靠近保护安装地点，其测量阻抗就越小，则保护的时限就越短；反之，短路点越远，其测量阻抗就越大，则保护动作时限就越长。

测量保护安装地点至故障点的距离，实际上是测量保护安装地点至故障点之间的阻抗。该阻抗为保护安装处的电压与电流的比值，即 $Z_r = \dot{U}_r / \dot{I}_r$。保护装置的动作时限是距离（或阻抗）的函数，即

$$t = f(Z_1 l) \tag{3-1}$$

式中，Z_1 为被保护线路单位长度的正序阻抗；l 为保护安装处至短路点线路的长度。

如图3-1所示，当k点短路时，保护2的测量阻抗是 Z_k，保护1的测量阻抗是 $Z_{AB}+Z_k$。由于保护2距短路点较近，保护1距短路点较远，所以保护2的动作时间较短，这样故障由保护2切除，而保护1可靠返回不致误动作。这种选择性的配合，是靠适当地选择各个保护的整定值和动作时限来完成的。

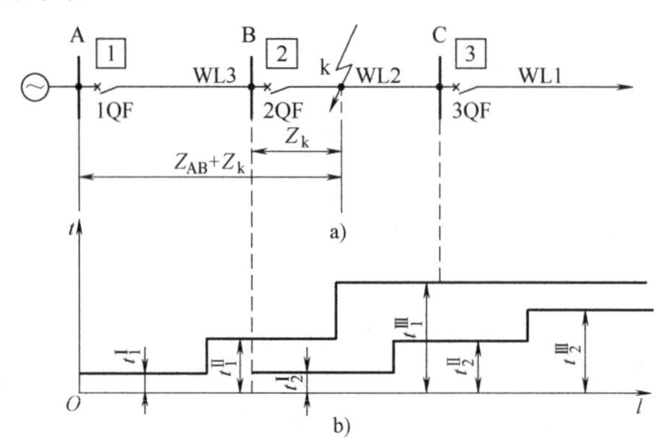

图3-1　距离保护作用原理

a）网络接线　b）时限特性

3.1.2　距离保护的时限特性

距离保护的动作时间 t 与保护安装处至故障点之间的距离 l 的关系为 $t=f(l)$，称为距离保护的时限特性。为满足速动性、选择性和灵敏性要求，目前广泛采用具有三段动作范围的阶梯时限特性。如图3-1b所示，这三段分别称为距离保护的第Ⅰ、Ⅱ、Ⅲ段，和第2章所讲的三段式电流保护的时限特性相同。距离保护1第Ⅰ段是瞬时动作的，t_1^{I} 是保护本身固有的动作时间，其保护范围最好能保护线路AB全长，即整定阻抗为 Z_{AB}，实际上，BC出口短路时，距离保护1的第Ⅰ段也会误动作。为此，距离保护1的第Ⅰ段的动作阻抗必须躲开这一点的测量阻抗 Z_{AB}，即 $Z_{op.1}^{\mathrm{I}}<Z_{AB}$，这里需要引入一个小于1的可靠系数 K_{rel}^{I}，则距离保护1的第Ⅰ段的动作阻抗为

$$Z_{op.1}^{\mathrm{I}} = K_{rel}^{\mathrm{I}} Z_{AB} \tag{3-2}$$

式中，K_{rel}^{I} 为距离保护第Ⅰ段的可靠系数，当 Z_{AB} 为计算值时，取0.8；当 Z_{AB} 为测量值时，

取 0.85。

同理，距离保护 2 的第Ⅰ段的一次整定值为

$$Z_{op.2}^{\mathrm{I}} = K_{rel}^{\mathrm{I}} Z_{BC} \tag{3-3}$$

按上述原则整定动作阻抗后，它与瞬时电流速断保护一样，只能保护线路全长的80%~85%。为切除线路末端 15%~20%范围内故障，需要设置距离保护第Ⅱ段。距离保护第Ⅱ段整定值的选择与限时电流速断相似，以使其保护范围不超出下一条线路（如有多条线路取最短者）距离保护第Ⅰ段的保护范围，同时增加一个 Δt 时限，以保证选择性。则距离保护 1 的第Ⅱ段一次整定值为

$$Z_{op.1}^{\mathrm{II}} = K_{rel}^{\mathrm{II}}(Z_{AB} + Z_{BC}K_{rel}^{\mathrm{I}}) \tag{3-4}$$

式中，K_{rel}^{II} 为距离保护第Ⅱ段的可靠系数，取 0.8。

为了获得选择性，保护 1 的距离第Ⅱ段动作时限 t_1^{II}应较保护 2 的第Ⅰ段动作时间 t_2^{I}增加一个 Δt，即

$$t_1^{\mathrm{II}} = t_2^{\mathrm{I}} + \Delta t \tag{3-5}$$

距离保护第Ⅰ段与第Ⅱ段联合工作，构成本线路的主保护。为了作相邻线路的距离保护和断路器拒动的远后备保护，还应装设距离保护第Ⅲ段，同时也作为本级线路距离保护第Ⅰ段、第Ⅱ段的近后备保护。

距离保护第Ⅲ段的动作阻抗应按躲过正常运行最小负荷阻抗整定，而动作时限按阶梯原则整定，其动作时限应比所有相邻下一级线路距离保护第Ⅲ段动作时限最大者增加一个 Δt 时限，即

$$t_1^{\mathrm{III}} = t_{2.max}^{\mathrm{III}} + \Delta t \tag{3-6}$$

3.1.3　三段式距离保护的原理框图

三段式距离保护的单相原理框图如图 3-2 所示，它由启动回路、测量回路和逻辑回路三部分组成。

（1）启动回路

启动回路由启动元件组成。启动元件是在发生故障瞬间作用，启动整套保护装置，并和距离元件动作后组成与门，启动出口回路动作与跳闸，以提高保护装置的可靠性。启动元件可以采用电流继电器、阻抗继电器、负序电流继电器或负序电流增量继电器。具体选择哪一种，应由被保护线路实际情况确定。一般采用负序电流继电器。

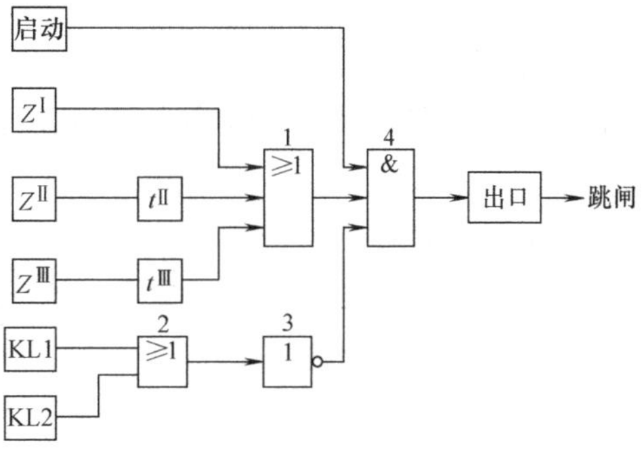

图 3-2　三段式距离保护的单相原理框图

（2）测量回路

测量回路的作用是通过测量阻抗来判断短路点至保护安装地点之间的距离，判断故障处于哪一段保护范围。测量回路由距离元件组成。一般 Z^{II} 和 Z^{I} 采用方向阻抗继电器，Z^{III} 采用偏移特性阻抗继电器。

（3）逻辑回路

逻辑回路的作用是对启动、测量回路送来的信号进行分析判断，做出正确的跳闸决定。逻辑回路由门电路和时间元件组成。门电路包括与门、非门、禁止门和或门。时间元件一般

采用时间继电器。时间元件的作用是按照故障点到保护安装地点的远近，根据预定的时限特性确定动作时限，以保证动作的选择性。

三段式距离保护动作的分析如下：

1）正常运行时，启动元件不启动，保护装置被闭锁。

2）当发生正方向故障时，启动元件启动。如故障发生在第Ⅰ段保护范围内，则阻抗继电器Z^{I}、Z^{II}、Z^{III}均启动，由无时限的距离保护第Ⅰ段Z^{I}通过或门1并与启动元件输出信号通过与门4瞬时作用于出口回路去跳闸，然后各元件返回。如果故障位于第Ⅱ段距离保护范围内，则Z^{II}、Z^{III}启动，因$t^{\mathrm{II}}<t^{\mathrm{III}}$，则由带时限距离保护第Ⅱ段$Z^{\mathrm{II}}$通过时间元件$t^{\mathrm{II}}$通过或门1并与启动元件输出信号通过与门4瞬时作用于出口回路去跳闸，然后各元件返回。如果故障位于第Ⅲ段距离保护范围内，则只有Z^{III}启动，经时间元件t^{III}通过或门1，并与启动元件输出信号通过与门4延时作用于出口回路去跳闸，然后各元件返回。

3）当发生电压互感器二次回路断线或电力系统振荡时，可通过TV二次回路断线闭锁元件KL1或振荡闭锁元件KL2通过或门2再通过非门3闭锁保护。

三段式距离保护与三段式电流保护主要差别表现在以下三个方面：

1）测量元件是阻抗元件，而不是电流元件。

2）增加了两个闭锁元件。

3）整套保护装置中有启动元件，可以提高保护的可靠性。

3.2　单相式阻抗继电器的动作特性及构成原理

阻抗继电器是距离保护装置的核心元件，它的作用是测量故障点到保护安装处之间的阻抗（距离），并与整定值比较，以确定保护是否应该动作。它主要用作测量元件，但也可作为启动元件和兼作功率方向元件。

3.2.1　阻抗继电器的分类

阻抗继电器按其构造原理不同可以分为电磁型、感应型、整流型、晶体管型、集成电路型和微机型；根据比较原理可以分为幅值比较式和相位比较式；根据输入量的不同，分为单相式和多相补偿式。

单相式阻抗继电器是指加入继电器只有一个电压$\dot{U}_{\mathrm{r}}$（可以是相电压或线电压）和一个电流$\dot{I}_{\mathrm{r}}$（可以是相电流或两相电流差）的阻抗继电器，加入继电器的电压与电流的比值称为继电器的测量阻抗Z_{r}，可表示为

$$Z_{\mathrm{r}}=\frac{\dot{U}_{\mathrm{r}}}{\dot{I}_{\mathrm{r}}}=\frac{\dfrac{\dot{U}}{K_{\mathrm{TV}}}}{\dfrac{\dot{I}}{K_{\mathrm{TA}}}}=\frac{K_{\mathrm{TA}}}{K_{\mathrm{TV}}}Z_{\mathrm{K}} \tag{3-7}$$

式中，$\dot{U}_{\mathrm{r}}$为保护安装处的一次电压，即母线电压；$\dot{I}_{\mathrm{r}}$为被保护元件的一次电流；K_{TA}、K_{TV}分别为电流互感器的电流比和电压互感器的电压比；Z_{K}为一次测量阻抗。

如果保护装置整定阻抗经计算后为Z'_{set}，则按式（3-7）计算阻抗继电器的整定阻抗Z_{set}为

$$Z_{set}=\frac{K_{TA}}{K_{TV}}Z'_{set} \tag{3-8}$$

正常运行时，母线电压为 $\dot{U}_N$，线路负荷电流为 $\dot{I}_L$，这时阻抗继电器的测量阻抗 Z_{rL} 是负荷阻抗的二次值，即

$$Z_{rL}=\frac{K_{TA}}{K_{TV}}Z_L \tag{3-9}$$

式中，Z_L 为负荷阻抗的一次值。

由于母线电压 U_N 大于残压 U_{res}，负荷电流小于短路电流 $\dot{I}_k$，所以 $Z_{rL}\geqslant Z_{set}$，阻抗继电器不应动作。由于 Z_r 可以表示 $Z_r=R_r+jX_r$ 的复数形式，所以可以用复数平面来分析这种元件的动作特性，并用几何图形表示它，如图3-3b所示。

单相式阻抗继电器可用复数平面分析其动作特性。如图3-3a中线路BC的保护2，将测量阻抗继电器的测量阻抗画在复平面上，如图3-3b所示，将线路端B端置于平面原点，并以线路阻抗角 φ_L 将线路AB、BC绘于复平面上，其长度按二次阻抗值绘制，距离第Ⅰ段阻抗继电器的整定阻抗 $Z_{set.2}=0.85Z_{BC}$，即辐角为 φ_L 的直线BZ。

当在被保护线路上发生短路时，阻抗继电器的正向测量阻抗在第一象限的直线BC上变化；当在反方向非保护线路上发生短路时，继电器的测量阻抗在第三象限的直线BA上变化。当短路发生在线路BZ范围内，阻抗继电器的测量阻抗的末端落在辐角为 φ_L 的BZ直线上，则阻抗继电器动作。

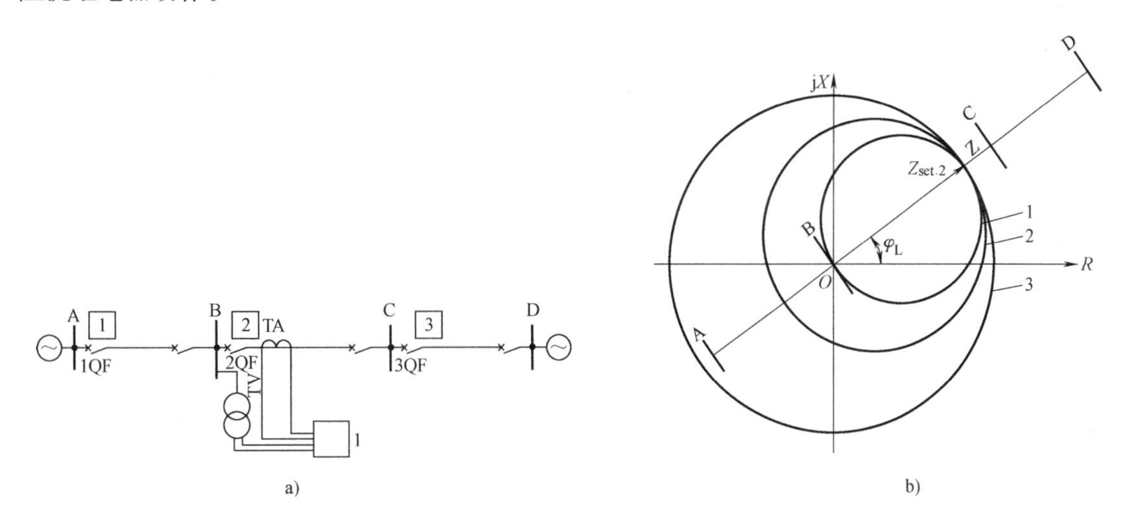

图3-3　阻抗继电器的动作特性

a）网络图　b）阻抗特性图

1—方向阻抗继电器的动作特性　2—偏移特性阻抗继电器的动作特性　3—全阻抗继电器的动作特性

为消除过渡电阻及互感器误差的影响，应尽量简化继电器的接线，以便制造和调试，将阻抗继电器动作范围扩大为一个圆，如图3-3b所示。圆1为方向阻抗继电器的动作特性圆，它是以整定阻抗 $Z_{set.2}$ 为直径的圆；圆2为偏移特性阻抗继电器的特性圆，它是坐标原点在圆内的偏移圆，整定阻抗 $Z_{set.2}$ 是圆直径的一部分；圆3是全阻抗继电器特性圆，它是以整定阻抗 $Z_{set.2}$ 为半径的圆。当测量阻抗位于圆内时，阻抗继电器动作，故圆内为动作区；当测量阻抗位于圆外时，阻抗继电器不动作，故圆外为不动作区；当测量阻抗位于圆

周上时，阻抗继电器处于临界状态。阻抗继电器动作特性除了上述几种圆特性外，还有橄榄形、苹果形和四边形等特性。由于圆特性阻抗继电器易于实现、接线简单，故在高压线路上广泛应用。

3.2.2 阻抗继电器的构成

1. 比较两个电气量幅值原理阻抗继电器的构成

按比较两个电气量幅值原理构成的阻抗继电器原理框图如图3-4所示。测量电压 $\dot{U}_r$ 和测量电流 $\dot{I}_r$ 通过电压形成回路得出阻抗继电器的两个幅值比较的电量 $\dot{U}_A$ 和 $\dot{U}_B$。$\dot{U}_A$ 是动作量，$\dot{U}_B$ 是制动量，它们经整流滤波后接入幅值比较回路，由执行元件输出跳闸。继电器的动作方程为

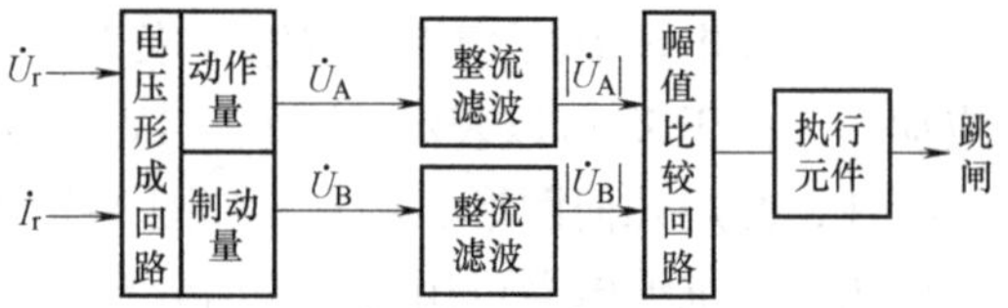

$$|\dot{U}_A| \geqslant |\dot{U}_B| \tag{3-10}$$

图3-4 比较两个电气量幅值原理构成的阻抗继电器原理框图

阻抗继电器动作特性不同，在于比较电气量 $\dot{U}_A$ 和 $\dot{U}_B$ 不同，相应的继电器电压形成回路也不同，而幅值比较回路和执行回路是相同的，因此重点应放在分析各种特性时阻抗继电器的幅值比较电气量和电压形成回路上。

2. 比较两个电气量相位原理的阻抗继电器的构成

比较两个电气量相位原理构成的阻抗继电器原理框图如图3-5所示。

输入测量电压 $\dot{U}_r$ 和测量电流 $\dot{I}_r$，经比较两个电气量电压形成回路1，获得两个比较相位电气量 $\dot{U}_C$ 和 $\dot{U}_D$，再接入相位比较回路2，若 $\dot{U}_C$ 超前 $\dot{U}_D$ 的相位为 $\theta = \arg \dfrac{\dot{U}_C}{\dot{U}_D}$，则阻抗继电器的动作条件为

$$-90° \leqslant \arg \frac{\dot{U}_C}{\dot{U}_D} \leqslant 90° \tag{3-11}$$

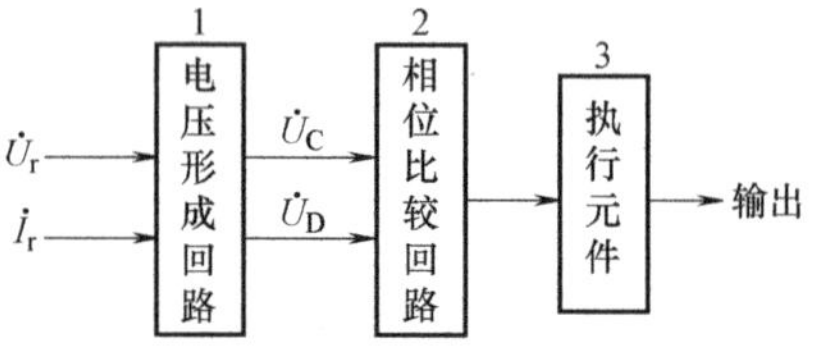

图3-5 比较两个电气量相位原理构成的阻抗继电器原理框图

经执行元件3输出，构成比较相位原理的阻抗继电器。

若已知比较幅值的两个电气量 $\dot{U}_A$ 和 $\dot{U}_B$，便可以由 $\dot{U}_A$ 和 $\dot{U}_B$ 转换为比较相位的两个电气量 $\dot{U}_C$ 和 $\dot{U}_D$，根据第2章式（2-66），可得

$$\begin{cases} \dot{U}_C = \dot{U}_A - \dot{U}_B \\ \dot{U}_D = \dot{U}_A + \dot{U}_B \end{cases} \tag{3-12}$$

根据幅值比较阻抗继电器动作条件 $|\dot{U}_A| \geqslant |\dot{U}_B|$，可得出相位阻抗继电器的动作条件为 $\cos\varphi \geqslant 0$，而 $\theta = \arg \dfrac{\dot{U}_C}{\dot{U}_D}$，并将式（3-12）代入式（3-11），可得

$$-90° \leqslant \arg \frac{\dot{U}_A - \dot{U}_B}{\dot{U}_A + \dot{U}_B} \leqslant 90° \tag{3-13}$$

由此可见，式（3-13）与式（3-11）等效。

3.2.3　利用复平面分析阻抗继电器的动作特性

1. 全阻抗继电器

全阻抗继电器的特性是以 O 点（保护装置安装地点）为圆心，以整定阻抗 Z_{set} 为半径所做的一个圆，如图 3-6a 所示。当测量阻抗 Z_r 位于圆内时，继电器 KR 动作，即圆内为动作区，圆外为不动作区；当测量阻抗正好位于圆周上时，继电器正好动作，对应此时的阻抗称为继电器的动作阻抗 $Z_{op.r}$。由于测量阻抗在任何象限时，继电器都能动作，它没有方向性，故称为全阻抗继电器，继电器的动作阻抗在数值上等于整定阻抗，即 $|Z_{op.r}|=Z_{set}$。

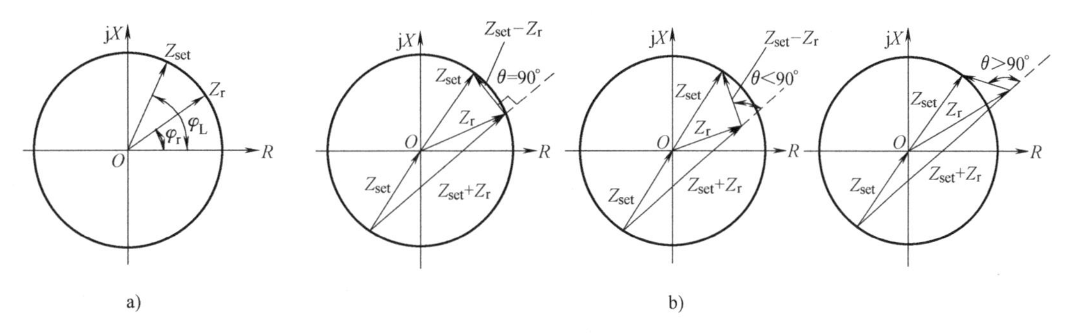

图 3-6　全阻抗继电器的动作特性

a）幅值比较　b）相位比较

全阻抗继电器的幅值比较形式的动作方程为

$$|Z_{set}|\geqslant|Z_r| \tag{3-14}$$

以电流 $\dot{I}_r$ 乘以式（3-14）两边，得出全阻抗继电器的动作方程为

$$|\dot{I}_r Z_{set}|\geqslant|\dot{U}_r| \tag{3-15}$$

根据式（3-15）可得出全阻抗继电器的幅值比较方式的两个电气量及其电压形成回路如图 3-7a 所示。

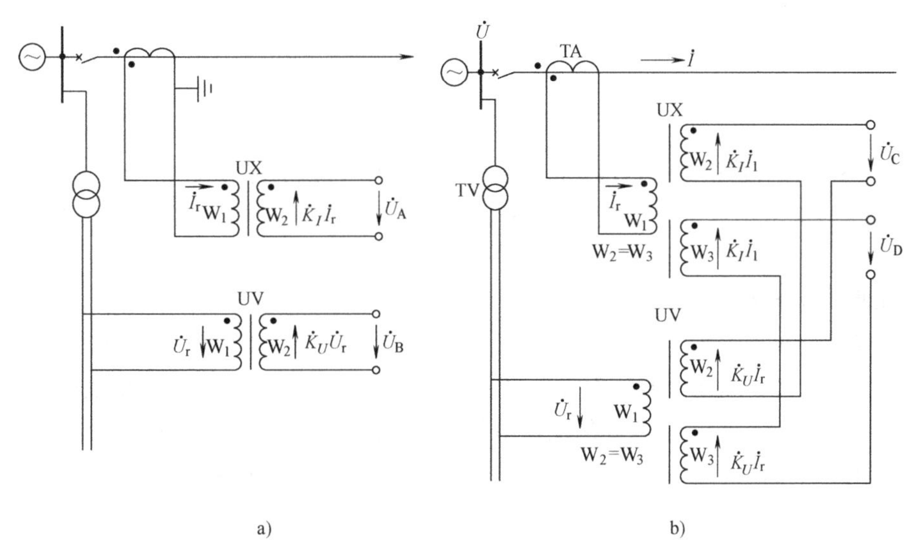

图 3-7　全阻抗继电器的电压形成回路

a）幅值比较　b）相位比较

式（3-15）中，电压有两种形式，一种是输入的测量电流在已知整定阻抗上产生的电压降 $\dot{I}_r Z_{set}$，这个电压降可用电抗变换器UX获得；另一种是加在继电器端子上的测量电压 $\dot{U}_r$，这个电压 $\dot{U}_r$ 可直接从母线电压互感器TV二次绕组获得。为了便于改变动作阻抗的整定值，一般需要接入一个电压变换器UV，如图3-7a所示。

电抗变换器的二次绕组电压用 $\dot{K}_I\dot{I}_r$ 表示，电压变换器的二次绕组电压用 $\dot{K}_U\dot{U}_r$ 表示。则全阻抗继电器的动作方程可写成

$$|\dot{K}_I\dot{I}_r| \geqslant |\dot{K}_U\dot{U}_r| \tag{3-16}$$

故电压形成回路输出的比较幅值的两个电气量为

$$\begin{cases}\dot{U}_A = \dot{K}_I\dot{I}_r \\ \dot{U}_B = \dot{K}_U\dot{U}_r\end{cases} \tag{3-17}$$

式（3-16）两边除以 $\dot{K}_U$，可得

$$\left|\frac{\dot{K}_I}{\dot{K}_U}\dot{I}_r\right| \geqslant |\dot{U}_r| \tag{3-18}$$

将式（3-18）与式（3-15）相比较，可知整定阻抗为

$$Z_{set} = \frac{\dot{K}_I}{\dot{K}_U} \tag{3-19}$$

由式（3-19）可知，改变整定阻抗的大小，可借助于改变电抗变换器UX的一次绕组匝数或改变电压变换器的电压比即改变 K_I 和 K_U 来实现。相位比较方式全阻抗继电器的两个电气量 $\dot{U}_D$ 和 $\dot{U}_C$ 可由幅值比较方式的两个电气量 $\dot{U}_A$ 和 $\dot{U}_B$ 转换得到。将式（3-17）代入式（3-12），可得

$$\begin{cases}\dot{U}_C = \dot{K}_I\dot{I}_r - \dot{K}_U\dot{U}_r \\ \dot{U}_D = \dot{K}_I\dot{I}_r + \dot{K}_U\dot{U}_r\end{cases} \tag{3-20}$$

将 $Z_r = \dfrac{\dot{U}_r}{\dot{I}_r}$ 和 $Z_{set} = \dfrac{\dot{K}_I}{\dot{K}_U}$ 代入式（3-20），并解式（3-11）可得出全阻抗继电器的相位比较动作方程为

$$-90° \leqslant \arg\frac{Z_{set} - Z_r}{Z_{set} + Z_r} \leqslant 90° \tag{3-21}$$

根据式（3-21）可得出全阻抗继电器的相位比较动作特性如图3-6b所示。根据式（3-20），利用电抗变换器UX和电压变换器UV构成相位比较式全阻抗继电器两电气量 $\dot{U}_C$ 和 $\dot{U}_D$ 的电压形成回路，如图3-7b所示。

2. 方向阻抗继电器

方向阻抗继电器的特性是以整定阻抗 Z_{set} 为直径并圆周经过坐标原点的一个圆，如图3-8a所示，圆内为动作区，圆外为不动作区。当加入继电器的测量电压 $\dot{U}_r$ 和测量电流 $\dot{I}_r$ 之间的相位差 φ_r 为不同数值时，此种继电器的动作电阻也随之改变。当 φ_r 等于整定阻抗角 φ_{sen} 时，继电器的动作阻抗最大，$Z_{op.r} = Z_{set}$，等于圆的直径。此时阻抗继电器的保护范围最大，工作最灵敏，这个角度称为最大灵敏角，用 $\varphi_{sen.max}$ 表示。

当保护范围内部故障时，$\varphi_r = \varphi_L$（线路阻抗角），调整继电器的最大灵敏角，使 $\varphi_{sen.max} = \varphi_L$，即可使继电器工作在最灵敏的条件下。

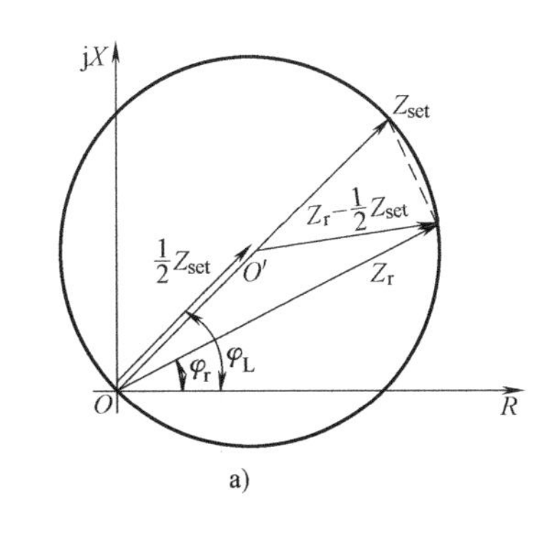

a)

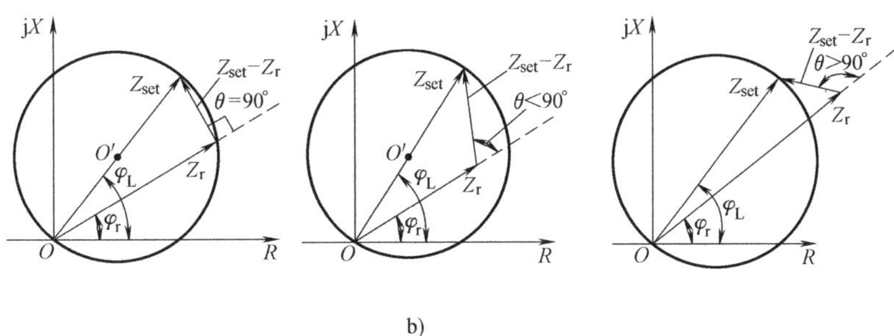

b)

图 3-8　方向阻抗继电器的动作特性

a）幅值比较　b）相位比较

当正方向短路时，测量阻抗 Z_r 在第一象限，如故障在保护范围内，Z_r 落在圆内，继电器动作；当反方向发生短路故障时，测量阻抗在第三象限，继电器不动作。因这种继电器具有方向性，故称为方向阻抗继电器。

由图 3-8a，可得幅值比较形式的方向阻抗继电器的动作方程如下：

$$\left|\frac{1}{2}Z_{set}\right| \geqslant \left|Z_r - \frac{1}{2}Z_{set}\right| \tag{3-22}$$

将电流乘以式（3-22）两边，可得方向阻抗继电器的动作电压方程为

$$\left|\frac{1}{2}Z_{set}\dot{I}_r\right| \geqslant \left|\dot{U}_r - \frac{1}{2}\dot{I}_r Z_{set}\right| \tag{3-23}$$

根据式（3-23）可画出比较两电气量幅值的方向阻抗继电器的电压形成回路，如图3-9a所示。式（3-23）中有两项 $\frac{1}{2}Z_{set}\dot{I}_r$，故电抗变换器 UX 有三个二次绕组，其中 W_2、W_3 的匝数相等，用以获得两个电压分量 $\frac{1}{2}\dot{I}_r Z_{set}$；第三个二次绕组 W_4 是用来调整继电器的整定阻抗角。电压变换器 UV 则只采用一个二次绕组 W_2。

电抗变换器的二次绕组电压用 $\frac{1}{2}\dot{K}_I\dot{I}_r$ 表示。电压变换器的二次电压用 $\dot{K}_U\dot{U}_r$ 表示，则方向阻抗继电器的动作方程为

$$\left|\frac{1}{2}\dot{K}_I\dot{I}_r\right| \geqslant \left|\dot{K}_U\dot{U}_r - \frac{1}{2}\dot{K}_I\dot{I}_r\right| \tag{3-24}$$

故电压形成回路输出比较幅值的两个电气量为

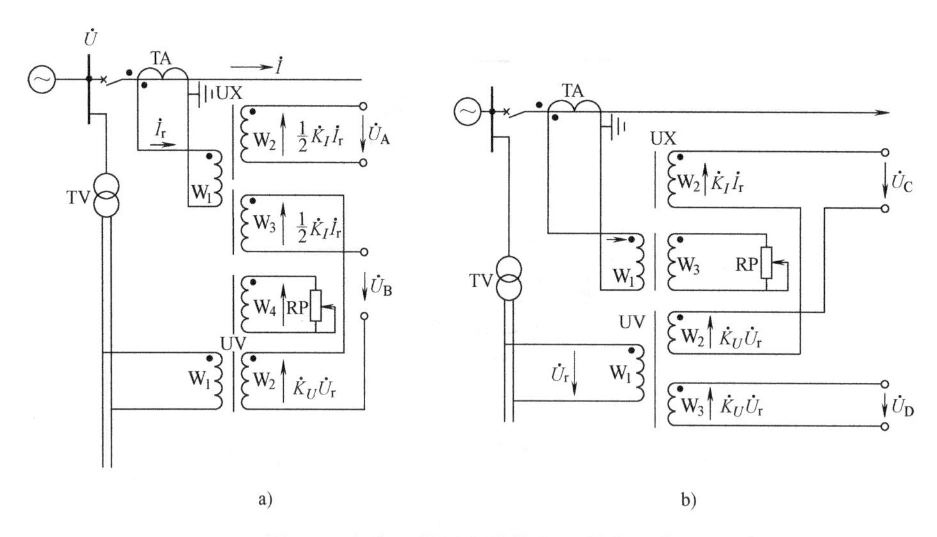

图3-9　方向阻抗继电器的电压形成回路

a）幅值比较　b）相位比较

$$\begin{cases}\dot{U}_{\mathrm{A}}=\dfrac{1}{2}\dot{K}_I\dot{I}_{\mathrm{r}}\\ \dot{U}_{\mathrm{B}}=\dot{K}_U\dot{U}_{\mathrm{r}}-\dfrac{1}{2}\dot{K}_I\dot{I}_{\mathrm{r}}\end{cases}\tag{3-25}$$

将式（3-24）两边同除以 $\dot{K}_U$，则可得

$$\left|\frac{1}{2}\frac{\dot{K}_I}{\dot{K}_U}\dot{I}_{\mathrm{r}}\right|\geqslant\left|\dot{U}_{\mathrm{r}}-\frac{1}{2}\frac{\dot{K}_I}{\dot{K}_U}\dot{I}_{\mathrm{r}}\right|\tag{3-26}$$

将式（3-26）与式（3-23）相比较，可知整定阻抗为 $Z_{\mathrm{set}}=\dot{K}_I/\dot{K}_U$。

用相位比较方式分析方向阻抗继电器如图3-8b所示。

将式（3-25）中幅值比较的两个电气量 $\dot{U}_{\mathrm{A}}$ 和 $\dot{U}_{\mathrm{B}}$ 代入式（3-12）中，得到比较相位的两个电气量 $\dot{U}_{\mathrm{C}}$ 和 $\dot{U}_{\mathrm{D}}$ 如下：

$$\begin{cases}\dot{U}_{\mathrm{C}}=\dot{K}_I\dot{I}_{\mathrm{r}}-\dot{K}_U\dot{U}_{\mathrm{r}}\\ \dot{U}_{\mathrm{D}}=\dot{K}_U\dot{U}_{\mathrm{r}}\end{cases}\tag{3-27}$$

将测量阻抗 $Z_{\mathrm{r}}=\dfrac{\dot{U}_{\mathrm{r}}}{\dot{I}_{\mathrm{r}}}$ 和整定阻抗 $Z_{\mathrm{set}}=\dfrac{\dot{K}_I}{\dot{K}_U}$ 代入式（3-22）中并按式（3-11）表达，可得方向阻抗继电器的动作方程为

$$-90^{\circ}\leqslant\arg\frac{Z_{\mathrm{set}}-Z_{\mathrm{r}}}{Z_{\mathrm{r}}}\leqslant90^{\circ}\tag{3-28}$$

由式（3-28）可知，继电器动作特性反映了（$Z_{\mathrm{set}}-Z_{\mathrm{r}}$）与 Z_{r} 之间的相位关系。如图3-8b所示，Z_{r} 矢端在圆周上，则测量阻抗 Z_{r} 与（$Z_{\mathrm{set}}-Z_{\mathrm{r}}$）的相位角 $\theta=90^{\circ}$，处于临界状态；当 Z_{r} 矢端在圆内，则（$Z_{\mathrm{set}}-Z_{\mathrm{r}}$）超前 Z_{r} 相位角 $\theta<90^{\circ}$，继电器动作；如 Z_{r} 矢端在圆外，（$Z_{\mathrm{set}}-Z_{\mathrm{r}}$）超前 Z_{r} 相位角 $\theta>90^{\circ}$，继电器不动作。由以上分析可见，方向阻抗继电器动作条件是 $-90^{\circ}\leqslant\theta\leqslant90^{\circ}$，只与比较相位电气量 $\dot{U}_{\mathrm{C}}$ 和 $\dot{U}_{\mathrm{D}}$ 之间相位有关，而与它们的大小无关。

当短路点在保护范围内部和外部不同位置时，此相位角 θ 的改变主要由相量（$Z_{set}-Z_r$）相位的改变决定，故取 Z_r 为参考相量，在此相电压中，称 $\dot{U}_C$ 为工作电压，$\dot{U}_D$ 为参考极化电压。

根据式（3-27），利用电抗变换器 UX 和电压变换器 UV 构成相位比较方式方向阻抗继电器的两个电气量 $\dot{U}_C$ 和 $\dot{U}_D$ 的电压形成回路原理接线，如图 3-9b 所示。电压变换器 UV 两个二次绕组 W_2 和 W_3 的匝数相等。

3. 偏移特性阻抗继电器

偏移特性阻抗继电器的特性是当正方向的整定阻抗为 Z_{set} 时，同时向反方向偏移一个 aZ_{set}，式中，$0<a<1$，继电器的动作特性如图 3-10a 所示，圆内为动作区，圆外为不动作区。圆直径为 $|Z_{set}+aZ_{set}|$，圆心坐标为 $Z_0=\frac{1}{2}(Z_{set}-aZ_{set})$，圆半径为 $|Z_{set}-Z_0|=\frac{1}{2}|Z_{set}+aZ_{set}|$。

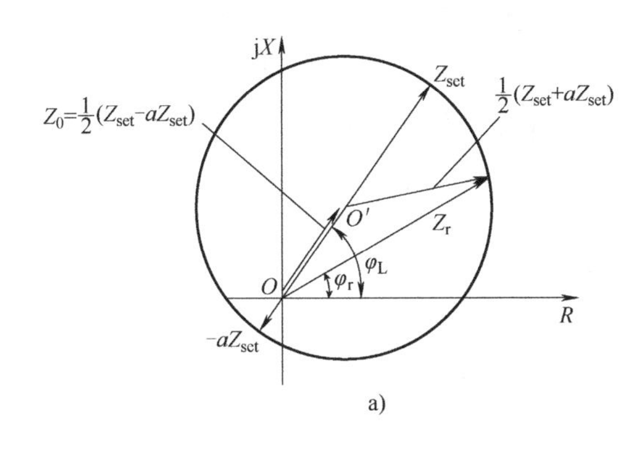

a)

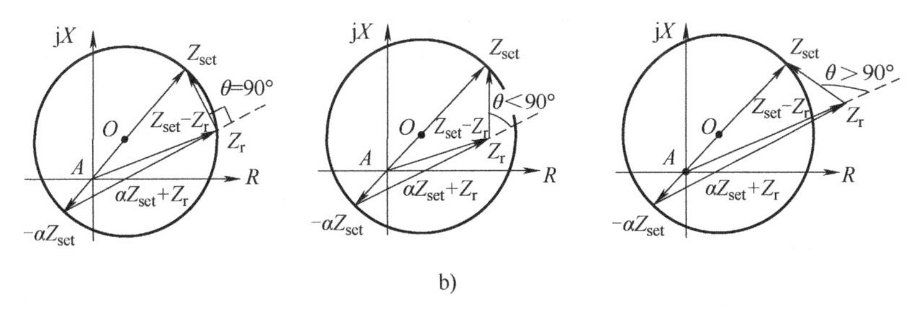

b)

图 3-10　具有偏移特性的阻抗继电器的动作特性

a）幅值比较　b）相位比较

这种继电器的特性介于方向阻抗继电器和全阻抗继电器之间，例如当 $a=0$ 时，即为方向阻抗继电器，当 $a=1$ 时，则为全阻抗继电器，其动作阻抗 $Z_{op.r}$ 既与 φ_r 有关，又没有完全的方向性，一般称为偏移特性阻抗继电器，在实用中取 $a=0.1\sim0.2$，以便消除方向阻抗继电器的死区。幅值比较式动作阻抗方程为

$$|Z_{set}-Z_0|\geqslant|Z_r-Z_0| \tag{3-29}$$

等式两边均乘以 $\dot{I}_r$，得出偏移特性阻抗继电器的动作方程为

$$|\dot{I}_r(Z_{set}-Z_0)|\geqslant|\dot{I}_r(Z_r-Z_0)| \tag{3-30}$$

或

$$\left|\dot{U}_{\mathrm{r}}-\frac{1}{2}\dot{I}_{\mathrm{r}}(1-a)Z_{\mathrm{set}}\right| \leqslant \left|\frac{1}{2}\dot{I}_{\mathrm{r}}(1+a)Z_{\mathrm{set}}\right| \tag{3-31}$$

将 $Z_{\mathrm{set}}=\dfrac{\dot{K}_I}{\dot{K}_U}$ 代入式（3-31），得

$$\left|\frac{1}{2}(1+a)\dot{K}_I\dot{I}_{\mathrm{r}}\right| \geqslant \left|\dot{K}_U\dot{U}_{\mathrm{r}}-\frac{1}{2}(1-a)\dot{K}_I\dot{I}_{\mathrm{r}}\right| \tag{3-32}$$

$$\begin{cases}\dot{U}_{\mathrm{A}}=\dfrac{1}{2}(1+a)\dot{K}_I\dot{I}_{\mathrm{r}}\\ \dot{U}_{\mathrm{B}}=\dot{K}_U\dot{U}_{\mathrm{r}}-\dfrac{1}{2}(1-a)\dot{K}_I\dot{I}_{\mathrm{r}}\end{cases} \tag{3-33}$$

根据式（3-33）得出偏移特性阻抗继电器的幅值比较方式的两个电气量 $\dot{U}_{\mathrm{A}}$ 和 $\dot{U}_{\mathrm{B}}$ 及电压形成回路如图3-11a所示。

用相位比较方式分析偏移特性阻抗继电器，如图3-10b所示，将式（3-33）中的两个电气量 $\dot{U}_{\mathrm{A}}$ 和 $\dot{U}_{\mathrm{B}}$ 代入式（3-12），可得出相位比较偏移特性阻抗继电器的两电气量 $\dot{U}_{\mathrm{C}}$ 和 $\dot{U}_{\mathrm{D}}$ 为

$$\begin{cases}\dot{U}_{\mathrm{C}}=\dot{K}_I\dot{I}_{\mathrm{r}}-\dot{K}_U\dot{U}_{\mathrm{r}}\\ \dot{U}_{\mathrm{D}}=a\dot{K}_I\dot{I}_{\mathrm{r}}+\dot{K}_U\dot{U}_{\mathrm{r}}\end{cases} \tag{3-34}$$

将 $Z_{\mathrm{set}}=\dfrac{\dot{K}_I}{\dot{K}_U}$ 和 $Z_{\mathrm{r}}=\dfrac{\dot{U}_{\mathrm{r}}}{\dot{I}_{\mathrm{r}}}$ 代入式（3-34），并按式（3-11）表示可得动作方程为

$$-90^\circ \leqslant \arg\frac{Z_{\mathrm{set}}-Z_{\mathrm{r}}}{aZ_{\mathrm{set}}+Z_{\mathrm{r}}} \leqslant 90^\circ \tag{3-35}$$

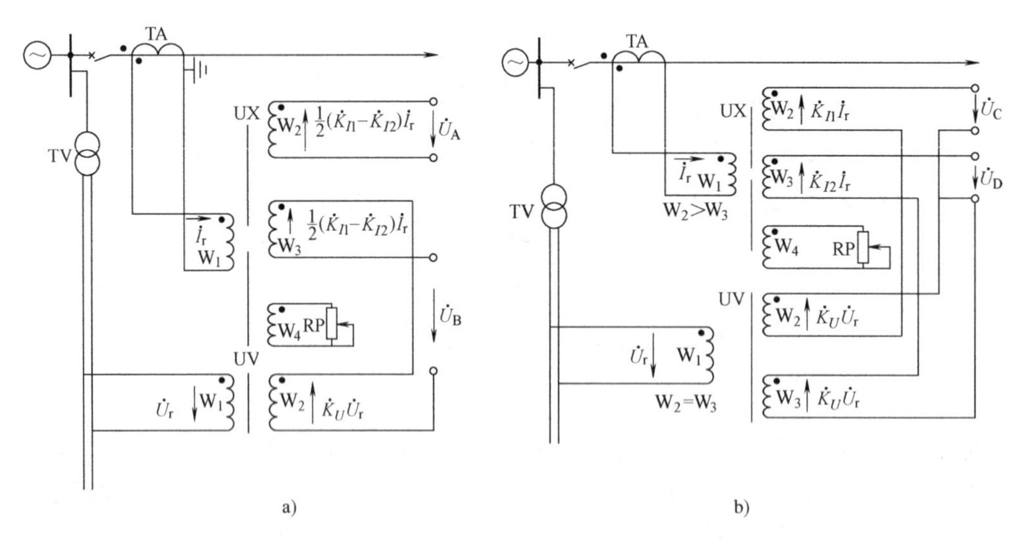

图3-11 偏移特性阻抗继电器的电压形成回路
a）幅值比较 b）相位比较

4. 抛球特性阻抗继电器

抛球特性阻抗继电器的动作特性如图3-12所示，它是圆心在第一象限的抛球圆。以 $(Z_{\mathrm{set.1}}-Z_{\mathrm{set.2}})$ 为直径，坐标原点在圆外，动作区在圆内，圆半径为 $\dfrac{1}{2}(Z_{\mathrm{set.1}}-Z_{\mathrm{set.2}})$，圆心坐

标为 $Z_0=\frac{1}{2}(Z_{set.1}+Z_{set.2})$。幅值比较方式的阻抗动作方程为

$$\left|\frac{1}{2}(Z_{set.1}-Z_{set.2})\right| \geqslant \left|Z_r-\frac{1}{2}(Z_{set.1}+Z_{set.2})\right| \tag{3-36}$$

以 $\dot{I}_r$ 乘以式（3-36）两边得

$$\left|\frac{1}{2}(Z_{set.1}-Z_{set.2})\dot{I}_r\right| \geqslant \left|\dot{U}_r-\frac{1}{2}(Z_{set.1}+Z_{set.2})\dot{I}_r\right| \tag{3-37}$$

将 $Z_{set.1}=\frac{\dot{K}_{I1}}{\dot{K}_U}$，$Z_{set.2}=\frac{\dot{K}_{I2}}{\dot{K}_U}$ 代入式（3-37）可得

$$\left|\frac{1}{2}(\dot{K}_{I1}-\dot{K}_{I2})\dot{I}_r\right| \geqslant \left|\dot{K}_U\dot{U}_r-\frac{1}{2}(\dot{K}_{I1}+\dot{K}_{I2})\dot{I}_r\right| \tag{3-38}$$

根据式（3-38）可画出比较两电气量电压形成回路，其输出两个电气量分别为

$$\begin{cases}\dot{U}_A=\frac{1}{2}(\dot{K}_{I1}-\dot{K}_{I2})\dot{I}_r\\ \dot{U}_B=\dot{K}_U\dot{U}_r-\frac{1}{2}(\dot{K}_{I1}+\dot{K}_{I2})\dot{I}_r\end{cases} \tag{3-39}$$

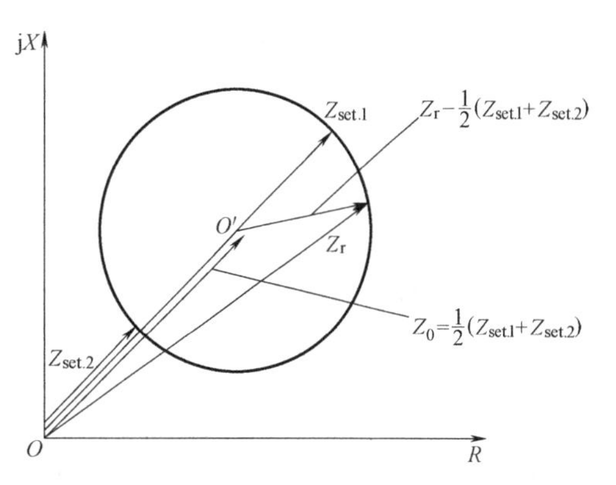

图 3-12 抛球特性阻抗继电器的动作特性

5. 具有直线特性的阻抗继电器

动作特性为直线的阻抗继电器在距离保护中具有特殊用途。几种直线特性阻抗继电器的动作特性和它的幅值比较形式如下所述。

（1）象限阻抗继电器

如图 3-13 所示，象限阻抗继电器的动作特性是与整定阻抗相垂直的直线，动作区在带阴影线的一侧，其幅值比较形式动作阻抗方程为

$$|Z_r-2Z_{set}| \geqslant |Z_r| \tag{3-40}$$

将 $Z_r=\frac{\dot{U}_r}{\dot{I}_r}$ 和 $Z_{set}=\frac{\dot{K}_I}{\dot{K}_U}$ 代入式（3-40），可得

$$|\dot{K}_U\dot{U}_r-2\dot{K}_I\dot{I}_r| \geqslant |\dot{K}_U\dot{U}_r| \tag{3-41}$$

根据式（3-41）可得出象限阻抗继电器的幅值比较方式的两个电气量为

$$\begin{cases}\dot{U}_A=\dot{K}_U\dot{U}_r-2\dot{K}_I\dot{I}_r\\ \dot{U}_B=\dot{K}_U\dot{U}_r\end{cases} \tag{3-42}$$

（2）功率方向继电器

功率方向继电器的动作特性如图 3-14 所示，它是通过坐标原点的一条直线，动作区在带阴影线的一侧，其动作阻抗方程为

$$|Z_r+Z_{set}| \geqslant |Z_r-Z_{set}| \tag{3-43}$$

将 $Z_r=\frac{\dot{U}_r}{\dot{I}_r}$ 和 $Z_{set}=\frac{\dot{K}_I}{\dot{K}_U}$ 代入式（3-43），可得

$$|\dot{K}_U\dot{U}_r+\dot{K}_I\dot{I}_r| \geqslant |\dot{K}_U\dot{U}_r-\dot{K}_I\dot{I}_r| \tag{3-44}$$

根据式（3-44）可得出功率方向继电器的幅值比较方式的两个电气量为

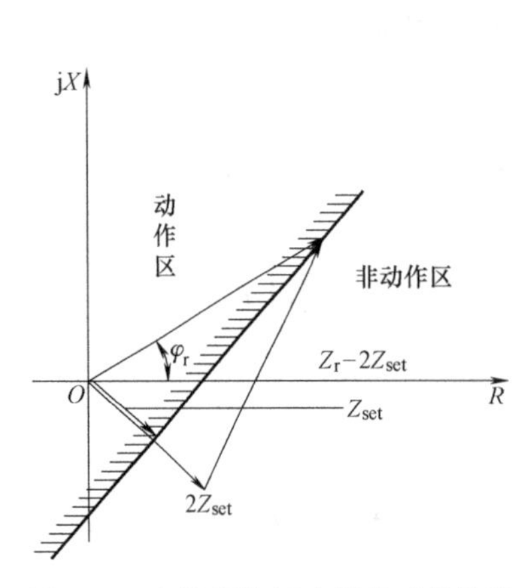

图 3-13 象限阻抗继电器的动作特性

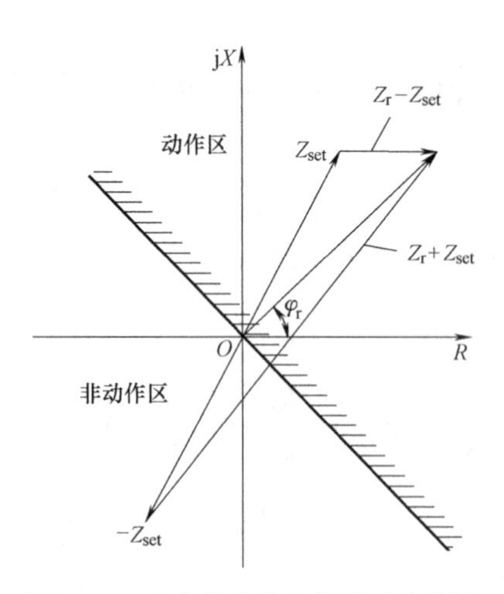

图 3-14 功率方向继电器的动作特性

$$\begin{cases}\dot{U}_A = \dot{K}_U\dot{U}_r + \dot{K}_I\dot{I}_r \\ \dot{U}_B = \dot{K}_U\dot{U}_r - \dot{K}_I\dot{I}_r\end{cases} \tag{3-45}$$

（3）电抗继电器

电抗继电器的动作特性如图 3-15 所示，它是平行于 R 轴的一条直线，动作区在直线带阴影线的一侧，其动作阻抗为

$$|2\mathrm{j}X_{set} - Z_r| \geqslant |Z_r| \tag{3-46}$$

将 $Z_r = \dfrac{\dot{U}_r}{\dot{I}_r}$ 和 $Z_{set} = \mathrm{j}X_{set} = \dfrac{\mathrm{j}X_K}{\dot{K}_U}$ 代入式（3-46），可得出电抗继电器的动作电压方程为

$$|2\mathrm{j}X_K\dot{I}_r - \dot{K}_U\dot{U}_r| \geqslant |\dot{K}_U\dot{U}_r| \tag{3-47}$$

根据式（3-47）可得出电抗继电器的幅值比较方式的两个电气量为

$$\begin{cases}\dot{U}_A = 2\mathrm{j}X_K\dot{I}_r - \dot{K}_U\dot{U}_r \\ \dot{U}_B = \dot{K}_U\dot{U}_r\end{cases} \tag{3-48}$$

（4）电阻继电器

电阻继电器动作特性如图 3-16 所示，它是平行于 X 轴的一条直线，动作区在带阴影线的一侧，其动作阻抗方程为

$$|2R_{set} - Z_r| \geqslant |Z_r| \tag{3-49}$$

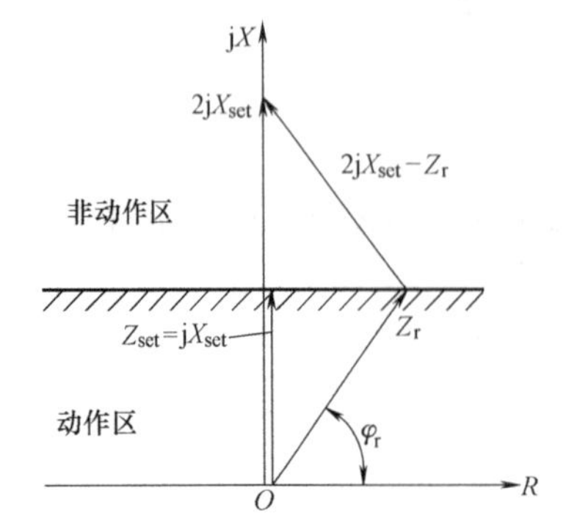

图 3-15 电抗继电器的动作特性

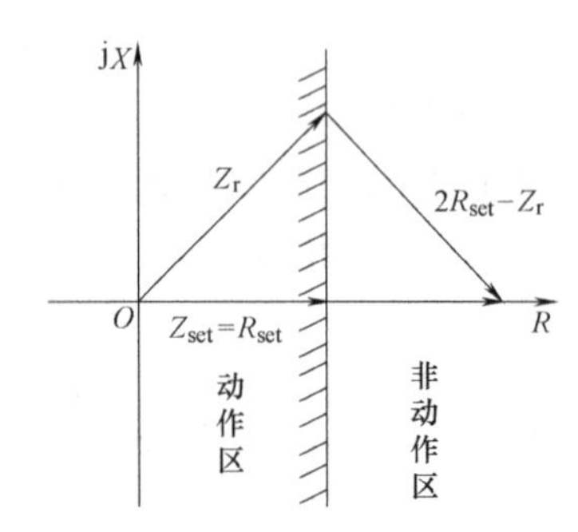

图 3-16 电阻继电器的动作特性

将 $Z_r=\dfrac{\dot U_r}{\dot I_r}$ 和 $R_{set}=\dfrac{R_K}{\dot K_U}$ 代入式（3-49），得出电阻继电器的动作电压方程为

$$|2R_K\dot I_r-\dot K_U\dot U_r|\geqslant|\dot K_U\dot U_r| \tag{3-50}$$

根据式（3-50）可得出电阻继电器幅值比较方式的两个电气量为

$$\begin{cases}\dot U_A=2R_K\dot I_r-\dot K_U\dot U_r\\ \dot U_B=\dot K_U\dot U_r\end{cases} \tag{3-51}$$

至此已介绍了电力系统常用的几种阻抗继电器的动作特性，其构成方式的结果汇总列于表 3-1。

表 3-1　阻抗继电器幅值和相位比较两个电气量转换表

继电器名称	比幅/比相动作特性	幅值比较的电气量	相位比较的电气量
动作条件		$\|\dot U_A\|\geqslant\|\dot U_B\|$	$-90°\leqslant\arg\dfrac{\dot U_C}{\dot U_D}\leqslant 90°$
全阻抗继电器	图 3-6	$\dot U_A=\dot K_I\dot I_r$ $\dot U_B=\dot K_U\dot U_r$	$\dot U_C=\dot K_I\dot I_r-\dot K_U\dot U_r$ $\dot U_D=\dot K_I\dot I_r+\dot K_U\dot U_r$
方向阻抗继电器	图 3-8	$\dot U_A=\frac{1}{2}\dot K_I\dot I_r$ $\dot U_B=\dot K_U\dot U_r-\frac{1}{2}\dot K_I\dot I_r$	$\dot U_C=\dot K_I\dot I_r-\dot K_U\dot U_r$ $\dot U_D=\dot K_U\dot U_r$
偏移特性阻抗继电器	图 3-10	$\dot U_A=\frac{1}{2}(1+a)\dot K_I\dot I_r$ $\dot U_B=\dot K_U\dot U_r-\frac{1}{2}(1-a)\dot K_I\dot I_r$	$\dot U_C=\dot K_I\dot I_r-\dot K_U\dot U_r$ $\dot U_D=a\dot K_I\dot I_r+\dot K_U\dot U_r$
抛球特性阻抗继电器	图 3-12	$\dot U_A=\frac{1}{2}(\dot K_{I1}-\dot K_{I2})\dot I_r$ $\dot U_B=\dot K_U\dot U_r-\frac{1}{2}(\dot K_{I1}+\dot K_{I2})\dot I_r$	$\dot U_C=\dot K_{I1}\dot I_r-\dot K_U\dot U_r$ $\dot U_D=\dot K_U\dot U_r-\dot K_{I2}\dot I_r$
象限阻抗继电器	图 3-13	$\dot U_A=\dot K_U\dot U_r-2\dot K_I\dot I_r$ $\dot U_B=\dot K_U\dot U_r$	$\dot U_C=-\dot K_I\dot I_r$ $\dot U_D=\dot K_U\dot U_r-\dot K_I\dot I_r$
功率方向继电器	图 3-14	$\dot U_A=\dot K_U\dot U_r+\dot K_I\dot I_r$ $\dot U_B=\dot K_U\dot U_r-\dot K_I\dot I_r$	$\dot U_C=\dot K_I\dot I_r$ $\dot U_D=\dot K_U\dot U_r$
电抗继电器	图 3-15	$\dot U_A=2jX_K\dot I_r-\dot K_U\dot U_r$ $\dot U_B=\dot K_U\dot U_r$	$\dot U_C=jX_K\dot I_r-\dot K_U\dot U_r$ $\dot U_D=jX_K\dot I_r$
电阻继电器	图 3-16	$\dot U_A=2R_K\dot I_r-\dot K_U\dot U_r$ $\dot U_B=\dot K_U\dot U_r$	$\dot U_C=R_K\dot I_r-\dot K_U\dot U_r$ $\dot U_D=R_K\dot I_r$

6. 多边形特性的阻抗继电器

圆特性的阻抗继电器在整定值较小时，动作特性圆也较小，区内经过渡电阻接地短路时，测量阻抗容易落在圆外，导致测量元件拒动作；而当整定值较大时，动作特性圆也较大，负荷阻抗有可能落在圆内导致测量元件误动作。具有多边形特性的阻抗元件，可以克服这些缺点，能够同时兼顾耐受过渡电阻能力和躲负荷能力。

四边形阻抗继电器分为两类，一类带有方向性，另一类不带方向性。带方向性的四边形

阻抗继电器主要用于距离保护测量元件中，不带方向性四边形阻抗继电器主要用于保护后备段阻抗测量或启动元件中。四边形阻抗继电器具有反映故障点过渡电阻能力强、躲负荷阻抗能力好、在微机保护中容易实现的特点。

图 3-17 所示为方向性四边形阻抗继电器的动作特性。

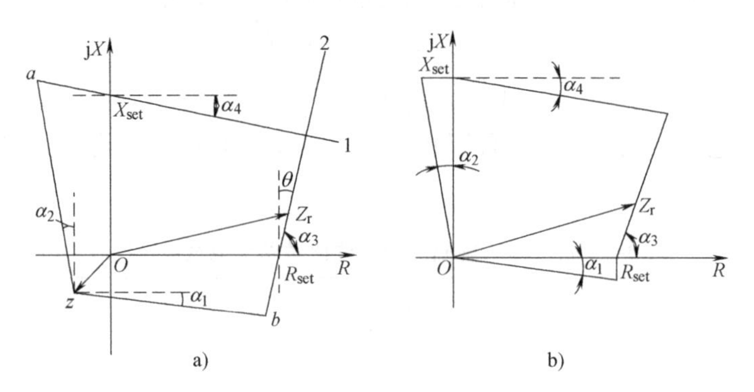

图 3-17　方向性四边形阻抗继电器的动作特性

a）四边形特性构成说明　b）准四边形特性

图 3-17a 所示的四边形特性可以看作是由准电抗型阻抗继电器的特性 1、准电阻继电器特性 2 和折线 *azb* 复合而成。当测量阻抗 Z_r 落在它们所包围的区域时，测量元件动作；落在该区域以外时，测量元件不动作。直线 1 和 2 的对应动作方程上面已导出，折线 *azb* 对应的动作方程，如用相位比较原理实现，由图 3-17a 可以看出，该特性动作方程可表示为

$$-\alpha_1 \leqslant \arg\frac{Z_r - Z_{set.2}}{R_{set}} \leqslant 90° + \alpha_2 \tag{3-52}$$

当测量阻抗 Z_r 同时满足上述三个特性对应的动作方程时，Z_r 一定落在四边形内，阻抗继电器动作。为防止保护区末端经过渡电阻短路可能出现超出保护范围的动作，α_4 取7°~ 10°。为防止在双侧电源线路上经过渡电阻短路时，始端故障的附加测量阻抗比末端故障时小，所以 α_1 小于线路阻抗角，取 60°；为保证正向出口经过渡电阻短路时可靠动作，α_2 取 30°，但如果考虑了采取抑制负荷电流影响的措施后，α_2 可相应减小，取 15°；*azb* 为折线，为动作范围小于 180° 的功率方向继电器的动作特性曲线；为保证被保护线路发生金属短路故障时可靠动作，α_3 取 15° ~ 30°。

测量式四边形阻抗继电器的特性在实际应用中是设定的。对方向性四边形特性阻抗继电器还应设故障方向判别元件，保证正向出口短路故障时可靠动作，反方向出口故障不动作。在图 3-17a 中，若 $Z_{set.2}=0$，对应特性将变成没有反方向动作区域的方向四边形特性。图 3−17b所示为方向性四边形阻抗继电器的动作特性，由于它已经不再是四边形特性，可以称为准四边形特性。整定参数仅有 R_{set} 和 X_{set}，当继电器测量阻抗为 $Z_r = R_r + jX_r$ 时，图 3-17b 中第四象限部分的特性可表示为

$$\begin{cases} R_m \leqslant R_{set} \\ X_r \geqslant -R_m\tan\alpha_1 \end{cases}$$

第二象限部分特性可表示为

$$\begin{cases} X_m \leqslant X_{set} \\ R_r \geqslant -X_m\tan\alpha_2 \end{cases}$$

第一象限部分的特性可以表示为

$$\begin{cases}R_{m} \leqslant R_{set} + X_{m}\cot\alpha_{3} \\ X_{r} \geqslant X_{set} - R_{m}\tan\alpha_{4}\end{cases}$$

综合上述三式，动作特性可以表示为

$$\begin{cases}-R_{r}\tan\alpha_{1} \leqslant X_{r} \leqslant X_{set} - \hat{R}_{r}\tan\alpha_{4} \\ -X_{r}\tan\alpha_{2} \leqslant R_{r} \leqslant R_{set} + \hat{X}_{r}\cot\alpha_{3}\end{cases} \tag{3-53}$$

其中，

$$\hat{X}_{r} = \begin{cases}0, & X_{r} \leqslant 0 \\ X_{r}, & X_{r} > 0\end{cases}, \quad \hat{R}_{r} = \begin{cases}0, & R_{r} \leqslant 0 \\ R_{r}, & R_{r} > 0\end{cases}$$

取 $\alpha_1 = \alpha_2 = 14°$，$\alpha_4 = 7.1°$，则 $\tan\alpha_1 = \tan\alpha_2 = 0.249 = \dfrac{1}{4}$，$\cot\alpha_3 = 1$，$\tan\alpha_4 = 0.1245 = \dfrac{1}{8}$，则式（3-53）可表示为

$$\begin{cases}-\dfrac{1}{4}R_{r} \leqslant X_{r} \leqslant X_{set} - \dfrac{1}{8}R_{r} \\ -\dfrac{1}{4}X_{r} \leqslant R_{r} \leqslant R_{set} + X_{r}\end{cases} \tag{3-54}$$

式（3-54）可以方便地在微机保护实现。当用微机距离保护时，由于微机保护能够计算出测量电抗 X_r 和测量电阻 R_r，因此可以很方便地用一个圆表达式来实现任意的圆内动作特性。通用的圆特性方程为

$$(X_{r} - X_{0})^{2} + (R_{r} - R_{0})^{2} \leqslant r^{2} \tag{3-55}$$

式中，X_0、R_0 分别为圆心相量的电抗和电阻分量；r 为圆的半径。

还可以由两个相交圆特性，通过构成“与”“或”逻辑，实现橄榄形或苹果形特性。

3.2.4　阻抗继电器的幅值比较回路和相位比较回路

1. 幅值比较回路

由图 3-4 可知，按幅值比较原理构成的阻抗继电器获得按幅值比较的两个电气量 $|\dot{U}_A|$ 和 $|\dot{U}_B|$ 后接入幅值比较回路和执行元件。

幅值比较回路由整流、滤波电路和幅值比较、执行元件构成。常用的有循环式电流比较回路和均压式比较回路两种。

（1）循环式电流比较回路

循环式电流比较回路接线如图 3-18 所示。它由整流桥 U1 和 U2、电阻 R_1 和 R_2、滤波电容 C_1 和 C_2 及执行元件 KP 组成。图中，Z_1 和 Z_2 为两侧交流回路的等值阻抗。

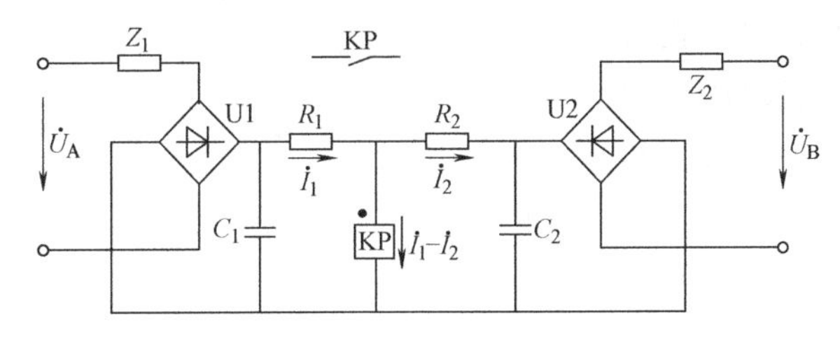

图 3-18　循环式电流比较回路接线图

动作量 $\dot{U}_A$ 经整流滤波后得到电流 $\dot{I}_1$，制动量 $\dot{U}_B$ 经整流滤波后得到电流 $\dot{I}_2$，通过执行元件KP的电流为 $\dot{I}_1-\dot{I}_2$，继电器动作电流为 $I_{op.r}$，则继电器动作条件为 $\dot{I}_1-\dot{I}_2\geqslant I_{op.r}$，即

$$\left|\frac{0.9\dot{U}_A}{Z_1+R_1}\right|-\left|\frac{0.9\dot{U}_B}{Z_2+R_2}\right|\geqslant I_{op.r}$$

当 $Z_1=Z_2$、$R_1=R_2$，并满足 $Z_1+R_1=Z_2+R_2=Z$ 时，则极化继电器的动作条件为

$$\begin{cases}|\dot{U}_A|-|\dot{U}_B|\geqslant\dfrac{I_{op.r}Z}{0.9}\\|\dot{U}_A|-|\dot{U}_B|\geqslant\dot{U}_{op.r}\end{cases}\tag{3-56}$$

若忽略 $I_{op.r}$，式（3-56）变为 $|\dot{U}_A|-|\dot{U}_B|\geqslant0$。

循环式电流比较回路接线简单，在执行元件输入端，当动作电流小时，制动侧整流桥U2中二极管正向电阻大、分流小，故有较高的灵敏性。而当动作电流大时，上述二极管又能限幅，起到保护执行元件的作用。它要求执行元件具有较高的灵敏度。为满足上述要求，幅值比较回路中目前一般采用极化继电器、晶体管型继电器或集成电路型电压比较器作为执行元件。

（2）均压式比较回路

均压式比较回路的接线如图3-19所示。它由整流桥U1和U2、电阻 R_1 和 R_2、滤波电容 C_1 和 C_2 及执行元件KP组成。图中，Z_1 和 Z_2 是两侧回路的交流等值阻抗。执行元件输入端m、n所加电压是两电气量 $\dot{U}_A$ 和 $\dot{U}_B$ 整流电压的差值，所以称这种接线方式为均压式接线。动作量 $\dot{U}_A$ 整流滤波后接于电阻 R_1 上，其电压为 U_1，制动量 $\dot{U}_B$ 整流滤波后接于电阻 R_2 上，其电压为 U_2。执行元件电压为 $U_{mn}=U_1-U_2$。若极化继电器动作电压为 $U_{op.r}$，则继电器动作条件为

$$U_1-U_2\geqslant U_{op.r}$$

即

$$\left|\frac{0.9\dot{U}_AR_1}{R_1+Z_1}\right|-\left|\frac{0.9\dot{U}_BR_2}{R_2+Z_2}\right|\geqslant U_{op.r}\tag{3-57}$$

当 $Z_1=Z_2$、$R_1=R_2$，并忽略 $U_{op.r}$ 时，动作条件为

$$|\dot{U}_A|-|\dot{U}_B|\geqslant0\tag{3-58}$$

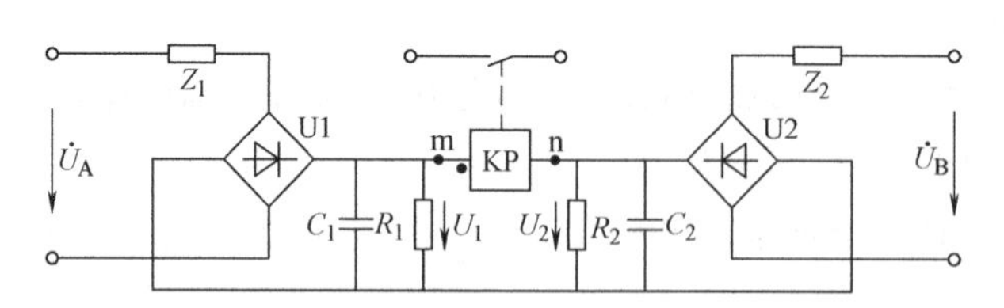

图3-19　均压式比较回路接线图

2. 相位比较回路

由相位比较电压形成回路获得两个电气量 $\dot{U}_C$ 和 $\dot{U}_D$ 后，进入相位比较回路。相位比较回路用来鉴别 $\dot{U}_C$ 和 $\dot{U}_D$ 的相位。图3-20所示为单脉冲相位比较回路的原理框图，它由方波形成电路1、2，微分电路3，与门4和脉冲展宽电路5组成，其波形分析如图3-21所示。

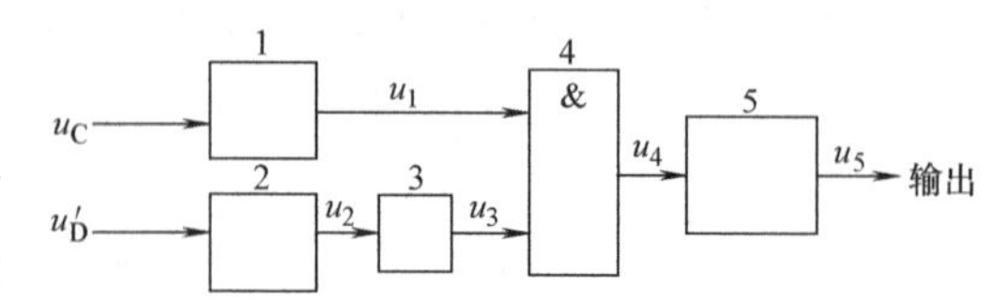

图3-20　单脉冲相位比较回路的原理框图

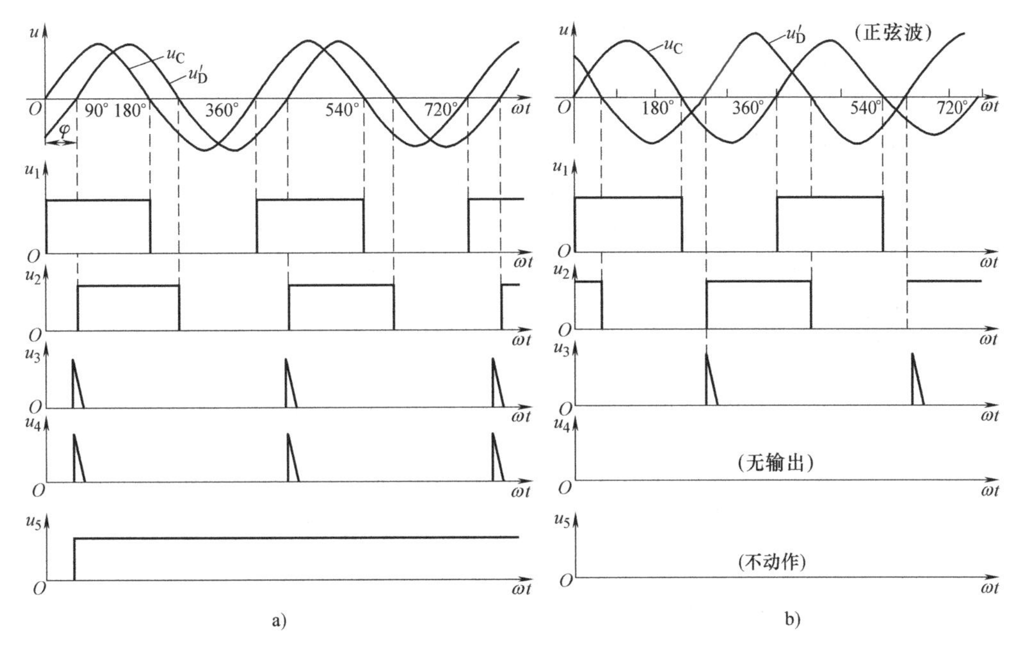

图3-21 单脉冲相位比较回路的波形分析

a) $\varphi \leqslant 180°$ 时的波形分析 b) $\varphi > 180°$ 时的波形分析

两个比较电压 $\dot{U}_C$ 和 $\dot{U}_D$ 进入方波形成回路变换为 u_1 和 u_2，u_1 直接进入与门4，当方波 u_1 和脉冲电压 u_3 同时进入与门4，这时与门4有输出，输出电压 u_4，经脉冲展宽为长脉冲（大于20ms）输出，这时相位比较回路动作。若方波 u_1 和 u_3 不同时出现，如图3-21b所示，这时与门4无输出，相位比较回路不动作。

由于正脉冲 u_3 是在 u'_D 波形由负变正，过零点时出现，故从上述分析中可知，u_1 和 u_3 同时出现的现象在两个电压 u_1 和 u'_D 正半周相重叠的0°～180°范围内发生，这时相位比较回路动作，因此，相位比较方程为

$$0° \leqslant \arg \frac{\dot{U}_C}{\dot{U}'_D} \leqslant 180° \tag{3-59}$$

为满足阻抗继电器工作条件，电压 $\dot{U}'_D$ 应比电压 $\dot{U}_D$ 滞后90°，即 $\dot{U}'_D = U_D e^{-j90°}$，因此，

$$\arg \frac{\dot{U}_C}{\dot{U}'_D} = \arg \frac{\dot{U}_C}{\dot{U}_D} + 90° \tag{3-60}$$

将式（3-60）代入式（3-59）中得式（3-11）。由此可见，图3-20中的电压 $\dot{U}'_D$ 是电压 $\dot{U}_D$ 经移相90°后的输出电压。

脉冲比相回路的相位测量比较准确，但缺点是抗干扰能力差，故应在交流测量回路中增加抗干扰措施。

3. 四边形阻抗继电器的连续式比相回路

四边形阻抗继电器的特性如图3-22所示，通常由一组折线和两条直线构成，有时也可以由两组折线构成。图3-22中，折线 *AOC* 用动作范围小于180°的功率方向继电器来实现，直线 *AB* 是电阻型继电器的特性曲线，通常使其特性曲线下倾5°～8°。直线 *BC* 属于电阻型继电器特性，它与 *R* 轴夹角通常取70°。可以参照圆特性分析方法将上述三个特性的继电器组成与

门输出，即可获得如图3-22所示的四边形特性。

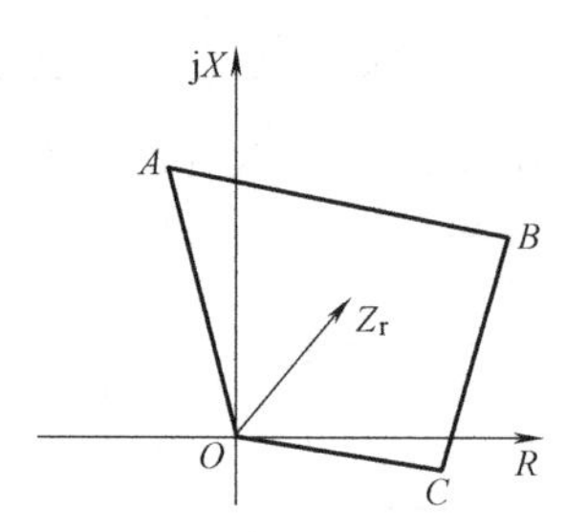

图3-22　四边形阻抗继电器的特性

如图3-23a所示，设顶点坐标由矢量 Z_3 表示，折线方向由 Z_1 和 Z_2 表示。当测量阻抗 Z_r 位于阴影所示动作范围内时，如图3-23b所示，在 Z_1、Z_2 和（Z_r-Z_3）这三个矢量中，任何两个矢量之间的夹角都小于180°。而当测量阻抗 Z_r 位于动作范围以外时，则如图3-23c所示，在上述三个矢量中，总有一对相邻矢量之间夹角大于180°。将 Z_1、Z_2、（Z_r-Z_3）均乘以电流 $\dot{I}_r$，然后利用连续式相位比较回路来比较如下三个电压的相位。

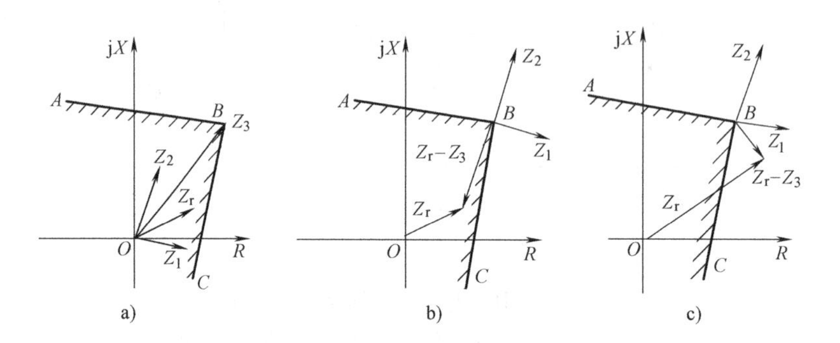

图3-23　两个边线折线的分析

a）折线的构成　b）位于动作范围内　c）位于动作范围外

$$
\begin{cases}
\dot{U}_1=\dot{I}_rZ_1\\
\dot{U}_2=\dot{I}_rZ_2\\
\dot{U}_3=\dot{U}_r-\dot{I}_rZ_3=U'
\end{cases}
\tag{3-61}
$$

在上述三个电压中，当任何两种相邻电压之间相位差均小于180°时动作，而大于180°时则不动作，即可满足以上分析要求，这实质上是以 $\dot{U}_1$ 和 $\dot{U}_2$ 为基准来判别 Z_r-Z_3 的相位变化。由于继电器中使用 $\dot{U}_r$ 和 $\dot{I}_r$ 都是故障相的电压和电流，因此仍属于单相补偿式阻抗继电器。

连续式相位比较回路的原理框图如图3-24所示。

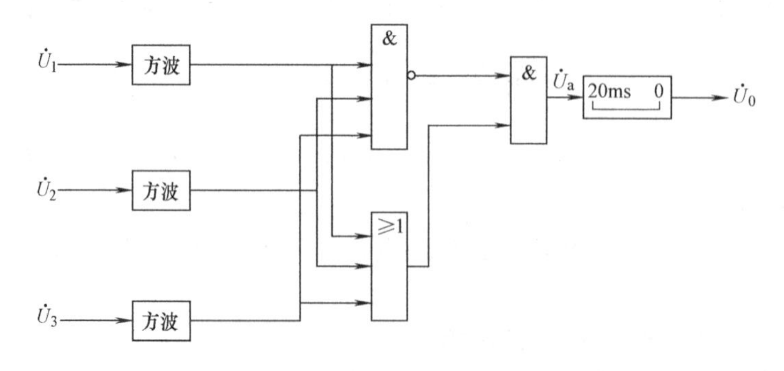

图3-24　连续式相位比较回路的原理框图

其工作原理分析如下：

1）无输入信号时三输入与非门输出高电平，但三输入或门输出为0，因此与门输出 U_a =

0，$U_0=0$，继电器不动作。

2）当 $\dot{U}_1$、$\dot{U}_2$、$\dot{U}_3$ 之间的相位关系符合继电器启动条件时，如图3-24所示，在一个工频周期的任何时间内，三个电压瞬时值中至少总有一个是负的。因此，三输入与非门和三输入或门均输出高电压，经20ms延时后动作，$\dot{U}_0$ 输出高电平。20ms延时回路主要是为保证外部故障时动作的选择性。

3）当 $\dot{U}_1$、$\dot{U}_2$、$\dot{U}_3$ 之间的相位关系不符合继电器动作条件时，如图3-23b所示，在工频一个周期时间里，总有一段时间 t 是三个电压的瞬时值同时为正，也就是电压波形为负瞬间出现了间断，在这个间断的时间里，与非门变为输出低电平，$U_a=0$，$U_0=0$，继电器不动作。

4）在正常运行时，如果继电器安装在送电侧，Z_r 反映为一个位于第一象限负荷阻抗，矢量关系与图3-23c相似，继电器不动作。而如果安装在受电侧，则 Z_r 位于第三象限，始终位于折线 ABC 的范围以内，因而动作没有方向性。故构成四边形特性时，必须再增加一个具有方向性的折线 AOC，以确保继电器不误动作。上述分析同样适用于反方向故障时 Z_r 位于第三象限的情况。

3.2.5 方向阻抗继电器的插入电压和极化电压

方向阻抗继电器在距离保护中应用广泛，故本节进行深入一步研究，由此得出结论也适用于其他特性的继电器。

1. 方向阻抗继电器的极化电压和插入电压的作用

当在保护安装处正方向出口发生金属性相间短路时，故障环路的残余电压将降低到零，即测量电压 $\dot{U}_r=0$，此时，任何有方向性的继电器都不能动作，保护装置出现死区。例如幅值比较原理方向阻抗继电器的动作方程变成 $\left|\frac{1}{2}K_I\dot{I}_r\right|=\left|-\frac{1}{2}K_I\dot{I}_r\right|$，动作量等于制作量 $|\dot{U}_A|=|\dot{U}_B|$，继电器不能动作；对于相位比较原理构成的方向阻抗继电器，其测量电压 $\dot{U}_r=0$，则极化电压 $\dot{U}_D=0$，失去进行相位比较的参考电压，因此，继电器无法工作，从而出现死区。为减小和消除死区，常采用在动作量和制动量中各引入一个与 $\dot{U}_r$ 同相位的极化电压或插入电压，可以采用下述方法。

（1）记忆回路

对瞬时动作的距离保护第Ⅰ段方向阻抗继电器，在极化电压 $\dot{U}_D$ 的回路中广泛采用“记忆回路”接线，将电压回路作为一个对50Hz工频交流的串联谐振回路。图3-25a所示是传统的继电器接线，根据继电器构成原理不同也可采用其他形式的接线。对于微机保护可利用计算机的记忆和存储功能实现记忆作用。

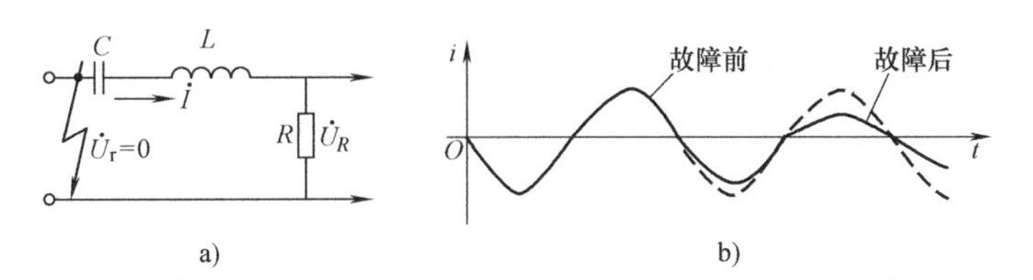

图3-25 记忆回路

a）原理接线 b）记忆回路电流变化曲线

记忆回路的作用是当外加电压突然由正常值降到零时，该回路电流不是马上消失，而是按 50Hz 工频振荡，经几个周波时间后，逐渐衰减到零，如图 3-25b 所示。利用这个电流在电阻上产生的电压降 $\dot{U}_R$（与 $\dot{U}_r$ 同相位），即可进行幅值比较或相位比较。如果是正方向出口处短路就可以消除死区而动作，如果是反方向出口处短路可以仍然不动作而保证其方向性。因此既要求在正常情况下 $\dot{U}_R$ 和 $\dot{U}_r$ 同相位，又要求在电压消失后的振荡过渡过程中，回路电流按 50Hz 工频（角频率为 ω）振荡衰减到零。实际上，上述两个条件是不可能同时满足的，这是因为记忆回路中自由振荡角频率为

$$\omega_0 = \sqrt{\frac{1}{LC} - \frac{R^2}{4L^2}} \tag{3-62}$$

为满足前一个条件，必须选择电路参数为 $\dfrac{1}{\omega C}=\omega L$，如此选择在过渡过程中，自由振荡角频率 $\omega_0<\omega$，这样随着时间推移，$\dot{U}_R$ 与 $\dot{U}_r$ 之间不能维持同相位，两者相位差越来越大，因此 $\dot{U}_R$ 就不能正确“记忆”故障前 $\dot{U}_r$ 的相位，从而可能引起继电器误动作。为满足后一条件，必须按 $\omega_0=\omega$ 选择记忆回路参数，则在正常情况下，$\dfrac{1}{\omega C}=\omega L+\dfrac{R^2}{400L}$，回路阻抗呈现电容性，阻抗角为-8°～-5°，这样 $\dot{U}_R$ 也超前 $\dot{U}_r$ 相角 5°～8°，必然对继电器动作特性带来影响。根据上述分析两种参数选择均对继电器正确动作产生影响，为保证继电器正确工作，通常对快速动作继电器按式（3-62）选择。因继电器动作快、时间短，$\dot{U}_R$ 与 $\dot{U}_r$ 之间的相位差变化小，对于动作速度较慢的继电器则应按 $\omega_0=\omega$ 的条件选择。

还应指出的是，当系统频率变化时，记忆回路中电流相位也随之改变，因此继电器动作特性也将受到影响。

（2）采用高 Q 值 50Hz 带通有源滤波器

在集成电路保护中，可使极化回路的电压经一高 Q 值的 50Hz 带通有源滤波器之后再形成方波，接入比相回路，如图 3-26a 所示。利用滤波器响应特性的时间延迟（Q 值越高，延迟时间越长），起到上述“记忆电路”的作用，如图 3-26b 所示。由于方波形成回路的灵敏性很高，一般采用 $Q=5$ 左右，即可达到记忆 4～5 个周波的要求，保证继电器的可靠动作。

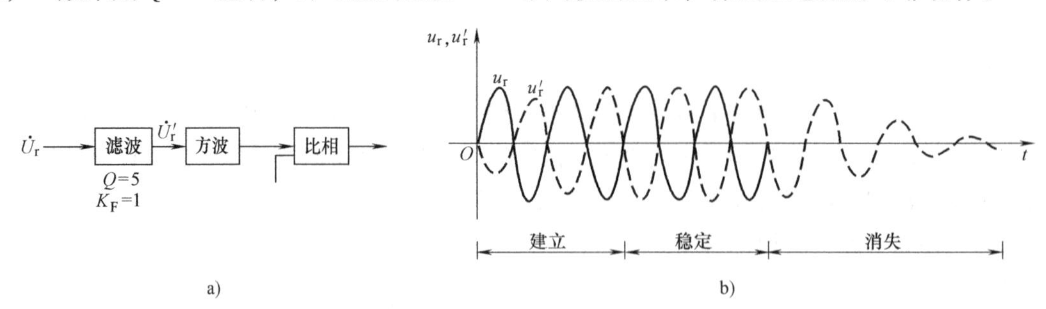

图 3-26　用带通有源滤波器消除电压死区

a）极化回路构成框图　b）有源滤波响应特性

（3）引入非故障相电压

在保护安装处正方向附近发生各种相间短路时，只有故障相电压降为零，即 $\dot{U}_r=0$，而非故障相的相间电压仍然很高，若将非故障相电压引入作为极化电压，即可消除记忆作用消失后正方向两相短路的死区，另外还可以防止反方向出口两相短路时发生误动作。当引入插入电压 $\dot{U}_{th}$ 后，幅值比较方向阻抗继电器的动作方程可表示为

$$\left|\dot{U}_{\text{th}}+\frac{1}{2}\dot{K}_I\dot{I}_{\text{r}}\right| \geqslant \left|\dot{U}_{\text{th}}+\left(\dot{K}_U\dot{U}_{\text{r}}-\frac{1}{2}\dot{K}_I\dot{I}_{\text{r}}\right)\right| \tag{3-63}$$

当保护安装地点正方向出口发生金属性短路时，$\dot{U}_{\text{r}}=0$，则式（3-63）成为

$$\left|\dot{U}_{\text{th}}+\frac{1}{2}\dot{K}_I\dot{I}_{\text{r}}\right| \geqslant \left|\dot{U}_{\text{th}}-\frac{1}{2}\dot{K}_I\dot{I}_{\text{r}}\right| \tag{3-64}$$

式（3-64）就是按幅值比较原理构成的方向阻抗继电器的动作方程。因此，这时方向阻抗继电器按功率方向继电器动作特性动作消除死区。

对于按相位比较的方向阻抗继电器，从动作方程中可知，必须有一个作为相位比较的参考电压 $\dot{U}_{\text{th}}$，才能消除死区。为此，在继电器相位比较电气量中引入与 $\dot{U}_{\text{th}}$ 相同相位的带有记忆作用的极化电压 $\dot{U}_{\text{P}}$ 后，相位比较原理方向阻抗继电器的动作方程为

$$-90° \leqslant \arg\frac{Z_{\text{set}}\dot{I}_{\text{r}}-\dot{U}_{\text{r}}}{\dot{U}_{\text{P}}} \leqslant 90° \tag{3-65}$$

当在保护安装地点正方向出口发生金属性短路时，$\dot{U}_r=0$，于是相位比较原理方向阻抗继电器动作方程变为

$$-90° \leqslant \arg\frac{Z_{\text{set}}\dot{I}_{\text{r}}}{\dot{U}_{\text{P}}} \leqslant 90° \tag{3-66}$$

由式（3-66）可见方向阻抗继电器仍能正确动作，因而消除了正方向出口短路保护拒动现象。引入参考电压 $\dot{U}_{\text{th}}$ 和极化电压 $\dot{U}_{\text{P}}$ 的另一个作用是防止被保护线路反方向出口短路时，方向阻抗继电器发生误动作现象，所以会在反方向出口短路时误动作。如图 3-27 所示，在保护安装处反方向出口发生 A、B 两相短路时，从理论上讲，故障相阻抗继电器的测量电压应等于零（$\dot{U}_{\text{r}}=0$），但由于电压互感器的二次各相连接的导线的阻抗 Z_{a}、Z_{b}、Z_{c} 和负荷的阻抗 Z'_{ab}、Z'_{bc}、Z'_{ca} 不可能完全相等，所以 TV 二次故障相相间电压不等于零，而是一个大小和相位都不能确定的不平衡电压 $\dot{U}_{\text{unb}}$，当 $\dot{U}_{\text{unb}}$ 在最不利的相位状态下，方向阻抗继电器在反方向出口短路时产生误动作。引入插入电压或极化电压可消除方向阻抗继电器在正方向出口发生金属性短路时的死区并可靠地避免反方向出口发生金属性短路时保护误动作。

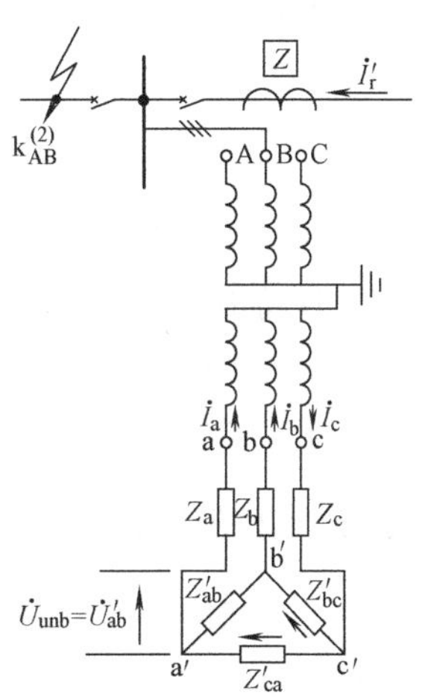

图 3-27　反方向出口短路时，接于方向阻抗继电器的测量电压不等于零的说明

2. 参考电压和极化电压的获取

图 3-28a 所示为 AB 相阻抗继电器通过高值电阻 R_5（约 30kΩ）接入第三相电压 $\dot{U}_{\text{C}}$ 获得参考电压或极化电压的原理接线图。图中，R_{r}、C_{r}、L_{r} 构成谐振记忆回路。电压变换器 2UV 的一次绕组接入 R_{r} 两端，由 2UV 的两个二次绕组获得参考电压 $\dot{U}_{\text{th}}$ 或极化电压 $\dot{U}_{\text{P}}$。由于 $X_{Lr}=X_{Cr}$，故 $\dot{U}_{\text{th}}$ 或 $\dot{U}_{\text{P}}$ 与测量电压 $\dot{U}_{\text{r}}$ 同相位。

当保护安装处正、反方向出口发生三相短路时，$\dot{U}_{\text{r}}=0$，记忆回路以 f_0 为谐振频率自由振荡，若电网频率与谐振频率 f_0 相等，则 $\dot{U}_{\text{th}}$ 和 $\dot{U}_{\text{P}}$ 的相位维持不变，使阻抗继电器动作。

当 A、B 两相短路时，记忆回路的等效电路如图 3-28b 所示，这时的相量图如图 3-28c 所示。图中虚线为对称三相电压，实线为两相短路时电压相量。在 $\dot{U}_{\text{AC}}=\dot{U}_{\text{BC}}$ 作用下，产生 $\dot{I}_{R5}$。

由于 R_5 阻值大，所以 $\dot{I}_{R5}$ 基本上与 $\dot{U}_{\mathrm{AC}}$（或 $\dot{U}_{\mathrm{BC}}$ ）同相位。$\dot{I}_{R5}$ 在谐振回路内的电流为 $\dot{I}_C$ 和 $\dot{I}_L$，求出 $\dot{I}_C$ 即可得到 $\dot{I}_C$ 在 R_{r} 上形成的参考电压或极化电压。

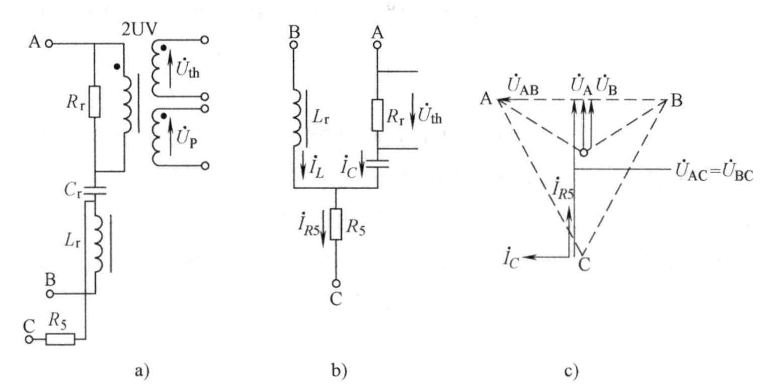

图 3-28　通过高值电阻接入第三相电压

a）原理接线图　b）A、B 两相短路时的等效电路　c）A、B 两相短路时的电压相量图

从图 3-28b、c 可知：

$$\dot{I}_C(R_{\mathrm{r}} - \mathrm{j}X_{C\mathrm{r}}) = \dot{I}_L\mathrm{j}X_{L\mathrm{r}}$$

因为 $\dot{I}_L = \dot{I}_{R5} - \dot{I}_C$，所以 $\dot{I}_C(R_{\mathrm{r}} - \mathrm{j}X_{C\mathrm{r}}) = (\dot{I}_{R5} - \dot{I}_C)\mathrm{j}X_{L\mathrm{r}}$，移相后 $\dot{I}_C(R_{\mathrm{r}} - \mathrm{j}X_{C\mathrm{r}} + \mathrm{j}X_{L\mathrm{r}}) = \dot{I}_{R5}\mathrm{j}X_{L\mathrm{r}}$，按谐振条件有 $X_{C\mathrm{r}} = X_{L\mathrm{r}}$，所以参考电压为

$$\dot{U}_{\mathrm{th}} = \dot{I}_C R_{\mathrm{r}} = \mathrm{j}\,\dot{I}_{R5}X_{L\mathrm{r}} \tag{3-67}$$

式（3-67）表明，参考电压 $\dot{U}_{\mathrm{th}}$ 超前电流 $\dot{I}_{R5}$ 相角 90°，即 $\dot{I}_{R5}$ 与 $\dot{U}_{\mathrm{AC}}$（或 $\dot{U}_{\mathrm{BC}}$ ）同相位。因此，$\dot{U}_{\mathrm{th}}$ 保持故障前 $\dot{U}_{\mathrm{AB}}$ 的相位。若其值超过上次二次负荷阻抗引起的平衡电压 $\dot{U}'_{\mathrm{ab}}$，即可使继电器保持正确动作，消除反方向近处短路引起的误动作。正方向出口发生两相短路故障时，在记忆作用消失后，参考电压依然使继电器正确动作并可靠地消除死区。

3.2.6　阻抗继电器的精确工作电流

以上分析阻抗继电器的动作特性时，动作方程都是在理想条件下得出的，即认为执行元件（极化继电器、零指示器）灵敏性很高，晶体管和二极管正向电压降为零，因此继电器的特性只与加入继电器的电压和电流的比值（测量阻抗 Z_{r} ）有关，与电流大小无关。实际上考虑上述因素时，还需要考虑继电器动作的克服功率消耗所必需的电压 U_0，则方向阻抗继电器的动作方程为

$$\left|\dot{U}_{\mathrm{th}} + \frac{1}{2}\dot{K}_I\dot{I}_{\mathrm{r}}\right| - \left|\dot{U}_{\mathrm{th}} + \left(\dot{K}_U\dot{U}_{\mathrm{r}} - \frac{1}{2}\dot{K}_I\dot{I}_{\mathrm{r}}\right)\right| \geqslant \dot{U}_0 \tag{3-68}$$

式中，$\dot{U}_0$ 为继电器动作时克服功率消耗所必须加的电压。当在最大灵敏角条件下，即 $\varphi_{\mathrm{m}} = \varphi_{\mathrm{sen.max}}$ 时，式（3-68）可写成

$$\frac{K_I}{K_U}I_{\mathrm{r}} - U_{\mathrm{r}} \geqslant \frac{U_0}{K_U} \tag{3-69}$$

以 I_{r} 除式（3-69）两边，并且 $Z_{\mathrm{set}} = \dfrac{K_I}{K_U}$，$Z_{\mathrm{r}} = \dfrac{U_{\mathrm{r}}}{I_{\mathrm{r}}}$，在临界动作条件下，测量阻抗正好等于动作阻抗，则式（3-69）可表示为

$$Z_{\text{op.r}} = Z_{\text{set}} - \frac{U_0}{K_U I_{\text{r}}} \tag{3-70}$$

当 $\dot{U}_{\text{r}}=0$ 时，$Z_{\text{op.r}}=0$，由式（3-70）可得出继电器的最小动作电流 $I_{\text{op.min}}$ 为

$$I_{\text{op.min}} = \frac{U_0}{K_I} \tag{3-71}$$

式（3-71）表明，阻抗元件处于临界动作时，其动作阻抗 $Z_{\text{op.r}}$ 并不等于其整定阻抗，且测量电流 $\dot{I}_{\text{r}}$ 越小，则差值 ΔI 越大，如图 3-29 的方向阻抗继电器的 $Z_{\text{op.r}}=f(I_{\text{r}})$ 曲线所示。

由图 3-29 可见，当加入继电器的电流较小时，继电器的启动阻抗将下降，使阻抗继电器的实际保护范围缩短。这将影响到与相邻线路阻抗元件的配合，甚至引起无选择性动作。为把启动阻抗的误差限制在一定范围内，规定了精确工作电流。

当阻抗元件在最大灵敏角 $\varphi_{\text{r}}=\varphi_{\text{sen.max}}$ 时，将 $Z_{\text{op.r}}=0.9Z_{\text{set}}$ 时所对应的最小测量电流 I_{r} 称为最小精确工作电流（简称为精工电流），用 $I_{\text{ac.min}}$ 表示。从图 3-29 中看出，阻抗元件加入的电流 I_{r} 越大，测量误差越小，动作阻抗越接近于整定阻抗，但如果加入 I_{r} 过大，可能导致阻抗元件内部电抗变换铁心饱和，而 $Z_{\text{op.r}}$ 随增大而减小，因此对阻抗元件测量电流的最大值也要加以限制。图 3-29 中最大的精确工作电流用 $I_{\text{ac.max}}$ 表示。

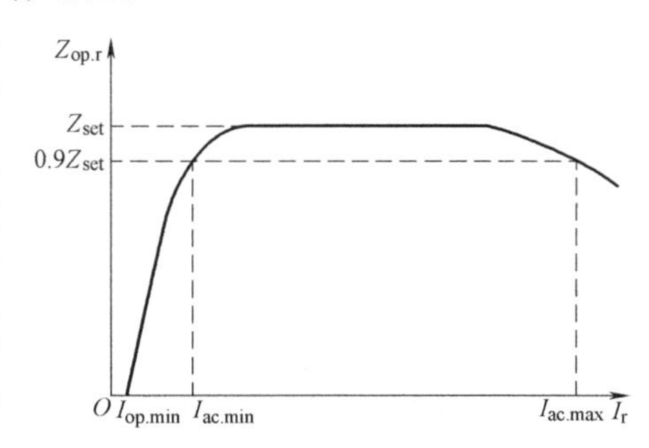

图 3-29　方向阻抗继电器动作阻抗与测量电流的关系曲线 $Z_{\text{op.r}}=f(I_{\text{r}})$

由于影响精确工作电流因素很多，不同特性和形式的阻抗继电器的精确工作电流各不相同。在整流型方向阻抗继电器中影响精确工作电流的主要原因是整流二极管的正向电压降和极化继电器消耗的功率。

将 $Z_{\text{op.r}}=0.9Z_{\text{set}}$，$Z_{\text{set}}=K_I/K_U$，$I_{\text{r}}=I_{\text{ac.min}}$ 代入式（3-70）可得出最小精确工作电流为

$$I_{\text{ac.min}} = \frac{U_0}{0.1K_I} \tag{3-72}$$

对于微机保护，测量阻抗的计算误差取决于电流 A/D 转换精度，因而也有一个使测量阻抗计算误差小于 10%的最小电流，可以认为是微机阻抗继电器的精确工作电流。只不过这个电流小，造成的误差可正、可负，也即保护范围可能伸长或缩短。

衡量阻抗元件的另一个性能指标是精确工作电压 U_{ac}，可用下式计算：

$$U_{\text{ac}} = I_{\text{ac.min}} Z_{\text{set}} = \frac{U_0}{0.1K_I}\frac{K_I}{K_U} = \frac{U_0}{0.1K_U} \tag{3-73}$$

从式（3-73）中可见，整流型方向阻抗继电器的精确工作电压不受电抗变换器转移阻抗 K_I 大小变化的影响，是一个常数，故 U_{ac} 是衡量阻抗继电器质量的一个指标。

3.3　阻抗继电器的接线方式

3.3.1　对接线方式的基本要求

根据距离保护的工作原理，加入继电器的电压 $\dot{U}_{\text{r}}$ 和电流 $\dot{I}_{\text{r}}$ 应满足以下要求：

1）继电器的测量阻抗正比于短路点到保护安装地点之间的距离。

2）继电器的测量电压应与故障类型无关，也就是保护范围不随故障类型而变化。类似于在功率方向继电器的接线方式中的定义，当阻抗继电器加入电压和电流为 $\dot{U}_{AB}$ 和 $\dot{I}_A - \dot{I}_B$ 时称为0°接线，为 $\dot{U}_{AB}$ 和$\dot{I}_A$ 时称为“+30°接线”等。当采用三个继电器 KR1 ~ KR3 分别接于三相时，常用的几种接线方式的名称及相应电压和电流组合见表3-2。

表 3-2　阻抗继电器不同接线方式时，接入电压和电流的关系

接线方式	继电器					
	KR1		KR2		KR3	
	$\dot{U}_r$	$\dot{I}_r$	$\dot{U}_r$	$\dot{I}_r$	$\dot{U}_r$	$\dot{I}_r$
0°接线	$\dot{U}_{AB}$	$\dot{I}_A - \dot{I}_B$	$\dot{U}_{BC}$	$\dot{I}_B - \dot{I}_C$	$\dot{U}_{CA}$	$\dot{I}_C - \dot{I}_A$
+30°接线	$\dot{U}_{AB}$	$\dot{I}_A$	$\dot{U}_{BC}$	$\dot{I}_B$	$\dot{U}_{CA}$	$\dot{I}_C$
-30°接线	$\dot{U}_{AB}$	$-\dot{I}_B$	$\dot{U}_{BC}$	$-\dot{I}_C$	$\dot{U}_{CA}$	$-\dot{I}_A$
相电压和具有 $3K\dot{I}_0$ 补偿的相电流接线	$\dot{U}_A$	$\dot{I}_A + 3K\dot{I}_0$	$\dot{U}_B$	$\dot{I}_B + 3K\dot{I}_0$	$\dot{U}_C$	$\dot{I}_C + 3K\dot{I}_0$

注：K 的含义在 3.3.3 节给出说明。

3.3.2　反映相间短路故障的阻抗继电器的接线方式

1. 阻抗继电器的0°接线方式

采用线电压和两相电流差接线方式称为0°接线方式，接入继电器电压 $\dot{U}_r$ 和电流 $\dot{I}_r$ 见表3-3。为反映各种相间短路故障，在 AB、BC、CA 相各接入一只阻抗继电器。

表 3-3　0°接线方式接入阻抗继电器电压和电流

阻抗继电器组别	接入电压	接入电流	反映故障类型
AB	$\dot{U}_{AB}$	$\dot{I}_A - \dot{I}_B$	$k^{(3)}$、$k_{AB}^{(2)}$、$k_{AB}^{(1,1)}$
BC	$\dot{U}_{BC}$	$\dot{I}_B - \dot{I}_C$	$k^{(3)}$、$k_{BC}^{(2)}$、$k_{BC}^{(1,1)}$
CA	$\dot{U}_{CA}$	$\dot{I}_C - \dot{I}_A$	$k^{(3)}$、$k_{CA}^{(2)}$、$k_{CA}^{(1,1)}$

（1）三相短路

如图 3-30 所示，三相短路时三相是对称的，三个阻抗继电器 KR1 ~ KR3 的工作情况相同，因此以 KR1 为例分析。设短路点至保护安装地点之间距离为 l，单位为 km，线路每千米的正序阻抗为 Z_1，单位为 Ω，则保护安装地点的电压 $\dot{U}_{AB}$ 应为

$$\begin{cases}\dot{U}_r^{(3)} = \dot{U}_{AB} = \dot{U}_A - \dot{U}_B = \dot{I}_A Z_1 l - \dot{I}_B Z_1 l = (\dot{I}_A - \dot{I}_B) Z_1 l \\ \dot{I}_r^{(3)} = \dot{I}_A - \dot{I}_B\end{cases} \tag{3-74}$$

因此，三相短路时继电器 KR1 的测量阻抗为

$$Z_{r.1}^{(3)} = \frac{\dot{U}_r^{(3)}}{\dot{I}_r^{(3)}} = \frac{\dot{U}_{AB}}{\dot{I}_A - \dot{I}_B} = Z_1 l \tag{3-75}$$

在三相短路时，三个阻抗继电器测量阻抗均等于短路点至保护安装地点之间的阻抗，三

个继电器均能动作。

(2) 两相短路

如图 3-31 所示，以 A、B 相间短路为例，则故障环路电压 $\dot{U}_{AB}$ 为

$$\begin{cases}\dot{U}_{r}^{(2)}=\dot{U}_{AB}=\dot{I}_{A}Z_{1}l-\dot{I}_{B}Z_{1}l=(\dot{I}_{A}-\dot{I}_{B})Z_{1}l=2\dot{I}_{A}Z_{1}l\\ \dot{I}_{A}=-\dot{I}_{B}\\ \dot{I}_{r}^{(2)}=\dot{I}_{A}-\dot{I}_{B}=2\dot{I}_{A}\end{cases}\tag{3-76}$$

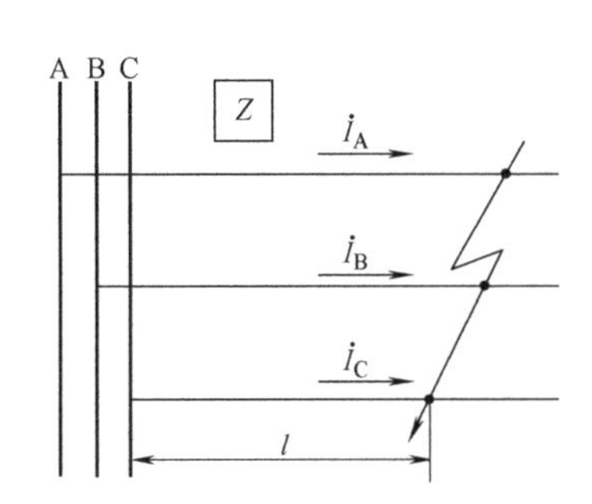

图 3-30　三相短路时测量阻抗的分析

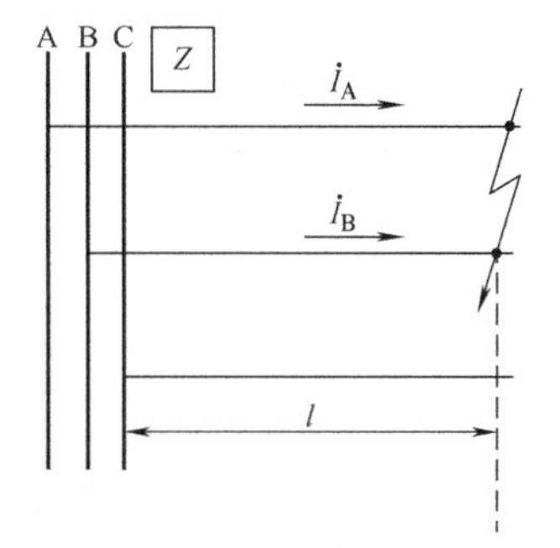

图 3-31　A、B 两相短路时测量阻抗的分析

KR1 的测量阻抗 $Z_{r.1}^{(2)}=\dfrac{\dot{U}_{r}^{2}}{\dot{I}_{r}^{(2)}}=\dfrac{2\dot{I}_{A}Z_{1}l}{2\dot{I}_{A}}=Z_{1}l$。KR1 测量阻抗和三相短路时测量阻抗相同，因此 KR1 能正确动作。

在 A、B 两相短路时，对继电器 KR2、KR3 而言，由于所加电压为非故障相间电压，数值比 $\dot{U}_{AB}$ 高，而电流又只有一个故障相的电流，数值比 $\dot{I}_{A}-\dot{I}_{B}$ 小，因此测量阻抗比 $Z_{1}l$ 大，即不能正确测量保护安装地点到短路点的阻抗，所以不能动作。因此要用三个阻抗继电器接于不同相间。

(3) 中性点直接接地电网中的两相接地

如图 3-32 所示，以 A、B 两相接地故障，它与两相短路不同之处是地中有电流通过中性点形成回路，可把 A 相和 B 相看成两个“导线—地”的输电线路，并由互感耦合在一起，设每千米自感阻抗为 Z_{L}，每千米互感阻抗为 Z_{M}，则保护安装处故障相电压为

$$\begin{cases}\dot{U}_{A}=\dot{I}_{A}Z_{L}l+\dot{I}_{B}Z_{M}l\\ \dot{U}_{B}=\dot{I}_{B}Z_{L}l+\dot{I}_{A}Z_{M}l\end{cases}\tag{3-77}$$

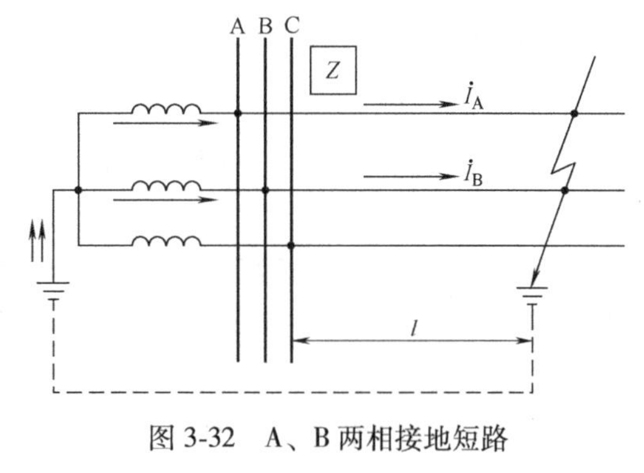

图 3-32　A、B 两相接地短路

因此，A、B 相所接阻抗继电器 KR1 的测量阻抗为

$$Z_{r.1}^{(1.1)}=\frac{\dot{U}_{A}-\dot{U}_{B}}{\dot{I}_{A}-\dot{I}_{B}}=\frac{(\dot{I}_{A}-\dot{I}_{B})(Z_{L}-Z_{M})l}{\dot{I}_{A}-\dot{I}_{B}}=(Z_{L}-Z_{M})l=Z_{1}l\tag{3-78}$$

由此可见，当发生 A、B 两相接地短路时，KR1 的测量阻抗与三相短路时相同，保护能够正确动作。

2. 阻抗继电器的30°接线方式

反映相间短路故障还可采用线电压和相电流接线方式，这种接线方式分为+30°和−30°两种。其接入阻抗继电器的电压和电流分别见表3-1。

（1）正常运行时

三相阻抗继电器所处情况不同，故只分析A、B相阻抗继电器，接入A、B相阻抗继电器的电压为

$$\dot{U}_r=\dot{U}_{AB}=(\dot{I}_A-\dot{I}_B)Z_L=\sqrt{3}\,\dot{I}_A e^{j30^\circ}Z_L \tag{3-79}$$

式中，Z_L为每相负荷阻抗。

对于+30°接线，$\dot{I}_r=\dot{I}_A$，其测量阻抗为

$$Z_{r(+30^\circ)}=\sqrt{3}Z_L e^{j30^\circ} \tag{3-80}$$

对于−30°接线，$\dot{I}_r=-\dot{I}_B=\dot{I}_A e^{j60^\circ}$，其测量阻抗为

$$Z_{r(-30^\circ)}=\sqrt{3}Z_L e^{-j30^\circ} \tag{3-81}$$

式（3-80）和式（3-81）说明，正常运行时，测量阻抗在数值上是负荷阻抗的$\sqrt{3}$倍；在相位上，+30°接线较负荷阻抗超前30°，−30°接线较负荷阻抗滞后30°。

（2）三相短路

三相短路与正常运行时相似，只是将负荷阻抗用短路点至保护安装地点的正序阻抗$Z_1 l$代替，即

$$\begin{cases}Z_{r(+30^\circ)}=\sqrt{3}Z_1 l e^{j30^\circ}\\ Z_{r(-30^\circ)}=\sqrt{3}Z_1 l e^{-j30^\circ}\end{cases} \tag{3-82}$$

（3）两相短路

当A、B两相短路时，进入A、B相阻抗继电器的电压为

$$\dot{U}_r=\dot{U}_{AB}=(\dot{I}_A-\dot{I}_B)Z_1 l=2\dot{I}_A Z_1 l \tag{3-83}$$

对于+30°接线，$\dot{I}_r=\dot{I}_A$，则

$$Z_{r(+30^\circ)}=2Z_1 l \tag{3-84}$$

对于−30°接线，$\dot{I}_r=-\dot{I}_B=\dot{I}_A$，则

$$Z_{r(-30^\circ)}=2Z_1 l \tag{3-85}$$

由式（3-84）和式（3-85）可知，两种接线的测量阻抗等于短路点到保护安装地点的正序阻抗的两倍，测量阻抗角φ_r等于线路正序阻抗角φ_L。

由上述可见，采用30°接线方式的阻抗继电器，在线路上同一点发生不同类型相间短路时，不仅测量阻抗数值不同，而且相位也不同。

对于采用30°接线的全阻抗继电器，由于全阻抗继电器动作阻抗与阻抗角φ_r无关，所以在同一地点发生三相短路和两相短路时，测量阻抗不同，故其保护范围也不同，即不能准确地测量故障点距离，因此不宜作测量元件。

对于方向阻抗继电器，若采用30°接线，当两相短路和三相短路时，有相同的保护范围。如图3-33所示，整定阻抗按距离保护l处发生两相短路时的测量阻抗来选择，即$Z_{set}=2Z_1 l$。特性圆的直径为Z_{set}，则取灵敏角$\varphi_{sen.max}=\varphi_k$。当在$l$处发生三相短路时，阻抗继电器的测量阻抗为

$$\begin{cases} Z_{r(+30°)}=\sqrt{3}Z_1 l e^{j30°} \\ Z_{r(-30°)}=\sqrt{3}Z_1 l e^{-j30°} \end{cases} \tag{3-86}$$

Z_r 的末端落在特性圆上，如图 3-33 所示，说明采用 30° 接线时，方向阻抗继电器对同一点发生两相和三相短路时有相同的保护范围，因此，它可用作测量元件。

随着输电线路长度增加，阻抗元件整定阻抗必然加大，而随着线路输送功率增大，为可靠地躲过负荷阻抗，要求整定阻抗缩小。由上述分析，若采用 0° 接线方式是不易满足的。如图 3-34所示，对于用作输电线路送电端距离保护的启动元件（兼作距离第Ⅲ段测量元件）的方向阻抗继电器，若采用 0° 接线方式，则在正常情况下，其动作阻抗为 $Z'_{op.r}$；但若采用 -30°接线方式，其动作阻抗为 $Z''_{op.r}$（此时在正常情况下测量阻抗位于第四象限），显然$Z''_{op.r}<Z'_{op.r}$，故采用-30°接线方式可较好地躲过正常运行时输送较大功率对应的较小负荷阻抗。

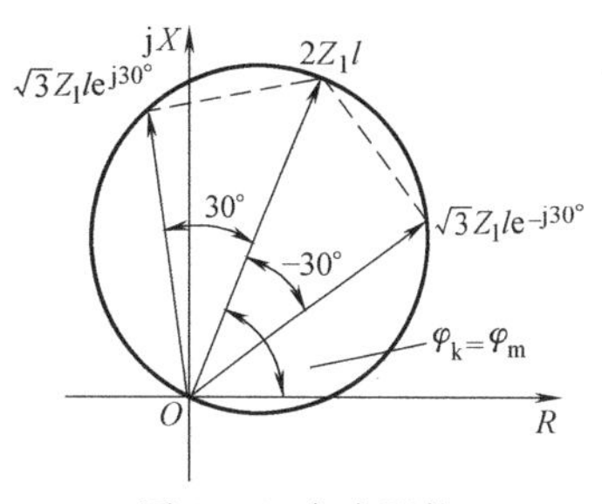

图 3-33　方向阻抗继电器的动作特性

在输电线路受电端，采用 30° 接线，可具有同样作用。如图 3-35 所示，若采用 0° 接线方式，负荷阻抗 Z_L 位于第二象限，而采用+ 30° 接线方式，则 $Z_L e^{j30°}$ 必然落在圆周外。因此，在受电端采用 30° 接线提高了正常时躲过负荷阻抗的能力。

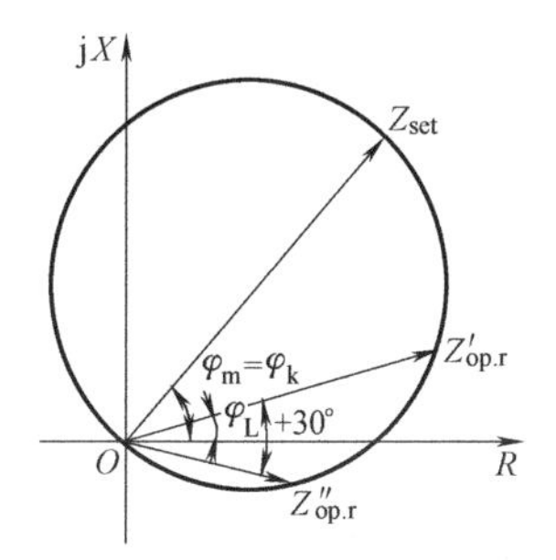

图 3-34　送电端采用-30°接线与采用 0° 接线在正常情况下动作阻抗的比较图

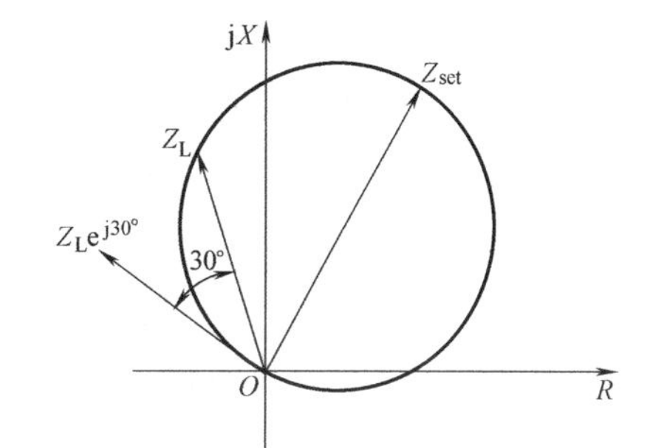

图 3-35　受电端采用+30°接线时阻抗继电器具有躲开负荷阻抗能力的说明图

由以上分析可知，30° 接线方式的阻抗继电器一般不适用于作测量元件而适用于作启动元件，在送电端宜采用-30°接线方式，而在受电端宜采用+ 30° 接线方式。

3.3.3　反映接地故障的阻抗继电器的接线方式

在中性点直接接地电网中，当采用零序电流不能满足要求时，一般考虑采用接地距离保护。接地距离保护继电器的接入电压和电流见表 3-4，接线方式如图 3-36 所示。

表 3-4　反映接地故障的阻抗继电器接入电压和电流

相别	接入电压	接入电流	反映故障类型
A	$\dot{U}_A$	$\dot{I}_A+3K\dot{I}_0$	$k^{(3)}$、$k_A^{(1)}$、$k_{AB}^{(1,1)}$、$k_{AC}^{(1,1)}$
B	$\dot{U}_B$	$\dot{I}_B+3K\dot{I}_0$	$k^{(3)}$、$k_B^{(1)}$、$k_{BA}^{(1,1)}$、$k_{BC}^{(1,1)}$
C	$\dot{U}_C$	$\dot{I}_C+3K\dot{I}_0$	$k^{(3)}$、$k_C^{(1)}$、$k_{CA}^{(1,1)}$、$k_{CB}^{(1,1)}$

下面分析在接地短路时阻抗继电器的测量阻抗。

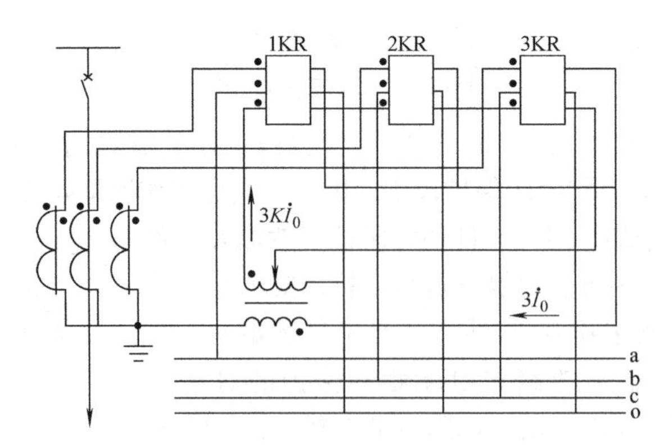

图 3-36 反映接地故障的阻抗继电器的接线方式

（1）单相短路

设 A 相发生单相接地，保护装置地点 A 相母线电压 $\dot{U}_A$，故障点处 A 相电压 $\dot{U}_{kA}$ 和短路电流 $\dot{I}_A$ 分别用对称分量表示为

$$\begin{cases}\dot{U}_A=\dot{U}_{A1}+\dot{U}_{A2}+\dot{U}_{A0}\\ \dot{U}_{kA}=\dot{U}_{kA1}+\dot{U}_{kA2}+\dot{U}_{kA0}=0\\ \dot{I}_A=\dot{I}_{A1}+\dot{I}_{A2}+\dot{I}_{A0}\end{cases} \tag{3-87}$$

根据各序网图，保护安装地点的母线上各相序分量与短路点各相序分量之间有如下关系：

$$\begin{cases}\dot{U}_{A1}=\dot{U}_{kA1}+\dot{I}_{A1}Z_1l\\ \dot{U}_{A2}=\dot{U}_{kA2}+\dot{I}_{A2}Z_2l\\ \dot{U}_{A0}=\dot{U}_{kA0}+\dot{I}_{A0}Z_0l\end{cases} \tag{3-88}$$

将式（3-88）代入式（3-87）中可得

$$\begin{aligned}\dot{U}_A=\dot{U}_{A1}+\dot{U}_{A2}+\dot{U}_{A0}&=(\dot{U}_{kA1}+\dot{U}_{kA2}+\dot{U}_{kA0})+Z_1l\left(\dot{I}_{A1}+\dot{I}_{A2}+\dot{I}_{A0}\frac{Z_0}{Z_1}\right)\\ &=Z_1l\left(\dot{I}_A+\frac{Z_0-Z_1}{Z_1}\dot{I}_0\right)=Z_1l(\dot{I}_A+3K\dot{I}_0)\end{aligned} \tag{3-89}$$

由式（3-89）可知，A 相阻抗继电器接入电压为

$$\begin{cases}\dot{U}_r=\dot{U}_A\\ \dot{I}_r=\dot{I}_A+3K\dot{I}_0\end{cases} \tag{3-90}$$

式中，$K=\dfrac{Z_0-Z_1}{3Z_1}$，一般认为零序阻抗角和正序阻抗角相等并且是一个复数，这样继电器测量阻抗为

$$Z_r=\frac{\dot{U}_r}{\dot{I}_r}=\frac{Z_1l(\dot{I}_A+3K\dot{I}_0)}{\dot{I}_A+3K\dot{I}_0}=Z_1l \tag{3-91}$$

式（3-91）说明，按式（3-90）的接线方式，能正确测量到短路点的距离，并与按 0° 接线的相间短路阻抗继电器有相同的测量值。

（2）两相接地短路

根据对称分量法，设距离保护安装处 l 处线路发生 B、C 两相接地短路，保护安装地点 B、

C 两相母线电压为

$$\dot{U}_B=a^2\dot{U}_{B1}+a\dot{U}_{B2}+\dot{U}_{B0}=a^2(\dot{U}_{k1}+\dot{I}_1Z_1l)+a(\dot{U}_{k2}+\dot{I}_2Z_1l)+(\dot{U}_{k0}+\dot{I}_0Z_0l)$$
$$=(a^2\dot{U}_{k1}+a\dot{U}_{k2}+\dot{U}_{k0})+Z_1l\left(a^2\dot{I}_1+a\dot{I}_2+\dot{I}_0\frac{Z_0}{Z_1}\right) \tag{3-92}$$

$$\dot{U}_C=a\dot{U}_{C1}+a^2\dot{U}_{C2}+\dot{U}_{C0}=a(\dot{U}_{k1}+\dot{I}_1Z_1l)+a^2(\dot{U}_{k2}+\dot{I}_2Z_1l)+(\dot{U}_{k0}+\dot{I}_0Z_0l)$$
$$=(a\dot{U}_{k1}+a^2\dot{U}_{k2}+\dot{U}_{k0})+Z_1l\left(a\dot{I}_1+a^2\dot{I}_2+\dot{I}_0\frac{Z_0}{Z_1}\right) \tag{3-93}$$

当 B、C 两相接地短路时，$\dot{U}_{k1}=\dot{U}_{k2}=\dot{U}_{k0}$，所以

$$a^2\dot{U}_{k1}+a\dot{U}_{k2}+\dot{U}_{k0}=0,\quad a\dot{U}_{k1}+a^2\dot{U}_{k2}+\dot{U}_{k0}=0$$

因此，接入阻抗继电器的测量电压分别为

$$\dot{U}_B=Z_1l\left(a^2\dot{I}_1+a\dot{I}_2+\dot{I}_0\frac{Z_0}{Z_1}\right)$$
$$=Z_1l\left(a^2\dot{I}_1+a\dot{I}_2+\dot{I}_0+\dot{I}_0\frac{Z_0-Z_1}{Z_1}\right)=Z_1l(\dot{I}_B+3K\dot{I}_0) \tag{3-94}$$

$$\dot{U}_C=Z_1l\left(a\dot{I}_1+a^2\dot{I}_2+\dot{I}_0\frac{Z_0}{Z_1}\right)$$
$$=Z_1l\left(a\dot{I}_1+a^2\dot{I}_2+\dot{I}_0+\dot{I}_0\frac{Z_0-Z_1}{Z_1}\right)=Z_1l(\dot{I}_C+3K\dot{I}_0) \tag{3-95}$$

所以故障相阻抗继电器的测量阻抗分别为

$$\begin{cases} Z_{B.m}^{(1.1)}=\dfrac{\dot{U}_B}{\dot{I}_B+3K\dot{I}_0}=Z_1l \\ Z_{C.m}^{(1.1)}=\dfrac{\dot{U}_C}{\dot{I}_C+3K\dot{I}_0}=Z_1l \end{cases} \tag{3-96}$$

由以上分析表明，不论是单相或两相接地短路时，故障相阻抗继电器都能正确测量短路点至保护安装地点之间的线路阻抗。所以这种接线方式用于中性点直接接地电网，作为距离保护中测量元件阻抗继电器的接线方式；也广泛地用在单相自动重合闸中，作为故障相的选相元件阻抗继电器的接线方式。

3.4 影响距离保护正确动作的因素

影响距离保护正确动作的因素主要有：①短路点的过渡电阻；②电力系统振荡；③电压互感器二次回路断线；④保护安装地点与故障点间的分支线；⑤电流互感器和电压互感器的误差；⑥在Y/△变压器后面短路；⑦输电线路上的串联补偿电容。

上述各项中，第⑤项在距离保护整定计算中用可靠系数给予考虑，第⑥、⑦项在一般线路上不会出现，必要时可查阅有关参考文献，下面仅对前四项给予讨论。

3.4.1 短路点过渡电阻对距离保护的影响

电力系统中的短路一般都不是金属性的，而是在短路点存在过渡电阻。此过渡电阻的存

在，必然影响继电器的测量阻抗，影响距离保护的正确动作。

1. 短路点过渡电阻的特性

短路点的过渡电阻 R_t，对于相间短路是指短路点的电弧产生的电阻，对于接地短路则是指除电弧电阻外还有接地媒介物和杆塔的接地电阻。

根据目前对电弧特性的研究表明，当电流达到万安以上时，弧柱上的电位梯度与电流大小无关，其最大值为1.4~1.5 kV/m。设弧长为 l_t，电弧电流的有效值为 I_t，则电弧电阻的数值为

$$R_t \approx 1050 \frac{l_t}{I_t} \tag{3-97}$$

式中，I_t 为电弧电流的有效值（A）；l_t 为电弧长度（m）；R_t 为电弧电阻（Ω）。

在一般情况下短路初瞬间，电弧电流 I_t 最大，弧长 l_t 最短，弧阻 R_t 最小。几个周期后，在风吹、空气回流和电动力等作用下，电弧逐渐伸长，弧阻 R_t 急速增大。相间短路的过渡电阻 R_t 可按式（3-97）计算。接地短路过渡电阻 R_t 主要取决于铁塔的接地电阻，一般较大。目前我国对500kV线路接地短路的最大过渡电阻按300Ω估计，对220kV线路则按100Ω估计。

2. 过渡电阻对距离保护的影响

（1）单侧电源线路

R_t 总是使继电器测量阻抗 Z_r 增大，保护范围缩小，但它对不同安装地点的保护影响不同。因而在某种情况下，可能造成保护非选择性误动作。

图3-37a所示的单侧电源网络，当线路2始端经 R_t 短路，保护2的测量阻抗 $Z_{r.2}=R_t$，而保护1的测量阻抗为 $Z_{r.1}=Z_{AB}+R_t$。由图3-37b所示，过渡电阻使测量阻抗增大，对保护2，增大数值为 R_t，而对保护1，由于 $Z_{r.1}$ 是 Z_{AB} 和 R_t 的矢量和，显然后者增加得小些。一般来说，短路点距离保护安装处越远，过渡电阻影响越小，反之则影响越大。当 R_t 较大时，可能出现 $Z_{r.1}$ 落在保护1的第Ⅱ段保护范围内，而 $Z_{r.2}$ 已落在保护2的第Ⅱ段保护范围内。两个保护都将同时以第Ⅱ段保护时限动作，从而失去选择性。

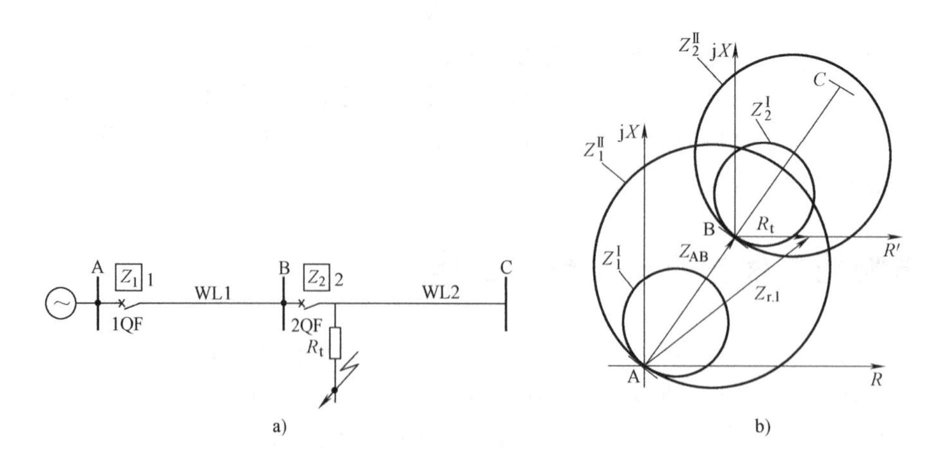

图3-37　单侧电源网络测量阻抗受过渡电阻影响的分析

a）网络图　b）过程分析

（2）双侧电源线路

如图3-38所示，双侧电源线路短路点的过渡电阻可能使测量阻抗减小。

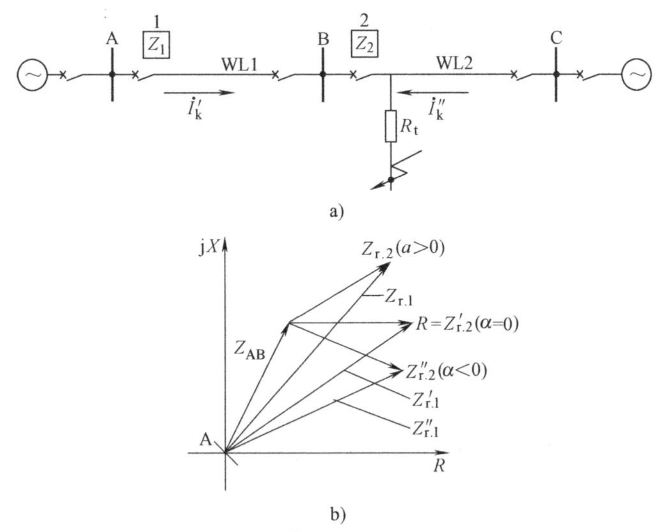

图 3-38　双侧电源网络测量阻抗受过渡电阻影响的分析
a）网络图　b）过程分析

在线路 WL2 始端经过渡电阻 R_t 三相短路，$\dot{I}'_k$ 和 $\dot{I}''_k$ 分别表示两侧电源供给的短路电流，则流经过渡电阻电流为 $\dot{I}_k=\dot{I}'_k+\dot{I}''_k$，变电所 A 母线和 B 母线的残压分别为

$$\begin{cases}\dot{U}_A=\dot{I}'_kZ_{AB}+\dot{I}_kR_t\\ \dot{U}_B=\dot{I}_kR_t\end{cases}\tag{3-98}$$

则保护 1 和 2 的测量阻抗为

$$\begin{cases}Z_{r.1}=\dfrac{\dot{U}_A}{\dot{I}'_k}=\dfrac{I_k}{I'_k}R_t\mathrm{e}^{\mathrm{j}\alpha}+Z_{AB}\\ Z_{r.2}=\dfrac{\dot{U}_B}{\dot{I}'_k}=\dfrac{I_k}{I'_k}R_t\mathrm{e}^{\mathrm{j}\alpha}\end{cases}\tag{3-99}$$

式中，α 为 $\dot{I}_k$ 超前 $\dot{I}'_k$ 的角度，$\alpha=\arg\dfrac{\dot{I}_k}{\dot{I}'_k}$。

当 $\dot{I}_k$ 超前 $\dot{I}'_k$ 时，α 为正值，测量阻抗 $Z_{r.1}$ 和 $Z_{r.2}$ 的电抗部分增大；反之，α 为负值，则 $Z_{r.1}$ 和 $Z_{r.2}$ 的电抗部分减小。在后一种情况下，可能引起某些保护无选择性动作。

由上述分析可见，短路过渡电阻可能导致保护不正确动作，过渡电阻越大，对保护影响也越大。但由于过渡电阻一般随短路时间增大而增大，而距离保护第Ⅰ段动作时间很短，故受过渡电阻影响相对较小。因此，过渡电阻对距离保护第Ⅱ段测量阻抗的影响较大。

3. 过渡电阻对不同动作特性的阻抗继电器的影响

如图 3-39 所示网络中，保护 1 距离保护第Ⅰ段采用不同特性的阻抗继电器，它们的整定值选择都一样，为 $0.85Z_{AB}$。如果在距离保护第Ⅰ段保护范围内阻抗 Z_k 处经过渡电阻 R_t 短路，则保护 1 测量阻抗为 $Z_{r.1}=Z_k+R_t$。

当距离保护第Ⅰ段的测量元件分别为透镜型特性阻抗继电器、方向阻抗继电器、偏移圆特性阻抗继电器和全阻抗继电器时，分析如下：当过渡电阻达到 R_1 时，具有透镜型特性的阻抗继电器开始拒动；当过渡电阻达到 R_2 时，方向阻抗继电器开始拒动；当过渡电阻达到 R_3

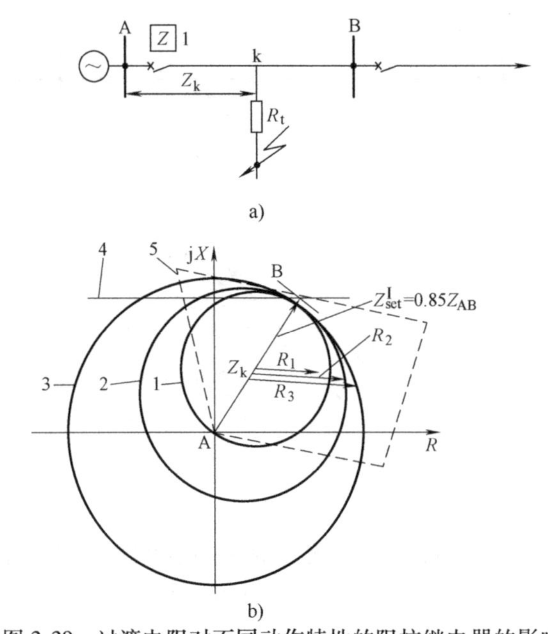

图 3-39　过渡电阻对不同动作特性的阻抗继电器的影响

a）网络图　b）动作特性分析图

1—方向阻抗继电器特性　2—偏移特性阻抗继电器特性

3—全阻抗继电器特性　4—电抗继电器特性　5—四边形方向阻抗继电器特性

时，全阻抗继电器开始拒动。

一般来说，阻抗继电器的动作特性在 R 轴正方向所占面积越大，受过渡过程电阻的影响越小。

目前防止过渡电阻影响的方法有以下两种。

（1）采用承受过渡电阻能力强的阻抗元件

采用能容许较大的过渡电阻而不致拒动的阻抗继电器，如图 3-40a 所示的多边形动作特性上，X_A 下倾斜一个小角度，以防止过渡电阻使测量电抗减小时阻抗继电器超越；图 3-40b 所示的动作特性既容许在接近保护范围内末端短路有较大过渡电阻，又能防止在正常情况下，负荷阻抗较小时阻抗继电器误动作；如图 3-40c 所示为圆和四边形组合的动作特性。在相间短路时，过渡电阻较小，应用圆特性，在接地短路时，过渡电阻可能很大，此时利用接地短路出现的零序电流在圆特性上选加一个四边形特性以防止阻抗继电器拒动。

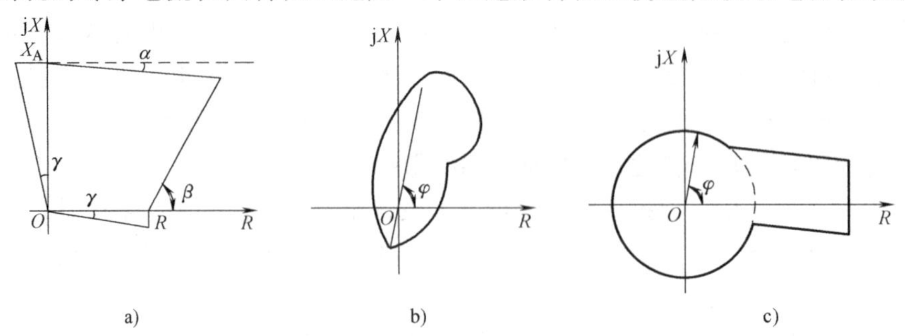

图 3-40　减小过渡电阻影响的动作特性

a）多边形动作特性　b）允许有较大过渡电阻又能防止负荷阻抗较小时误动作特性

c）圆与四边形组合的动作特性

（2）采用瞬时测量来固定阻抗继电器的动作

相间短路时，过渡电阻主要是电弧电阻 R_t，其数值在短路瞬间最小，经过0.1 ~ 0.15s以后就迅速增大。根据 R_t 的上述特点通常在距离保护第Ⅱ段采用瞬时测量装置，以便将短路瞬间的测量阻抗值固定下来，使 R_t 的影响减至最小。装置原理接线如图3-41所示。在发生短路瞬间，启动元件1和距离第Ⅱ段阻抗元件2动作，因而启动中间继电器3，启动后立即通过1的触点自保持，而与2的触点位置无关。当第Ⅱ段整定时限到达，时间继电器4动作，即通过3的常开触点去跳闸。在此期间，即使由于电弧电阻增大而使第Ⅱ段阻抗元件返回，保护也能正确动作。显然这种方法只能用于反映相间短路的阻抗继电器。在接地短路情况下，电弧电阻只占过渡电阻很小部分，这种方法不会起太大作用。

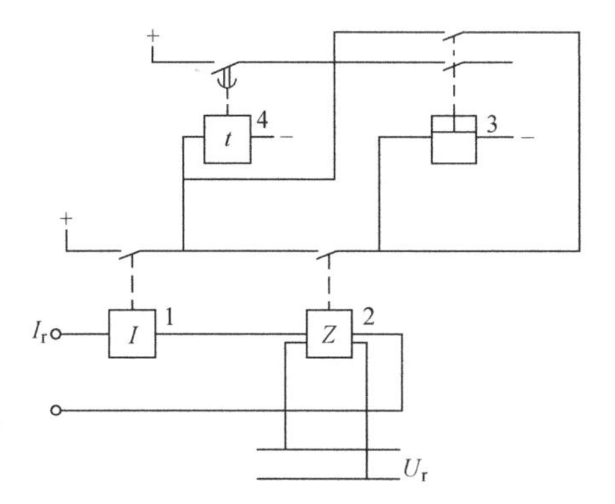

图3-41 瞬时测量回路原理接线图

3.4.2 电力系统振荡对距离保护的影响

电力系统正常运行时，系统各发电机之间同步运行，各发电机之间的电动势相角差 δ 不变，系统中各点电压和各回路的电流不变。当系统短路切除太慢或因遭受较大冲击，如输送功率过大，超过静态稳定极限或由于无功功率不足引起系统电压降低或非周期自动重合闸装置不成功时，这些因素都可能引起系统振荡。此时系统中各电源电势间的相角差 δ 发生变化，导致系统中各点的电压、电流和功率的幅值和相位都将发生周期性的变化，因此可能导致保护误动作。但通常系统振荡若干个周期后，δ 变化过程结束，δ 重新恢复到原来数值或在新的数值下稳定运行，系统仍保持同步运行。因此，对于距离保护必须考虑电力系统同步振荡或异步运行对其工作的影响。

1. 电力系统振荡时电压电流的分布

下面分析振荡的各电气量变换的规律，进而分析对阻抗继电器的影响，最后讨论对抗振荡的决策。

图3-42所示为两侧电源辐射型网络，下面分析系统振荡时各种电气量的变化。如在系统全相运行时发生系统振荡，此时三相对称，可以按照单相系统来研究。

设图3-42a中M侧电动势为 $\dot{E}_M$，电源阻抗为 Z_M，N侧电动势为 $\dot{E}_N$，电源阻抗为 Z_N，以 $\dot{E}_M$ 为参考相量，N侧电动势 $\dot{E}_N$ 滞后M侧电动势 $\dot{E}_M$ 的相位角为 δ，则 $E_M = E_N$，$\dot{E}_N = E_M e^{-j\delta}$，$\delta$ 在0° ~ 360°之间变化。Z_L 为线路阻抗，则振荡回路总阻抗为 $Z_\Sigma = Z_M + Z_L + Z_N$。由M侧流向N侧的振荡电流 $\dot{I}$ 为

$$\dot{I} = \frac{\Delta\dot{E}}{Z_\Sigma} = \frac{\dot{E}_M - \dot{E}_N}{Z_\Sigma} = \frac{\dot{E}_M}{Z_\Sigma}\left(1 - \frac{E_N}{E_M}e^{-j\delta}\right) = \frac{\dot{E}_M}{Z_\Sigma}(1 - he^{-j\delta}) \tag{3-100}$$

振荡电流 $\dot{I}$ 滞后电动势差 $\Delta\dot{E} = \dot{E}_M - \dot{E}_N$ 的相角称为系统总阻抗角 φ_L：

$$\varphi_L = \arctan\frac{X_\Sigma}{R_\Sigma} = \arctan\frac{X_M + X_L + X_N}{R_M + R_L + R_N} \tag{3-101}$$

$$Z_\Sigma = |Z_\Sigma| e^{j\varphi_L}$$

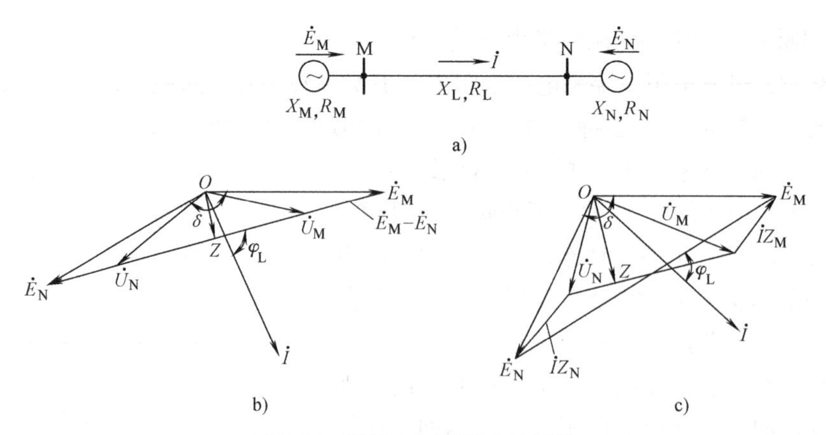

图 3-42　两侧电源系统中的振荡

a）接线图　b）系统阻抗角和线路阻抗角相等时的相量图　c）系统阻抗角和线路阻抗角不相等时的相量图

振荡时系统中性点电位仍保持为零，但电网中其他各点电压随δ变化而变化，所以振荡时两侧母线电压为

$$\begin{cases}\dot{U}_M = \dot{E}_M - \dot{I}Z_M \\ \dot{U}_N = \dot{E}_N + \dot{I}Z_N\end{cases} \tag{3-102}$$

图 3-42b 为系统阻抗角与线路阻抗角相等（$\varphi_Z = \varphi_L$）时的相量图。以$\dot{E}_M$为参考相量画在实轴上，$\dot{E}_N$滞后$\dot{E}_M$相角为δ，连接$\dot{E}_M$和$\dot{E}_N$得电动势差相量$\Delta\dot{E} = \dot{E}_M - \dot{E}_N$，作振荡电流$\dot{I}$滞后$\Delta\dot{E}$相角为$\varphi_L$。$\dot{E}_N$加上$Z_N$上的电压降$\dot{I}Z_N$得到$N$点电压$\dot{U}_N$，$\dot{E}_M$加上$Z_M$上的电压降$\dot{I}Z_M$得到$M$点电压$\dot{U}_M$。当系统阻抗角$\varphi_{con}$等于线路阻抗角$\varphi_L$时，$\dot{U}_M$和$\dot{U}_N$的端点必然落在直线（$\dot{E}_M - \dot{E}_N$）上，相量（$\dot{U}_M - \dot{U}_N$）代表电压降。如果输电线路是均匀的，则输电线上各点电压相量的端点沿着直线（$\dot{U}_M - \dot{U}_N$）移动。从原点与此直线上任一点连线所画的相量代表输电线上该点的电压。从原点作直线（$\dot{U}_M - \dot{U}_N$）的垂线所得相量最短，垂足Z所代表输电线那一点在振荡角δ下的电压最低，该点称为系统在振荡角度为δ时的振荡中心。当系统阻抗角和线路阻抗角相等且两侧电动势幅值相等时，振荡中心不随δ变化而改变，始终位于总阻抗Z_Σ的中点。当系统阻抗很大时，振荡中心可能落在系统或发电机内部，由图 3-42b 可看出，当$\delta = 180°$时，振荡中心电压为零，而此时振荡电流最大，相当于在振荡中心发生三相短路。但是系统振荡属于不正常运行状态而非故障，继电保护不应动作切除振荡中心所在的线路。因此，继电保护装置必须具备区别三相短路故障和系统振荡的能力，才能保证在系统振荡状态下正确工作。图 3-42c 为系统阻抗角不等于线路阻抗角，$E_M = E_N$条件下的相量图。电压相量$\dot{U}_M$和$\dot{U}_N$的端点不可能落在$\dot{E}_M - \dot{E}_N$的连线上，从原点作$\dot{U}_M - \dot{U}_N$的垂线，即可找到在某一δ角下的振荡中心及振荡中心的电压。由此可见，其振荡中心随δ的改变而移动。M 侧流向 N 侧的电流利用式（3-100）可表示成下式：

$$\begin{aligned}\dot{I}_M &= \frac{\dot{E}_M}{Z_\Sigma}(1 - h\mathrm{e}^{-\mathrm{j}\delta}) \\ &= \frac{E_M}{|Z_\Sigma|}\sqrt{1 + h^2 - 2h\cos\delta}\,\mathrm{e}^{\mathrm{j}(\theta-\varphi_L)} \\ I_M &= \frac{E_M}{|Z_\Sigma|}\sqrt{1 + h^2 - 2h\cos\delta}\end{aligned} \tag{3-103}$$

式中，h 为两侧系统电动势幅值之比，$h=\dfrac{E_N}{E_M}$；θ 为 $\Delta\dot{E}$ 超前 $\dot{E}_M$ 的角度，$\theta=\arg\dfrac{\Delta\dot{E}}{\dot{E}_M}=\operatorname{arccot}\dfrac{h\sin\delta}{1-h\cos\delta}$。

当 $h=1$，$\varphi_L=\arctan\dfrac{X_\Sigma}{R_\Sigma}$ 时，振荡电流幅值为

$$I_M=\frac{2E_M}{Z_\Sigma}\sin\frac{\delta}{2} \tag{3-104}$$

由此可知，振荡电流的幅值和相位都与振荡角 δ 有关。只有当 δ 恒定不变时，I_M 和 θ 为常数，振荡电流才表现为纯正弦函数。图3-43a所示为振荡电流幅值随 δ 的变化，当 δ 为 π 的偶数倍时，I_M 最小；当 δ 为 π 的奇数倍时，I_M 最大。

对于系统各元件的阻抗角皆相同，振荡角 $\delta=180°$ 的特殊情况，系统各点的电压值可用图3-43b的图解法求出。因阻抗角都相同，任意两点间的电压降正比于两点间阻抗值的大小，图3-43b中使线段 OM、MN 和 NO' 的长度正比于 Z_M、Z_L 和 Z_N 的阻值。$\dot{E}_M$ 垂直向上，$\dot{E}_N$ 垂直向下，两者相差180°。连接 $\dot{E}_M$ 和 $\dot{E}_N$ 端点的直线即为系统各点的电压分布线。线段 Mm 和 Nn 的长度按电压标尺等于 M 和 N 点的电压 $\dot{U}_M$ 和 $\dot{U}_N$。Z 为当 $\delta=180°$ 时的振荡中心，其电压值为零。

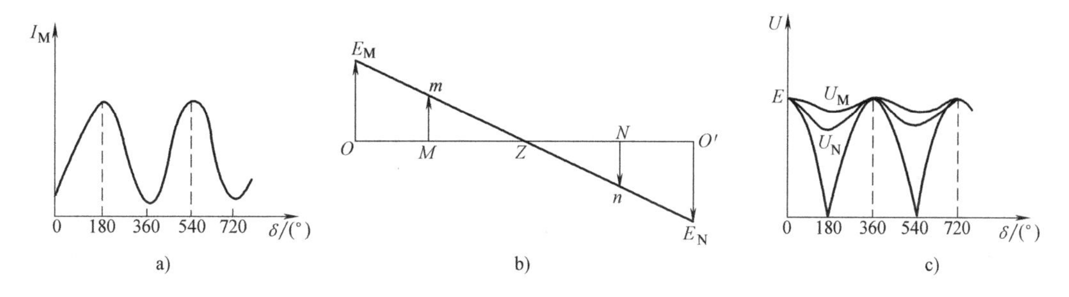

图3-43　电力系统振荡时电流、电压的变化

a）两侧电动势不相等时的振荡电流　b）用图解法求各点电压

c）振荡时的各点电压随 δ 变化的曲线（全系统阻抗角相等，$h=1$）

图3-43c为 M、N、Z 点电压幅值随 δ 变化的曲线。对于系统各部分阻抗角不同的一般情况，可用类似的图解法进行分析，这里从略。

2. 电力系统振荡对距离保护的影响

如图3-42a所示，电网线路两侧电动势的幅值相等，M侧线路上装设距离保护，对阻抗继电器KR进行分析。在系统振荡时的测量阻抗，根据式（3-102）和式（3-103）可得

$$Z_{r.M}=\frac{\dot{U}_M}{\dot{I}}=\frac{\dot{E}_M-\dot{I}Z_M}{\dot{I}}=\frac{1}{1-he^{-j\delta}}Z_\Sigma-Z_M \tag{3-105}$$

在近似计算中，设 $h=1$，系统和线路阻抗角相等，则继电器测量阻抗随 δ 的变化关系为

$$\begin{aligned}Z_{r.M}&=\frac{1}{1-e^{-j\delta}}Z_\Sigma-Z_M\\&=\frac{1}{2}Z_\Sigma\left(1-j\cot\frac{1}{2}\delta\right)-Z_M\end{aligned}$$

$$=\left(\frac{1}{2}Z_{\Sigma}-Z_{M}\right)-j\frac{1}{2}Z_{\Sigma}\cot\frac{\delta}{2} \tag{3-106}$$

将继电器测量阻抗随δ的变化关系画在以保护安装地点M为原点的复数阻抗平面上，当全系统所有阻抗角都相等时，即可由图3-44证明，$Z_{r.M}$将在Z_{Σ}的垂直平分线$\overline{OO'}$上移动。

绘制轨迹的方法是先从M点沿MN方向画出相量$\left(\frac{1}{2}Z_{\Sigma}-Z_{M}\right)$，然后从其端点画出相量$-j\frac{1}{2}Z_{\Sigma}\cot\frac{\delta}{2}$，在不同的$\delta$角度时，此相量可能滞后或超前于相量$Z_{\Sigma}$相角90°，其计算结果见表3-5。将后一相量的端点与M点连接即为测量阻抗$Z_{r.M}$。

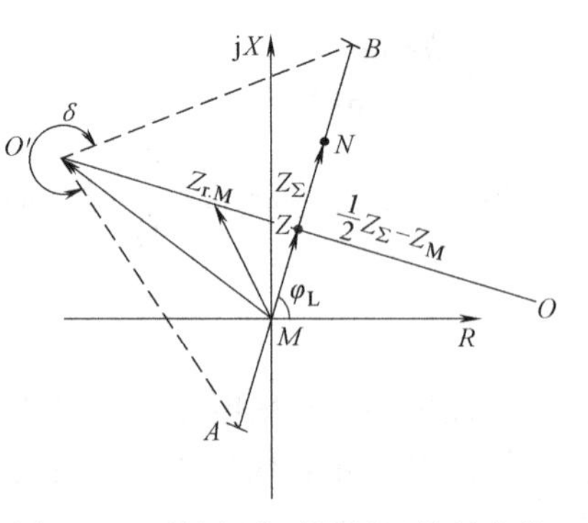

图3-44　系统振荡时测量阻抗的变化

表3-5　$j\frac{1}{2}Z_{\Sigma}\cot\frac{\delta}{2}$的计算结果

δ	$\cot\frac{\delta}{2}$	$j\frac{1}{2}Z_{\Sigma}\cot\frac{\delta}{2}$
0°	∞	j∞
δ	$\cot\frac{\delta}{2}$	$j\frac{1}{2}Z_{\Sigma}\cot\frac{\delta}{2}$
90°	1	$j\frac{1}{2}Z_{\Sigma}$
180°	0	0
270°	-1	$-j\frac{1}{2}Z_{\Sigma}$
360°	-∞	-j∞

当$\delta=0°$时，$Z_{m.M}=-\infty$；当$\delta=180°$时，$Z_{m.M}=\frac{1}{2}Z_{\Sigma}-Z_{M}$；当$\delta=360°$时，$Z_{m.M}=+\infty$。由此可见，改变$\delta$时，测量阻抗$Z_{m.M}$在$\overline{OO'}$移动。分析表明，当改变$\delta$时，不仅测量阻抗值在变化，而且其阻抗角也在变化。

为求出不同安装地点距离保护测量阻抗变化规律，在式（3-106）中令Z_X代替Z_M，并假定$m=Z_X/Z_{\Sigma}$，m为小于1的变数，则式（3-106）可改写为

$$Z_{r.M}=\left(\frac{1}{2}-m\right)Z_{\Sigma}-j\frac{1}{2}Z_{\Sigma}\cot\frac{\delta}{2} \tag{3-107}$$

在不同的m值，即不同安装地点时，测量阻抗变化的轨迹应是平行$\overline{OO'}$的直线族，如图3-45所示。当$m=\frac{1}{2}$时，直线通过坐标原点，相当于保护装置安装在振荡中心处；当$m<\frac{1}{2}$时，直线族与jX正轴相交，相当于保护装置安装在靠近M侧电源处的测量阻抗变化直线；当$m>\frac{1}{2}$时，即为靠近N侧电源处的测

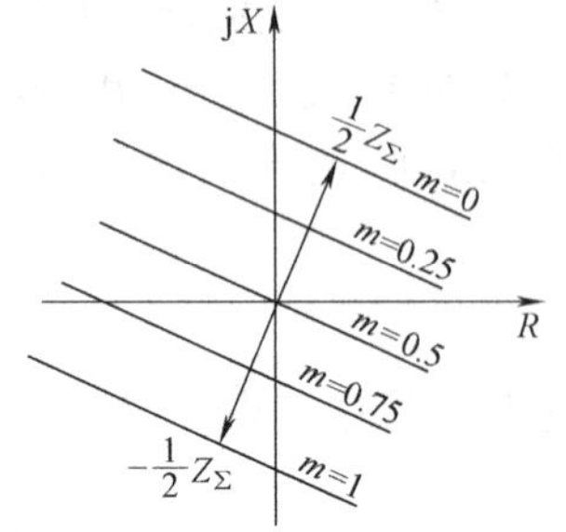

图3-45　系统振荡时不同安装地点距离保护测量阻抗的变化

量阻抗变化轨迹，直线族则与 jX 负轴相交，振荡中心将位于保护范围的反方向。

当两侧系统的电动势 $E_M \neq E_N$，即 $h \neq 1$ 时，继电器测量阻抗的变化更复杂，根据式（3-106）进行分析的结果表明，此复杂函数的轨迹应是位于直线 $\overline{OO'}$ 某一侧的一个圆，如图 3-46 所示。当 $h<1$ 时，为位于 $\overline{OO'}$ 上面的圆周 1，而当 $h>1$ 时，则为下面的圆周 2。在这种情况下，当 $\delta=0°$ 时，由于两侧电动势不相等而产生一个环流，因此测量阻抗不等于 ∞ 而是一个位于圆周上的有限数值。

振荡影响与保护安装地点有关，越靠近振荡中心受影响也越大，还与继电器整定值有关。一般而言，继电器整定值越小，受振荡影响也越小，如图 3-47 所示。若 M 处阻抗继电器整定值 Z_{set} 小于 MZ 阻抗值，那么在振荡过程中阻抗继电器就不会动作，当全系统阻抗角相等时，位于$\frac{1}{2}Z_{\Sigma}$ 的 Z 点就是系统的振荡中心，也就是说，当阻抗继电器的保护范围不包括振荡中心时，阻抗继电器就不会动作。

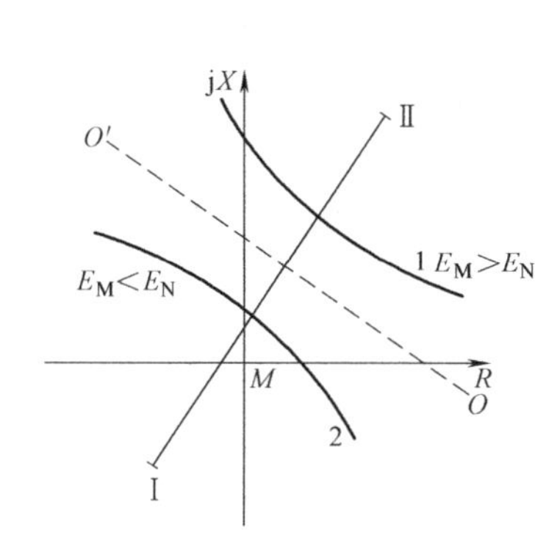

图 3-46　当 $h \neq 1$ 时测量阻抗的变化

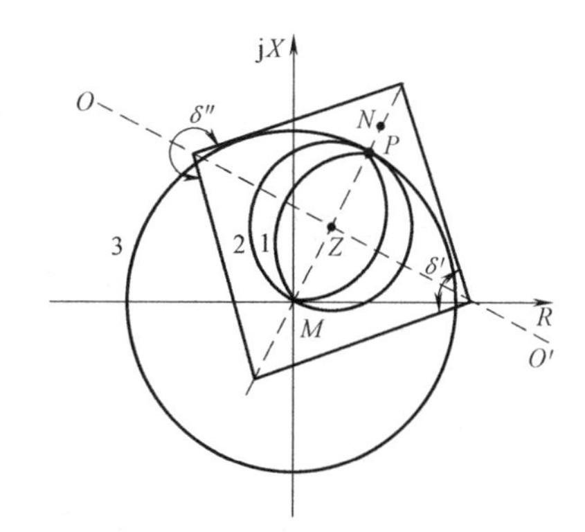

图 3-47　阻抗继电器受振荡影响的分析

在图 3-47 中，以变电所 M 处距离保护为例，其距离保护第 I 段起动电阻整定为 $0.85Z_L$，用长度 MP 表示，由此绘出各种继电器的动作特性曲线，其中曲线 1 为透镜型继电器特性，曲线 2 为方向阻抗继电器特性，曲线 3 为全阻抗继电器特性。当系统振荡时，测量阻抗变化如图 3-47 所示（$h=1$），找出动作特性与直线 $\overline{OO'}$ 的交点，其所对应的角度为 δ' 和 δ''，则在这两个交点的范围以内继电器的测量阻抗位于动作特性圆内，因此，继电器要启动，即在这段范围内，距离保护受振荡的影响要误动作。由图 3-47 可见，在同样整定值的条件下，全阻抗继电器受振荡影响最大，而透镜型继电器所受的影响最小。一般而言，继电器动作特性在阻抗平面上沿 $\overline{OO'}$ 方向所占的面积越大，受振动影响越严重。

当保护动作带有较大延时（例如延时大于 1.5s）时，如距离保护第Ⅲ段，可利用延时躲开振荡的影响。

3. 振荡闭锁装置

由于系统发生振荡时，不允许继电保护装置误动作，应设置专门的振荡闭锁装置。当系统振荡时，闭锁装置将距离保护闭锁以防止系统振荡时误动作；当系统发生短路故障时，闭锁装置将保护装置开放。

当系统振荡使两侧电源之间的角度摆到 $\delta=180°$ 时，保护所受的影响在系统振荡中心处与三相短路时效果是一样的，因此，要求振荡闭锁装置必须能够有效地区别系统振荡和发生三相短路这两种不同情况。

电力系统发生振荡和短路时主要区别如下：

1）系统振荡时，电流和各点电压的幅值做周期性变化，只有在 $\delta=180°$ 时才出现最严重的情况，且变化速度较慢，而短路时电流突然增大，电压突然降低，变化速度较快。因此，可以利用电气量变化速度，区别短路故障与振荡构成振荡闭锁装置。

2）振荡时三相对称，系统中没有负序分量出现，而短路时总会出现负序分量，即使三相对称短路，也往往由于各种不对称的原因在短路瞬间会出现负序分量。因此，可以利用负序分量、零序分量构成振荡闭锁装置。

3）振荡时，任一点电流和电压之间的相位关系随 δ 的变化而改变，而短路时，电流和电压之间的相位角是不变的。

4）振荡时，测量阻抗的电阻分量变化较大，变化率取决于振荡周期，而短路时，测量阻抗的电阻分量虽然因弧光放电略有变化，但分析计算表明其电弧电阻变化率远小于振荡所对应的电阻变化率。

根据以上分析可知，振荡闭锁装置从原理上可分为两种，一种是利用负序分量（或负序分量增量）的出现与否来实现，另一种是利用电流、电压或测量阻抗变化速度不同来实现。

对构成振荡闭锁装置的基本要求如下：

1）系统振荡无故障时，应可靠地将保护闭锁，且振荡不停息，闭锁不解除。

2）系统发生各种类型故障，保护应不被闭锁而能可靠动作。

3）在振荡的过程中发生故障时，保护应能正确动作。

4）先故障而后又振荡时，保护不致无选择性地动作。

下面以三种振荡闭锁装置为例进行介绍。

（1）用负序（或零序）分量元件启动的振荡闭锁装置

1）负序电压滤过器。用以从三相不对称电压中取出负序分量的回路称为负序电压滤过器。它是由两个电阻-电容阻臂构成的负序电压过滤器，原理接线如图3-48所示，当在其输入端加入三相电压时，应要求在它输出端只有负序电压输出，而正序和零序电压没有输出。

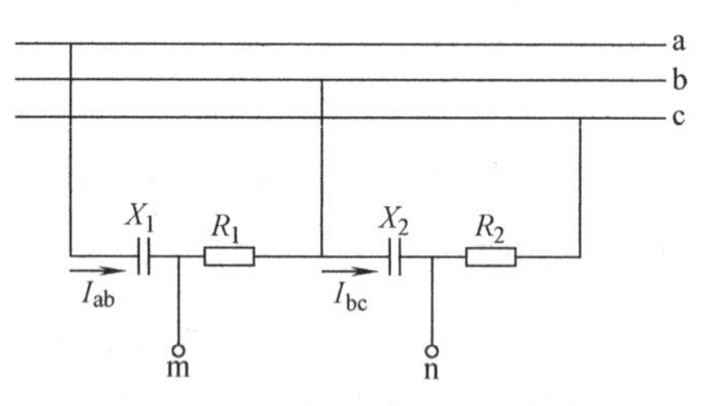

图3-48　单相式负序电压滤过器的原理接线图

在三相电压中，零序电压大小相等、相位相同，因此，在线电压中没有零序电压分量，如在输入端采用线电压，则可消除零序电压的影响，使输出端无零序电压。

正序电压分量 $\dot{U}_{ab1}$、$\dot{U}_{bc1}$、$\dot{U}_{ca1}$ 沿着顺时针方向依次落后120°。因此，如果能用一个移相电路，使 $\dot{U}_{ab1}$ 向超前方向移动30°，再使 $\dot{U}_{bc1}$ 向滞后方向移动30°，然后将两者相加，输出电压就等于零，用此方法可以消除正序电压的影响。

根据上述原则，由图3-48接线中可得

$$\begin{cases}\dot{U}_{ab}=\dot{U}_{X1}+\dot{U}_{R1}\\ \dot{U}_{bc}=\dot{U}_{X2}+\dot{U}_{R2}\\ \dot{U}_{mn}=\dot{U}_{R1}+\dot{U}_{X2}\end{cases} \tag{3-108}$$

由对称分量法可以证明，若两个阻容臂的参数满足下式：

$$\begin{cases} R_1 = \sqrt{3} X_1 \\ R_2 = \dfrac{1}{\sqrt{3}} X_2 \end{cases} \tag{3-109}$$

则输出电压 $\dot{U}_{mn}$ 中无正序电压输出，它只与输入的负序电压成正比。当输入正序电压时，其相量图如图3-49a所示，在m和n端之间输出电压为

$$\begin{aligned} \dot{U}_{mn1} &= \dot{U}_{R1} + \dot{U}_{X2} \\ &= \frac{\sqrt{3}}{2}\dot{U}_{ab1}e^{j30^\circ} + \frac{\sqrt{3}}{2}\dot{U}_{bc1}e^{-j30^\circ} = 0 \end{aligned} \tag{3-110}$$

当输入端加入负序电压时，其相量图如图3-49b所示，由于负序线电压的相位关系和正序电压相反，因此，在m和n端之间的空载输出电压为

$$\begin{aligned} \dot{U}_{mn2} &= \dot{U}_{R1} + \dot{U}_{X2} \\ &= \frac{\sqrt{3}}{2}\dot{U}_{ab2}e^{j30^\circ} + \frac{\sqrt{3}}{2}\dot{U}_{bc2}e^{-j30^\circ} \\ &= \frac{\sqrt{3}}{2}\dot{U}_{ab2}e^{j60^\circ} = 1.5\sqrt{3}\,\dot{U}_{a2}e^{j30^\circ} \end{aligned} \tag{3-111}$$

式（3-111）表明滤过器的空载输出电压与输入端的负序电压成正比，且相位较 $\dot{U}_{a2}$ 超前30°。

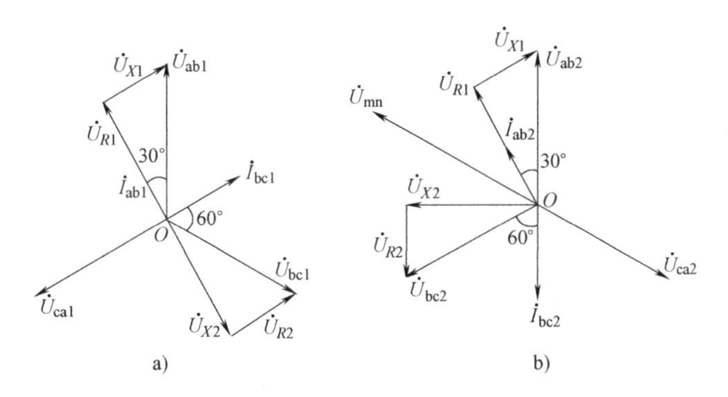

图3-49 负序电压滤过器的相量图

a）加入正序电压 b）加入负序电压

实际上，在系统正常运行时，负序电压滤过器输出并不为零，而是有一个不平衡电压 $\dot{U}_{unb}$ 输出，产生不平衡电流。产生不平衡电流的原因是负序滤过器各阻抗元件参数存在误差及输入电压中含谐波分量。由于三相电压中存在五次谐波，其相序与负序相同，也会产生不平衡电压。因此，通常在滤过器的输出端加设五次谐波过滤器，来消除五次谐波的影响。

应当指出，根据对称分量法，只要将负序电压滤过器的三相端子中任意两个对调，即可得到正序电压滤过器。

2）负序电流滤过器。用以从三相不对称电流中取出其负序分量的回路称为负序电流滤过器。负序电流滤过器应消除正序和零序电流的影响，只输出与负序电流成正比的电压。图3-50为感抗移相式负序电流滤过器的原理接线，它由电流变换器UA和电抗变换器UX组成。UX一次有两个匝数相同的绕组（W_b、W_c），即 $N_b = N_c$，分别接入电流 $\dot{I}_b$ 和 $\dot{I}_c$，UX二次输

出电压 $\dot{U}_{bc}$ 为

$$\dot{U}_{bc}=jK_I(\dot{I}_b-\dot{I}_c) \tag{3-112}$$

式中，K_I 为UX的转移电抗。

UA有两个一次绕组（W_a、W_0），匝数分别为 N_a 和 N_0，$N_a=3N_0$，其二次输出电压 $\dot{U}_{RP}$ 为

$$\dot{U}_{RP}=\frac{1}{K_{UA}}(\dot{I}_a-3\dot{I}_0)R_{RP} \tag{3-113}$$

根据图3-50，接线m和n端子之间输出电压为

$$\dot{U}_{mn}=\dot{U}_{RP}-\dot{U}_{bc}=\frac{1}{K_{UA}}(\dot{I}_a-3\dot{I}_0)R_{RP}-jK_I(\dot{I}_b-\dot{I}_c) \tag{3-114}$$

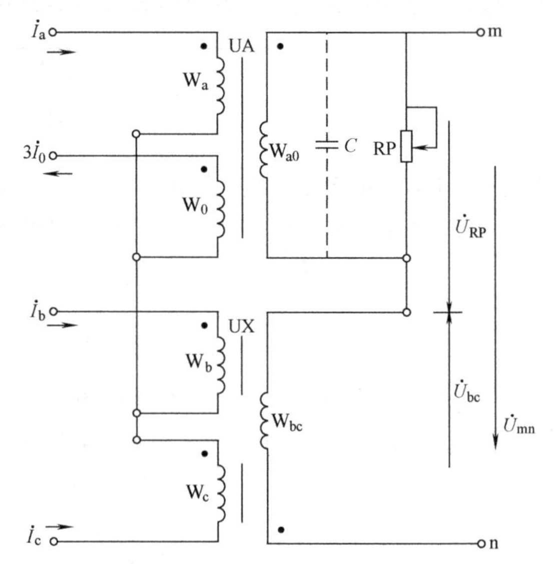

图3-50　感抗移相式负序电流滤过器

当输入端加入正序电流时，其相量图如图3-51a所示。$\dot{U}_{bc}$ 超前（$\dot{I}_{b1}-\dot{I}_{c1}$）相角90°，$\dot{U}_{RP1}$ 与 $\dot{I}_{a1}$ 同相，若 $\dot{U}_{RP1}$ 与 $\dot{I}_{a1}$ 同相，$\dot{U}_{RP1}=\dot{U}_{bc1}$ 时，其输出电压 $\dot{U}_{mn1}=\dot{U}_{RP1}-\dot{U}_{bc1}=0$，即不反映正序电流。根据式（3-114），当输入正序分量时滤过器输出电压为

$$\begin{aligned}\dot{U}_{mn1}&=\frac{1}{K_{UA}}\dot{I}_{a1}R_{RP}-jK_I(\dot{I}_{b1}-\dot{I}_{c1})\\&=\dot{I}_{a1}\left(\frac{R_{RP}}{K_{UA}}-\sqrt{3}K_I\right)\end{aligned} \tag{3-115}$$

选取参数 $R_{RP}=\sqrt{3}K_{UA}K_I$，则 $\dot{U}_{mn1}=0$。

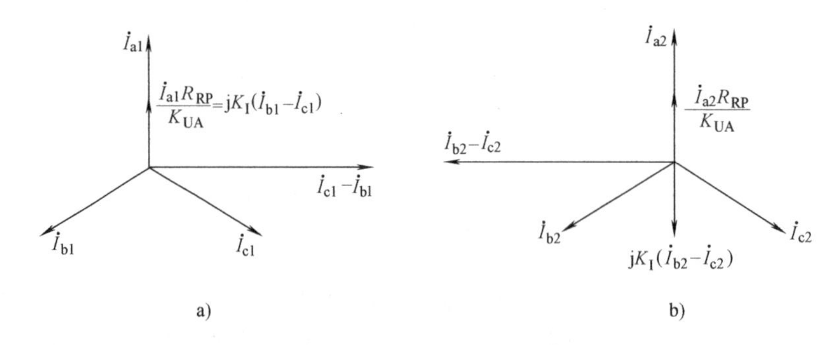

图3-51　负序电流滤过器的相量图

a）加入正序电流　b）加入负序电流

如果只输入负序电流时，其相量图如图3-51b所示。$\dot{U}_{bc2}$ 与 $\dot{U}_{RP2}$ 相位相差180°，其输出电压由式（3-114）得

$$\begin{aligned}\dot{U}_{mn2}&=\frac{1}{K_{UA}}\dot{I}_{a2}R_{RP}-jK_I(\dot{I}_{b2}-\dot{I}_{c2})\\&=\dot{I}_{a2}\left(\frac{R_{RP}}{K_{UA}}+\sqrt{3}K_I\right)=2\frac{R_{RP}}{K_{UA}}\dot{I}_{a2}\end{aligned} \tag{3-116}$$

由式（3-116）可知，当满足 $R_{RP}=\sqrt{3}K_{UA}K_I$ 时，滤过器输出电压与输入负序电流 $\dot{I}_{a2}$ 同相位。应当指出的是，以上分析没有考虑 UA 和 UX 的高误差，实际上 UA 的励磁阻抗不是无限大，故二次电流要超前一次电流一个小角度，又由于 UX 存在铜损和铁损，故二次电压超前电流的角度小于 90°。所以在正常运行时输出一个不平衡电压，可在 UA 二次并联一个电容 C，如图 3-50 中的虚线所示，即将二次电流后移一个角度，使 $\dot{U}_{RP}$ 和 $\dot{U}_{bc}$ 同相位。

顺便指出，如果选择参数使 $R_{RP}>\sqrt{3}K_{UA}K_I$，则当只有正序分量时，输出电压为

$$\dot{U}_{mn1}=\frac{1}{K_{UA}}(R_{RP}-K_{UA}\sqrt{3}K_I)\dot{I}_{a1} \tag{3-117}$$

只有负序分量时，输出电压为 $\dot{U}_{mn2}=\dfrac{1}{K_{UA}}(R_{RP}+K_{UA}\sqrt{3}K_I)\dot{I}_{a2}$，这样，当同时存在正序分量和负序分量时，输出电压为

$$\begin{aligned}\dot{U}_{mn}&=\frac{1}{K_{UA}}(R_{RP}-K_{UA}\sqrt{3}K_I)\dot{I}_{a1}+(R_{RP}+K_{UA}\sqrt{3}K_I)\dot{I}_{a2}\\&=\frac{1}{K_{UA}}(R_{RP}-K_{UA}\sqrt{3}K_I)\left[\dot{I}_{a1}+\frac{(R_{RP}+K_{UA}\sqrt{3}K_I)K_{UA}}{R_{RP}-K_{UA}\sqrt{3}K_I}\dot{I}_{a2}\right]\\&=K_1(\dot{I}_{a1}+K_2\dot{I}_{a2})\end{aligned} \tag{3-118}$$

这是一个（$\dot{I}_{a1}+K_2\dot{I}_{a2}$）的复合电流过滤器，$K_1$、$K_2$ 为比例系数。

上述对称分量过滤器的工作原理，可用于不同的电子器件加以实现，如集成电路型对称分量滤过器，在微机保护中照此基本原理实现数字式负序电压电流滤过器。

3）利用短路时出现负序分量或零序分量的特点构成振荡闭锁装置。利用负序分量构成振荡闭锁装置原理框图如图 3-52 所示。图中，元件 1 为负序电压（电流）滤过器；元件 2 为双稳态触发器；1KT 为延时元件，延时时间为 $t_1=5\sim8$s，用于延时复归双稳态触发器；2KT 为短时记忆电路，记忆时间 $t_2=0.1\sim0.2$s，在负序分量出现后，在 $0\sim t_2$ 期间记忆开放，因而允许保护动作，即为短时开放电路，开放时间应小于振荡时阻抗元件 KR 的测量阻抗进入其动作圆的时间 t；KR 为阻抗元件，在短路时和振荡时均可动作。

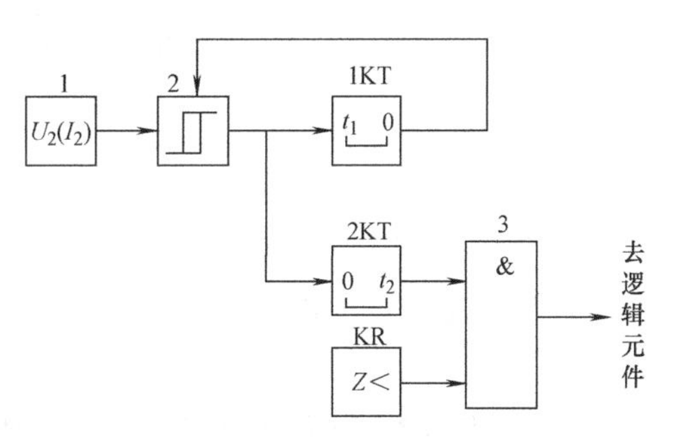

图 3-52　利用负序分量构成振荡闭锁装置

当保护范围内短路时产生负序分量 $U_2(I_2)$，双稳态触发器 2 有输出，这时阻抗元件 KR 会动作，满足与门 3 的开放条件，启动逻辑回路使故障线路跳闸，延时复归元件 1KT 经 t_1 后复归双稳态触发器 1，准备好再次动作。但记忆元件 2KT 无输入，所以也无输出，故与门 3 不开放，不能启动逻辑元件，因而保护不会误动作。

当保护范围外短路引起系统振荡时，外部短路时先出现负序分量 $U_2(I_2)$，双稳态触发器 2 有输出，记忆元件 2KT 输出信号至与门 3，当系统振荡一定时间 t 后，阻抗元件测量阻抗后才进入动作圆并动作，这时因整定时间 $t>t_2$，记忆元件 2KT 信号已消失，与门 3 只有阻抗元件 KR 的输入而无负序分量 $U_2(I_2)$ 的信号输入，不满足开放条件，故不可能启动逻辑元件，保护不会误动作。

这个闭锁装置的缺点是 $t_1=5\sim8\text{s}$，即双稳态触发器在短路后5~8s内不能复归，在这段时间内若线路上又发生内部短路，则保护不能动作于跳闸。

（2）利用电气量变化速度不同构成振荡闭锁装置

利用电气量变化速度不同构成振荡闭锁装置的原理框图如图3-53a所示，1KR、2KR为阻抗继电器。特性如图3-53b所示，为同心圆1和2。2KR为距离保护第Ⅰ段、第Ⅱ段的测量元件，1KR为振荡闭锁元件并兼作第Ⅲ段测量元件。在系统振荡时，测量阻抗从 O' 进入特性圆1到进入特性圆2的需要时间 $\Delta t=t_2-t_1$。而图3-53a中延时元件KT的延时为 $t<\Delta t$。

当系统振荡时，首先阻抗元件1KR进入特性圆1，而动作并启动延时回路。经过时间 t 后非门3先关闭与门2，当阻抗元件2KR测量阻抗经 Δt 将进入特性圆2发生误动作时，与门2已关闭，不能启动逻辑回路，输出跳闸信号。

而当系统在保护范围内发生短路故障时，1KR、2KR几乎同时动作。2KR抢先经过与门2输出信号，启动逻辑回路，输出跳闸信号，非门3不能关闭与门2。

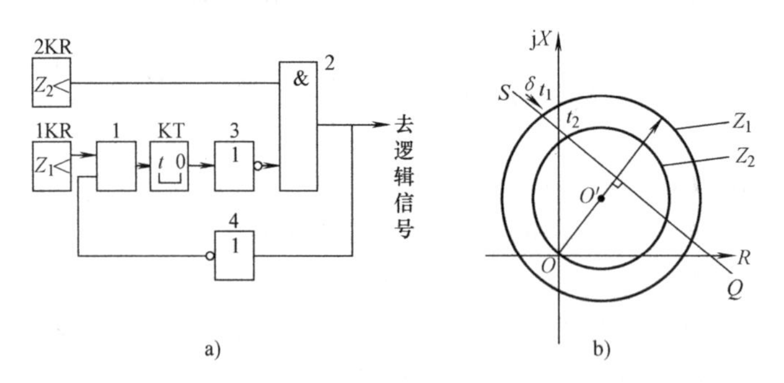

图3-53 利用电气量变化速度不同构成振荡闭锁装置

a）原理框图 b）阻抗元件的动作特性

（3）负序（零序）分量增量元件构成的振荡闭锁装置

产生负序（零序）电流增量的原理接线如图3-54所示，它是由电流变换器 UA_A 和 UA_0，电阻 R_1、R_2 和电抗变换器UX组成一个负序电流滤过器，其输出电压经调节定值电阻 R_4、R_5 后接入全波整流器U1，整流后的输出电压经微分电容 C_1 接入启动元件KST的一组绕组。反映零序电流增量的回路由电流变换器 UA_0 及电阻 R_3 组成。当有零序电流出现时，在 R_3 上即可获得一个与 $3I_0$ 成正比的输出电压，此时电压经调节定值电阻 R_6、R_7 和U2整流后与U1并联，也接于 C_1 和KST上。R_8 和 R_9 作为整流回路的负载，并为电容器 C_1 提供放电回路。L 和 C_2 用以滤去整流后的一次谐波。

当负序电流 I_2 或零序电流 $3I_0$ 突然增加时，U1和U2两端输出电压也突然增大，此时，电压经KST绕组向 C_1 充电，KST即反映这个充电电流而动作。当 C_1 充满电后，KST中的电流即刻消失，而KST可利用另一个自保持绕组保持在动作状态。如果 I_2 和 $3I_0$ 是平缓地增大，则整流后输出电压也随之正比缓慢增大，此时，经 C_1 的充电电流很小，KST不能动作。对于平稳的 I_2 和 $3I_0$，其整流后输出电压不变。因而不能通过 C_1 产生电流，故这个回路只反映 I_2 或 $3I_0$ 的增量而使KST动作。

在系统振荡而无短路故障时，没有负序和零序电流的增量，因此继电器KST不动作。而由于振荡时电流增大，电压降低，使一过电流继电器或距离保护第Ⅲ段继电器动作，立即启动振荡闭锁执行继电器KST，断开距离保护第Ⅰ段和第Ⅱ段的跳闸回路，将保护闭锁。但是，当发生短路时，产生的负序电流增量使KST短时动作，使振荡闭锁执行继电器动作延时0.2~0.3s。在此时间内，距离保护第Ⅰ段和第Ⅱ段可动作跳闸。如在距离保护第Ⅱ段动作范围外短路，其距离保护第Ⅰ、Ⅱ段均不动作，则在0.2~0.3s后振荡闭锁执行继电器动作，将距离保护第Ⅰ、Ⅱ段闭锁，距离保护第Ⅲ段的延时一般大于振荡周期，不会受振荡影响而误动作，故不需要闭锁。

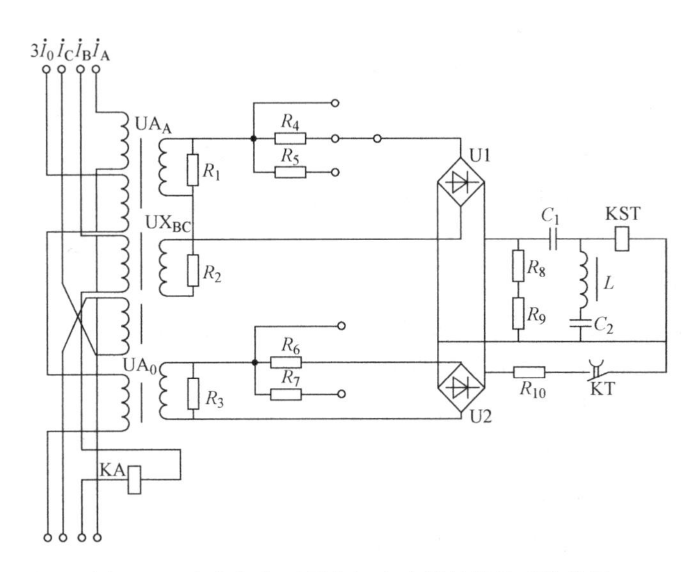

图3-54 产生负序（零序）电流增量的原理接线图

（4）振荡中三相短路后备保护动作判据

为保证三相短路故障时，保护可靠不被闭锁，应设置下面后备保护动作判据，并延时500ms后开放保护。

$$0.1U_N < U_{OS} < 0.25U_N$$

该段振荡中心电压U_{OS}的变化范围对应系统电动势角151°~191.5°，按最大振荡周期3s计算，振荡中心在该段停留时间为373ms，所以保护闭锁装置的延时取500ms已有足够裕度。

3.4.3 分支电流的影响

1. 助增电流的影响

当保护安装处与短路点之间连接有其他分支电源时，将使通过故障线路的电流大于流过保护装置的电流，因此，阻抗元件感受的阻抗比没有分支电源供给助增电流时要大。

如图3-55所示，当线路BC上k点发生短路时，故障线路电流$\dot{I}_{Bk}=\dot{I}_{AB}+\dot{I}_{DB}$，而流过保护装置的电流为$\dot{I}_{AB}$，这种使故障电流增大的现象称为助增效应。保护装置1的第Ⅱ段阻抗继电器的测量阻抗为

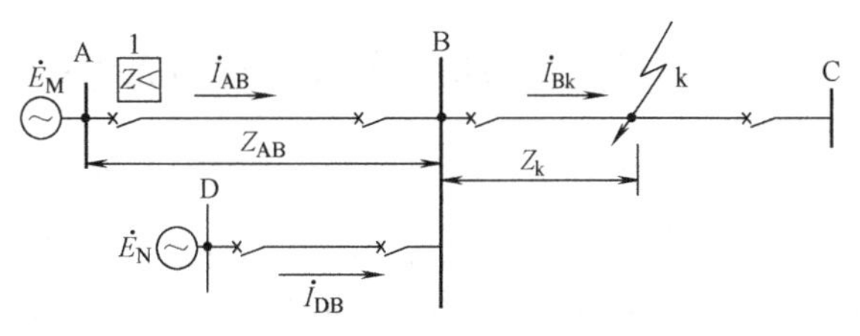

图3-55 助增电流对阻抗继电器的影响

$$Z_{r1}=\frac{\dot{I}_{AB}Z_{AB}+\dot{I}_{Bk}Z_k}{\dot{I}_{AB}}=Z_{AB}+\frac{\dot{I}_{Bk}}{\dot{I}_{AB}}Z_k=Z_{AB}+K_bZ_k \tag{3-119}$$

式中，K_b 为分支系数，$K_b=\dfrac{\dot{I}_{Bk}}{\dot{I}_{AB}}$，其值大于1。一般情况下认为 $\dot{I}_{Bk}$ 与 $\dot{I}_{AB}$ 同相位，故 K_b 为实数。

从式（3-119）可看出，由于 $\dot{I}_{DB}$ 的存在，使保护1的第Ⅱ段的测量阻抗增大了，缩短了保护区的长度，降低了保护灵敏系数。但并不影响与下一级线路保护装置第Ⅰ段配合的选择性。助增电流对保护1第Ⅰ段没有影响。为保证保护1第Ⅱ段保护区的长度，在整定计算保护1第Ⅱ段动作阻抗时，引入大于1的分支系数 K_b，适当增大保护1的动作阻抗，这样可以抵消由于助增电流使保护区缩短的影响。在引入分支系数时，K_b 应为各种可能运行方式下的最小值 $K_{b.min}$，避免 K_b 在最大值时距离保护第Ⅱ段失去选择性。

另外，在保护1的距离第Ⅲ段需作为相邻线路末端短路的后备保护时，考虑到助增电流的影响，在校验灵敏系数时，所引入分支系数应为最大运行方式下的数值，即 $K_{b.max}$。

2. 汲出电流的影响

如果保护安装处与短路点之间连接的不是分支电源而是负荷，如图3-56所示单回线与平行线路相连的电网中，短路点k在平行线上时，由于汲出电流影响，流过保护装置的电流比故障线路电流大，这时阻抗继电器感受的阻抗比没有汲出电流时要小。线路AB的电流为 $\dot{I}_{AB}$，故障线路中电流为 $\dot{I}_{Bk2}$，非故障线路电流为 $\dot{I}_{Bk1}$，$\dot{I}_{Bk1}$ 称为汲出电流。流过故障线路的电流 $\dot{I}_{Bk2}=\dot{I}_{AB}-\dot{I}_{Bk1}$。则保护1第Ⅱ段阻抗继电器的测量阻抗为

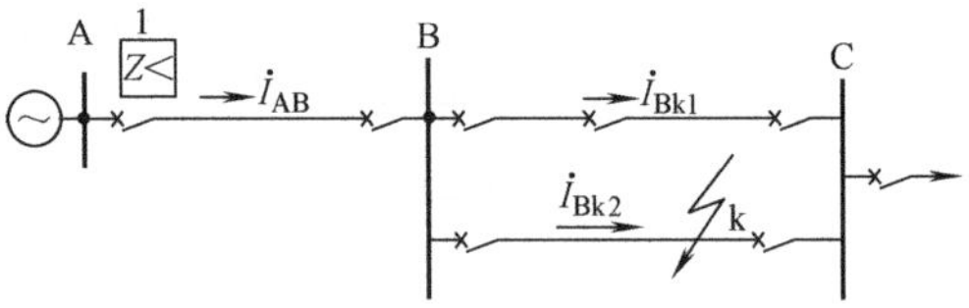

图3-56 汲出电流对阻抗继电器的影响

$$Z_{r.1}^{\mathrm{II}}=\frac{\dot{I}_{AB}Z_{AB}+\dot{I}_{Bk2}Z_k}{\dot{I}_{AB}}=Z_{AB}+\frac{\dot{I}_{Bk2}}{\dot{I}_{AB}}Z_k=Z_{AB}+K_bZ_k \tag{3-120}$$

式中，K_b 为分支系数，$K_b=\dfrac{\dot{I}_{Bk2}}{\dot{I}_{AB}}$，此种情况下，$K_b<1$。

由式（3-120）可看出，由于 $\dot{I}_{Bk1}$ 的存在使保护1第Ⅱ段测量阻抗减小，这说明保护1第Ⅱ段的保护范围要延长，有可能延伸到相邻线路第Ⅱ段的保护范围，造成无选择性动作。因此，在整定计算保护1第Ⅱ段的动作阻抗时，引入分支系数 K_b，并且分支系数应取实际可能的最小值 $K_{b.min}$。

3.4.4 距离保护电压回路断线对距离保护的影响

电压互感器在运行时可能发生故障，导致其二次回路断线，则阻抗继电器侧的电压 $\dot{U}_r$ 将减少或等于零，在负荷电流作用下，测量阻抗 Z_r 将减少或降至零，因此可能造成距离保护误动作，为此，在距离保护中必须设置电压回路断线闭锁装置。当电压回路断线时，将距离保护闭锁，并发出电压互感器TV断线信号。

1. 对电压回路断线闭锁装置的要求

对电压回路断线闭锁装置的要求如下：

1）当电压二次回路发生各种可能导致距离保护阻抗元件误动作故障时，断线闭锁装置均

应动作，将距离保护闭锁，并发出相应的信号。

2）一次系统发生短路故障时，不应闭锁保护和不发出断线失电压信号。

3）断线闭锁装置的动作时间应小于保护的动作时限，以使在保护误动作之前实现闭锁。对于利用负序电流或负序和零序电流增量元件启动的距离保护，由于电压回路断线失电压时，上述电流增量元件不会动作，从而对距离保护进行可靠闭锁，因此，不需要按本条件考虑。

4）断线闭锁装置动作后，应由运行人员手动将其复归，以免在处理电压回路断线过程中，外部发生短路时，导致保护误动作。

2. 断线闭锁装置的构成

利用电压回路断线后出现零序电压而动作，构成 TV 回路断线闭锁装置。

当电压互感器的二次回路发生接地故障时，二次侧出现零序电压；当发生相间短路时，故障相熔断器熔断或断路器跳闸后也会出现零序电压。因此，可利用 TV 二次侧出现零序电压构成 TV 失电压闭锁装置。但是当系统一次侧发生接地短路时，电压互感器 TV 二次侧也会出现零序电压，为使断线失电压闭锁元件不动作，可以利用 TV 二次侧开口三角形绕组端口出现的零序电压来闭锁。只有在 TV 二次侧星形绕组断线时，开口三角形绕组端口才没有零序电压。这样可以根据当 TV 二次侧星形绕组出现零序电压而开口三角侧无零序电压来判断电压二次回路的断线失电压情况。

图 3-57 是根据上述原理构成的断线闭锁装置原理接线图。由电容 C_a、C_b、C_c 构成零序电压滤过器，取得零序电压 $3\dot{U}_0$，通过整流桥 U1 和滤波电容 C_1 接入执行元件极化继电器 KP 的动作线圈 W_1（匝数为 N_1），从 TV 二次侧开口三角形绕组输出端取得零序电压 $3\dot{U}'_0$，经整流桥 U2 和滤波电容 C_2 接入执行元件极化继电器 KP 的制动线圈 W_2（匝数为 N_2）。KP 的常闭触点接通保护操作电源，常开触点发出断线失电压信号。

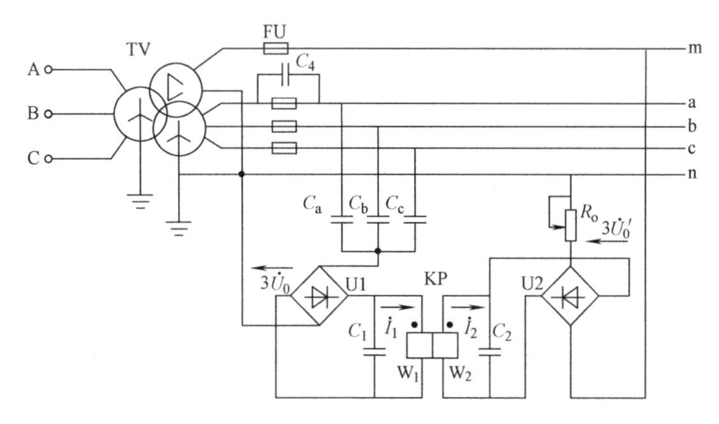

图 3-57　TV 断线闭锁装置的原理接线图

当 TV 二次回路断线失电压时，零序电压滤过器输出端有 $3\dot{U}_0$，而开口三角形线圈输出端无零序电压，即 $3\dot{U}'_0=0$。KP 只有动作线圈 W_1 中有电流 I_1 通过，继电器动作，其常闭触点断开，将保护闭锁，其常开触点闭合发出 TV 断线失电压信号。

当一次系统发生接地短路时，电压互感器 TV 的二次侧电压滤过器和开口三角形侧均出现零序电压，满足 $I_1N_1=I_2N_2$，所以执行元件极化继电器 KP 不动作。

当 TV 二次侧发生相间短路时，在熔断器熔丝没有熔断时，W_1 上无零序电压，KP 不动作，只有熔丝熔断后，KP 才能动作。当三相熔丝同时熔断时，KP 也不会动作，为此在一相熔断器两端并联一只电容器，以保证在这种情况下使 W_1 获得零序电压，使 KP 动作。这类装置采用极化继电器作执行元件，它具有结构简单、动作迅速、灵敏性高的优点，但当 TV 开口三角侧断线时，KP 不动作，也不发出信号，这时若一次系统发生接地短路故障，KP 将动作，错误将地保护闭锁。

3.5　距离保护的整定计算

目前，电力系统中的相间距离保护多采用三段式阶梯形时限特性，在进行整定计算时，要计算各段的启动阻抗、动作时限和进行灵敏性校验，同时还应计算振荡闭锁装置的启动数值。

3.5.1　距离保护各段的整定计算

以图 3-58 所示电网为例，说明相间距离保护整定计算的原则。设线路 AB、BC 均装有三段式距离保护，对保护各段进行整定计算。

1. 距离保护第Ⅰ段的整定计算

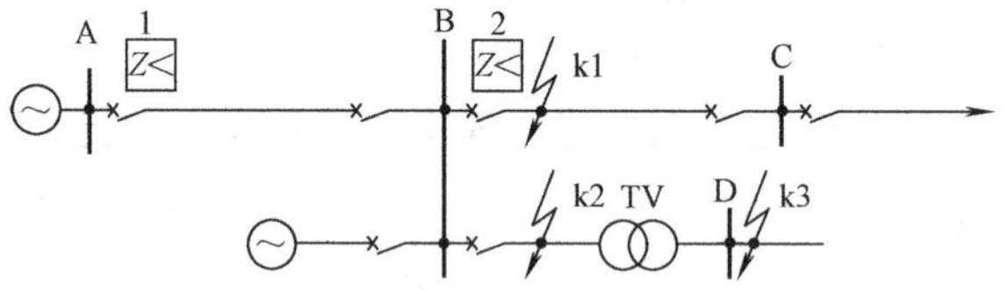

保护 1 第Ⅰ段动作阻抗，按躲过相邻下一元件首端（见图 3-58 中 k1、k2 点）短路的条件来选择，即

$$Z_{op.1}^{I} = K_{rel}^{I} Z_{AB} = K_{rel}^{I} Z_1 l_{AB} \tag{3-121}$$

图 3-58　距离保护整定计算的网络图

式中，K_{rel}^{I} 为距离保护第Ⅰ段的可靠系数，取 0.8~0.85；Z_1 为被保护线路单位长度的阻抗（Ω）；l_{AB} 为被保护线路的长度（km）。

对于线路-变压器组，距离保护第Ⅰ段的动作阻抗应按躲过变压器低压侧短路的条件选择，即

$$Z_{op.1}^{I} = K_{rel}^{I} Z_{AB} + K_{rel.T}^{I} Z_T \tag{3-122}$$

式中，$K_{rel.T}^{I}$ 为可靠系数，一般取 0.75；Z_T 为变压器的正序阻抗，可用下式计算：

$$Z_T = \frac{U_k\%}{100} \frac{U_{NT}^2}{S_{NT}} \tag{3-123}$$

式中，$U_k\%$ 为变压器短路电压百分值；U_{NT} 、S_{NT} 为变压器的额定电压及额定容量。

距离保护第Ⅰ段的动作时限 $t_1^{I}=0$，实际上，t_1^{I} 取决于各继电器本身动作时间，一般不超过 0.1s，应大于避雷器的放电时间。

距离保护第Ⅰ段的灵敏系数用保护范围表示，即要求大于被保护线路全长的80%~85%。

2. 距离保护第Ⅱ段的整定计算

保护 1 第Ⅱ段动作阻抗按以下两个条件选择：

1）与相邻线路 BC 保护 2 第Ⅰ段整定值配合，即按躲过下一线路保护第Ⅰ段末端短路，并考虑分支电流的影响，有

$$Z_{op.1}^{II} = K_{rel}^{II} Z_{AB} + K_{rel.T}^{II} K_{b.min} Z_{op.2}^{I} \tag{3-124}$$

式中，K_{rel}^{II}、$K_{rel.T}^{II}$ 为可靠系数，一般取 $K_{rel}^{II}=0.8\sim0.85$，$K_{rel.T}^{II}\leqslant 0.8$；$Z_{op.2}^{I}$ 为相邻线路距离保护 2

第Ⅰ段的动作阻抗；$K_{b.min}$ 为分支系数最小值，即相邻线路第Ⅰ段保护末端短路时流过故障线路的电流与被保护线路电流之比的最小值。

保护1第Ⅱ段动作时限比相邻线路保护2的第Ⅰ段时限大一个阶梯时限 Δt，一般取 $t_1^{\mathrm{II}}=0.5\mathrm{s}$。

2）与相邻变压器纵差保护配合，即躲过线路末端变压器后k3点短路，有

$$Z_{op.1}^{\mathrm{II}}=K_{rel}^{\mathrm{II}}Z_{AB}+K_{rel.T}^{\mathrm{II}}K_{b.min}Z_{T} \tag{3-125}$$

式中，K_{rel}^{II}、$K_{rel.T}^{\mathrm{II}}$ 为可靠系数，取 $K_{rel}^{\mathrm{II}}=0.8\sim0.85$，$K_{rel.T}^{\mathrm{II}}\leqslant0.7$；$K_{b.min}$ 为相邻变压器另侧母线（如图3-58中D母线短路时）流过变压器的短路电流与被保护线路电流之比值。

距离保护第Ⅱ段的灵敏系数按下式校验：

$$K_{s.min}^{\mathrm{II}}=\frac{Z_{op.1}^{\mathrm{II}}}{Z_{AB}}\geqslant1.3\sim1.5 \tag{3-126}$$

若灵敏系数不满足要求，可按与相邻线路距离保护第Ⅱ段相配合的条件整定动作阻抗，即

$$Z_{op.1}^{\mathrm{II}}=K_{rel}^{\mathrm{II}}Z_{AB}+K_{rel.T}^{\mathrm{II}}K_{b.min}Z_{op.2}^{\mathrm{II}} \tag{3-127}$$

式中，K_{rel}^{II}、$K_{rel.T}^{\mathrm{II}}$ 为可靠系数，取 $K_{rel}^{\mathrm{II}}=0.8\sim0.85$，$K_{rel.T}^{\mathrm{II}}\leqslant0.8$；$Z_{op.2}^{\mathrm{II}}$ 为相邻线路相间距离保护第Ⅱ段的动作阻抗值。

这时，保护1第Ⅱ段的动作时限为 $t_1^{\mathrm{II}}=t_2^{\mathrm{II}}+\Delta t$。

3. 距离保护第Ⅲ段的整定计算

（1）躲过被保护线路的最小负荷阻抗

当采用阻抗继电器为距离保护1第Ⅲ段的测量元件时，为保证在正常情况下，距离保护第Ⅲ段测量元件不动作，距离保护1第Ⅲ段的动作阻抗按躲过被保护线路最小负荷阻抗整定，最小负荷阻抗按下式计算：

$$Z_{L.min}=\frac{(0.9\sim0.95)U_{N}}{\sqrt{3}I_{L.max}} \tag{3-128}$$

式中，U_N 为被保护线路的额定电压；$I_{L.max}$ 为被保护线路的最大事故负荷电流。

保护1相间距离保护第Ⅲ段的动作阻抗 $Z_{op.1}^{\mathrm{III}}$ 按以下两种情况整定计算：

1）当采用全阻抗继电器作测量元件时其动作阻抗为

$$Z_{op.1}^{\mathrm{III}}=\frac{Z_{L.min}}{K_{rel}^{\mathrm{III}}K_{re}K_{ss}} \tag{3-129}$$

2）当采用方向阻抗继电器（采用0°接线）作测量元件时其动作阻抗为

$$Z_{op.1}^{\mathrm{III}}=\frac{Z_{L.min}}{K_{rel}^{\mathrm{III}}K_{re}K_{ss}\cos(\varphi_{m}-\varphi_{L})} \tag{3-130}$$

式中，K_{rel}^{III} 为距离保护第Ⅲ段可靠系数，取1.2~1.3；K_{re} 为阻抗继电器的返回系数，一般取1.1~1.25；K_{ss} 为电动机（或负荷）的自起动系数，由负荷性质决定，一般取1.5~3；φ_m 为阻抗元件（线路）的最大灵敏角，取60°~85°；φ_L 为线路负荷阻抗角。

第Ⅲ段的动作时限应大于系统振荡时的振荡周期，且与相邻元件第Ⅲ段保护的动作时限之间应按阶梯原则配合，即

$$t_1^{\mathrm{III}}=t_{2.max}^{\mathrm{III}}+\Delta t$$

式中，$t_{2.max}^{\mathrm{III}}$ 为相邻线路距离保护第Ⅲ段的动作时限最大值。

（2）与相邻线路距离保护第Ⅱ段的配合

$$Z_{op.1}^{Ⅲ} = K_{rel}^{Ⅲ} Z_{AB} + K'^{Ⅲ}_{rel} K_{b.min} Z_{op.2}^{Ⅱ} \tag{3-131}$$

式中，$K_{rel}^{Ⅲ}$ 为距离保护第Ⅲ段的可靠系数，取 0.8～0.85；$K'^{Ⅲ}_{rel}$ 为距离保护第Ⅲ段的可靠系数，取 $K'^{Ⅲ}_{rel} \leqslant 0.8$；$Z_{op.2}^{Ⅱ}$ 为相邻线路距离保护第Ⅱ段动作阻抗。

这时，距离保护第Ⅲ段的动作时间按如下考虑：当保护第Ⅲ段动作范围未超出相邻变压器另侧母线时，应与相邻线路不经振荡闭锁距离保护第Ⅱ段的动作时间配合，即

$$t_1^{Ⅲ} = t_2^{Ⅱ} + \Delta t \tag{3-132}$$

式中，$t_2^{Ⅱ}$ 为相邻线路不经振荡闭锁的距离保护第Ⅱ段的动作时间。

当保护第Ⅲ段动作范围未超出相邻变压器另侧母线时，应与相邻变压器短路后备保护相配合，即

$$t_1^{Ⅲ} = t_T^{Ⅲ} + \Delta t \tag{3-133}$$

式中，$t_T^{Ⅲ}$ 为相邻变压器相间短路后备保护的动作时间。

取以上（1）、（2）计算值中的最小值作为第Ⅲ段距离保护的动作阻抗。

（3）距离保护第Ⅲ段的灵敏系数校验

作本线路近后备保护时，有

$$K_{s.min}^{Ⅲ} = \frac{Z_{op.1}^{Ⅲ}}{Z_{AB}} \geqslant 1.3 \sim 1.5 \tag{3-134}$$

作相邻线路远后备保护时，有

$$K_{s.min}^{Ⅲ} = \frac{Z_{op.1}^{Ⅲ}}{Z_{AB} + K_{b.max} Z_{BC}} \geqslant 1.2 \tag{3-135}$$

式中，$K_{b.max}$ 为相邻线路末端短路时的实际分支系数。

当灵敏系数不满足要求时，若相邻元件为线路，可与相邻线路距离保护第Ⅲ段动作阻抗相配合，其值为

$$Z_{op.1}^{Ⅲ} = K_{rel}^{Ⅲ} Z_{AB} + K'^{Ⅲ}_{rel} K_{b.min} Z_{op.2}^{Ⅲ} \tag{3-136}$$

$$K_{rel}^{Ⅲ} = 0.8 \sim 0.85$$

$$K'^{Ⅲ}_{rel} = 0.8$$

式中，$Z_{op.2}^{Ⅲ}$ 为相邻线路距离保护第Ⅲ段的动作阻抗。

这时，距离保护第Ⅲ段的动作时间为

$$t_1^{Ⅲ} = t_2^{Ⅲ} + \Delta t \tag{3-137}$$

若相邻元件为变压器，则与变压器相间短路后备保护相配合，第Ⅲ段的动作阻抗为

$$Z_{op.1}^{Ⅲ} = K_{rel}^{Ⅲ} Z_{AB} + K'^{Ⅲ}_{rel.T} K_{b.min} Z_{op.T}^{Ⅲ} \tag{3-138}$$

$$K_{rel}^{Ⅲ} = 0.8 \sim 0.85, \quad K'^{Ⅲ}_{rel.T} \leqslant 0.8$$

式中，$Z_{op.T}^{Ⅲ}$ 为变压器相间后备保护最小动作范围对应的阻抗值。$Z_{op.T}^{Ⅲ}$ 要根据后备保护类型进行计算，若后备保护为电流保护，则

$$Z_{op.T}^{Ⅲ} = \frac{\sqrt{3} E_{ph}}{2 I_{op}^{Ⅲ}} - Z_{s.max} \tag{3-139}$$

若后备保护为电压保护，则

$$Z_{op.T}^{Ⅲ} = \frac{U_{op}^{Ⅲ}}{\sqrt{3} E_{ph} - U_{op}^{Ⅲ}} Z_{s.min} \tag{3-140}$$

式中，$Z_{s.max}$、$Z_{s.min}$ 分别为归算至保护安装处的最大、最小电源阻抗；E_{ph} 为保护安装处等效电源相电动势；$I_{op}^{Ⅲ}$、$U_{op}^{Ⅲ}$ 为变压器相间电流或电压保护动作值。

这时，相间保护第Ⅲ段保护的动作时间为

$$t_1^{Ⅲ} = t_T^{Ⅲ} + \Delta t \tag{3-141}$$

式中，$t_T^{Ⅲ}$ 为变压器后备保护的动作时间。

距离保护的动作时间应比与之配合的相邻元件保护的动作时间大一个时间级差 Δt，但考虑到距离第Ⅲ段一般不经过振荡闭锁，其动作时间不应小于最大的振荡周期（1.5~2s）。

当灵敏系数不满足要求时，可采用四边形特性方向阻抗继电器和直线特性的阻抗继电器。

3.5.2 振荡闭锁元件的整定

1. 启动元件的整定

距离保护振荡闭锁启动元件的启动方式多种，无论采用何种方式，都必须满足启动元件的整定值能够保证在本线路末端及保护区末端不对称短路时有足够的灵敏性以及三相短路时能够可靠动作。

对负序和零序增量元件或负序分量启动元件，在本线路末端发生金属性不对称短路时要求最小灵敏系数 $K_{s.min} \geq 4$，在距离第Ⅲ段动作区末端金属性不对称短路时，要求 $K_{s.min} \geq 2$。在实际应用时，通常在保证躲过最大不平衡电流的前提下，选用较灵敏的整定抽头即可。

2. 振荡闭锁开放时间的整定

振荡闭锁启动后开放时间长短首先应保证距离保护第Ⅱ段能可靠动作，从这一点看，要求开放时间越长越好，从躲过短路故障后紧接着发生系统振荡角度看，则要求开放时间越短越好。因此，综合以上两个因素，振荡闭锁开放的时间，在保持距离保护第Ⅱ段可靠动作的前提下，时限越短越好，通常取0.15~0.4s。

3. 振荡闭锁装置整组复归时间的整定

振荡闭锁启动后，应该在确认故障已经消除，振荡已经停止后复归，整组复归时间的整定应大于相邻线路可能最长的重合闸周期与重合于永久性故障的最长的再次跳闸时间之和，一般取6~9s。

4. 相电流继电器的整定

在振荡电流为5A的闭锁装置中的相电流继电器的整定值应躲过正常运行时的最大负荷电流。当电流互感器TA二次额定电流时，一般整定为6~8A。

3.5.3 阻抗继电器动作阻抗 $Z_{op.r}$ 的计算及整定方法

阻抗继电器的动作阻抗 $Z_{op.r}$，可由保护装置的一次动作阻抗 Z_{op} 按下式计算：

$$Z_{op.r} = \frac{K_{con}K_{TA}}{K_{TV}}Z_{op} \tag{3-142}$$

式中，K_{con} 为接线系数，对距离保护第Ⅰ、Ⅱ段测量元件，采用0°接线方式时，$K_{con}=1$，对距离保护第Ⅲ段测量元件，采用30°接线方式时，$K_{con}=\sqrt{3}$（若距离保护第Ⅰ、Ⅱ段测量元件采用30°接线方式，则对全阻抗继电器，$K_{con}=\sqrt{3}$，对方向阻抗继电器，$K_{con}=2$）；K_{TA} 为电流互感器的电流比；K_{TV} 为电压互感器的电压比。

利用式（3-142）求得 $Z_{op.r}$ 后，选择电压变换器 UV 和电抗变换器 UX 整定端子板的整定位置的方法以调整阻抗继电器的动作阻抗值。

如已知 $Z_{op.r}^{\mathrm{I}}=2.4\Omega$，线路短路阻抗角为 $\varphi_{k1}=70°$，要整定距离保护第Ⅰ段测量元件方向阻抗继电器的 UX 和 UV 的整定端子位置。首先将 UX 的最大灵敏角整定端子板的位置置于 70°，将 UX 的 K_I 整定端子板置于 2Ω 位置，使 $K_I=2\Omega$，然后按下列步骤计算 UV 的整定值，继电器的整定阻抗为

$$Z_{set.r}^{\mathrm{I}}=\frac{K_I^{\mathrm{I}}}{K_U^{\mathrm{I}}} \tag{3-143}$$

所以 $K_U^{\mathrm{I}}=\dfrac{K_I^{\mathrm{I}}}{Z_{set.r}^{\mathrm{I}}}$，又因为 $\varphi_m=\varphi_{k1}$，所以 $Z_{op.r}^{\mathrm{I}}=Z_{set.r}^{\mathrm{I}}$，则

$$K_U^{\mathrm{I}}=\frac{K_I^{\mathrm{I}}}{Z_{op.r}^{\mathrm{I}}}=\frac{2}{2.4}=0.833$$

得出 K_U^{I} 后，将距离第Ⅰ段测量元件 UV 的粗调整定板放在 80%处，再在继电器的电流回路内通入 5A 额定电流，将在继电器电压回路的电压调至对应 2.4Ω 的相应电压值（电压和电流相位差固定在 70°），然后调节 UV 定值微调电阻，使继电器可靠动作，则距离保护第Ⅰ段整定结束，第Ⅱ、Ⅲ段按此法同样计算及整定。

3.5.4　阻抗继电器的精确工作电流的校验

距离保护整定计算中，应分别按各段保护范围末端短路时最小短路电流值校验各段阻抗继电器的精确工作电流，按照要求，此最小短路电流与继电器精确工作电流之比应等于或大于 1.5 以上。

3.5.5　距离保护整定计算举例

【例 3-1】 在图 3-59 所示的网络中，采用三段式距离保护，各段测量元件均采用方向阻抗继电器，而且均采用 0° 接线方式。已知线路正序阻抗 $Z_1=0.4\Omega/\mathrm{km}$，线路阻抗角 $\varphi_k=70°$，线路 AB、BC 最大负荷电流 $I_{L.max}=450\mathrm{A}$，负荷功率因数 $\cos\varphi=0.8$，负荷自起动系数 $K_{ss}=1.5$；保护 2 距离保护第Ⅲ段的动作时限 $t_2^{\mathrm{III}}=1.5\mathrm{s}$，变压器装有差动保护。

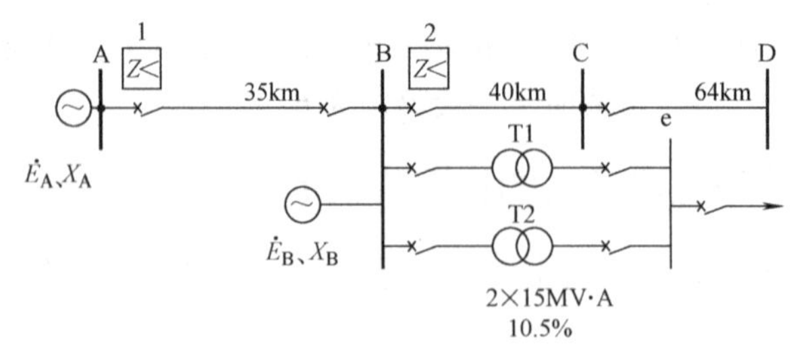

图 3-59　例 3-1 的网络图

已知 $E_A=E_B=115/\sqrt{3}\mathrm{kV}$，$X_{B.max}=\infty$，$X_{B.min}=30\Omega$，$X_A=10\Omega$，变压器参数为 2×15MV·A，110kV/6.6kV，$U_k\%=10.5\%$。

试求保护 1 距离保护第Ⅰ、Ⅱ、Ⅲ段的动作阻抗、灵敏系数与动作时限，并求各段阻抗继电器的动作阻抗及其 UX、UV 整定端子板的端子位置。

解：距离保护1各段动作阻抗的一次值、灵敏系数及动作时限如下。

(1) 距离保护第Ⅰ段

$$Z_{op}^{I}=K_{rel}^{I}Z_{I}l_{AB}=0.85\times0.4\angle70°\ \Omega/km\times35km=11.9\angle70°\Omega$$

(2) 距离保护第Ⅱ段

1) 与保护2的距离保护第Ⅰ段配合

$$Z_{op.2}^{I}=K_{rel}^{I}Z_{1}l_{BC}=0.85\times0.4\angle70°\ \Omega/km\times40km=13.6\angle70°\Omega$$

$$Z_{op.1}^{II}=K_{rel}^{II}(Z_{1}l_{AB}+K_{b.min}Z_{op.1}^{I})$$

$$=0.8\times(0.4\angle70°\times35+1\times13.6\angle70°)\ \Omega=22.1\angle70°\Omega$$

2) 与变压器的速断保护配合

$$Z_{op.1}^{II}=K_{rel}^{II}Z_{1}l_{AB}+K_{rel.T}^{II}K_{b.min}Z_{T.min}$$

$$Z_{T.min}=\frac{1}{2}Z_{T}=\frac{1}{2}\times\frac{U_{k}\%U_{N}^{2}}{100S_{N}}=\frac{10.5\times110^{2}}{2\times100\times15}\Omega=42.35\ \Omega$$

$$Z_{T.min}=42.35\angle70°\Omega\ (\text{设变压器阻抗角为}70°)$$

$$K_{b.min}=1$$

所以 $Z_{op.1}^{II}=(0.8\times0.4\angle70°\times35+0.7\times1\times42.35\angle70°)\ \Omega=40.8\angle70°\Omega$。

为保证选择性，取上述两项计算结果中最小者为距离保护第Ⅱ段的动作阻抗，即

$$Z_{op.1}^{II}=22.1\angle70°\Omega$$

校验灵敏系数：$K_{sen.1}^{II}=\dfrac{Z_{op.1}^{II}}{Z_{1}l_{AB}}=\dfrac{22.1\angle70°}{0.4\angle70°\times35}=1.58>1.3$，满足要求。

3) 距离保护第Ⅲ段。本题距离保护第Ⅲ段测量元件采用方向阻抗继电器，故按先躲过最小负荷阻抗，求正常运行时的动作阻抗，即对应负荷阻抗角 $\varphi_{L}=37°$ 时动作阻抗。

$$Z_{op.1}^{III}=\frac{0.9U_{N}/\sqrt{3}}{K_{rel}^{III}K_{re}K_{ss}I_{L.max}\cos(\varphi_{m}-\varphi_{L})}$$

$$=\frac{0.9\times115/\sqrt{3}kV}{1.25\times1.15\times1.5\times0.45\cos(70°-37°)kA}$$

$$=73.4\Omega$$

$$Z_{op.1}^{III}=73.4\angle70°\Omega$$

本题中线路AB与BC的负荷情况相同，故上述动作阻抗也是保护2距离保护第Ⅲ段的动作阻抗。考虑到保护1的距离保护第Ⅲ段灵敏性与保护2的配合，即保护1的距离保护第Ⅲ段保护范围应小于保护2距离保护第Ⅲ段保护范围，按式（3-131）计算，取 $Z_{op.2}^{III}=73.4\angle70°\Omega$，则

$$Z_{op.1}^{III}=K_{rel}^{III}Z_{AB}+K'^{III}_{rel}K_{b.min}Z_{op.2}^{III}$$

$$=(0.85\times0.4\angle70°\times35+0.8\times1\times73.4\angle70°)\ \Omega$$

$$=(11.9+58.72)\angle70°\ \Omega$$

$$=70.62\angle70°\ \Omega$$

作线路AB的近后备保护时，校验灵敏系数用式（3-134）计算：

$K_{s.min}^{III}=\dfrac{Z_{op.1}^{III}}{Z_{AB}}=\dfrac{70.62\angle70°}{14\angle70°}=5.04>1.5$，满足要求。

作相邻线路BC的远后备保护时，用式（3-135）计算：

$$K_{\mathrm{s.min}}^{\mathrm{III}}=\frac{Z_{\mathrm{op.1}}^{\mathrm{III}}}{Z_{\mathrm{AB}}+K_{\mathrm{b.max}}Z_{\mathrm{BC}}}$$

式中，$K_{\mathrm{b.max}}$ 为考虑助增电流对线路BC的影响的分支系数，这时应取可能的最大值 $K_{\mathrm{b.max}}$，即 $X_{\mathrm{B}}=X_{\mathrm{B.min}}=30\Omega$，计算 $K_{\mathrm{b.max}}$ 的等效电路如图3-60所示。

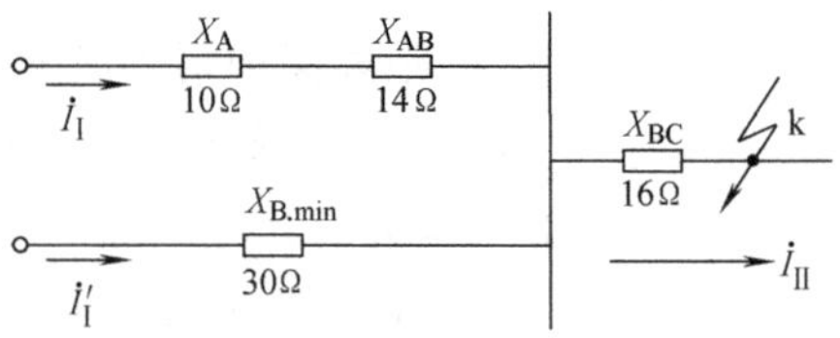

$$\begin{aligned}K_{\mathrm{b.max}}&=\frac{I_{\mathrm{II}}}{I_{\mathrm{I}}}=\frac{I_{\mathrm{I}}+I'_{\mathrm{I}}}{I_{\mathrm{I}}}=1+\frac{I'_{\mathrm{I}}}{I_{\mathrm{I}}}\\&=1+\frac{X_{\mathrm{A}}+X_{\mathrm{AB}}}{X_{\mathrm{B.min}}}\\&=1+\frac{10+14}{30}=1.8\end{aligned}$$

图3-60　计算分支系数 $K_{\mathrm{b.max}}$ 的等效电路

所以 $K_{\mathrm{s.min}}^{\mathrm{III}}=\dfrac{Z_{\mathrm{op.1}}^{\mathrm{III}}}{Z_{\mathrm{AB}}+K_{\mathrm{b.max}}Z_{\mathrm{BC}}}=\dfrac{70.62\angle70^{\circ}}{14\angle70^{\circ}+1.8\times0.4\angle70^{\circ}\times40}=1.65>1.2$，满足要求。

动作时限 $t_1^{\mathrm{III}}=t_2^{\mathrm{III}}+\Delta t=(1.5+0.5)\mathrm{s}=2\mathrm{s}$。

（3）求距离保护1各段阻抗继电器的动作阻抗及UX和UV整定端子板的端子位置

根据式（3-142），求得保护1继电器各段动作阻抗为

$$Z_{\mathrm{op.r}}^{\mathrm{I}}=\frac{K_{\mathrm{con}}K_{\mathrm{TA}}}{K_{\mathrm{TV}}}Z_{\mathrm{op.1}}^{\mathrm{I}}=\frac{1\times600/5}{110/0.1}\times11.9\angle70^{\circ}\Omega=1.3\angle70^{\circ}\Omega$$

$$Z_{\mathrm{op.r}}^{\mathrm{II}}=\frac{1\times600/5}{110/0.1}\times22.1\angle70^{\circ}\Omega=2.4\angle70^{\circ}\Omega$$

$$Z_{\mathrm{op.r}}^{\mathrm{III}}=\frac{1\times600/5}{110/0.1}\times70.62\angle70^{\circ}\Omega=7.704\angle70^{\circ}\Omega$$

将保护1各段阻抗继电器的灵敏角整定端子板均置于 $\varphi_{\mathrm{m}}=\varphi_{\mathrm{k}}=70^{\circ}$ 位置，然后先选择UX的 K_I 整定端子板的端子位置，再根据需要的 $Z_{\mathrm{op.r}}$（即 $Z_{\mathrm{set.r}}$），应用式（3-143）求得UV的 K_U 整定端子板位置，即

距离第Ⅰ段　　$K_I=1\Omega$，$K_U=\dfrac{1}{1.3}=0.769$

距离第Ⅱ段　　$K_I=2\Omega$，$K_U=\dfrac{2}{2.4}=0.833$

距离第Ⅲ段　　$K_I=2\Omega$，$K_U=\dfrac{2}{7.7}=0.259$

根据上述结果，将各段阻抗继电器UX的 K_I 整定端子板分别置于1Ω、2Ω、2Ω位置，将UV的 K_U 端子板分别置于70%、6%、0.9%、80%、3%、0.3%、20%、5%、0.9%的位置。

【例3-2】 如图3-61所示网络中，各线路均装有距离保护，对点1处的距离保护第Ⅰ、Ⅱ、Ⅲ段进行整定计算，即求各段动作阻抗 $Z_{\mathrm{op.1}}^{\mathrm{I}}$、$Z_{\mathrm{op.1}}^{\mathrm{II}}$、$Z_{\mathrm{op.1}}^{\mathrm{III}}$，动作时限 t_1^{I}、t_1^{II}、t_1^{III} 和校验其灵敏系数，即求 $l_{\mathrm{p.min}}\%$，$K_{\mathrm{sen1}}^{\mathrm{II}}$、$K_{\mathrm{sen1}}^{\mathrm{III}}$。已知线路AB最大负荷电流 $I_{\mathrm{L.max}}=350\mathrm{A}$，$\cos\varphi=0.9$，所有线路阻抗 $Z_1=0.4\Omega/\mathrm{km}$，阻抗角 $\varphi_{\mathrm{k}}=70^{\circ}$，自起动系数 $K_{\mathrm{ss}}=1$；正常时，母线最低电压 $U_{\mathrm{M.min}}=0.9U_{\mathrm{N}}$，其他数据已标注在图中。

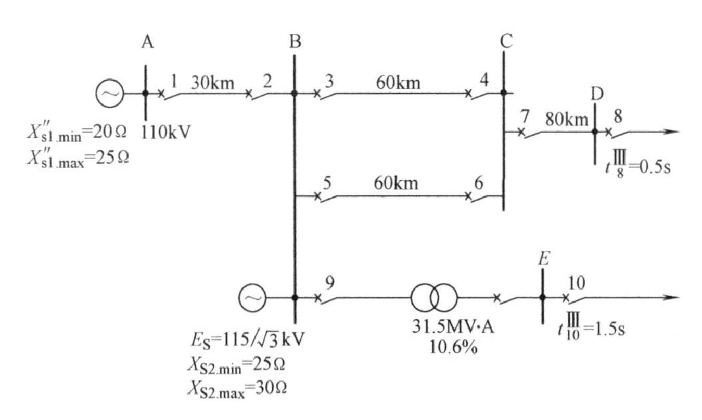

图 3-61　例 3-2 的网络图

解：（1）有关元件正序阻抗计算

$$Z_{AB}=Z_1l_{AB}=0.4\times30\Omega=12\ \Omega$$

$$Z_{BC}=Z_1l_{BC}=0.4\times60\Omega=24\ \Omega$$

变压器阻抗　$Z_T=\dfrac{U_k\%U_N^2}{100S_N}=\dfrac{0.105\times115^2}{31.5}\Omega=44.1\Omega$

（2）距离保护第Ⅰ段整定计算

1）动作阻抗　$Z_{op.1}^{Ⅱ}=K_{rel}^{Ⅰ}Z_{AB}=0.85\times12\Omega=10.2\Omega$

2）动作时间　$t_1^{Ⅰ}=0s$

3）灵敏性校验　$l_{p.min}\%=\dfrac{Z_{op.1}^{Ⅰ}}{Z_{AB}}\times100\%=85\%$

（3）距离保护第Ⅱ段整定计算

1）动作阻抗按下列两个条件选择：

① 与相邻线路保护 3（或保护 5）第Ⅰ段配合

$$Z_{op.1}^{Ⅱ}=K_{rel}^{Ⅱ}(Z_{AB}+K_{b.min}Z_{op.3}^{Ⅰ})=0.8\times(12+1.19\times0.85\times24)\ \Omega=29\Omega$$

$K_{b.min}$ 为保护 3 第Ⅰ段末端发生短路时对保护 1 而言的最小分支系数，如图 3-62 所示，当保护 3 第Ⅰ段末端 k1 点短路时，分支系数按下式计算：

$$K_b=\frac{I_2}{I_1}=\frac{X_{s1}+Z_{AB}+X_{s2}}{X_{s2}}\ \frac{(1+0.15)Z_{BC}}{2Z_{BC}}=\left(\frac{X_{s1}+Z_{AB}}{X_{s2}}+1\right)\times\frac{1.15}{2}$$

由上式可以看出，为使 K_b 最小，则 X_{s1} 应取最小值，X_{s2} 取最大值，而相邻线路并列平行二分支应投入，因而

$$K_{b.min}=\left(\frac{20+12}{30}+1\right)\times\frac{1.15}{2}=1.19$$

② 躲开相邻变压器出口 k2 点短路时对保护 1 的分支系数，如图 3-62 所示，当 k2 点短路时，

$$K_{b.min}=\frac{X_{s1.min}+Z_{AB}}{X_{s2.max}}+1=\frac{20+12}{30}+1=2.07$$

于是 $Z_{op.1}^{Ⅱ}=0.7\times(12+2.07\times44.1)\ \Omega=72.3\Omega$。

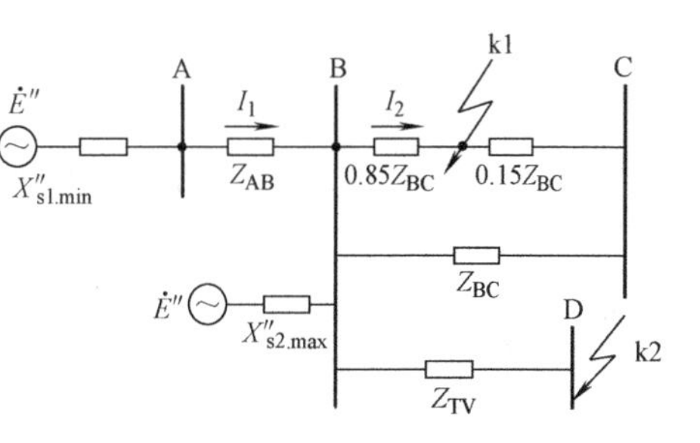

图 3-62　计算第Ⅱ段整定值时 $K_{b.min}$ 的等效电路

以上两者计算结果取最小值，即 $Z_{op.1}^{II}=29\Omega$。

2）灵敏性校验：

$$K_{sen.1}^{II}=\frac{Z_{op.1}^{II}}{Z_{AB}}=\frac{29}{12}=2.42>1.5$$，满足要求。

3）动作时限与相邻段瞬时保护配合：

$$t_1^{II}=t_3^{I}+\Delta t=t_5^{I}+\Delta t=t_9^{I}+\Delta t=0.5s$$

（4）距离保护第Ⅲ段整定计算

1）动作阻抗应按躲开最小负荷阻抗整定：

$$Z_{L.min}=\frac{U_{N1.min}}{I_{L.max}}=\frac{0.9\times115/\sqrt{3}}{0.35}\Omega=170.7\Omega$$

$$Z_{op.1}^{III}=\frac{Z_{L.min}}{K_{rel}^{III}K_{ss}K_{re}}=\frac{170.7}{1.2\times1\times1.15}\Omega=123.7\Omega$$

这里，$K_{rel}^{III}=1.2$，$K_{ss}=1$，$K_{re}=1.15$。

取方向阻抗继电器的最大灵敏角 $\varphi_L=\varphi_m=70°$，当 $\cos\varphi_L=0.9$，$\varphi_L=25.8°$ 时，故整定阻抗为

$$Z_{op.1}^{III}=\frac{Z_{op.1}^{III}}{\cos(\varphi_m-\varphi_L)}=\frac{123.7}{\cos(70°-25.8°)}\Omega=172.5\Omega$$

2）灵敏性校验：本线路末端短路时，$K_{sen.1}^{III}=\frac{Z_{op.1}^{III}}{Z_{AB}}=\frac{172.5}{12}=14.4>1.5$，满足要求。

当相邻元件短路时有以下几种情况：

① 相邻线路末端短路时，

$$K_{sen}^{III}=\frac{Z_{op.1}^{III}}{Z_{AB}+K_{b.max}Z_{BC}}$$

式中，$K_{b.max}$ 为相邻线路 BC 末端短路时对保护 1 的最大分支系数。如图 3-63 所示，按下式计算：

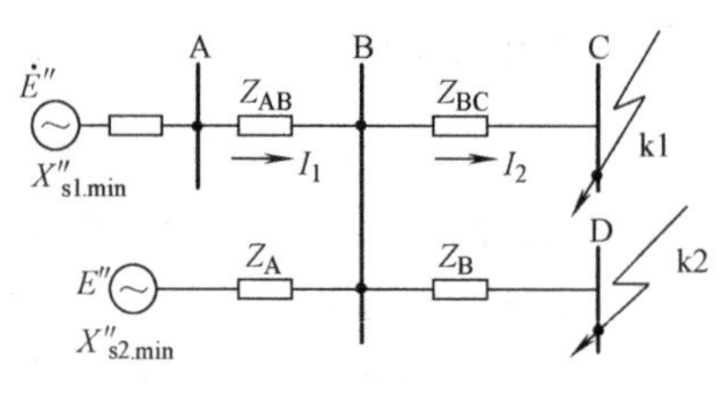

图 3-63　校验第Ⅲ段灵敏系数时求 $K_{b.max}$ 的等效电路

$$K_{b.max}=\frac{I_2}{I_1}=\frac{X_{s1.max}+Z_{AB}+X_{s2.min}}{X_{s2.min}}=\frac{25+12+25}{25}=2.48$$

$$K_{sen}^{III}=\frac{Z_{op.1}^{III}}{Z_{AB}+K_{b.max}Z_{BC}}=\frac{172.5}{12+2.48\times24}=2.4>1.2$$，满足要求。

② 相邻变压器低压侧出口 k2 点短路时，

$K_{b.max}=\frac{I_2}{I_1}=2.48$（与线路时相同），故灵敏系数为

$$K_{sen}^{III}=\frac{Z_{op.1}^{III}}{Z_{AB}+K_{b.max}Z_{TV}}=\frac{172.5}{12+2.48\times44.1}=1.42>1.2$$，满足要求。

3）动作时间：

$$t_1^{III}=t_8^{III}+3\Delta t=(0.5+3\times0.5)s=2s$$

$$t_1^{III}=t_{10}^{III}+2\Delta t=(1.5+2\times0.5)s=2.5s$$

取其中时间最长者，即 $t_1^{III}=2.5s$。

3.6　多相补偿式阻抗继电器

前面讨论的单相阻抗继电器，输入量都只有一个电压和一个电流，它只能反映一定相别的故障，不能反映各种相别的故障，属于第Ⅰ类阻抗继电器。为反映各种相别的短路故障，必须采用多个单相阻抗继电器，使整个保护接线复杂化了。

为了使距离保护简化，采用多相补偿式阻抗继电器，它的输入测量电压和测量电流都是多相的，通常是三相电压和三相电流。它属于第Ⅱ类阻抗继电器，其特性不能用单一的测量阻抗 Z 的函数来分析，只能在给定条件下按继电器的动作方程进行分析。

3.6.1　相间短路多相补偿阻抗继电器

相间的相补偿式阻抗继电器可以反映多相补偿电压，也可以反映相间比较电压。反映相补偿电压的三相补偿电压为

$$\begin{cases}\dot{U}'_{A}=\dot{U}_{A}-\dot{I}_{A}Z_{set}\\ \dot{U}'_{B}=\dot{U}_{B}-\dot{I}_{B}Z_{set}\\ \dot{U}'_{C}=\dot{U}_{C}-\dot{I}_{C}Z_{set}\end{cases}\tag{3-144}$$

式中，$\dot{U}_{A}$、$\dot{U}_{B}$、$\dot{U}_{C}$ 为保护安装处母线电压；$\dot{U}'_{A}$、$\dot{U}'_{B}$、$\dot{U}'_{C}$ 为三相补偿电压；Z_{set}为整定阻抗（补偿阻抗），即由母线到保护范围末端的阻抗。

当发生不对称短路时，相应的正序和负序补偿电压为

$$\begin{cases}\dot{U}'_{1}=\dot{U}_{1}-\dot{I}_{1}Z_{set}\\ \dot{U}'_{2}=\dot{U}_{2}-\dot{I}_{2}Z_{set}\end{cases}\tag{3-145}$$

图 3-64 所示为在空载线路上，不同地点发生 B、C 两相直接短路时的相电压分布图。此电压分布图是在假定阻抗均匀分布，且线路阻抗角与系统阻抗角相同的条件下画出的。由于 B、C 两相直接短路，短路点故障相相电压 $\dot{U}_{Bk}=\dot{U}_{Ck}=-\dfrac{\dot{U}_{A}}{Z}=-\dfrac{\dot{E}_{A}}{Z}(\dot{U}_{BCk}=0)$。故障相相间电压大小则由电源电动势 $\dot{E}_{BC}$ 逐渐下降到短路点的 $\dot{U}_{BCk}=0$。从图 3-64 中可看出，所有外部短路（母线 M 与 Z 点之间为内部）时，补偿电压 $\dot{U}'_{A}$、$\dot{U}'_{B}$、$\dot{U}'_{C}$ 都代表了保护范围末端 Z 点的实际电压。在内部 k3 点短路时，补偿电压不等于保护范围末端 Z 点的电压，因为电源 $\dot{E}_{M}$ 供给的电流 $\dot{I}$ 只能流到 k3 点，不能再继续流到 Z 点，为求补偿电压，可将分布线延长到 Z 点，这时补偿电压代表系统中任何点的真实电压。

图 3-65 所示为空载线路两相直接短路时，正、负序电压分布图，满足式（3-145）。在短路点处有 $\dot{U}_{1k}=\dot{U}_{2k}=\dfrac{\dot{E}}{2}$。在所有外部短路时，补偿电压 $\dot{U}'$ 等于保护区末端 Z 点的电压 $\dot{U}_{Z}$，即 $\dot{U}'=\dot{U}_{Z}$，而在保护区内部短路时，$\dot{U}'\neq\dot{U}_{Z}$。为求 $\dot{U}'$，可将电压分布曲线延长到 Z 点。

从图 3-64 和图 3-65 可得出判别保护区内和区外短路的三个条件：

1）反映补偿电压相序。所有外部短路三个补偿电压相序为正，而内部短路相序为负。

2）比较两补偿电压相位。例如，所有外部短路电压 $\dot{U}'_{AB}$ 滞后 $\dot{U}'_{CB}$，而内部短路时，$\dot{U}'_{AB}$ 超前 $\dot{U}'_{CB}$。

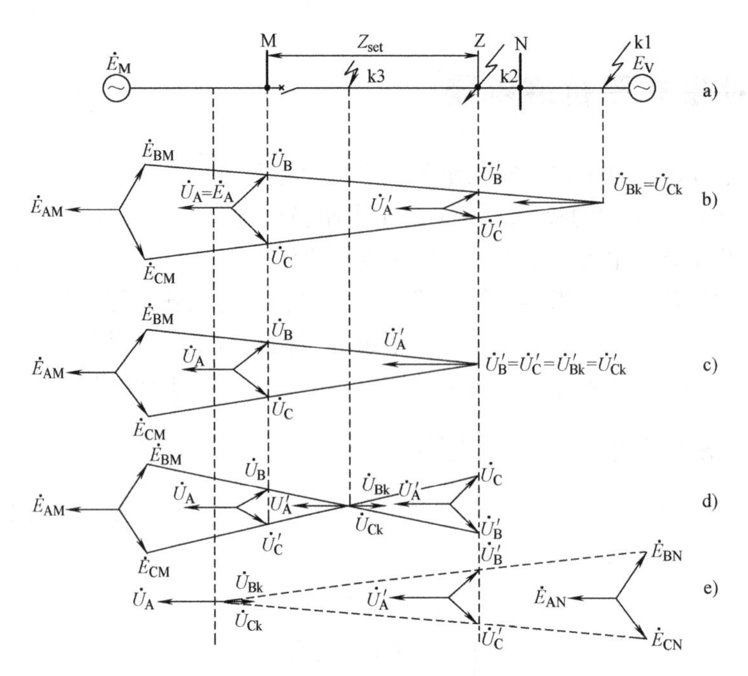

图 3-64　B、C 两相直接短路相电压分布图

a）系统图　b）区外短路　c）保护区末端短路　d）保护区内部短路　e）反方向短路

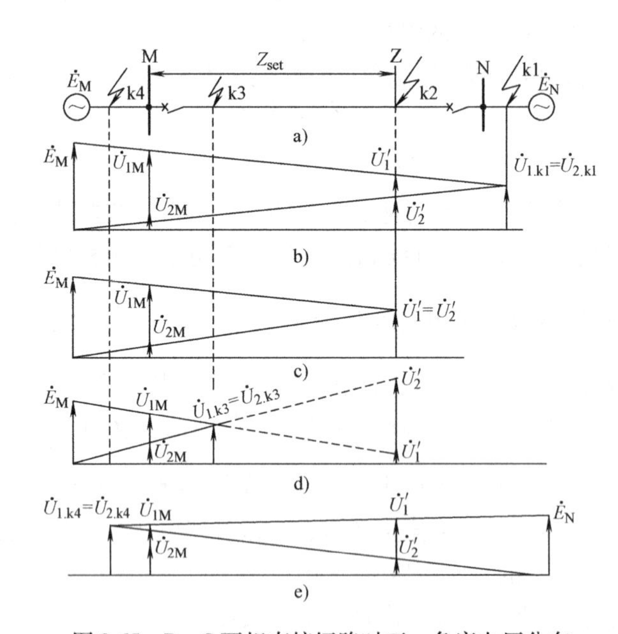

图 3-65　B、C 两相直接短路时正、负序电压分布

a）网络图　b）正方向外部短路　c）保护区末端短路　d）保护区内部短路　e）反方向短路

3）比较 $\dot{U}_1'$ 和 $\dot{U}_2'$ 的幅值。内部短路时，$|\dot{U}_2'|>|\dot{U}_1'|$；外部短路时，$|\dot{U}_2'|<|\dot{U}_1'|$。动作条件为

$$|\dot{U}_2'|>|\dot{U}_1'| \tag{3-146}$$

根据以上各种短路故障的补偿电压特征，可构成多相补偿阻抗继电器。幅值比较式相间多相补偿阻抗继电器原理框图，如图 3-66 所示。它是由电压形成回路，三相式正序、负序电

压滤过器和环流法构成的幅值比较回路等组成。电压形成回路通过电压变换器 1UV、2UV、3UV，电抗变换器 1UX、2UX、3UX，分别取得三个补偿电压。

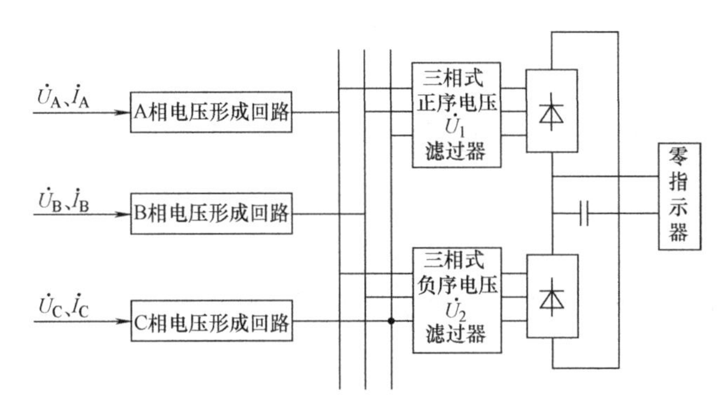

图 3-66　幅值比较式相间多相补偿阻抗继电器的原理框图

$$\begin{cases}\dot{U}'_A = \dot{U}_A - \dot{I}_A Z_{set} \\ \dot{U}'_B = \dot{U}_B - \dot{I}_B Z_{set} \\ \dot{U}'_C = \dot{U}_C - \dot{I}_C Z_{set}\end{cases} \tag{3-147}$$

此三相补偿电压经三相正序滤过器和三相负序滤过器，分别取得正序和负序补偿电压：

$$\begin{cases}\dot{U}'_1 = \dot{U}_1 - \dot{I}_1 Z_{set} \\ \dot{U}'_2 = \dot{U}_2 - \dot{I}_2 Z_{set}\end{cases} \tag{3-148}$$

然后，将其送至按环流法接线的幅值比较回路，当满足下式时，继电器动作。

$$|\dot{U}_1 - \dot{I}_1 Z_{set}| > |\dot{U}_2 - \dot{I}_2 Z_{set}| \tag{3-149}$$

3.6.2　接地短路多相补偿阻抗继电器

1. 单相接地短路多相补偿阻抗继电器

如图 3-67 所示，在母线 M 处，接地补偿阻抗继电器的三个补偿电压为

$$\begin{cases}\dot{U}'_A = \dot{U}_A - (\dot{I}_A + K\dot{I}_0) Z_{set} \\ \dot{U}'_B = \dot{U}_B - (\dot{I}_B + K\dot{I}_0) Z_{set} \\ \dot{U}'_C = \dot{U}_C - (\dot{I}_C + K\dot{I}_0) Z_{set}\end{cases} \tag{3-150}$$

式中，$\dot{U}'_A$、$\dot{U}'_B$、$\dot{U}'_C$ 为各相补偿电压；$\dot{U}_A$、$\dot{U}_B$、$\dot{U}_C$ 为保护安装处母线电压；$\dot{I}_A$、$\dot{I}_B$、$\dot{I}_C$ 为各相电流；K 为零序电流补偿系数；Z_{set} 为整定阻抗（补偿阻抗）。

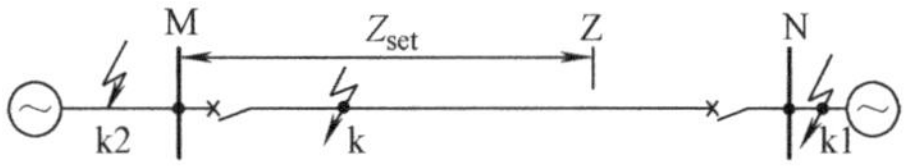

M　Z_{set}　Z　N　k2　k　k1

图 3-67　单相补偿阻抗继电器保护区示意图

在图 3-67 中，当 A 相 k 点发生单相接地短路时，由于 $\dot{I}_B = 0$，$\dot{I}_C = 0$，$\dot{U}_B \approx \dot{E}_B$，$\dot{U}_C \approx \dot{E}_C$，$\dot{U}_A = (\dot{I}_A + K\dot{I}_0) Z_k - (\dot{I}_A + K\dot{I}_0) Z_{set}$，则式（3-150）可改写成

$$\begin{cases}\dot{U}'_A = (\dot{I}_A + K\dot{I}_0) Z_k - (\dot{I}_A + K\dot{I}_0) Z_{set} \\ \dot{U}'_B = \dot{E}_B - K\dot{I}_0 Z_{set} \\ \dot{U}'_C = \dot{E}_C - K\dot{I}_0 Z_{set}\end{cases} \tag{3-151}$$

对式（3-151）整理后得

$$\begin{cases}\dot{U}'_{A}=(\dot{I}_{A}+K\dot{I}_{0})(Z_{k}-Z_{set})\\ \dot{U}'_{B}=\dot{E}_{B}-K\dot{I}_{0}Z_{set}\\ \dot{U}'_{C}=\dot{E}_{C}-K\dot{I}_{0}Z_{set}\end{cases} \tag{3-152}$$

当在保护区内 k 点发生 A 相直接接地短路时，$Z_{k}<Z_{set}$，$\varphi_{k}=\varphi_{set}$，根据式（3-152）画出相量图如图 3-68 所示。补偿电压 $\dot{U}'_{A}$、$\dot{U}'_{B}$、$\dot{U}'_{C}$ 和零序电流 $-\dot{I}_{0}$ 四个相量落在半平面内。

1）在保护区外 k1 点发生 A 相直接接地短路时，$Z_{k}>Z_{set}$，根据式（3-152）画图，$\dot{U}'_{A}$、$\dot{U}'_{B}$、$\dot{U}'_{C}$，$\dot{I}_{0}$ 的相量关系如图 3-69 所示，补偿电压 $\dot{U}'_{A}$、$\dot{U}'_{B}$、$\dot{U}'_{C}$ 和零序电流 $-\dot{I}_{0}$ 分布在 360°范围内。

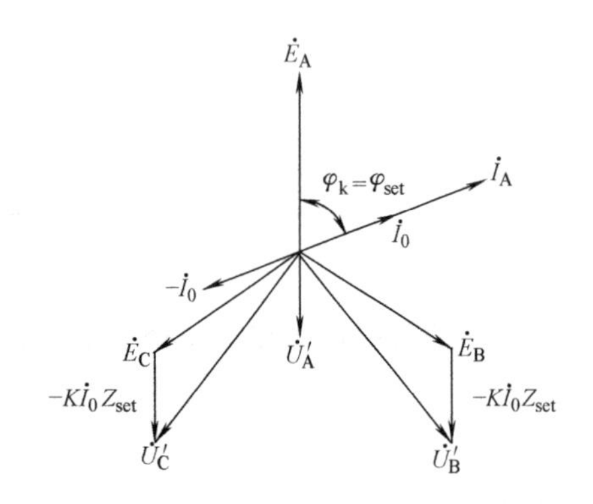

图 3-68　保护区内 k 点发生 A 相直接接地短路时的相量图

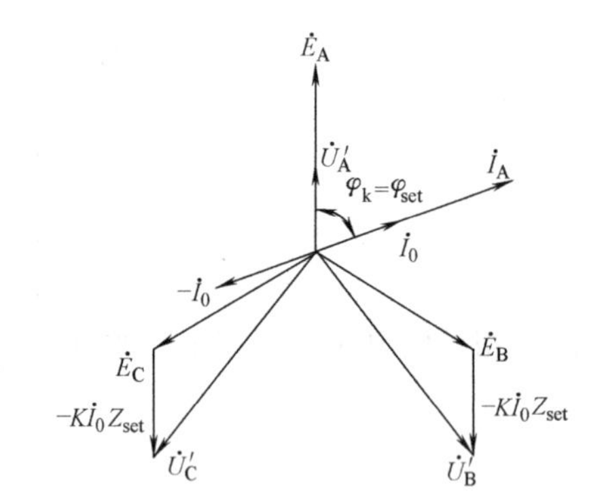

图 3-69　保护区外 k1 点发生 A 相直接接地短路时的相量图

2）反方向 k2 点发生 A 相直接接地短路时，式（3-151）中整定阻抗 Z_{set}中电流（$\dot{I}_{A}+K\dot{I}_{0}$）反向，且 $\varphi_{k}=\varphi_{set}$，根据式（3-151）画图，$\dot{U}'_{A}$、$\dot{U}'_{B}$、$\dot{U}'_{C}$、$\dot{I}_{k}$ 的相量关系如图 3-70 所示。由图可见，补偿电压 $\dot{U}'_{A}$、$\dot{U}'_{B}$、$\dot{U}'_{C}$ 和 $-\dot{I}_{0}$ 也都分布在 360°范围。

由以上分析可见，只有在保护区内短路时，$\dot{U}'_{A}$、$\dot{U}'_{B}$、$\dot{U}'_{C}$ 和 $-\dot{I}_{0}$ 在分布在半平面 180°范围内。根据这个原理构成多相补偿阻抗继电器如图 3-71 所示。

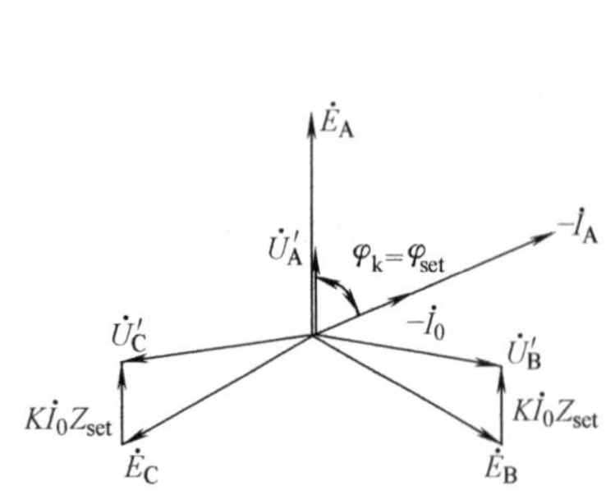

图 3-70　保护反方向 k2 点发生 A 相直接接地短路时的相量图

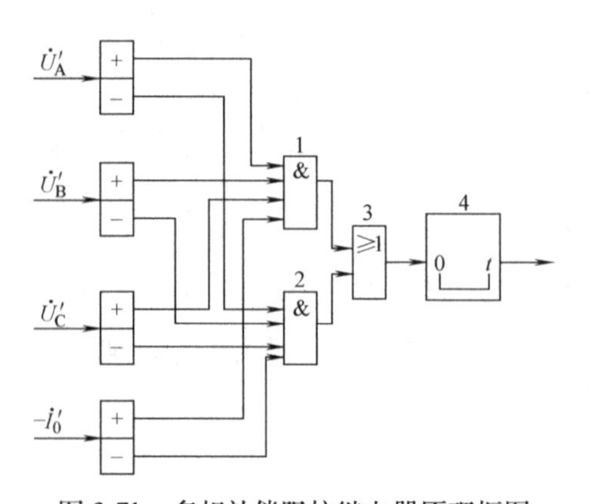

图 3-71　多相补偿阻抗继电器原理框图

在正常运行、系统振荡及发生相间短路时，$\dot{I}_0=0$，$\dot{U}_0=0$，而且 $\dot{U}'_A+\dot{U}'_B+\dot{U}'_C=0$，上式关系对每一瞬时都成立，即任何瞬间，三个电压瞬时值极性不同，故继电器不动作。

不在保护区内发生接地短路时，$\dot{U}'_A$、$\dot{U}'_B$、$\dot{U}'_C$ 和 $-\dot{I}_0$ 四者都为正或负时，与门1、2才有输出，或门3每半个周波输出一个脉冲，经延时返回元件KT展宽为连续信号输出。

2. 两相接地短路时

两相接地短路 $\dot{U}'_1$、$\dot{U}'_2$ 补偿电压如图3-72所示，边界动作条件仍然是 $\dot{U}_{k1}=\dot{U}_{k2}$，与两相直接短路相同，但是靠近保护安装处一定距离内范围短路时，由于 $|\dot{I}_1|>|\dot{I}_2|$，正序电压分布成下倾斜率较大，负序电压分布线上升斜率小，结果可能出现 $|\dot{U}'_2|<|\dot{U}'_1|$，使距离保护拒动，这是两相接地短路特有现象。为了确定这个保护拒动区域，可由下列式子联立求解。

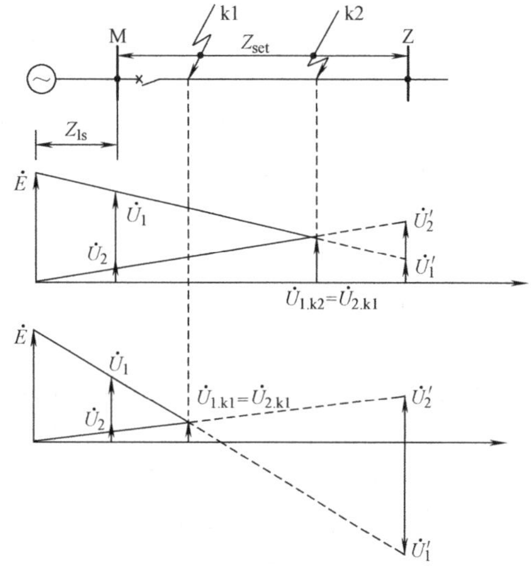

图3-72　两相接地短路时 $\dot{U}'_1$ 和 $\dot{U}'_2$ 的分析

动作边界条件：$-\dot{U}'_1=\dot{U}'_2$

短路点边界条件：$\dot{U}_{k1}=\dot{U}_{k2}=\dot{U}_{k0}=-\dot{I}_0(Z_{0.s}+Z_{0L})$

$$\dot{I}_1+\dot{I}_2+\dot{I}_3=0$$

正序补偿电压：$\dot{U}'_1=\dot{U}'_{k1}-\dot{I}_1(Z_{set}-Z_{1L})$

负序补偿电压：$\dot{U}'_2=\dot{U}'_{k2}-\dot{I}_2(Z_{set}-Z_{2L})$

式中，$Z_{0.s}$为电源零序阻抗；Z_{0L}、Z_{1L}、Z_{2L}分别为短路点到保护安装处的线路零序、正序、负序阻抗。

联解以上各式可得保护拒动区域为

$$Z_{1L}=(Z_{set}-Z_{0.s})/(1+2K_0)$$

式中，$K_0=Z_{0L}/Z_{1L}$。

由此可见，只有在当 $Z_{set}>2Z_{0.s}$时，多相阻抗继电器才出现两相接地短路拒动区域。

由以上分析可知，相间短路多相补偿阻抗继电器，必须存在负序分量才能动作，因此，它不反映过负荷、三相短路和系统振荡等对称状态，而且继电器动作与故障相别无关，动作有方向性，两相短路没有死区。为了反映三相短路，在保护装置中必须增加一个单相式方向阻抗继电器。

3.7　自适应距离保护的基本原理

自适应距离保护是现代继电保护技术的重要研究课题之一，在常规距离保护实际应用中，自适应原理解决了不少问题，微机保护为自适应原理实现创造了有利条件。

自适应距离保护与常规距离保护的主要区别在于增加了自适应控制回路，自适应控制回路主要作用是根据被保护线路和系统有关部分所提供的输入识别系统所处的状态，进一步做出自适应的控制决策。

1. 在自动重合闸过程中的自适应控制

在距离保护中，第Ⅰ段的保护采用方向阻抗继电器以保证在反方向发生断路故障时保护不会误动作。为了消除方向阻抗继电器在线路正方向出口处发生短路故障时存在的动作“死区”以及提高保护的性能，广泛采用记忆回路和引入非故障相电压的方法，收到了良好的效果。但在220kV及以上电压等级输电线路的距离保护电压通常是由线路侧电压互感器上引入的。若故障线路两端断路器断开后，在自动重合闸过程中，由于线路上的电压消失，即继电器中的记忆回路作用消失，在线路正向出口处发生短路故障时，距离保护会拒绝动作。为了解决这一问题，在重合闸过程中采用自动改变阻抗继电器特性的自适应方法，将方向阻抗特性改为偏移阻抗特性。

2. 消除过渡电阻影响的自适应控制

短路点的过渡电阻对不同动作特性的阻抗元件产生不同的影响。在单侧电源的线路上，短路点有过渡电阻时，由于继电器装设处所测量到的总是电阻分量，因此不影响阻抗继电器的正确动作。但是在双侧电源条件下，阻抗元件测量到的过渡电阻的阻抗将会出现感性或容性分量，从而可能引起保护动作范围的缩短或超越。过渡电阻引起的动作范围的缩短和超越与系统参数、两侧电动势夹角、过渡电阻、故障点位置、负荷大小、方向以及功率因数等因素有关。为防止超越，可采用电抗零序阻抗继电器，其动作特性如图3-15所示。

3. 消除分支电流影响的自适应控制

如图3-55所示的网络，线路A侧定时限过电流保护的整定值应能覆盖最长的相邻线路，而不管是否有来自其他线路或B母线上的电源馈入电流。在某种程度上，目前所有保护系统都必须适应电力系统的变化。这个目标常常是通过继电器的整定值在可能出现的各种电力系统情况下都正确的方法来实现的。例如目前传统的电流保护和距离保护常用的方法是通过整定计算时引入分支系数来适应电力系统运行方式的变化。

如图3-55所示的系统，计算AB线路A侧距离保护的分支系数公式为

$$K_{b}=\frac{\dot{I}_{AB}+\dot{I}_{DB}}{\dot{I}_{AB}} \tag{3-153}$$

式中，K_b为分支系数；$\dot{I}_{AB}$、$\dot{I}_{DB}$为电源A和B向短路点提供的短路电流。

在计算时引入分支系数，但是它仍然无法使保护能预料系统可能发生的意外故障及运行方式，也就是说整定值并不是最好的。因为对AB线路A侧进行距离第Ⅱ段整定计算时，为了保证保护动作选择性，应取最小的分支系数。上述表明引入分支系数在某种程度上就是应用了自适应性，只不过这种自适应性还不完善。

由于自适应继电保护要求继电器必须适应正在变化的系统，就必须有分层配置的带有通信线路的计算机继电保护，应能与变电所的其他设备或远方变电所的计算机网络进行通信。

3.8　对距离保护的评价及应用范围

对距离保护的评价，应根据对继电保护的四个基本要求来评定。

（1）选择性

根据距离保护的工作原理可知，它可以在多电源复杂网络中保证有选择性动作。

（2）速动性

距离保护第Ⅰ段是瞬时动作，但只能保护线路全长的80%~85%，尚有15%~20%的线路

保护范围内的短路靠带 0.5s 时限的距离保护第Ⅱ段来切除。因此对于 220kV 及以上电网根据系统稳定运行的要求，要求全长无时限切除线路上任一点的短路，这时距离保护就用作主保护了。

（3）灵敏性

距离保护在反映故障时电流增大，同时电压降低，因此灵敏性比电流电压保护高。更主要的是距离保护第Ⅰ段的保护范围不受系统运行方式改变的影响，而其他两段保护范围受系统运行方式改变影响也较小。

（4）可靠性

距离保护受各种因素的影响，如系统振荡、短路点的过渡电阻和电压回路断线等，因此在保护中需采取各种防止或减少这些因素影响的措施，需要用复杂的阻抗继电器和较多的辅助继电器，使整套保护装置比较复杂，因此，可靠性相对比电流保护低。目前，采用整流型距离保护，可使阻抗继电器部分大为简化，整套装置的调试也比感应型距离保护简单。

距离保护目前应用较多的是保护电网的相间短路。对于大接地电流电网中的接地故障可由简单的阶段形零序电流保护装置切除，或者采用接地距离保护。通常在 35kV 电网中，距离保护作为复杂网络相间短路的主保护；在 110~220kV 的高压电网和 330~500kV 的超高压电网中，相间短路距离保护和接地短路距离保护主要作为全线速动的主保护的相间短路和接地短路的后备保护，对于不要求全线速动的高压线路，距离保护可作为线路的主保护。

思考题与习题

3-1　什么叫距离保护？它与电流保护的主要区别是什么？

3-2　试比较方向阻抗继电器、偏移特性阻抗继电器和全阻抗继电器在构成原则上有什么区别，按绝对值比较方式列出它们的特性方程。在 *R-X* 复数平面上画出有相同整定阻抗的动作特性圆，进而画出它们的原则性接线图。

3-3　什么叫测量阻抗、动作阻抗和整定阻抗？它们之间有何不同？

3-4　有一方向阻抗继电器，其整定阻抗为 $Z_{set}=8\angle 60°\ \Omega$，若测量阻抗 $Z_r=7.2\angle 30°\ \Omega$，问该继电器能否动作？为什么？

3-5　对偏移特性阻抗继电器是否要加记忆回路和引入第三相电压？

3-6　什么是方向阻抗继电器的最大灵敏角？为什么要调整最大灵敏角等于线路阻抗角？如何调整？

3-7　什么是阻抗继电器的精确工作电流？为什么要求短路时加入继电器的电流要大于精确工作电流？

3-8　影响方向阻抗继电器动作特性的因素有哪些？

3-9　什么是阻抗继电器的 0°和 30°接线方式？为什么相间距离保护的测量元件常采用 0°接线方式？在什么情况下采用-30°接线？

3-10　过渡电阻对距离保护第Ⅰ段的影响大，还是对第Ⅱ段的影响大？为什么？

3-11　过渡电阻对长线距离保护影响大还是对短线距离保护影响大？为什么？

3-12　为什么在整定距离保护第Ⅱ段时要考虑最小分支系数，而在校验第Ⅲ段灵敏性时要考虑最大分支系数？

3-13　电力系统振荡对距离保护有什么影响？哪一种影响最大？

3-14　距离保护振荡闭锁装置应满足什么条件？

3-15　电压互感器二次回路断线对阻抗继电器有什么影响？如何防止？

3-16　试分析说明三种特性圆的阻抗继电器中，哪一种受过渡电阻影响最大？哪一种受系统振荡影响最大？

3-17　距离保护启动元件采用负序、零序增量元件有何优点？

3-18　阶段式距离保护与阶段式电流保护相比具有哪些优点？

3-19　如图3-73所示，110kV线路k点发生两相短路，已知线路的阻抗 $R_1=0.33\Omega/\text{km}$，$X_1=0.4\Omega/\text{km}$，$l=10\text{km}$，采用0°接线。试求：（1）没有过渡电阻时的距离保护1测量阻抗 Z_{r1}。（2）当过渡电阻 $R=4\Omega$ 时的测量阻抗，已知 $\dot{I}_{k.2}=\dot{I}_{k.1}e^{j30°}$。

3-20　如图3-74所示，已知各线路首端均装有距离保护，线路正序阻抗 $Z_1=0.4\Omega/\text{km}$。试计算距离保护1的第Ⅰ、Ⅱ段的动作阻抗，第Ⅱ段的动作时限及校验第Ⅱ段的灵敏性。已知：距离保护第Ⅱ段动作时限 $t_{p2}^{\text{II}}=0.5\text{s}$。

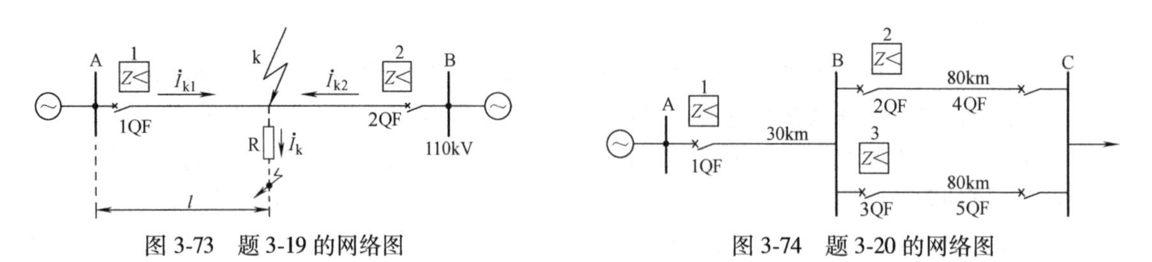

图3-73　题3-19的网络图　　　　图3-74　题3-20的网络图

3-21　如图3-75所示网络，采用三段式距离保护为相间短路保护，各参数如下：线路单位正序阻抗 $Z_1=0.4\Omega/\text{km}$，线路阻抗角为 $\varphi_L=65°$，AB、BC线最大负荷电流为400A，负荷功率因数 $\cos\varphi_e=0.9$，已知 $K_{rel}^{\text{I}}=K_{rel}^{\text{II}}=0.8$，$K_{rel}^{\text{III}}=1.2$，电源电动势 $E=115\text{kV}$，电源内阻 $Z_{s.A.max}=10\Omega$，$Z_{s.A.min}=8\Omega$，$Z_{s.B.max}=30\Omega$，$Z_{s.B.min}=15\Omega$。归至115kV的各变压器阻抗为84.7Ω，每台容量 $S_T=15\text{MV}\cdot\text{A}$。其余参数如图示。

当各阻抗保护测量元件采用方向阻抗继电器时，求：（1）保护1各段整定值和校验灵敏系数。（2）分析系统在最小运行方式下振荡时保护1各段保护动作情况。（3）当距离1QF 20km处发生过渡电阻 $R=12\Omega$ 相间短路时，保护1将做如何反应？

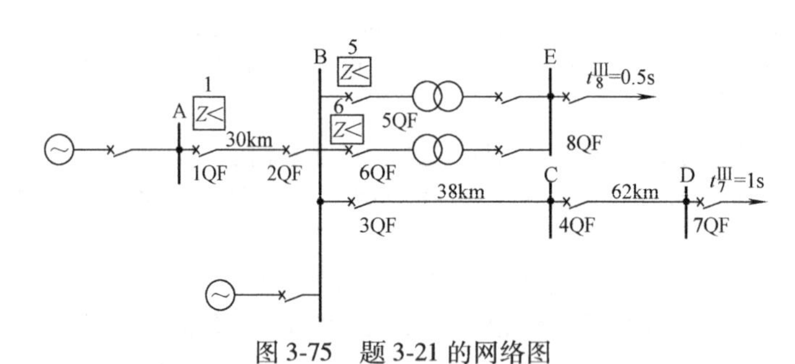

图3-75　题3-21的网络图

3-22　如图3-76所示网络，已知正序阻抗 $Z_1=0.4\Omega/\text{km}$，线路阻抗角 $\varphi_k=70°$；A、B变电所装有反映相间短路的两段式距离保护，其中距离第Ⅰ、Ⅱ段的测量元件均采用方向阻抗继电器和0°接线方式。试求A变电所距离保护和各段整定值，并讨论：

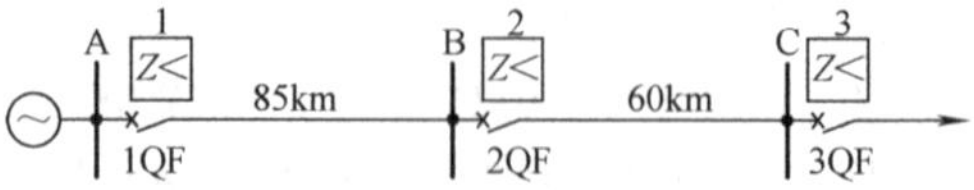

（1）在线路AB上距A侧65km处和75km处发生金属性相间短路时，A变电所距离保护各段动作情况。

（2）在距A侧40km处发生接地电阻 $R=16\Omega$ 相间弧光短路时，A变电所各段动作情况。

（3）若A变电所的电压为115kV，通过变电所的负荷功率因数 $\cos\varphi_L=0.8$，为使A变电所的距离保护第Ⅱ段不误动作，最大允许负荷电流为多大？

图3-76　题3-22的网络图

3-23　试求图3-77网络中的A侧距离保护最大和最小分支系数。

3-24　如图3-78所示的双侧电源电网，已知线路正序阻抗 $Z_1=0.4\Omega/\text{km}$，$\varphi_L=75°$；M侧电源等值相

电动势 $E_M = 115/\sqrt{3}$kV，阻抗 $Z_M = 20\angle 75°\Omega$，N 侧电源等值相电动势 $E_N = 115/\sqrt{3}$kV，阻抗 $Z_N = 10\angle 75°\Omega$。在变电站 M 和 N 端之间装有距离保护。距离保护第Ⅰ、Ⅱ段测量元件均采用方向阻抗继电器。试求：

（1）振荡中心位置，并在复平面坐标上绘出振荡时测量阻抗的变化轨迹。

（2）分析系统振荡时，M 侧电站距离保护第Ⅰ、Ⅱ段（第Ⅱ段距离保护一次动作整定阻抗取 $Z_{op.1}^{II} = 160\angle 75°\Omega$）误动的可能性及应采取的措施。

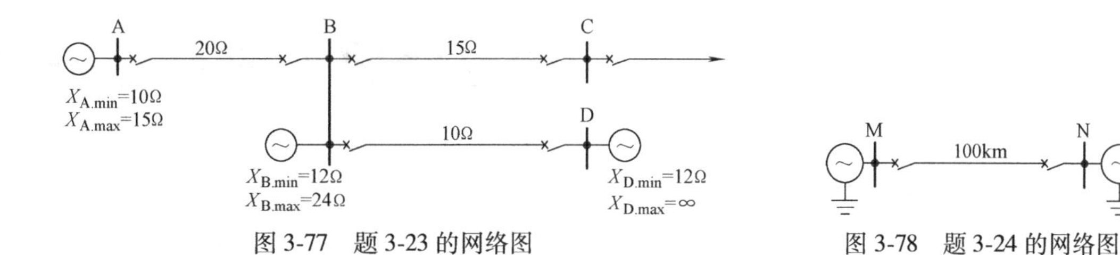

图 3-77　题 3-23 的网络图　　图 3-78　题 3-24 的网络图

本章学习要点

思考题与习题解答

第 4 章

输电线路的纵联保护

基本要求

1. 了解线路纵联保护的基本原理、接线，掌握其整定计算方法。
2. 了解高频保护的工作原理及构成。
3. 掌握高频载波通道的构成原理及载波通道各元件的名称及功用。
4. 掌握方向高频保护的工作原理及组成元件。
5. 掌握相差高频保护的工作原理及基本组成元件、高频闭锁角的计算及相继动作问题。
6. 了解距离高频保护和零序高频保护的基本原理。
7. 了解微波保护的基本概念。

前面所介绍的电压、电流保护以及距离保护，由于其动作原理只能反映被保护线路一端的电气量的变化，仅靠测量元件无法区分被保护线路末端与相邻线路首端的短路故障，为了保证选择性，不得不将无时限的保护范围缩短到小于线路全长。一般应将被保护的无时限第Ⅰ段保护范围整定为线路全长的80%~90%，对于其余10%~20%线路的短路故障只能由保护第Ⅱ段限时切除，这对于某些重要线路是不能允许的。为了保证短路故障切除后的稳定性，必须采用反映输电线路两端的电气量的纵联差动保护，以实现线路全长范围内任何点短路故障的快速切除。理论上这种纵联差动保护具有输电线路内部短路故障时动作的绝对选择性。

输电线路的纵联差动保护两端比较的电气量可以是流过两端的电流、流过两端电流的相位和流过两端的功率方向等，比较两端不同电气量差别构成不同原理的纵联差动保护。将一端的电气量传送到对方端，可根据不同的信息通道，采用不同的传输技术。一般纵联差动保护可以按照所利用的通道类型或动作原理进行分类。

按照所利用的信息通道不同类型，纵联差动保护可分为四种：①导引线的纵联差动保护（简称为纵联差动保护）；②电力线载波纵联差动保护（简称为高频保护）；③微波纵联差动保护（简称为微波保护）；④光纤纵联差动保护（简称为光纤保护）。

本章主要讲述线路纵联保护的基本原理、接线及整定计算，光纤纵联电流差动的工作原理和允许式方向纵联保护工作原理，高频保护的工作原理及其构成，高频载波通道的构成原理和载波通道各元件的名称和功用，重点讲述方向高频保护和相差高频保护的基本工作原理，讨论闭锁角的计算及相继动作的问题，并简要介绍微波通道的概念。

4.1 输电线的导引线纵联差动保护

4.1.1 纵联差动保护原理

线路纵联差动保护（以下简称纵差保护）的工作原理是基于比较被保护线路始端和末端电流的大小和相位。在线路两端安装了具有型号相同和电流比一致的电流互感器，它们的二次绕组用电缆连接起来，其连接方式应使正常运行或外部短路故障时继电器中没有电流，而在被保护线路内部发生短路故障时，其电流等于短路点的短路电流。

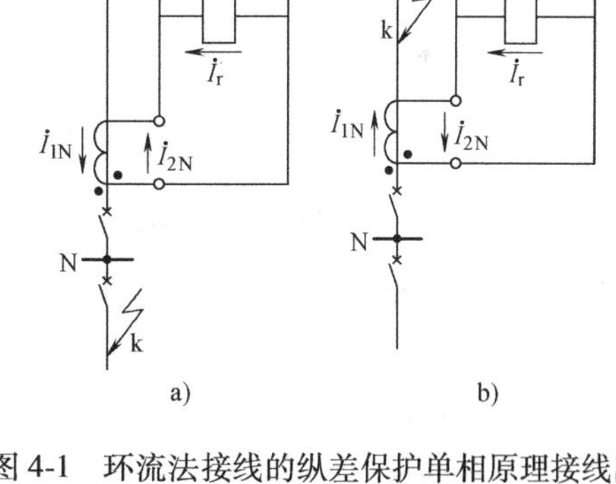

图 4-1 环流法接线的纵差保护单相原理接线图
a）正常运行或保护区外部短路故障
b）线路保护区内部短路故障

图 4-1 为环流法接线的纵差保护单相原理接线图，图中，将线路两端电流互感器二次侧带“ • ”号的同极性端子连接在一起，将不带“ • ”号的同极性端子连接在一起，差动继电器接在差流回路上。

由图 4-1a 可见，当线路正常运行或外部短路故障时，两端电流大小相等、方向相反，反映在电流互感器二次回路中流过差动继电器中的电流为零，即

$$\dot{I}_{r}=\dot{I}_{2M}-\dot{I}_{2N}=\frac{1}{K_{TA}}(\dot{I}_{1M}-\dot{I}_{1N})=0 \quad (4\text{-}1)$$

由图 4-1b 可见，当线路保护范围内发生短路故障时，线路两端电流都流入故障点，反映在电流互感器二次侧流入差动继电器中的电流为故障点总的短路电流的二次值，即

$$\dot{I}_{r}=\dot{I}_{2M}+\dot{I}_{2N}=\frac{1}{K_{TA}}(\dot{I}_{1M}+\dot{I}_{1N})=\frac{\dot{I}_{k}}{K_{TA}} \quad (4\text{-}2)$$

当流入继电器的电流 I_r 大于继电器整定的动作电流 $I_{op.r}$ 时，差动保护继电器动作。

由以上分析看出，纵差保护的保护范围为线路两端 TA 之间的距离，在保护范围外短路，保护不能动作，故不需要与相邻元件在保护动作值和动作时限上配合，因此可以实现全线瞬时切除故障。

在理想情况下正常运行或外部故障时，可认为流入继电器的电流 $\dot{I}_r=0$。实际上由于线路两端 TA 特性不完全相同，将导致在二次回路中电流不相等，产生不平衡电流 $\dot{I}_{unb}$，即

$$\dot{I}_{r}=\dot{I}_{2M}-\dot{I}_{2N}=\dot{I}_{unb} \quad (4\text{-}3)$$

4.1.2 不平衡电流

在导引线纵差保护中，在正常运行或外部故障时，由于线路两端的电流互感器的励磁特性不完全相同，流入继电器的电流称为不平衡电流，如图 4-2 所示为电流互感器的励磁特性和不平衡电流的变化曲线。

当一次电流较小时，电流互感器不饱和，线路两端TA的特性曲线 $I_2=f(I_1)$ 差别不大，当一次电流较大时，铁心开始饱和，于是励磁电流明显加大。当一次电流很大时，电流互感器高度饱和，励磁电流急剧增大。由于线路两端TA特性不同，造成两个二次电流有较大差别，铁心越饱和，电流误差越大，即不平衡电流越大。

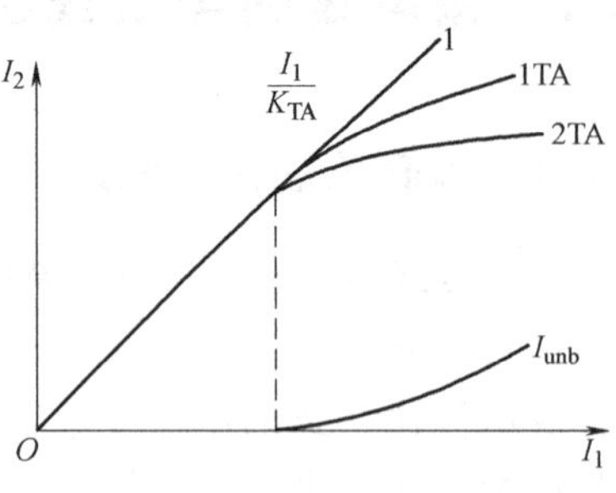

图4-2　电流互感器的励磁特性和不平衡电流的变化曲线

设电流互感器二次电流为

$$\begin{cases}\dot{I}_{2M}=\dfrac{1}{K_{TA}}(\dot{I}_{1M}-\dot{I}_{1m})\\[2ex]\dot{I}_{2N}=\dfrac{1}{K_{TA}}(\dot{I}_{1N}-\dot{I}_{1n})\end{cases}\tag{4-4}$$

式中，$\dot{I}_{1m}$、$\dot{I}_{1n}$ 为两端电流互感器的励磁电流。

在正常运行及保护范围外故障时，如上述 $\dot{I}_{1M}=\dot{I}_{1N}$，因此流入差动继电器的电流为不平衡电流，即

$$\dot{I}_{unb}=\dot{I}_{2M}-\dot{I}_{2N}=\frac{1}{K_{TA}}(\dot{I}_{1n}-\dot{I}_{1m})\tag{4-5}$$

因 $\dot{I}_{1M}=\dot{I}_{1N}$，不平衡电流为两个电流互感器励磁电流的差值。因此，凡是引起励磁电流增大的各种因素，都是使不平衡电流增大的原因。为减少差动保护中的不平衡电流，差动保护采用特制的、特性近似相同的D级电流互感器。

当发生外部故障时，流过电流互感器的一次电流为 $\dot{I}_{k.max}$，设差动保护中，一端TA误差为零，另一端TA误差最大，按国家标准用于保护的TA要求10%的准确度等级，即取TA的误差 $K_{err}=10\%$，则差动保护中最大的不平衡电流为

$$\dot{I}_{unb.max}=K_{err}\dot{I}_{k.max}^{(3)}/K_{TA}\tag{4-6}$$

当采用D级电流互感器后，线路两端电流互感器的误差不会太大，可引入一个同型系数 K_{st}，则最大不平衡电流为

$$\dot{I}_{unb.max}=K_{err}K_{st}\dot{I}_{k.max}^{(3)}/K_{TA}\tag{4-7}$$

式中，K_{st} 为电流互感器的同型系数，当采用同型号时取0.5，否则取1。

由于差动保护是瞬时动作的，因此还需要研究在保护区外部短路时暂态过程中对不平衡电流的影响。在暂态过程中，一次短路电流中包含按指数规律衰减的非周期分量，由于它对时间的变化率 $\frac{di}{dt}$ 远小于周期分量的变化率，因此很难传变到二次侧，而大部分成为励磁电流。传变到二次回路的一部分称为强制的非周期分量。又由于电流互感器励磁回路电感中的电流不能突变，从而引起非周期自由分量。而二次回路和负载中也有电感，故短路电流中的周期分量也将在二次回路中引起自由非周期分量电流。此外，非周期分量电流偏向时间轴一侧，使电流峰值增大，使铁心饱和，进一步增加励磁电流。所以在暂态过程中，励磁电流将大大超过其稳态值，并含有大量缓慢衰减的非周期分量，这将使不平衡电流大大增加。

图4-3中为外部短路时一次短路电流 i_k 的波形和不平衡电流 i_{unb} 的波形。由图中可见，暂态不平衡电流可能超过稳态不平衡电流数倍。由于两个TA的励磁电流中含有很大的非周期分量，使不平衡电流也含有很大的非周期分量，全偏向时间轴一侧。最大不平衡电流发生在暂态过程中段，这是因为暂态过程起始段短路电流直流分量大、铁心饱和程度高，一次侧的交

流分量不能传变到二次侧，同时由于励磁回路有很大电感，励磁电流不能突变，所以不平衡电流不大；在暂态过程结束后，铁心饱和消失，电流互感器转入正常工作状态，平衡电流又减小了，所以最大不平衡电流发生在暂态过程的中段。

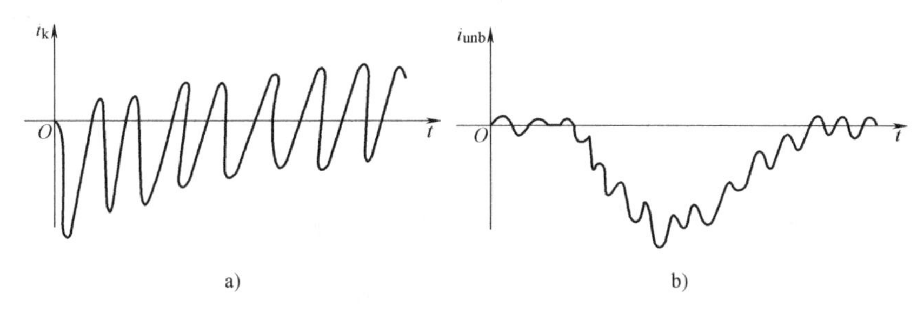

图 4-3　外部短路时一次短路电流 i_k 和不平衡电流 i_{unb} 的波形图

a）短路电流 i_k 的变化　b）不平衡电流 i_{unb} 的变化

如图 4-4 所示，减小暂态过程中不平衡电流方法有两种，一种是在差动回路中接入具有快速饱和特性的中间变流器 UA；另一种是在差动回路中串入电阻，该电阻可以减少流入差动继电器的不平衡电流并加速衰减，但效果不明显，所以只用在小容量的发电机和变压器的差动保护上。

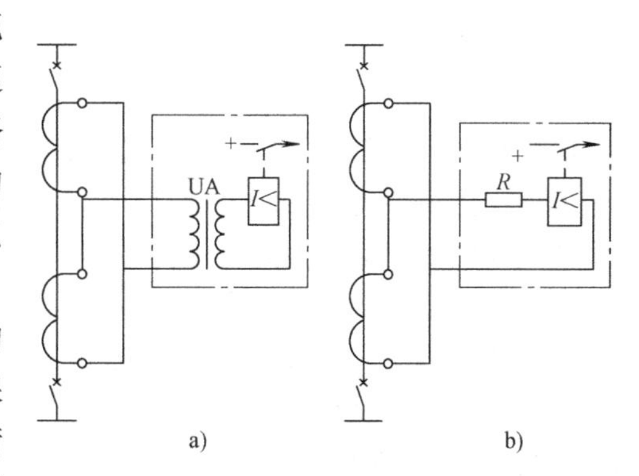

图 4-4　防止非周期分量影响的措施

a）接入速饱和变流器 UA　b）接入电阻 R

为了保证纵差保护的选择性，差动继电器的整定值必须躲过最大不平衡电流，$I_{unb.max}$ 越小，保护的灵敏性就越好。因此，研究如何减小不平衡电流成为一切差动保护的关键问题。考虑到非周期分量的影响时，引入一个非周期分量影响系数 K_{np}，不平衡电流计算公式为

$$I_{unb.max}=K_{err}K_{st}K_{np}I_{k.max}/K_{TA} \tag{4-8}$$

4.1.3　环流法接线纵联差动保护的整定计算

1. 纵差保护的动作电流的整定

（1）按躲过保护区外短路时的最大不平衡电流整定

差动继电器的动作电流，即

$$I_{op.r}=K_{rel}I_{unb.max}=K_{rel}K_{err}K_{st}K_{np}I_{k.max}^{(3)}/K_{TA} \tag{4-9}$$

式中，K_{rel}为可靠系数，取 1.2~1.3；K_{err}为电流互感器 10%误差，取 0.1；K_{st}为电流互感器的同型系数，同型号取 0.5；K_{np}为考虑非周期分量影响的系数，取 2~3，如装有快速饱和变流器，取 1；$I_{k.max}^{(3)}$为外部最大运行方式下三相短路电流值。

（2）按躲过被保护线路最大负荷电流整定

正常运行时为防止电流互感器二次回路断开，保护将流过二次最大负荷电流，因此保护必须按躲过最大负荷电流整定，即

$$I_{op.r}=K_{rel}I_{L.max}/K_{TA} \tag{4-10}$$

式中，$I_{L.max}$ 为被保护线路的最大负荷电流；K_{rel} 为可靠系数，取 1.2~1.3。

同时，应装设TA断线监视装置，当TA发生断线时，闭锁保护并发出信号。继电器整定值选以上两个条件中的最大值。

2. 灵敏度校验

纵差保护的灵敏系数 K_{sen} 按单侧电源供电保护范围末端最小运行方式下两相短路电流 $I_{k.min}^{(2)}$ 计算，即

$$K_{sen}=\frac{I_{k.min}^{(2)}}{I_{op}}\geqslant 1.5\sim 2 \tag{4-11}$$

4.1.4　影响输电线导引线纵联差动保护正确动作的因素

影响输电线导引线纵联差动保护正确动作的主要因素有：

1）电流互感器的误差和不平衡电流。

2）导引线的阻抗和分布电容。

3）导引线的故障和感应过电压。

对于电流互感器的误差和平衡电流的影响在差动保护整定计算时加以考虑。另外对于暂态不平衡电流的影响还可以在差动回路中接入速饱和变流器或串联电阻来减小影响。对于导引线的分布电容和阻抗的影响，可以采用带有制动特性的差动继电器，这种继电器可以减小动作电流，提高差动保护的灵敏性。对于环流法接线，导引线断线造成保护误动，导引线短路将造成导引线拒动，因此要保持导引线的完好性。对于导引线的故障和过电压保护，可采取用监视回路监视导引线的完好性，在导引线故障时将纵差保护闭锁并发出信号。为防止雷电在导引线中感应产生过电压，采取相应的防雷电过电压保护措施，并将电力电缆和导引线电缆分开，不要敷设在同一个电缆沟内，如果必须敷设在一个电缆沟时，也必须使两电缆之间留有足够的安全距离。

线路的导引线纵差保护不受负荷电流影响，不反映系统振荡，具有良好的选择性。在一般情况下，灵敏性也较高，能快速切除全线故障，故可以作为全线速动的主保护。但由于需要导引线，通常应用于8~10km以内的短线路，对于长距离的输电线路的纵差保护可以采用高频载波、微波和光纤等介质构成通信通道。

4.2　电网的高频保护

4.2.1　高频保护的原理及分类

1. 高频保护的工作原理

高频保护是在线路纵差保护原理的基础上，利用现代通信中的高频通信技术，在线路上输送载波高频信号的高频通道来代替导引线，构成高频保护。高频保护与带导引线纵联差动保护原理相似，它是将线路两端的电流相位（功率方向）转化为高频信号，然后用输电线路本身构成的高频（载波）电流通道，将此信号传送到对端进行比较。因为它不反映被保护线路范围以外的故障，在定值选择上也无须与相邻线路相配合，故可以快速动作，无须延时，因此也不能作为相邻线路的后备保护。

2. 高频保护的分类

目前广泛采用的高频保护按其工作原理的不同，可以分为方向高频保护和电流相位差高

频保护。方向高频保护的基本原理是比较被保护线路两端的功率方向，电流相位差高频保护的基本原理是比较两端的电流相位。实现上述两类保护的过程中，需要将功率方向或电流相位转化为高频信号。

4.2.2　高频通道

继电保护的高频通道有三种，即电力输电线路构成的载波通道、微波通道和光纤通道。下面分别介绍。

1. 载波通道

输电线路高频通道的载波频率范围为 50～300kHz，当频率小于 50kHz 时，受工频电压干扰大，而各加工设备构成较困难，当频率高于 300kHz 时，高频能量衰减大为增加。输电线路作为高频通道，根据高频收发信机与输电线路连接方式有两种：一种是将高频收发信机连接在一相导线与大地之间，称为“相—地”制高频通道；另一种是将高频收发信机连接在两相导线之间，称为“相—相”制高频通道。“相—相”制高频通道的衰耗小，但所需的加工设备多，投资大；“相—地”制高频通道传输效率低，但所需的加工设备少，投资小，是一种比较经济的方案，因此，在国内外得到广泛应用。

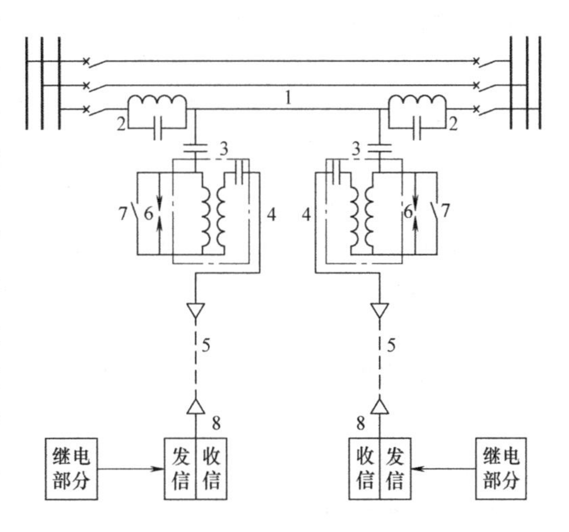

图 4-5　“相—地”制高频通道原理接线
1—输电线（一相导线）　2—高频阻波器　3—耦合电容　4—连接滤波器　5—高频电缆　6—保护间隙　7—接地开关　8—高频收/发信机

“相—地”制高频通道的原理接线如图 4-5 所示，高频通道应能有效地区分高频与工频电流，并使高压一次设备与二次设备隔离，限制高频电流只在本线路内流通，不能传到外线路。为使高频信号电流在传输中衰耗最小，应装设加工设备。

高频通道的主要加工设备有以下几种：

1）高频阻波器。高频阻波器是由一个电感线圈与可变电容器组成的并联谐振回路，其并联后的阻抗 Z 与频率 f 的关系如图 4-6 所示，当谐振频率 f_0 为选用的载波频率时，它呈现最大阻抗。利用这一特性做成阻波器，高频信号被限制在保护输电线路的范围以内，而不能穿越到相邻线路上。但对 50Hz 的工频电流而言，阻波器仅呈现电感线圈的阻抗，数值很小（约为 0.04Ω），并不影响它的传输。

2）耦合电容（结合电容）器。结合电容器与连接滤波器共同配合，将载波信号传递至输电线路，同时使高频收发信机与工频高压线路绝缘。由于结合电容器对工频电流呈现极大阻抗，故由它所导致的工频泄漏电流极小。

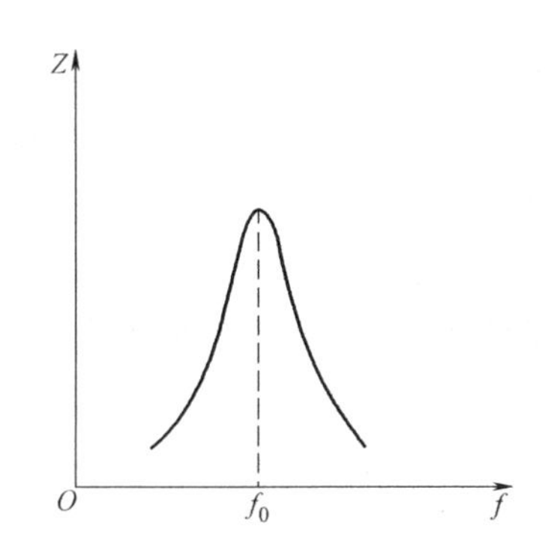

图 4-6　高频阻波器阻抗 Z 与频率 f 的关系

3）连接滤波器。连接滤波器由一个可调节的空心变压器及连接至高频电缆一侧的电容器组成。它和耦合电容器共同组成一个“带通滤波器”，使所需要的频带的高频电流通过。

带通滤波器在线路一侧的阻抗与输电线路的波阻抗（约为400Ω）相匹配，而在电缆一侧，则应与高频电缆的波阻抗（约为100Ω）相匹配，以避免电磁波在传送过程中发生全反射，因而可减小高频能量的附加衰耗。同时，连接滤波器还可以使高频收发信机与高压输电线隔离，保证收/发信机与人身安全。

4）高频电缆。高频电缆采用单心同轴电缆，它用来连接室内继电保护屏、高频收/发信机和室外变电所的连接滤波器，高频电缆的波阻抗一般约为100Ω。

5）保护间隙。保护间隙作为高压通道的辅助设备，起过电压保护的作用，当线路遭受雷击过电压时，通过放电间隙击穿接地，以保护收/发信机不致被击毁。

6）接地开关。接地开关作为高频通道的辅助设备，在检修或调整高频收发信机和连接滤波器时，用它安全接地，保证设备和人身安全。

7）高频收/发信机。发信机部分由继电保护来控制，通常都是在电力系统发生故障时，保护部分启动之后它才发出信号，但有时也采用长期发信、故障时停信或改变信号频率方式。由发信机发出的信号，通过高频通道送到对端的收信机中，也可由自己的收信机所接收，高频收信机接收由本端或对端所发送的高频信号，经过比较判断之后，再动作于继电保护，使之跳闸或将它闭锁。

上述高频阻波器、耦合电容器、连接滤波器和高频电缆等设备统称为高压线路的高频加工设备。

2. 微波通道

由于电力系统载波通信和自动化的日益发展，现在电力输电线路载波频率已经不够分配。为此，在电力系统中还采用微波通道。微波指超短波中的分米波、厘米波和毫米波，我国继电保护的微波通道用的微波频率一般为2000MHz和6000~8000MHz。

微波通道示意图如图4-7所示。它由定向天线、连接电缆和收/发信机组成。微波信号由一端发信机发出，经连接电缆送到天线发射，经过空间传播，送到线路对端天线，被接收后由电缆送到收信机中。微波信号是直线传播的，由于地球是一个球体，微波的直线传播距离受到限制，一般平原地区，一个50m高的微波天线通信距离为50km左右，超过这个距离，就要增设微波中继站来输送。

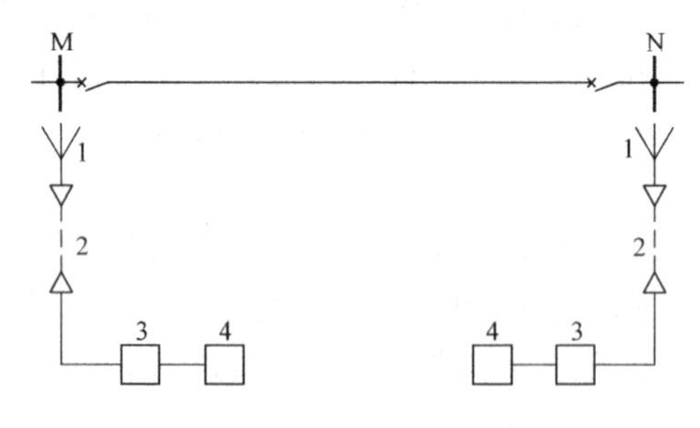

图4-7 微波通道示意图
1—定向天线 2—连接电缆
3—收/发信机 4—继电部分

微波通道不受输电线路的影响，无论内部或外部故障，微波通道都可以传送信号。微波通道的频带宽，不仅可以传送简单的逻辑信号，还可以将交流电流整个波形传递到双端，构成电流差动微波保护。微波通道的主要问题是投资大，只有在与通信、保护、远动、自动化技术等综合利用微波通道时，经济上才是合理的。

3. 光纤通道

光纤通道现在已在继电保护中应用。由光纤通道构成的保护称为光纤继电保护。图4-8为光纤通道示意图，它由光发送器、光纤和光接收器等部分构成。

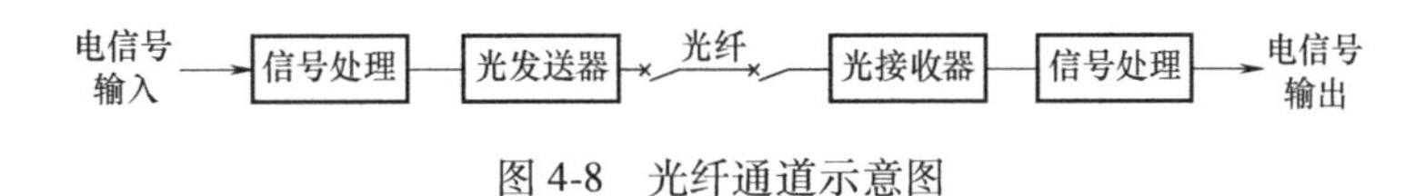

图 4-8　光纤通道示意图

（1）光发送器

光发送器的作用是将电信号转变为光信号输出，一般由砷化镓或砷镓铝发光二极管或钕铝石榴石激光器构成。发光二极管的寿命可达数百万小时，它是一种简单而又很可靠的电光转换元件。

（2）光接收器

光接收器的作用是将接收的光信号转换为电信号输出，通常采用光电二极管构成。

（3）光纤

光纤用来传递光信号，它是一种很细的空心石英丝或玻璃丝，直径仅为 100～200μm。光纤通道容量很大，可以节约大量有色金属材料，敷设方便，抗腐蚀，不受潮，不怕雷击，不受外界电磁干扰，可以构成无电磁感应和很可靠的通道。但不足的是，通信距离不够长，用于长距离时，需要用中继器及其附加设备。

4.2.3　高频通道的衰耗和裕度

1. 高频通道的衰耗

输电线路载波通道的衰耗是指载波信号通过上述设备时信号的衰耗。在波的传输过程中，波幅按指数规律衰减。高频阻波器投入运行后，由于背后母线上接有众多的电气设备，它们的对地电容很大，因此，母线高频等效阻抗很小，并且阻抗性质随运行方式改变而改变，可能是容性也可能是感性，而阻波器工作点在谐振频率 f_0 附近，可能工作在感性状态，也可能工作在容性状态。若母线高频等效阻抗和高频阻波器阻抗性质不同时，可能导致电抗部分互感抵消，使分支路阻抗下降，流经阻波器的高频电流增大，引起分流损耗。连接滤波器的电感、电容元件也要产生损耗。

2. 通道裕度

输电线路高压系统的断路器操作、短路故障、遭受雷击、电晕和绝缘子放电等情况都可以通过耦合电容和连接滤波器对高频收发信机产生干扰信号。为了挡住干扰信号，在收信机输入回路中加一门槛电压。为了保护收信机可靠工作，发信机发出的信号减去衰耗，还要考虑留有一定的裕度。这个裕度称为通道裕度，用式（4-12）表示：

$$\Delta b = P_G - (b + P_R) \tag{4-12}$$

式中，P_G 为发信电平；P_R 为收信电平；b 为通道总衰耗。

根据运行经验，通道裕度 Δb 一般应大于 6.08～8.69dB，考虑到导线覆冰的介质损失，使输电线路衰耗增加，所以在易结冰地区，Δb＝8.69～13.03dB。

3. 高频通道的工作方式

高频通道的工作方式可分为经常无高频电流（即所谓故障时发信）和经常有高频电流（即所谓长期发信）两种工作方式。在这两种工作方式中，以其传送的信号性质为准，又可以分为传送的闭锁信号、允许信号和跳闸信号三种类型。

（1）闭锁信号

闭锁信号是指禁止保护跳闸的信号。当线路内部故障时，两端均不发闭锁信号，通道中无闭锁信号，保护作用于跳闸。因此，无闭锁信号是保护跳闸的必要条件。闭锁信号与继电保护动作信号之间具有“非”的逻辑关系。其逻辑图如图 4-9a 所示。

（2）允许信号

允许信号是指允许保护动作跳闸的高频信号，有允许信号是保护跳闸的必要条件。允许信号与继电保护动作之间有“与”的逻辑关系，如图 4-9b 所示。只有末端继电保护启动又有允许信号存在，保护装置才能动作与跳闸。

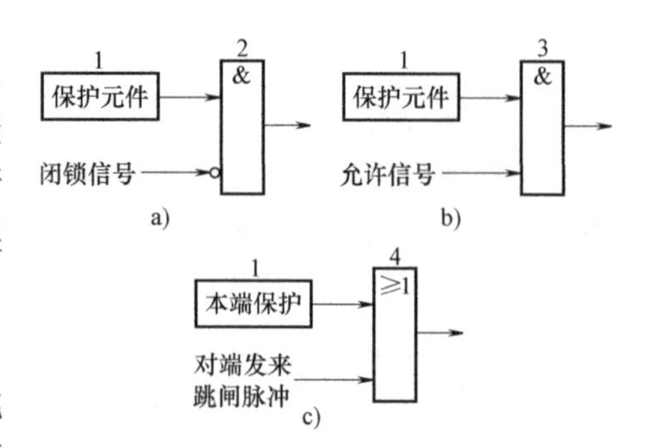

图 4-9　高频信号作用的逻辑关系示意图
a）闭锁信号逻辑图　b）允许信号逻辑图
c）跳闸信号逻辑图

（3）跳闸信号

跳闸信号是指线路对端发来直接使保护动作跳闸的高频信号。只要收到对端发来的跳闸信号，不管本端继电保护是否启动，保护必须启动并动作于跳闸，因此，跳闸信号是保护跳闸的充分条件。它与继电保护的动作之间有“或”的逻辑关系，其逻辑图如图 4-9c 所示。

采用闭锁信号，要求两端保护元件动作时间和灵敏系数要很好配合，因此，保护装置结构复杂，动作速度慢。采用允许信号的主要优点是动作速度快。在主保护双重化的情况下，可以一套保护装置用闭锁信号，另一套保护装置用允许信号。采用跳闸信号的优点是能从一端判定内部故障，缺点是抗干扰能力差，多用于线路-变压器组上。

4. 两端发信机工作频率的确定

按线路两端发信机工作频率的异同，高频通道分为单频制和双频制两种。

（1）单频制

单相制是指在高频通道中只存在一个工作频率，线路两端的工作频率相同，线路两端发信机发出的高频电流都能为两端收信机接收。单频制的主要优点是继电保护占用的频带较窄，调试方便，因此，在输电线路作为高频通道时多采用单频制，可以减少通道拥挤。但是单频制存在下面三个问题：

1）频拍现象。由于两端收信机都能收到两端发出的高频电流，这两个高频电流的幅值和频率实际上变化接近相同，因此，这时收信机收入端的高频电流会出现频拍现象。频拍现象是指两个幅值（U_M）相等而频率不同，但很接近的正弦波叠加时出现间断点，其幅值为 $2U_M\cos\frac{\omega_1-\omega_2}{2}t$，随时间变化在 $0\sim2U_M$ 之间变化。其波形不是通道中连续的发信高频电流。这种频拍现象，会引起高频保护误动作。

2）高频信号传递时间。高频电流在通道中传输需要一定时间，可用式（4-13）计算。

$$t_1=\frac{l}{v}=\frac{l}{3\times10^5} \tag{4-13}$$

式中，l 为高频通道的长度，单位为 km；v 为高频电流传播速度，即光速 3×10^5km/s。

用工频电角度表示，则有

$$a=\omega t_1=2\pi ft_1=360°\times50\times\frac{l}{3\times10^5}=\frac{l}{100}\times6° \tag{4-14}$$

由式（4-14）可知，当线路长度为 100km 时，高频电流在通道传送时间相当于工频电角度 6°，这对直接比较式高频保护将产生不良影响。这种频拍现象，会引起高频保护误动作。

3）高频电流的反射。高频电流从发信机端传送到对端，又从对端反射回来，反射回来的高频电流经历的时间是本端到对端的两倍，即有 2α 电角度的时间延迟，这时直接比较式高频保护将产生不良影响。

（2）双频制

在高频通道中存在两个工作频率，即两端发信机工作频率不同，线路任一端收信机只能收到对端发来的高频信号，而不能收到本端发出的高频信号，这样就不会出现频拍现象了，解决了高频电流在通道中传送过程中出现时间延迟和反射信号的不良影响问题。但是双频制的缺点是频带宽，增加了通道拥挤的困难。

4.3　光纤纵联电流差动保护

输电线路纵联保护采用光纤通道后由于通信容量很大，所以做成分相式的电流纵差保护。输电线路分相电流纵差保护本身有天然的选相功能。哪一相纵差保护动作，哪一相就是故障相。输电线路两端的电流信号通过编码成码流形式，然后转换成光的信号经光纤传送到对端。传送的电流信号可以是该端采样以后的瞬时值，该瞬时值可以是幅值和相位的信息，也可以传送电流相量的实部和虚部。保护装置收到对端传来的光信号，先转换成电信号再与本端的电流信号构成差动保护。

当然，通过光纤传送的也可以不是反映该端的电流信号，而是反映该端的阻抗继电器、方向继电器动作行为的逻辑信号，这样可以构成光纤纵联距离保护、光纤纵联方向保护。

1. 纵联电流差动保护原理

（1）分相电流差动保护元件

如图 4-10a 所示，系统图中，规定流过两端电流以母线流向被保护线路的方向为正方向，如图中箭头方向。两端电流的相量和作为继电器的动作电流 I_{d}（或称为差动电流），另以两端电流的相量差作为制动电流 I_{res}。继电器的动作方程为

$$\begin{cases} I_{\mathrm{d}}=|\dot{I}_{\mathrm{m}}+\dot{I}_{\mathrm{n}}| \\ I_{\mathrm{res}}=|\dot{I}_{\mathrm{m}}-\dot{I}_{\mathrm{n}}| \\ I_{\mathrm{d}}-K_{\mathrm{res}}I_{\mathrm{res}}>I_{\mathrm{op.0}} \end{cases} \tag{4-15}$$

式中，$I_{\mathrm{op.0}}$为差动继电器启动电流，一个很小的门槛值；K_{res}为制动系数，根据差动保护原理用于不同的保护元件（线路、变压器、发电机、电动机）上选取不同的值，$K_{\mathrm{res}}=I_{\mathrm{d}}/I_{\mathrm{res}}$，$0<K_{\mathrm{res}}<1$。

分析差动保护工作原理：内部短路时，$I_{\mathrm{d}}=\dfrac{1}{K_{\mathrm{TA}}}|\dot{I}_{\mathrm{M}}+\dot{I}_{\mathrm{N}}|=\dfrac{I_{\mathrm{k}}}{K_{\mathrm{TA}}}$，动作电流等于短路电流，$I_{\mathrm{res}}=\dfrac{1}{K_{\mathrm{TA}}}|\dot{I}_{\mathrm{M}}-\dot{I}_{\mathrm{N}}|\approx 0$ 制动电流很小，近似为零，所以差动保护动作。外部短路时，$\dot{I}_{\mathrm{M}}=\dot{I}_{\mathrm{k}}$、$\dot{I}_{\mathrm{N}}=-\dot{I}_{\mathrm{k}}$，动作电流很小，$I_{\mathrm{d}}=\dfrac{1}{K_{\mathrm{TA}}}|\dot{I}_{\mathrm{M}}+\dot{I}_{\mathrm{N}}|=\dfrac{1}{K_{\mathrm{TA}}}|\dot{I}_{\mathrm{k}}-\dot{I}_{\mathrm{k}}|=0$，而制动电流很大 $I_{\mathrm{res}}=\dfrac{1}{K_{\mathrm{TA}}}|\dot{I}_{\mathrm{M}}-\dot{I}_{\mathrm{N}}|=\dfrac{1}{K_{\mathrm{TA}}}|\dot{I}_{\mathrm{k}}+\dot{I}_{\mathrm{k}}|=\dfrac{2I_{\mathrm{k}}}{K_{\mathrm{TA}}}$，故差动保护不动作。

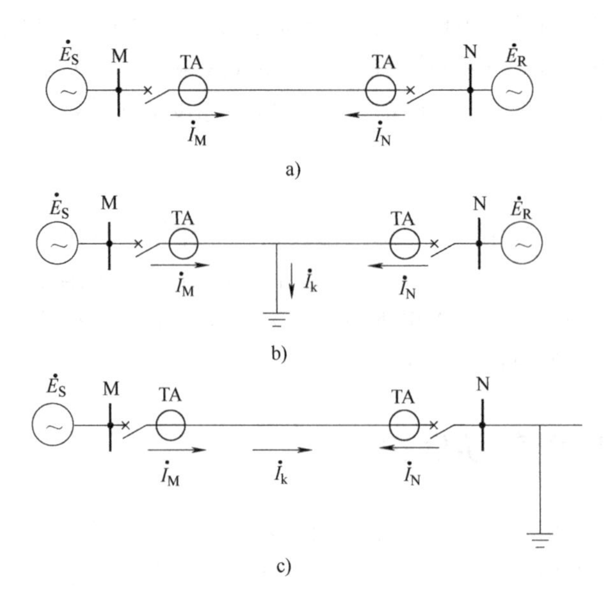

图4-10　电力系统图

a）正常运行　b）内部短路　c）外部短路

纵联电流差动继电器的动作特性如图4-11所示，图中阴影区为动作区，非阴影区为不动作区。区外故障时，穿过两侧电流互感器的实际短路电流产生的制动量有三种形式：

$$K_{res}|\dot{I}_m-\dot{I}_n| \tag{4-16}$$

$$K_{res}(|\dot{I}_m|+|\dot{I}_n|) \tag{4-17}$$

$$\sqrt{|\dot{I}_m||\dot{I}_n|\cos\theta_{mn}} \tag{4-18}$$

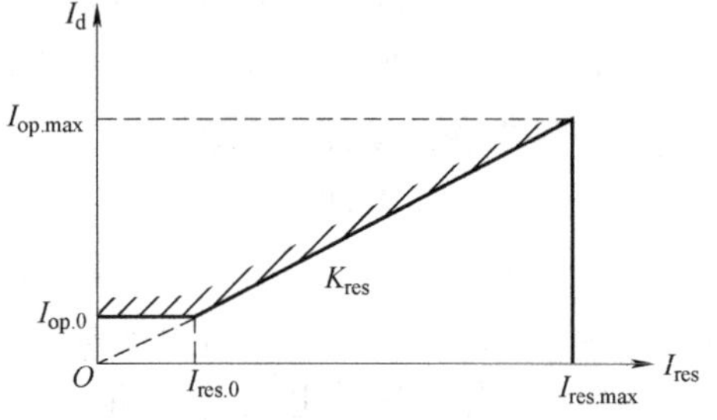

图4-11　纵联电流差动继电器的动作特性

制动电流采用上面三种形式时，在区外故障都不动作，但在区内故障时灵敏度不同。采用式（4-16）计算时制动量是被保护线路两端电流的相量差；采用式（4-17）计算时制动量是两端电流的标量和，统称为比率制动方式；当采用式（4-18）计算时制动量是被保护线路两端电流的标量积，称为标积制动方式。

区外故障及正常运行时，$\arg(\dot{I}_m/\dot{I}_n)=180°$，$|\dot{I}_m-\dot{I}_n|\approx|\dot{I}_m|+|\dot{I}_n|$，式（4-16）和式（4-17）这两种制动方式效果相同。当按被保护线路在单侧电源运行内部最小短路电流校验灵敏度时，此两种方式也是相同的。但在双侧电源内部短路时，$\arg(\dot{I}_m/\dot{I}_n)\approx 0$，有$|\dot{I}_m|+|\dot{I}_n|>|\dot{I}_m-\dot{I}_n|$，此时式（4-17）有更高的灵敏度。对于式（4-18）标量积制动方式，在单电源内部短路时，$\dot{I}_m$和$\dot{I}_n$有一个量为零，此时灵敏度最高。

在实际应用中，可以选取两折线比率制动特性，如图4-12所示。其动作方程为

$$\begin{cases}|\dot{I}_m+\dot{I}_n|>I_{op.0} \\ |\dot{I}_m+\dot{I}_n|>K_{res.1}|\dot{I}_m-\dot{I}_n| & (当|\dot{I}_m+\dot{I}_n|\leqslant I_{1NT}) \\ |\dot{I}_m+\dot{I}_n|>K_{res.1}|\dot{I}_m-\dot{I}_n|-K_{res.2}I_b & (当|\dot{I}_m+\dot{I}_n|>I_{1NT})\end{cases} \tag{4-19}$$

其中，I_{1NT}为两折线比率制动特性曲线交点处的差流值，取TA额定电流的4倍，即$4I_N$。制动

系数 $K_{res.1}$ 取0.5，$K_{res.2}$ 取0.7。$I_b=I_{1NT}(K_{res.2}-K_{res.1})/(K_{res.1}K_{res.2})$ 为常数，$I_b=2.28I_N$。

由于两侧TA的型号不同，考虑外部短路时两侧TA相对误差为10%，两侧装置中的互感器采集、传输也会有误差，按15%考虑，则外部短路时的误差为0.25。所以比率制动系数应满足 $0.25<K_{res}<1$。采用微机保护由保护装置自动选取，不需要整定。

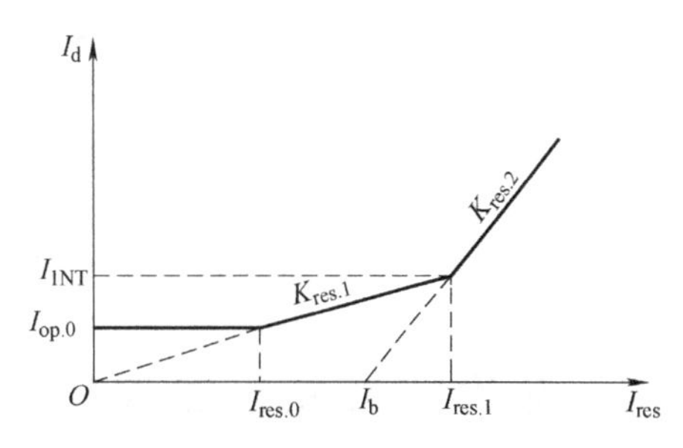

图4-12　两折线比率制动特性

(2) 零序电流差动保护元件

一般情况下，分相电流差动保护可以满足灵敏度要求，为进一步提高内部单相接地时的灵敏度。可以采用零序电流差动保护元件。其动作方程为

$$\begin{cases}|\dot{I}_{0m}+\dot{I}_{0n}|>I_{0.op.0}\\|\dot{I}_{0m}+\dot{I}_{0n}|>K_{res}|\dot{I}_{0m}-\dot{I}_{0n}|\end{cases}\tag{4-20}$$

式中，$\dot{I}_{0m}$、$\dot{I}_{0n}$ 为本侧（M端）和对侧（N端）零序电流相量二次值；$I_{0.op.0}$ 为零序启动电流，按躲过正常运行时最大不平衡零序电流整定。

(3) 突变量电流差动保护元件

突变量电流也满足基尔霍夫电流定律，也可以用于差动保护。其动作方程为

$$\begin{gathered}|\Delta\dot{I}_{\varphi m}+\Delta\dot{I}_{\varphi n}|>\Delta I_{\varphi.op.0}\\|\Delta\dot{I}_{\varphi m}+\Delta\dot{I}_{\varphi n}|>K_{res}|\Delta\dot{I}_{\varphi m}-\Delta\dot{I}_{\varphi n}|\end{gathered}\tag{4-21}$$

式中，$\Delta\dot{I}_{\varphi m}$、$\Delta\dot{I}_{\varphi n}$ 为本侧（M端）和对侧（N端）分相（A、B、C）突变量电流相量；$\Delta I_{\varphi.op.0}$ 为分相差动突变量电流门槛值。突变量电流差动保护和零序电流差动保护均不受负荷电流影响，从而可以提高反映过渡电阻的能力，提高保护的灵敏度。

2. 电流数据同步处理

纵联差动保护所比较的是线路两端的电流相量或采样值，而线路两端保护装置的电流采样是各自独立的。为了保证差动保护算法的正确性，保护也必须比较同一时刻两端的电流值。这就要求对线路两端的各电流数据进行同步化处理。国内常用电流同步法有两种，即电流相量修正法和采样时刻调整法。这两种方法都是基于乒乓技术的数据同步技术。乒乓技术要求线路两端保护收发数据在通道中双向传输延时相同。

电流相量修正法数据传输示意如图4-13所示，M端为本侧，N端为对侧，数据发送周期为 T，T_{m1}、T_{m2}、T_{n1}、T_{n2} 为两侧数据采样时刻，Δt_1、Δt_2 分别为两侧收到对侧数据距本侧最近一次数据发送时刻的时间差，T_d 为数据从本侧发送到对侧的时间。对侧传来本侧上次序号M1和对侧上次时间间隔 Δt_1，本侧最新一组数据的序号为M2，收到对侧数据时刻距本侧最近一次数据发送时刻的时间间隔为 Δt_2，假定两侧发往对侧的延时相等，则可以求得 $T_a=(\Delta t_2+\Delta t_1)/2$。$T_a$ 正是N侧 T_{n2} 数据对应M侧时间，但M侧的数据采样时刻在 T_{n2} 时刻，两侧时差 $\Delta t_s=[T_a-(T_{m2}-T_{m1})]$，$\Delta t_s$ 所对应角度 $\Delta\theta$，将N侧 T_{n1} 时刻的电流相量的角度减小 $\Delta\theta$，即可与M侧 T_{m2} 时刻的电流相量计算差流。通道延时 $T_d=(\Delta t_2-\Delta t_1)/2$。

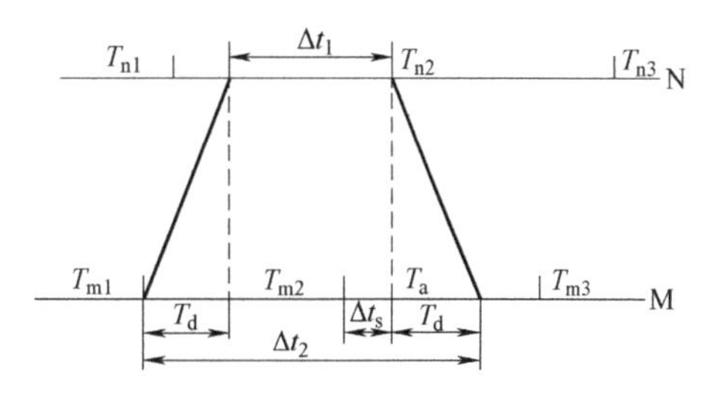

图4-13　电流相量修正法数据传输示意图

电流相量修正法允许各端保护装置独立采样，而且对每次采样数据都进行通道延时 T_d 的计算和同步修正。故当通信干扰或通信中断时，基本不会影响采样同步。只要通信恢复正常，保护根据新接收到的电流数据，立即进行差动保护计算。这对于差动保护快速动作有利。

采样时刻调整法保持主站采样相对独立，从站根据主站的采样时刻进行实时调整，能保持两侧较高精度的同步采样。但由于从站采样完全受主站控制，当通道传输延时发生变化时，会影响同步精度，甚至造成数据丢失或拒动，其可靠性受通道影响大。

4.4　允许式方向纵联保护

允许式方向纵联保护要求每端的收信机只能接收对端的信号而不能接收本端信号，每端的保护必须在正方向元件动作，同时又收到对端发来的允许信号之后，才能动作于跳闸。

允许式可以采用各种通道，包括复用载波通道、光纤通道、微波通道等。在这种方式下，采用各种复用接口设备时，要求每端都有一个能产生两种不同频率（相差约200Hz）的音频通信的收、发信机。每侧都只接收对侧传过来的命令信号。

下面以采用复用载波通道为例阐述允许式方向纵联保护的工作原理。通常采用复用载波构成允许式方向纵联保护时，采用键控移频的方式。正常运行时，两端保护控制发信机发出一种频率为 f_G 的监频信号，收信机经常收到对端发出的监频信号，其功率较小，用于监视通道的完好性。

当正方向区内故障时，如图4-14a中线路BC发生故障时，功率为正的方向元件动作，使得键控发信机停止发 f_G 的信号而改发 f_T 的跳频（移频）信号，并提升其发射功率，向对端发送允许信号。收信机收到对端的允许信号以后，即允许本端保护跳闸。对于非故障线路，如图4-14a中AB线路，因故障点在BC线路，保护1因是正方向短路，其方向元件动作，但收不到对侧送来的允许信号，而保护2能收到允许信号，但方向元件因为反方向短路而不动作，因此保护1和保护2都不跳闸。

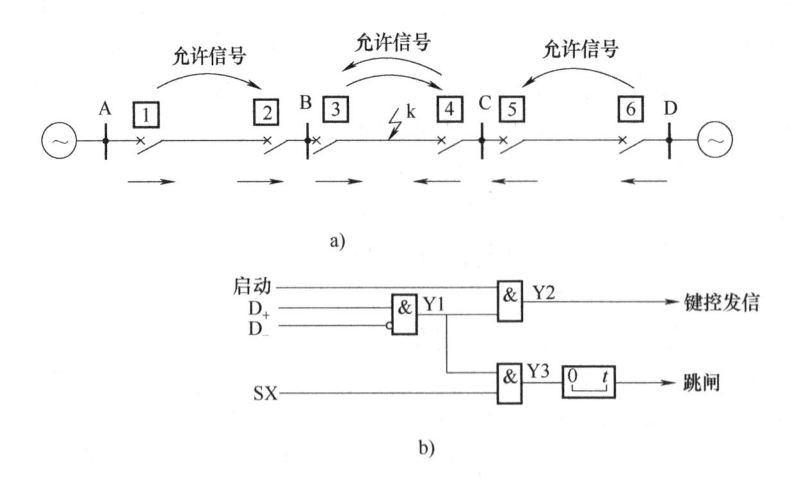

图4-14　允许式方向纵联保护的工作原理

a）网络接线与允许信号的传递　b）逻辑框图

构成允许式方向纵联保护的逻辑框图如图4-14b所示。在保护范围内故障时，启动元件动作，正方向元件 D_+ 动作，反方向元件 D_- 不动作。Y1动作后，Y2启动发信机，向对端发送允许信号，同时启动 Y3，当 SX 端收到对端发送的允许信号时，Y3 经过抗干扰延时动作于跳闸。用阻抗继电器作方向元件时，一般无反方向元件，阻抗继电器的方向性必须可靠。

允许式纵联保护的最大优点是通道有监视，有故障时，可以将保护闭锁，并发出警告信号。而对于闭锁式保护，如通道有故障不能及时发现，当外部故障时，闭锁信号不能通过，将使远离故障点一端的保护误动作。由于监频信号是不断产生的，故发信机不需要专门的启动元件，也就免除了两套启动元件灵敏度和时间需要配合所引起的问题。

允许式纵联保护的缺点是在区内故障时，必须收到对端的信号才能动作，因此就会遇到高频信号通过故障点时衰耗增大的问题，最严重情况是区内故障伴有通道破坏，例如发送三相短路等，造成允许电流过大，甚至完全送不过去，将引起保护拒动。

通常通道按照“相—相”耦合方式，对于不对称短路，一般信号都可以通过。只有三相接地短路难以通过。有统计表明，高压线路保护不正确动作多数情况与收、发信机或载波通道有关。由于电力载波通道的缺陷，随着光纤通道、微波通道的广泛应用，闭锁保护不再具有优势。采用光纤通道与允许式方向纵联保护相结合的保护在超高压和特高压线路上获得非常广泛应用。

4.5　高频闭锁方向保护

4.5.1　高频闭锁方向保护的工作原理

高频闭锁方向保护是以高频通道经常无电流而在外部故障时发出闭锁信号的方式构成的，并规定线路两端功率从母线流向线路时为正方向，从线路流回母线时为负方向。

图 4-15 说明了保护装置的工作原理，当系统发生故障时，如功率方向为正，则高频发信机不应发信，如功率方向为负，则发信机发信。

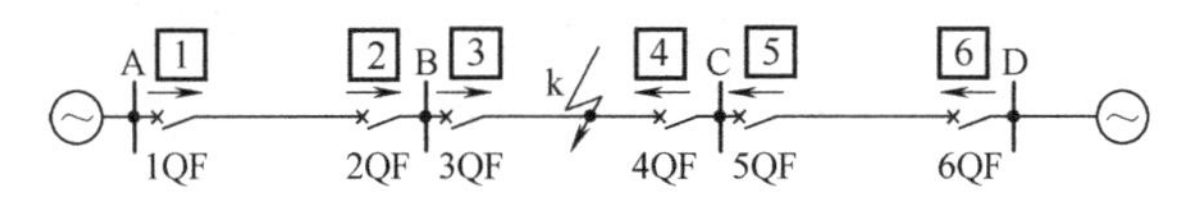

图 4-15　高频闭锁方向保护工作原理示意图

如图 4-15 所示，在线路两端均装有功率方向元件。当线路 BC 的 k 点发生短路故障时，对于线路 BC 保护 3、4 的功率方向为正，线路两端保护 3、4 都不发出闭锁信号，故两端接收机都收不到闭锁信号，因而保护 3、4 启动后无时限跳闸。

k 点故障对于线路 AB 和 CD，是保护范围外发生故障，靠近故障点的一端保护 2 和 5，功率方向为负，所以保护 2 和 5 应发出高频闭锁信号，通过高频通道输送到线路对端保护 1 和 6。虽然保护 1 和 6 功率方向为正，但收到对端发来的高频闭锁信号，故保护 1 和 6 不会误动作，保护 2 和 5 收信机收到自己发信机发出的高频闭锁信号，故也不会误动作。这种在外部故障时，由靠近故障点一端保护的发信机发出闭锁信号，由两端收信机接收后将保护闭锁的情况，称为高频闭锁方向保护。

4.5.2　高频闭锁方向保护的启动方式

1. 电流启动方式

电流启动方式的高频闭锁方向保护原理框图如图 4-16a 所示，图 4-16b 为功率方向元件

KW 的保护区。图 4-16a 中，1KA、2KA 为电流启动元件。1KA 的灵敏性较高（动作电流较小），用以启动发信；2KA 灵敏性低（动作电流较大），用以启动跳闸回路。

1KA 动作后，经 1KT、禁止门 2 启动发信机。KW 为功率方向元件，当短路功率为正时动作。2KA、KW 动作后，经与门 1 和 2KT 准备跳闸，并将禁止门 2 闭锁，使发信机停止发信。内部故障时，被保护线路两侧的 1KA、2KA 和 KW 均动作，发信机开始发信，经 2KT 延时 t_2 后，又将发信机停信，两端收信机均收不到高频闭锁信号，于是禁止门 3 开放，两端断路器跳闸。如果发生外部故障，近短路点的 KW 不应动作，与门 1 不开放，禁止门 2 不应闭锁，发信机一直发信，两端收信机收到闭锁信号，禁止门 3 不开放，因此两端断路器均不跳闸。

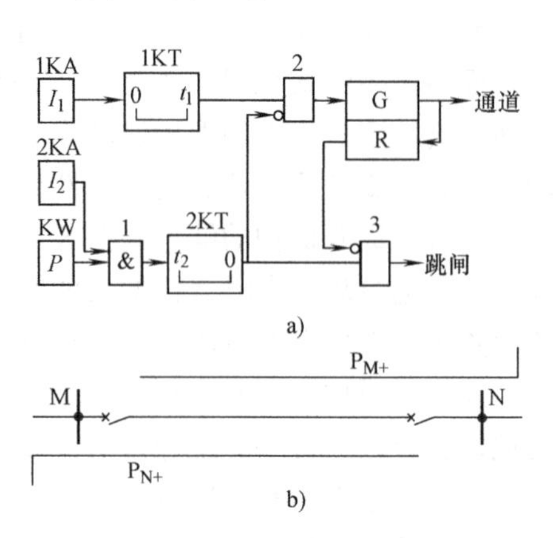

图 4-16　电流启动方式高频闭锁方向保护原理框图

a）原理框图　b）功率方向元件 kW 保护区

采用两个灵敏度不同的电流启动元件的原因是被保护线路两端 TA 有 10%的误差。如果只用一个电流启动元件，则在外部短路时，可能出现近故障点端的电流元件拒动，而远离故障点的电流元件启动的情况。于是近故障点端的发信机不发信，远离故障端的发信机仅在 t_2 时间内发信，t_2 延时后，收信机收不到高频闭锁信号。远离短路端的 KW 为正方向，KW 动作，从而会使该端断路器误跳闸。为了解决这个问题，可采用两个动作电流不等的电流启动元件，用动作电流小的电流启动元件 1KA 从而启动发信机去发信，用启动电流大的 2KA 准备跳闸，这样就可以保证在外部短路的一端 2KA 动作时，对端 1KA 也一定动作，从而保证了发信机发信，避免上述误动作。1KA 和 2KA 的动作电流比的选择按最不利的情况考虑，即线路一侧 TA 无误差，电流启动元件的动作电流 I_{op} 有±5%的误差，另一侧 TA 有 -10%的误差，电流启动元件的 I_{op} 有-5%的误差，因而这两个电流启动元件的电流比为

$$\frac{I_{op.2}}{I_{op.1}}=\frac{(1+0)\times(1+0.5)}{(1-0.1)\times(1-0.05)}=1.23 \tag{4-22}$$

实际上采用

$$I_{op.2}=(1.5\sim2)\ I_{op.1} \tag{4-23}$$

则启动元件 1KA 动作电流 $I_{op.1}$ 按躲过最大负荷电流 $I_{L.max}$ 整定，即

$$I_{op.1}=\frac{K_{rel}K_{ss}}{K_{re}}I_{L.max} \tag{4-24}$$

式中，K_{rel} 为可靠系数，取 1.2；K_{ss} 为自启动系数，取 1~1.5；K_{re} 为返回系数，取 0.85。

1KT 的作用是防止外部故障切除后，近故障点端的保护元件先返回，停止发信，而对端的启动元件和功率元件后返回，造成保护误动作跳闸。因此记忆元件 1KT 的记忆时间 t_1 应大于一端启动元件返回时间与另一端启动元件和功率方向元件返回时间的差值，一般可取 $t_1=0.5\text{s}$。

时间元件 2KT 的延时时间为 t_2，延时原因是外部短路时，远离短路端的发信机能在 t_2 时间内发信，否则禁止门 3 闭锁，保护不误跳闸，如不延时动作，则本端收信机在来不及收到对端送来的高频闭锁信号时，保护就会误跳闸，所以延时是必要的。t_2 按式（4-25）计算：

$$t_2=\Delta t+t_x+t_y \tag{4-25}$$

式中，Δt 为本端功率方向元件和启动元件与对端启动元件的动作时间之差；t_x 为高频信号从对端输送到本端所需要的时间；t_y 为裕度时间。

最后按线路末端短路进行灵敏系数校验，要求灵敏系数大于或等于 2。

当功率换向时，保护的工作情况说明如下：在环形网络或双回线的某一线路（见图 4-17中的线路 WL1）高频保护退出工作时，如果在该线路的相继动作区内发生故障（k 点故障），1QF 跳闸前，线路 WL2 的短路功率 P_k 从变电站 N 流向变电站 M。1QF 跳闸后、2QF 跳闸前，功率将反向，从变电站 M 流向变电站 N。在功率换向过程中，线路 WL2 的高频闭锁方向保护是不会误动作的，因为 3QF 端的保护在 1QF 跳闸后，P_k 才动作，与门 1 开放，经 t_2 延时后，才能停信，在 t_2 时间内将保护闭锁。4QF 端的发信机在 1QF 跳闸后，立即发信。在 t_2 延时之内将高频闭锁信号送到 3QF 端使其保护闭锁，所以 3QF 侧保护不会误跳闸，至于 4QF 侧保护，由于 P_k 为负，不会误跳闸更为明显。

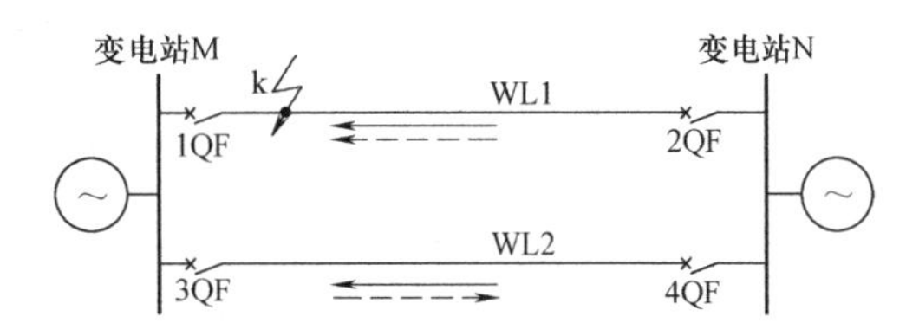

图 4-17　短路功率换向说明图

当外部故障时，如果近故障端的起信元件因故拒动，发信机不能送出高频闭锁信号，远离故障端的保护将误动作。为了解决这个问题，可采用远方启动方式。

2. 远方启动方式

远方启动方式高频闭锁方向保护框图如图 4-18 所示，除保护的电流元件 KA 启动外，收信机收到对端高频信号后，经延时元件 3KT、或门 1、禁止门 2 也可启动发信，因此，这种启动方式称为远方启动方式。

内部故障时，保护的工作分下列几种情况分析：

1）两端电源供电网络内部故障时，线路两端的 KA 和 KW 均启动，经禁止门 2 启动发信机，延时 t_2 后，禁止门闭锁，发信机停止发信，收信机收不到高频闭锁信号，禁止门 3 开放两端同时跳闸。

2）对于单端电源供电网络内部短路故障时，电源侧发信机发信，将高频信号传送到对端，并启动发信机发信，电源侧禁止门 3 连续收到高频闭锁信号，保护不能跳闸。这是远方启动方式的缺点。

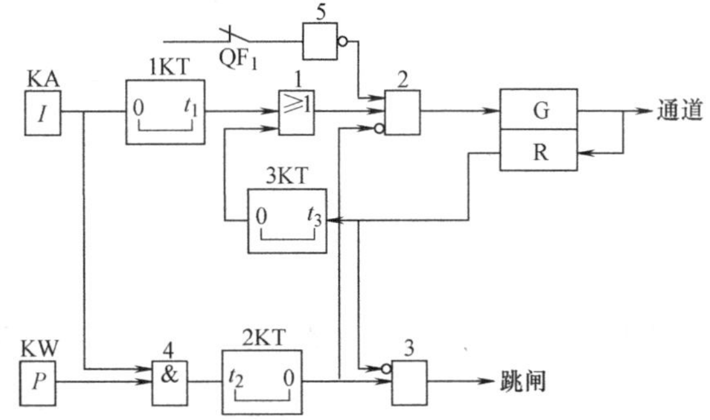

图 4-18　远方启动方式高频闭锁方向保护框图

3）对于内部故障且一端断路器跳开时，由该端断路器常闭辅助接点 QF_1 将禁止门 2 长期闭锁，发信机不能远方启动。电源侧保护在延时 t_2 后跳闸。

外部故障时，保护的工作分下列几种情况分析：

1）近短路故障点的电流启动元件 KA 动作，外部短路故障时，由于近故障端的保护元件 KW 不会动作，与门 4 不开放，禁止门 2 开放，发信机发信，向对端传送高频闭锁信号，对端收到高频闭锁信号，禁止门 3 闭锁，故保护不会误跳闸。

2）近故障端 KA 不动作，远离故障点端的 KA 和 KW 动作，此时，在 t_2 延时后，禁止门 2 闭锁，发信机停止发信，禁止门 3 开放，将误跳闸。为避免这种误跳闸，在 t_2 延时内，必须收到对端发回的高频闭锁信号，以使禁止门3连续闭锁。因此，t_2 的延时应大于高频信号在通道一次往返的时间，即比前述启动方式的延时要大一些，一般取 $t_2=20\text{ms}$。

3）外部故障切除后，远离故障点端的KW元件及两端的KA元件均返回。开放 t_1 侧的发信机停信，保护恢复正常运行。为了避免误动作，t_1 的延时应大于外部短路故障最大可能的持续时间，即大于后备保护的动作时间，一般可取5~7s。

4）被保护线路相继动作，短路功率 P_k 改变方向时，1QF跳闸后，4QF端发信机立即发信，3QF端收信机在 $t_2=20\text{ms}$ 时间内能收到高频闭锁信号，3QF不会误跳闸。

由于采用远方启动，只用了一个电流启动元件，因此，其灵敏度比电流启动元件构成的高频闭锁方向保护要高。

3. 功率方向元件启动方式

功率方向元件启动的高频闭锁方向保护构成框图如图4-19a所示，图中，1KW为反向短路方向启动元件，用以启动发信；2KW为正向短路方向启动元件，用以启动跳闸回路。线路两端1KW、2KW的动作区（灵敏系数）的配合，如图4-19b所示。

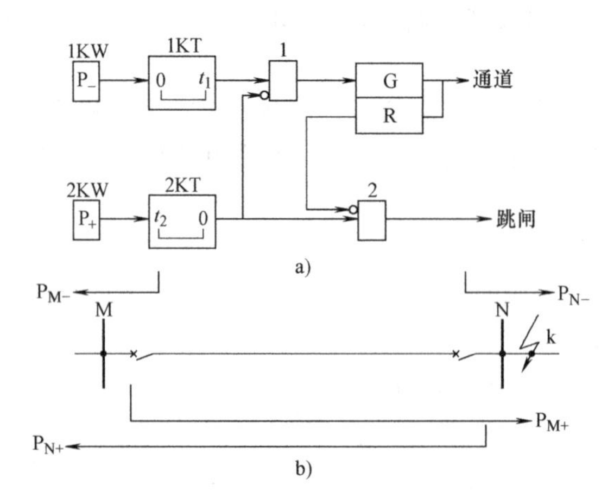

图4-19　功率方向元件启动的高频闭锁方向保护构成框图

a）构成框图　b）保护端正、反方向启动元件的动作区

内部故障时，如M、N两侧均有电源，则两侧的1KW（P_-）均不动作，发信机均不发信，无高频闭锁信号，禁止门2开放，两侧断路器同时跳闸。如果仅M侧有电源或N侧断路器断开，则两侧的四个方向元件仅M侧的2KW（P_+）动作，可以由M侧延时 t_2 切除故障。

靠近N端母线外部短路故障时，M侧的2KW（P_+）动作，准备跳闸，但N侧1KW（P_-）动作，使N端发信机发信，输送高频信号至M端，将M端禁止门2闭锁，M端断路器不会误跳闸。t_1、t_2 的作用和整定分别与电流启动元件的高频闭锁保护（见图4-16）相同。必须指出，N端 P_- 的保护区必须大于M端 P_+ 的保护区。这样可以保证 P_{M+} 动作时，P_{N-} 也一定动作，以防保护误动作。

这种保护方式的逻辑回路简单，由于没有其他的启动元件，所以 P_+ 的动作功率必须按躲过最大负荷功率整定，以避免线路输送负荷时保护误动作。P_- 的动作功率应小于 P_+ 的动作功率。如果采用负序功率方向元件，则保护就更加完善。高频闭锁方向保护在我国的电力系统中已广泛应用。

4.5.3　负序功率高频闭锁方向保护

图 4-20 所示为负序功率高频闭锁方向保护原理框图。1KW 和 2KW 分别为反向和正向负序功率方向元件。反向负序功率方向元件 1KW 用以启动发信，正向负序功率方向元件 2KW 用以停止发信，并与负序电流启动元件 KAN 一同启动跳闸回路，以防止因 2KW 故障或受干扰误启动，引起保护误动作。为保证外部故障时优先发出闭锁信号，1KW 的灵敏性应高于 2KW 的灵敏性，而 1KW 的动作时间应比 2KW 的动作时间短。

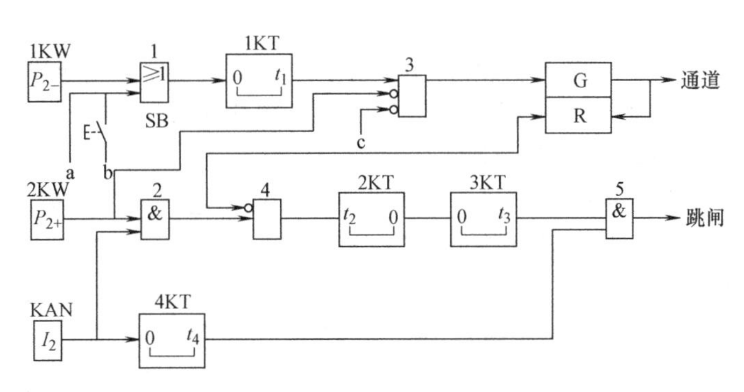

图 4-20　负序功率高频闭锁方向保护原理框图

负序功率高频闭锁方向保护能反映各种短路故障，记忆元件 3KT 可将三相短路初瞬间出现的负序分量固定为 40~60ms。只要负序分量出现的时间大于正向负序功率方向元件 2KW 的动作时间及时间元件 2KT 的动作时间（$t_2=7$ms）之和，保护即能可靠跳闸。记忆元件 4KT 用来将三相短路初瞬间出现的负序电流固定 150ms。

反向负序功率方向元件 1KW 返回后，经时间元件 1KT 延时 $t_1=100$ms 才停止发信。t_1 应大于 t_3。这样，当外部故障时，在远故障点的正向负序功率元件 2KW 返回前，保证能收到近故障点端送来的闭锁信号，因而可防止保护误动作。

时间元件 2KT 的动作时间 $t_2=7$ms，用来保证外部故障时，远故障点端保护能收到对端送来的闭锁信号，并通过禁止门 4 将跳闸回路闭锁，以防止保护误动作。下面对高频闭锁方向保护的工作情况进行分析。

（1）线路正常运行时

线路正常运行时，没有负序分量，故负序功率方向元件 1KW、2KW 都不动作，保护不会动作。

（2）发生外部故障时

当发生外部故障时，近故障点端保护反向负序功率方向元件 1KW 启动。通过或门 1、记忆元件 1KT、瞬时启动发信机 G 发出高频信号向对端传送，同时被本端收信机 R 接收，从而使线路两端保护闭锁。近故障点端的正向负序功率方向元件 2KW 不启动，禁止门 3 不会被闭锁，发信机 G 不会停止发信。同时与门 2 无输出，跳闸回路不启动。

远故障点端保护的反向负序功率方向元件 1KW 不启动，发信机 G 不发信。正向负序功率方向元件 2KW 及电流元件 KAN 启动，与门 1 有输出。在尚未收到对端传送来的高频信号时，禁止门 4 有输出，但时间元件 2KT 要延时 7ms 后才能动作。在这段时间内，一定能收到对端送来的高频信号，将禁止门 4 闭锁，时间元件 2KT 返回，跳闸回路不启动。

外部故障切除后，近故障点端保护的反向负序功率方向元件 1KW 及电流元件 KAN 返回。

由于记忆元件1KT延时100ms才能返回，使发信机继续发信100ms。远故障点端保护的正向负序功率方向元件2KW及电流元件KAN也在外部故障切除后返回。由于在故障切除后100ms内尚能收到对端传送来的高频信号，从而防止了外部故障切除后，远故障点端的正向负序功率方向元件2KW比对端的反向负序功率方向元件1KW后返回引起保护误动作。

（3）发生内部故障时

当发生内部故障时，两端保护动作情况相同。反向负序功率方向元件1KW不启动，不发高频信号。正向负序功率方向元件2KW及电流启动元件KAN启动，与门2有输出，禁止门4由于未收到高频信号而开放，经过2KT延时t_2时间后，记忆元件3KT瞬时启动，与门5有输出，保护动作于跳闸。由于记忆元件3KT和4KT的记忆作用，使内部故障短路时，只要有30ms的负序功率出现，就能使正向负序功率方向元件2KW启动（20~30ms），并经2KT延时7ms，启动跳闸回路，使断路器可靠跳闸。

内部故障切除后，两端正向负序功率方向元件2KW和电流元件KAN立即返回。正向动作回路经3KT延时返回。负序电流闭锁回路经4KT延时返回。保护恢复到再次动作状态。

（4）手动操作发出高频信号

手动操作发出高频信号时，按下按钮SB，经或门1、记忆元件1KT、禁止门3，使发信机发信，以检查通道是否完好。若在手动发信的同时发生内部故障，则正向负序功率方向元件2KW启动，闭锁禁止门3，停止发信。由于电流元件KAN启动，保护能动作于跳闸，即不会因检查通道而影响保护正常工作。

（5）短路功率换向时

在图4-17所示网络中，在线路WL1保护的相继动作区内k点发生短路故障时，在断路器1QF断开前，通过线路WL2的功率方向从N端指向M端，如图中实线方向所示。线路WL2的M端保护的反向功率方向元件启动发信。N端保护的正向功率方向元件启动，但受到M端送来的高频闭锁信号，保护不会动作。由于k点处于线路WL1的相继动作区，故1QF先断开，1QF断开后，线路WL2的功率换向，为从M端流向N端，如图中虚线方向所示。如果功率换向前，功率正方向端（N）的正向功率方向元件的返回时间大于功率换向后功率正方向端（M）正向功率方向元件的动作时间，则功率换向后，将使闭锁信号中断，线路WL2的M端收不到闭锁信号，误动作跳开3QF。因此，必须保证正向功率方向元件的动作时间小于反向功率方向元件的返回时间。这样，当短路功率换向时，两端信号才能相互衔接，不出现中断，保证保护不发生误动作。

4.6　高频闭锁距离保护和零序保护

高频闭锁方向保护只能作为本线路的全线快速保护，不能作为变电站母线和下一级线路的后备保护。为了作为相邻线路的后备保护，可以在距离保护上加设高频部分，构成高频闭锁距离保护。距离保护所用的元件，如启动元件和方向阻抗测量元件，在高频闭锁方向保护中同样需要，因此，可以共用这些元件将高频闭锁方向保护和距离保护组合在一起。通常借用距离保护（或零序保护）的启动元件和方向阻抗测量元件，另外加设高频收发信机和高频闭锁装置（由接口继电器、逻辑回路及出口继电器回路组成），构成高频闭锁距离（或高频闭锁零序）保护装置。这样，高频闭锁距离保护装置即能在内部故障时快速地切除被保护范围内的任一点故障，又能在外部故障时，作为下一级线路和变电站母线的后备保护。它兼有两种保护的优点，并且能简化整个保护接线。目前，高频闭锁距离保护是超高压输电线上广泛采用的主保护之一。

1. 高频闭锁距离保护的工作原理

高频闭锁保护主要由启动元件、距离元件和高频收发信机等构成。图 4-21 所示为短时发信、单频率高频闭锁距离保护的原理框图。

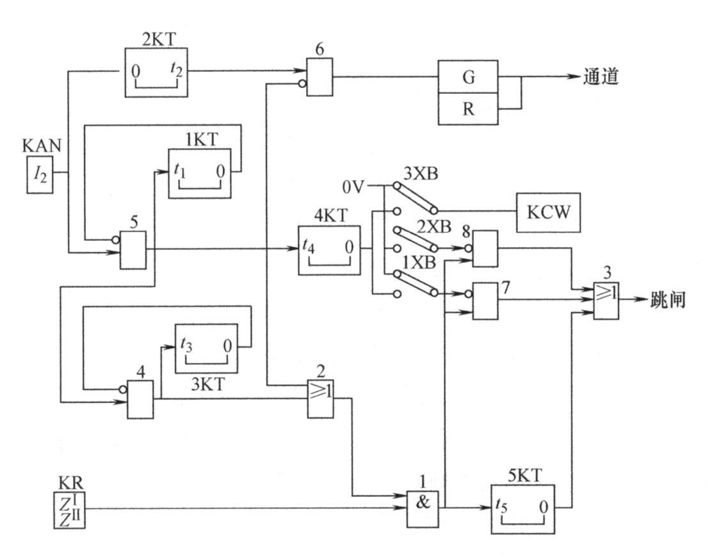

图 4-21　短时发信、单频率高频闭锁距离保护的原理框图

1）启动元件。启动元件的主要作用是在故障时启动发信机。它由距离保护本身的启动元件兼任，在两段式距离保护中，通常采用负序电流元件、负序电压元件作启动元件，而在三段式距离保护中，则采用第Ⅲ段距离元件作启动元件，启动元件一般是无方向性的。在图 4-21 中，采用负序电流元件 KAN 启动。

2）距离元件。距离元件的作用是判断故障方向，以控制发信机是否停止发信。因此，距离元件必须具有方向性，并能保护线路全长。通常采用第Ⅱ段距离元件作为高频闭锁距离保护的距离元件。在距离保护中，通常采用一个阻抗继电器，通过切换方式选择作为保护的第Ⅱ段。当高频部分退出工作时，应将距离元件切换到第Ⅰ段，恢复距离保护第Ⅰ段正常工作。

3）高频收发信机。高频收发信机与高频闭锁方向保护相同。图 4-21 中只画出与高频保护的有关部分。图中为距离保护简化的两段式距离保护装置。第Ⅰ、Ⅱ段距离保护的测量元件 Z^{I}、Z^{II} 合用一组阻抗继电器 KR，由切换继电器 KCW 实现切换。负序电流元件 KAN 即是振荡闭锁回路的启动元件，也是当距离保护独立工作时距离保护的启动元件。它的作用是定时（由 4KT 提供延时 t_4）启动切换继电器 KCW 与闭锁瞬时动作于跳闸回路。

当三个连接片 1XB、2XB 和 3XB 均在上方位置时（见图 4-21 中位置），保护按高频闭锁距离保护方式工作，此时通过 3XB，经 KCW 将阻抗继电器切换在第Ⅱ段。当三个连接片 1XB、2XB 和 3XB 均在下方位置时，保护按距离保护方式独立工作。

（1）内部故障时

当被保护线路内部发生短路故障时，两端负序电流元件 KAN 启动。一路经时间元件 2KT 及禁止门 6 启动发信机向对端保护发出高频闭锁信号，另一路经禁止门 5、4，或门 2 为与门 1 动作准备条件。与此同时，阻抗继电器 KR（Z^{II}）动作后，与门 1 开放，一方面准备发保护跳闸信号，另一方面闭锁禁止门6，使本端发信机停止发信。同样，对端阻抗测量元件 Z^{II} 也动作，使对端也停止发信。于是收信机收不到闭锁信号，禁止门8开放，经或门3保护瞬时动作于跳闸。时间元件2KT延时 $t_2=7\text{s}$ 返回，即高频信号只允许发送7s时间。

（2）外部故障时

当故障点发生在本端阻抗继电器 Z^{II} 保护范围以外时，两端的负序电流元件KAN（I_2）均动作，分别启动发信机，发出高频闭锁信号。两端阻抗继电器 Z^{II} 均不动作，与门1、禁止门8均不开放，保护装置不会误动作。

当故障点发生在本端阻抗继电器 Z^{II} 保护范围内时，两端负序电流元件KAN均动作，分别启动该发信机发出高频信号，并开放振荡闭锁回路，本端阻抗继电器 Z^{II} 也动作，与门1开放，准备跳闸和通过禁止门6停止本端发信机。但对端阻抗继电器 Z^{II} 不动作，对端发信机继续发出高频信号，所以本端禁止门8被闭锁，两端断路器不会误跳闸。若下一级线路的保护或断路器拒绝动作时，本端保护按 t^{II} 时限跳闸，一般取 $t^{\text{II}}=0.5\text{s}$。

当电力系统振荡时，由于无负序电流启动，负序电流启动元件KA不会动作，距离元件虽然可能会误动作，但与门1不开放，断路器不会误跳闸。

距离保护单独运行时，三个连接片均在下方位置，距离阻抗继电器工作在第Ⅰ段。如故障发生在第Ⅰ段保护范围内，阻抗继电器KR（Z^{I}）动作，电流启动元件KAN（I_2）也动作。与门1开放，禁止门7也开放，断路器跳闸，切除故障。

如果故障发生在距离保护第Ⅱ段保护范围内，此时KAN（I_2）元件动作，禁止门4、5开放，由延时动作的时间元件3KT提供 $t_3=0.2\text{s}$ 的振荡闭锁开放时间。在第一个0.1s时间内，KCW尚未切换，阻抗继电器工作在第Ⅰ段。当第Ⅰ段工作时间已过去，时间元件4KT动作，经KCW将阻抗继电器切换到第Ⅱ段（Z^{II}），同时禁止门7闭锁，保护瞬时动作跳闸回路。开放2KT时间回路。第Ⅱ段距离保护的开放时间，为由0.2s振荡闭锁时间所剩下的0.1s。若在第Ⅱ段保护范围内故障，则与门1一经动作后，由或门2自保持振荡闭锁的开放状态。等待到达时间 t^{II} 后，立即使断路器跳闸。

从以上分析表明，高频闭锁保护和距离保护共同构成了高频闭锁距离保护。它能瞬时从被保护线路两端切除故障；当输电线路外部故障时，其距离保护第Ⅲ段仍然能起到后备保护作用。因此，它保留了高频保护和距离保护的优点，简化了保护装置。但由于两种保护接线互相连在一起，当距离保护检修时，高频保护也必须退出工作，这是它的主要缺点。

目前我国生产的高频闭锁距离装置有ZQ-1、GBJ-2、GBJ-2/G、PXH-15和GJLZ-20等型式。

2. 高频闭锁零序方向保护

零序电流方向保护对接地故障反应灵敏、延时短，零序功率方向元件无死区，电压互感器二次回路断线不会误动作，接线简单、可靠，系统振荡时也不会误动作，所以不需要采取防止振荡闭锁措施，实现用高频闭锁方案时比距离保护更方便。

高频闭锁零序电流方向保护用零序电流保护第Ⅲ段测量元件即零序电流继电器1KAZ（I_0^{III}）启动发信，用第Ⅱ段测量元件2KAZ（I_0^{II}）和零序功率方向元件KWD（P_0）共同启动跳闸回路。当内部故障时，两端保护测量元件1KAZ启动发信，两端保护的测量元件2KAZ和功率方向元件零序功率继电器KWD启动后停止发信，并启动跳闸回路，两端断路器跳闸。

当外部故障时，近故障点端保护的测量元件1KAZ启动发信，而零序功率方向继电器

KWD不启动，故跳闸回路不启动。远故障点端保护的测量元件1KAZ和功率元件KWD均启动，收到对端送来的高频信号将保护闭锁。

4.7 电流相差高频保护

4.7.1 相差高频保护的基本工作原理

电流相差差动高频保护（简称为相差高频保护）是根据直接比较线路两端电流相位而确定保护是否动作的原理构成的。如图4-22所示的双电源网络，假设线路两端电动势同相位，系统中各元件阻抗角相同。假定电流正方向是从母线流向线路，则电流从线路流向母线时为负。因此，装于线路两端的电流互感器极性如图4-22a所示。

当MN线路内部k1点发生短路故障时，线路两端电流都从母线流向线路，两端电流相位差$\varphi=0$，其方向为正，如图4-22b所示。

当k2点发生短路故障时，即外部故障时，靠近故障点k2端的短路电流$\dot{I}_{N.k2}$由线路流向母线，与规定方向相反故为负，而远离故障点M端的短路电流$\dot{I}_{M.k2}$方向由母线流向线路为正，它们之间相位差$\varphi=180°$，如图4-22c所示。因此，可以根据线路两端电流之间相位差φ的不同来判断线路是内部故障还是外部故障。

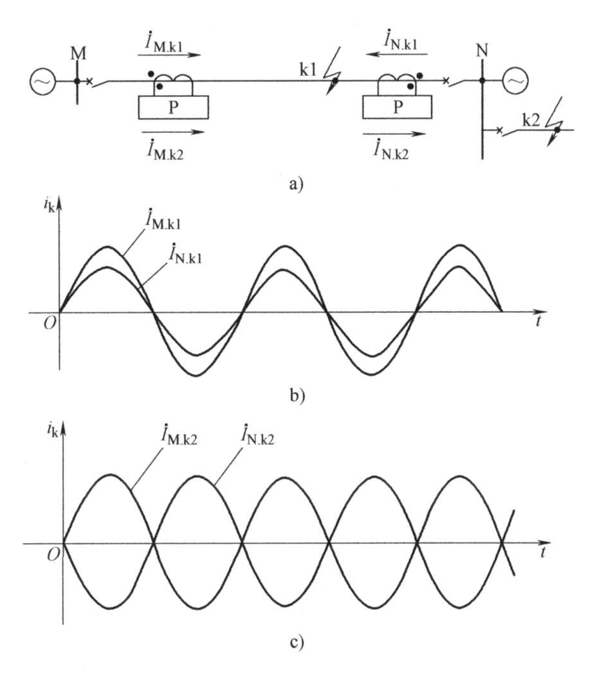

图4-22 电流相差高频保护的工作原理

a）网络图 b）内部故障时两端电流波形

c）外部故障时两端电流波形

为了实现线路两端电流的相位比较，必须把线路对端电流用高频信号传送到本端并保持原工频电流的相位，与本端高频电流直接比较，构成比相系统，由比相系统给出比较结果。

采用高频通道经常无电流，而在外部故障时发出闭锁信号的方式，构成故障时发信单频调幅制相差高频保护。在线路故障时，启动元件启动发信机发信，在短路电流正半周时，由操作元件控制发信机发出高频信号，而在负半周时则不发出高频信号，如此不断交替进行。

当被保护线路内部发生故障时，由于两端电流相位相同，两端电流相位差$\varphi=0$，两端发信机在工频电流正半周时同时发出高频信号，在工频负半周时同时停信，两端收信机收到的高频信号具有180°的间断角，如图4-23a所示。间断角大于比相元件整定的动作角，使保护动作于跳闸。当被保护线路外部故障时，如图4-23b所示，两端电流相位差为180°，则线路两端发信机交替工作，M端发信时，N端停信；M端停信，N端收信。两端收信机收到的高频信号是连续的，间断角$\varphi=0$。显然间断角小于比相元件的动作角，因此，保护不应动作。

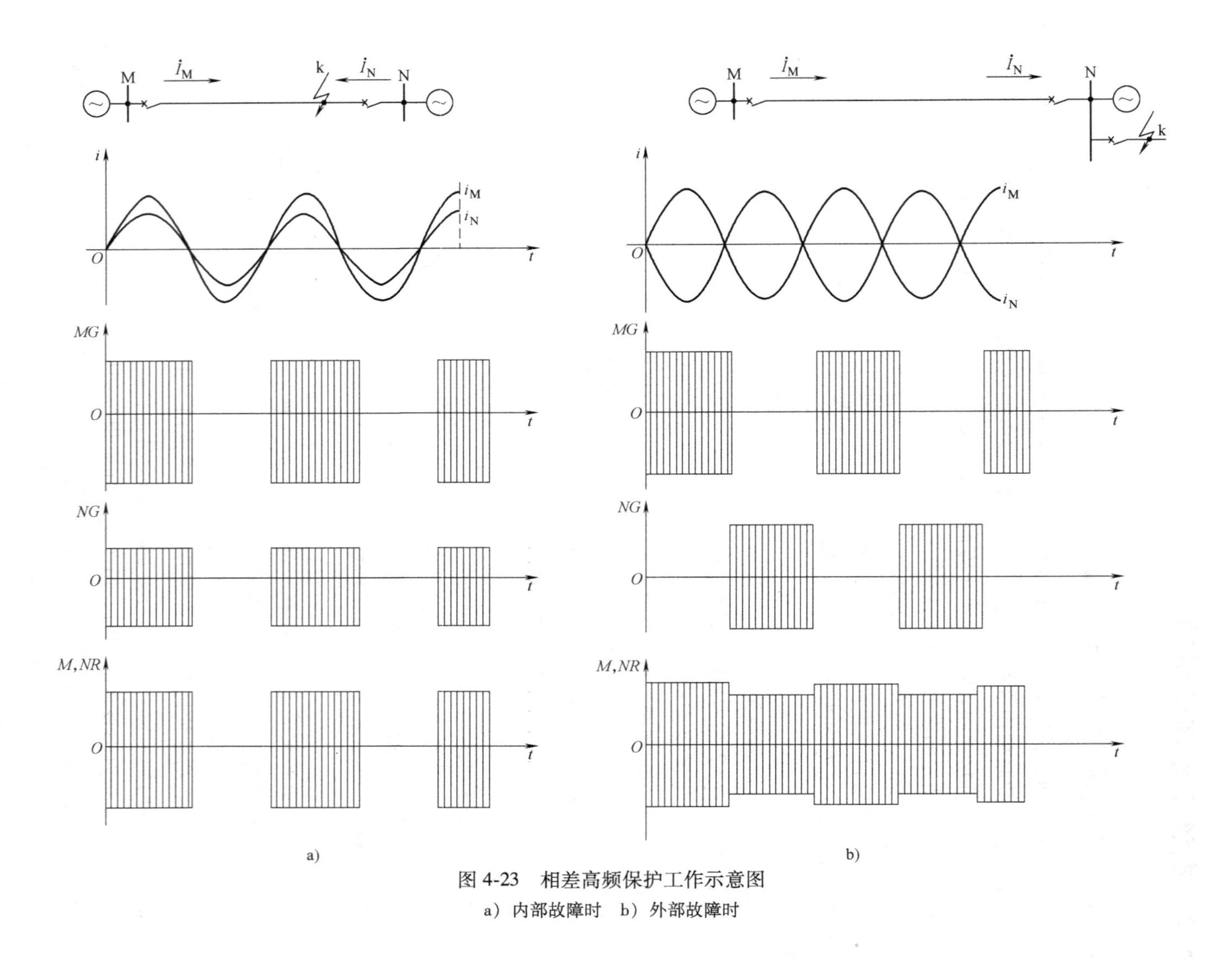

图 4-23　相差高频保护工作示意图

a）内部故障时　b）外部故障时

4.7.2　相差高频保护的构成

相差高频保护装置主要由高频收、发信机、操作元件、启动元件和比相元件等构成。操作元件的作用是将输电线路中 50Hz 的工频电流转变成 50Hz 的方波电流，对发信机中高频电流进行调制（继电保护中称为操作），此工频方波电流称为操作电流。

对操作电流的要求是能反映所有类型的故障：当线路内部故障时，两端操作电流相位差 $\varphi=0$ 或 $\varphi\approx 0$；当线路外部故障时，两端操作电流相位差 $\varphi=180°$ 或 $\varphi\approx 180°$。

为满足上述要求，通常将三相电流综合成单一电流作为操作电流，最普通的是将正序电流和负序电流的复合相序电流 $\dot{I}_1+K\dot{I}_2$ 作为操作电流，$\dot{I}_1+K\dot{I}_2$ 由复合相序电流滤过器取得。在 $\dot{I}_1+K\dot{I}_2$ 中，正序电流 $\dot{I}_1$ 能反映各种短路故障，$K\dot{I}_2$ 能反映不对称短路。$\dot{I}_1$ 虽然能反映各种短路，但是当内部故障时，两端正序电流相位并非相同；有时相差很大，不利于保护工作。而内部故障时，两端负序电流基本同相，有利于保护动作。

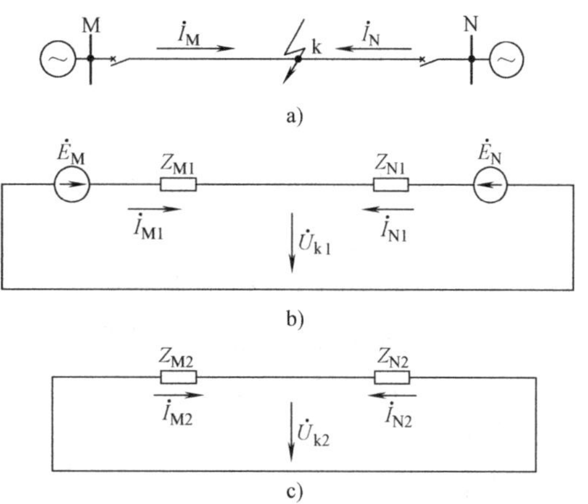

图 4-24　内部不对称短路时线路两端电流相位
a）系统图　b）正序网络图　c）负序网络图

如图 4-24a、b 所示，线路 MN 内部 k 点发生不对称短路时，两端正序电流分别为

$$\begin{cases}\dot{I}_{M1}=\dfrac{\dot{E}_M-\dot{U}_{k1}}{Z_{M1}}\\[2ex]\dot{I}_{N1}=\dfrac{\dot{E}_N-\dot{U}_{k1}}{Z_{N1}}\end{cases}\tag{4-26}$$

式中，$\dot{I}_{M1}$、$\dot{I}_{N1}$ 分别为线路 M、N 两端的正序电流；Z_{M1}、Z_{N1} 分别为线路两端系统的正序阻抗；$\dot{U}_{k1}$ 为短路点的正序电压。

若忽略 Z_{M1} 和 Z_{N1} 的相位差，则 $\dot{I}_{M1}$ 和 $\dot{I}_{N1}$ 之间相位差为

$$\varphi=\arg\frac{\dot{E}_M-\dot{U}_{k1}}{\dot{E}_N-\dot{U}_{k1}}\tag{4-27}$$

对于高压重负荷线路，两端电动势 $\dot{E}_M$ 和 $\dot{E}_N$ 之间的相位差较大，因此 φ 也较大。

由图 4-24c 所示负序网络图可知，两端负序电流为

$$\begin{cases}\dot{I}_{M2}=-\dfrac{\dot{U}_{k2}}{Z_{M2}}\\[2ex]\dot{I}_{N2}=-\dfrac{\dot{U}_{k2}}{Z_{N2}}\end{cases}\tag{4-28}$$

若忽略 Z_{M2} 和 Z_{N2} 的相位差，则 $\dot{I}_{M2}$ 与 $\dot{I}_{N2}$ 同相位，与两端电动势的相位差无关。为了使内部发生不对称短路时，两端的操作电流接近于同相，且保证线路内部任何一处发生各种类型短路时，都有 $\dot{I}_1+K\dot{I}_2\neq 0$，则 K 通常取 6~8。

在 $\dot{I}_1 + K\dot{I}_2$ 为正半周时，允许发高频信号，在负半周时不允许发高频信号。

4.7.3　启动元件

相差高频保护的启动元件有以下作用：正常情况下，禁止发信机发信，将保护闭锁；系统故障时，启动发信机发信，并开放比相元件；空载投入线路时，防止电容充电电流使保护误动作。启动元件应能反映各种短路故障，并具有足够的灵敏性。采用负序电流元件反映不对称短路故障，负序电流元件具有接线简单、灵敏性高和不反映系统振荡等优点。采用接于一相电流的相电流元件反映对称短路故障，当相电流元件灵敏性不够时，可采用阻抗元件。

图 4-25 所示为启动元件的原理框图。启动元件由负序电流元件 KAN（I_2）和相电流元件 KAP（I_1）构成。负序电流元件有高整定值和低整定值，低整定值的元件灵敏性高，用以启动发信，并通过延时返回的时间元件 1KT，保证在 t_1 = 5~7s 时间内发信机连续发信。1KT 的作用是防止当外部故障时，低整定值元件先于高整定值元件返回，导致保护误动作。

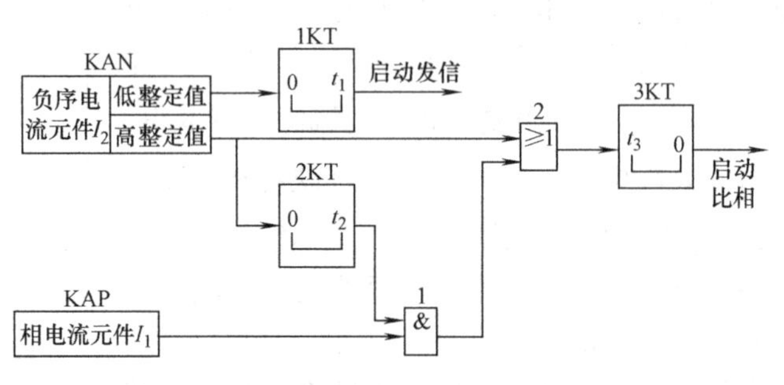

图 4-25　相差高频保护启动元件的原理框图

负序高定值元件启动后经或门 2、延时元件 3KT，延时 t_3 = 10ms 启动比相回路，它的作用是防止故障发生瞬间短路电流波形畸变，使比相元件不能正确比相而引起保护误动作。相电流元件与负序高定值元件、记忆元件 2KT 一起构成对称短路故障的启动元件。2KT 的作用是将对称故障发生瞬间负序高定值元件的动作记忆一段时间，t_2 = 10ms，保证在对称短路故障时，可靠启动比相元件。相电流启动元件的启动电流应躲过线路最大负荷电流与合闸空载线路的电容电流，并保证线路末端对称短路时有足够的灵敏性。

为防止外部故障时，有一端发信机不发信而造成保护装置跳闸，在实际保护中还可以增加以采用远方启动方式启动发信机。

4.7.4　比相元件

1. 对比相元件的基本要求

对比相元件的要求是，外部故障时应可靠不动作，而内部故障时应灵敏动作。这个要求的两个方面是矛盾的，一般要先满足外部故障时可靠不动作，再满足内部故障的灵敏性动作要求。

为了保证外部故障时比相元件不动作，必须使外部故障时两端操作电流相位差 φ 满足下式要求，即

$$|\varphi| \geqslant 180° - \beta \tag{4-29}$$

式中，β 为闭锁角。

保证内部故障时，比相元件的动作条件为

$$|\varphi| \leqslant 180° - \beta \tag{4-30}$$

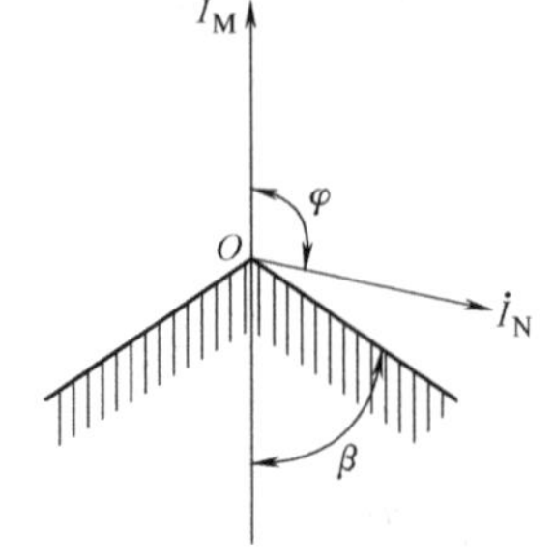

图 4-26　比相元件的闭锁角与动作范围

比相元件的闭锁角与动作范围如图 4-26 所示，以 M 端电流 $\dot{I}_M$ 为基准，若 N 端电流 $\dot{I}_N$ 落在阴影内，则有 $|\varphi| \geqslant 180° - \beta$，比相元

件不动作；若 $\dot{I}_N$ 落在阴影区外，则有 $|\varphi| < 180° - \beta$，比相元件动作。阴影区为闭锁区，无阴影区部分为比相元件的动作区。闭锁角由下列因素决定：

1）两端电流互感器的误差。线路外部故障时，即使两端一次电流相位差为 180°，两端电流互感器二次电流相位也并非 180°，因为电流互感器按 10%误差曲线选择，其角度误差不大于 7°电角度。一般取 TA 相位误差角 $\varphi_{TA}=7°$。

2）两端操作元件角度误差 φ_c，一般取 $\varphi_c=15°$。

3）高频电流从线路一端传送到另一端所需延时决定相角差 α，一般取 $\alpha=6°\times\frac{l}{100}$。

4）考虑未计算误差等因素，取一个裕度角 φ_{yd}，一般取 $\varphi_{yd}=15°$。

根据以上因素，取外部故障时线路两端高频信号最大相角差为闭锁角 β，按下式计算：

$$\beta = \varphi_{TA} + \varphi_c + \varphi_{yd} + \alpha = 7° + 15° + 15° + 6° \times \frac{l}{100}$$

$$= 37°+6°\times\frac{l}{100}$$

一般规定闭锁角为 β 为 45°~60°。由此确定 β，在外部故障时，保护不该动作，在内部故障时，保护灵敏动作，按最不利条件进行相应的校验判断。

2. 比相元件的构成原理

（1）时间积分比相元件

图 4-27 所示为按时间积分原理构成的比相元件的原理框图，由时间元件 1KT、2KT 和出口电路构成。

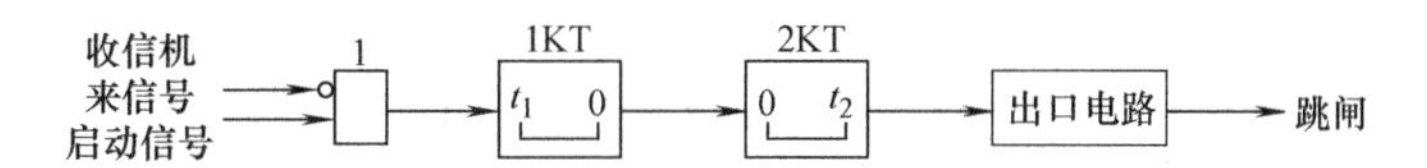

图 4-27　时间积分原理构成的比相元件的原理框图

时间元件 1KT 的作用是时间测定，当线路外部故障时，收信机送来连续或间断时间（t_λ）不长的信号，如果信号间断时间小于 t_1 的整定时间（假定闭锁角为 60°，则 $t_1=3.3$ms），则时间元件 1KT 无输出，比相元件不动作；若为内部故障，收信机送来间断时间较长（大于 $t_1=3.3$ms）的信号，则积分时间电路有每一个周期输出一个脉冲，该间断信号通过 2KT（2KT 为脉冲展宽的电路，脉冲展开完时，$t_2=22$ms）展宽成连续信号，保证断路器可靠跳闸。

在外部故障转换或切除外部故障的暂态过程中，系统出现暂态分量，使线路两端电流的波形发生畸变，收信机的输出波形的间断角有可能大于闭锁角，使保护误动作。采用二次比相的方法可避免这种误动作，因而可以提高比相元件的可靠性。

（2）二次比相元件

图 4-28 所示为二次比相元件的原理框图。二次比相元件要求收信机收到高频信号宽度不能过小（不小于 10ms），收信机收到高频信号的间断时间也不能过长（不大于 11ms），前后两次出现的信号间断角均大于整定的闭锁角。

收信机输出信号的间断时间大于 11ms 时，比相元件不应动作，设置 3KT，在收信机输出信号间断时间内，禁止门 1 有输出，若信号间断时间大于 $t_3=11$ms，则 3KT 有输出，将 2KT 闭锁，比相元件不动作。当收信机输出信号宽度小于 10ms 时，比相元件不应当动作，设置 4KT，在收信机收到高频信号的时间内，禁止门 1 闭锁，禁止门 2 开放，若信号宽度小于时间元件4KT动作时间（$t_4=8\text{ms}$），在禁止门2开放时间内，时间元件4KT尚未动作，比相元件不会动作。

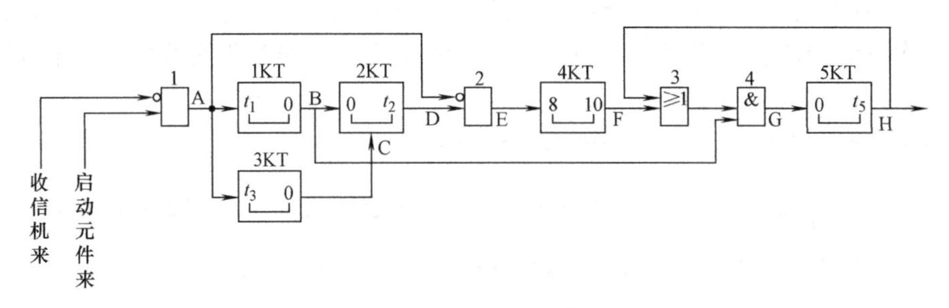

图4-28　二次比相元件的原理框图

4.7.5　分析比相元件的工作情况

（1）发生内部短路故障时

分析图4-28，信号间断时间等于时间元件1KT的整定值，$t_1=3.3\text{ms}$，且信号宽度正常时，比相元件能动作。此时比相元件各点电位的波形如图4-29所示。当t_0时刻线路内部发生短路故障时，启动元件动作，t_1时刻收信机传递送来信号出现间断，禁止门1有输出，A点呈高电位，开始第一次积分比相，取闭锁角$\beta=60°$对应时间为3.3ms。至t_2时刻，时间元件1KT动作，B点出现窄脉冲，实现第一次比相。由于信号间断时间为3.3ms，小于时间元件3KT整定时间11ms，所以3KT不动作，C点电位一直为零。至t_2时刻，时间元件2KT瞬时动作，并记忆12ms，D点在$t_2\sim t_4$（12ms）间呈低电位。由于$t_2\sim t_4$间，收信机有信号输出，禁止门1被闭锁，禁止门2被开放，E点呈现高电位。到t_3时刻，时间元件4KT动作，F点呈现高电位，至t_4时刻，由于D、E点信号复归，时间元件4KT开始返回。t_5时刻出现第二个信号间断，在$t_5\sim t_6$间进行第二次比相，t_6时刻B点又输出窄脉冲，由于时间元件4KT尚未返回，F点仍呈现高电位，或门3有输出，当B点出现窄脉冲（t_6时刻），与门4有输出，G点输出窄脉冲，时间元件5KT动作将脉冲展宽，H点输出高电位，经或门3

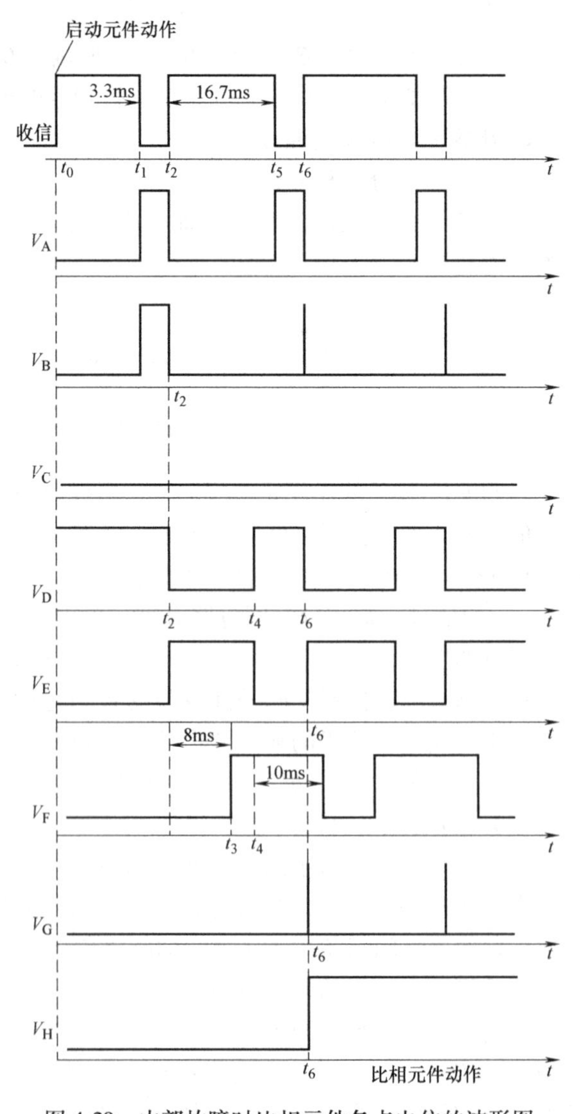

图4-29　内部故障时比相元件各点电位的波形图

自保持，比相元件动作。

（2）外部故障转换过程中

信号间断大于 3.3ms 时，比相元件各点电位的波形如图 4-30 所示。设 t_0 时刻发生外部故障，启动元件动作，在外部故障转换中 $t_1 \sim t_3$ 间出现大于 3.3ms（如 5ms）的信号间断。t_2 时刻，时间元件 1KT 动作，B 点输出一个宽度为 1.7ms（$t_2 \sim t_3$）脉冲，在 $t_2 \sim t_3$ 间，由于 F 点无信号，或门 3 无输出，与门 4 动作的条件不满足，因此，比相元件不动作。

（3）发生内部短路故障时

保护动作于三相跳闸停信。此时，若断路器尚未断开或失灵拒动，比相元件能继续处于动作状态。由图 4-28 可知，当收信机收不到信号而无信号输出时，禁止门 1 开放，时间元件 3KT 动作后，将时间元件 2KT 闭锁，但由于比相元件有输出，并通过或门 3 自保持，当收信机无信号输出而故障仍然存在时，禁止门 1 一直开放到有输出，时间元件 1KT 有输出，与门 4 满足动作条件，自保持未被破坏，比相元件继续动作，直到故障被切除，启动元件返回，禁止门 1 无输出，时间元件 1KT 无输出，与门 4 不满足动作条件，自保持被解除，使比相元件复归。

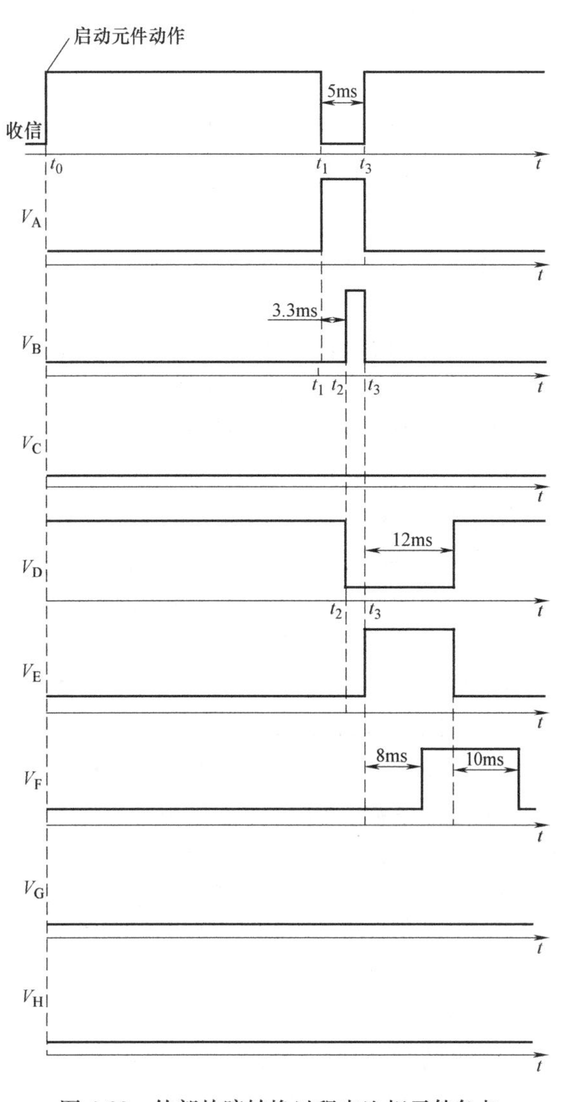

图 4-30　外部故障转换过程中比相元件各点电位的波形图

4.7.6　相差保护的相位特性和相继动作区

在电力系统实际运行中，由于线路两端电动势的相位差、系统阻抗角的不同、电流互感器的误差，以及高频信号在通道上传送的时间延迟等因素影响，在保护范围内部故障时，两端高频信号不能完全重叠（$\varphi \neq 0$），在外部故障时，两端高频信号也不会是连续的（$\varphi \neq 180°$）。因此，需要进一步分析相差高频保护的相位特性。所谓相位特性是指相位比较元件中电流 $\dot{I}_r$ 和高频信号的相位角 φ 的关系曲线，即 $I_r = f(\varphi)$ 的曲线，称为相位特性曲线。

1. 在最不利情况下保护范围内部故障

在内部对称短路时，复合滤过器输出的只有正序电流，即三相短路电流，如图 4-31 所示。短路前线路两端电动势 $\dot{E}_M$ 和 $\dot{E}_N$ 存在相角差 δ，根据系统稳定运行的要求，δ 一般不超过 70°，取 $\delta = 70°$。设短路点靠近 N 端，则 $\dot{I}_M$ 滞后 $\dot{E}_M$ 的角度由发电机、变压器和线路的总阻抗决定，一般取 $\varphi_k = 60°$。在 N 端，电流 $\dot{I}_N$ 的角度取决于发电机和变压器的阻抗。一般由于它们的电阻很小，故取 $\varphi_k'=90°$，这样线路两端电流相位差 $\delta_{ph}=\varphi_k-\varphi_k'=90°-60°=30°$，若 $\dot{E}_M$ 超前 $\dot{E}_N$ 为 70°，则$\dot{I}_M$ 和$\dot{I}_N$ 之间相位差为 70°+30°=100°，考虑到电流互感器的角度误差 δ_{TA} 取 7°，保护装置本身误差 $\delta_p=15°$，高频信号在传输过程中引起的角度误差 $\delta_L=\frac{l}{100}\times 6°$，综合上述各种因素的影响，M 端和 N 端高频信号之间相位差最大可以达到 φ_{max} 为

$$\varphi_{max}=70°+7°+30°+15°+\delta_L=122°+\delta_L$$

对于 M 端 $\varphi_{max.M}=122°+\delta_L$；对于 N 端 $\varphi_{max.N}=122°-\delta_L$。

因为上述各种因素影响，收信机中的高频信号间断时间要缩短，因而使相位比较回路在最不利情况下，即收信机收到高频信号具有 $122°+\delta_L$ 的相位差时，保护也应该可靠动作。

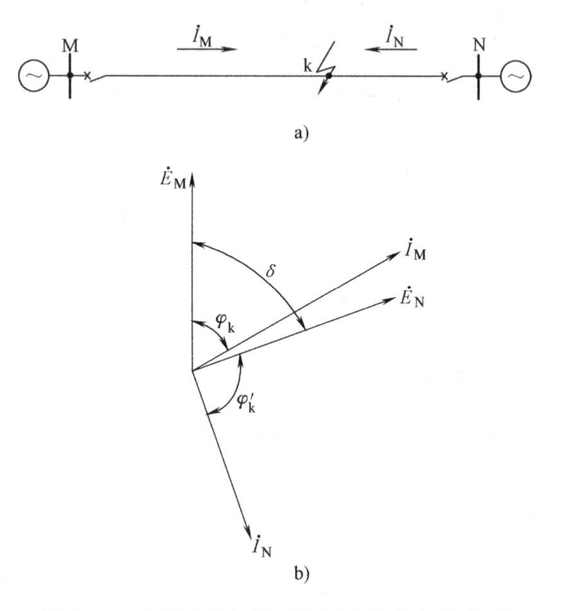

图 4-31　内部对称短路时两端电流的相位关系

a）系统图　b）两端短路时的电流相量图

在内部不对称短路时，利用 K 倍$\dot{I}_2$ 分量，只要 K 取得足够大，就可以保证两端相位基本相同。因为两端负序电流 $\dot{I}_2$ 是由故障点负序电压产生，其相位差仅由线路两端阻抗角、电流互感器和保护装置本身误差所引起，故当线路内部不对称短路时，利用负序电流，可以大大减小相位误差，提高保护的灵敏性。因此，在选择系数 K 时，应使 $\dot{I}_2$ 分量在滤过器中占主要地位，一般选 $K=6\sim8$。实际上在高压网络中发生三相短路的可能性很小，因此，实际上保护的工作条件比上述最不利工作条件情况要好些。

2. 保护范围外部的故障

在保护范围外部故障时，暂不考虑线路分布电容的影响，两端线路电流 $\dot{I}_M$ 和 $\dot{I}_N$ 的相位差为 180°。而超高压远距离线路多采用分裂导线，线路分布电容较大，电容电流也随之增大，可能导致保护误动作，为此可在负序电流滤过器中加补偿器，补偿后的负序电流不含电容电流，在这种情况下可以不考虑分布电容电流的影响。根据内部故障分析，考虑到电流互感器和保护装置的误差，以及传递高频信号的延迟，线路两端高频信号也不会相差 180°电角度。在最不利条件下，可能达到 180°±（$122°+\delta_L$）。因此，收信机收到的高频信号将不是连续的，亦即高频信号有间断，在相位输出回路中有一个较小的电流$\dot{I}_r$ 输出，流入继电器 K。如图 4-32 所示，在理想条件下，相位特性曲线是图中所示直线 1，实际上，由于整流桥本身是一个非线性元件，加上电流互感器的误差等因素的影响，因此，相位特性应是曲线 2。

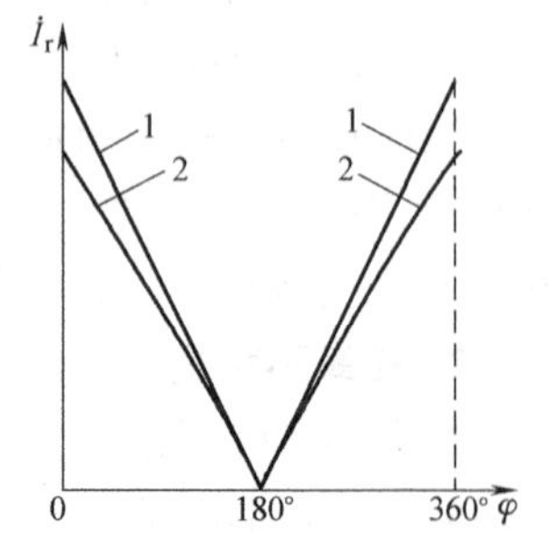

图 4-32　相差高频保护的相位特性曲线

3. 相位特性

根据图 4-32 的相位特性曲线 $I_r=f(\varphi)$ 确定继电器的动作电流 $I_{op.r}$ 和闭锁角 β 如图 4-33 所示。设继电器动作电流为 $I_{op.r}$，将它画

在相位特性曲线上，则它与相位特性曲线有两个交点：在交点之下，继电器电流 $I_r < I_{op.r}$，继电器不动作，对应横坐标角度为 β，称为闭锁角；在交点上方，$I_r > I_{op.r}$，是继电器动作范围，对应横坐标角度为 φ_{op}，φ_{op} 为保护的动作角。

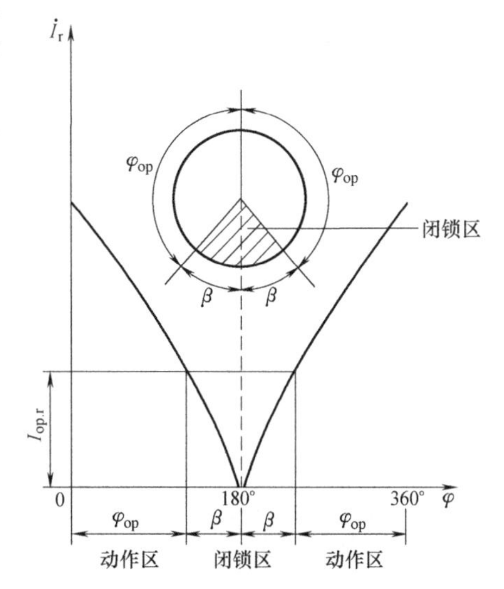

图 4-33　相差高频保护动作电流及闭锁角的选择

闭锁角的选定必须满足在外部故障时，保护不动作，而在内部故障时保护能可靠动作。将一切不利因素考虑在内，线路两端高频信号的相位差为

$$\varphi_{max} = 180° \pm (\delta_{TA} + \delta_P + \delta_L)$$
$$= 180° \pm \left(22° + \frac{l}{100} \times 6°\right)$$

因为此时保护不应动作，所以必须整定闭锁角 $\beta > 22° + \frac{l}{100} \times 6°$，取

$$\beta = 22° + \frac{l}{100} \times 6° + \varphi_{yd} \tag{4-31}$$

式中，l 为线路长度（km）；φ_{yd} 为裕度角，一般取 15°。

式（4-31）表明，线路越长，闭锁角整定值越大，闭锁角越大对保护灵敏性的影响越不利。当整定闭锁角后，还需要校验保护装置在内部故障时的灵敏性。根据前面分析，在最不利情况下，对位于电动势相位超前的 M 端，相位差可达 $\varphi_M = 122° + \frac{l}{100} \times 6°$，对于 N 端，则 $\varphi_N = 122° - \frac{l}{100} \times 6°$，为保证保护装置可靠动作，要求 φ_M 和 φ_N 均小于保护装置的动作角 φ_{op}，并留有一定裕度。

4. 保护的相继动作区

由式（4-31）可知，当线路越长，闭锁角 β 的整定值越大，而动作角 φ_{op} 则越小。在保护范围内部故障时，当线路长度超过一定距离时，就可能出现 M 端高频相位差 $\varphi_r \geqslant \varphi_{op}$ 的情况，此时 M 端保护将不能动作，相反，N 端收到高频信号的相位差 φ_N 是随着线路长度的增加而减少，因此，N 端的相位差 $\varphi_N < \varphi_{op}$，N 端保护仍能可靠动作。当 N 端保护跳闸的同时，立即停止 N 端发信机发出高频信号，在 N 端停信以后，M 端的发信机只能收到它自己所发出的高频信号，由于这个信号是间断的，因此，M 端的保护也立即跳闸。保护装置的这种情况，即当一端保护动作跳闸以后，另一端的保护才能再动作于跳闸，称之为相继动作。

按相继动作切除线路内部故障，使保护动作时间增大，这对保护不利，这是相差高频保护的一个缺点。

4.7.7　相差高频保护原理框图举例

图 4-34 所示为相差高频保护原理框图，以此图说明保护装置的整体结构及系统工作原理。

1. 保护的组成元件

（1）启动元件

启动元件由负序电流元件 KAN、相电流元件 KA 及阻抗元件 KR 构成。KAN 反映不对称

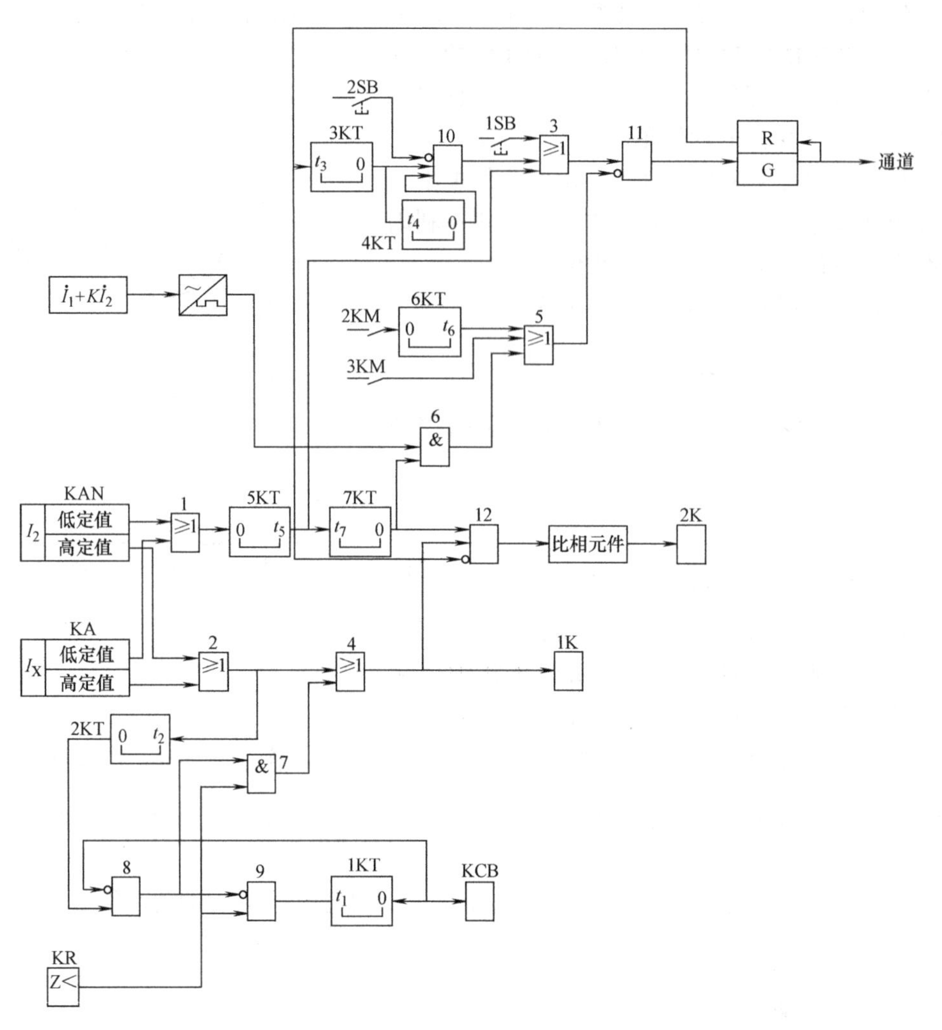

图 4-34　相差高频保护原理框图

短路，KA 和 KR 反映对称短路，KAN 和 KA 又都分为低定值元件和高定值元件。低定值元件用于启动发信，高定值元件用于启动比相，并启动保护的开放继电器 1K。

两个低定值元件启动后，通过或门 1、记忆元件 5KT、或门 3、禁止门 11 启动发信机。低定值元件返回后，经时间元件 5KT 延时 $t_5=0.3\text{s}$ 停信，用以防止外部故障切除后，两端启动元件返回时间不等，使后返回端保护误动作。

两个高定值元件启动后，通过或门 2、4 启动保护开放继电器 2K，并启动比相元件。对称短路时，阻抗元件 KR 启动，KA 高定值元件启动（对称短路瞬间出现负序电流，KAN 高定值元件也启动），经或门 2、记忆元件 2KT、禁止门 8，与阻抗元件 KR 的输出一起，通过与门 7、或门 4 启动保护开放继电器 1K 及比相元件。记忆元件 2KT 将高定值元件输出信号固定 $t_2=200\text{ms}$，以便可靠地启动比相保护。

（2）操作元件

操作元件由复合电流滤过器和方波形成回路将工频电流 $\dot{I}_1+K\dot{I}_2$ 形成方波作为操作电流。在工频操作电流正半周时，与门 6 有输出，经或门 5 将禁止门 11 闭锁，停止发信。与门 6 的另一输入端是由低定值元件启动后，经或门 1、时间元件 5KT 及 7KT 送来的信号，因此在启动元件启动5ms（时间元件7KT延时）后，才能操作发信机。这样，本端发信机在低定值元件启动后，立刻发出宽度为5ms的高频信号，使对端远方启动回路迅速发挥作用，启动发信，防止区外故障时保护误动作。

（3）比相元件

线路两端保护，在每一工频电流周期内均为正半周发信、负半周停信且进行比相。在本端工频负半周停信比相时间内，若收信机收到高频信号并有输出时，禁止门12将闭锁，比相元件不开放，反之，禁止门12将开放。因此，相差保护高频电流的作用是闭锁保护。采用高低定值启动元件共同启动比相元件是为了提高保护的可靠性。

（4）远方启动发信回路

1）区外故障。如果只有一端发信机启动发信，通过远方启动使对方发信机发信，由于对端启动元件未启动。禁止门11开放，收信机收到信号后，通过时间元件3KT、禁止门10、或门3、禁止门11使发信机发出连续信号，将保护闭锁，避免了保护误动作。

2）若一端交流回路断线，则远方启动回路启动对端发信机发出连续信号，将断线端保护闭锁，以防止其误动作。

3）用于检查通道。收信机收到对端送来的高频信号时，禁止门12闭锁，禁止比相，同时经时间元件3KT、禁止门10、或门3、禁止门11启动发信机，然后自发自收，形成闭环，并连续发信。经4KT延时$t_4=10s$后有输出，将禁止门10闭锁，停止发信，实现解环。时间元件3KT的作用是使远方启动具有2ms的延时，以躲过通道上的干扰信号的影响，防止发信机频繁启动。

（5）停信控制继电器3KM和2KM

高频相差保护设有线路其他保护动作停信继电器2KM及断路器三相跳闸停信继电器3KM。当线路内部故障时，若线路其他保护先于相差高频保护动作，启动停信继电器2KM，通过时间元件6KT（$t_6=0.2ms$）、或门5，将禁止门11闭锁，停止发信，加速对端相差高频保护动作。当线路断路器三相跳闸后，停信继电器3KM启动，将禁止门11闭锁，禁止发信机发信，如果空载线路从一端投到故障上，由于对端断路器处于三相跳闸情况，停信继电器3KM启动，将发信机回路闭锁。这样，合闸端不能通过远方将对端发信机启动发信，因此只能收到本端发出的信号，使保护动作于跳闸。

2. 保护装置运行情况分析

（1）正常运行时

正常运行时，两端保护启动元件不启动，发信机不发信，因此比相元件不开放，保护不动作。

（2）外部故障时

1）在外部不对称短路故障时，负序低定值元件启动，经或门1、时间元件5KT、或门3、禁止门11，瞬时启动发信。经$t_7=5ms$，与操作电流一起通过与门6、或门5、禁止门11对发信机进行操作，使之在操作电流正半周时发信、负半周时停信。负序高定值元件启动，通过或门2、4启动开放继电器1K，同时与负序低定值元件输出信号一起，开放比相元件。由于外部故障时，收信机收到的是连续高频信号，高频信号间断角小于闭锁角，比相元件不输出，保护不动作。

2）外部对称短路时，阻抗元件KR启动，同时负序高定值元件KAN及相电流元件KA启动，并经过2KT瞬时固定（$t_2=200ms$），与门7有输出，经或门4启动开放继电器1K及比相元件，同上，外部故障高频信号连续，比相元件不输出，保护不动作。

（3）内部故障时

内部故障时，启动元件动作情况与外部故障时相同，开放继电器1K启动，由于收到高频信号的间断角大于闭锁角，比相元件启动，启动保护出口继电器动作于跳闸。当远距离重负荷线路受电端发生三相短路时，如图4-31a所示，在最不利情况下，M端收信机收到两端高频信号相位差 $\varphi_M = 122° + \delta_L$，对于N端为 $\varphi_N = 122° - \delta_L$，如线路长度为200km，则M端收到高频信号相位差 $\varphi_M = 122° + 12° = 134°$，信号间断角为 $180°-134°=46°$，小于闭锁角 $\beta=60°$，保护不动作，而N端收到高频信号为 $\varphi_N = 122° - 12° = 110°$，间断角为 $180°-110°=70°$，大于闭锁角 $\beta = 60°$，保护动作于跳闸，N端跳闸停信后，M端相继动作跳闸。

在单端电源线路内部故障时，若受电端低定值元件能启动，操作元件能正确动作，则两端保护都能动作于跳闸。但是当受电端启动元件不启动，操作元件又无输出时，受电端由电源端远方启动发出连续信号，将电源端保护闭锁，故障不能切除，这是保护的缺点。当线路一端合于内部故障时，在线路另一端断路器断开情况下，跳闸停信继电器2K将发信回路闭锁。因此，合闸端只能收到本端高频信号，并动作于跳闸。

（4）系统振荡与非全相运行

当系统振荡与非全相运行时，线路两端电流相位差仍为180°，保护不会误动作，因此，保护与单相自动重合闸配合时，在重合闸过程中非全相运行状态不会使保护误动作。在非全相动行过程中发生内部故障，保护灵敏性降低，有时可能拒动，但一般仍能动作。

（5）通道检查

检查通道时，无须呼唤对方值班人员操作，只要按下发信按钮1SB，便可通过或门3、禁止门11发信。对端收到信号后，经时间元件3KT、或门3、禁止门11启动发信，并自保持。若检查端能收到对端信号，说明通道情况正常。两端经时间元件4KT延时 $t_4=10ms$ 后，自动解环停信，恢复正常状态。

（6）交流电压回路断线

阻抗启动元件在交流电压回路断线时，可能误动作，使控制比相元件的回路处于不正常状态，为此，需要采用交流电压回路断线闭锁措施。当电压回路断线使阻抗元件KR误动作时，禁止门9、时间元件1KT启动断线闭锁继电器KCB，发出“电压回路异常”信号。时间元件1KT延时 $t_1=10ms$ 是为了防止内部相间短路时，阻抗元件先于高定值元件启动，将禁止门8闭锁，使保护拒动。

4.8　对相差高频保护的评价

相差高频保护适用于200km内的110~220kV输电线路，特别是在装有单相自动重合闸或综合重合闸的线路上更有利，在220kV以上长距离线路上不宜采用这种装置。

1. 相差高频保护的主要优点

1）相差高频保护不反映系统振荡。因为振荡时，流过线路两端的电流是同一个电流，与外部故障时情况一样。同时，振荡过程中无负序电流，启动元件不启动。因此，保护装置中不需要设置振荡闭锁装置，使保护构造简单，同时也提高了保护的可靠性。

2）相差高频保护在非全相运行时不会误动作。这是因为此时线路两端通过同一负序电流，相位差为 180°。在使用单相重合闸或综合重合闸时的超高压输电线路上，相差高频保护的这一优点对系统安全运行有很大好处，保护无须加非全相闭锁装置，简化接线。同时在系统振荡过程中，被保护线路发生故障或在线路单相跳闸后，非全相运行过程中线路内部发生故障时，相差高频保护能瞬时切除故障。

3）相差高频保护工作状态不受电压回路影响。因为相差高频保护均反映电流量，无电压回路，因此，其工作状态不受电压回路断线影响。

2. 相差高频保护的主要缺点

1）相差高频保护受负载电流影响。在线路重负荷时，发生内部故障时其两端电流相位差较大，因此不能保证相差高频保护正确动作。

2）在线路较长时，保护范围内部故障时，相差高频保护有可能工作在相继动作状态，增加了切除故障时间。

3）相差高频保护不能作为相邻线路的后备保护。

4.9　微波保护

微波保护是以微波通道传输线路两端电流相位，并比较两端电流相位动作的输电线路纵联保护。微波通道是解决高频通道日益拥挤问题的一种有效办法，它能传送大量信息而且工作可靠。

1. 工作原理

微波保护与高频保护的差别主要是通信方式不同，而它们的保护原理是相同的，因此，微波保护也可以分为方向微波保护、距离微波保护和相差微波保护等。

2. 电流相位差动微波保护

电流相位差动微波保护（简称电流相差微波保护）与电流相差高频保护的原理相同。所不同的是使用通道不同，由于微波通道可以提供更多通道，因此，保护可以按分别比较各相电流的相位方式构成。图 4-35 所示为电流相差微波保护原理框图。

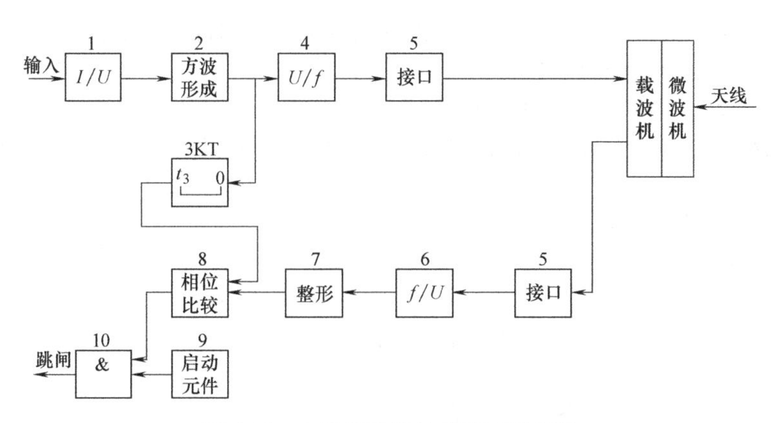

图 4-35　电流相差微波保护原理框图

图中元件的作用如下：

元件 1 为电流-电压变换器（I/U），变二次相电流为电压；元件 2 为方波形成器，将工频操作电压进行放大限幅变为电压方波；元件 3 为时间元件 3KT，补偿信号传输引起的两端比相电流的相位差；元件4为电压-频率变换器（U/f），将方波电压变换为相位的调频信号；元件5为接口，是继电保护与载波机之间的接口电路，达到有效传输信号的目的；元件6为频率-电压变换器（f/U），将收到的调频信号还原成方波，经整形后送到相位比较元件进行比相；元件7为整形元件，对方波信号进行整形；元件8为相位比较元件，用来判断是内部故障还是外部故障；元件9为启动元件，用来提高保护装置的可靠性；元件10为与门，对相位比较元件的输出和启动元件的输出进行逻辑判断。

可见，相差微波保护的动作原理与相差高频保护的原理完全相同。

3. 电流差动微波保护

电流差动微波保护是根据比较线路两端电流的相量或波形原理构成，它与短距离线路上采用的有辅助导线纵联差动保护原理相同，不同的是利用微波通道代替辅助导线，将一端电流的波形完全不断地传到对端，进行比较各端电流的相位。这种利用微波通道的电流差动保护，称为电流差动微波保护。它在原理上比电流相位差动保护更优越，特别是应用于具有分支线路和网络。但它对通信的要求很高，需要采取有效的抗干扰措施。

思考题与习题

4-1　简述纵联差动保护的基本原理。

4-2　纵联差动保护与阶段式电流保护的差别是什么？说明纵联差动保护的优点。

4-3　纵差保护中不平衡电流是由于什么原因产生的？不平衡电流在暂态过程中有哪些特性？它对保护装置有什么影响？

4-4　在纵差保护动作电流的整定计算中，应考虑哪些因素？为什么？

4-5　什么是相继动作？为什么会出现相继动作？相继动作对电力系统有何影响？

4-6　试述高频保护的基本原理。高频保护能否单端运行，为什么？

4-7　常用高频保护有几种？分别说明它们的工作原理。

4-8　高频信号的频率为何取50~300kHz？频率过高或过低有何影响？

4-9　什么是闭锁信号、允许信号和跳闸信号？

4-10　试述高频通道各构成元件的作用及工作原理。

4-11　相差高频保护和高频闭锁方向保护为何采用两个灵敏系数不同的启动元件？

4-12　什么叫远方启动？它有何作用？

4-13　什么叫高频保护的闭锁角？如何选择闭锁角？

4-14　在什么情况下，相差高频保护出现相继动作？当线路一端跳开后，采用什么措施使对端保护迅速动作？

4-15　相差高频保护的操作电流为何采用 $\dot{I}_1+K\dot{I}_2$？

4-16　试分析高频闭锁方向保护在线路内部和外部短路故障时的工作情况。电力系统发生振荡对高频闭锁方向保护的选择性有无影响？

4-17　什么是高频距离保护？它与距离保护有何差别？

4-18　试比较高频闭锁方向保护与高频闭锁距离保护有什么异同点。

4-19　说明高频闭锁距离保护中各启动元件的特点和应用范围。

4-20　试简述微波保护的主要优缺点。

4-21　高频闭锁距离保护中的距离元件，能否按距离第Ⅰ段整定？能否采用全阻抗继电器？

4-22　在图4-36中，线路MN上装设相差高频保护。已知M端电动势 $\dot{E}_M=\dot{E}_N e^{j60°}$，$\dot{Z}_N=|Z_N|e^{j80°}$，$\dot{Z}_M=|Z_M|e^{j70°}$，线路长度为250km，电流互感器与操作元件滤过器的误差分别为7°和15°，闭锁角为60°。试问：当线路受电端k点发生三相短路时，保护能否正确动作？

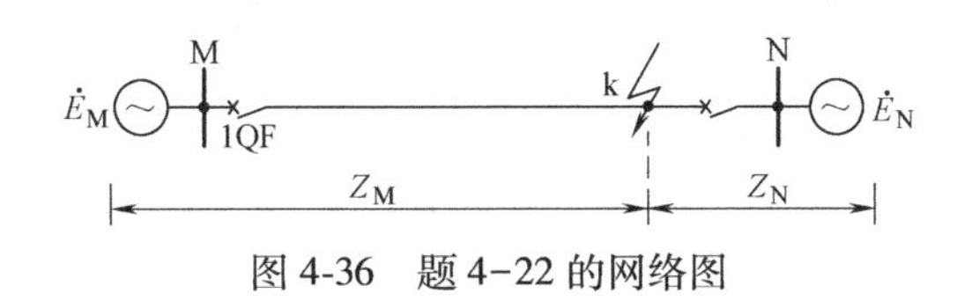

图 4-36 题 4-22 的网络图

4-23 如图 4-37 所示网络图，已知所有的线路各侧都有高频方向保护，现假定在这些网络中不同地点发生三相短路，并认为所有电源的电动势均相等且同相位。试指出网络中每一点短路时，流过各套保护的功率方向和在哪些保护之间传送高频闭锁信号，哪些套保护会动作于跳闸。

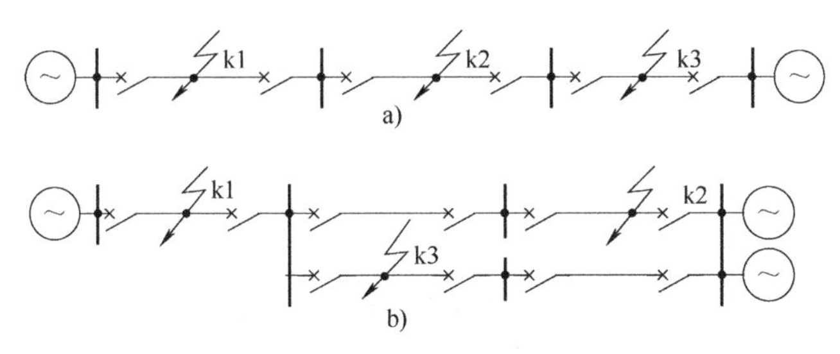

图 4-37 题 4-23 的网络图

4-24 图 4-38 为某线路 MN 的相差高频保护的原理框图，它由一个公用的电流启动元件 1KA 启动发信和启动跳闸回路，该电流启动元件动作电流 $I_{op.1}=150A$，但由于电流互感器误差和继电器调整不准确，致使其 M 侧实际动作电流 $I_{op.M}=145A$，N 侧实际动作电流 $I_{op.N}=151A$，问此时能否致保护误动作或拒动，如果能动作，试指出具体范围。

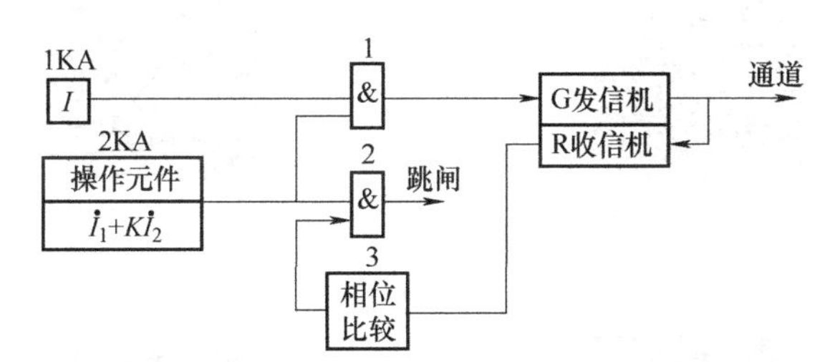

图 4-38 题 4-24 相差高频保护原理框图

4-25 在电压为 110kV，长度 $l=100km$，线路阻抗 $X_1=0.4\Omega/km$ 的方向高频闭锁保护中，只能一组采用 0°接线的全阻抗继电器作为相间短路的启动元件，既用于启动发信机，也同时用于启动跳闸回路。若已知全系统该阻抗角均相同，线路最大负荷电流 $I_{L.max}=400A$，线路最低电压 $U_{L.min}=110kV$，可靠系数 $K_{rel}=1.2$，自起动系数 $K_{ss}=1.2$，继电器返回系数 $K_{re}=1.1$，继电器动作阻抗误差为 $\delta=\left|\dfrac{Z_{op}-Z_{op.c}}{Z_{op.c}}\right|$，式中，$Z_{op.c}$为一次侧动作阻抗计算值，$Z_{op}$为一次侧动作阻抗实际值。

为保证保护区外故障时，不至于由于两侧启动元件的误差而导致保护的无选择性动作，试计算：

（1）按躲开最小负荷阻抗来整定的启动元件一次动作阻抗计算值 $Z_{op.c}$及容许的最大误差，并校验被保护线路发生金属性短路时保护的灵敏系数 $K_{s.min}$。

（2）最大容许误差 $\delta_{max}=0.25$ 时，$Z_{op.c}$和 $K_{s.min}$又等于多少？

4-26 如图 4-39a 中所示网络，在线路 MN 上装有相差高频保护，已知 $\dot{E}_N=\dot{E}_M e^{-j60°}$，$Z_M=|Z_M|e^{j70°}$，$Z_N=|Z_N|e^{j90°}$，来自电流互感器和保护装置的角误差分别为 7°和 15°，线路长度 $l=400km$，试求：

（1）保护的闭锁角 β 和动作角 φ_{op}。

（2）当k点发生三相短路时，两侧保护能否同时动作，如果不使其发生相继动作，线路的长度应限制在多少？

（3）当k点发生不对称短路时，不使保护发生相继动作的线路的最长长度为多少（计算时可不计$\dot{I}_1$的影响，并取裕度角$\varphi_{yd}=15°$）？

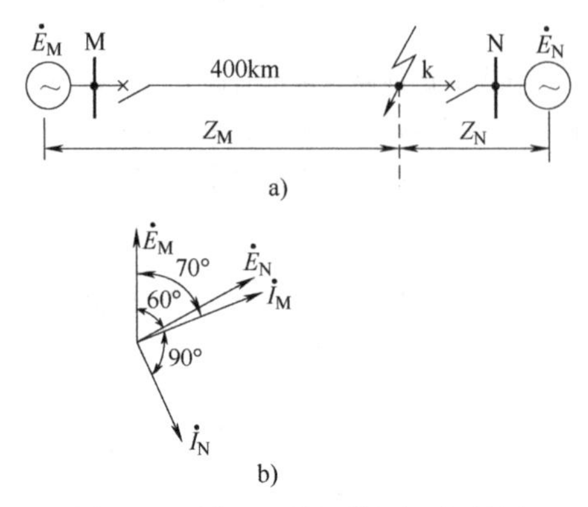

图4-39　题4-26的网络图和相量图

a）网络图　b）相量图

4-27　说明光纤纵联电流差动保护的原理。

4-28　为什么纵联电流差动保护要求两侧测量和计算严格同步？而允许式方向纵联差动保护无两侧同步要求？

本章学习要点

思考题与习题解答

测试题一

测试题一参考答案

第 5 章

输电线路的自动重合闸

基本要求

1. 掌握自动重合闸的作用及基本要求。
2. 通过典型装置或电路，了解自动重合闸装置的基本组成及工作原理。
3. 了解双侧电源线路上自动重合闸的特点及配置方式。
4. 掌握自动重合闸的整定原则和计算。
5. 掌握自动重合闸与继电保护的配合方式及其特点。
6. 了解单相自动重合闸的特点及综合自动重合闸的概念。

运行经验表明，在电力系统中发生的故障绝大多数是暂时性的，如雷击过电压引起绝缘子表面闪络、大风引起的短时碰线、通过鸟类身体放电、风筝绳索或树枝落在导线上引起的短路等。对于这些故障，当被继电保护迅速断开后，故障点电弧即行熄灭，故障点的绝缘可恢复，故障随即自行消除。这时如果把断开的断路器重新合闸，往往可恢复供电，因而减少了停电时间，提高了电力系统的稳定性。因此，这类故障是临时性故障。除此之外，也有“永久性故障”，例如由于线路倒杆、断线、绝缘子击穿或损坏等引起的故障，在线路被断开后，故障仍然存在，这时即使再合上电源，线路还要被继电保护装置再次断开，因而不能恢复正常的供电。当然，重新合上断路器的工作由运行人员手动操作，但在手动操作时，停电时间过长，用户的电动机多数可能停转，这样重新合闸取得的效果并不明显。为此，在电力系统中广泛采用自动重合闸（AR）装置来代替运行人员手动合闸。

在电力系统中，输电线路是发生故障最多的元件，并且它的故障大都属于暂时性，因此高压输电线路中广泛采用自动重合闸装置。根据运行资料表明，输电线路自动重合闸的成功率在 60%~90%之间。

本章讲述自动重合闸的作用及基本要求，重点讲述单侧电源、双侧电源的三相一次自动重合闸的工作原理和接线及整定计算，并讲述自动重合闸装置与保护装置的配合、提高供电系统的可靠性，最后简要介绍单相自动重合闸及综合自动重合闸的工作原理。

5.1　自动重合闸的作用及基本要求

5.1.1　自动重合闸的作用

自动重合闸的作用可归纳如下：

1）在线路发生暂时性故障时，迅速恢复供电，大大地提高了供电的可靠性，减少了线路停电次数。

2）在有双侧电源的高压输电线路上，采用重合闸可以提高电力系统并列运行的稳定性，从而提高了传输容量。

3）在电力网设计过程中，装设自动重合闸装置，可暂缓架设双回线路以节约投资。

4）对断路器本身由于机构不良或继电保护误动作而引起的误跳闸，也能起到纠正的作用。

采用自动重合闸后，当重合到永久性故障时，使电力系统再一次受到短路电流的冲击，可能引起系统振荡，对超高压系统还可能降低并列运行的稳定性，同时断路器在很短时间内连续切断两次短路电流，这就恶化了断路器的工作条件。对于油断路器在采用重合闸后，其遮断容量也要有不同程度上的降低（一般降低到80%左右），因而在短路电流较大的电力系统中，装设油断路器的线路不允许使用自动重合闸装置。

由于自动重合闸装置本身投资很低、工作可靠，可以避免因暂时性故障停电所造成的损失，因此，在电力系统中应用广泛。

5.1.2　对自动重合闸的基本要求

《继电保护规程》规定，在1kV及以上的架空线路和电缆与架空线的混合线路，当其上装有断路器时，应装设自动重合闸；在高压熔断器保护的线路上，一般采用自动重合熔断器；此外，在供电给地区分散的电力变压器以及发电厂和变电所母线上，必要时也可以装设自动重合闸。

对自动重合闸的基本要求有如下几条。

（1）动作迅速

自动重合闸装置在满足故障点去游离（即介质强度恢复）所需的时间和断路器消弧室及断路器的传动机构准备好再次动作所需时间的条件下，自动重合闸装置的动作时间应尽可能短。因为从断路器断开到自动重合闸发出合闸脉冲时间越短，用户的停电时间也可以相应缩短，从而可减轻故障对用户和系统带来的不良影响。自动重合闸动作的时间，一般采用0.5~1s。

（2）在下列情况下，自动重合闸装置不应动作

1）由值班人员手动操作或通过遥控装置操作使断路器跳闸时，自动重合闸不应该动作。

2）手动合闸于故障线路时，继电保护动作使断路器跳闸后，不应重合。因为在手动合闸前，线路上没有电压，如合闸到已存在有故障线路处，则线路故障多属于永久性故障。

3）当断路器处于不正常状态（如操动机构中使用的气压、液压降低等）而不允许实现重合闸时。

（3）重合闸装置的动作次数应符合预先的规定

如一次重合闸应该只动作一次；当从重合永久性故障而跳闸后，自动重合闸不应该动作；对于二次重合闸应该能动作两次，当第二次重合于永久性故障而跳闸以后，自动重合闸不应该动作。

（4）动作后自动复归

自动重合闸装置动作后应能自动复归，准备好下一次再动作。但对于 10kV 及以下电压级别的线路，如无人值班时也可采用手动复归方式。

（5）用不对应原则启动

一般自动重合闸可采用控制开关位置与断路器位置不对应原则启动重合闸装置，对综合自动重合闸，宜采用不对应原则和保护同时启动。

（6）与继电保护相配合

自动重合闸应能与继电保护相配合，自动重合闸装置的合闸时间应能整定，在重合闸前或重合闸后加速继电保护动作，以便更好地与继电保护装置相配合，加速故障切除时间，提高供电的可靠性。

5.1.3 自动重合闸的分类和配置原则

1. 自动重合闸的分类

根据重合闸控制断路器所接通或断开的电力元件不同，可将自动重合闸分为线路自动重合闸、变压器自动重合闸和母线自动重合闸。

根据重合闸控制断路器连续合闸次数的不同，可将自动重合闸分为多次自动重合闸和一次自动重合闸。多次自动重合闸一般使用在配电网中与分段器配合，自动隔离故障区段，是配电自动化的重要组成部分；而一次自动重合闸主要用于输电线路。

根据重合闸控制断路器的相数不同，可将自动重合闸分为三相自动重合闸、单相自动重合闸、综合自动重合闸和分相自动重合闸。

（1）三相自动重合闸

三相自动重合闸是指不论在输、配电线上发生单相短路还是相间断路时，继电保护装置均将线路三相断路器同时跳开，然后启动自动重合闸再同时重新合三相断路器的方式。若为暂时性故障，则重合闸成功了，否则保护再次动作，跳开三相断路器。这时，是否再重合要视情况而定。目前，一般只允许重合闸动作一次，称为三相一次自动重合闸装置。在特殊情况下，如无人值班的变电所的无遥控单回线、无备用电源的单回线重要负荷供电线、断路器遮断容量允许时，可采用三相二次自动重合闸装置。

（2）单相自动重合闸

在 110kV 及以上的大接地电流系统中，由于架空线路的线间距离较大，故相间故障机会很少，而单相接地短路的概率却比较大，占总故障数的 90%左右。因此，在输电线路上，当不允许采用快速非同期三相重合闸，而采用检查同期重合闸时，在恢复供电时间太长、满足不了系统稳定运行要求时，可以采用单相自动重合闸方式工作。

单相自动重合闸是指线路发生单相接地故障时，保护动作只断开故障相的断路器，然后进行单相重合。如故障是暂时性的，则重合成功；如果是永久性故障，而系统又不允许非全相长期运行，则重合后保护动作，使三相断路器跳闸，不再进行重合。

当采用单相自动重合闸时，如果发生相间短路，一般都跳三相断路器，且并不进行三相重合；如果因任何其他原因断开三相断路器，也不再进行重合。

（3）综合自动重合闸

综合自动重合闸是将单相自动重合闸和三相自动重合闸综合在一起，当发生单相接地故障时，采用单相自动重合闸方式工作；当发生相间短路时，采用三相自动重合闸方式工作。综合考虑这两种重合闸方式的装置称为综合自动重合闸装置。

综合自动重合闸装置经过转换开关的切换，一般都具有单相自动重合闸、三相自动重合闸、综合自动重合闸和直跳（线路上发生任何类型的故障时，保护通过重合闸装置的出口，断开三相，不再重合闸）四种运行方式。在110kV及以上的高压电力系统中，综合自动重合闸已得到广泛应用。

2. 自动重合闸的配置原则

《继电保护规程》规定自动重合闸的配置原则是：①1kV及以上架空线路及电缆与架空混合线路，在具有断路器的条件下，当用电设备允许且无备用电源自动投入时，应装设自动重合闸装置；②旁路断路器和兼作旁路母联断路器或分段断路器，应装设自动重合闸装置；③低压侧不带电源的降压变压器，可装设自动重合闸装置；④必要时，母线故障也可采用自动重合闸装置。

根据自动重合闸运行的经验可知，线路自动重合闸的配置和选择应根据不同系统结构、实际运行条件和规程要求具体确定。一般选择自动重合闸类型可按下述条件进行。

1）110kV及以下电压的系统单侧电源线路一般采用三相一次自动重合闸装置。

2）220kV、110kV及以下双电源线路用合适方式的三相重合闸能满足系统稳定和运行要求时可采用三相自动重合闸装置。

3）220kV线路采用各种方式三相自动重合闸不能满足系统稳定和运行要求时，采用综合重合闸装置。

4）330~500kV线路，一般情况下应装设综合重合闸装置。

5）在带有分支的线路上使用单相重合闸时，分支线侧是否采用单相重合闸，应根据有无分支电源，以及电源大小和负荷大小确定。

6）双电源220kV及以上电压等级的单回路联络线，适合采用单相重合闸；主要的110kV双电源回路联络线，采用单相重合闸对电网安全运行效果显著时，可采用单相重合闸。

5.2　单侧电源线路三相一次自动重合闸

在我国电力系统中，三相一次自动重合闸方式的应用非常广泛。三相一次自动重合方式是不论输电线路发生单相接地短路还是相间短路，继电保护装置均将线路三相断路器同时跳闸，然后重合闸启动，将三相断路器同时合闸。若故障是暂时性的，则重合成功；若是永久性故障，则继电保护装置再次将三相断路器同时断开，不再重合闸。

三相一次自动重合闸装置有电磁型、晶体管型、集成电路型和微机型四种。它们的工作原理和组成部分基本相同，只是实施方法不同。三相一次自动重合闸装置通常由启动元件、延时元件、一次合闸脉冲元件和执行元件四部分组成。启动元件的作用是当断路器跳闸后，使重合闸的延时元件启动；延时元件的作用是保证断路器跳闸后，故障点有足够的去游离时间恢复绝缘强度水平及操作机构能准备好再次动作的时间；一次合闸脉冲元件的作用是保证重合闸只动作一次；执行元件的作用是将重合闸动作信号送至合闸回路和信号回路，使断路器合闸，并指示重合闸动作。

5.2.1　三相一次自动重合闸的工作原理

图 5-1 所示为单侧电源送电线路三相一次自动重合闸的工作原理框图，主要由重合闸启动、重合闸时间、一次合闸脉冲、手动跳闸后闭锁和手动合闸于故障时的加速保护跳闸等元件组成。这些元件是广义的，可以是各种类型的继电器。

工作原理如下：

1）重合闸启动。当断路器 QF 的继电保护装置动作跳闸或其他非手动原因跳闸后，重合闸均应启动。一般可采用断路器辅助常闭触点 QF3 或合闸位置继电器 KCT 的触点构成，在正常情况下，当 QF 由合闸位置变为跳闸位置时，马上发出启动指令。

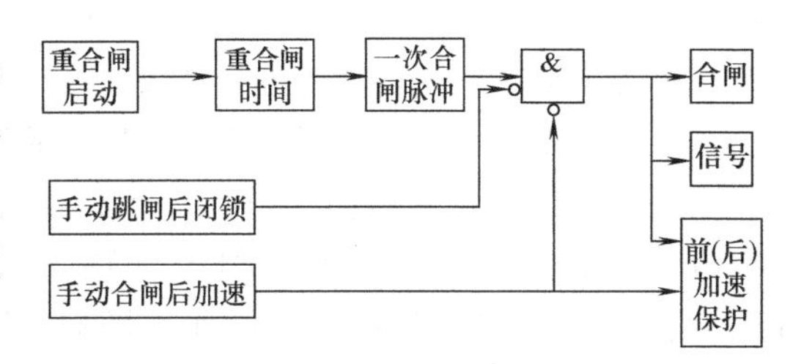

图 5-1　三相一次自动重合闸的工作原理框图

2）重合闸时间。启动元件发出指令后，时间元件开始计时，达到预定延时 0.8~1s 后，发出一个短暂的合闸命令。该延时就是重合闸时间。

3）一次合闸脉冲。当延时到达后，马上发出一个合闸脉冲指令，并且开始计时，准备整组复归，复归时间为 15~25s。在这段时间内即使再有重合闸时间元件发出命令，它也不再发出合闸的第二个命令。此元件的作用是保证只重合一次。

4）手动跳闸后闭锁。当手动跳开断路器时也会启动重合闸回路，为消除这种情况造成的不必要合闸，设置闭锁环节，使之不能形成重合闸命令。

5）重合闸后加速保护跳闸回路。对于永久性故障，在保证选择性前提下，尽可能地加快故障的再次切除，一定要保护和重合闸配合。如果手动合闸到带故障线路上，也需要加速保护动作再次跳闸，切除故障。

5.2.2　自动重合闸装置与继电保护的配合

在电力系统中，继电保护和自动装置配合使用可以简化保护装置，加速切除故障，提高供电的可靠性。AR 装置与继电保护装置配合方式有自动重合闸前加速和自动重合闸后加速两种方式。

1. 自动重合闸前加速

自动重合闸前加速简称为“前加速”，多用于单侧电源供电的干线式线路中。

前加速保护由无时限电流速断保护组成。图 5-2 为前加速保护动作原理说明图。假定在每条线路上均装有电流速断保护和定时限过电流保护，其动作时限按阶梯原则选择。在靠近电源的线路 WL3 上装设 AR 装置，为使无选择性电流速断保护范围不至于

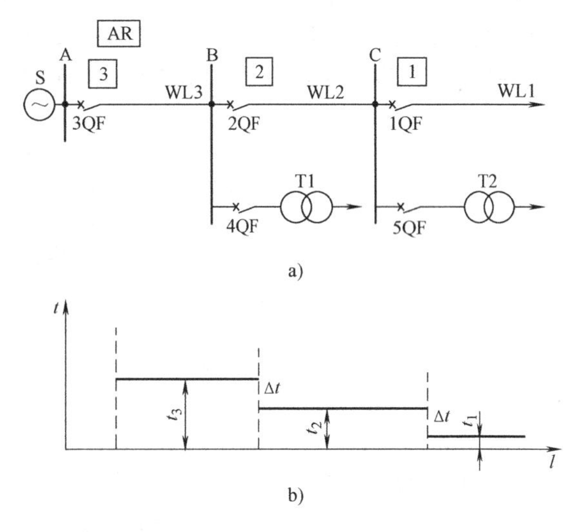

图 5-2　前加速保护动作原理说明图

a）网络接线　b）时间配合关系

扩散太大，其动作电流按躲过相邻变压器低压侧的最大短路电流整定。

当任何一条线路发生故障时，第一次由保护3的无时限电流速断保护瞬时无选择性地动作切除故障。重合闸后第二次切除故障按保护3的整定动作时限 t_3 有选择性地切除故障。

前加速保护接线如图5-3所示。利用加速继电器KAC的常闭触点KAC1和连接片XB1接通端点，XB2连接端点1、2，接通加速继电器KAC的常开（延时断开）触点KAC2实现“前加速”保护。

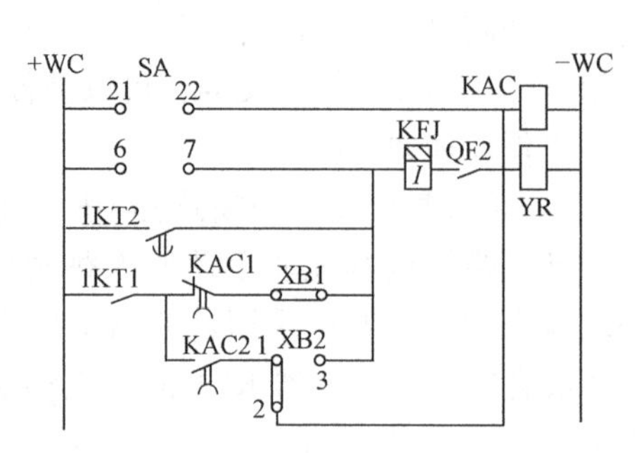

图5-3　前加速保护的接线示意图

当线路故障时，过电流保护1KA、2KA动作，1KT线圈得电，其常开触点1KT1瞬时闭合，通过加速继电器触点KAC1和连接片XB1接通跳闸线圈YR，使断路器QF2瞬时无选择性地跳闸。随后AR启动，其中KAC1触点瞬时断开，常开（延时断开）触点KAC2瞬时闭合接通加速继电器KAC线圈使其自保持。如是暂时性故障则重合成功，如是永久性故障则只有通过时间继电器1KT触点的1KT2延时闭合接通跳闸线圈YR使断路器跳闸，故第二次跳闸是有选择性的。

前加速保护主要在35kV及以下的网络采用。其优点在于能快速切除故障，使暂时性故障来不及发展成永久性故障，而且设备少，能保证发电厂和变电所重要母线电压在 $0.6\sim0.7U_N$ 及以上，从而保证了厂用电和重要用户的电能质量。如果重合闸装置或断路器3QF拒绝合闸，则将扩大停电范围，甚至在最末一级线路上故障时，都会使连接在这条线路上的所有用户停电。

2. 自动重合闸后加速

自动重合闸后加速保护简称为“后加速”。后加速保护是指第一次线路故障时，按有选择性的方式动作，如果重合到永久性故障，第二次跳闸按无选择性的方式跳闸。如图5-4所示，后加速保护方式时必须在每条线路上都装有选择性保护和自动重合闸装置。当任一条线路发生故障时，首先由故障线路的保护有选择性地动作将故障切除，然后由故障线路的AR装置重合，同时将选择性保护延时部分退出工作，如果是暂时性故障，则重合成功；如果是永久性故障，则故障线路瞬时无选择性地将故障再次切除。

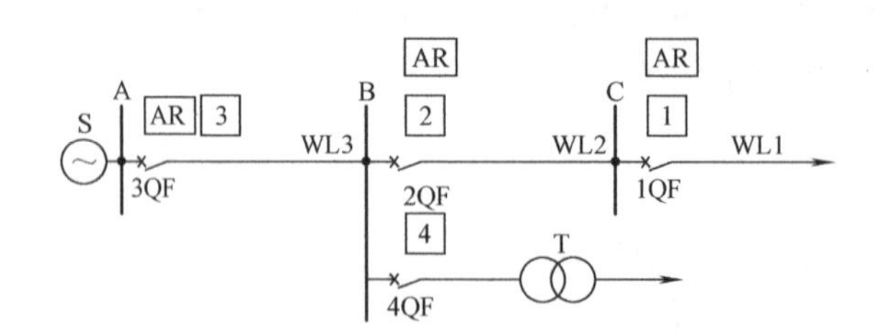

图5-4　后加速保护方式线路上装有选择性保护和AR示意图

重合闸装置后加速保护接线如图5-5所示，将连接片XB1断开，XB2连接端子1和3。当线路故障时，1KA、2KA启动，其触点接通1KT线圈，1KT1触点闭合，但后面没有通路（XB1打开、KAC2断开），只有通过1KT2触点延时闭合接通跳闸线圈YR，断路器有选择性方式跳闸，随后AR装置重合闸，若是暂时性故障则重合成功，若是永久性故障则1KA、

2KA再次启动，1KT线圈得电，1KT1触点闭合，此时加速继电器在AR装置动作时已经启动，故其常开触点KAC2已经闭合，通过XB2接通跳闸线圈YR，断路器无选择性瞬时跳闸。

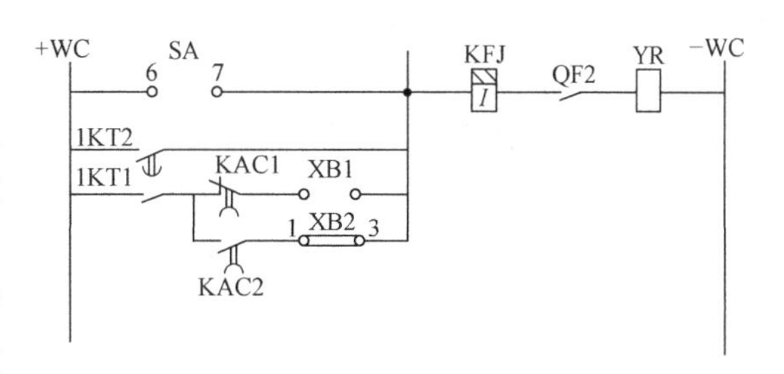

图5-5　重合闸装置后加速保护的接线示意图

采用后加速时，优点是第一次跳闸是按有选择性的方式动作，不会扩大事故。在重要的高压网络中一般都不允许无选择性动作，应用这一工作方式尤其适合。同时这种方式再次断开永久性故障时间加快，有利于系统的并联运行稳定性。其主要缺点是第一次故障可能带时限，如果主保护拒动，而由后备保护来跳闸，则时间可能比较长。每个断路器上都需要装设一套AR装置，与前加速相比，后加速保护方式较复杂。

在35kV以上的高压网络中，通常都装有性能较好的保护（如距离保护），所以第一次有选择性动作的时限不会很长（瞬动或延时0.5s），故后加速保护方式在这种网络中广泛采用。

5.2.3　单端电源线路自动重合闸的整定计算

1. AR装置的动作时限 t_{AR}

从减少停电时间和减轻电动机自起动的要求考虑，AR装置的动作时限越短越好，实际上要考虑下面两个条件：

1）AR装置的动作时限必须大于故障点介质去游离的时间，以使故障点绝缘强度能可靠地恢复。

2）AR装置的动作时限必须大于断路器及其操作机构准备好重合闸的时间，包括断路器触头周围介质绝缘强度恢复及灭弧室充满油的时间，以及操作机构恢复原位做好合闸准备的时间。

一般情况下，断路器及其操作机构准备好重合闸的时间都大于故障点介质去游离的时间，因此，AR装置的动作时限 t_{AR} 只按条件2）考虑即可。

对于不对应启动方式，有

$$t_{AR}=t_{os}+t_{s} \tag{5-1}$$

对于继电保护启动方式，有

$$t_{AR}=t_{os}+t_{s}+t_{off} \tag{5-2}$$

式中，t_{os} 为操作机构准备好的合闸时间，对电磁操作机构取0.3~0.5s；t_{off}、t_{s} 分别为断路器的跳闸时间与储备时间，通常 t_{s} 取0.3~0.4s。

对于35kV以下的线路，当由上述条件计算出的 t_{AR} 小于0.8s时，一般取 t_{AR} 为0.8~1.0s。

2. AR装置的返回时限

AR装置的返回时限即其准备动作的时间，该时间是指AR装置中电容器 C 充电到中间继电器KM动作电压的时间，并应满足下面两个条件：

1）重合到永久性故障线路上时，即使由继电器保护装置以最大动作时限（后备保护的时限）再次跳闸，也不至于引起断路器多次重合。

2）考虑到断路器切断能力的恢复，必须保证在重合闸成功之后，AR装置的返回时限大于断路器能够进行一个“跳—合”闸的间隔时间。一般间隔时间为8~10s。对于采用

DH（DCH）型重合闸继电器的AR装置，其中电容C充电到中间继电器1KM动作电压时间为15~25s，完全能满足上述两个条件。因此，可不必计算这项内容。

3. 加速继电器KAC的复归时限

用于重合闸后加速保护的加速继电器KAC的复归时间一般采用0.3~0.4s；用于前加速保护的加速继电器KAC的复归时限应大于线路保护动作时限与断路器本身跳、合闸时间之和，即

$$t_{KAC}=t_{tp}+t_{on}+t_{off}+t_{s} \tag{5-3}$$

式中，t_{tp}、t_{s}分别为线路保护装置动作时限与储备时间；t_{on}、t_{off}分别为断路器的合闸时间与跳闸时间。

显然，选用0.4s延时返回的DZS-14B型中间继电器，必须进行自锁，如图5-3中所示的连接片XB2，以便延长其返回时限，直到第二次跳闸为止。

5.3　双侧电源线路三相一次自动重合闸

5.3.1　双侧电源线路自动重合闸的特点

在双侧电源输电线路上实现重合闸时，除满足5.1.2节中提出的各项要求外，还必须考虑下述特点：

1）同期问题。当线路上发生故障跳闸以后，常常存在着重合闸时两侧电源是否同步，以及是否允许非同步合闸的问题，因此，在两侧电源的线路上，应根据电网的接线方式和具体运行方式，采用不同的重合闸条件。

2）时间配合问题。当线路发生故障时，两侧的保护可能以不同的时限动作于跳闸，例如一侧为第Ⅰ段动作，而另一侧为第Ⅱ段动作，此时为了保证故障点电弧的熄灭和绝缘强度的恢复，以使重合闸有可能成功，线路两侧的重合闸必须要保证在两侧的断路器都跳闸以后再进行重合闸，因此，动作时间比单侧电源重合闸时间长，即

$$t_{AR}=t_{os}+t_{s}+t_{off}+t_{op.max}+t'_{off} \tag{5-4}$$

式中，$t_{op.max}$为远故障侧保护的动作时间最大值；t'_{off}为远故障侧断路器跳闸的时间；t_{os}、t_{s}、t_{off}的含义同式（5-2）中的定义。

5.3.2　双侧电源输电线路重合闸的主要方式

1. 三相快速自动重合闸

在现代高压输电线路上，采用快速自动重合闸是提高系统并列运行稳定性和供电可靠性的有效措施。快速重合闸是指断开线路两侧断路器后在0.5~0.6s内使之再次重合。在这样的短时间内，两侧电源电动势角摆开不大，达不到危及系统稳定破坏的角度，故能保持系统的稳定，恢复正常运行。

采用快速自动重合闸必须满足下列条件：

1）线路两侧必须装设可以进行快速重合的断路器，如快速气体断路器。

2）线路两侧装设全线速动的继电保护，如纵联差动保护、高频保护等。

3）线路两侧断路器重新合闸时两侧电动势相角差不会导致系统稳定性破坏。

2. 非同期自动重合闸

当快速断路器的重合时间不够快或者两侧电源电动势角摆动太快以致两侧断路器合闸时，系统可能失步，合闸后期待系统自动拉入同步，此时系统中各元件都将受到冲击电流的影响。

采用非同期合闸条件是：

1）当线路两侧电源电动势之间相角差 δ 为 180°时，所产生的最大冲击电流不超过规定的允许值。当两侧电源电动势幅值相等时，所出现的最大冲击电流周期分量有效值可用下式计算：

$$I=\frac{2E}{Z_{\Sigma}}\sin\frac{\delta}{2} \tag{5-5}$$

式中，Z_{Σ} 为系统的总阻抗；δ 为两侧电源电动势的相角差，最严重时可取 180°；E 为发电机电动势有效值，对同步发电机的电动势取 $1.05U_{N}$，U_{N} 为发电机的额定电压。

规定由式（5-5）计算所得的，通过发电机、变压器等元件的最大冲击电流周期分量有效值不应超过表 5-1 所规定值。

表 5-1　最大冲击电流周期分量有效值的允许值

汽轮发电机	水轮发电机		同步调相机	电力变压器
	有纵横阻尼回路	无纵横阻尼回路		
$I\leqslant\frac{0.65}{X''_{d}}I_{N}$	$I<\frac{0.6}{X''_{d}}I_{N}$	$I\leqslant\frac{0.6}{X''_{d}}I_{N}$	$I\leqslant\frac{0.84}{X''_{d}}I_{N}$	$I\leqslant\frac{100}{U_{k}\%}I_{N}$

注：I_{N} 为各元件的额定电流值；X''_{d}为发电机的纵轴次暂态电抗的标幺值；$U_{k}\%$为电力变压器的短路电压百分值。

2）采用非同期合闸后，在两侧电源由非同步拉入同步过程中，系统处在振荡状态，在振荡过程中对重要负荷影响要小，对继电保护的影响也必须采用措施躲过。

3. 检查同期的自动重合闸

当必须满足同期条件才能重合闸时，需要采用检查同期重合闸。检查同期重合闸有下述几种情况：

1）系统结构保证线路两侧不会失步。在电力系统之间，在电气联系紧密时（例如具有三条及以上联系的线路或三条紧密联系的线路），由于同时断开所有联系的可能性几乎不存在，因此，当任一条线路断开之后又重合闸时，都不会出现非同步合闸问题，可以直接使用不检同步合闸。

2）在双回线路上检查另一回线路有电流的重合闸方式。在没有其他旁路联系的双回线路上，如图 5-6 所示，当不能采用非同步合闸时，可采用检定另一回线上是否有电流，如另一回线有电流则表明两侧电源仍保持联系，一般是同步的，因此可以重合。采用这种重合闸方式的优点是电流检定比同步检定要简单得多。

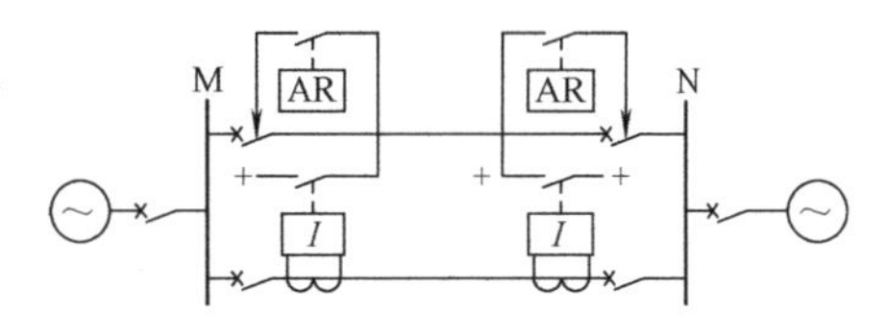

图 5-6　双回线路上检查另一回线路有电流的重合闸示意图

3）必须检定两侧电源确实同步之后才能重合闸。为此可在线路的一侧采用检查线路无电压重合，因另一侧断路器是断开的，不会造成非同步合闸；待一侧重合成功后再在另一侧采用检定同步的重合闸。

4）解列重合闸方式。在两侧电源的单回线上，当不能采用非同期合闸时，一般可采用解列重合闸方式。如图5-7所示，在正常时，由系统向小电源侧输送功率，当线路k点发生故障后，系统侧保护动作，使断路器1QF跳闸，小电源侧保护3QF跳闸，而不跳线路断路器2QF；小电源解列后，其容量应基本上与所带的重要负荷平衡，这样就可以保证对地区的重要负荷连续供电，并能保证电能质量。在断路器1QF、3QF跳闸后，断路器1QF的重合闸装置检查线路无电压（判断3QF确已跳闸）而重合。如果重合成功，则由系统恢复对地区的非重要负荷供电，然后在解列点实行同步并恢复正常供电；如重合不成功，则断路器1QF再次跳开，地区的非重要负荷将中断供电。如何选择解列点和尽量使发电厂容量与其所带负荷接近平衡，是这种重合闸方式必须考虑和加以解决的问题。

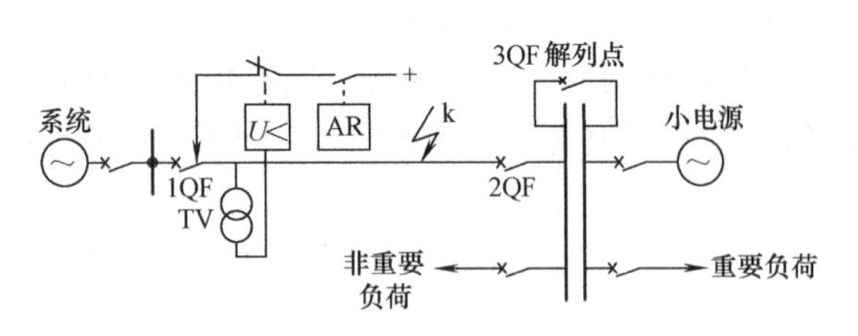

图5-7　单回线上采用解列重合闸的示意图

5.3.3　具有同步检定和无电压检定的重合闸

具有同步检定和无电压检定的重合闸原理示意图如图5-8所示，除在线路两侧装设AR装置以外，在线路的一侧（M侧）装有检定线路无电压的低电压元件KV，用以检定线路有无电压，此电压元件整定值为$0.5U_N$，当线路无电压时允许重合；而在线路另一侧（N侧）装设检定同步的元件KY，检查母线电压与线路电压间满足同期条件时允许重合闸。

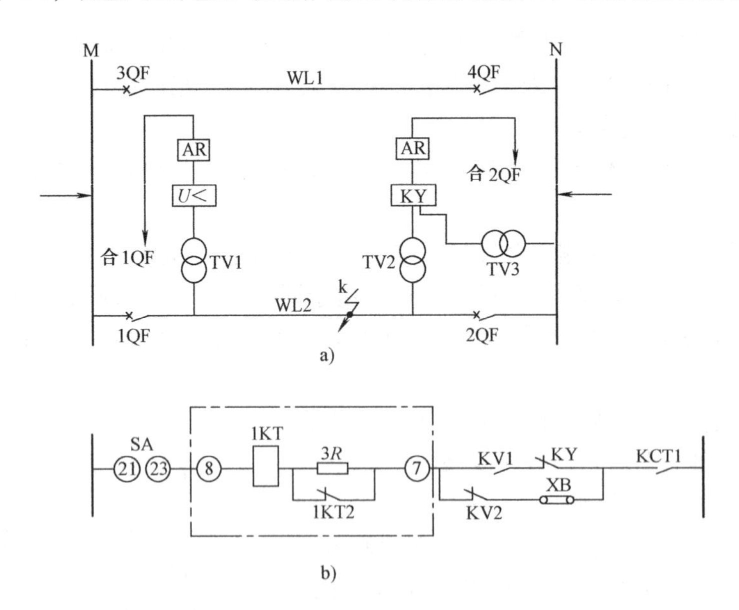

图5-8　具有同步检定和无电压检定的重合闸原理接线图

a）重合闸方式原理接线图　b）启动回路

如图5-8b所示，当断路器处于合闸位置时，控制开关SA的21—23触点接通，所用连接片XB可以进行重合闸方式的切换。当XB接通时，为检查无电压工作方式，当线路无电压时，KV动作，其常闭触点KV1闭合，启动时间元件1KT，经整定时间便可以合闸。XB断开时，为检查同步重合方式，这时线路和母线均有电压，继电器 KV 触点 KV2 闭合，当线路和母线的电压同步或在一定的允许值范围时，同步元件 KY 的常闭触点闭合启动重合闸的时间元件，经整定时间后，便可以合闸。

当线路发生故障时，两侧断路器被继电保护断开后，线路失去电压，这时 M 侧断路器 1QF 在检查线路无电压后，首先进行重合。如重合至永久性故障时，M 侧断路器被继电器保护再次动作跳闸，重合不成功。而对侧断路器 2QF 被跳开，N 侧线路无电压，只有母线有电压，故检查同步继电器 KY，因只有一侧有电压而不能动作，即重合闸不启动。如果 1QF 重合至暂时性故障，则 M 侧重合成功，N 侧在检查同步继电器加入母线电压和线路电压，符合同步条件，故 2QF 进行重合，于是线路恢复正常供电。

由此可见，检查线路无电压一侧的断路器 1QF 如果重合不成功，就要连续两次切断短路电流。这样检查无电压一侧的断路器 1QF 的工作条件要比检查同步一侧的断路器 2QF 恶劣。为了解决这个问题，通常是在线路两侧都装设同步检定的继电器，利用连接片定期切换其工作方式，使两侧断路器轮换使用每种方式，以使工作条件接近相同。另外，在正常运行条件下，当某种原因（误碰跳闸机构、保护误动作等）使检查线路无电压一侧（如 M 侧）误跳闸时，由于对侧（N 侧）断路器还在合闸位置，线路上有电压而不能重合，这是一个很大的缺点。为了解决这个问题，通常是在检查无电压一侧也同时投入检查同步的继电器，两者触点并联工作，当线路有电压时，KV1 闭合，检查同步继电器仍能工作，这样便可以将误跳闸的继电器重新合闸。

因此，在实际应用检查同步的重合闸方式时，线路一侧应投入检查同步继电器和低电压继电器，而另一侧只投入检查同步继电器。两侧的投入方式可以定期轮换。

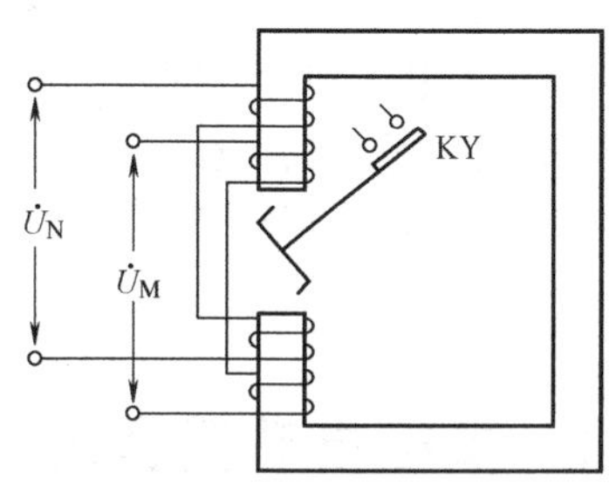

图 5-9 同步检查继电器的内部接线

同步检查继电器一般采用有触点的电磁型继电器，其内部接线如图 5-9 所示。继电器有两组线圈，分别从母线侧和线路侧电压互感器二次侧接入同名相的电压。两组线圈在铁心中所产生的磁通方向相反，因此，铁心中总磁通 $\dot{\Phi}_\Sigma$ 反映两个电压所产生的磁通之差，也就是反映两侧电源的电压差 $\Delta\dot{U}$。

当 $\Delta\dot{U}=0$ 时，$\dot{\Phi}_\Sigma=0$，继电器 KY 常闭触点闭合，允许重合闸继电器动作。

当 $\Delta\dot{U}\neq0$ 时，$\dot{\Phi}_\Sigma\neq0$，当 $\dot{\Phi}_\Sigma$ 达到一定值后产生的电磁力矩使常闭触点打开，重合闸继电器不能启动。

两侧电源电压差 $\Delta\dot{U}$ 的大小与两侧电源电压的相位、幅值和频率直接有关。当两侧电源电压 $\dot{U}_M$、$\dot{U}_N$ 的相位、频率都相同，而幅值不同时，$\Delta\dot{U}\neq0$，如图 5-10a 所示；当两侧电源电压 $\dot{U}_M$、$\dot{U}_N$ 幅值相同，相位不同时，$\Delta\dot{U}\neq0$，如图 5-10b 所示；当两侧电源电压幅值相同，而频率不同时，$\Delta\dot{U}$ 有时也不等于零。

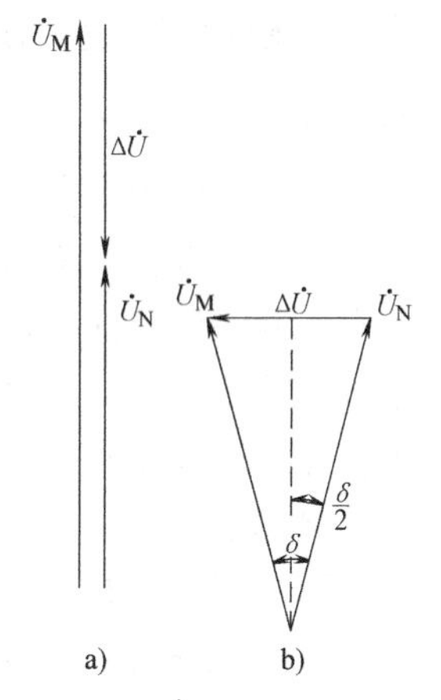

图 5-10 $\Delta\dot{U}$ 与两侧电源电压相位和幅值的关系

a）$\dot{U}_M$ 和 $\dot{U}_N$ 同相，但幅值不等时

b）$\dot{U}_M$ 和 $\dot{U}_N$ 幅值相等，但相位不同

从图 5-10 中可知，$\Delta\dot{U}$ 的大小与相位关系（频率关系）为

$$\Delta U=2U\sin\frac{\delta}{2}=2U\sin\frac{\omega_s t}{2} \tag{5-6}$$

式中，ω_s 为两侧电源电压角频率之差；t 为时间；δ 为两侧电源电压间的相角差。

由式（5-6）可见，ΔU 将随 δ（或 $\omega_s t$）的增大而增大。δ 增加，Φ_Σ 也按式（5-6）关系增大，则作用在继电器舌片上的电磁力矩加大，当 δ 增大到一定数值后，电磁力吸动舌片，把继电器常闭触点打开，将重合闸装置闭锁使之不能动作，继电器启动值的整定范围为20°~40°。

因此，只有当两侧电压的幅值差、频率差和相位差三个条件都在一定的允许值范围时，同步检查继电器KY的常闭触点才闭合，且 ω_s 越小，触点闭合时间就越长。设 t_{KY} 为其触点闭合的时间，t_{AR} 为重合闸整定时间，t_{KT} 为重合闸时间继电器的整定时限，只有当 $t_{KY}>t_{KT}$ 时，重合闸继电器KT的延时触点才能达到整定时限闭合，使重合闸装置动作。若 $t_{KY}<t_{KT}$，则在KT延时触点闭合之前，重合闸回路被KY触点断开，KT线圈失去电压，其延时触点中途返回，重合闸不能动作。

若三个条件中只要有一个条件不满足，KY的常闭触点都是断开的，重合闸继电器根本无法启动。由此可见，要想检查同期AR装置启动，除KY的常闭触点闭合外，还必须使 $t_{KY}>t_{KT}$，即KY和KT必须配合恰当，才能使重合闸启动。

因此，在实际应用检查同步重合闸时，线路一侧应投入检查同步继电器KY和低电压继电器KV，另一侧只投入检查同步继电器KY，两侧的投入方式可以定期轮换。

检定无电压和检查同步，需要在断路器断开的条件下，测量线路侧的电压大小和相位，这样需要在线路侧装设电压互感器或特殊电压抽取装置。在高压送电线路为装设AR装置而增设电压互感器是十分不经济的，因此，一般可利用结合电容器或断路器的电容或套管来抽取电压。

5.4 单相自动重合闸与综合自动重合闸

在220~500kV的架空线路上，由于线间距离大，绝大部分短路故障都是单相接地短路，因此广泛使用单相自动重合闸或综合自动重合闸。

5.4.1 单相自动重合闸

单相自动重合闸的工作方式要求保护只断开发生故障的一相，而未发生故障的两相仍然继续运行，然后单相重合，能够大大地提高供电的可靠性和系统并列运行的稳定性。如果线路发生暂时性故障，则单相重合成功，如果是永久性故障，则再次跳开三相。

通常继电保护装置只判断故障发生在保护区内还是保护区外，决定跳闸。而决定跳三相还是单相，跳哪一相，则由重合闸内故障判别元件和故障选相元件完成。因此单相自动重合闸必须设置故障选相元件，而且还必须考虑潜供电流和非全相运行状态的影响。

1. 故障选相元件

对故障选相元件的基本要求如下：

1）应保证选择性，即选相元件与继电保护配合只跳开发生故障的一相，而接于另外两相元件不应动作。

2）在故障相末端发生单相接地短路时，接于该相上的选相元件应有足够的灵敏性。

根据电网接线的特点，满足上述要求的常用选相元件应保证有足够的灵敏性。常用选相元件有以下几种：

（1）电流选相元件

在每相上装设一个过电流继电器，其启动电流按照躲过线路的最大负荷电流来整定，以保证选择性。这种选相元件适合装在电源端，且短路电流比较大的情况，它是根据故障相短路电流增大的原理而动作的。对于长距离重负荷线路不能采用，一般作为阻抗选相元件消除死区的辅助选相元件。

（2）低电压选相元件

用三个低电压继电器分别接在三相的相电压上，根据故障相电压降低的原理而动作。其启动电压按躲过正常运行及非全相运行时可能出现的最低电压整定，这种选相元件适合装设在小电源侧或单侧电源线路的受电侧，因为在这一侧如用电流选相元件，不能满足选择性和灵敏性的要求。在短线路上也可以采用，但要校验灵敏性。通常也只作为辅助选相元件。

（3）阻抗选相元件

用三个低阻抗继电器分别接于三个相电压和经零序补偿的相电流上，以保证继电器的测量阻抗与短路点到保护安装处的正序阻抗成正比。

对于故障相和非故障相，其测量阻抗的差别很大，因此，阻抗选相元件能明确地选择故障相，它比以上两种选相元件具有更高的选择性和灵敏性，因此在复杂电网中得到广泛的应用。阻抗选相元件可以采用全阻抗继电器、方向阻抗继电器或带偏移特性的阻抗继电器，目前多采用带有记忆作用的方向阻抗继电器。

（4）相电流差突变量选相元件

上述三种选相元件虽然在电力系统中广泛应用，但它仍然不是理想的选相元件。相电流差突变量选相元件是利用短路时电气量发生突变这一特点构成的。在我国电力系统中，最初用它作为非全相运行时的振荡闭锁元件。近年来，在超高压网络中被用作综合自动重合闸的选相元件。微机型成套线路保护装置中均采用具有此类原理的选相元件。

这种选相元件要求在线路三相上各装设一个反映电流突变量的电流继电器。这三个电流继电器所反映的电流分别是

$$\begin{cases} \mathrm{d}\dot{I}_{BC}=\mathrm{d}(\dot{I}_B-\dot{I}_C) \\ \mathrm{d}\dot{I}_{CA}=\mathrm{d}(\dot{I}_C-\dot{I}_A) \\ \mathrm{d}\dot{I}_{AB}=\mathrm{d}(\dot{I}_A-\dot{I}_B) \end{cases} \tag{5-7}$$

相电流差突变量继电器的原理接线图如图 5-11 所示。它由电抗变换器、突变量滤过器、整流滤波器、触发器和脉冲展宽回路构成。

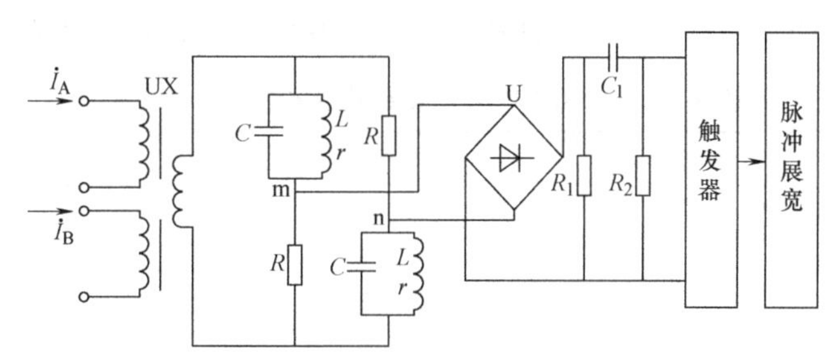

图 5-11 相电流差突变量继电器的原理接线图

电抗变换器 UX 一次侧输入两相电流差（例如 $\dot{I}_A-\dot{I}_B$），而二次侧的输出端接于由 R、L、C 组成电桥电路的突变量过滤器，L、C 的参数调谐至对工频产生并联谐振，由于电感线圈内

阻 r 的存在，其等值阻抗为一数值很高的纯电阻，组成电桥电路的两臂。突变量过滤器的输出电压 $\dot{U}_{mn}$ 经全波整流和经由 C_1、R_2 组成的增量电路后，接入执行元件触发器（或极化继电器）。由于突变量继电器动作只能输出很短脉冲，故在触发器后加上脉冲展宽回路。采用增量回路的目的是躲开正常运行情况下由于频率变化、电桥回路调谐不准确以及电流中其他谐波分量在突变量过滤器输出端产生不平衡输出引起的不利影响。

在正常运行或短路进入稳态后，突变量电桥的四臂平衡，所以其输出端电压 $\dot{U}_{mn}=0$。而在线路发生短路瞬间，突变量电桥有电压 $\dot{U}_{mn}$ 输出，经增量电路使执行元件动作。

下面根据突变量电流继电器工作原理，分析各种短路时，三个两相电流差突变量继电器的工作情况。

1）单相（如A相）接地短路。A相接地短路时，只有A相电流发生变化，而B相和C相电流基本不变，所以，凡与故障相相关的突变量继电器有输出，即

$$\begin{cases} \mathrm{d}\dot{I}_{AB}=\mathrm{d}(\dot{I}_A-\dot{I}_B)>0, \dot{U}_{mn}>0 \\ \mathrm{d}\dot{I}_{BC}=\mathrm{d}(\dot{I}_B-\dot{I}_C)=0, \dot{U}_{mn}=0 \\ \mathrm{d}\dot{I}_{CA}=\mathrm{d}(\dot{I}_C-\dot{I}_A)>0, \dot{U}_{mn}>0 \end{cases} \tag{5-8}$$

可见，除 $\mathrm{d}\dot{I}_{BC}$ 的继电器不动作外，其余两个继电器都动作。同理当B（或C）相接地短路时，$\mathrm{d}\dot{I}_{CA}$（或 $\mathrm{d}\dot{I}_{AB}$）的元件不动作，其余两个元件均动作。

2）B、C两相短路。当线路B、C两相短路时，$\dot{I}_B$、$\dot{I}_C$ 均发生变化，而 $\dot{I}_A$ 基本不变，所以有

$$\begin{cases} \mathrm{d}\dot{I}_{AB}=\mathrm{d}(\dot{I}_A-\dot{I}_B)>0, \dot{U}_{mn}>0 \\ \mathrm{d}\dot{I}_{BC}=\mathrm{d}(\dot{I}_B-\dot{I}_C)>0, \dot{U}_{mn}>0 \\ \mathrm{d}\dot{I}_{CA}=\mathrm{d}(\dot{I}_C-\dot{I}_A)>0, \dot{U}_{mn}>0 \end{cases} \tag{5-9}$$

可见，三个两相电流差突变继电器都动作。同理，AB、CA两相两种短路时，三个两相电流差突变量继电器也都会动作。

3）B、C两相接地短路。当B、C两接地短路时，$\dot{I}_B$、$\dot{I}_C$ 均发生变化，$\dot{I}_A$ 基本不变，所以三个两相电流差突变量元件都会动作。同理，在其他两种两相接地短路时，三个两相电流差突变量继电器也都会动作。

4）三相短路。当线路三相短路时，$\dot{I}_A$、$\dot{I}_B$、$\dot{I}_C$ 均发生突变，所以三个两相电流差突变量继电器也都会动作。

将上述各种不同类型短路时，三个两相电流差突变量继电器动作情况用表5-2表示。

表5-2　三个两相电流差突变量继电器的动作情况

继电器	单相短路			两相短路或两相接地			三相短路
	$k^{(1)}$			$k^{(2)}$　$k^{(1,1)}$			$k^{(3)}$
	$k_A^{(1)}$	$k_B^{(1)}$	$k_C^{(1)}$	k_{AB}	k_{BC}	k_{CA}	
$\mathrm{d}\dot{I}_{AB}$	+	+	−	+	+	+	+
$\mathrm{d}\dot{I}_{BC}$	−	+	+	+	+	+	+
$\mathrm{d}\dot{I}_{CA}$	+	−	+	+	+	+	+

注：“+”表示动作；“−”表示不动作。

为了构成单相接地短路故障的选相元件，三个继电器应如图 5-12 所示连接，当线路 A 相发生接地短路时，$d(\dot{I}_A-\dot{I}_B)$ 和 $d(\dot{I}_C-\dot{I}_A)$ 动作有输出，只有与门 1 开放，而发生 B 相单相短路时，与门 2 开放，发生 C 相单相短路时，与门 3 开放。在其他相间短路时，与门 1、与门 2 和与门 3 均开放。利用这一特点可以选出故障相，达到选相目的。$3\dot{I}_0$ 的元件是接地故障判别元件。当发生不接地的相间故障时，保护不经选相元件而直接接通三相跳闸回路。当单相接地故障（如 $k_A^{(1)}$）时，与门 1 和与门 4 开放，其信号送至与门 7，若此时保护也动作，与门 7 开放，并有输出，接通 A 相跳闸回路。当发生两相接地故障时，所有与门元件都开放，接通 A 相、B 相和 C 相跳闸回路。

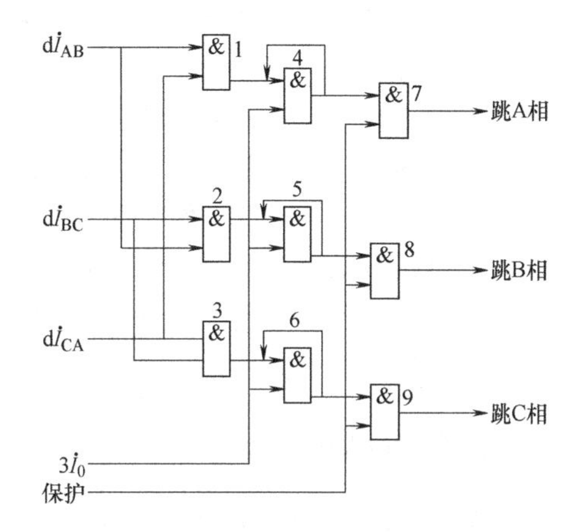

图 5-12　由相电流差突变量继电器构成选相元件接线图

由于两相电流差突变量元件只在暂态过程中动作，而在短路尚未切除但已进入稳态，它会返回。为了保证选相正确，可靠地切除故障相，在选相逻辑电路中采用自保持措施，自保持电路如图 5-12 中与门 4、5、6 的反馈箭头所示。

采用两相电流差突变量继电器作为选相元件时，在全相正常、非全相负荷状态以及电力系统振荡时，选相元件都不会误动作，因此，它可以作为非全相运行发生故障时加速保护动作的启动元件。

2. 动作时限的选择

当采用单相自动重合闸时，其动作时限的选择除应满足三相自动重合闸时所提出的要求，即大于故障点灭弧时间及周围介质去游离的时间，大于断路器及其操作机构复归原状准备好再次动作的时间外，还应考虑下述两个问题：

1）不论是单侧电源还是双侧电源，均应考虑两侧选相元件与继电保护以不同时限切除故障的可能性。

2）潜供电流对灭弧产生的影响。这是指当故障相线路被切除后，由于非故障相与故障相之间存在电容和互感，虽然短路电流被切断，但在故障点弧光通道中仍有一定的电流通过，这个电流被称为潜供电流。潜供电流是因为存在相间电容和互感影响，由非故障相向故障点提供的。

从图 5-13 可看出，由非故障相 A、B 通过电容 C_{ac}、C_{bc} 给故障点提供电流。在继续运行的 A、B 两相中，由于流过负荷电流 $\dot{I}_{ca}$ 和 $\dot{I}_{cb}$ 而在 C 相中产生互感电动势 $\dot{E}_M$，此电动势通过故障点和该相对地电容 C_0 产生电流。这两部分电流的总和构成潜供电流。

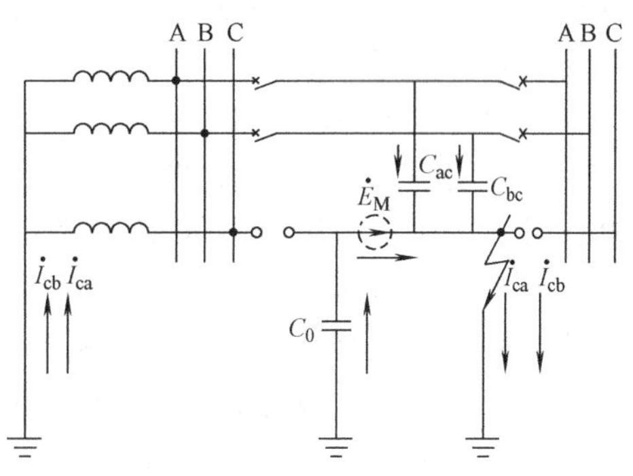

图 5-13　C 相单相接地时，潜供电流的影响示意图

由于潜供电流的存在，将使短路时弧光通道的去游离受到严重阻碍，而单相自动重合闸只有在故障点电弧熄灭且绝缘恢复以后，才有可能成功。另外，在潜供电流熄灭瞬间，断开相 C 相电

压上升，这个电压由两部分组成：一个是非故障相 A、B 相电压通过电容耦合形成的电压，另一个是 A、B 相负荷电流通过互感产生的互感电动势。这两部分电压的存在，使故障相短路点对地电压可能升得很高，使电弧重燃，再次出现弧光接地现象。使弧光重燃的短路点对地电压，简称为恢复电压。

可见，由于潜供电流和恢复电压的影响，短路点的电弧不能很快熄灭，弧光通道中去游离受到严重阻碍。因此，单相自动重合闸的动作时间必须考虑它们的影响，根据实测确定，在 220kV 线路上保证单相重合闸期间的熄弧时间在 0.6s 以上。

潜供电流的大小与线路参数有关，线路电压越高，线路越长，负荷电流越大，则潜供电流越大，单相自动重合闸的动作时间越长。

此外，单相自动重合闸方式将导致系统非全相运行，这时非全相运行产生的负序分量将对电力系统中的设备、继电保护和附近的通信设备产生影响，必须做相应的考虑，以消除这些不良影响所带来的不良后果。

5.4.2 综合自动重合闸

在 220kV 及以上的高压电力系统中，广泛应用综合自动重合闸装置，它是由单相自动重合闸和三相自动重合闸综合在一起构成的装置，适用于中性点直接接地电网，具有单相自动重合闸和三相自动重合闸的两种性能。在相间短路时，保护动作跳开三相断路器，然后进行三相重合闸；在单相接地短路时，保护和装置配合只断开故障相，然后进行单相重合闸。

综合自动重合闸除必须装设选相元件外，还应该装设故障判别元件（简称判别元件），用它来判别故障是接地故障还是相间故障。由于在单相接地故障时，某些高压线路保护（如相差高频保护）也会动作，使三相跳闸，如果综合自动重合闸不装设判别元件，就会在发生单相接地故障时发生跳三相的后果。

判别元件一般由零序电流继电器和零序电压继电器构成。线路发生相间短路时，判别元件不动作，由继电保护启动三相跳闸回路使三相断路器跳闸。接地短路时，判别元件启动，继电保护在选相元件判别短路是单相短路还是两相接地短路后，将决定跳单相还是跳三相。保护、选相和判别元件配合的逻辑电路如图 5-14 所示。

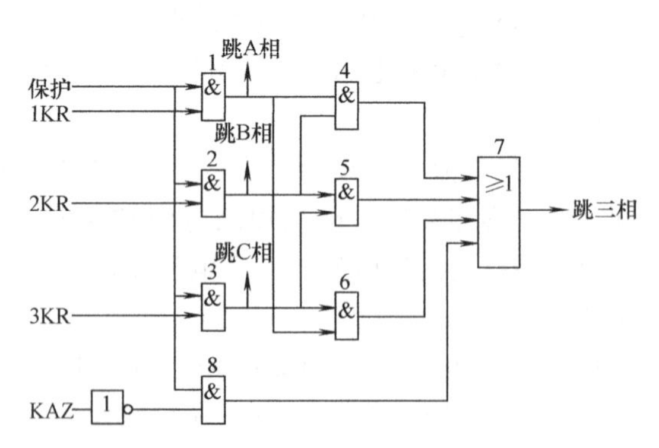

图 5-14 保护、选相和判别元件的配合逻辑图

图 5-14 中，1KR、2KR、3KR 为三个反映 A、B、C 单相接地短路的阻抗继电器，作为选相元件，零序电流继电器 KAZ 作为判别是否发生接地短路的判别元件。

当线路发生相间短路时，没有零序电流，判别元件 KAZ 不动作，继电保护通过与门 8 跳三相断路器。当线路发生接地短路故障时，故障线路上有零序电流，判别元件 KAZ 动作，与门 1、2、3 中的一个开放，跳单相断路器，如果两个选相元件动作，则说明发生了两相接地短路，与门 4、5、6 中的一个开放，保护将跳三相断路器。

1. 综合自动重合闸运行方式

根据电力系统的要求，综合自动重合闸运行方式有以下几种方式：

1）综合自动重合闸方式。线路上发生单相接地短路时，实行单相自动重合闸，当重合到永久性故障时，断开三相并不再进行自动重合；线路上发生相间短路时，实行三相自动重合闸，当重合到永久故障时，断开三相并不再进行自动重合闸。

2）三相自动重合方式。线路上无论发生任何形式的短路故障，均实行三相自动重合闸，当重合到永久性故障时，断开三相并不再进行重合。

3）线路上发生单相接地短路时，实行单相自动重合闸，当合闸到永久性故障时，断开三相不再进行重合。

4）直跳方式。线路上发生任何形式的故障时，均断开三相不再进行自动重合闸。此方式也称为停电方式。

2. 综合自动重合闸与继电保护的配合

在综合自动重合闸装置中，为满足与各种保护之间的配合，一般设有四个端子，即 M、N、Q、R 端子。

1）M 端子接非全相运行中可能误动作的保护，如距离保护第Ⅰ、Ⅱ段和零序保护第Ⅰ、Ⅱ段，在非全相运行中当不采用其他措施时，应将它们闭锁。

2）N 端子接非全相运行中仍然继续工作的保护，如相差高频保护。

3）Q 端子接入的保护不论什么类型故障，都必须切除三相，然后进行三相重合闸保护，如母线保护。

4）R 端子接入的保护是只要求直跳三相断路器，而不需要重合闸的保护，如长延时的后备段保护。

在构成综合自动重合闸装置时，除考虑上述问题以外，还要考虑选相元件拒动、高压断路器的性能问题（如高压断路器气压或液压下降），以及系统不允许非全相运行时重合闸拒动等问题。

5.5 输电线路的自适应单相重合闸

重合闸重合于永久性故障上，使电力设备在较短时间内连续遭受两次短路电流的冲击，加速了设备的损坏，在现场的重合闸多数没有按最佳时间重合，当重合于永久性故障时，降低了输电能力，甚至破坏系统的稳定性。如果在单相故障被单相切除后，能够判别故障是永久性还是暂时性的，并且在永久性故障时闭锁重合闸，就可避免重合永久性故障时的不利影响。这种能自动识别故障的性质，在永久性故障时不重合闸称为自适应重合闸。

在单相故障被单相切除后，断开相由于运行两相电容耦合和电磁感应作用，仍然有一定电压，其电压大小和互感强弱等有关外，还与断开相是否继续存在接地点有关。永久性故障时接地点长期存在，断开相两端电压持续较低，暂时性故障当电弧熄灭后，接地点消失，断开相两端电压持续升高，因此可以根据这个特点构成电压判据的永久与瞬时故障的识别元件，根据永久性故障和暂时性故障的其他差别，还可以构成电压补偿和组合补偿等识别元件。

5.5.1　单相重合闸期间断开相的工频电压分布

单相故障断开后的三相线路耦合电路如图5-15a所示，三相间有相间耦合电容 C_m、相地耦合电容 C_0 及相间互感 L_m。

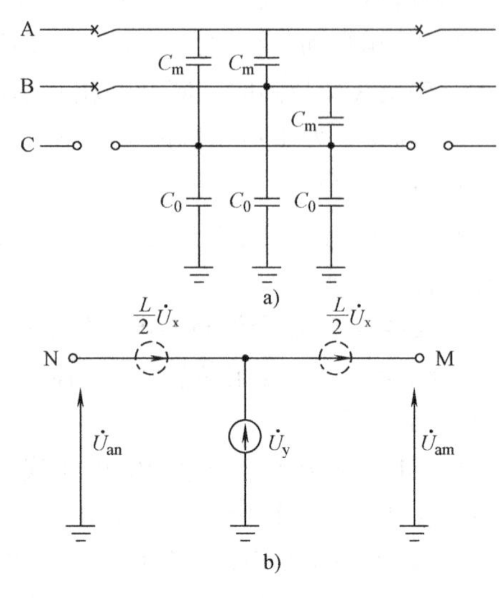

根据电路理论，可求得线路断开相上电容耦合电压为

$$\dot{U}_y=\dot{U}_{ph}\frac{C_m}{2C_m+C_0} \tag{5-10}$$

式中，C_m、C_0 分别为单位长度线路的相间、相对地的电容。

单位长度上非故障相的感应电压为

$$\dot{U}_x=(\dot{I}_b+\dot{I}_c)Z_m=3\dot{I}_0Z_m \tag{5-11}$$

式中，Z_m 为单位长度线路上的相间互阻抗。

如果将长度为 L 的线路等值为π形等效电路，则断开相电压分布如图5-15b所示。其中电容耦合电压与线路长度无关，并与线路感应电压相位差约90°，感应电压与线路长度、零序电流成正比，两端感应电压各为线路全长感应电压的一半。对暂时性故障，断开相两端相电压分别为

$$|\dot{U}_{an}|=\sqrt{U_y^2+\left(\frac{L}{2}U_x\right)^2-\frac{L}{2}U_yU_x\cos\ (90°+\theta)} \tag{5-12}$$

$$|\dot{U}_{am}|=\sqrt{U_y^2+\left(\frac{L}{2}U_x\right)^2-\frac{L}{2}U_yU_x\cos\ (90°-\theta)} \tag{5-13}$$

式中，θ 为未断开相的功率因数角，电压超前电流时为正。

当 $\cos\theta=1$，即 $\theta=0°$ 时，式（5-12）和式（5-13）可化简为

$$|\dot{U}_{an}|=|\dot{U}_{am}|=\sqrt{U_y^2+\left(\frac{L}{2}U_x\right)^2} \tag{5-14}$$

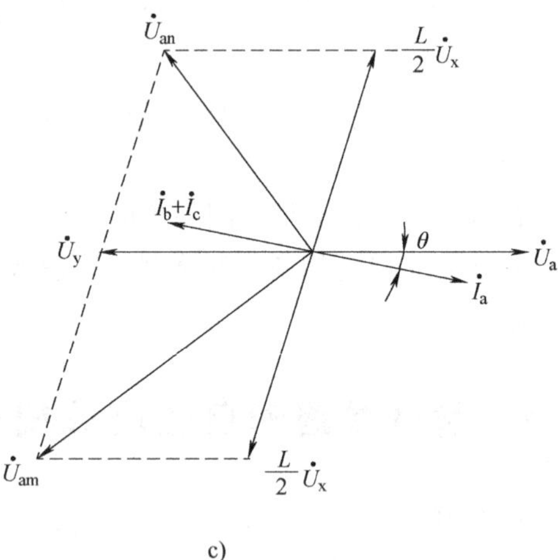

图5-15　单相故障断开后耦合电路电压分布

a）耦合电路　b）电压分布　c）相量图

5.5.2　暂时性与永久性故障的区分

当线路发生永久性金属性接地短路后，线路对地电容经短路点放电，电容耦合电压被短接，此时在线路两端只有感应电压，由短路点位置决定。设接地点距M端的距离为 l，则两端电压为

$$\begin{cases}\dot{U}_{am}=l\dot{U}_x\\ \dot{U}_{an}=-(L-l)\ \ \dot{U}_x\end{cases} \tag{5-15}$$

应保证在线路上任意点发生永久性接地故障时两端都不重合，如果使用电压法判据，允

许任意端合闸的电压可表示为

$$\begin{cases} U_{set} \geqslant K_{rel} l U_x \\ U_{set} \geqslant K_{rel} \left| L-l \right| \dot{U}_x \end{cases} \tag{5-16}$$

式（5-16）保证了永久性故障时不重合。为保证暂时性故障时重合闸启动电压不低于整定值，考虑到暂时性故障两端的电压最小值，即线路空载时只有电容耦合电压时，要能重合必须满足：

$$U_{am} = U_{an} = U_y \geqslant U_{set} \tag{5-17}$$

将式（5-10）、式（5-11）、式（5-16）代入式（5-17）可得

$$l \leqslant \frac{U_{ph}}{3U_{0x}} \frac{C_m}{3C_m + C_0} \frac{1}{K_{rel}} \tag{5-18}$$

式中，U_{ph} 为相电压；U_{0x} 为单位长度线路零序互感电压，$U_{0x} = I_0 Z_m$；K_{rel} 为可靠系数，一般取 1.2。

将我国常用的线路参数、传送功率条件代入式（5-18）。根据式（5-18）可计算出我国线路在两端都能可靠识别永久性与暂时性故障的线路最长长度分别为 220kV 线路 153km、330kV 线路 126km、500kV 线路 161km，当线路长度 l 更长时，考虑过渡电阻的影响时，可采用下式作为电压补偿重合判据：

$$\left| \dot{U} - \frac{L}{2} \dot{U}_x \right| \geqslant \left| \frac{K_{rel} L}{2} \dot{U}_x \right| \tag{5-19}$$

式中，$\dot{U}$ 为断开相测量电压。式（5-19）的区分线路长度是电压法的两倍。

对于超高压线路侧电压一般可以抽取，利用断开相电压可以实现永久性与暂时性故障的区分，当线路电压高于整定值时，过电压继电器触点闭合允许重合闸动作，当电压低于整定值时，闭锁重合闸。

思考题与习题

5-1　电网中重合闸的配置原则是什么？

5-2　自动重合闸的基本类型有哪些？它们分别适用于什么网络？

5-3　试比较单相自动重合闸与三相自动重合闸的优缺点。

5-4　电力系统对自动重合闸的基本要求是什么？

5-5　电力线路为什么要装设自动重合闸装置？

5-6　单相自动重合闸中选相元件的作用和类型是什么？

5-7　综合重合闸用的接地选相元件中为什么要加入零序电流补偿？

5-8　为什么重合闸有前加速和后加速？为什么有的网络中采用后加速的方式工作？

5-9　单相自动重合闸的动作时间整定应考虑哪些因素？

5-10　什么叫自动重合闸的不对应启动原则？

5-11　手动合闸到永久性故障线路上，为什么重合闸不能动作？

5-12　为什么快速自动重合闸对电力系统稳定有利？

5-13　自动重合闸的主要构成部件有哪些？各起什么作用？

5-14　哪些情况下需要对重合闸进行闭锁？

5-15　试说明综合自动重合闸中 M、N、Q、R 四个端子的作用。

5-16　装设非同步重合闸的限制条件有哪些？

5-17　潜供电流的性质是什么？对自动重合闸动作时间有什么影响？

5-18　选相元件的基本要求是什么？常用的选相方法有哪些？

本章学习要点

思考题与习题解答

测试题二

测试题二参考答案

第 6 章

电力变压器的保护

基本要求

1. 了解变压器可能产生的故障类型和异常工作的状态。
2. 掌握变压器的保护方式。
3. 熟练掌握纵联差动保护的工作原理及特点。
4. 了解不平衡电流可能产生的原因、特点及减小措施。
5. 了解励磁涌流产生原因及特点，以及变压器差动保护中如何克服励磁涌流的影响。
6. 掌握变压器差动保护整定计算原则。
7. 掌握带速饱和变流器的差动继电器（BCH-2 或 BCH-1）的构造和特性。
8. 了解电流、电压保护在变压器保护中的作用。
9. 掌握气体保护中的工作原理及接线。

本章讲述变压器可能发生的故障类型及不正常工作状态，这是分析、设计变压器保护的基础；重点讲述变压器差动保护的基本原理、特点及其接线与整定计算；分析差动保护中产生不平衡电流的原因及防止不平衡电流的措施，以及励磁涌流产生的原因、特点以及在差动保护中克服励磁涌流的影响；重点介绍 BCH-2、BCH-1 型差动继电器的构造及特性；另外，介绍其他变压器的保护装置，如瓦斯保护、零序保护、相间短路的后备保护及过负荷保护。

6.1　电力变压器的故障类型、不正常工作状态及其相应保护方式

变压器是电力系统中重要的电气设备，由于它是静止设备，故障机会很少，但是，在实际运行中仍有可能发生短路故障和不正常运行，变压器的短路故障将对供电的可靠性和电力系统安全运行带来严重影响。因此，应根据变压器的容量及重要性装设性能良好的动作可靠的继电保护装置。

1. 变压器的故障及不正常工作状态

变压器的故障可以分为油箱内部和油箱外部两种。油箱内部故障包括绕组相间短路、绕组匝间短路、接地短路及铁心的烧损等；而且由于绝缘材料和变压器油因受热分解而产生大

量气体，有可能引起变压器油箱的爆炸。油箱外部故障主要是套管和引出线上发生相间短路以及接地短路（一相碰接箱壳）。

变压器的不正常运行状态主要有：变压器外部短路引起的过电流、负荷长时间超过变压器的额定容量引起的过负荷、风扇故障或变压器油箱漏油引起冷却能力下降或油位下降，这些不正常运行状态将使变压器绕组和铁心过热。此外，对于中性点不接地运行的星形联结的变压器，外部接地短路时有可能造成变压器中性点过电压，威胁变压器的绝缘；大容量变压器在过电压或低频率等不正常运行情况下产生过励磁，引起铁心和其他金属构件过热。

变压器不正常运行状态时，继电保护应根据其严重程度，发出告警信号，使运行人员及时发现并采取相应保护措施，以确保变压器安全可靠运行。

2. 变压器的保护方式

变压器油箱内部故障时，除了变压器各侧电流、电压变化外，油箱内部的油、气、温度等非电量也会发生变化。因此，变压器保护可分为电量保护和非电量保护（如气体保护），气体保护用于保护变压器油箱内部。

对于上述故障和不正常运行状态及变压器的容量等级和重要程度，根据《继电保护规程》的规定，变压器应装设如下保护：

1）为反映油箱内部各种短路故障和油面降低，对于0.8MV·A及以上油浸式变压器和0.4MV·A及以上车间内油浸式变压器，均应装设气体保护，当壳内故障产生轻微瓦斯气体或油面下降时，应瞬时动作于信号；当产生大量瓦斯气体时，应动作于断开变压器各侧的断路器。

2）对变压器引出线、套管及内部的短路故障，应按下列规定装设相应的保护作为主保护。保护瞬时动作于断开变压器各侧断路器。

① 对于6.3MV·A以下厂用工作变压器和并列运行的变压器，以及10MV·A以下厂用备用变压器和单独运行的变压器，当后备保护时限大于0.5s时，应装设电流速断保护。

② 对于6.3MV·A及以上厂用变压器和并列运行的变压器，10MV·A以下厂用备用变压器和单独运行的变压器，以及2MV·A及以上用电流速断保护灵敏性不符合要求的变压器，应装设纵联差动保护。

③ 对于高压侧电压为330kV及以上变压器可装设双重差动保护。

④ 对于发电机变压器组，当发电机与变压器之间没有断路器时，按发电机-变压器组的处理方法执行。

3）纵联差动保护应符合下列条件：

① 应能躲过变压器励磁涌流和外部短路产生的不平衡电流。

② 应在变压器过励磁时不误动。

③ 差动保护范围应包括变压器套管及引出线。如不能包括引出线时，应采取快速切除故障的辅助措施。但在某些情况下，例如60kV或110kV电压等级的终端变电所和分支变电所，以及具有旁路母线的电气主接线，在变压器断路器退出工作由旁路断路器代替时，纵联差动保护亦可利用变压器套管内的电流互感器，而对引出线可不再采取快速切除故障的辅助措施。

4）对由外部相间短路引起的变压器过电流，应按下列规定装设相应的保护作为后备保护。保护动作后，应带时限动作于跳闸。

① 过电流保护适用于降压变压器，保护整定值应考虑事故可能出现的过负荷。

② 复合电压（包括负序电压及线电压）启动的过电流保护，适用于升压变压器、系统联

络变压器和过电流保护不符合灵敏性要求的降压变压器。

③ 负序电流和单相式低电压启动的过电流保护，可用于63MV·A及以上升压变压器。

④ 当采用复合电压起动过电流保护及负序电流和单相式低电压过电流保护不能满足灵敏性和选择性要求时，可采用阻抗保护。

5）外部相间短路保护应装于变压器下列各侧，各项保护的接线宜考虑能反映电流互感器与断路器之间的故障。

① 双绕组变压器应装于主电源侧，根据主接线情况，保护可带一个或两个时限，较短的时限用于缩小故障影响范围；较长时限用于断开变压器各侧断路器。

② 三绕组变压器和自耦变压器，适装于主电源及负荷侧。主电源侧保护应带两个时限，以较短时限断开未装保护侧的断路器。当上述方式不符合灵敏性要求时，可在所有各侧均装设保护，各侧保护应根据选择性的要求装设方向元件。

③ 低压侧有分支，并接至分开运行母线段的降压变压器，除在电源侧装设保护外，还应在每个支路装设保护。

④ 对于发电机-变压器组，在变压器低压侧不应另设保护，而利用发电机反映外部短路的后备保护。在厂用分支线上应装设单独的保护，并使发电机的后备保护带两个时限，以便在外部短路时，仍能保证厂用负荷的供电。

6）多绕组变压器的外部相间短路保护，根据其型式及接线不同，可按下述原则进行简化。

① 220kV及以下三相多绕组变压器，除主电源侧外，其他各侧保护可仅作本侧相邻电力设备和线路的后备保护。

② 保护对母线的各种故障应符合灵敏性要求，保护作为相邻线路的远后备时，可适当降低对保护灵敏性的要求。

7）110kV及以上中性点直接接地的电力网中，如变压器的中性点直接接地运行，对外部单相接地引起的过电流，应装设零序电流保护。零序电流保护由两段组成。

8）110kV、220kV中性点直接接地的电力网中，如低压侧有电源的变压器中性点可能接地运行或不接地运行时，则外部单相接地引起的过电流以及对因失去接地中性点引起的电压升高，应按下列规定装设保护。

① 全绝缘变压器按第7）点装设两段零序电流保护，并增设零序过电压保护。当电力网单相接地且失去接地中性点时，零序过电压保护经0.3~0.5s时限动作于断开变压器各侧断路器。

② 分级绝缘变压器

• 中性点装设放电间隙。按第7）点规定装设两段零序电流保护，并增设零序电压和放电间隙放电电流的零序电流电压保护。当电力网单相接地且失去接地中性点时，零序电流电压保护经0.3~0.5s时限动作于断开各侧断路器。

• 中性点不装放电间隙。装设两段零序电流保护和一套零序电流电压保护。零序电流保护第Ⅰ段设一个时限，第Ⅱ段设两个时限，当每组母线上至少有一台中性点接地变压器时，第Ⅰ段和第Ⅱ段的较小时限动作于缩小故障影响范围。零序电流电压保护用于变压器中性点不接地运行时保护变压器，其动作时限与零序电流保护第Ⅱ段时限相配合，用以先切除中性点不接地的变压器，后切除中性点接地的变压器。当某一组母线上变压器中性点都不接地时，则不应动作于断开母线联络变压器，而应该首先断开中性点不接地的变压器，此时零序电流保护可采用第Ⅰ段，并带一个时限。

9）一次电压为10kV及以下，绕组为星形-星形联结，低压侧中性点接地的变压器，对低压侧单相接地保护应装设下列保护之一。

① 接在低压侧中性线上的零序电流保护。

② 利用高压侧过电流保护，保护宜采用三相式接线，以提高灵敏性。

保护带两个时限动作于跳闸。当变压器低压侧有分支时，宜利用分支线过电流保护，有选择性地切除各分支线回路的故障。

10）0.4MV·A及以上变压器，当数台并列或单独运行，并作为其他负荷的备用电源时，应根据可能过负荷的情况，装设过负荷保护。对自耦变压器和多绕组变压器，保护应能反映公共绕组及各侧负荷的情况。过负荷保护采用单相式接线，带时限动作于信号。在无人值班的变电所，必要时，过负荷保护可动作于跳闸或断开部分负荷。

11）对变压器温度及油箱内压力升高和冷却系统故障，应按现行电力变压器标准的要求，装设可作用于信号或动作于跳闸装置。

6.2　变压器的气体保护

在变压器油箱内部发生故障（包括轻微的匝间短路和绝缘破坏引起的经电弧电阻的接地短路）时，由于故障点电流电弧作用，将使变压器油及其他绝缘材料因局部受热分解产生气体，气体比较轻，它们从油箱流向油枕的上部。当发生严重故障时，油气迅速膨胀并产生大量的气体，此时将有剧烈的气体夹杂着油流冲上油枕上部。利用油箱内部故障特点可以构成反映上述气体而动作的保护装置，称为气体保护。

1. 气体继电器的构成和动作原理

气体继电器是反映气体的继电器，安装在油箱与油枕之间的连接管的中部。为了使油箱内的气体顺利通过气体继电器而流回油枕，在安装变压器时，要求其顶盖与水平面间有1%~1.5%的坡度，在安装继电器的连接管上有2%~4%的坡度，均朝油枕的方向向上倾斜，如图6-1所示。

国产气体继电器有浮筒挡板式和开口杯挡板式两种结构。其中QJI-80型气体继电器，用开口杯代替密封浮筒，克服了浮筒渗油的缺点，并用干簧触点代替水银接点，提高了抗震性能，是较好的气体继电器。图6-2所示为开口杯挡板式气体继电器QJI-80型的结构图。

在上部有一个附带永久磁铁4的向上开口的金属杯5和重锤6固定在它们之间的转轴上，下部有一面附带永久磁铁11的挡板10。在正常运行时，继电器及开口杯内都充满了油，开口杯因其自重抵消浮力后的力矩小于重锤自重抵消浮力后的力矩而处于上浮位置，固定在开口杯旁的磁铁位于干簧触点15的上方，干簧触点可靠断开，轻瓦斯保护不动作；挡板10在弹簧9的作用下处在正常位置，永久磁铁11远离干簧触点13，干簧触点断开，重瓦斯保护不动作。由于采取了两个干簧触点13串联和使用弹簧9拉住挡板10的措施，使重瓦斯保护具有良好的抗震性能。

当变压器内部发生轻微故障时，所产生的少量气体逐渐聚集在继电器上部，使继电器内的油面缓慢下降，油面降到低于开口杯时，开口杯自重加上杯内油重抵消浮力后的力矩大于重锤自重抵消浮力后的力矩，使开口杯的位置随着油面下降，永久磁铁4逐渐靠近干簧触点15，接近一定程度时触点闭合，发出轻瓦斯动作信号。

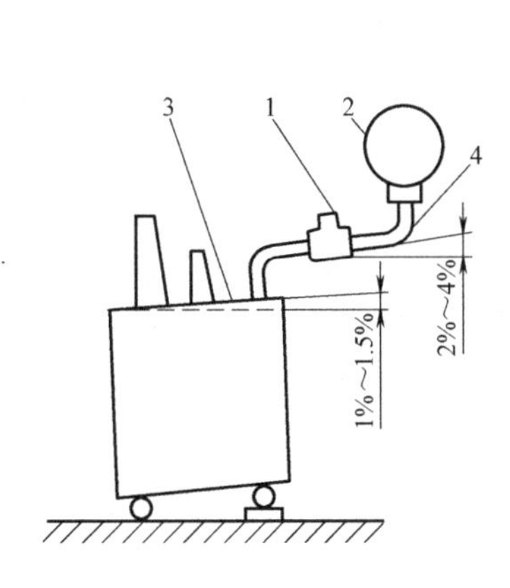

图6-1　气体继电器安装示意图

1—气体继电器　2—油枕

3—变压器顶盖　4—连接管道

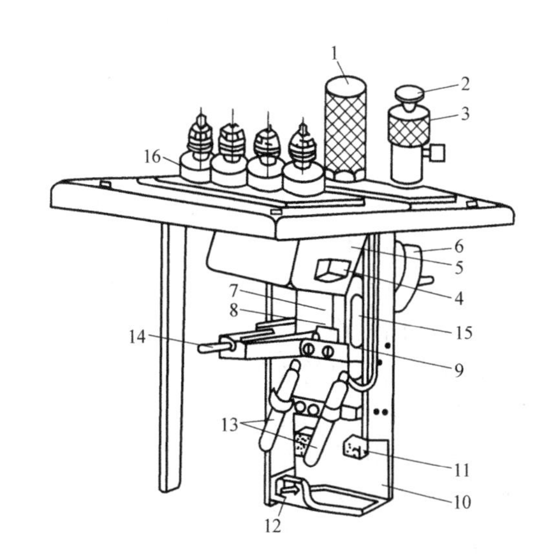

图6-2　QJI-80型气体继电器结构图

1—罩　2—顶针　3—气塞　4、11—永久磁铁　5—金属杯

6—重锤　7—探针　8—开口销　9—弹簧　10—挡板

12—螺杆　13—干簧触点（重气体用）

14—调节杆　15—干簧触点（轻气体用）　16—套管

当变压器内部发生严重故障时，所产生的大量气体形成从变压器冲向油枕的强烈气流，带油的气体直接冲击挡板10，克服了弹簧9的拉力使挡板偏转，永久磁铁11迅速靠近干簧触点13，触点闭合，即重瓦斯保护动作，启动保护出口继电器，使变压器各侧断路器跳闸。

2. 气体保护的接线

气体保护原理接线如图6-3所示。气体继电器KG的上触点由开口杯控制，闭合后，通过信号继电器1KS，延时发出预告信号；KG的下触点由挡板控制，动作后经信号继电器2KS、连接片XB接通中间继电器KM作用于断路器跳闸，切除变压器。

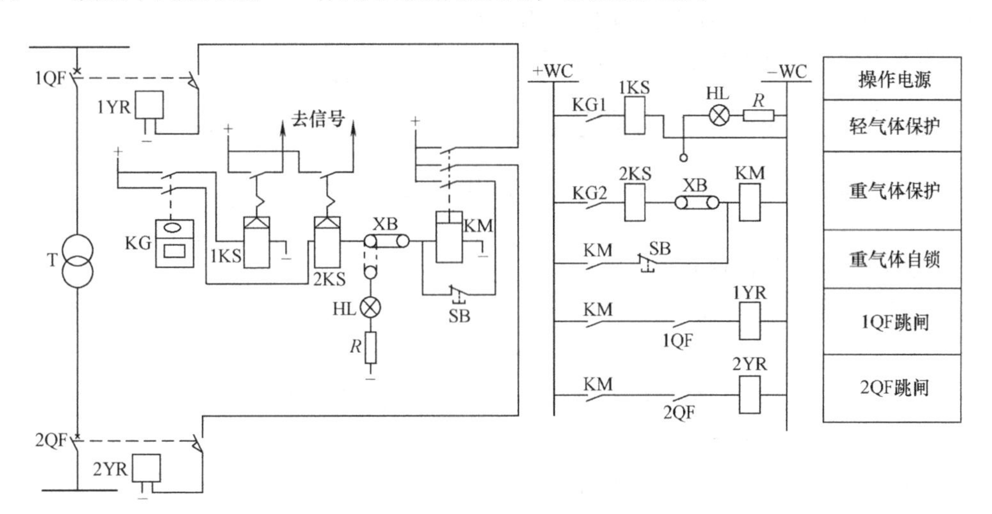

图6-3　变压器气体保护原理接线图

为防止变压器油箱内严重故障时油速不稳定，造成重瓦斯触点时通时断不能可靠跳

闸，KM采用带自保持电流线圈的中间继电器。其中，按钮SB用于解除自锁，如不用按钮，也可用断路器1QF辅助常开触点实现解除自锁。连接片XB用以将气体继电器下触点切换到信号灯，使重瓦斯保护退出，以防止瓦斯保护在变压器换油或气体继电器试验时误动作。

气体继电器动作后，应从气体继电器上部排气口收集气体，检查气体的化学成分和可燃性，从而判断出故障的性质。

气体保护的优点是接线简单、经济、灵敏性高和动作迅速。但当变压器内部发生严重漏油或匝数很少的匝间短路，往往纵差保护和其他保护都不能反映，而气体保护却能反映。但是瓦斯保护只反映油箱内的故障，不能反映油箱外套管和断路器之间引出线上的故障，只能靠差动保护动作于跳闸，因此，气体保护不能单独作为变压器的主保护，通常是气体保护和纵联差动保护配合使用共同作为变压器的主保护。

轻瓦斯保护动作值采用气体体积大小表示，整定范围在250~300cm³；重瓦斯保护动作值采用油流速度大小表示，整定范围通常为0.6~1.5m/s。

《继电保护规程》规定，对于容量800kV·A及以上油浸变压器和400kV·A及以上车间内油浸变压器应装设气体保护。

6.3 变压器的电流速断保护

6.3.1 变压器电流速断保护的工作原理及接线

对于容量较小的变压器，当其过电流保护动作时限大于0.5s，可在电源侧装设电流速断保护。电流速断保护和气体保护配合，可以反映变压器油箱内部和电源侧套管及引出线上全部故障。电流速断保护单相的原理接线图如图6-4所示。

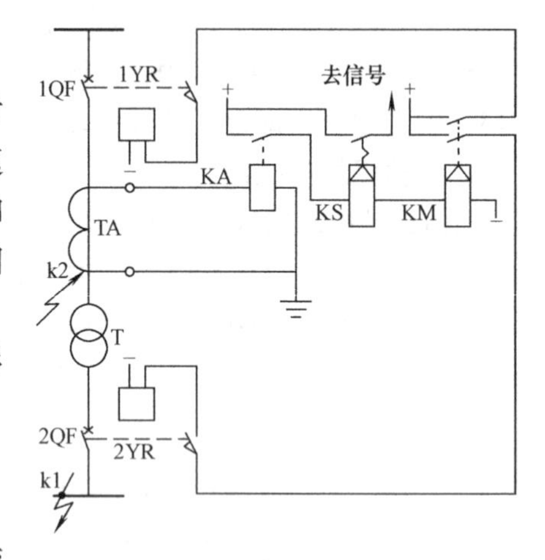

图6-4 变压器电流速断保护单相的原理接线图

当电源侧为直接接地系统时，保护采用三相星形联结，若为非直接接地系统时，采用两相星形联结。

6.3.2 变压器电流速断保护的整定计算

保护动作电流按以下两个条件计算，选择其中较大者。

1）按躲过变压器负荷侧母线上k1点短路时流过保护的最大短路电流计算，即

$$I_{op}=K_{rel}I_{k1.max}^{(3)} \tag{6-1}$$

式中，K_{rel}为可靠系数，对电磁型继电器取1.3~1.4；$I_{k1.max}^{(3)}$为最大运行方式下，变压器低压侧母线发生短路故障时，流过保护装置的最大短路电流。

2）躲过变压器空载投入时的励磁涌流，通常取

$$I_{op}=(3\sim5)I_N \tag{6-2}$$

式中，I_N为保护安装侧变压器的额定电流。

保护的灵敏系数按保护安装地点（k2点）最小两相短路电流校验，即

$$K_{sen}=I_{k2.min}^{(2)}/I_{op}\geqslant 2 \tag{6-3}$$

式中，$I_{k2.min}^{(2)}$为最小运行方式下，保护安装处两相短路时的最小短路电流。

保护动作后，瞬时断开变压器两侧断路器。电流速断保护具有接线简单、动作迅速等优点，但它不能保护变压器的全部，因此不能单独作为变压器的主保护。

6.4　变压器的纵联差动保护

6.4.1　变压器纵联差动保护的基本原理

变压器的气体保护只能保护油箱内部，对于变压器的套管及引出线上的各种故障不能保护，因此，可用变压器差动保护反映变压器绕组引出线及套管上的各种短路故障，作为变压器的主保护。变压器差动保护不但能够正确区分区内外故障，而且不需要与其他元件配合，可瞬时切除变压器所有故障。

如图 6-5 所示，差动保护的工作原理与线路纵差保护相似，变压器差动保护二次侧采用环流法连接并广泛用在双绕组或三绕组变压器上。图 6-5a 所示为双绕组单相变压器纵差保护原理接线，设双侧电源，在正常运行或外部短路时，流入差动继电器 KD 的电流为$\dot{I}_r=\dot{I}_{\mathrm{I}2}+\dot{I}_{\mathrm{II}2}=0$，在理想情况下其值等于零，实际上由于存在变压器两端电流互感器的特性不同、变比误差等因素，流过继电器电流为不平衡电流$\dot{I}_{unb}$。变压器内部故障时，流过差动继电器 KD 的电流为$\dot{I}_r=\dot{I}_{\mathrm{I}2}+\dot{I}_{\mathrm{II}2}=\dot{I}_K/K_{TA}$，即为短路点的短路电流。当该电流大于继电器 KD 的动作电流 $I_{op.r}$时，即 $I_r\geqslant I_{op.r}$，继电器 KD 动作。

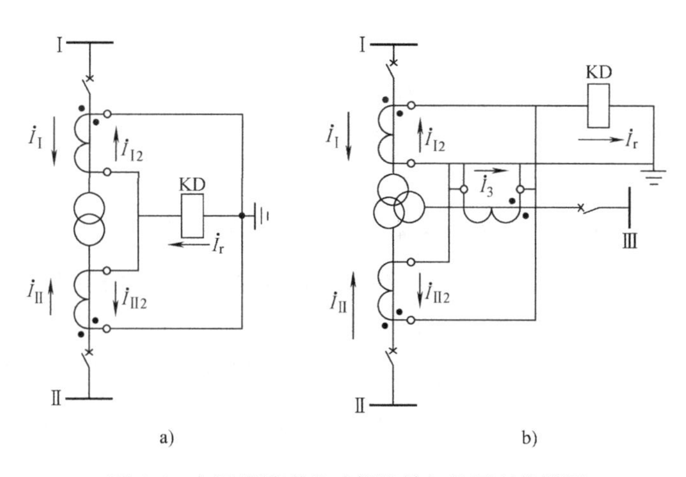

图 6-5　变压器纵联差动保护单相的原理接线图

a）双绕组单相变压器　b）三绕组单相变压器

为保证差动保护正确动作，必须选择变压器两侧电流互感器的变比在正常运行和保护区外部短路时，两个二次电流相等，所以选择：

$$I_{\mathrm{I}2}=I_{\mathrm{II}2}=\frac{I_{\mathrm{I}}}{K_{TA1}}=\frac{I_{\mathrm{II}}}{K_{TA2}}$$

则

$$\frac{I_{\mathrm{I}}}{I_{\mathrm{II}}}=\frac{K_{TA1}}{K_{TA2}}=K_T \tag{6-4}$$

式中，K_{TA1}、K_{TA2}为变压器两侧电流互感器的电流比。K_T 为变压器的电压比。

式（6-4）说明要实现双绕组变压器的纵联差动保护必须选择两侧电流互感器的电流比的比值，正好等于变压器的电压比。实际上即使满足式（6-4）条件，还有其他因素在差动回路中产生不平衡电流。因此，分析变压器差动回路中不平衡电流产生的原因和减小它对保护的影响是差动保护中的重要问题。

6.4.2　不平衡电流产生的原因及减小措施

1. 稳态情况下的不平衡电流

（1）变压器正常运行时的励磁电流引起的不平衡电流

变压器正常运行时，励磁电流为额定电流的3%~5%。当外部短路时，由于变压器电压降低，励磁电流变得更小，因此，整定计算中可以忽略不计。

（2）变压器的各侧电流相位不同引起的不平衡电流

三相变压器的连接方式不同，其两侧的电流相位关系也就不同，以常用的 Yd11 联结变压器为例，它们两侧电流相位之间相差 30°。这时，即使变压器两侧电流互感器中的电流大小相等，也会在差动回路中产生不平衡电流。要消除纵联差动保护两臂电流相位差，通常采用相位补偿的办法，即将变压器星形联结侧的电流互感器二次侧三角形联结。变压器三角形联结侧的电流互感器二次侧为星形联结。图 6-6a 中，$\dot{I}_A$、$\dot{I}_B$、$\dot{I}_C$ 分别表示变压器星形侧的三个线电流，和它们对应的电流互感器二次电流为$\dot{I}_{A2}$、$\dot{I}_{B2}$、$\dot{I}_{C2}$。由于电流互感器二次绕组为三角形联结，所以流入差动臂中电流为

$$\begin{cases}\dot{I}_{AB2}=\dot{I}_{A2}-\dot{I}_{B2}\\ \dot{I}_{BC2}=\dot{I}_{B2}-\dot{I}_{C2}\\ \dot{I}_{CA2}=\dot{I}_{C2}-\dot{I}_{A2}\end{cases} \tag{6-5}$$

$\dot{I}_{AB2}$、$\dot{I}_{BC2}$、$\dot{I}_{CA2}$分别超前$\dot{I}_A$、$\dot{I}_B$、$\dot{I}_C$ 相角 30°，如图 6-6b 所示，在变压器三角形侧，电流互感器为星形联结。三相线电流$\dot{I}_{ab}$、$\dot{I}_{bc}$、$\dot{I}_{ca}$分别超前$\dot{I}_a$、$\dot{I}_b$、$\dot{I}_c$ 相角 30°。电流互感器的二次电流$\dot{I}_{ab2}$、$\dot{I}_{bc2}$、$\dot{I}_{ca2}$分别与$\dot{I}_{ab}$、$\dot{I}_{bc}$、$\dot{I}_{ca}$同相位。低压侧差动臂中，电流$\dot{I}_{ab2}$、$\dot{I}_{bc2}$、$\dot{I}_{ca2}$分别与高压侧加入差动臂中的电流$\dot{I}_{AB2}$、$\dot{I}_{BC2}$、$\dot{I}_{CA2}$同相位，使 Yd11 变压器两侧电流相位得到校正，消除了因变压器两侧电流相位不同而引起的不平衡电流。

按图 6-6a 进行相位补偿后，高压侧保护臂中电流是该侧电流互感器二次电流的$\sqrt{3}$倍，为使正常负荷时两侧保护臂中电流接近相等，故高压侧电流互感器的电流比是原来的$\sqrt{3}$倍，即

$$K_{TA.Y}=\frac{\sqrt{3}I_{NY}}{5} \tag{6-6}$$

而变压器三角形侧电流互感器的电流比为

$$K_{TA.d}=\frac{I_{Nd}}{5} \tag{6-7}$$

式中，I_{NY}为变压器绕组接成星形侧的额定电流；I_{Nd}为变压器绕组接成三角形侧的额定电流。

根据式（6-6）和式（6-7）的计算结果，选定一个接近并稍大于计算值的标准电流比。

如果采用微机保护可采用变压器两侧的 TA 都采用星形联结，在进行差动计算时由软件对星形侧变压器电流进行相位补偿及数值补偿。

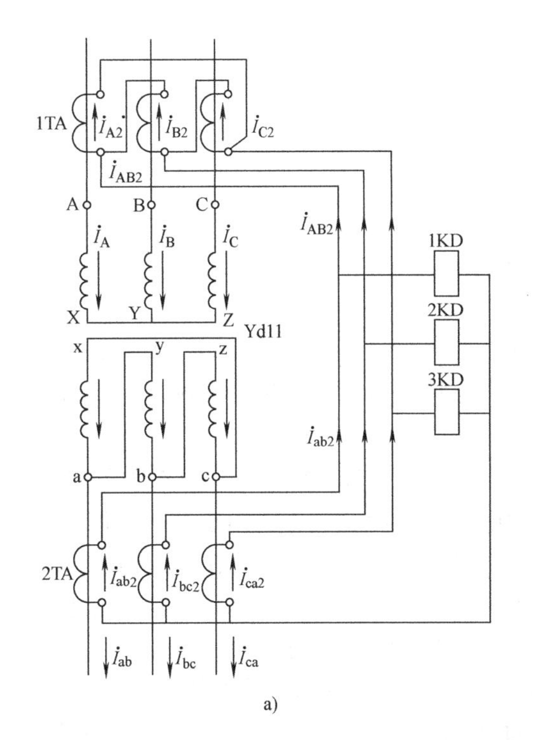

a)

电流性质	高压侧		低压侧	
	记号	相量图	记号	相量图
变压器绕组电流	$\dot{I}_{A}$ $\dot{I}_{B}$ $\dot{I}_{C}$	$\dot{I}_{A}$ $\dot{I}_{C}$ $\dot{I}_{B}$	$\dot{I}_{a}$ $\dot{I}_{b}$ $\dot{I}_{c}$	$\dot{I}_{a}$ $\dot{I}_{c}$ $\dot{I}_{b}$
变压器线路电流	$\dot{I}_{A}$ $\dot{I}_{B}$ $\dot{I}_{C}$	$\dot{I}_{A}$ $\dot{I}_{C}$ $\dot{I}_{B}$	$\dot{I}_{ab}$ $\dot{I}_{bc}$ $\dot{I}_{ca}$	$\dot{I}_{ab}$ $\dot{I}_{bc}$ $\dot{I}_{ca}$
电流互感器二次电流	$\dot{I}_{A2}$ $\dot{I}_{B2}$ $\dot{I}_{C2}$	$\dot{I}_{A2}$ $\dot{I}_{C2}$ $\dot{I}_{B2}$	$\dot{I}_{ab2}$ $\dot{I}_{bc2}$ $\dot{I}_{ca2}$	$\dot{I}_{ab2}$ $\dot{I}_{bc2}$ $\dot{I}_{ca2}$
差动回路继电器中的电流	$\dot{I}_{AB2}$ $\dot{I}_{BC2}$ $\dot{I}_{CA2}$	$\dot{I}_{AB2}$ $\dot{I}_{BC2}$ $\dot{I}_{CA2}$	$\dot{I}_{ab2}$ $\dot{I}_{bc2}$ $\dot{I}_{ca2}$	$\dot{I}_{ab2}$ $\dot{I}_{bc2}$ $\dot{I}_{ca2}$

b)

图 6-6　Yd11 联结变压器两侧电流互感器的接线及电流相量图

a）接线图　b）相量图

如变压器星形侧二次三相电流采样值为$\dot{I}_{A2}$、$\dot{I}_{B2}$、$\dot{I}_{C2}$，则软件按式（6-8）求得用作差动计算的三相电流$\dot{I}_{AB2}$、$\dot{I}_{BC2}$、$\dot{I}_{CA2}$为

$$\begin{cases}\dot{I}_{AB2}=(\dot{I}_{A2}-\dot{I}_{B2})\ /\sqrt{3}\\ \dot{I}_{BC2}=(\dot{I}_{B2}-\dot{I}_{C2})\ /\sqrt{3}\\ \dot{I}_{CA2}=(\dot{I}_{C2}-\dot{I}_{A2})\ /\sqrt{3}\end{cases}\tag{6-8}$$

经软件相位转化后的$\dot{I}_{AB2}$、$\dot{I}_{BC2}$和$\dot{I}_{CA2}$分别与低压侧的$\dot{I}_{ab2}$、$\dot{I}_{bc2}$和$\dot{I}_{ca2}$同相位，相位关系如图 6-6b 所示。

在微机差动保护中，对 Yd11 联结变压器差动保护中采用软件补偿相位和幅值。如电流互感器采用三角形联结，则无法判断三角形联结内断线，只能判断引出线故障。当在变压器高压侧发生单相接地时，差动回路不反映零序电流分量，使保护灵敏性受到影响。为解决这个问题，相位补偿可以在变压器低压侧进行。进行相位补偿的同时，也进行数值补偿。变压器低压侧相位补偿的方程为

$$\begin{cases}\dot{I}_{ard}=(\dot{I}_{ad}-\dot{I}_{cd})\ /\sqrt{3}\\ \dot{I}_{brd}=(\dot{I}_{bd}-\dot{I}_{ad})\ /\sqrt{3}\\ \dot{I}_{crd}=(\dot{I}_{cd}-\dot{I}_{bd})\ /\sqrt{3}\end{cases}\tag{6-9}$$

式中，$\dot{I}_{ard}$、$\dot{I}_{brd}$、$\dot{I}_{crd}$为变压器三角形侧加入差动臂中的电流；$\dot{I}_{ad}$、$\dot{I}_{bd}$、$\dot{I}_{cd}$为变压器三角形侧电流互感器的二次电流。

在变压器高压侧加入差动臂中电流为

$$
\begin{cases}
\dot{I}_{ar}=\dot{I}_{aY}+\dfrac{1}{3}I_{0N} \\
\dot{I}_{br}=\dot{I}_{bY}+\dfrac{1}{3}I_{0N} \\
\dot{I}_{cr}=\dot{I}_{cY}+\dfrac{1}{3}I_{0N}
\end{cases} \tag{6-10}
$$

式中，$\dot{I}_{ar}$、$\dot{I}_{br}$、$\dot{I}_{cr}$为变压器星形侧加入差动臂的电流；$\dot{I}_{aY}$、$\dot{I}_{bY}$、$\dot{I}_{cY}$为变压器星形侧电流互感器的二次电流；I_{0N}为变压器中性点的零序电流。

当纵联差动保护电流互感器采用全星形联结时，由于继电器差采用内部算法实现相位补偿，差动保护仅感受星形侧绕组的零序电流，而感受不到三角形侧的零序电流，在算法中引入变压器中性点的零序电流。

变压器外部发生A相接地短路电流为$\dot{I}_{Ak}=\dot{I}_{Ak1}+\dot{I}_{Ak2}+\dot{I}_{Ak0}$，变压器中性点电流为$\dot{I}_{0N}=3\dot{I}_{0}$，方向与A相零序电流方向相反，加入A相继电器的电流为$\dot{I}_{ar}=\dot{I}_{Ak1}+\dot{I}_{Ak2}$，由于变压器低压侧不存在零序分量电流，故外部发生单相接地短路时不会产生不平衡电流。若在变压器内部发生单相接地短路，此时变压器高压侧加入了A相继电器电流为$\dot{I}_{ar}=\dot{I}_{Ak}+\dot{I}_{0}$，即说明加入继电器的短路电流能反映内部短路故障时的零序电流分量，从而提高了差动保护的灵敏度。

（3）由于电流互感器计算电流比与选用实际标准电流比不同而引起的不平衡电流

变压器两侧电流加以相位补偿后，为使差动回路中不平衡电流为零，两侧电流互感器流入差动臂中电流必须相等，而且在正常运行时等于二次额定电流5A。按式（6-6）和式（6-7）求出标准电流互感器的电流比K_{TA}，取与计算值相邻较大的电流比。

（4）由变压器调压引起的不平衡电流

系统运行方式改变时，需要调节变压器分接头以保证系统的电压水平。调节分头位置时，在差动回路中引起很大的不平衡电流，可用下式计算：

$$
I_{unb}=\pm\Delta U\frac{\sqrt{3}I_{Y}}{K_{TAd}} \tag{6-11}
$$

对于不带负载调压的变压器，$\Delta U=\pm5\%$；对于带负载调压的变压器，调压范围ΔU较大，各类产品不一，最大$\Delta U=\pm15\%$。

在运行中不可能随变压器分接头改变而重新调整差动继电器的整定值，因此，ΔU引起的不平衡电流在整定计算时躲过。

（5）由于各侧电流互感器的误差不同引起的不平衡电流

变压器各侧的电压等级和额定电流不同，因而采用的电流互感器型号不同，它们的特性差别较大，故引起较大的不平衡电流，可以采用下面措施减小不平衡电流。

1）选用高饱和倍数的专供差动保护用的D级电流互感器，并在外部短路最大短路电流下按10%误差曲线校验互感器二次负荷。

2）合理选用互感器二次连接导线截面使二次负荷减小，并尽量使各侧差动保护臂阻抗相近，以减小不平衡电流。为减小二次负荷，可选用二次额定电流为1A的电流互感器，因为它的允许负荷是二次额定电流为5A的电流互感器的25倍。

3）采用铁心具有小气隙的电流互感器，可以减少铁心剩磁的影响，并使磁路特性取决于气隙的大小，减小非线性误差，从而改善互感器的工作条件，使两侧互感器特性趋于一致，减小不平衡电流。

保护的电流互感器的选择和二次负荷的确定都是以电流互感器10%误差曲线为依据的。在短路时，变压器两侧的TA都会出现饱和现象，只是励磁阻抗减小、励磁电流增大的程度不同，差动回路的不平衡电流要小于互感器未饱和时的情况，可能出现的最大不平衡电流可按上述假设条件计算如下：

$$I_{unb}=\frac{\sqrt{3}K_{err}K_{st}}{K_{TAd}}I_{k.max} \tag{6-12}$$

式中，K_{err}为电流互感器10%误差，取0.1；K_{st}为电流互感器的同型系数，对发电机线路纵差保护取0.5，对变压器、母线差动保护取1；$I_{k.max}$为流经变压器Y侧的最大短路电流。

2. 暂态过程中的不平衡电流

差动保护要躲过外部短路时暂态过程中的不平衡电流i_{unb}，其波形如图6-7a所示，其中含有很大非周期分量，偏于时间轴一侧，铁心中强度沿着部分磁滞回线变化，ΔB变化很小，速饱和变流器二次绕组中的感应电动势很小，故可防止保护误动作；而且由于励磁回路中具有很大电感，不平衡电流的最大值出现较迟。

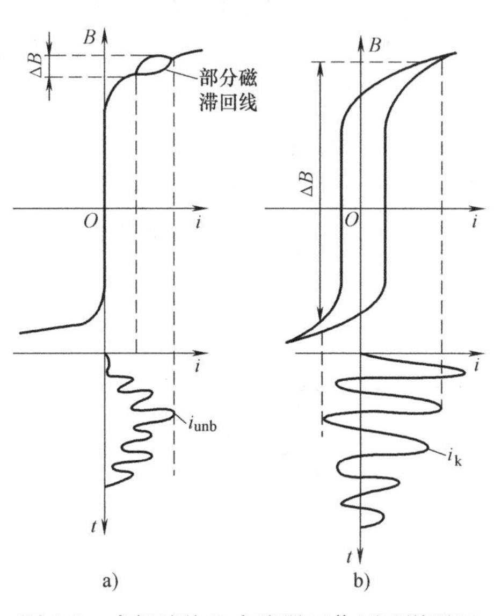

图6-7　中间速饱和变流器工作原理说明图
a）外部短路时　b）内部短路时

图6-7b是内部短路时的电流波形，短路电流i_k虽然在初瞬间也具有一定成分的非周期分量，但衰减很快，只是短暂地延迟了周期分量的转变。非周期分量衰减后，速饱和变流器一次绕组中只有短路周期分量通过，此时铁心中ΔB变化很大，在W_2中感生较大的电动势，使差动继电器可靠动作。

综上所述，考虑到非周期分量的影响，引入非周期分量系数K_{np}，不采取措施消除其影响，K_{np}=1.5~2，当采用速饱和变流器时，取K_{np}=1~1.3。

综合考虑暂态和稳态的影响，总的不平衡电流可用下式计算：

$$I_{unb.com}=(K_{err}K_{st}K_{np}+\Delta U+\Delta f_s)\frac{\sqrt{3}I_{k.max}}{K_{TA.d}} \tag{6-13}$$

式中，Δf_s为电流比误差，可取0.05。

减少不平衡电流的主要方法有：

1）对中小型电力变压器，允许加大动作电流和稍带延时躲过不平衡电流的影响。

2）在差动回路接入速饱和变流器，它对含有较大非周期分量的外部短路暂态不平衡电流有抵制作用，而不含有非周期分量的交变分量能顺利通过。

3）当采用上述措施仍不能满足灵敏度要求时，或根据被保护元件的具体情况要进一步提高差动保护灵敏度时，可以采用具有制动特性的差动继电器，制动方案有磁力制动和幅值比较制动。

6.4.3　变压器励磁涌流及其抑制措施

变压器在正常情况下励磁电流很小，一般不超过额定电流的3%~6%。当变压器外部发生短路故障时，由于系统电压降低，励磁电流更小，故可以不予考虑。

当变压器空载投入或者外部故障切除电压恢复时，励磁电流大大增加，其值可达额定电流的6~8倍，该电流称为励磁涌流。由于励磁涌流是单侧注入电流，其幅值较大，因此会造成差动继电器误动作。变压器差动保护需要解决的问题是既能可靠地躲过励磁涌流，又能正确地反映内部故障。

如图6-8a所示，稳定运行时，铁心中磁通滞后于外加电压90°，如果在合闸瞬时（$t=0$）时正好电压瞬时值$u=0$，初相角$\alpha=0$，此时，铁心中磁通应为负最大值$-\Phi_m$。但由于铁心中磁通不能突变，因此将出现一个非周期分量磁通Φ_{np}，其幅值为Φ_m。这样经过半个周期以后，铁心中磁通就达到$2\Phi_m$，如果铁心中原来还存在剩余磁通Φ_{res}，则总磁通$\Phi_{com}=2\Phi_m+\Phi_{res}$，如图6-8b所示。这时铁心严重饱和，励磁电流$I_{exs}$将剧烈增大，$I_{exs}$中含有大量的非周期分量和高次谐波分量，如图6-8d所示。励磁涌流的大小和衰减时间与外加电压的相位、铁心中剩磁的大小与方向、电源的容量大小、回路阻抗以及变压器的容量有关。例如，正好在电压瞬时值最大时合闸，就不会出现励磁涌流，对三相变压器而言，无论何时瞬间合闸，至少有两相要出现程度不同的励磁涌流。大型变压器励磁涌流倍数比中、小型变压器励磁涌流倍数小。对于中、小型变压器经0.5~1s后其值一般不超过25%~50%的额定电流，大型变压器要经过2~3s，变压器容量越大，衰减越慢，完全衰减时间需要几十秒。

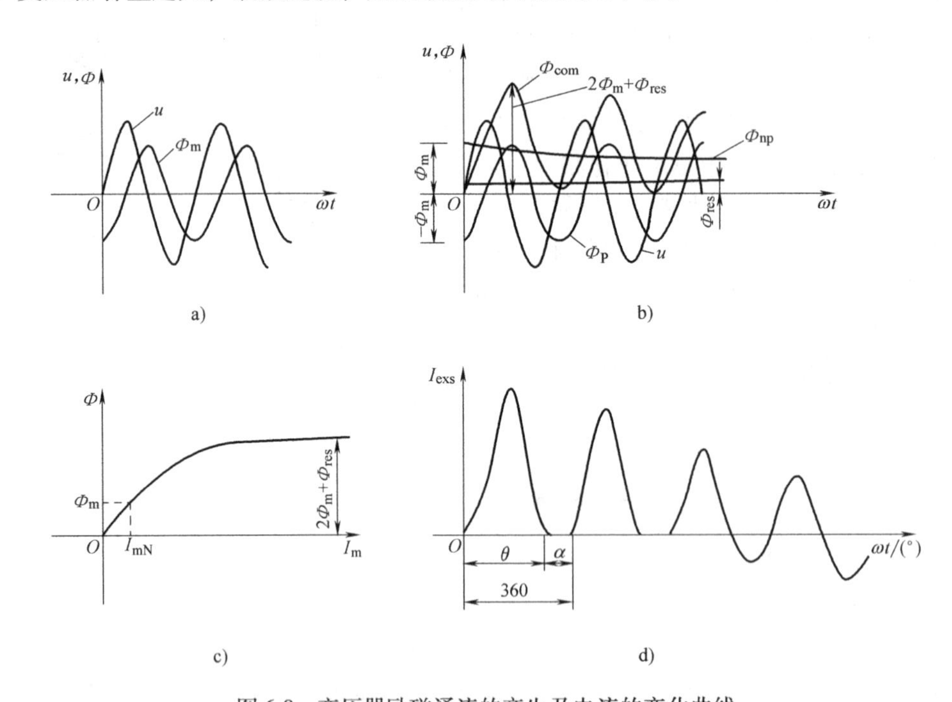

图6-8　变压器励磁涌流的产生及电流的变化曲线

a）稳态时，电压与磁通的关系　b）$t=0$在$u=0$瞬间合闸时，电压与磁通的关系

c）变压器铁心的磁化曲线　d）励磁电流I_{exs}的波形

由上述分析可知，励磁涌流具有以下特点：

1）含有很大成分的非周期分量，约占基波的60%，涌流偏向时间轴一侧。

2）含有大量高次谐波，且以二次谐波为主，占基波的30%~40%。

3）波形之间出现间断角α。间断角定义为涌流波形中在基频周波内保持为0的那一段波形所对应的电角度。相应地，定义波宽为涌流波形在基频周期内不为 0 的那一段所对应的电角度为波宽 $\theta_W=2\pi-\alpha$。

表 6-1 给出一组励磁涌流的实验数据。

表 6-1　励磁涌流中谐波分量（用百分数表示）

试验次数	1	2	3	4
基波	100	100	100	100
二次谐波	36	31	50	23
三次谐波	7	6. 9	3. 4	10
四次谐波	9	6. 2	5. 4	—
五次谐波	5	—	—	—
直流分量	66	80	62	73

根据励磁涌流的特点，可以采取下列措施防止励磁涌的影响：

1）采用具有速饱和铁心的差动继电器。因非周期分量使铁心快速饱和，电流难以感应到中间变流器二次侧，以减少励磁涌流进入继电器不使保护误动作。速饱和变流器具有防止励磁涌流引起差动保护误动作的能力。如采用 BCH-1、BCH-2 型差动继电器。

2）利用二次谐波制动躲开励磁涌流。励磁涌流含有大量的二次谐波，通过检测三相差流中二次谐波的含量大小来判断是否为励磁涌流。采用二次谐波制动元件，励磁涌流判据为

$$I_{d2}>K_2 I_{d1} \tag{6-14}$$

式中，I_{d2}为差流中的二次谐波电流；K_2为制动系数，取 0. 15～0. 2；I_{d1}为差流中的基波电流。

采用三相或门方案，任一相差流满足式（6-14），则判定为励磁涌流，闭锁三相纵差保护。

3）按比较波形间断角来识别励磁涌流。对于变压器励磁涌流无论是偏向时间轴一侧的非对称涌流还是对称性涌流都会有明显的间断角。通过检测差流间断角的大小和波宽构成间断角原理，其判据为 $\theta_j>65°$或 $\theta_w<140°$。θ_j为励磁涌流的间断角，θ_w为励磁涌流正半周、负半周的波宽。非对称励磁涌流间断角较大，$\theta_j>65°$，而对称性励磁涌流间断角可能小于 65°，但波宽较大，$120°\leqslant\theta_w<140°$。

6. 4. 4　BCH-2 型差动继电器构成的纵联差动保护

1. BCH-2 型差动继电器构成的纵联差动保护

BCH-2 型差动继电器由带短路绕组的三柱式速饱和变流器和 DL-11/0. 2 型电流继电器组合而成。图 6-9 是它的原理结构图。图 6-10 是它的内部电路图。铁心中间柱 B 的截面积是边缘柱截面积的两倍，其上绕有一个差动线圈 W_d、两个平衡线圈 W_{bI}、W_{bII}以及短路线圈的一部分 W_k'，短路线圈的另一部分W_k''绕在左边心柱 A 上，而且两者通过端子⑨呈同向串联。在右边心柱 C 上绕有二次绕组 W_2，它通过端子⑩、⑪、⑫与 DL-11/0. 2 型电流继电器相连。除二次绕组 W_2 外，其他线圈都有抽头，可以对继电器的参数进行阶段性的调整。两个平衡线圈 W_{bI}、W_{bII}均为 19 匝，并分为两段，即 0、1、2、3 抽头段和 0、4、8、12、16 抽头段。差动线圈 W_d 共 20 匝，它有 5、6、8、10、13、20 等匝抽头。短路线圈W_k'和 W_k''分别为 28、56 匝，

各有 2 : 1 的抽头，各抽头点匝数如图 6-10 所示。在使用时每段整定板上必须拧入一个螺钉，否则线圈将开路或短路。

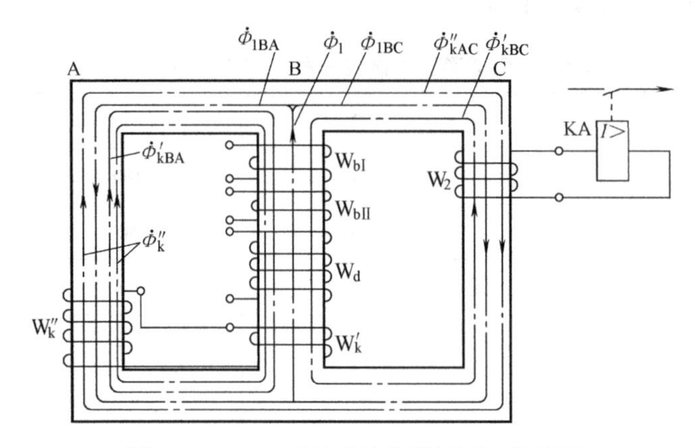

图 6-9　BCH-2 型差动继电器的原理结构图

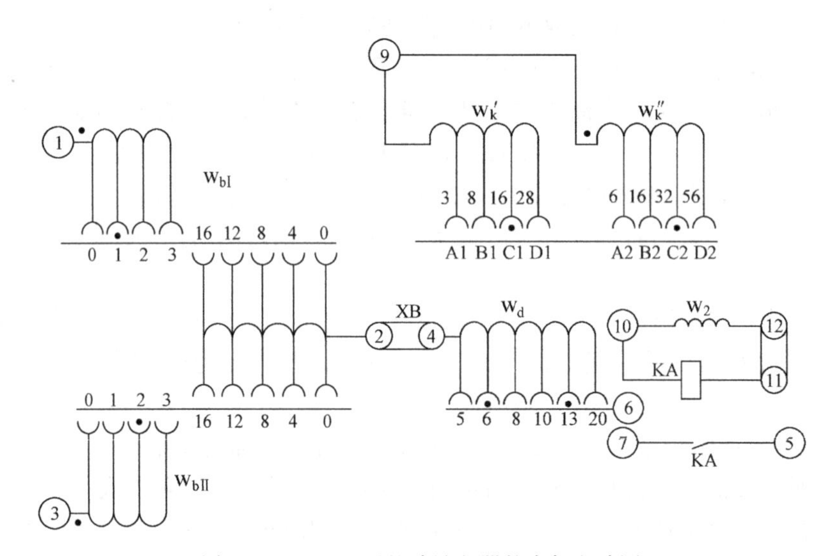

图 6-10　BCH-2 型差动继电器的内部电路图

其中短路线圈的作用主要是加强了躲过非周期分量的能力，可靠地消除了励磁涌流的影响。

2. 由 BCH-2 型继电器组成变压器差动保护的整定计算

采用 BCH-2 型差动继电器构成双绕组变压器差动保护的三相交流侧的接线如图 6-11 所示。现结合一个实例来说明其整定计算。

【例 6-1】　某工厂总降压变电所由无限大容量系统供电，其中变压器的参数为 SFL_1-10000/60 型，60kV/10. 5kV，Yd11 联结，$U_k\%=9$。已知 10. 5kV 母线上三相短路电流在最大运行方式下 $I''^{(3)}_{k2.\max}=3950A$，在最小运行方式下为 $I^{(3)}_{k2.\min}=3200A$，归算到 60kV 分别为 691A 与 560A，10kV 侧最大负荷电流为 $I_{L.\max}=450A$，归算到 60kV 侧为 78. 75A。拟采用 BCH-2 型差动继电器构成变压器差动保护，试进行整定计算。

解：（1）计算变压器一次、二次额定电流，选出电流互感器的电流比

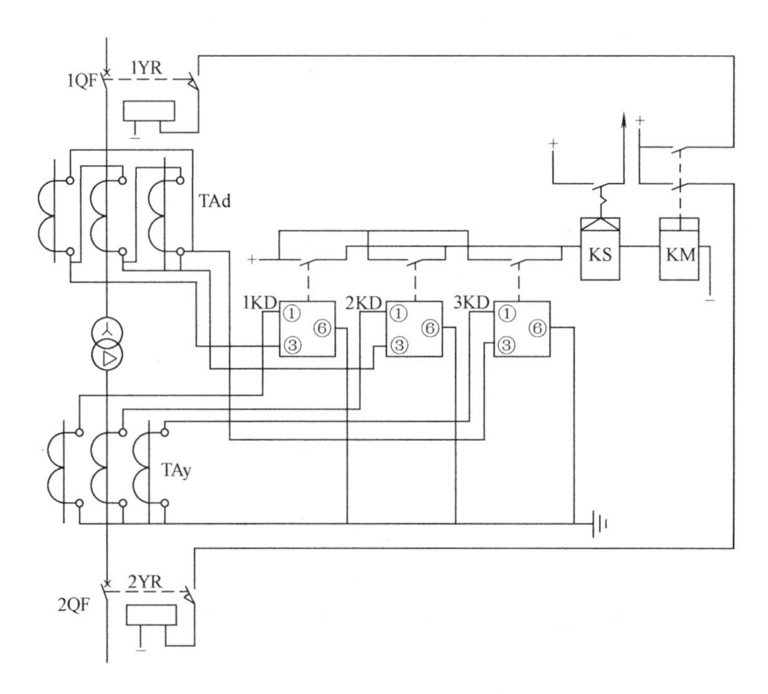

图 6-11　采用 BCH-2 型差动继电器构成双绕组变压器差动保护三相交流侧的接线图
TAd、TAy—变压器一、二次电流互感器　1KD、2KD、3KD—BCH-2 型差动继电器
KS—DX 型信号继电器　KM—DZ 型出口中间继电器

计算电流互感器二次连接臂中的电流，其计算结果列于表 6-2 中。

表 6-2　例中变压器各侧有关计算数据

数据名称	各侧数据	
	60kV	10.5kV
变压器的额定电流	$I_{\text{TN. y}}=\dfrac{S_{\text{TN}}}{\sqrt{3}U_{\text{N1}}}=\dfrac{10000}{\sqrt{3}\times 60}\text{A}=96.2\text{A}$	$I_{\text{TN. d}}=\dfrac{10000}{\sqrt{3}\times 10.5}\text{A}=550\text{A}$
电流互感器的连接方式	△	Y
电流互感器电流比的计算值	$K_{\text{TA. d}}=\dfrac{I_{\text{TN. y}}}{5}\sqrt{3}=\dfrac{96.2\times\sqrt{3}}{5}=\dfrac{166.6}{5}$	$K_{\text{TA. y}}=\dfrac{I_{\text{TN. d}}}{5}=\dfrac{550}{5}$
选择电流互感器标准电流比	$K_{\text{TA. d}}=\dfrac{200}{5}$	$K_{\text{TA. y}}=\dfrac{600}{5}$
电流互感器二次连接臂电流	$I_1=\dfrac{\sqrt{3}I_{\text{NT. y}}}{K_{\text{TA. d}}}=\dfrac{96.2\times\sqrt{3}}{200/5}\text{A}=4.165\text{A}$	$I_2=\dfrac{550}{600/5}\text{A}=4.583\text{A}$

从表 6-2 可以看出，$I_2>I_1$，所以选较大者 10.5kV 侧为基本侧。平衡线圈 $W_{\text{b I}}$ 接于 10.5kV 的基本侧，平衡线圈 $W_{\text{b II}}$ 接于 60kV 侧。

（2）计算差动保护基本侧的动作电流

在决定一次侧动作电流时应满足下列三个条件。

1）躲过变压器励磁涌流的条件

$$I_{\text{op. 1}}=K_{\text{rel}}I_{\text{NT. d}}=1.3\times 550\text{A}=715\text{A}$$

2）躲过电流互感器二次断线不应误动作的条件

$$I_{op.1}=K_{rel}I_{L.max}=1.3\times450A=585A$$

3）躲过外部穿越性短路最大不平衡电流的条件

$$I_{op.1}=K_{rel}I_{unb.max}=K_{rel}(K_{st}K_{err}+\Delta U+\Delta f_s)I''^{(3)}_{k2.max}$$
$$=1.3\times(1\times0.1+0.05+0.05)\times3950A=1027A$$

式中，K_{rel}、K_{st}分别为可靠系数与电流互感器的同型系数，K_{rel}取1.3，K_{st}取1；$I_{NT.d}$、$I_{L.max}$分别为变压器基本侧的额定电流与最大负荷电流；ΔU、Δf_s分别为改变变压器分接头调压引起的相对误差与整定匝数不同于计算匝数引起的相对误差，ΔU取0.05，初步Δf_s取0.05进行试算；$I''^{(3)}_{k2.max}$为在最大运行方式下，变压器二次母线上短路，归算基本侧的三相短路电流次暂态有效值。

选取上述条件计算值中的最大值作为基本侧的一次动作电流，即$I_{op.1}=1027A$。

差动继电器基本侧的动作电流为

$$I_{op.r}=\frac{I_{op.1}K_{con}}{K_{TA.y}}=\frac{1027\times1}{600/5}A=8.56A$$

式中，$K_{TA.y}$、K_{con}分别为基本侧的电流互感器电流比及其接线系数。

（3）确定BCH-2型差动继电器各线圈的匝数

该继电器在保持$\frac{N''_k}{N'_k}=2$时其动作磁通势为

$$N_{op}=\frac{F}{I_{op.r}}=\frac{60\pm4}{8.56}=7$$

为了平衡得更精确，使不平衡电流影响更小，可将接于基本侧平衡线圈$W_{bⅠ}$作为基本侧动作匝数的一部分，选取差动线圈W_d与平衡线圈$W_{bⅠ}$的整定匝数$N_{d.set}=6$，$N_{bI.set}=1$，即$N_{op.set}=N_{d.set}+N_{bI.set}=6+1=7$。

确定非基本侧平衡线圈$W_{bⅡ}$的匝数

$$I_1\ (N_{bⅡ}+N_{d.set})\ =I_2\ (N_{bⅠ.set}+N_{d.set})$$

$$N_{bⅡ}=\frac{I_2}{I_1}(N_{bⅠ.set}+N_{d.set})-N_{d.set}=\frac{4.583}{4.165}\times(1+6)-6=1.7$$

选整定匝数$N_{bⅡ.set}=2$，其相对误差为

$$\Delta f_s=\frac{N_{bⅡ}-N_{bⅡ.set}}{N_{bⅡ}+N_{d.set}}=\frac{1.7-2}{1.7+6}=-0.039$$

要求相对误差的绝对值不超过0.05。显然，不平衡电流不能完全消除，还会剩下一部分不平衡电流。因$|\Delta f_s|<0.05$，故不必重新计算动作电流值。

确定短路线圈匝数，即确定短路线圈抽头的插孔。它有四组插孔，如图6-10所示。短路线圈匝数越多，躲过励磁涌流的性能越好，但当内部故障电流中有较大非周期分量时，BHC-2型继电器动作时间要延长。因此，对励磁涌流倍数大的中小容量变压器，当内部故障时短路电流非周期分量衰减较快，对保护动作时间要求较低，故多选用插孔C_2—C_1或D_2—D_1。另外应考虑电流互感器的形式，励磁阻抗小的电流互感器，如套管式，吸收非周期分量较多，短路线圈应选用较多匝数的插孔。所选插孔是否合适，应通过变压器空载投入试验确定。本例宜采用C_2—C_1插孔拧入螺钉，接通短路线圈。

（4）灵敏系数校验

本例为单侧电源，应以最小运行方式下 10kV 侧两相短路反映到电源侧进行校验，10.5kV 侧母线两相短路归算到 60kV 侧流入继电器的电流为

$$I_{k2.r}^{(2)}=\frac{\sqrt{3}}{2}\left(\frac{\sqrt{3}I''^{(3)}_{k2.min}}{K_{TA.d}}\right)=\frac{1.5\times560}{200/5}A=21A$$

60kV 电源侧 BCH-2 型继电器的动作电流为

$$I_{op.r}=\frac{AN}{N_{d.set}+N_{b\text{II}.set}}=\frac{60}{6+2}A=7.5A$$

则差动保护装置的最小灵敏度为

$$K_{sen}^{(2)}=\frac{I_{k2.r}^{(2)}}{I_{op.r}}=\frac{21}{7.5}=2.8>2$$

可见，满足灵敏系数要求。继电器各绕组线圈整定结果如图 6-10 中插孔涂黑点所示。

6.4.5　采用带磁制动特性的差动继电器构成的差动保护

由于 BCH-1 型差动继电器具有制动特性，其躲过外部短路不平衡电流的性能比 BCH-2 型继电器好，但躲过励磁涌流的能力不如 BCH-2 型继电器。对带负荷调压的变压器、多侧电源三绕组变压器，采用 BCH-2 型继电器构成纵差保护，其灵敏性可能不满足要求，此时可采用带制动特性的差动继电器。

1. BCH-1 型差动继电器的工作原理

BCH-1 型差动继电器的结构原理如图 6-12 所示。其速饱和变流器铁心、差动线圈 W_d、平衡线圈 $W_{b\text{I}}$、$W_{b\text{II}}$ 及执行部分都与 BCH-2 型继电器相同。但它没有短路线圈，在铁心两边柱上分别绕有制动线圈 W_{res1} 和 W_{res2}（其匝数 N_{res1}、N_{res2} 均为制动线圈总匝数的 1/2）。两个制动线圈反向串联，制动线圈中通过电流时产生的磁通，只沿两边柱形成回路，两个二次绕组 W_{21}、W_{22} 同向串联后接执行元件 DL-11/0.2 型电流继电器。在制动磁通的作用下，两个二次绕组中产生的电动势互相抵消，而差动线圈所产生的磁通，在二次绕组产生的电动势相加。差动线圈接入差动电流回路，而制动线圈接入差动保护臂中。

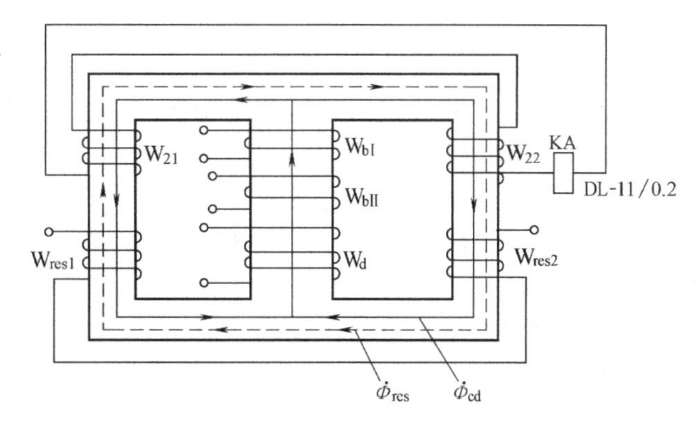

图 6-12　BCH-1 型差动继电器的结构原理图

当不考虑制动线圈的作用时，BCH-1 型继电器相当于一个普通的速饱和变流器，若考虑制动线圈的作用，在差动保护外部短路时，穿越性短路电流流过制动线圈产生的制动磁通使铁心饱和。这种交流助磁效应使磁阻增大，减弱了差动线圈与二次绕组之间的传变能力，使得外部短路时产生的最大不平衡电流的交流分量难以传变到二次侧，这样可靠地躲开了外部短路时不平衡电流的影响。

当制动线圈 W_{res} 中无电流时，使继电器动作需要通入差动线圈的最小电流 $I_{op.r0}$ 称为继电器

的最小动作电流。当通入制动线圈中的制动电流 I_{res} 增加时，铁心的饱和程度也增加，使继电器的动作电流 $I_{op.r}$ 随之增加。$I_{op.r}$ 与 I_{res} 的关系曲线称为继电器的制动特性曲线，如图 6-13 所示。当制动电流较小时，铁心没有饱和，动作电流变化不大，故制动特性曲线起始部分变化较平缓。当制动电流较大时，铁心饱和严重，继电器动作电流增加很快，使制动特性曲线上翘，而且制动匝数越多，曲线上翘越多。从原点作制动曲线的切线，此切线与横轴间夹角为 α，则 $\tan\alpha=K_{res}=I_{op.r}/I_{res.r}$ 被称为继电器的制动系数。为保证继电器可靠动作，取 $K_{res}=0.5\sim0.6$。K_{res} 不是常数，它与 α 有关，图 6-13b 中曲线 1 为 $\alpha=90°$（或 270°）时的最小制动特性曲线，曲线 2 为 $\alpha=0$（或 180°）时的最大制动特性曲线。

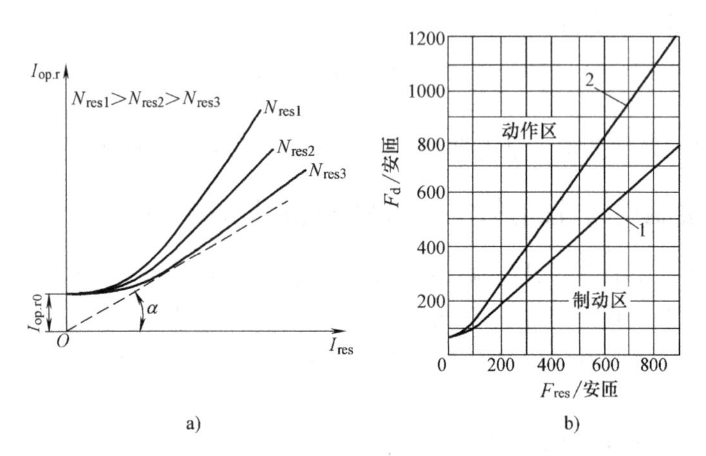

图 6-13　BCH-1 型差动继电器制动特性曲线

a）动作电流与制动电流的特性　b）差动磁通势与制动磁通势的特性

2. BCH-1 型差动继电器工作特性

用 BCH-1 型继电器构成变压器纵差保护的单相原理接线如图 6-14 所示。图 6-14 中继电器的制动线圈及不平衡线圈 $W_{bⅡ}$ 接入 A 侧差动臂，平衡线圈 $W_{bⅠ}$ 接入 B 侧差动臂。差动线圈 W_d 接入差动回路。平衡线圈的作用和 BCH-2 型继电器相同。下面通过分析制动线圈的作用，说明继电器的工作特性。

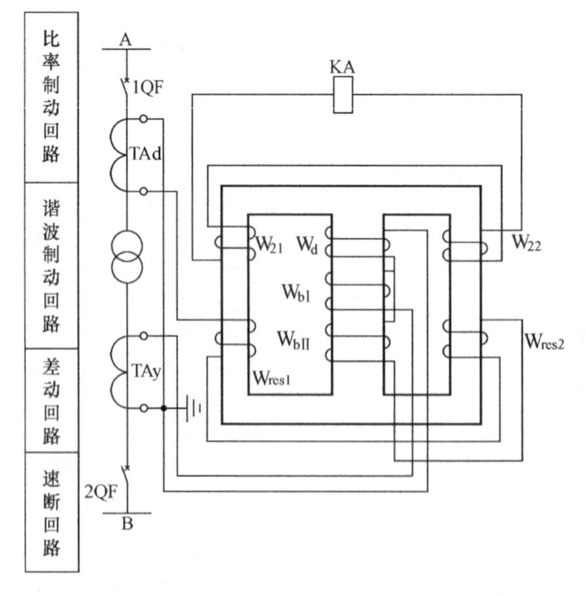

图 6-14　用 BCH-1 型继电器构成变压器纵差保护的单相原理接线图

在图 6-15 中，直线 1 为不平衡电流 I_{unb} 与外部短路电流 I_k 的关系。水平线 2 为无制动作用时继电器的动作电流曲线，显然，继电器动作电流是与短路点位置无关的常数。曲线 3 为制动特性曲线，且位于直线 1 之上，交于水平线 2 于 a 点。从图中可见，在任何外部短路电流作用下，继电器的动作电流都大于相应的不平衡电流，故继电器不会误动作。而当内部短路时，短路电流增大，继电器的动作电流相应降低，所以采用带制动特性的继电器不仅可以躲过不平衡电流的影响，还可以提高保护的灵敏系数。现结合图 6-15 说明如下：

1）当保护区内部故障且 A 侧无电源时，制动线圈中无电流流过（$I_{res}=0$），故其动作电流为 $I_{op.r0}$，差动线圈中是 A 侧供给的短路电流。这种情况下保护最灵敏。

2）当保护内部故障且 A 侧、B 侧供给的短路电流相等时，$I_{res}=\frac{1}{2}I_d$，即制动线圈中的电流是差动线圈中电流的一半，这个关系如图 6-15 中的直线 5 所示。直线 5 与制动特性曲线 3 交于 b 点，此点的纵坐标就是继电器的动作电流 $I_{op.r0}$。在 b 点右侧，直线 5 位于曲线 3 之上，继电器能动作。

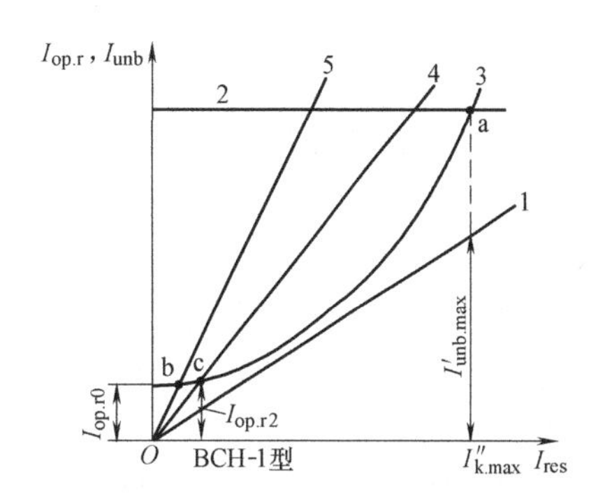

图 6-15　BCH-1 型继电器工作特性说明

3）当保护区内部故障且 B 侧无电源时，制动线圈与差动线圈中电流相等，$I_{res}=I_d$，这是继电器动作最不利的情况，如图 6-15 中的直线 4 所示。它与制动特性曲线 3 交于 c 点，c 点对应的继电器动作电流为 $I_{op.r2}$。在 c 点右侧，直线 4 始终在曲线 3 之上，继电器能动作。

由以上分析可见，在变压器差动保护区内故障时，带制动特性继电器的动作电流在 $I_{op.r0}$～$I_{op.r2}$之间，在制动特性曲线起始部分变化缓慢，动作电流变化范围不大，比无制动作用继电器的动作电流小得多，即提高了灵敏性。

BCH-1 型继电器的制动线圈应接入哪一侧，遵循原则是要保证外部短路时制动作用最大，而内部短路时制动作用最小。据此，对于双绕组变压器，制动线圈应接在无电源或小电源侧。对于三绕组变压器，当三侧都有电源时，一般将继电器制动线圈接于穿越性短路电流最大一侧，使外部故障时，制动线圈有最大的制动作用。对于单侧或双侧电源的三绕组变压器，制动线圈一般接于无电源那一侧以提高变压器内部故障时保护的灵敏系数。

BCH-1 型和 BCH-2 型差动继电器构成差动保护的共同缺点：一是由于采用速饱和变流器延缓了保护动作时间；二是整定计算复杂。BCH-2 型比 BCH-1 型的灵敏系数低，但躲过励磁涌流能力强。

3. 差动保护的整定计算

整定计算的任务是确定防止外部故障时保护误动作的比率制动特性，即确定保护的最小动作电流、制动特性的转折点电流及制动特性的斜率。以双绕组变压器为例说明整定计算的原则和步骤。

（1）选择自耦电流变换器的电流比

首先计算变压器各侧额定电流 I_{TN}，选择各侧电流互感器的电流比 K_{TA}。计算各侧差动臂中的电流。选择自耦电流变换器的电流比 K_{UT}，最后计算电流比误差 Δf_s。

（2）确定保护最小动作电流 $I_{op.r.min}$

保护最小动作电流按躲开最大负荷时不平衡电流 $I_{unb.max}$来整定，即 $I_{op.r0}=K_{rel}I_{unb.max}$。对运行中的变压器，可实测 $I_{unb.max}$。通常取 $I_{op.r0}=(0.2～0.5)I_{TN}$。

（3）确定保护制动特性转折点电流 $I_{res.0}$

保护继电器制动特性转折点电流 $I_{res}=0$，按保证外部故障时保护不误动作及提高内部故障灵敏性要求确定为 $I_{res.0}=(1.0～1.2)I_{TN}$。

(4) 确定制动系数 K_{res} 和制动特性的斜率 m

图6-16为纵差保护的比率制动特性。最大不平衡电流为

$$I_{unb.max}=(K_{st}K_{np}K_{err}+\Delta U+\Delta f_s)I_{k.max}/K_{TA}$$

最大动作电流为 $I_{op.r.max}=K_{rel}I_{unb.max}$

最大制动电流为 $I_{res.max}=K_{rel}I_{k.max}/K_{TA}$

式中，K_{st} 为TA的同型系数，取1；K_{err} 为TA的最大相对误差，取0.1；K_{np} 为非周期分量系数，取1.5~2.0；ΔU 为变压器调压引起的误差，取调压范围的一半；Δf_s 为电流比误差，取实际计算值；K_{rel} 为可靠系数，取1.3。

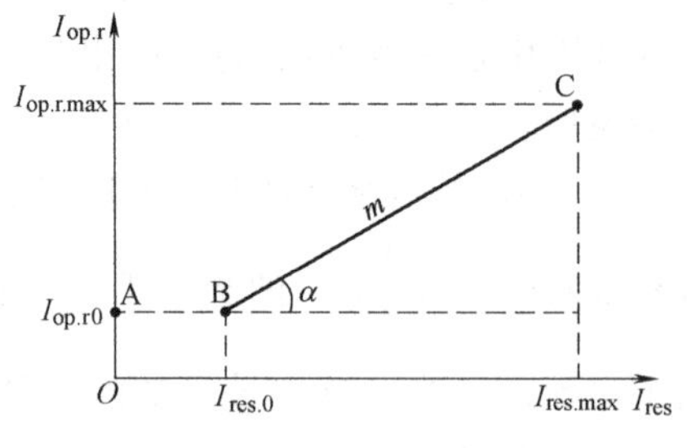

图6-16　比率制动特性

由图6-16可见，直线BC的斜率 m 为

$$m=\tan\alpha=\frac{I_{op.r.max}-I_{op.r0}}{I_{res.max}-I_{res0}}$$

制动系数为

$$K_{res}=\frac{I_{op.r.max}}{I_{res.max}}=K_{rel}(K_{st}K_{np}K_{err}+\Delta U+\Delta f_s) \tag{6-15}$$

通常取 $m=K_{res}$。

(5) 校验灵敏系数

$$K_{s.m}=\frac{I''^{(2)}_{k.min}}{I_{op}}\geqslant 2 \tag{6-16}$$

式中，$I''^{(2)}_{k.min}$ 为保护区内部两相短路时的最小短路电流；I_{op} 为对应制动电流时的动作电流。

(6) 差动电流速断保护动作电流

为了加速切除变压器内部故障，可以增设差动速断保护，按躲过变压器励磁涌流整定。即动作电流为

$$I_{op.qu}=K_{rel}I_{exs.max}=K_{exs}I_{TN} \tag{6-17}$$

式中，K_{rel} 为可靠系数，取1.15~1.3；I_{TN} 为变压器的额定电流；$I_{exs.max}$ 为变压器实际的最大励磁涌流，与变压器的额定容量和接线方式有关。大型发电机-变压器组 K_{exs} 取2~5；对应不装带比率特性（带速饱和变流器、二次谐波制动、鉴别间断角的传统差动继电器，如BCH-1、BCH-2等）降压变压器，K_{exs} 一般取4~8。

差动速断保护灵敏度校验按式(6-16)计算，要求灵敏系数大于或等于1.2，如灵敏系数不合格，则取消差动速断保护。

【例6-2】 某台双绕组降压变压器，额定容量为20MV·A电压的电压比为（110±2×2.5%）kV/11kV，Yd11联结，$U_k=10.5\%$，归算到平均电压10.5kV的系统最大电抗和最小电抗为0.44Ω和0.22Ω，10kV侧的最大负荷电流为900A，变压器采用BCH-2型继电器构成纵差保护，试对该保护进行整定计算。已知 $K_{rel}=1.3$。

解：(1) 计算变压器一次侧、二次侧的额定电流，选出电流互感器的电流比，计算电流互感器二次连接臂中的电流，其计算结果见表6-3。

从表中看出，$I_2>I_1$，故取10kV侧作为基本侧，平衡线圈 W_{bI} 接基本侧，平衡线圈 W_{bII} 接110kV侧。

表 6-3　变压器各侧的有关计算数据

数据名称	各侧数据	
	110kV	10kV
变压器的额定电流	$I_{TN.y}=\frac{S_{TN}}{\sqrt{3}U_{N1}}=\frac{20000}{\sqrt{3}\times110}A=105A$	$I_{TN.d}=\frac{20000}{\sqrt{3}\times10}A=1155A$
电流互感器接线方式	△	Y
电流互感器电流比计算值	$K_{TA.d}=\frac{\sqrt{3}I_{TN.y}}{5}=\frac{\sqrt{3}\times105}{5}=\frac{182}{5}$	$K_{TA.y}=\frac{I_{TN.d}}{5}=\frac{1155}{5}$
选择电流互感器标准电流比	$\frac{200}{5}\left(\frac{220}{5}\right)$	$\frac{1200}{5}$
电流互感器的二次回路额定电流	$I_1=\frac{\sqrt{3}I_{TN.y}}{K_{TA.d}}=\frac{\sqrt{3}\times105}{40}A=4.55A$ $I_1=\frac{\sqrt{3}\times105}{44}A=4.13A$	$I_2=\frac{I_{TN.d}}{K_{TA.y}}=\frac{1155}{240}A=4.81A$

（2）计算差动保护基本侧的动作电流，保护装置一次侧的动作电流按下列条件选取。

1）躲过励磁涌流条件

$$I_{op}=K_{rel}I_{TN.d}=1.3\times1155A=1502A$$

2）躲过 TA 二次回路断路线不应误动作条件

$$I_{op}=K_{rel}I_{L.max}=1.3\times900A=1170A$$

3）躲过外部短路时最大不平衡电流的条件

$$I_{op}=K_{rel}(K_{st}K_{err}+\Delta U+\Delta f_s)I_{k2.max}^{(2)}$$

计算变压器 10kV 侧最大和最小三相短路电流，已知系统最大电抗 $X_{s.max}=0.44\Omega$，最小电抗 $X_{s.min}=0.22\Omega$，变压器电抗为

$$X_T=\frac{U_k\%}{100}\frac{U_{av.2}^2}{S_{NT}}=\frac{10.5}{100}\times\frac{10.5^2}{20}\Omega=0.5788\Omega$$

$$X_{\Sigma k.max}=X_{s.max}+X_T=(0.44+0.5788)\Omega=1.019\Omega$$

$$X_{\Sigma k.min}=X_{s.min}+X_T=(0.22+0.5788)\Omega=0.7988\Omega$$

10kV 侧短路电流为

$$I_{k2.min}^{(3)}=\frac{U_{av}}{\sqrt{3}X_{\Sigma k.max}}=\frac{10500}{\sqrt{3}\times1.019}A=5949A$$

$$I_{k2.max}^{(3)}=\frac{U_{av}}{\sqrt{3}X_{\Sigma k.min}}=\frac{10500}{\sqrt{3}\times0.7988}A=7589A$$

$$I_{op}=1.3\times(1\times0.1+0.05+0.05)\times7589A=1973A$$

选取上述条件中最大值作为基本侧差动保护装置的一次动作电流，即 $I_{op}=1973A$。求得差动继电器基本侧动作电流为

$$I_{op.r}=\frac{I_{op}K_{con}}{K_{TA.y}}=\frac{1973\times1}{240}A=8.22A$$

（3）确定 BCH-2 型差动继电器的各线圈的匝数。该继电器在保持 $N_k''/N_k'=2$ 时其动作匝数

为 $N_{op}=\dfrac{F\pm4}{I_{op.r}}=\dfrac{60\pm4}{8.22}=7$。

选取差动线圈的整定匝数 $N_{d.set}=6$，平衡线圈 $W_{bⅠ}$ 的整定匝数 $N_{bⅠ.set}=1$，故 $N_{op.set}=N_{d.set}+N_{bⅠ.set}=7$，平衡线圈 $W_{bⅡ}$ 的计算匝数为

$$N_{bⅡ}=\frac{I_2}{I_1}N_{op.set}-N_{d.set}=\frac{4.81}{4.55}\times7-6=1.4$$

取平衡线圈 $W_{bⅡ}$ 的整定匝数 $N_{bⅡ.set}=1$

$$\Delta f_s=\frac{N_{bⅡ}-N_{bⅡ.set}}{N_{bⅡ}+N_{d.set}}=\frac{1.4-1}{1.4+6}=0.054>0.05，不合格$$

重新选择 $K_{TA.d}=\dfrac{220}{5}=44$，$I_1=\dfrac{105\times\sqrt{3}}{44}\text{A}=4.13\text{A}$，则 $N_{bⅡ}=\dfrac{I_1}{I_2}N_{op.set}-N_{d.set}=\dfrac{4.81}{4.13}\times7-6=2.15$，取 $N_{bⅡ.set}=2$

$$\Delta f_s=\frac{2.15-2}{2.15+6}=\frac{0.15}{8.15}=0.018<0.05，合格$$

确定短路线圈，选取C1—C2插孔拧入螺钉，接通短路线圈。

（4）灵敏系数校验

折算到110kV侧的10kV侧最小运行方式三相短路电流为

$$I'^{(3)}_{k2.min}=\frac{I^{(3)}_{k2.min}}{K_{av}}=\frac{5949}{115/10.5}\text{A}=543.2\text{A}$$

流入继电器的二相短路电流为

$$I^{(2)}_{k2.r}=\frac{\sqrt{3}}{2}\left(\frac{\sqrt{3}I'^{(3)}_{k2.min}}{K_{TA.d}}\right)=\frac{3}{2}\times\frac{543.2}{44}\text{A}=18.52\text{A}$$

110kV侧BCH-2型差动继电器的动作电流为

$$I_{op.r}=\frac{AN}{N_{d.set}+N_{bⅡ.set}}=\frac{60}{6+2}\text{A}=7.5\text{A}$$

差动保护装置最小灵敏系数为

$$K^{(2)}_{s.min}=\frac{I^{(2)}_{k2.r}}{I_{op.r}}=\frac{18.52}{7.5}=2.47>2$$

【例6-3】 同例6-2中变压器的技术数据，如采用带比率制动差动保护，试进行差动保护的整定计算。

解：（1）计算变压器各侧额定电流、电流互感器二次回路电流

由例6-2中已知110kV侧 $I_1=4.13\text{A}$，10kV侧 $I_2=4.81\text{A}$。$I_2>I_1$，取10kV侧为基本侧。

（2）计算变压器二次侧外部最大、最小短路电流

由例6-2解中已知

$$I^{(3)}_{k2.min}=5949\text{A}，I^{(3)}_{k2.max}=7589\text{A}$$

（3）确定继电器制动线圈的接法，因为单侧电源，制动线圈接在负荷侧。

1）确定纵差保护二次侧的最小动作电流

$$\begin{aligned}I_{op.min}&=K_{rel}(K_{err}+\Delta U+\Delta f_s)I_{NT}/K_{TA}\\&=[1.3\times(0.1+0.05+0.05)\times1155/240]\text{A}=1.25\text{A}\end{aligned}$$

或

$$I_{op.min}=(0.2\sim0.5)I_{NT}/K_{TA}=(0.2\sim0.5)\times(1155/240)\text{A}$$
$$=0.96\sim2.4\text{A}$$

实取 $I_{op.min}=1.5\text{A}$。

2）确定起始制动电流

$$I_{res.0}=(1\sim1.2)I_{NT}/K_{TA}=(1\sim1.2)\times(1155/240)\text{A}$$
$$=4.8\sim5.78\text{A}$$

取 $I_{res.0}=5\text{A}$。

差动回路最大不平衡电流

$$I_{unb.max}=(K_{np}K_{st}K_{err}+\Delta u+\Delta f_s)I_{k.max}/K_{TA}$$
$$=[(2\times0.5\times0.1+0.05+0.05)\times7589/240]\text{A}=6.324\text{A}$$

3）确定最大动作电流

$$I_{op.max}=K_{rel}I_{unb.max}=1.3\times6.324\text{A}=8.22\text{A}$$

4）确定最大制动电流

$$I_{res.max}=I_{k.max}=\frac{7589}{240}\text{A}=31.62\text{A}$$

5）确定最大制动系数

$$K_{res.max}=\frac{I_{op.max}}{I_{res.max}}=\frac{8.22}{31.62}=0.26$$

6）确定比率制动斜率为

$$m=\frac{I_{op.max}-I_{op.min}}{I_{res.max}-I_{res.0}}=\frac{8.22-1.5}{31.62-5}=0.252$$

本例的比率制动特性如图 6-17 所示。

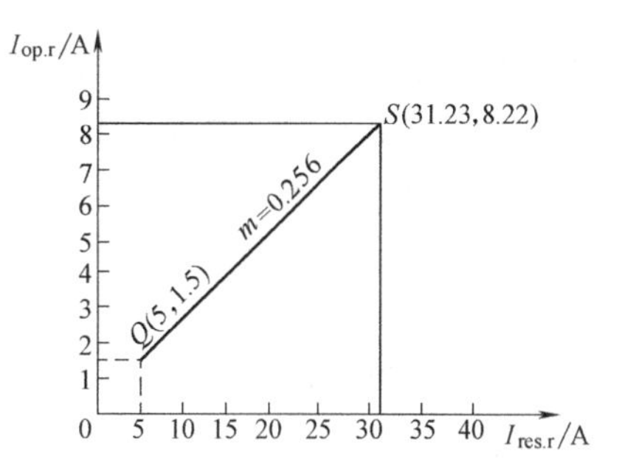

图 6-17　例 6-3 的比率制动特性

7）校验比率差动保护最小灵敏系数

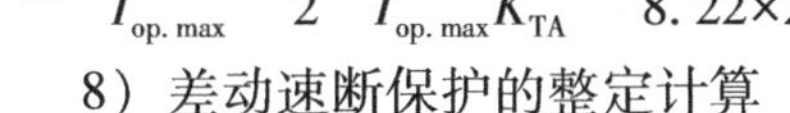

$$K_{sen}=\frac{I_{k2.min}^{(2)}}{I_{op.max}}=\frac{\sqrt{3}}{2}\times\frac{I_{k2.min}^{(3)}}{I_{op.max}K_{TA}}=\frac{0.866\times5949}{8.22\times240}=2.6>2.0，合格$$

8）差动速断保护的整定计算

① 动作电流为

$$I_{op.qu}=K_{exs}I_{TN}/K_{TA}=4\times1155/240\text{A}=19.25\text{A}$$

取 $I_{op.qu}=20\text{A}$。

② 校验差动速断保护灵敏系数

$$K_{sen}=\frac{0.866I_{k2.min}^{(3)}}{I_{op.qu}K_{TA}}=\frac{0.866\times5949}{20\times240}=1.08<1.2$$

灵敏度不合格，取消差动速断保护。

6.5 变压器相间短路的后备保护及过负荷保护

变压器相间短路的后备保护既是变压器主保护（差动保护和气体保护）的后备保护，又是相邻元件的后备保护。变压器相间短路的后备保护可采用过电流保护、带低电压启动的过电流保护、复合电压启动的过电流保护和负序过流保护等。

如果变压器过负荷运行时间过长，势必影响绕组的绝缘寿命，因此还必须设过负荷保护。

6.5.1　过电流保护

变压器过电流保护装置的单相原理接线与变压器电流速断保护单相原理接线图6-4相似，在KA后串接一个时间继电器KT即可。保护动作后跳开变压器两侧的断路器。保护装置动作电流 I_{op} 按躲过变压器的最大负荷电流 $I_{L.max}$ 整定，即

$$I_{op}=\frac{K_{rel}}{K_{re}}I_{L.max} \tag{6-18}$$

式中，K_{rel} 为可靠系数，取1.2~1.3；K_{re} 为返回系数，取0.85。

变压器最大负荷电流按下述情况考虑：

1）对并列运行的变压器，应考虑切除一台变压器后的负荷电流，当各台变压器容量相同时，可按下式计算：

$$I_{L.max}=\frac{n}{n-1}I_{TN} \tag{6-19}$$

式中，n 为并联运行变压器的最少台数；I_{TN} 为每台变压器的额定电流。

2）对降压变压器应考虑负荷中电动机自起动时的最大电流，即

$$I_{L.max}=K_{ss}I_{TN} \tag{6-20}$$

式中，K_{ss} 为自起动系数，其值与负荷性质及用户与电源间的电气距离有关，对于110kV降压变电站的6~10kV侧，取 $K_{ss}=1.5\sim2.5$；35kV侧取 $K_{ss}=1.5\sim2.0$。

保护装置的灵敏系数按下式校验：

$$K_{sen}=\frac{I_{k.min}^{(2)}}{I_{op}} \tag{6-21}$$

式中，$I_{k.min}^{(2)}$ 为最小运行方式下，在灵敏系数校验点发生两相短路时，流过保护装置的最小两相短路电流。

近后备保护取变压器低压侧母线作为校验点，要求 $K_{sen}=1.5\sim2$；作为远后备保护，取相邻线路末端为校验点，要求 $K_{sen}\geqslant1.2$。保护动作时限应比相邻元件过电流保护最大时限者大一个阶梯时限 Δt。

6.5.2　低电压启动的过电流保护

低电压启动的过电流保护原理接线图如图6-18所示。保护启动元件由电流继电器和低电压继电器构成。

电流继电器的一次动作电流按躲开变压器额定电流 I_{TN} 来整定，即

$$I_{op}=\frac{K_{rel}}{K_{re}}I_{TN} \tag{6-22}$$

由式（6-22）可见，其动作电流比过电流保护动作电流小，因此提高了保护的灵敏系数。低电压继电器的一次动作电压按下述条件整定，并取最小值。

1）按躲开正常运行时的最低工作电压整定，即

$$U_{op}=\frac{U_{L.min}}{K_{rel}K_{re}} \tag{6-23}$$

式中，$U_{L.min}$ 为最低电压，一般取 $0.9U_N$（U_N 为变压器的额定电压）；K_{rel} 为可靠系数，取1.1~1.2；K_{re} 为低电压继电器的返回系数，取1.15~1.2。

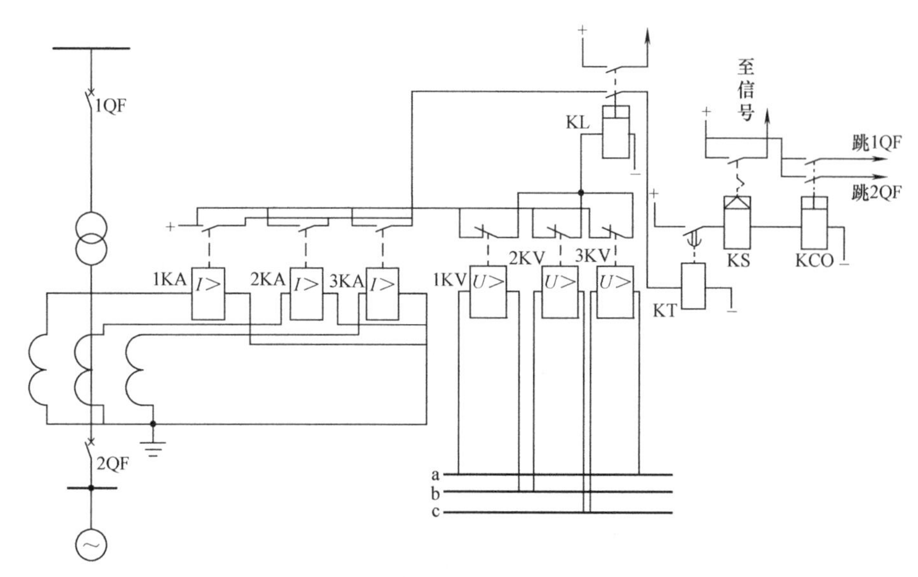

图 6-18　低电压启动过电流保护的原理接线图

2）按躲过电动机自起动时的电压整定。当低压继电器由变压器低压测电压互感器供电时，取 $U_{op}=(0.5\sim0.6)U_N$，由高压侧电压互感器供电时，取 $U_{op}=0.7U_N$。

电流元件的灵敏系数按式（6-21）校验，电压元件的灵敏系数按下式校验：

$$K_{sen}=\frac{U_{op}}{U_{k.max}} \tag{6-24}$$

式中，$U_{k.max}$为最大运行方式下，灵敏系数校验点金属性三相短路时，保护安装处的最大残压。

图 6-18 中设置了闭锁中间继电器 KL，当电压互感器二次回路断线时，低电压继电器动作，启动闭锁中间继电器 KL，发出电压回路断线信号。

6.5.3　复合电压启动的过电流保护

1. 工作原理

复合电压启动的过电流保护一般用于升压变压器、系统联络变压器及过电流保护灵敏系数达不到要求的降压变压器，其保护的原理接线图如图 6-19 所示。电流启动元件由接于相电流的继电器 1KA～3KA 构成，电压启动元件由反映不对称短路的负序电压继电器 KVN（内附有负序电压滤过器 U_2）和反映对称短路接于相间电压的低电压继电器 KV 构成。只有电流启动元件和电压启动元件都动作时才能启动时间继电器 KT。

当正常运行时，电流启动元件和电压启动元件都不动作，故保护装置不动作。

当变压器发生不对称短路时，故障相电流继电器动作，同时负序电压继电器 KVN 动作，其常闭触点打开，切断低电压继电器 KV 的电压回路，KV 常闭触点闭合，使闭锁中间继电器 KL 动作，其常开触点闭合（此时电流继电器已动作），启动时间继电器 KT，经过 KT 的延时，其触点闭合，启动出口继电器 KCO，使变压器各侧断路器跳闸。当发生三相对称短路时，由于短路瞬间也会出现短时的负序电压，使负序电压继电器 KVN 启动，低电压继电器 KV 动作，当负序电压消失后，KV 接于相间电压上，因此只有母线电压高于 KV 的返回电压方可使 KV 返回。但三相短路时母线电压均很低，小于 KV 的返回电压，故 KV 保持动作状态，此时相当于低电压启动的过电流保护。

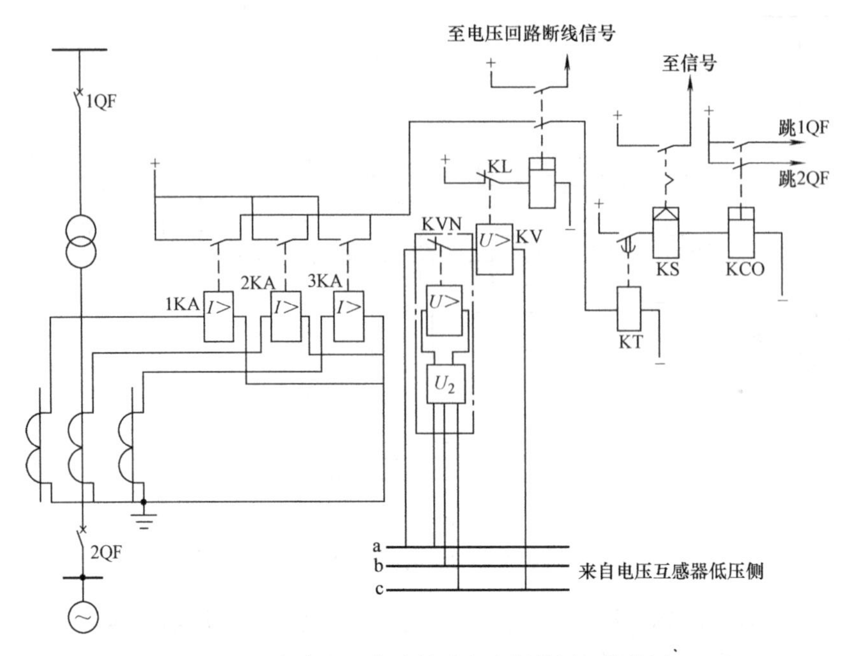

图6-19　复合电压启动的过电流保护原理接线图

2. 整定计算

1）电流继电器一次动作电流按式（6-22）整定。

2）负序电压继电器的一次动作电压按躲过正常运行时的不平衡电压整定，根据运行经验可取 $U_{op.2}=0.06U_N$（U_N 为电源额定相间电压）。

3）接在相间电压上的低电压继电器的一次动作电压，按躲过电动机自起动的条件整定。对于火力发电厂的升压变压器，还应考虑能躲过发电机失磁运行时的最低运行电压，一般可取 $U_{op}=(0.5\sim0.6)U_N$。

4）灵敏系数按后备保护范围末端两相金属性短路情况下校验，要求灵敏系数不小于1.2。

电流元件中，

$$K_{sen.I}=\frac{I_{k.min}^{(2)}}{I_{op.2}} \tag{6-25}$$

式中，$I_{k.min}^{(2)}$为后备保护范围末端两相金属性短路时流过保护装置的最小短路电流。

负序电压元件中，

$$K_{sen.U}=\frac{U_{k.min.2}^{(2)}}{U_{k2}} \tag{6-26}$$

式中，$U_{k.min.2}^{(2)}$为后备保护范围末端两相金属性短路时，保护安装处的最小负序电压。

相间电压元件KV的灵敏系数按式（6-24）整定。

复合电压启动的过电流保护，采用负序电压继电器的整定值较小，对于不对称短路提高了灵敏系数。对于对称短路，KV的返回电压为其启动电压的1.15~1.2倍，因此电压元件比低电压过电流保护的灵敏系数可提高1.15~1.2倍。对于大容量变压器，由于变压器额定电流较大，电流元件的灵敏系数可能不满足要求，为此，可选用负序电流及单相式低电压启动的过电流保护。

6.5.4　负序电流及单相式低电压启动的过电流保护

负序电流及单相式低电压启动的过电流保护原理接线图如图 6-20 所示。它由负序电流滤过器 I_2 及电流继电器 2KA 组成负序电流保护，反映不对称短路，由电流继电器 1KA 和电压继电器 KV 组成单相低电压启动的过电流保护，反映三相短路。

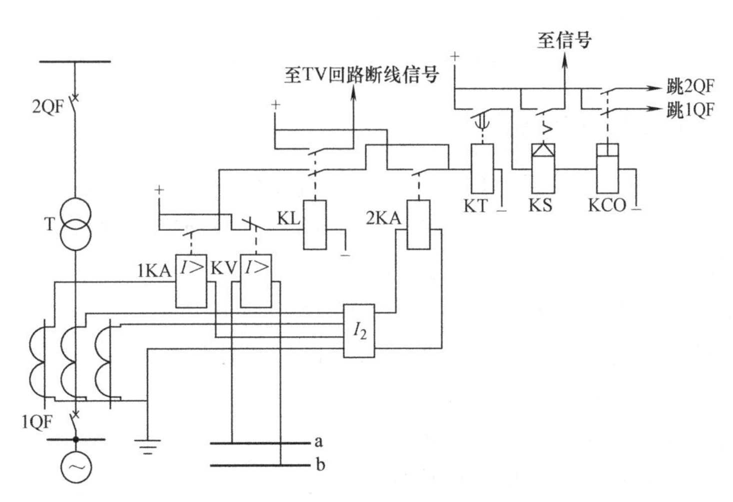

图 6-20　负序电流及单相式低电压启动的过电流保护原理接线图

电流继电器和电压继电器的整定计算及灵敏系数校验按式（6-24）~式（6-26）计算。

电流继电器的动作电流按以下条件选择：

1）躲开变压器正常运行时负序电流滤过器输出的最大不平衡电流，其值一般为（0.1~0.2）I_{NT}。

2）躲过线路一相断线时出现的负序电流。

3）与相邻元件的负序电流保护在灵敏系数上配合。

负序电流保护的灵敏系数按下式验算：

$$K_{sen}=\frac{I_{k2.min}}{I_{op.2}}\geqslant 1.2 \tag{6-27}$$

式中，$I_{k2.min}$ 为远后备保护范围末端不对称短路时，流过保护的最小负序电流。

6.5.5　变压器的过负荷保护

变压器过负荷在多数情况下是三相对称的，因此，过负荷保护只用一个电流继电器接于单相电流，经延时作用于信号。过负荷保护的安装侧，应根据保护能反映变压器各绕组可能过负荷的情况来选择。

1. 双绕组变压器

对双绕组升压变压器应装在发电机侧，对双绕组降压变压器应装在高压侧。

2. 三绕组变压器

对一侧无电源的三绕组升压变压器，应装于发电机电压侧和无电源侧。对三侧有电源的三绕组升压变压器，三侧均应装设。对仅一侧有电源的三绕组降压变压器，若三侧绕组容量相等，只装于电源侧；若三侧绕组的容量不等，则装于电源侧及绕组容量较小侧。对两侧都有电源的三绕组降压变压器，三侧均应装设过负荷保护。

装于各侧的过负荷保护，均应经过同一时间继电器作用于信号。

过负荷保护动作电流按躲过变压器额定电流I_{TN}整定，即

$$I_{op}=\frac{K_{rel}}{K_{re}}I_{TN} \tag{6-28}$$

式中，K_{rel}为可靠系数，取1.05；K_{re}为返回系数，取0.85。

保护的动作时限应考虑后备保护最长动作时间，一般取9~10s。

6.5.6　相间短路后备保护的配置原则

变压器防止外部相间短路的后备保护的配置与被保护变压器电气主接线方式及各侧电源情况有关。当变压器油箱内部故障时应跳开各侧断路器，当油箱外部故障时应只跳开近故障点的变压器断路器，使变压器其余侧继续运行。

1）对于双绕组变压器，相间短路的后备保护应装于主电源侧。根据主接线情况可带一段或两段时限，较短时限用于缩小故障影响范围，较长时限用于断开各侧断路器。

2）对于单侧电源的三绕组变压器（或自耦变压器），相间短路后备保护宜装于主电源侧及主负荷侧，如图6-21所示，装于负荷侧的过电流保护以t_3时限跳开3QF，t_3按比该母线所连接元件保护中最大动作时限大一个阶梯时限Δt。主电源侧保护带有两级时限t_1和t_2，以较小时限t_2（$t_2=t_3+\Delta t$）跳开变压器未装保护侧Ⅱ的断路器2QF，以较大时限t_1（$t_1=t_2+\Delta t$）跳开变压器各侧断路器。当上述配置方式不能满足灵敏系数要求时，可在所有各侧都配置保护装置。

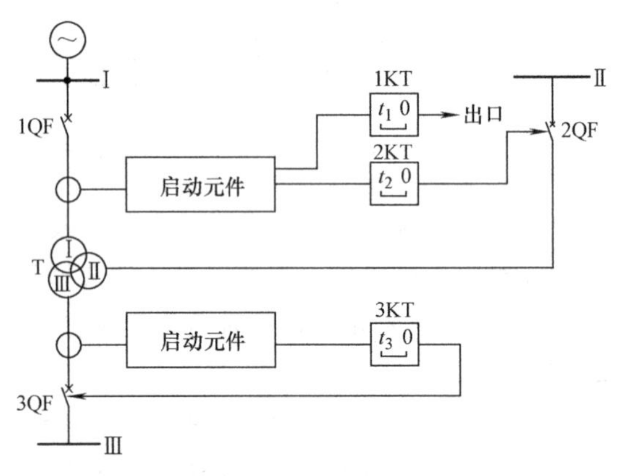

图6-21　单侧电源三绕组变压器相间短路后备保护的配置

3）对于多侧电源的三绕组变压器，应在各侧都配置后备保护装置。对动作时限最小的保护，应加装方向元件，动作功率的方向由变压器指向母线。各侧保护均动作于跳开本侧断路器。在加装方向保护的一侧，加装一套不带方向的后备保护，其动作时限应比三侧保护中的最大时限大一个阶梯时限Δt，保护动作后，跳开三侧断路器，作为变压器内部故障的后备保护。

6.6　变压器的零序保护

在中性点直接接地的电力系统中，接地故障的概率很大，一般要求变压器在其高压侧应装设接地（零序）保护，作为变压器主保护的后备保护及相邻元件接地故障的后备保护。

电力系统中发生接地短路时，零序电流大小及分布与系统中性点接地数目和位置有关，对中性点绝缘水平较高的分级绝缘变压器和全绝缘变压器，可安排一部分变压器中性点接地运行，另一部分变压器中性点不接地运行，以保证电网在各种运行方式下，变压器中性点接地数目和位置尽量不变，使电力系统中零序电流水平限制在合理范围之内，才能保持零序保

护的动作范围稳定，且有足够的灵敏性。

6.6.1　中性点直接接地变压器的零序电流保护

中性点直接接地变压器需要装设零序电流保护，其原理接线图如图 6-22 所示。保护用零序电流互感器 TAN 接在中性点引出线上，其额定电压可选低一级，其电流比根据短路电流引起的热稳定和电动力动稳定条件来选择。

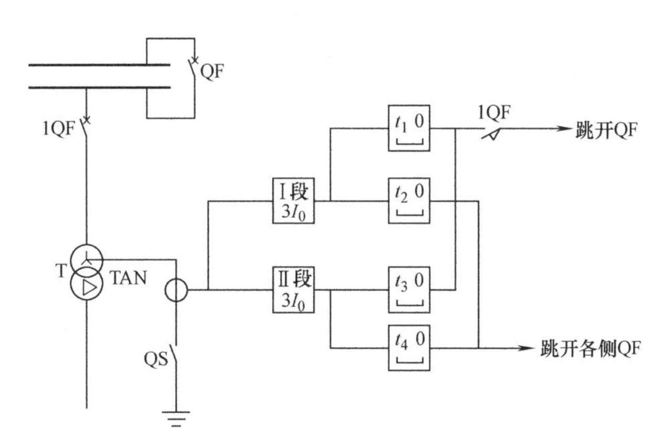

图 6-22　中性点直接接地变压器零序电流保护的原理框图

为缩小接地故障的影响范围及提高后备保护的快速性，通常在中性点处配置两段式零序电流保护。每段各带两级时限。零序第Ⅰ段作为变压器及母线的接地故障后备保护，其动作电流与引出线零序电流保护第Ⅰ段在灵敏系数上配合整定，以较短延时（t_1）作用于跳开母联断路器或分段断路器 QF；以较长延时（t_2）作用于跳开变压器。零序第Ⅱ段作为引出线接地故障的后备保护，零序电流保护第Ⅱ段动作电流和时限应与相邻元件零序保护的后备段相配合，第一级短延时（t_3）与引出线零序后备段动作延时配合，第二级长延时（t_4）比第一级延长一个阶梯时限 Δt。

零序电流保护第Ⅰ段动作电流为

$$I_{\text{op.0}}^{\text{I}}=K_{\text{co}}K_{\text{b}}I_{\text{op.01}}^{\text{I}} \tag{6-29}$$

式中，K_{co}为配合系数，取 1.1~1.2；K_{b} 为零序电流分支系数，其值等于在最大运行方式下，相邻元件零序电流保护第Ⅰ段保护范围内末端发生接地短路时，流过本保护的零序电流与流过相邻元件保护的零序电流之比；$I_{\text{op.01}}^{\text{I}}$为相邻元件零序电流保护第Ⅰ段的动作电流值。

第一级时间 $t_1=0.5\sim1\text{s}$，第二级时间 $t_2=t_1+\Delta t$。零序电流保护第Ⅱ段动作电流为

$$I_{\text{op.0}}^{\text{II}}=K_{\text{co}}K_{\text{b}}I_{\text{op.01}}^{\text{II}} \tag{6-30}$$

式中，$I_{\text{op.01}}^{\text{II}}$为相邻元件零序电流保护第Ⅱ段的动作电流值。

第一级延时时间 t_3 应比相邻元件零序保护后备段最大时限 t_{01}^{II} 大一个 Δt，即 $t_3=t_{01}^{\text{II}}+\Delta t$，第二级延时时间 $t_4=t_3+\Delta t$。

为防止断路器 1QF 在断开状态下（变压器未与系统并联之前），在变压器高压侧发生接地短路时误将母联断路器 QF 跳闸，故在 t_1 和 t_3 出口回路中串接 1QF 常开辅助触点将保护闭锁。对自耦变压器和高、中压侧及中性点都直接接地的三绕组变压器，其高、中压侧均应装设零序保护。当有选择性要求时，应增设功率方向元件。

6.6.2 中性点可能接地或不接地变压器的零序保护

110kV 及以上中性点直接接地电网中，如低压侧有电源的变压器中性点可能接地运行或不接地运行，对外部单相接地短路引起过电流，以及失去接地中性点引起电压升高，应按变压器绝缘情况装设相应的保护。

1. 全绝缘变压器

如图 6-23 所示，全绝缘变压器应装设零序电流保护作为中性点直接接地运行时的保护，还应装设零序电压保护，作为变压器中性点不接地运行时的保护。

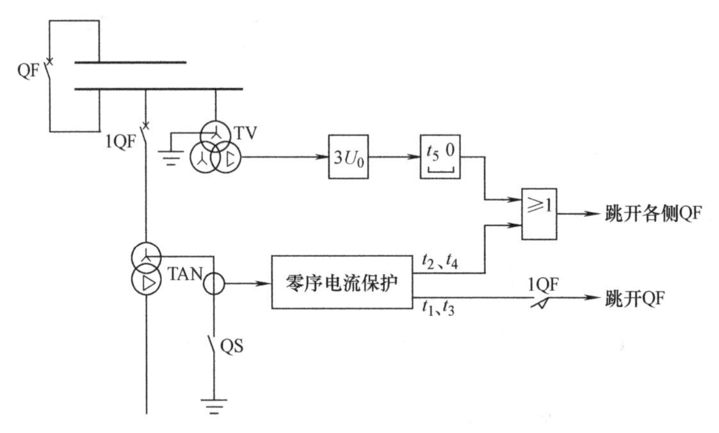

图 6-23 全绝缘变压器的零序电流保护原理框图

若有几台变压器在高压母线上并列运行时，当发生接地短路故障后，中性点接地运行的变压器由其零序电流保护动作先被切除。当电网失去中性点时，中性点不接地运行变压器由其零序电压保护动作而断开。零序电压继电器动作电压按躲过部分接电网发生单相接地短路时保护安装处可能出现的最大零序电压整定，一般可取 $U_{op.0}=180V$。

由于零序电压保护是在中性点接地变压器全部断开后才动作的，因此保护动作时限 t_5 不需要与电网中其他接地保护的动作时限相配合，可以整定得很小，为躲开电网单相接地短路暂态过程的影响，保护通常取 $t_5=0.3\sim0.5s$ 的延时。

2. 分级绝缘变压器

1）分级绝缘变压器的中性点绝缘的耐压强度较低，若中性点未装设放电间隙，为防止中性点绝缘在工频过电压下不损坏，不允许在无接地中性点的情况下带接地故障点运行。因此，当发生接地故障时，应先切除中性点不接地的变压器，然后切除中性点接地的变压器。图 6-24 所示为具有三级延时的零序电流和零序电压保护的原理框图。图中仅画出变压器 1T 的接地保护，变压器 2T 的接地保护与 1T 相同。保护由零序电流启动元件 $3\dot{I}_0$ 和零序电压启动元件 $3\dot{U}_0$ 构成保护的启动元件。保护带有三级延时 t_1、t_2、t_3。延时 t_1 最小，作用于跳开分段断路器或母联断路器；$t_2>t_1$，作用于跳开中性点不接地变压器；$t_3>t_2$，作用于跳开中性点接地的变压器。

对于中性点接地的变压器，当系统发生接地故障时，零序电流元件 $3\dot{I}_0$ 启动，经 t_1 延时跳开 3QF（分段式母联断路器），同时禁止门 1 将零序电压元件 $3\dot{U}_0$ 启动回路断开。若中性点不接地变压器以延时 t_2 切除后，故障仍存在，则保护经延时 t_3 跳开本变压器。

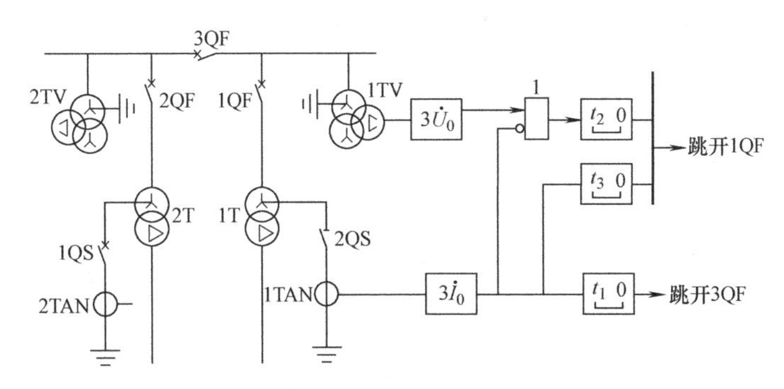

图 6-24　具有三级延时的零序电压和零序电流保护的原理框图

对中性点不接地的变压器，当系统发生接地故障时，零序电流元件 $3\dot{I}_0$ 不启动，禁止门 1 开放。零序电压元件 $3\dot{U}_0$ 启动，经禁止门 1 启动时间元件 2KT，经过整定延时 t_2，跳开本变压器，由于 $t_2<t_3$，故先跳开中性点不接地变压器。零序电压元件的动作电压按躲开正常运行时的最大不平衡电压整定，不平衡电压可由实测得出，若无实测数据，可取二次动作电压 5V。零序动作电流按式（6-29）计算，还应与中性点不接地变压器的零序电压元件在灵敏系数上相配合，以保证先切除中性点不接地的变压器，故动作电流为

$$I_{op.0}=K_{co}3I_0$$

$$3I_0=\frac{U_{op.0}}{X_{0.T}} \tag{6-31}$$

式中，K_{co}为配合系数，取 1.1；$U_{op.0}$为零序电压元件的启动电压；$X_{0.T}$为变压器的零序电抗。

保护动作时限 t_1 应比相邻线路零序电流保护后备段最大时限大一个阶梯时限 Δt，即 $t_1=t_{0.1.max}+\Delta t$，$t_2=t_1+\Delta t$，$t_3=t_2+\Delta t$。

2）中性点只装放电间隙或同时装设避雷器和放电间隙时，按规定应装设零序电流保护作为变压器中性点直接接地运行时的保护，并增设一套反映间隙放电电流的零序电流保护和一套零序电压保护作为变压器不接地运行的保护。零序电压保护作为间隙放电电流的零序电流保护的后备保护，其原理框图如图 6-25 所示。

当系统发生单相接地短路时，中性点接地（隔离开关 QS 闭合）运行的变压器由其零序电流保护（同图 6-22）动作于切除。若此时高压母线上已没有中性点接地的变压器时，中性点将发生过电压，导致放电间隙击穿。中性点不接地运行的变压器将由反映间隙放电电流的零序电流保护瞬时动作切除变压器，如果中性点过电压值不足以使放电间隙击穿，则可由零序电压元件 5KT 延时 $t_5=0.3\sim0.5$s 将中性点不接地运行的变压器切除。延时 t_5 是为了躲开电网单相接地短路暂态过程的影响。

放电间隙的大小应根据变压器中性点绝缘水平及电网的零序和正序阻抗之比 X_0/X_1 来调整。放电间隙应在危及变压器中性点绝缘的冲击电压和工频电压下可靠击穿，在实际可能的 X_0/X_1，且系统单相暂态电压作用下，放电间隙不被击穿，避免不必要的频繁放电。

零序电压元件 $3\dot{U}_0$ 的动作电压应低于变压器中性点绝缘耐压水平，且大于在系统发生单相接地短路时，中性点直接接地运行的变压器尚未被其零序电流保护切除情况下的母线零序残压，可取 $3\dot{U}_0$ 的动作电压 $U_{op.0}=180$V（当 $X_0/X_1\leqslant3$ 时）。

零序电流元件 $3\dot{I}_0$ 的动作电流可根据间隙放电电流的经验数值来整定，通常取一次动作电

流值为 100A。变压器中性点处的零序电流互感器的电流比，一般按变压器额定电流的 1/2～1/3 选取。

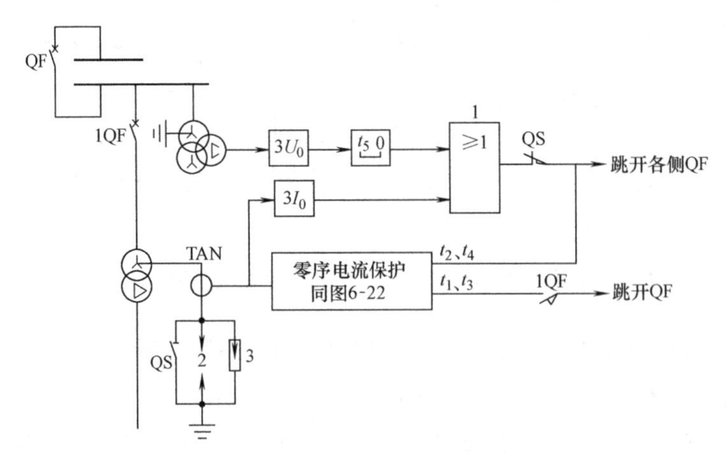

图 6-25　中性点装有放电间隙的分级绝缘变压器的零序保护原理框图

1—逻辑或门　2—放电间隙　3—避雷器

6.7　变压器的过励磁保护

6.7.1　变压器的过励磁及其危害

现代大型变压器额定工作磁通密度一般为 $B_N=1.7\sim1.8T$，而饱和磁通密度 $B_S=1.9\sim2.0T$，两者相差不多，可见现代大型变压器极易饱和，铁心饱和后励磁电流急剧增大造成过励磁。

变压器铁心饱和后，一方面使漏磁通增多，漏磁通通过油箱和其他金属构件时，产生附加涡流损耗，使这些部件发热造成温升过高，严重时造成局部变形和损伤周围绝缘介质促使其老化；另一方面由于饱和后励磁电流中含有很多高次谐波分量，涡流损耗与频率的二次方成正比，因此造成过励磁时变压器严重过热。

变压器一次电压 U_1 可用下式表达，即

$$U_1=4.44fN_1BS \tag{6-32}$$

对于给定变压器，其一次绕组匝数 N_1、铁心截面积 S 都是常数，令 $K=1/4.44N_1S$，则变压器的磁通密度 B 为

$$B=K\frac{U_1}{f} \tag{6-33}$$

式（6-33）表明，变压器工作磁通密度 B 与电压和频率的比值成正比，当电压升高或频率降低时，都会使铁心饱和。

6.7.2　变压器的过励磁保护

1. 变压器过励磁的原因

1）电力系统由于发生事故而解列，造成系统中某一部分因大量甩负荷使变压器电压升

高，或由于发电机自励磁引起过电压。

2）由于发电机铁磁谐振过电压，使变压器过励磁。

3）发电机组起动、切除过程中误操作引起过励磁。

4）在正常运行情况下，突然甩负荷也会引起变压器过励磁。因为励磁调节系统与原动机调速系统都是由惯性环节组成，突然甩负荷后电压通常迅速上升，而频率上升缓慢，则电压频率比 U_1/f 上升，从而使变压器过励磁。

2. 过励磁保护

图 6-26 所示为以测量电压频率比 U_1/f 为依据的过励磁保护原理框图。图中，UV 为中间电压变换器，其输入端接电压互感器二次侧，输出端接 R、C 串联回路。电容 C 两端电压 U_C 经整流滤波后，接执行元件。电容两端电压 U_C 为

$$U_C=\frac{U_1}{K_{TV}K_{UV}\sqrt{(2\pi fRC)^2+1}} \tag{6-34}$$

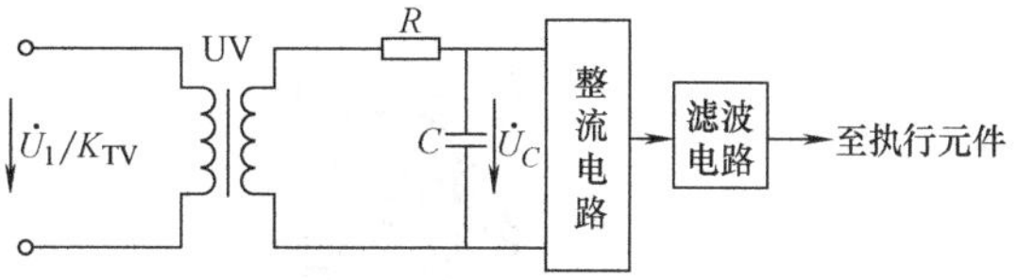

图 6-26　变压器过励磁保护原理框图

式中，K_{TV} 为电压互感器的电压比；K_{UV} 为电压变换器的电流比。

选择 R、C 数值，使 $(2\pi fRC)^2\gg1$，并令 $K'=\frac{1}{K_{TV}K_{UV}2\pi RC}$，则式（6-34）可表示为

$$U_C=K'\frac{U_1}{f}=\frac{K'}{K}B \tag{6-35}$$

式（6-35）表明，U_C 反映了工作磁通密度 B 随电压频率比 U_1/f 的变化，当 U_C 达到整定值，执行元件动作。过励磁保护的整定，可以按饱和磁通密度 B_{sat} 整定。

思考题与习题

6-1　电力变压器的不正常工作状态和可能发生的故障有哪些？一般应装设哪些保护？

6-2　差动保护的不平衡电流是怎样产生的？

6-3　变压器励磁涌流有哪些特点？目前差动保护中防止励磁涌流影响的方法有哪些？

6-4　变压器比率制动的差动继电器制动绕组的接法原则是什么？

6-5　试述变压器瓦斯保护的基本工作原理。为什么差动保护不能代替瓦斯保护？

6-6　试述 BCH-2 型、BCH-1 型差动继电器的工作原理，比较它们的异同点，各适用于什么场合？

6-7　变压器后备保护可采取哪些方案？各有何特点？

6-8　对变压器中性点可能接地或不接地运行时，为什么要装设两套零序保护（即零序电流和零序电压保护）？它们是如何配合工作的？

6-9　为什么复合电压启动的过电流保护灵敏系数比一般过电流保护高？为什么在大容量变压器上采用负序电流保护？

6-10　某台双绕组降压变压器，额定容量为 15MV · A，电压比为（35±2×2.5%）kV/6.6kV，短路电压 $U_k\%=8$，Yd11 联结，差动保护采用 BCH-2 型继电器，求差动保护的整定值。已知 6.6kV 侧最大负荷电流为 1000A，6.6kV 侧外部短路时最大三相短路电流为 9420A，最小三相短路电流为 7300A（已归算到 6.6kV 侧）；35kV 侧电流互感器电流比为 600/5，6.6kV 侧电流互感器电流比为 1500/5，可靠系数 $K_{rel}=1.3$。

6-11　某台双绕组降压变压器，额定容量为 20MV · A，电压比为（110±2×2.5%）kV/11kV，Yd11 联结，$U_k\%=10.5$，归算到平均电压 10.5kV 的系统最大电抗和最小电抗分别为 0.44Ω 和 0.22Ω，110kV 侧最大负荷电流为 900A，变压器采用 BCH-2 型继电器构成纵差保护，已知 $K_{rel}=1.3$，试对该保护进行整定计算。

6-12　某台双绕组降压变压器，额定容量为360MV·A，电压比为（242±4×2.5%）kV/20kV，$U_k\%=14$，YNd11联结。采用BCD-24型继电器构成比率制动纵差保护，已知变压器高压侧出口发生两相短路电流为2330A，试对该保护进行整定计算，绘制制动特性曲线，并求差动速断保护的动作电流。（提示：继电器制动系数整定值为0.2、0.35、0.6。）

本章学习要点

思考题与习题解答

测试题三

测试题三参考答案

第 7 章

发电机的保护

基本要求

1. 了解发电机可能发生故障的类型和异常运行状态，掌握针对各种故障和异常运行状态应配置哪些保护。

2. 掌握发电机纵差保护的基本工作原理和不平衡电流产生的原因，减小不平衡电流以及消除或减少它对差动保护影响的措施。

3. 掌握发电机纵差保护的整定计算原则和计算方法。

4. 了解装设匝间短路保护的必要性，重点掌握常用的发电机单继电器式横差保护的工作原理、整定计算原则和原理接线。

5. 了解发电机定子单相接地的特点，掌握常用的发电机定子接地保护（零序电流保护和零序电压保护），了解在大机组的情况下，100%定子接地保护的必要性及其保护构成原理。

6. 了解发电机相间短路后备保护与变压器后备保护有何异同，重点了解负序电流保护在发电机保护中的特殊作用和转子过热负序电流保护的基本工作原理。

7. 了解发电机产生失磁的原因及其危害，重点掌握失磁后的物理过程，特别是机端测量阻抗变化的特点。

8. 了解失磁保护的一般原则及构成原理。

9. 了解发电机-变压器组保护的特点，理解机组保护的原理接线图。

本章讲述发电机的故障、不正常运行状态及其各种保护方式，全面详细地介绍发电机的继电保护装置，重点讲述发电机的纵差保护、定子绕组匝间短路保护、单相接地保护、发电机励磁回路接地保护、发电机失磁保护和发电机相间短路后备保护及过负荷保护的工作原理、保护装置的接线及其整定计算。

7.1 发电机的故障类型、不正常工作状态及其保护方式

发电机是电力系统中十分重要和贵重的设备，发电机的安全运行直接影响电力系统的安全。由于发电机结构复杂，在运行中可能发生故障和异常运行状态，会对发电机造成危害。

同时，系统故障也可能损坏发电机，特别是现代的大中型发电机，其单机容量大，对系统影响也大，损坏后的修复工作困难且工期长，因此，要对发电机可能发生的故障类型及不正常运行状态进行分析，并且针对各种不同故障和不正常运行状态，给发电机装设性能完善的继电保护装置。

7.1.1　发电机的故障类型及不正常运行状态

发电机的故障类型主要有：

1）定子绕组相间短路。定子绕组间的相间短路对发电机的危害最大。发生这种故障时，产出很大的短路电流使绕组过热，故障点的电弧将破坏绝缘，烧坏铁心和绕组，甚至导致发电机着火。

2）定子绕组匝间短路。定子绕组匝间短路时，被短路的部分绕组内将产生大的环流，从而引起故障处温度升高、绝缘破坏，并有可能转变成单相接地和相间短路。

3）定子绕组单相接地。发生这种故障时，发电机电压网络的电容电流将流过故障点，当电流较大时，会使铁心局部熔化，给修理工作带来很大的困难。

4）励磁回路一点或两点接地。当励磁回路一点接地时，由于没有构成接地电流通路，因此对发电机没有直接的危害。如果再发生另一点接地，就会造成励磁回路两点接地短路，可能烧坏励磁绕组和铁心。此外，由于转子磁通的对称性破坏，还会引起机组的强烈振动。

发电机的不正常运行状态主要有：

1）励磁电流急剧下降或消失。发电机励磁系统故障或自动灭磁开关误跳闸，引起励磁电流急剧下降或消失。在此情况下，发电机由同步转入异步运行状态，并从系统吸收无功功率。系统无功不足时，将引起电压下降，甚至使系统崩溃。同时，引起定子电流增加和转子过热，威胁发电机安全。

2）外部短路引起定子绕组过电流。

3）负荷超过发电机额定容量而引起的过负荷。

以上 2)、3）两种不正常运行状态都将引起发电机的定子绕组温度升高，加速绝缘老化，缩短机组寿命，也可能发展成为发电机内部故障。

4）转子表层过热。电力系统发生不对称短路或发电机三相负荷不对称时，将有负序电流流过定子绕组，在发电机中产生对转子的两倍同步转速旋转的磁场，从而在转子中感应出倍频电流。此电流可能造成转子局部灼伤，严重时会使保护环受热松脱。特别是大型机组，这种威胁更加突出。

5）定子绕组过电压。调速系统惯性较大的发电机（如水轮发电机）因突然甩负荷，转速急剧上升，发电机电压迅速升高，造成定子绕组绝缘击穿。

此外，发电机异常运行状态还有发电机失步、发电机逆功率、非全相运行以及励磁回路故障或强励磁时间过长而引起的转子绕组过负荷等。

7.1.2　发电机的保护措施

针对上述故障类型和异常运行状态，按《继电保护规程》规定，发电机应装设以下继电保护装置。

(1) 纵联差动保护

对于 1MW 以上的发电机的定子绕组及其引出线的相间短路，应装设纵联差动保护。

（2）定子绕组接地保护

对于直接连于母线的发电机定子绕组单相接地故障，当单相接地电流大于或等于 5A（不考虑消弧绕组的补偿作用）时，应装设动作于跳闸的零序电流保护；当接地电流小于 5A 时，则装设作用于信号的接地保护。对于发电机变压器组，容量在 100MW 及以上的发电机应装设保护区为 100%的定子接地保护；容量在 100MW 以下的发电机应装设保护区不小于 90%的定子接地保护。

（3）定子绕组匝间短路保护

定子绕组为双星形联结且中性点引出六个端子的发电机，通常装设单元件式横差保护作为匝间短路保护。对于中性点只有三个引出端子的大容量发电机的匝间短路保护，一般采用零序电压式或转子二次谐波电流式保护装置。

（4）发电机外部相间短路保护

为了防御外部短路引起的过电流，并作为发电机主保护的后备保护，根据发电机容量的大小，可采用下列保护方式：

1）过电流保护，用于容量在 1MW 以下的小型发电机。

2）复合电压启动的过电流保护，用于容量在 1MW 及以上的发电机。

3）负序电流及单相式低电压启动的过电流保护，用于容量在 50MW 及以上的发电机。

（5）定子绕组过负荷保护

定子绕组非直接冷却的发电机，应装设定时限过负荷保护。对于大型发电机的定子绕组的过负荷保护，一般由定时限和反时限两部分组成。

（6）定子绕组过电压保护

对于水轮发电机和容量在 200MW 及以上的汽轮发电机，应装设过电压保护。

（7）转子表层过负荷保护

容量在 50MW 及以上的发电机，应装设定时限负序过负荷保护。容量在 100MW 及以上的发电机，应装设由定时限和反时限两部分组成的负序过负荷保护。

（8）励磁回路一点及两点接地保护

水轮发电机一般只装设励磁回路一点接地保护，小容量机组可采用定期检测装置。

容量在 100MW 以下的汽轮发电机，对一点接地故障，可以采用定期检测装置；对于两点接地故障，应装设两点接地保护装置；对于转子水内冷发电机和容量在 1000MW 及以上的汽轮发电机，应装设励磁回路一点接地和两点接地保护装置。

（9）失磁保护

对于容量在 100MW 以下不允许失磁运行的发电机，当采用直流励磁机时，在自动灭磁开关断开后应联动断开发电机断路器；当采用半导体励磁系统时，则应装设专用的失磁保护。100MW 以下但对电力系统有重大影响的发电机和 100MW 及以上的发电机，也应装设专用的失磁保护。

（10）逆功率保护

对于汽轮发电机主汽门突然关闭，为防止汽轮机遭到损坏，大容量的发电机组可考虑装设逆功率保护。

（11）其他保护

如当电力系统振荡影响机组安全运行时，在 300MW 机组上，宜装设失步保护；当汽轮机低频运行造成机械振动，叶片损伤对汽轮机危害极大时，可装设低频保护；当水冷却发电机断水时，可装设断水保护；非全相运行保护等装置。

为了快速消除发电机内部故障，在保护动作于发电机断路器跳闸的同时，还必须动作于自动灭磁开关，断开发电机励磁回路，以便使转子回路电流不会在定子绕组中再感应电动势。

7.2　发电机纵联差动保护

发电机纵联差动保护反映发电机定子绕组及其引出线的相间短路，是发电机相间短路的主保护。

一般中小型机组的纵联差动保护采用带速饱和变流器的电磁型差动继电器构成，大容量机组采用带比率制动特性的差动继电器构成。

7.2.1　用DCD-2型继电器构成的发电机纵联差动保护

1. 差动保护原理及接线

发电机纵联差动保护的基本原理是比较发电机两侧的电流幅值大小和相位，它反映发电机及其引出线的相间短路故障。发电机纵联差动保护单相原理接线如图7-1所示。将发电机两侧电流比和型号相同的电流互感器二次侧同极性连接，差动继电器KD与二次绕组并联。

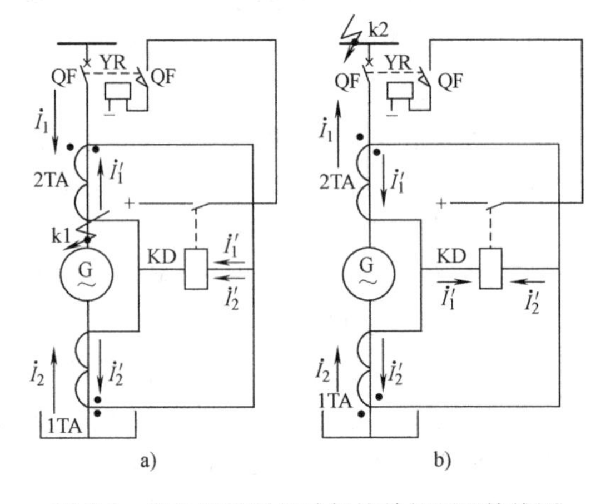

图7-1　发电机纵联差动保护单相原理接线图

a）内部故障情况　b）正常运行及外部故障情况

当发电机内部故障时，如图7-1a所示，k1点短路，两侧电流互感器的一、二次电流如图所示。流入差动继电器KD的电流为

$$\dot{I}_{\mathrm{r}}=\dot{I}_1'+\dot{I}_2'=\frac{\dot{I}_1}{K_{\mathrm{TA1}}}+\frac{\dot{I}_2}{K_{\mathrm{TA2}}}\approx\frac{\dot{I}_{\mathrm{k1}}}{K_{\mathrm{TA}}}$$

当$\dot{I}_{\mathrm{r}}$大于继电器动作电流$\dot{I}_{\mathrm{op.r}}$时，继电器KD动作。

当发电机正常运行及外部故障时，如图7-1b所示，流入继电器里电流为

$$\dot{I}_{\mathrm{r}}=\dot{I}_1'-\dot{I}_2'=\frac{\dot{I}_1}{K_{\mathrm{TA1}}}-\frac{\dot{I}_2}{K_{\mathrm{TA2}}}\approx 0$$

故继电器KD不动作。

在中小型发电机中，常采用DCD-2型继电器构成带有断线监视的发电机纵联差动保护，如图7-2所示。

保护采用三相式接线。由于装在发电机中性点侧的电流互感器受发电机运转时的振动影响，接线端子容易松动而造成二次回路断线，因此在差动回路中线上装设断线监视电流继电器KA，当任何一相电流互感器回路断线时，它都能动作，经过时间继电器KT延时发出信号。为使差动保护范围包括发电机引出线（或电缆）在内，所使用的电流互感器应装设在靠近断路器的地方。

2. 差动保护的整定计算

1）差动保护动作电流按下述两个条件整定，并取最大值。

① 按防止电流互感器断线条件整定。保护动作电流要躲过发电机的额定电流，即

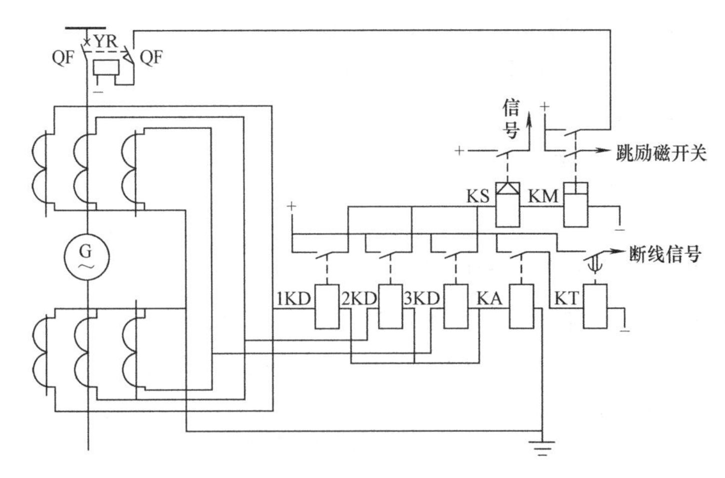

图 7-2 具有断线监视的发电机纵联差动保护原理接线图

$$I_{op.1}=K_{rel}I_{NG} \tag{7-1}$$

式中，K_{rel}为可靠系数，取 1.3；I_{NG}为发电机的额定电流。

② 按躲过外部故障时最大不平衡电流整定，即

$$I_{op.1}=K_{rel}I_{unb.max}=K_{rel}K_{np}K_{st}K_{err}I_{k.max}^{(3)} \tag{7-2}$$

式中，K_{rel}为可靠系数，取 1.3；K_{err}为电流互感器的 10%误差，取 0.1；K_{np}为非周期分量系数，当采用 DCD-2 型继电器时，取 1；K_{st}为 TA 同型系数，取 0.5；$I_{k.max}^{(3)}$为发电机母线短路时最大三相短路电流。

③ 灵敏度校验，用下式计算：

$$K_{s.min}=\frac{I_{k.min}^{(2)}}{I_{op.1}}\geqslant 2 \tag{7-3}$$

式中，$I_{k.min}^{(2)}$为发电机出口短路时，流经保护处最小的周期性短路电流。

2）断线监视继电器的整定。断线监视继电器的动作电流按躲过正常运行时的不平衡电流整定，根据运行经验，整定值通常选择为 $I_{op.1}=0.2I_N$。为了防止断线监视装置在外部故障时由于不平衡电流增大影响而误发信号，其动作时限应大于发电机后备保护的最大时限。

当差动保护整定值小于额定电流时，可以不装设电流互感器回路断线装置。当保护装置采用带有速饱和变流器的差动继电器时，可利用差动线圈和平衡线圈适当组合连接，构成高灵敏度的纵差保护接线。

纵差保护虽然是发电机内部相间短路最灵敏的保护，但是在中性点附近经过渡电阻相间短路时，仍在一定死区。下面以一台单独运行的发电机内部三相短路为例分析纵差保护性能。设 a 为中性点到故障点的匝数占总匝数的百分数。每相定子绕组短路线匝电动势 E_a 与 a 成正比，即 $E_a=aE$，若每相定子绕组有效电阻为 R，则短路回路中电阻 $R_a=aR$，而短路回路中电抗 $X_a=a^2X$，设短路点的过渡电阻为 R_F，则在 a 处三相短路的短路电流为

$$I_{k(a)}^{(3)}=\frac{aE}{\sqrt{(R_F+aR)^2+(a^2X)^2}} \tag{7-4}$$

三相短路电流随 a 变化的曲线如图 7-3 所示。

由图 7-3 可知：

1）当过渡电阻为零时，三相短路电流 $I_k^{(3)}$ 随 a 的减小而增大，如图 7-3 的曲线 1 所示。

只要发电机出口短路时灵敏度满足要求，则发电机内部金属性短路时，灵敏度必然满足要求。

2）当过渡电阻不为零，靠近中性点附近短路时，短路电流很小，如图7-3中的曲线2。当短路电流小于动作电流I_{op}时，如图7-3中的直线3，保护不能动作，出现死区，死区的大小与保护的动作电流I_{op}有关。

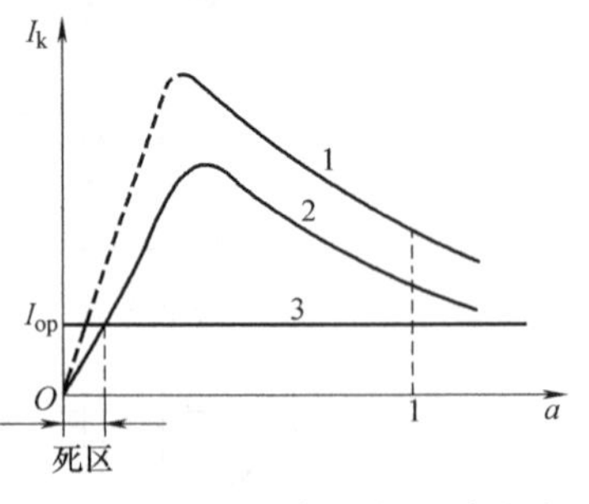

图7-3　发电机内部三相短路电流与短路位置a的关系曲线图

7.2.2　具有比率制动特性的差动保护

对于大型发电机组，采用DCD-2型继电器的发电机纵联差动保护不能保证纵联差动保护死区小于5%，灵敏度不能满足要求。由于DCD-2型继电器具有速饱和变流器，在发电机内部故障时，由于非周期分量作用，保护将延时动作，保护的快速性不能满足要求，所以对于大型机组，普遍采用比率制动式纵差保护。

图7-4为比率制动式纵差保护的原理图，图中，N_{op}表示继电器差动回路的工作线圈W_{op}的匝数，$N_{res.1}$、$N_{res.2}$是制动线圈（$W_{res.1}$、$W_{res.2}$）的匝数，两者关系为$N_{op}=2N_{res.1}=2N_{res.2}$；$\dot{I}_{op}$是保护的动作电流；$\dot{I}_{res}$是制动电流。

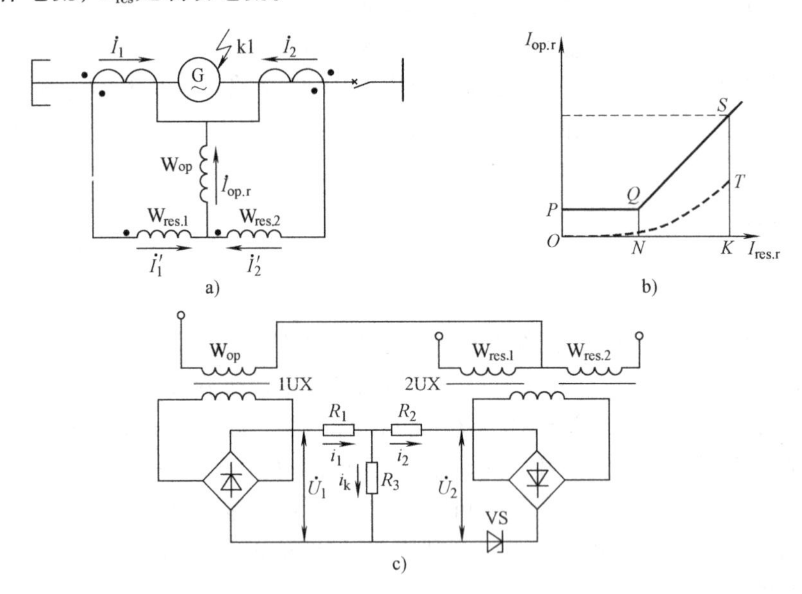

图7-4　比率制动式纵差保护的原理

a）原理接线　b）制动特性　c）比较电路

保护作用原理是基于保护的动作电流I_{op}随着外部故障的短路而产生不平衡电流，I_{unb}的增大而按比例的线性增大，且比I_{unb}增大更快，在任何外部故障时，保护都不会误动作。其原理是比较制动电流I_{res}和动作电流I_{op}的大小，只要$I_{op}>I_{res}$，保护动作；反之保护不能动作。其比率制动特性折线如图7-4b所示。

动作条件分两段：

$$\begin{cases}I_{op}>I_{op.min}, & I_{res}\leqslant I_{res.min}\\ I_{op}\geqslant K(I_{res}-I_{res.min})+I_{op.min}, & I_{res}>I_{res.min}\end{cases} \tag{7-5}$$

式中，K为制动特性曲线的斜率（也称为制动系数）。

结合图7-4a说明其作用原理如下：

制动电流$\dot{I}_{res.r}=\frac{1}{2}(\dot{I}_1'-\dot{I}_2')$，差动回路动作电流$\dot{I}_{op.r}=\dot{I}_1'+\dot{I}_2'$。

正常运行时，$\dot{I}_1'=\dot{I}_2'=\frac{\dot{I}_N}{K_{TA}}$，$\dot{I}_{res.r}=\frac{1}{2}(\dot{I}_1'+\dot{I}_2')=\frac{\dot{I}_N}{K_{TA}}=\dot{I}_{res.min.r}$。当$I_{res.r}\leqslant I_{res.min.r}$时，可认为无制动作用，在此范围内有最小动作电流$I_{op.min.r}$，而此时$\dot{I}_{op.r}=\dot{I}_1'-\dot{I}_2'\approx 0$，所以保护不动作。

当外部短路故障时，$\dot{I}_1'=\dot{I}_2'=\frac{\dot{I}_{k2}}{K_{TA}}$，制动电流$\dot{I}_{res.r}=\frac{1}{2}(\dot{I}_1'+\dot{I}_2')=\frac{\dot{I}_{k2}}{K_{TA}}$，数值较大，动作电流$\dot{I}_{op.r}=\dot{I}_1'-\dot{I}_2'$数值很小，保护不动作。

当发生内部短路时，$\dot{I}_2'$方向相反且$\dot{I}_1'\neq\dot{I}_2'$，$\dot{I}_{res.r}=\frac{1}{2}(\dot{I}_1'-\dot{I}_2')$为两侧短路电流之差，数值较小，而$\dot{I}_{op.r}=\dot{I}_1'+\dot{I}_2''=\frac{\dot{I}_{k1}}{K_{TA}}$为短路点k1短路电流之和，数值较大，保护能动作。特别是当$\dot{I}_1'=\dot{I}_2'$时，$\dot{I}_{res}=0$。这时只要动作电流达到最小值$I_{op.min}$[$I_{op.min}=(0.2\sim0.3)I_N$]，保护就能动作。

当发电机未并列，且发生短路故障时，$\dot{I}_2'=0$，$\dot{I}_{res.r}=\frac{1}{2}\dot{I}_2'=0$，$\dot{I}_{op.r}=\dot{I}_1'$，保护也能可靠动作。发电机的纵联差动保护可以无延时地切除保护范围内的各种故障，同时又不反映发电机的过负荷和系统振荡，且灵敏系数较高，因此纵差保护用作容量大于1MW以上发电机的主保护。

比率制动的差动保护整定计算如下：

1）最小动作电流应大于最大负荷电流下的不平衡电流，一般取$I_{op.min.r}=(0.1\sim0.2)I_{NG}/K_{TA}$。

2）比率制动特性的拐点Q。一般取发电机额定电流即$PQ=I_{res.0.r}=I_{NG}/K_{TA}$。

3）制动特性最高点S。S点由外部最大短路电流产生的最大不平衡电流决定，一般取$I_{unb.max}=(0.1\sim0.15)I_{k.max}/K_{TA}$。

P、Q、S三点确定之后，连接QS直线，其斜率即为制动系数，其值为

$$K_{res}=\frac{K_{rel}I_{unb.max}-I_{op.min.r}}{I_{k.max}/K_{TA}-I_{res.0.r}}=\frac{I_{op.max.r}-I_{op.min.r}}{I_{res.max.r}-I_{res.0.r}} \tag{7-6}$$

式中，K_{rel}为可靠系数，K_{rel}取1.3。

4）保护灵敏系数校验。保护灵敏系数为

$$K_{sen}=\frac{I_{k.min}^{(2)}}{I_{op.r}K_{TA}}\geqslant 2 \tag{7-7}$$

式中，$I_{k.min}^{(2)}$为单机独立运行时，机端两相金属性短路电流周期分量的有效值。

7.3 发电机定子绕组匝间短路保护

由于纵联差动保护不能反映发电机定子绕组同一相的匝间短路，当出现同一相匝间短路后，如果不及时处理，有可能发展成相间故障造成发电机严重损坏。因此，发电机上应装设定子绕组匝间短路保护。

在大容量发电机中，由于额定电流很大，每相都是由两个（或更多个）并联的绕组组成，

如图 7-5 所示。

在正常情况下，两个绕组中的电动势相等，各供应一半的负荷电流。当任一绕组中发生匝间短路时，两个绕组中的电动势不再相等，由于出现电动势差而产生一个均衡电流，在两个绕组中环流。利用反映两个支路电流之差的原理实现对发电机定子绕组的匝间短路保护称为横差动保护。

双星形联结的定子绕组匝间短路有两种情况：一种是同一绕组内部发生匝间短路，如图 7-6a 所示，由于两个分支绕组的电动势不相等，因此有一个环流 I_k 产生，这时在差动回路中有电流 $I_r=\frac{2I_k}{K_{TA}}$，当此电流大于继电器的启动电流时，保护可动作于跳闸。短路匝数百分比 a 越大，环流越大，而当 a 较小时，保护不能动作，因此，保护有死区。另一种是同相的两个分支绕组之间发生匝间短路，如图 7-6b 所示，当 $a_1\neq a_2$ 时，由于两个支路有电动势差，因此在两个回路中出现环流$\dot{I}'_k$和$\dot{I}''_k$，此时继电器中的电流为 $I_r=\frac{2\,I'_k}{K_{TA}}$。当 a_1-a_2 很小时也将出现死区，当 $a_1=a_2$ 时，在电动势等位点上短接，此时实际上没有环流。

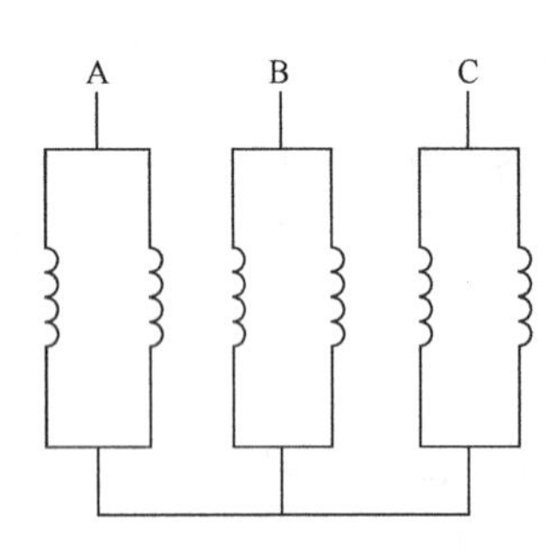

图 7-5　大容量发电机的内部接线示意图

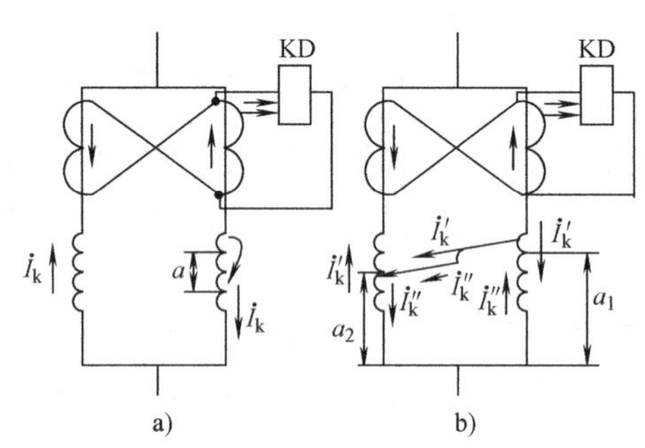

图 7-6　发电机定子绕组的匝间短路保护
a）同一绕组内部匝间短路保护的电流分布
b）同相的两个分支绕组之间匝间短路保护的电流分布

7.3.1　单继电器式横联差动保护

横联差动保护有两种接线方式，一种是比较每相两个分支绕组的电流之差，这种方式每相需要装设两个差接的电流互感器和一个差动继电器 KD，三相共需六个 TA 和三个 KD，由于这种接线方式复杂且流过继电器的不平衡电流较大，故实际上很少应用；另一种接线方式是在两组星形联结的中性点连线上装设一个电流互感器，将一组星形联结绕组的三相电流之和与另一组星形联结绕组的三相电流之和进行比较，这种方式由于只用一个电流互感器，不存在两个电流互感器误差不同产生的不平衡电流问题，因而启动电流小，灵敏度高，加上接线简单，故得到广泛应用。单继电器式横差保护的原理接线如图 7-7 所示。

正常运行时，由于每相的两个分支绕组的感应电动势相等，各供应相电流的一半，故两组星形联结绕组的三相电流对称且平衡，两个中性点电位相等，故装在中性点连线上的电流互感器 TA 中没有电流流过，电流继电器 KA 不会动作。当一个绕组发生匝间短路，或者在同相的两个绕组间发生匝间短路时，该相的两个分支绕组间就有环流流过，从而电流互感器 TA 一次侧有电流流过，接于 TA 二次侧的电流继电器 KA 在电流超过其动作电流值时就会动

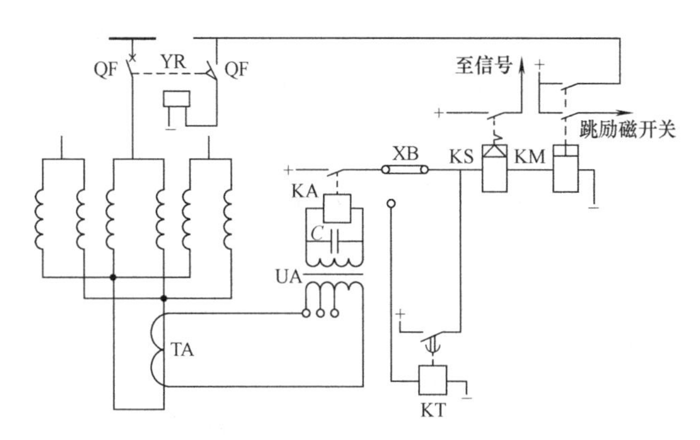

图7-7 单继电器式横差保护的原理接线图

作，中间继电器KM启动，使发电机断路器和励磁开关跳闸，并进行事故停机。

由于三次谐波电压三相同电位，三相电压之和不为零，故当发电机存在三次谐波电动势时，双星形联结的两个中性点上都会出现三次谐波电压。如果两个中性点上的三次谐波电压不相等，中性点连线上就会出现三次谐波电流，横差保护就有可能误动作，因此必须加装三次谐波电流滤过器，用以滤除三次谐波电流。

采用DL-11/b型横差电流继电器时，三次谐波滤过器和电流继电器装在同一外壳内。改变不饱和中间变流器UA的电流比，可以改变保护动作电流值（中间变流器一次绕组有三个抽头，可以分段调整保护的动作电流值）。电容器C的作用是滤过三次谐波。由于容抗的大小和频率成反比，通过三次谐波电流时的容抗比通过基波电流时要小，因此当电容和电流继电器绕组并联时，三次谐波电流会被电容支路所分流，从而起到三次谐波滤过器的作用。电容量的选择应满足：三倍工频即150Hz时继电器的动作电流比50Hz时的动作电流大10倍，从而可以基本上消除三次谐波电流对保护装置的影响。

横差保护的动作电流，根据运行经验可以整定为20%~30%的发电机额定电流I_{NG}，即

$$I_{op}=(0.2\sim0.3)I_{NG} \tag{7-8}$$

根据上述原则整定时，还需在发电机额定负荷情况下，实测中间变流器UA一次绕组的不平衡电流，其值不应大于整定值的1/10；否则应该检查不平衡电流过大的原因并加以消除，必要时应提高保护的整定值。

电流互感器TA的电流比K_{TA}按照动稳定的要求选择，即

$$K_{TA}=0.25I_{NG}/5 \tag{7-9}$$

运行经验表明，基于上述原理的单继电器式横差保护可能在转子回路两点接地故障时误动作。这是因为发电机同一相的两个分支绕组，不是位于同一个定子槽中，当转子回路两点接地时，由于磁场的对称性遭到破坏，使同一相的两个分支绕组的感应电动势不相等，以致两个中性点间出现了电位差，产生环流使保护误动作。然而由于转子两点接地时，磁场的不对称会引起定子对转子的磁拉力随转子的转动做周期性的变化，这将导致发电机产生异常的甚至非常强烈的振动，严重时甚至折断地脚螺钉，因而在此时发电机应由转子两点接地保护动作跳闸。横差保护这时动作跳闸也是许可的，因为此时发电机已经有必要切除。基于上述考虑，目前已不再采用转子两点接地保护动作时闭锁横差保护的措施。不过为了防止转子回路偶然瞬时两点接地时横差保护误动作，装设了时间继电器KT。当转子发生一点接地时，用连接片XB将横差保护切换至延时回路，保护经过0.5~1s的延时将发电机跳闸。

横差保护虽然能够保护发电机绕组的匝间短路，但是当同一绕组匝间短路的匝数较少，或同相的两个分支绕组电位相近的两点发生匝间短路时，由于环流较小，保护可能不动作，因此在这种情况下，横差保护存在死区。

7.3.2　反映转子回路二次谐波电流原理的匝间短路保护

发电机定子绕组匝间短路时，将在转子回路感应二次谐波电流。发电机正常对称运行时，转子电流无二次谐波成分。因此，可以利用转子二次谐波电流构成匝间短路保护。图7-8为二次谐波式匝间短路保护的原理图。

为了得到二次谐波电流，在转子回路中接入专用的电流变换器UX。匝间短路保护继电器接到UX的二次侧，它由二次侧谐波过滤器和电流继电器KA组成二次谐波电流继电器。为了防止外部不对称短路引起的保护误动，采用了负序功率方向继电器KWH，它由负序电压滤过器、负序电流滤过器和相敏元件等组成。

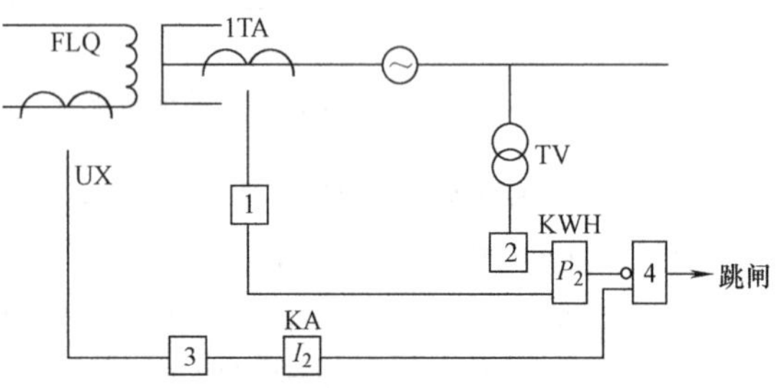

图7-8　二次谐波式匝间短路保护的原理图
1—负序电流滤过器　2—负序电压滤过器
3—二次谐波滤过器　4—禁止门

定子绕组匝间短路后，当转子二次谐波电流大于保护装置的启动电流时，匝间短路保护继电器动作。此时，负序功率由发电机流向系统，故KWH不动作，不发出闭锁信号，从而保护无延时送出跳闸脉冲。由于负序电流取自机端电流互感器，因此在内部两相短路时，匝间短路保护继电器也动作，KWH不发出闭锁信号。此时，匝间短路保护兼作内部两相短路保护。负序电流也可取自中性点侧的电流互感器。

当发电机外部不对称短路时，转子回路也会出现二次谐波电流，匝间短路保护继电器可能误动作，此时负序功率由外部流向发电机，KWH动作，发出闭锁信号，使保护闭锁。

负序功率方向闭锁转子二次谐波电流的匝间短路保护，在结构上比较简单，灵敏系数较高，一般用于大型机组定子绕组的匝间短路保护。

此外，对于大型发电机组，还可以采用负序功率方向闭锁的零序电压匝间短路保护。

7.3.3　定子绕组零序电压原理的匝间短路保护

图7-9所示为由负序功率闭锁的纵向零序电压匝间短路保护原理示意图。图中，TVN1为专用的全绝缘电压互感器，其一次绕组中性点直接与发电机中性点相连而不接地。所以，该电压互感器的二次绕组不能用来测量相对地电压，其开口三角形绕组安装了具有三次谐波滤过器的高灵敏性过电压继电器。

当发电机正常运行和外部发生相间短路时，理论上TVN1的开口三角形绕组没有输出电压，即$3U_0=0$。

当发电机内部或外部发生单相接地故障时，虽然一次系统出现了零序电压，即一次三相对地电压不再平衡，中性点电位升高为U_0，但是TVN1一次侧的中性点并不接地，所以即使它的中性点电位升高，三相对中性点的电压仍然完全对称，故开口三角形绕组输出电压$3U_0$也等于零。

只有当发电机内部发生匝间短路或者对中性点不对称的各种相间短路时，破坏了三相对中性点的对称，产生了对中性点的零序电压，即 $3U_0 \neq 0$，使零序电压匝间短路保护正常动作。

为防止低定值零序电压匝间短路保护在外部短路时误动作，装设有负序功率方向闭锁元件。因为三次谐波不平衡电压随外部短路电流增大而增大，为提高匝间短路保护动作灵敏性，就必须考虑闭锁措施。采用负序功率闭锁是个成熟的措施，因为发电机内部相间短路以及定子绕组分支开焊，负序源位于发电机内部，它所产生的负序功率一定由发电机流出。而当系统发生各种不对称运行和不对称故障时，负序功率由系统流入发电机，这是一个明确的特征量，利用它和零序电压构成匝间短路保护是十分可取的。

为防止 TVN1 一次熔断器熔断而引起保护误动作，还必须设有电压断线闭锁装置，如图 7-9 所示。

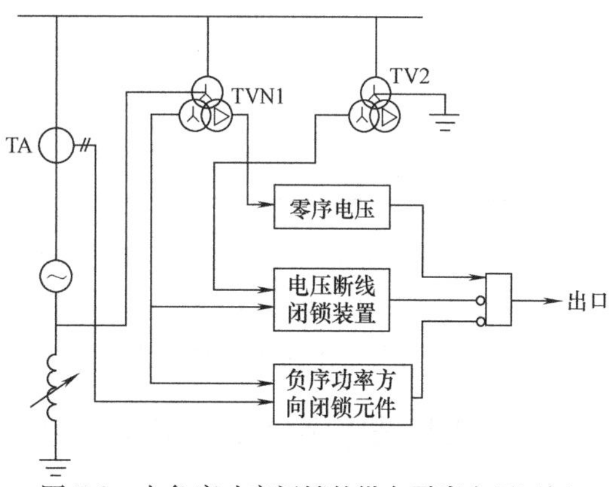

图 7-9　由负序功率闭锁的纵向零序电压匝间短路保护原理示意图

本保护的零序动作电压 $U_{0.op}$ 由正常运行负荷工况下的零序不平衡电压 $U_{0.unb}$ 决定，$U_{0.unb}$ 中的成分主要是三次谐波电压，为此，在零序电压继电器中采用滤过比高的三次谐波滤波器和阻波器。一般负荷工况下的基波零序不平衡电压（二次侧的值）为百分之几伏，所以 $U_{0.op}$ 整定为 1V 左右。外部短路时，$U_{0.unb}$ 急剧增长，但由于有负序功率方向闭锁元件，不会引起误动作。

国内上述有闭锁的零序电压匝间短路保护 $U_{0.op}$ 整定为 1V 左右；国外进口机组没有负序功率方向闭锁元件的保护一般整定为 3V 左右。当然整定值越高，死区也就越大。

可以看出，本保护方案由零序电压、负序功率方向闭锁元件和电压断线闭锁装置三部分组成，装置比较复杂，灵敏性也不算高，因此只是在不能装设单元件横差保护的情况下才采用此方案。

另外，值得提出的是，一次中性点与发电机中性点的连线如发生绝缘对地击穿，就成为发电机定子绕组单相接地故障，如果定子接地保护动作于跳闸，无疑就扩大了故障范围。

7.4　发电机定子单相接地保护

发电机定子绕组的单相接地故障是发电机的常见故障之一，这是因为发电机的外壳及铁心均是接地的，只要定子绕组与铁心间绝缘损坏就会引起单相接地故障。长期运行的实践表明，发生定子绕组单相接地故障的主要原因是高速旋转的发电机，特别是大型发电机的振动，造成机械损坏而接地；对于水内冷的发电机（大型机组均采用水内冷却方式），由于漏水致使定子绕组接地。

发电机定子绕组单相接地故障时主要危害有以下两点：

1）接地电流会产生电弧，烧坏铁心，使定子绕组铁心叠片烧结在一起，造成检修困难。

2）接地电流会破坏绕组绝缘，扩大事故，若一点接地而未及时被发现，很有可能发展成绕组的匝间或相间故障，严重损伤发电机。

发电机定子绕组单相接地时，对发电机损坏程度与故障电流大小及持续时间有关。造成发电机损坏主要是电弧，所以把不产生电弧的单相接地电流称为安全电流，其大小与发电机额定电压有关。额定电压越高，安全电流越小，反之亦然。当接地电流小于安全电流时，要求保护只动作于信号，或经转移负荷后平稳停机以避免对系统冲击；反之，当接地电流不小于安全电流时，要求保护立即动作于跳闸停机。

发电机定子绕组单相接地时接地电流的允许值应采用制造厂的规定值，无规定值时可参照表7-1所列数据。

表7-1　发电机定子绕组单相接地时接地电流的允许值

发电机额定电压/kV	发电机额定容量/MW	接地电流允许值/A
6.3	≤50	4
10.5	50~100	3
13.8~15.75	125~200	2
18~20	300	1

对大中型发电机定子绕组单相接地保护应满足以下两个基本要求：

1）绕组有100%的保护范围。

2）在绕组匝内发生过渡电阻接地故障时，保护应有足够的灵敏度。

7.4.1　反映基波零序电压的接地保护

现代发电机的中性点都是不接地或经过消弧线圈接地的，因此，当发电机内部单相接地时，流经接地点的电流为发电机所在电压网络对地电容电流总和，在故障点的零序电压将随发电机内部接地点的位置而改变。

如图7-10a所示，设在发电机内部A相距中性点 a（a 表示由中性点到故障点的绕组匝数占全相绕组匝数的百分数）处的k点发生定子绕组接地，则故障点各电动势为 $a\dot{E}_A$、$a\dot{E}_B$、$a\dot{E}_C$，而各相对地电压为

$$\begin{cases}\dot{U}_{kA}=0\\ \dot{U}_{kB}=a\dot{E}_B-a\dot{E}_A\\ \dot{U}_{kC}=a\dot{E}_C-a\dot{E}_A\end{cases} \tag{7-10}$$

故障点的零序电压为

$$\dot{U}_{k0}=\frac{1}{3}(\dot{U}_{kA}+\dot{U}_{kB}+\dot{U}_{kC})=-a\dot{E}_A \tag{7-11}$$

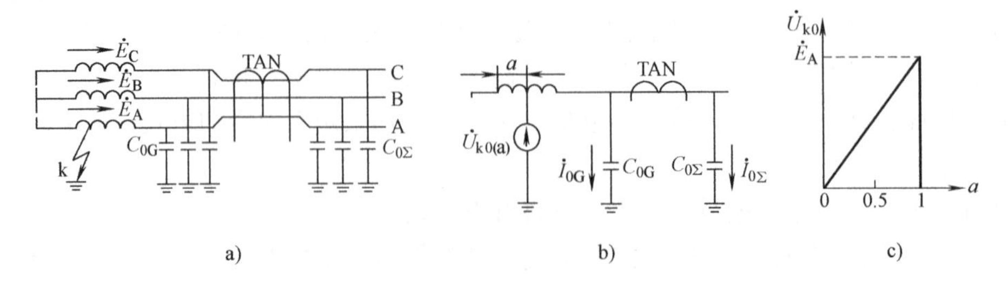

图7-10　发电机内部定子绕组单相接地的零序电流分布

a）网络图　b）零序等效网络　c）零序电压随 a 的变化关系

式（7-11）表明，故障点的零序电压随故障点位置的不同而改变，即 $\dot{U}_{k0}$ 正比 a，当 $a=1$

时，发电机端接地，$\dot{U}_{k0}=-\dot{E}_A$；当 $a=0$ 时，在中性点接地，$\dot{U}_{k0}=0$。$\dot{U}_{k0}$与 a 的关系曲线如图 7-10c 所示。

由式（7-11）画出发电机内部单相接地的零序等效网络如图 7-10b 所示。图中，C_{0G}为发电机每相对地电容，$C_{0\Sigma}$为发电机以外电压网络每相对地的等值电容。由此即可求出发电机零序电容电流和网络的零序电容电流分别为

$$\begin{cases}3\dot{I}_{0G}=\mathrm{j}3\omega C_{0G}\dot{U}_{k0}=-\mathrm{j}3\omega C_{0G}a\dot{E}_A\\3\dot{I}_{0\Sigma}=\mathrm{j}3\omega C_{0\Sigma}\dot{U}_{k0}=-\mathrm{j}3\omega C_{0\Sigma}a\dot{E}_A\end{cases}\tag{7-12}$$

故障点总的接地电流为

$$\dot{I}_{k(a)}=-\mathrm{j}3\omega(C_{0G}+C_{0\Sigma})a\dot{E}_A\tag{7-13}$$

其有效值为 $3\omega(C_{0G}+C_{0\Sigma})aE_{ph}$，式中，$E_{ph}$为相电动势，一般计算时可用发电机网络的平均额定相电压 U_{ph}代替，即表示为 $3\omega(C_{0G}+C_{0\Sigma})aU_{ph}$。

当发电机内部单相接地时，流经发电机零序电流互感器 TAN 的一次零序电流如图 7-10b 所示，发电机以外电压网络的对地电容电流为 $3\omega C_{0\Sigma}aU_{ph}$，而当发电机外部单相接地时，如图 7-11 所示，流过 TAN 的零序电流为发电机本身对地电容电流。

当发电机内部单相接地时，实际上无法测得故障点的零序电压 U_{k0}，而只能借助于机端的电压互感器来进行测量。由图 7-9 可见，当忽略各相电流在发电机内阻抗上的电压降时，机端各相对地电压分别为

$$\begin{cases}\dot{U}_{kA}=(1-a)\dot{E}_A\\\dot{U}_{kB}=\dot{E}_B-a\dot{E}_A\\\dot{U}_{kC}=\dot{E}_C-a\dot{E}_A\end{cases}\tag{7-14}$$

其相量关系如图 7-12 所示。由此可求得机端的零序电压为

$$\dot{U}_{k0}=\frac{1}{3}(\dot{U}_{kA}+\dot{U}_{kB}+\dot{U}_{kC})=-a\dot{E}_A\tag{7-15}$$

其值和发电机内部短路故障点的零序电压相等。

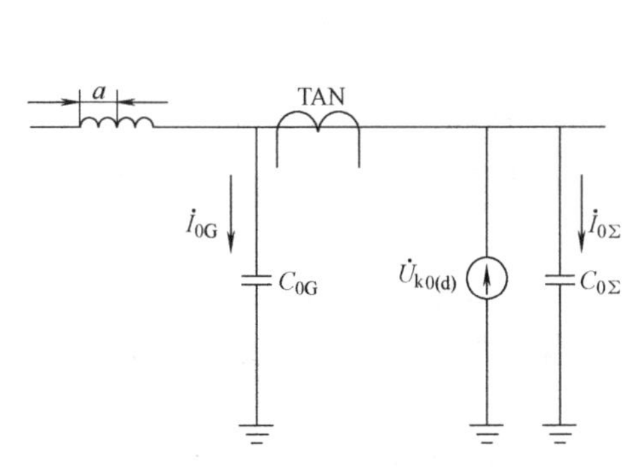

图 7-11 发电机外部单相接地时的零序等效网络

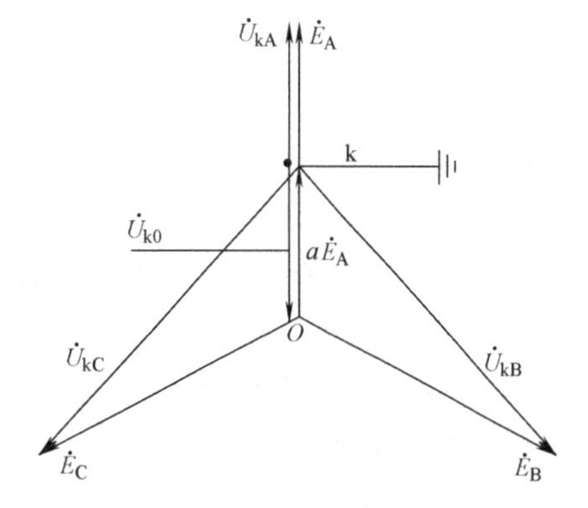

图 7-12 发电机内部单相接地时，机端电压相量图

7.4.2 利用零序电流及零序电压构成的定子绕组单相接地保护

1. 利用零序电流构成的定子接地保护

对直接连接在母线上的发电机，当发电机电压网络的接地电容电流大于表 7-1 的允许值

时，不论该网络是否装有消弧绕组，均应装设动作于跳闸的接地保护。当接地电容电流小于允许值时，则装设作用于信号的接地保护。

在实现接地保护时，应做到当一次侧的接地电流即零序电流大于允许值时即动作于跳闸，因此，就对保护所用的零序电流互感器提出了很高的要求。一方面是正常运行时，在三相对称负荷电流的作用下，二次侧的不平衡电流输出应该很小；另一方面是接地故障时，在很小的零序电流作用下，二次侧应有足够大的功率输出，以使保护装置能够动作。

零序电流互感器的等效电路如图 7-13a 所示。图中所示各参数已经折合到二次侧，其中，Z'_1为零序电流互感器一次绕组的漏抗，Z'_m为励磁阻抗，Z_2 为二次绕组的漏抗和所接继电器阻抗之和。当一次电流I'_1一定时，电流互感器的输出功率为

$$S=I'^2_2Z_2=\left(\frac{Z'_m}{Z'_m+Z_2}I'_1\right)^2Z_2 \tag{7-16}$$

输出最大功率的条件应是$\dfrac{\partial S}{\partial Z_2}=0$，解此方程式得到 $Z_2=Z'_m$，因此，最大功率为

$$S_{max}=\frac{1}{4}I'^2_1\,Z'_m \tag{7-17}$$

由此可见，尽量提高零序电流互感器的励磁阻抗，然后设计选取继电器的阻抗，使 $Z_2=Z'_m$，就可以提高保护的灵敏性。实际上，我国采用的是高磁导率的优质硅钢片来制作零序电流互感器，可以获得较高的励磁阻抗，其磁化曲线如图 7-13b 所示。

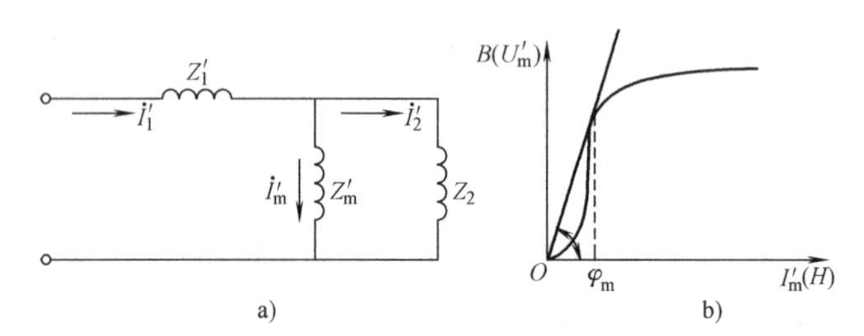

图 7-13　零序电流互感器的等效电路及磁化曲线

a）零序电流互感器的等效电路　b）零序电流互感器铁心的磁化曲线

接于零序电流互感器上的发电机零序电流保护，其整定值的选择原则如下：

1）躲过外部单相接地时，发电机本身的电容电流以及由于零序电流互感器一次侧导线排列不对称而在二次侧引起的不平衡电流。

2）保护装置的一次动作电流应小于发电机定子绕组单相接地故障电流的允许值。

3）为防止外部相间短路产生的不平衡电流引起接地保护的误动作，应该在相间保护动作时将接地保护闭锁。

4）保护装置一般带有 1~2s 的时限，用以躲开外部单相接地瞬间，发电机暂态电容电流的影响。

反映零序电流的单相接地保护原理接线图如图 7-14 所示。图中，TA2 为零序电流互感器，其二次绕组侧接了两个电流继电器 1KA 和 2KA。1KA 用来保护两点接地（其中一点在发电机内部）的故障。当发电机纵联差动保护采用三相式接线时，可以不用继电器 1KA。2TA 用来作为发电机的单相接地保护的启动元件，其触点与闭锁中间继电器 KL 的常闭触点相串联来启动时间继电器 KT。闭锁继电器 KL 由发电机的过电流保护控制，当外部故障，过电流

保护动作时启动闭锁继电器 KL，KL 常闭触点断开将接地保护闭锁，这样接地保护的整定值可不必躲开外部相间故障时的不平衡电流，但计算时必须考虑和过电流保护的动作值相对应的不平衡电流。时间继电器 KT 的整定值为 1～2s，动作时启动出口中间继电器，断开断路器及励磁开关，并进行事故停机。为了检查发电机接到母线前是否有故障存在，在发电机出口电压互感器的开口三角形绕组侧装设了电压表。由于零序电压的数值和接地故障点离中性点位置的远近有关，因此根据电压表的读数可以大致判断接地点的位置。例如，当发电机出线端金属性接地时，电压表的指示值最大（100V），接地点离中性点越近，电压表指示值越小。

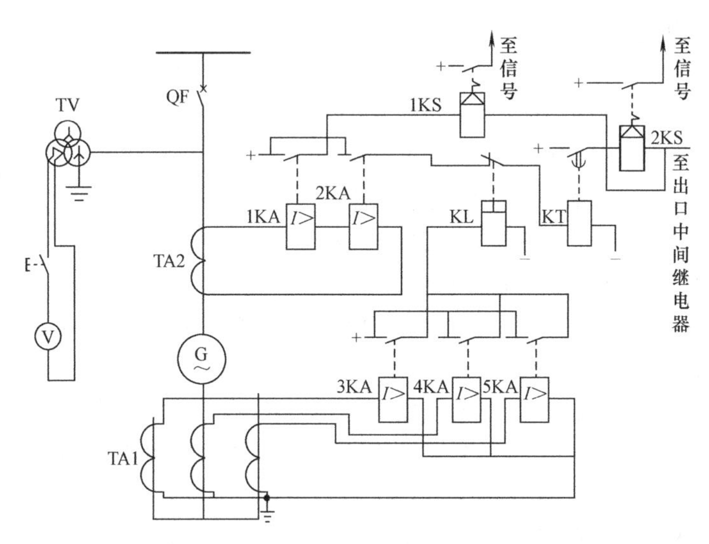

图 7-14　反映零序电流的单相接地保护原理接线图

当发电机定子绕组的中性点附近接地时，由于接地电流很小，保护将不能动作，因此零序电流保护不可避免地存在一定的死区。为了减小死区的范围，就应该在满足发电机外部接地时动作选择性的前提下，尽量降低保护的启动电流。

2. 利用零序电压构成的定子接地保护

一般地，大、中型发电机在电力系统中大都是采用发电机-变压器组的接线方式，在这种情况下，发电机电压网络中，只有发电机本身、连接发电机与变压器的电缆以及变压器的对地接地电容（分别以 C_{0G}、C_{0L}、C_{0T}表示），其分布可用图7-15来说明。

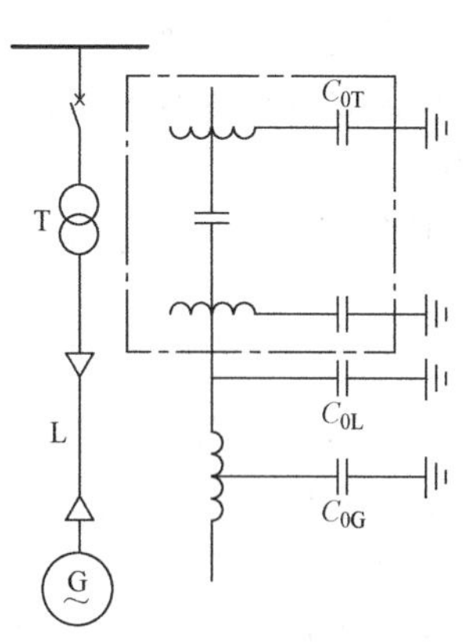

图 7-15　发电机变压器组接线中发电机电压系统的对地电容分布

当发电机单相接地后，接地电容电流一般小于允许值。对于大容量的发电机变压器组，若接地后的电容电流大于允许值，则可以在发电机电压网络中装设消弧绕组予以补偿。由于上述三相电容电流的数值基本上不受系统运行方式变化的影响，因此，装设消弧绕组后，可以把接地电流补偿到很小的数值。在上述两种情况下，均可以装设作用于信号的接地保护。

发电机内部单相接地的信号装置，一般是反映于零序电压而动作，其原理接线图如图 7-16 所示，过电压继电器连接于发电机电压互感器二次侧接成开口三角形的输出电压上。

由于在正常运行时，发电机相电压中含有三次谐波，因此在机端电压互感器接成开口三角形的一侧也有三次谐波电压输出，此外，当变压器高压侧发生接地故障时，由于变压器高、低压绕组之间有电容存在，因此，在发电机端也会产生零序电压。为了保证动作的选择性，保护装置的整定值应躲开正常运行时的不平衡电压（其中包括三次谐波电压），以及变压器高压侧接地时在发电机端所产生的零序电压。根据运行经验，电压继电器的启动电压为15~30V。

利用零序电压构成的定子接地绕组保护原理图如图7-16所示。

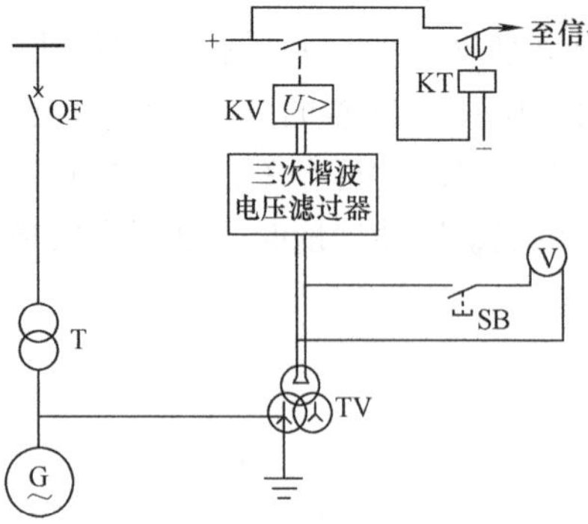

图7-16 利用零序电压构成的定子绕组接地保护原理图

按照以上条件整定的保护，由于整定值较高，当在中性点附近接地时，有15%~30%的死区。为了减少死区，可以采取下列措施来降低启动电压：

1）加装如图7-16所示的三次谐波电压滤过器。

2）对于高压侧中性点直接接地的电网，利用保护装置的延时来躲开高压侧的接地故障。

3）在高压侧中性点非直接接地的电网，利用高压侧的零序电压将发电机接地保护闭锁或利用它对保护实现制动。

采用上述措施后，继电器的动作电压值可以取5~10V，保护范围可以提高到90%以上，但是，在中性点附近仍有5%~10%的死区。对于大容量机组，由于振动较大而产生机械损伤或发生漏水等，可能使中性点附近的绕组发生接地故障，如果不及时发现，有可能发展成严重的匝间、相间或两点接地短路。因此，要求100MW以上的发电机应装设保护区为100%的定子接地保护。

7.4.3 利用三次谐波电压构成100%定子绕组单相接地保护

1. 正常运行时，发电机三次谐波电动势的分布特点

在发电机相电动势中除基波外，还含有一定的谐波分量，其中主要是三次谐波。发电机的三次谐波值一般不超过基波的10%，每台发电机中总有约百分之几的三次谐波电动势，以$\dot{E}_3$表示。

把发电机的对地电容等效地看作集中在发电机的中性点N和机端，每端则为$\frac{C_{0G}}{2}$，并将发电机端引出线、升压变压器、厂用变压器以及电压互感器等设备的每相对地电容C_{0S}放在机端，则正常运行时的等效网络如图7-17所示。

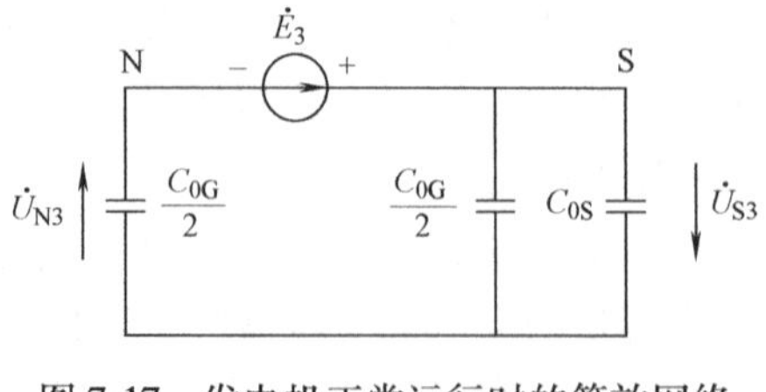

图7-17 发电机正常运行时的等效网络

由图7-17可见，中性点及机端三次谐波电压分别为

$$U_{N3}=\frac{C_{0G}+2C_{0S}}{2(C_{0G}+C_{0S})}E_3$$

$$U_{S3}=\frac{C_{0G}}{2(C_{0G}+C_{0S})}E_3$$

$$\frac{U_{S3}}{U_{N3}}=\frac{C_{0G}}{C_{0G}+2C_{0S}}<1 \tag{7-18}$$

由式（7-18）可见，在正常运行时，发电机中性点侧的三次谐波电压 U_{N3} 总是大于发电机端三次谐波电压 U_{S3}，在极限情况下，当发电机出线端开路（$C_{0G}=0$）时，$U_{N3}=U_{S3}$。当发电机中性点经消弧线圈接地时，其等效电路如图 7-18 所示，假设基波电容电流得到完全补偿，则

$$\omega L=\frac{1}{3\omega(C_{0G}+C_{0S})} \tag{7-19}$$

此时，发电机中性点侧三次谐波的等值阻抗为

$$X_{N3}=\mathrm{j}\frac{3\omega(3L)\left(\dfrac{-2}{3\omega C_{0G}}\right)}{3\omega(3L)-\dfrac{2}{3\omega C_{0G}}} \tag{7-20}$$

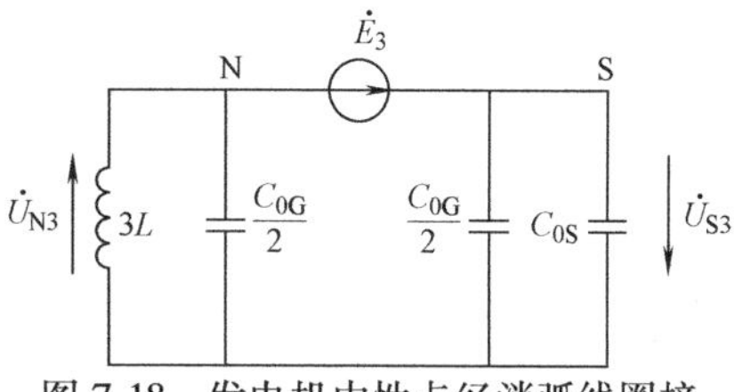

图 7-18　发电机中性点经消弧线圈接地时的三次谐波电压分布等效电路

将式（7-19）代入式（7-20）中整理后得

$$X_{N3}=-\mathrm{j}\frac{6}{\omega\ (7C_{0G}-2C_{0S})} \tag{7-21}$$

发电机端三次谐波等值电抗为

$$X_{S3}=-\mathrm{j}\frac{2}{3\omega(C_{0G}+2C_{0S})} \tag{7-22}$$

发电机端三次谐波电压与中性点三次谐波电压之比为

$$\frac{U_{S3}}{U_{N3}}=\frac{X_{S3}}{X_{N3}}=\frac{7C_{0G}-2C_{0S}}{9(C_{0G}+2C_{0S})} \tag{7-23}$$

式（7-23）表明，接入消弧线圈得后，中性点的三次谐波电压在正常时比机端三次谐波电压更大，在发电机端开路时 $C_{0S}=0$，则

$$\frac{U_{S3}}{U_{N3}}=\frac{7}{9} \tag{7-24}$$

由式（7-24）分析可知，在正常运行时发电机端电压总是小于中性点三次谐波电压，即 $U_{S3}<U_{N3}$。

2. 定子绕组单相接地时三次谐波电压的分布

设发电机定子绕组距中性点 a 处发生金属性单相接地，其等效电路如图 7-19 所示。无论发电机中性点是否接有消弧线圈，恒有 $U_{N3}=aE_3$，$U_{S3}=(1-a)E_3$，其比值为

$$\frac{U_{S3}}{U_{N3}}=\frac{1-a}{a} \tag{7-25}$$

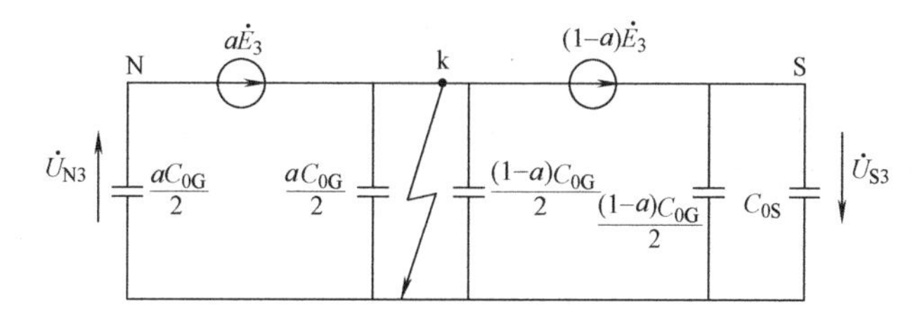

图 7-19　定子绕组单相接地时的三次谐波电压分布等效电路

当 $a<50\%$ 时，$U_{S3}>U_{N3}$；当 $a>50\%$ 时，$U_{S3}<U_{N3}$。U_{N3} 和 U_{S3} 随 a 变化的关系曲线如图 7-20 所示。

综上所述，在正常情况下，$U_{S3}<U_{N3}$；定子绕组单相接地时，在 $a<50\%$ 范围内，$U_{S3}>U_{N3}$，故可以利用 U_{S3} 作为动作量，利用 U_{N3} 作为制动量，构成单相接地保护，其保护动作范围在 $a=0\sim0.5$ 内，且越靠近中性点则保护越灵敏，可与其他保护一起构成发电机定子绕组 100%接地保护。图 7-21 是利用零序电压和三次谐波电压结合构成 100%定子接地保护。

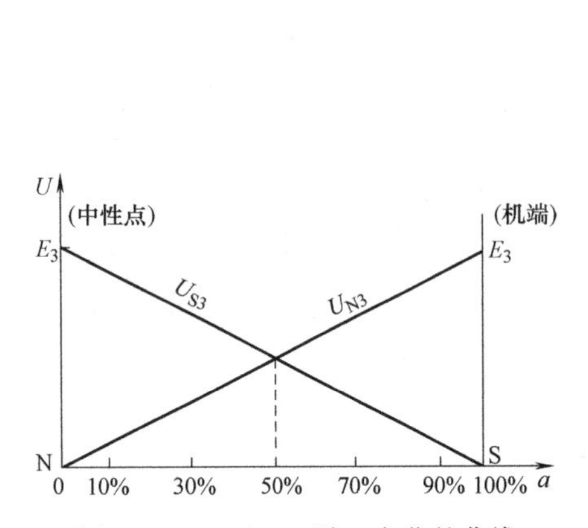

图 7-20　U_{N3} 和 U_{S3} 随 a 变化的曲线

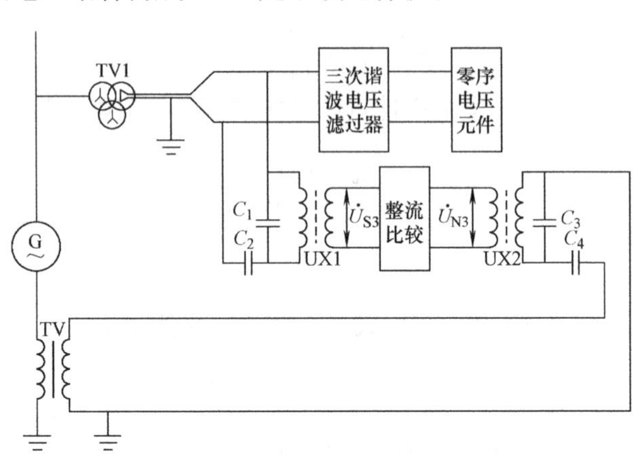

图 7-21　零序电压和三次谐波电压结合构成 100%定子接地保护的原理接线图

图中，UX1 和 UX2 为电抗变换器，UX1 的一次绕组接在发电机端的电压互感器 TV1 的开口三角形绕组侧，机端的三次谐波电压为 U_{S3}。电容 C_1 和 UX1 的一次绕组并联，组成对三次谐波电压的并联谐振电路。并联谐振电路能对谐振频率的电压起选频放大作用，故能放大机端的三次谐波电压。同理，接在发电机中性点侧的电压互感器 TV 二次侧的 UX2，由于其一次绕组和电容 C_3 组成并联谐振电路，也能放大中性点侧的三次谐波电压 U_{N3}。UX1 和 UX2 的二次电压分别反映 U_{S3} 和 U_{N3}，经过整流滤波后即可以进行绝对值的比较。图中，电容 C_2、C_4 对基波起到阻波的作用，这是因为容抗 $1/\omega C$ 和频率成反比，基波频率低，使容抗增大。

零序电压保护部分由接在机端电压互感器的开口三角形接线侧的三次谐波电压滤过器和零序电压元件组成。

三次谐波电压的保护区约为 30%，零序电压保护区约为 85%，两者结合就可以保护全部的定子绕组。

3. 在微机保护中利用三次谐波构成定子接地保护的判据

判据 1：

$$\frac{\dot{U}_{S3}}{\dot{U}_{N3}}>p \tag{7-26}$$

实测发电机正常运行时的最大三次谐波电压比值设为 p_0，则取阈值为 $p=(1.05\sim1.15)p_0$。该判据实现简单，但灵敏系数较低。

判据 2：

$$\frac{|\dot{U}_{S3}-\dot{K}_p\dot{U}_{N3}|}{\beta|\dot{U}_{N3}|}>1 \tag{7-27}$$

式中，分子为动作量，调整 $\dot{K}_p$ 使发电机正常运行时动作量最小。然后调整 β，使制动量 $\beta|\dot{U}_{N3}|$ 在正常运行时恒大于动作量，一般取 $\beta=0.2\sim0.3$。

根据正常运行时实测的 $\dot{U}_{S3}$ 和 $\dot{U}_{N3}$ 调整，使动作量接近于零，保证在正常运行时不误动。选择适当的制动系数 β，使在故障时保护能可靠动作。判据2较复杂，但灵敏系数高。

7.5　发电机励磁回路接地保护

7.5.1　励磁回路一点接地保护

发电机正常运行时，励磁回路与地之间有一定的绝缘电阻和分布电容。当励磁绕组绝缘严重下降或损坏时，会引起励磁回路的接地故障，最常见的是励磁回路一点接地故障。发生励磁回路一点接地故障时，由于没有形成接地电流通路，所以对发电机运行没有直接影响，但是发生一点接地故障后，若在第二点又发生接地，励磁回路发生两点接地故障，将严重损坏发电机。因此，发电机必须装设灵敏的励磁回路一点接地保护作用于信号，以便通知值班人员采取措施。

1. 绝缘检查装置

励磁回路绝缘检查装置如图7-22所示。正常运行时，电压表V1、V2的读数相等。当励磁回路绝缘水平下降时，V1与V2的读数不相等。值得注意的是，在励磁绕组中点接地时，V1和V2的读数也相等，因此该检测装置有死区。

2. 直流电桥式一点接地保护

利用电桥原理构成一点接地保护原理如图7-23所示。图中，励磁绕组LE对地绝缘电阻分布参数用位于励磁绕组中点 M 的集中电阻 R 表示。励磁绕组电阻构成电桥两臂，将外接电阻 R_1 和 R_2 构成电桥另外两臂。在 R_1 和 R_2 的连接点 a 与地之间，接入电流继电器KA，相当于把继电器KA与绝缘电阻 R 串联后接于电桥对角线上。在正常情况下，电桥处于平衡状态。理想条件下流入继电器电流为零。实际上流过KA的不平衡电流很小，小于继电器KA的动作电流，继电器不能动作。

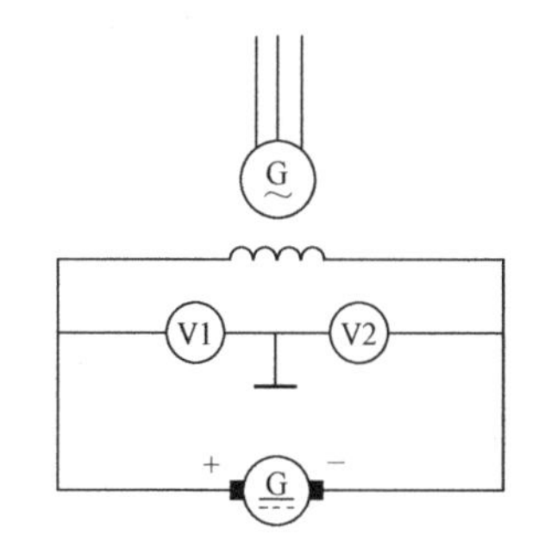

图7-22　励磁回路绝缘检查装置原理图

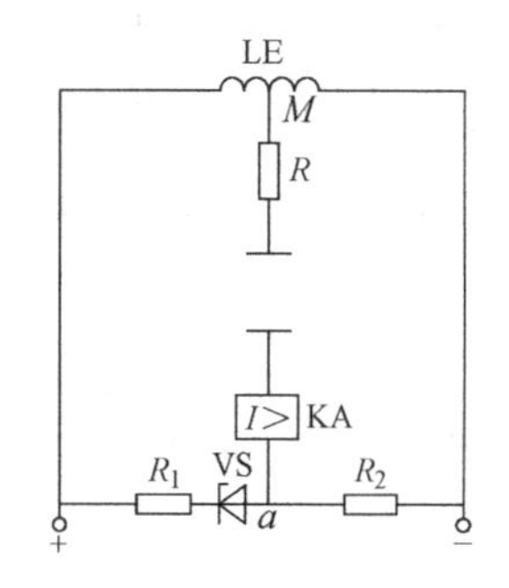

图7-23　直流电桥式一点接地保护原理图

当励磁绕组某一点接地时，电桥失去平衡，流过继电器的电流大于其动作电流，继电器动作，显而易见，接地点越靠近励磁回路两极时，保护灵敏度越高。而靠近中点 M 时，电桥几乎处于平衡状态，继电器无法动作，因此励磁绕组中点附近存在死区。

为消除死区可采用下述两项措施：

1）在电阻 R_1 的桥臂上串接非线性元件稳压管VS，其阻值随外加励磁电压的大小改变而变化，当电压升高时，非线性电阻下降；反之则上升。这样一来，随着励磁电压变化，非线性电阻时刻改变电桥的平衡条件，在某一个电压下的死区，在另一个电压下则为动作区，从而减小了拒动的概率。

2）转子偏心和磁路不对称等原因产生转子绕组的交流电压，使转子绕组中点对地电压不保持为零，而是在一定范围内波动，利用这个波动电压来消除保护死区。

3. 叠加交流电压测量励磁回路对地导纳的一点接地保护

利用叠加交流电压测量励磁回路对地导纳原理的一点接地保护仅反映励磁回路对地电导的变化，而与其对地电容无关，并且对不同地点保护的灵敏度不变，因此，该保护适用于大型机组。

利用导纳继电器的叠加交流电压测量励磁回路对地导纳的一点接地保护原理如图7-24所示，图中，1UA、2UA为中间变流器，整流器1U、2U和电阻 R_1、R_2 组成两电气量幅值比较回路，R_n 和 R_m 是整定电阻，L 和 C 组成50Hz带通滤波器。其中，C 还起隔直作用，励磁回路对地分布绝缘电阻和分布电容以集中参数 R_y 和 C_y 表示，对应电导 $g_y=1/R_y$，$b_y=\omega C_y$。

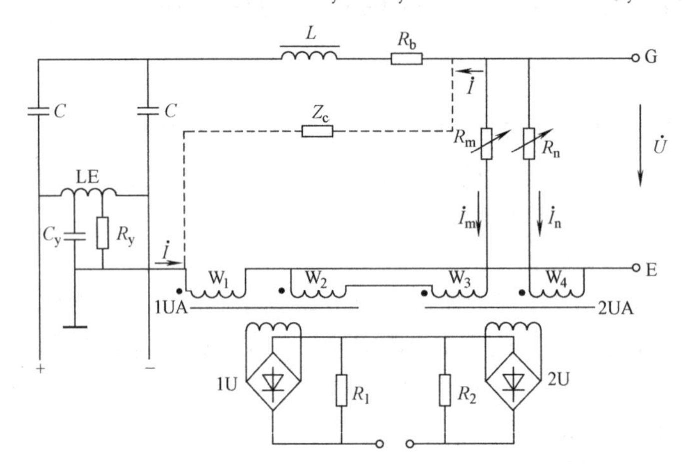

图7-24　叠加交流电压测量励磁回路对地导纳的一点接地保护原理图

50Hz交流电压$\dot{U}$经附加电阻 R_b，滤波器 L、C 和变流器1U的一次绕组 W_1 叠加到励磁绕组与地之间，构成测量回路，测量回路电流为$\dot{I}$。电压$\dot{U}$同时加到整定电阻 R_n、R_m，变流器1UA的一次绕组 W_2 和2UA的一次绕组 W_3、W_4 所构成的整定回路上，整定回路电流为$\dot{I}_n$和$\dot{I}_m$。

设1UA和2UA每个一次绕组与二次绕组匝数比为 K，并将其漏抗略去不计，将 W_2、W_3 和 W_4 的有效电阻归入 R_n 和 R_m 之中，规定保护装置的动作方程为

$$\left|\frac{1}{K}\left(\dot{I}-\dot{I}_m\right)\right| \leqslant \left|\frac{1}{K}\left(\dot{I}_n-\dot{I}_m\right)\right| \tag{7-28}$$

将 $\dot{I}=\dfrac{\dot{U}}{Z}$，$\dot{I}_m=\dfrac{\dot{U}}{R_m}$，$\dot{I}_n=\dfrac{\dot{U}}{R_n}$，$Y=\dfrac{1}{Z}$，$g_m=\dfrac{1}{R_m}$，$g_n=\dfrac{1}{R_n}$代入式（7-28），可得用导纳表示的上述动作方程，即

$$|Y-g_m| \leqslant |g_n-g_m| \tag{7-29}$$

而动作的边界条件为

$$|Y-g_m|=|g_n-g_m| \tag{7-30}$$

式中，当 R_m 和 R_n 整定好，g_m 和 g_n 为常数。Y 是图 7-24 中 G、E 两端的测量导纳，其等效电路图如图 7-25 所示。

测量导纳 Y 随励磁回路的对地电导和容纳而变化，式（7-30）表示测量导纳 Y 的轨迹在导纳复平面上是一个圆。圆心 $Y_{c.set}=g_m$，半径 $|Y_{r.set}|=|g_n-g_m|$。$Y_{c.set}$、$Y_{r.set}$ 称为整定导纳。如图7-26所示，在正常运行时，测量导纳的末端在圆外（见图 7-26 中 A 点）。当发生接地故障后，对地电导变大，如 Y 的末端进入圆内，则保护装置动作。

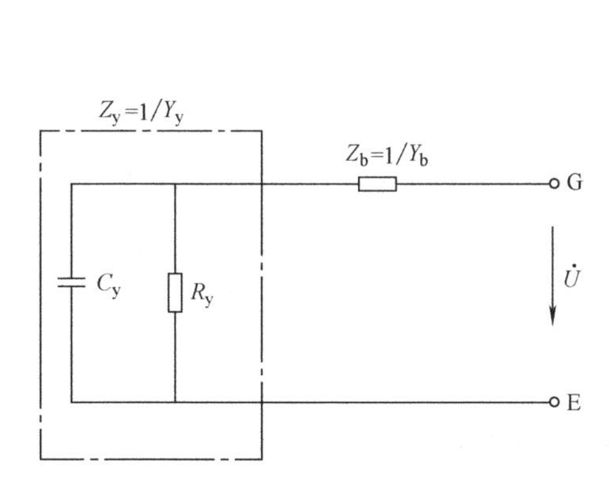

图 7-25　测量导纳 Y 的等效电路

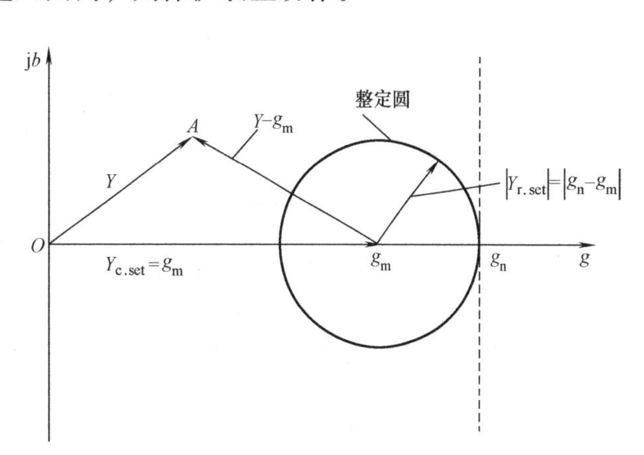

图 7-26　保护整定圆

图 7-24 中，励磁回路对地导纳为

$$Y_y=\frac{1}{Z_y}=\frac{1}{R_y}+j\omega C_y=g_y+j\omega C_y \tag{7-31}$$

附加阻抗为

$$Z_b=R_b=\frac{1}{Y_b}=\frac{1}{g_b} \tag{7-32}$$

测量阻抗为

$$Y=\frac{1}{Z}=\frac{1}{Z_b+Z_y} \tag{7-33}$$

将式（7-31）和式（7-32）代入式（7-33）中，可得

$$Y=\frac{g_b(g_y+jb_y)}{g_b+(g_y+jb_y)}=\frac{g_b^2g_y+g_bg_y^2+g_bb_y^2+jg_b^2b_y}{(g_b+g_y)^2+b_y^2} \tag{7-34}$$

式（7-34）中的实部和虚部分别为

$$x=\frac{g_b^2g_y+g_bg_y^2+g_bb_y^2}{(g_b+g_y)^2+b_y^2} \tag{7-35}$$

$$y=\frac{g_b^2b_y}{(g_b+g_y)^2+b_y^2} \tag{7-36}$$

式中，g_b 为常数，g_y 为常数，当 b_y 变化时，可解出

$$\left[x-\frac{g_b(g_b+2g_y)}{2(g_b+g_y)}\right]^2+y^2=\left[\frac{g_b^2}{2(g_b+g_y)}\right]^2 \tag{7-37}$$

式（7-37）表示测量导纳在复平面上轨迹是一个圆，圆心坐标为$\left[\dfrac{g_b(g_b+2g_y)}{2(g_b+g_y)},\ 0\right]$，半径为$\dfrac{g_b^2}{2\ (g_b+g_y)}$，圆心位置和半径大小与$b_y$是否变化无关，故称该圆为等电导圆。在某一确定$g_y$下，令$y=0$代入式（7-36）中可求出某确定等电导圆与$g$轴的两个交点$g_1(g_b,\ 0)$和$g_2\left(\dfrac{g_b g_y}{g_b+g_y},0\right)$。$g_1$点是所有等电导圆共同的交点。$g_2$点随$g_y$减小在轴上向左移动。当$b_y$为常数，$g_y$变化时，由式（7-35）和式（7-36）可解出

$$(x-g_b)^2+\left(y-\frac{g_b^2}{b_y}\right)^2=\left(\frac{g_b^2}{2b_y}\right)^2 \tag{7-38}$$

式（7-38）表示测量导纳在复平面上轨迹是一个圆，圆心坐标为$\left(g_b,\ \dfrac{g_b^2}{b_y}\right)$，半径为$\dfrac{g_b^2}{2b_y}$。点$g_1(g_b,\ 0)$仍是所有等电纳圆公共的交点，等电纳圆与直线$g=g_b$的另一交点以及圆心坐标都随$b_y$减小而沿直线$g=g_b$向上移动，同时半径也随之加大。

在实际运行中，发电机励磁回路对地分布电容C_y基本不变，可近似认为b_y为常数，在$R_y\left(=\dfrac{1}{g_y}\right)=2\text{k}\Omega$下，可得到如图7-27所示整定的等电导圆，其圆心及半径为

$$Y_{\text{C. set}}=g_m=\frac{g_b(g_b+2g_y)}{2\ (g_b+g_y)} \tag{7-39}$$

$$Y_{\text{r. set}}=|g_n-g_m|=\frac{g_b^2}{2(g_b+g_y)} \tag{7-40}$$

以上两式中，g_b为常数，将已给定g_y代入上两式，调整R_m、R_n可得到既定的等电导圆，如机组$C_y=1\mu\text{F}$，测量导纳Y的端点沿图7-27中$C_y=1\mu\text{F}$的虚线（等电纳圆）移动，当Y增大而落入$R_y=2\text{k}\Omega$整定电导圆内时，导纳继电器动作。

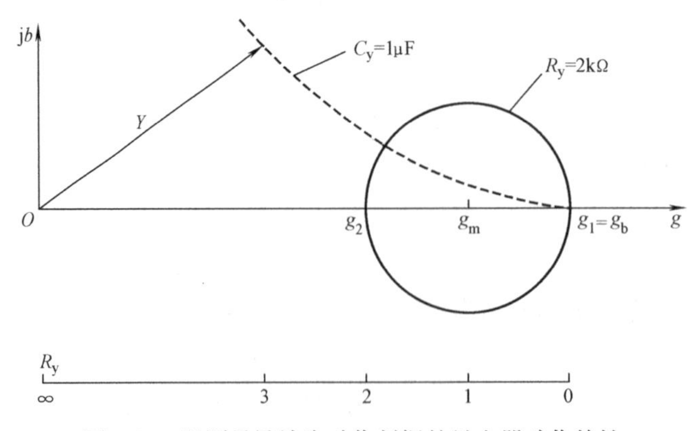

图7-27　以测量导纳为动作判据的继电器动作特性

7.5.2　励磁回路两点接地保护

1. 利用电桥原理构成的励磁回路两点接地保护

励磁回路两点接地故障是一种严重的故障，由于故障点流过相当大的短路电流，将产生

电弧，因而会烧伤转子；部分励磁绕组被短接，造成转子磁场发生畸变，力矩不平衡，致使机组振动；接地电流可能使汽轮机汽缸磁化。因此励磁回路两点接地保护通常作用于断路器延时跳闸停机。

目前广泛采用的励磁回路两点接地保护，是利用四臂电桥原理构成的。通常全长只装设一套，在发电机转子发生永久性一点接地时投入工作。装置的原理接线图如图 7-28 所示。

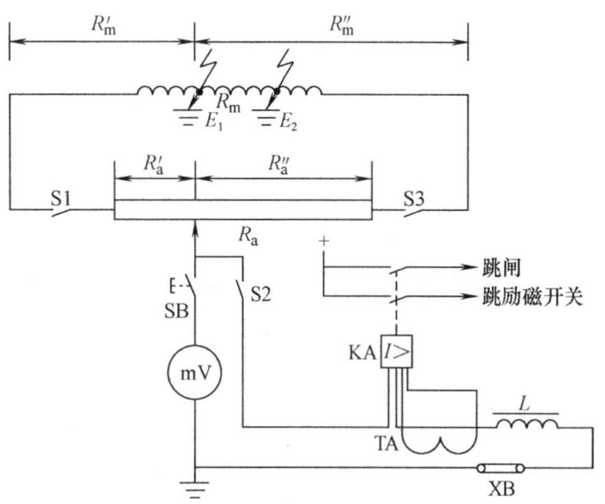

图 7-28　电桥式转子两点接地保护的原理接线图

电桥中，由励磁绕组的电阻 R_m 和附加可调电阻 R_a 组成桥臂。当励磁绕组的 E_1 点接地时，E_1 点就将励磁绕组的电阻分成两部分R'_m和R''_m。这时，合上刀闸开关 S1 和 S3，按下按钮 SB，调节附加可调电阻 R_a 的滑动臂，使毫伏表指示值为零，则电桥达到平衡状态，各臂电阻满足下述关系式：

$$\frac{R'_m}{R''_m}=\frac{R'_a}{R''_a}$$

用毫伏表调好电桥的平衡后，再合上刀闸开关 S2，将电流继电器接在电桥的对角线上。由于电桥处在平衡状态，电流继电器 KA 中没有电流流过，故不会动作。当励磁绕组发生第二点 E_2 接地时，电桥的平衡臂破坏，于是继电器中流过电流。当电流大于它的动作电流值时，继电器就会动作。通过继电器的电流数值取决于电桥的不平衡程度：E_2 点离 E_1 越远，通过继电器的电流越大；反之，E_2 离 E_1 点越近，通过继电器的电流越小。当 E_2 点离 E_1 点近得使通过跨地区的电流小于继电器的动作电流时，继电器就不会动作。这个动作范围就是保护装置的死区。在保护死区发生两点接地时，可以用毫伏表来寻找接地故障。

上面所谈的电桥平衡只是对直流而言。实际上，由于发电机定子和转子间的空气隙不均匀，以致闯过励磁绕组的磁通发生脉动，因而在励磁绕组中产生交流电动势。当保护装置投入后，虽然对直流电阻来说，电桥是平衡的，但对于交流电阻来说，电桥却不一定平衡，因此继电器中流过交流电流。当此电流足以使电流继电器动作时，保护就会误动作。

为了消除交流分量的影响，通常采用下述两个措施。

1）在电流继电器线圈回路中串联一个电抗线圈 L，以增大回路的交流阻抗，从而减少交流分量的影响。由于电抗线圈的直流电阻很小，故对直流分量影响不大。

2）采用一个 ZBZ-1 型电流继电器（见图 7-28），这种继电器有两个线圈，一个是工作线圈，直接接在电桥回路；另一个是补偿线圈，它通过一个电流比为 1∶1 的电流互感器接在电桥回路中。当电桥的对角线上流过交流电流时，两线圈产生的磁通相消，可以消除交流分量的影响；而当电桥的对角线上流过直流时，由于电流比为 1∶1 的电流互感器不传直流，补偿线圈中没有电流流过，只有工作线圈中有直流流过，因此保护动作不受影响。

电流继电器的动作电流必须大于由于电桥调整得不精确而引起的不平衡直流分量电流，并大于由于电流比为 1∶1 的中间电流互感器的补偿不完全而引起的不平衡交流分量电流。通常电流继电器整定值为 70mA。保护的动作时限要考虑躲过瞬时出现的两点接地故障，通常整定为 1~1.5s。专用的附加可调电阻 R_a 的阻值按额定励磁电压下通过约 5A 电流的条件选择。

这种保护装置的优点是结果简单、价格低廉；缺点是死区大，约为10%，在某些点发生接地短路时，保护甚至不能动作。例如，当第一个接地点E_1发生在转子集电环附近时，则无论第二个接地点E_2发生在什么地方，都不能使电流继电器动作；又如，当第一个接地点发生在励磁机励磁回路时，保护也不能动作，因为调节磁场变阻器时，会破坏电桥的平衡，使保护误动作。此外，由于本保护装置只能在转子一点接地后投入，这对于某些接地故障可能发展很快的发电机作用不大，如双水内冷发电机，由于漏水引起的接地故障，实际上是历时很短的励磁绕组部分匝间短路并接地的故障，而本装置必须在调节平衡后才能投入，往往在调节平衡的过程中转子就已经受到严重损坏。

2. 反映发电机定子电压二次谐波分量的励磁回路两点接地保护

这种发电机转子两点接地及匝间短路保护基于反映发电机定子电压二次谐波分量的原理。当发电机转子绕组两点接地或匝间短路时，气隙磁通分布的对称性遭到破坏，出现偶次谐波，发电机定子绕组每相感应电动势中出现偶次谐波分量。因此利用定子电压的二次谐波分量可以实现对转子两点接地及匝间短路保护。

通过分析发现，转子侧发生两点接地或匝间短路故障时，在定子侧形成二次谐波电压的相序与发电机外部不对称短路故障时产生的负序电流所形成的定子二次谐波电压的相序正好相反，因此利用这一特征可以实现灵敏度更高的转子两点接地保护。

7.6　发电机的失磁保护

7.6.1　发电机失磁的原因及其影响

发电机失磁一般是指发电机的励磁电流突然全部消失或部分消失。引起失磁的原因主要有转子绕组故障、励磁机故障、自动灭磁开关误跳闸、半导体励磁系统中某些元件损坏或回路发生故障以及误操作等。

当发电机完全失去励磁时，励磁电流将逐渐衰减至零。由于发电机的感应电动势$\dot{E}_d$随励磁电流的减小而减小，因此发电机的电磁转矩也将小于原动机转矩，引起转子加速，使发电机功角δ增大。当δ超过静态稳定极限角时，发电机与系统失去同步而进入异步运行。发电机失磁后将从电力系统中吸取感性无功功率。

当发电机转速超过同步转速后，在转子本体表层和转子绕组中产生差频电流，由此产生平均异步转矩，它随转差率增加，当平均异步转矩与原动机转矩达到新的平衡时，发电机进入稳定的异步运行状态。

当发电机失磁后进入异步运行时，对电力系统和发电机的影响如下：

1）使系统出现无功功率缺额。发电机失磁后，不但不能向系统送出无功功率，而且还要从系统吸取无功功率以建立磁场，这就使系统出现无功缺额。发电机吸取的无功功率的多少取决于发电机的参数和异步运行时的转差率。如果系统的无功功率储备不足，则将引起系统电压的下降，甚至会使电力系统因为电压崩溃而瓦解。

2）造成其他发电机过电流。为了供给失磁发电机无功功率，可能造成系统中其他发电机过电流。失磁发电机容量在系统中所占比重越大，这种过电流越严重。如果过电流的发电机保护动作跳闸，则会使无功功率缺额更大，造成系统电压进一步下降，严重时会因为电压崩溃而瓦解系统。

3）由于转子损耗增大而造成转子局部过热。发电机失磁后，转子和定子磁场间出现了速度差，定子旋转磁场切割转子，就在转子回路中感应出转差频率的电流，引起附加温升。此电流沿转子表面流到转子端部后，会出现很高的电流密度，在槽楔与齿壁之间、齿与护环之间的接触面上引起局部高温。转子和定子磁场的速度差越大，转子感应电流越大，转子过热就越严重。发电机异步运行时，转子的容许损耗不得超过励磁机的额定有功功率。

4）发电机受交变的异步转矩的冲击而发生振动。发电机的磁路越不对称，则交变的异步转矩越大，发电机的振动就越厉害。实际运行的转差率越大，振动也越厉害。

发电机失磁对发电机本身的危害，并不像发电机内部短路那样迅速地表现出来。大型机组突然跳闸会给机组本身造成大的冲击，对系统也会加重扰动。因此，除水轮发电机的失磁保护直接动作于跳闸外，一般汽轮发电机的失磁保护仅动作于减负荷，转入低负荷异步运行。如不能在允许的异步运行时间里消除失磁因素，保护将再动作于跳闸。若大型机组失磁而危及系统安全时，保护应尽快断开失磁发电机。

7.6.2　电机失磁后的机端测量阻抗

阻抗继电器是失磁保护中的主要检测元件，因而有必要将失磁过程放在阻抗复平面上分析。下面以与无限大系统并列运行的隐极式发电机为例来讨论，其等效电路图如图 7-29 所示。

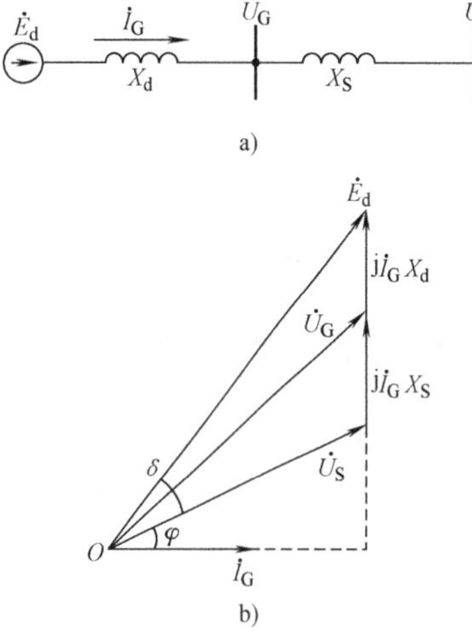

图 7-29　发电机与无限大系统并列运行

a）等效电路　b）相量图

图中，$\dot{E}_d$ 为发电机的同步电动势；$\dot{U}_G$ 为发电机端的相电压；$\dot{U}_S$ 为无限大系统的相电压；$\dot{I}_G$ 为发电机的定子电流；X_d 为发电机的同步电抗；X_S 为发电机与系统之间的联系电抗；$X_\Sigma = X_d + X_S$；φ 为受端的功率因数角；δ 为$\dot{E}_d$ 和$\dot{U}_S$ 之间的夹角。

由电机学理论可知，发电机送到受端的有功功率及无功功率为

$$\begin{cases} P=\dfrac{E_d U_S}{X_\Sigma}\sin\delta \\ Q=\dfrac{E_d U_S}{X_\Sigma}\cos\delta-\dfrac{U_S^2}{X_\Sigma} \end{cases} \tag{7-41}$$

受端的功率因数角为

$$\varphi=\arctan\frac{Q}{P} \tag{7-42}$$

正常运行时，$\delta<90°$。若不考虑励磁调节器的作用，$\delta=90°$为静稳定运行的极限。当$\delta>90°$时，发电机从失磁开始到稳定异步运行，通常分为失磁开始到失步前、临界失步点和失步后异步运行三个阶段进行分析。

1. 失磁开始到失步前

在这一阶段中，发电机的励磁电流逐渐衰弱，E_d 也随之下降。由式（7-41）可知，发电机送出的有功功率 P 开始减少。由于原动机的机械功率还来不及变化，于是转子逐渐加速，$\dot{E}_d$ 和 $\dot{U}_S$ 之间的功率角 δ 随之增大，使 P 回升。P 在失步前虽然有波动，但是，P 的平均值基本保持

不变，这一过程称为等有功过程。与此同时，由式（7-41）可以看出，无功功率 Q 随着 E_{d} 的减少和 δ 的增加而迅速减少，还会变成负值，即发电机变为吸收感性无功功率。

发电机从失磁开始到失步前，机端测量阻抗

$$
\begin{aligned}
Z_{\mathrm{G}} &= \frac{\dot{U}_{\mathrm{G}}}{\dot{I}_{\mathrm{G}}} = \frac{\dot{U}_{\mathrm{S}}+\dot{I}_{\mathrm{G}}\mathrm{j}X_{\mathrm{S}}}{\dot{I}_{\mathrm{G}}^{*}} = \frac{\dot{U}_{\mathrm{S}}\hat{\dot{U}}_{\mathrm{S}}}{\dot{I}_{\mathrm{G}}\hat{\dot{U}}_{\mathrm{S}}}+\mathrm{j}X_{\mathrm{S}} \\
&= \frac{U_{\mathrm{S}}^{2}}{\dot{W}}+\mathrm{j}X_{\mathrm{S}} \\
&= \frac{U_{\mathrm{S}}^{2}}{2P}\frac{P-\mathrm{j}Q+P+\mathrm{j}Q}{P-\mathrm{j}Q}+\mathrm{j}X_{\mathrm{S}} \\
&= \frac{U_{\mathrm{S}}^{2}}{2P}\left(1+\frac{P+\mathrm{j}Q}{P-\mathrm{j}Q}\right)+\mathrm{j}X_{\mathrm{S}} \\
&= \frac{U_{\mathrm{S}}^{2}}{2P}\left(1+\frac{W\mathrm{e}^{\mathrm{j}\varphi}}{W\mathrm{e}^{-\mathrm{j}\varphi}}\right)+\mathrm{j}X_{\mathrm{S}} \\
&= \left(\frac{U_{\mathrm{S}}^{2}}{2P}+\mathrm{j}X_{\mathrm{S}}\right)+\frac{U_{\mathrm{S}}^{2}}{2P}\mathrm{e}^{\mathrm{j}2\varphi}
\end{aligned}
\tag{7-43}
$$

式中，U_{S}、X_{S} 和 P 为常数，而 Q 和 φ 为变量。显然，在阻抗复平面上端点的轨迹是圆，如图 7-30a 所示，原圆心 O' 坐标为 $\left(\frac{U_{\mathrm{S}}^{2}}{2P}, X_{\mathrm{S}}\right)$，半径为 $\frac{U_{\mathrm{S}}^{2}}{2P}$，由于该圆是在有功功率不变的条件下得出的，故这个圆习惯上称为等有功阻抗圆。由式（7-43）还可以看出，机端测量阻抗的轨迹与送往系统的有功功率 P 有关，对于不同的 P，有不同的等有功阻抗圆，圆的半径与 P 成反比，如图 7-30b 所示。

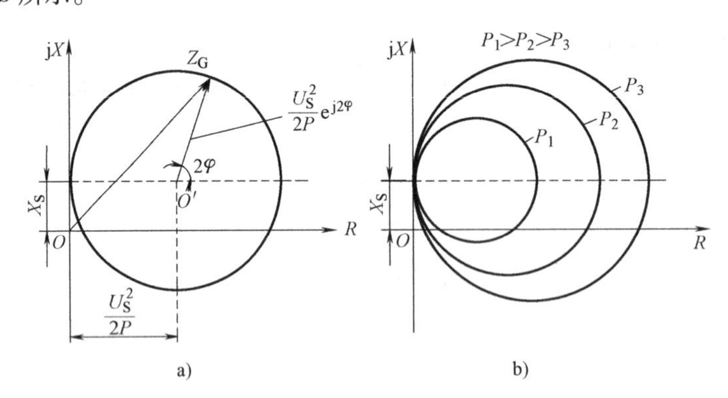

图 7-30　等有功阻抗圆

a）等有功阻抗圆示意　b）不同有功功率时的等有功阻抗圆

由图 7-30 可见，失磁前发电机送出有功和无功功率，机端测量阻抗 Z_{G} 位于阻抗复平面的第一象限内。失磁开始到失步前，随着 Q、φ 的减少，机端测量阻抗的端点沿着等有功圆向第四象限移动。

2. 临界失步点

当 δ 增加到 90°时，汽轮发电机处于静态稳定极限，此时失磁发电机送至系统的无功功率，根据式（7-41）应为

$$Q=-\frac{U_S^2}{X_d+X_S}=常数 \tag{7-44}$$

式中，Q 为负值，表明发电机已经从系统吸收无功功率。这种情况下，机端测量阻抗为

$$\begin{aligned} Z_G &= \frac{\dot{U}_G}{\dot{I}_G}=\frac{U_S^2}{P-jQ}+jX_S \\ &= \frac{U_S^2}{-j2Q}\cdot\frac{P-jQ-(P+jQ)}{P-jQ}+jX_S \\ &= \frac{U_S^2}{-j2Q}(1-e^{j2\varphi})+jX_S \end{aligned} \tag{7-45}$$

将式（7-44）代入式（7-45），经过整理可以得到

$$Z_G=-j\frac{X_d-X_S}{2}+j\frac{X_d+X_S}{2}e^{j2\varphi} \tag{7-46}$$

式中，仅 φ 为变量，所以式（7-46）也是一个圆方程式，其圆心 O' 的坐标为 $\left(0,\ -\frac{X_d-X_S}{2}\right)$，半径为 $\frac{X_d+X_S}{2}$，如图 7-31 所示。该圆称为临界失步阻抗圆或等无功圆。

临界失步阻抗圆表示汽轮发电机失磁前带不同的有功功率 P，失磁后达到临界失步时，机端测量阻抗的轨迹。临界失步阻抗圆的内部为失步区。

3. 失步后的异步运行阶段

失磁发电机进入稳态异步运行时，其等效电路如图 7-32 所示。

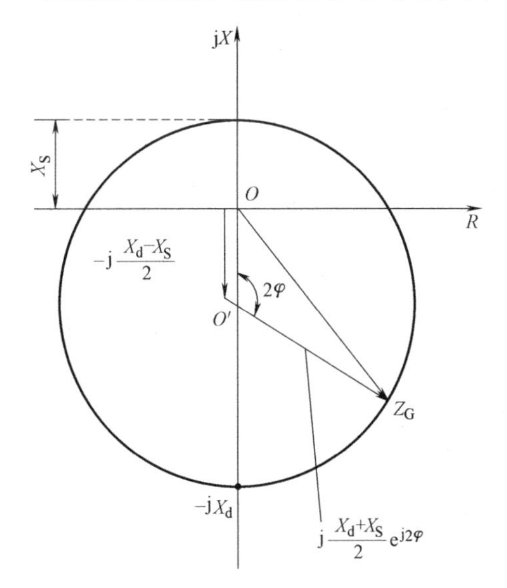

图 7-31　等无功阻抗圆

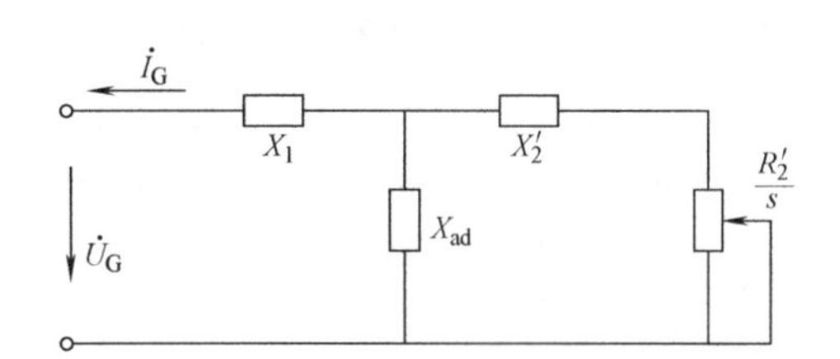

图 7-32　发电机异步运行时的等效电路

按照图中规定的电流正方向，机端测量阻抗为

$$Z_G=-\left[jX_1+\frac{jX_{ad}\left(\frac{R_2'}{s}+j\,X_2'\right)}{\frac{R_2'}{s}+jX_{ad}+X_2'}\right] \tag{7-47}$$

式中，X_1 为定子绕组漏抗；X_2'、R_2'分别为归算至定子侧的转子回路漏抗及电阻；X_{ad}为定、转子之间的互感抗；s 为转差率。

当发电机空载下失磁时，转差率 $s\approx0$，$\dfrac{R_2'}{s}\approx\infty$，此时机端测量阻抗最大

$$Z_G=-jX_1-jX_{ad}=-jX_d \tag{7-48}$$

发电机失磁前带有很大的有功功率，失磁后进入稳态异步时转差率很高，极限情况是 $s\to\infty$，$\dfrac{R_2'}{s}\to0$，此时 Z_G 有最小值

$$Z_G=-j\left(X_1+\frac{X_2'X_{ad}}{X_2'+X_{ad}}\right)=-jX_d' \tag{7-49}$$

综上所述，当一台发电机失磁前在过激状态下运行时，其机端测量阻抗位于复平面的第一象限内（见图7-33中的 a 或a'点），失磁后，测量阻抗沿等有功功率圆向第四象限移动。当它与临界失步阻抗圆相交时（b 或b'点），表明机组运行处于静稳定的极限。越过静稳定边界后，机端转入异步运行，最后稳定运行在第四象限$-jX_d$ 至$-jX_d'$之间（c 或c'点附近）。

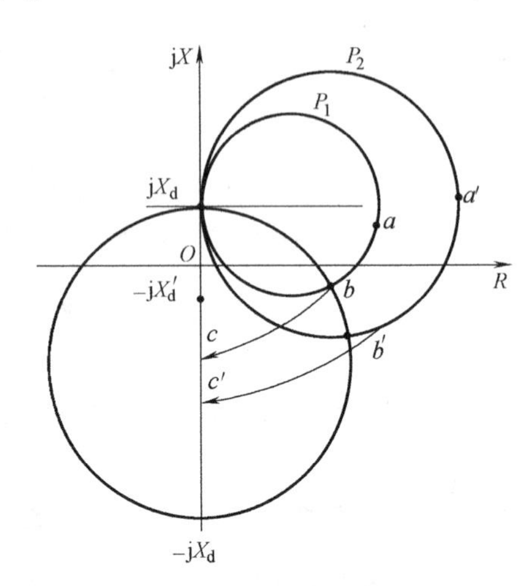

图7-33　失磁后机端测量阻抗轨迹

7.6.3　失磁保护的主要判据

失磁保护应能迅速而有选择性地检测出发电机的失磁故障，以便及时采取措施，保证机组和系统的安全。无论什么原因引起的失磁故障，都会使发电机定子回路的参数发生变化，因此，失磁保护都是利用定子回路参数的变化来检测失磁故障。失磁保护常采用以下主要判据：

1）在失磁过程中，发电机由送出无功功率变为从系统吸收无功功率，无功功率改变了方向。这一变化可以作为发电机失磁保护的一种判据。

2）发电机失磁后，机端测量阻抗的轨迹由阻抗复平面的第一象限进入第四象限。当机端测量阻抗的端点越过临界失步圆周时，对系统和机组的危害才表现出来。因此，把静稳定边界作为鉴别失磁故障的另外一个判据。

3）当发电机与系统之间发生振荡时，在系统阻抗为零，电源电动势之间夹角 δ 为180°的最严重情况下，如图7-34所示，机端测量阻抗 $Z_G=-\dfrac{1}{2}jX_d'$。

在其他 δ 角时，测量机端阻抗的轨迹将沿直线 MN 变化。系统阻抗不为零时，MN 线将向上平移。另外，发电机失磁后进入稳态异步运行时，机端测量阻抗的端点落在$-jX_d$ 至$-jX_d'$之间，也落在圆心O'在 jX 轴上、圆周过$-\dfrac{1}{2}jX_d'$和$-jX_d$的异步边界阻抗圆内，而振荡时，机端测量阻抗的端点不会落入此圆内。因此，也可以把异步边界作为失磁保护的第三种判据。

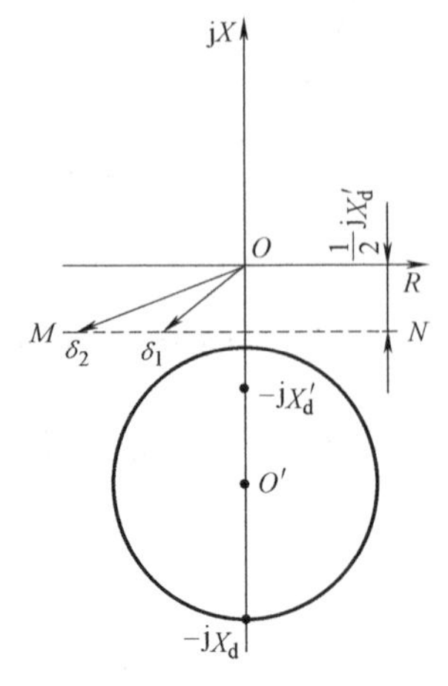

图7-34　异步边界阻抗圆

7.6.4 失磁保护的辅助判据

以静稳定边界或异步边界作为判据的失磁阻抗继电器能够鉴别正常运行与失磁故障。但是，在发电机外部短路、系统振荡、长线路充电、自同期并列以及电压回路断线等，失磁继电器可能误动作。因此，必须利用其他特征量作为辅助判据，增设辅助元件，才能保证保护的选择性。在失磁保护中，常用的辅助判据和闭锁措施有如下几种：

1）当发电机失磁时，励磁电压要下降。在外部短路、系统振荡过程中，励磁直流电压不会下降，反而会因为强行励磁作用而上升。但是，在系统振荡、外部短路的过程中，励磁回路会出现交变分量电压，它叠加于直流电压之上使励磁回路电压有时过零。此外，在失磁后的异步运行过程中，励磁回路还会产生较大的感应电压。由此可见，励磁电压是一个多变的参数，通常把它的变化作为失磁保护的辅助判据。

2）发生发电机失磁故障时，三相定子回路的电压、电流是对称的，没有负序分量。在短路或短路引起振荡的过程中，总会短时或整个过程中出现负序分量。因此，可以利用负序分量作为辅助判据，防止失磁保护在短路或短路伴随振荡的过程中误动。

3）系统振荡过程中，机端测量阻抗的轨迹只可能短时穿过失磁继电器的动作区，而不会长时间停留在动作区内。因此失磁保护带有延时可以躲过振荡的影响。

自同期过程是失磁的逆过程。当合上出口断路器后，机端测量阻抗的端点位于异步阻抗边界以内，不论采用哪种整定条件，都使失磁继电器误动作。随着转差的下降及同步转矩的增长，失磁继电器逐步退出动作区，最后进入复数阻抗平面的第一象限，继电器返回。自同期属于正常操作过程，因而可以采取在自同期过程中把失磁保护装置解除的办法来防止它误动作。

电压回路断线时，加于继电器上的电压的大小和相位发生变化，可能引起失磁保护误动作。由于电压回路断线后三相电压失去平衡，利用这一特点构成断相闭锁元件，对失磁保护闭锁。

7.6.5 失磁保护的构成方式

大型发电机失磁后，当电力系统或发电机本身的安全运行遭到威胁时，应将故障的发电机切除，以防止故障扩大。完整的失磁保护通常由发电机机端测量阻抗判据、转子低电压判据、变压器高压侧低电压判据和定子过电流判据构成。失磁保护的逻辑图如图7-35所示。

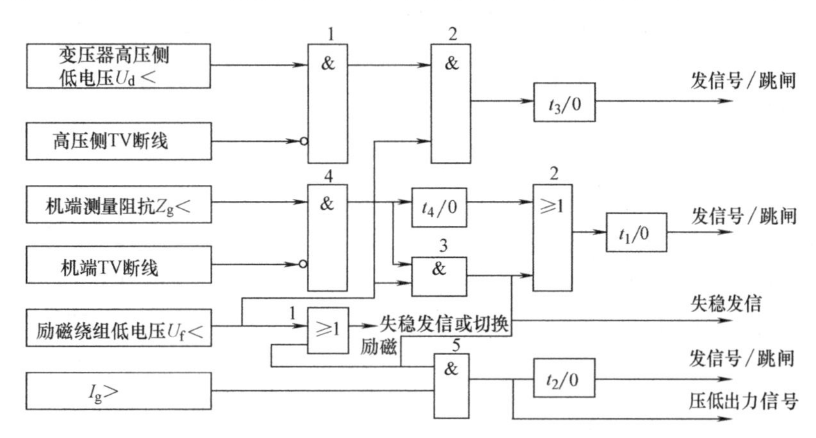

图7-35 发电机失磁保护的逻辑图

图7-35中以机端阻抗判据作为失磁保护的主要判据。一般情况下，阻抗整定边界为静稳定边界圆，故也称为静稳定边界判据。当定子静稳定判据和转子低电压判据同时满足时，测定发电机已失磁失稳，经与门3和延时 t_1 后出口切除发电机。若因为某种原因，造成失磁转子低电压判据拒动，定子静稳判据也可以单独出口切除发电机，此时为了单个元件动作可靠性，增加了延时 t_4 出口。

转子低电压判据满足时发失磁信号，并输出切换励磁命令，此判据可以预测发电机是否因失磁而失去稳定，从而在发电机尚未失去稳定之前及早采取措施（如切换励磁），防止事故扩大。转子低电压判据满足，并且静稳边界判据满足，则经与门3，电路也将迅速发出失稳信号。此信号表明发电机由失磁导致失去了静稳定，将进入异步运行。

汽轮机在失磁时一般可允许异步运行一段时间，此期间由定子过电流判据进行监测。若定子电流大于1.05倍额定电流，表明平均异步功率超过50%的额定功率，发出压低出力命令，压低发电机出力后，允许汽轮机继续稳定异步运行一段时间。稳定异步运行一般允许t_2=2~15min，经 t_2 之后再发出跳闸命令。这样对安全运行具有很大意义。如果出力在 t_2 内不能压下来，而过电流判据又一直满足，则发跳闸命令以保证发电机本身安全。

对于无功储备不足系统，当发电机失磁后，有可能在发电机失去静稳定之前，高压侧电压就达到系统崩溃值。所以转子低电压判据满足并且高压侧低电压判据满足时，说明发电机失磁已造成对电力系统安全的威胁，经与门2和短延时 t_3 发出跳闸命令，迅速切除发电机。

为了防止电压互感器回路断线造成失磁保护误动作，变压器高低压侧均装有TV断线闭锁元件。

7.6.6　发电机失磁保护的整定计算

失磁保护利用定子回路电气参数的变化作为主要判据，如无功功率改变方向、超越静态边界、进入异步边界圆和临界崩溃电压等，另外还有一些辅助判据，如失磁过程中励磁电流和励磁电压下降、没有负序分量、测量阻抗长时间停留在失磁继电器的动作区内，或电压断线等。失磁保护可用上述一个或几个主要判据与辅助判据一起组合而成。

1. 由下抛圆特性阻抗元件构成失磁保护

这种失磁保护是根据因失磁而引起失步并达到稳定异步运行时的机端测量阻抗从第一象限向第四象限移动的特点而构成的，动作特性及框图如图7-36所示。

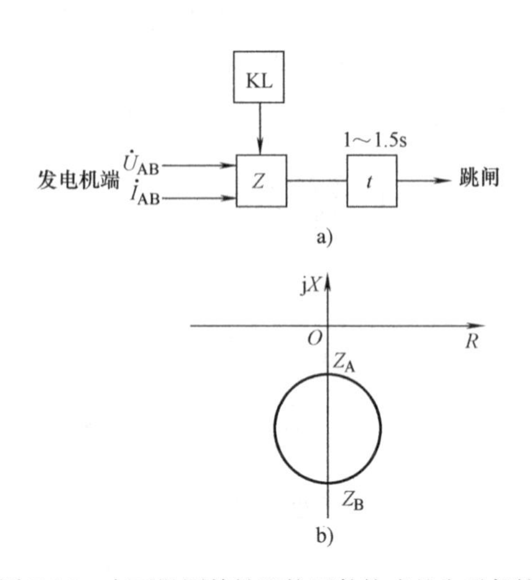

图7-36　由下抛圆特性阻抗元件构成的失磁保护
a）框图　b）动作特性图

1）阻抗元件计算。

$$Z_A=-\frac{1}{2}X'_d\frac{U_{NG}}{\sqrt{3}I_{NG}}\frac{K_{TA}}{K_{TV}} \tag{7-50}$$

式中，X'_d为发电机直轴暂态电抗（标幺值）；U_{NG}、I_{NG}分别为发电机额定电压（kV）、额定电流（kA）。K_{TA}、K_{TV}分别为发电机回路电流和电压互感器的电压比。

$$Z_B=-K_{rel}X_d\frac{U_{NG}}{\sqrt{3}I_{NG}}\frac{K_{TA}}{K_{TV}} \tag{7-51}$$

式中，X_d 为发电机直轴同步电抗（标幺值）；K_{rel} 为可靠系数，取 1.2～1.5，发电机容量占系统容量比例大时取较大值。

2）动作时限，按躲过非全相振荡，一般取 1～1.5s。

3）图 7-36 中 KL 为断线闭锁继电器，为防止发电机电压回路断线时失磁保护误动作，采用零序电压闭锁继电器。

2. 用无功功率方向元件和低电压元件构成失磁保护计算

失磁保护由无功功率方向元件和低电压元件构成，如图 7-37 所示。整定计算如下。

（1）无功功率方向元件整定

发电机进相运行时，无功功率方向流向发电机，这时保护应动作。最大灵敏角为 270°（或-90°），动作区在第三、四象限。但实际使用为了可靠起见，一般整定动作区小于 180°，在 195°～345°之间，即边界线与 R 轴夹角为 15°。

（2）低电压元件整定

低电压元件是按系统稳定运行所允许的电压临界值整定，在临界电压一定条件下，机端测量阻抗 $Z=R+jX$ 的轨迹还可以用一个临界电压阻抗圆来描述，阻抗圆的计算如下：

1）以母线电压为计算点时如图 7-38 所示。整定圆的圆心为

$$\begin{cases} X_0'=\dfrac{-K^2X_\Sigma}{1-K^2} \\ R'=0 \end{cases} \tag{7-52}$$

圆半径为

$$r=\left|\frac{KX_\Sigma}{1-K^2}\right| \tag{7-53}$$

式中，K 为系数，一般取 0.5～0.75；X_Σ 为系统至发电机电压母线的电抗。

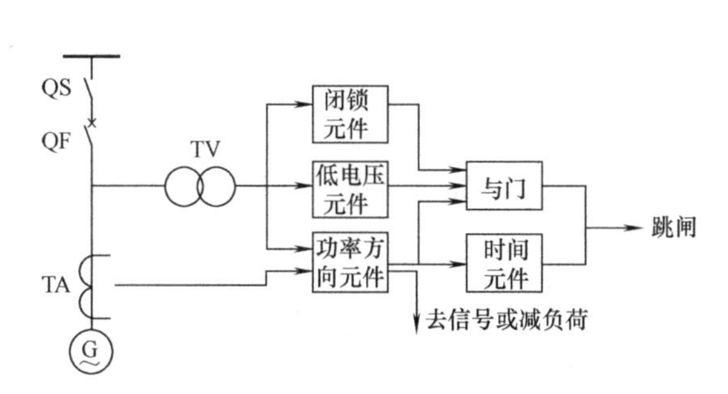

图 7-37　无功功率方向元件和低电压元件构成的失磁保护框图

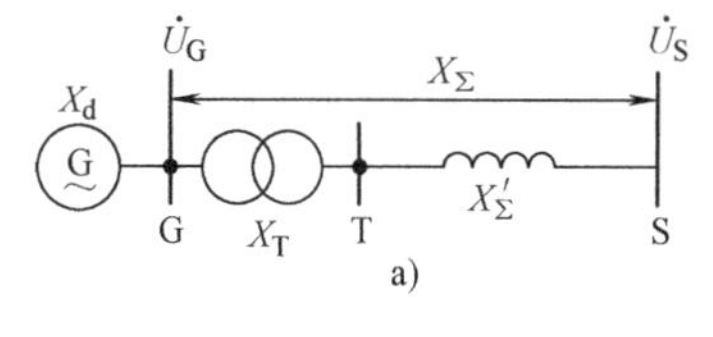

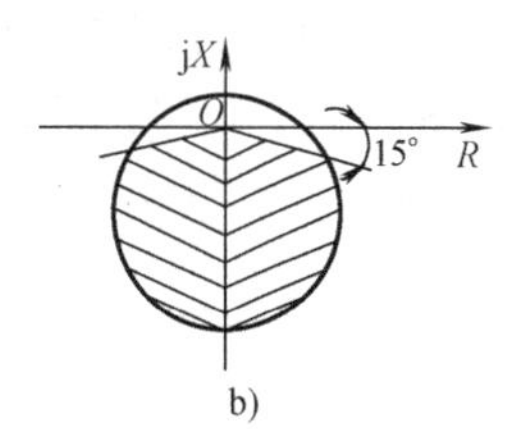

图 7-38　计算网络示意图及动作区

a）计算网络　b）动作区

2）对发电机-变压器组并以高压侧为计算点，整定圆的圆心为

$$\begin{cases} R'=0 \\ X_0'=X_B-\dfrac{K_{rel}^2X_\Sigma'}{1-K_{rel}^2} \end{cases} \tag{7-54}$$

圆半径为

$$r=\left|\frac{-K_{\mathrm{rel}}}{1-K_{\mathrm{rel}}^{2}}X_{\Sigma}'\right| \tag{7-55}$$

式中，K_{rel}为可靠系数，取0.8~0.9；X_{Σ}'为系统至变压器高压母线的电抗。

以上整定计算只在发电机容量相对系统容量较小时才正确。对于发电机容量相对于系统总容量较大时不适用，因为这时发电机失磁后主变高压侧电压可能先崩溃，然后才抵达临界失步。

3. 失磁保护整定计算

以静态稳定极限为判据所构成的失磁保护框图如图7-39所示，它由测量元件S、定子电压闭锁元件1KL、转子电压闭锁元件2KL和时间元件t_1等组成，测量元件以静态稳定极限角作为失磁保护判据。静态稳定极限角对隐极发电机（汽轮发电机）为90°，对汽轮发电机（水轮机发电机）小于90°。

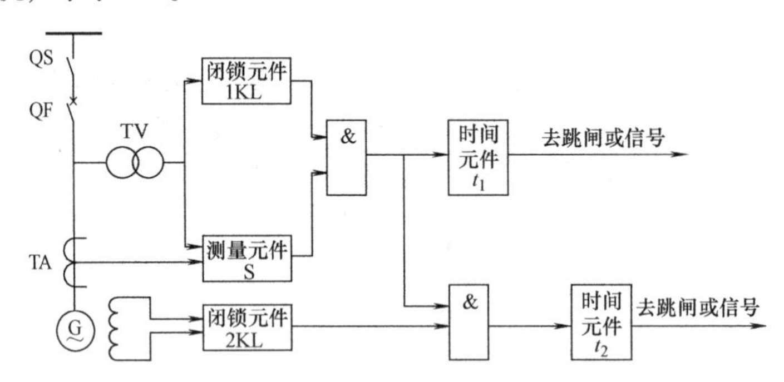

图7-39　以静态稳定极限为判据的失磁保护框图

（1）隐极发电机失磁保护的整定计算

当临界失步（$\delta=90°$）时机端测量电压为

$$|Z+\mathrm{j}X_{\mathrm{a}}|=|\mathrm{j}X_{\mathrm{b}}| \tag{7-56}$$

机端测量阻抗Z变化时，式（7-56）表示圆方程，其圆心及半径分别为

$$\begin{cases}Z_0=-\mathrm{j}X_{\mathrm{a}}\\ |Z_{\mathrm{r}}|=X_{\mathrm{b}}\end{cases} \tag{7-57}$$

X_{a}、X_{b}的改变可通过调整电抗变换器UX的气隙及匝数比来实现。

整定条件如下：设动作特性圆与纵轴相交A、B两点（见图7-40中曲线1），由原点指向A、B两点电抗，在数值上用X_{A}、X_{B}表示，则

$$\begin{cases}-\mathrm{j}X_{\mathrm{a}}=\mathrm{j}\dfrac{1}{2}(X_{\mathrm{A}}-X_{\mathrm{B}})\\ -\mathrm{j}X_{\mathrm{b}}=\mathrm{j}\dfrac{1}{2}(X_{\mathrm{A}}+X_{\mathrm{B}})\end{cases} \tag{7-58}$$

如令$X_{\mathrm{A}}=X_{\mathrm{xt}}$（$X_{\mathrm{xt}}$为发电机与系统的联系电抗），$X_{\mathrm{B}}=X_{\mathrm{d}}$（$X_{\mathrm{d}}$为发电机的同步电抗），则

$$\begin{cases}X_{\mathrm{a}}=\dfrac{1}{2}(X_{\mathrm{xt}}-X_{\mathrm{d}})\\ X_{\mathrm{b}}=\dfrac{1}{2}(X_{\mathrm{xt}}+X_{\mathrm{d}})\end{cases} \tag{7-59}$$

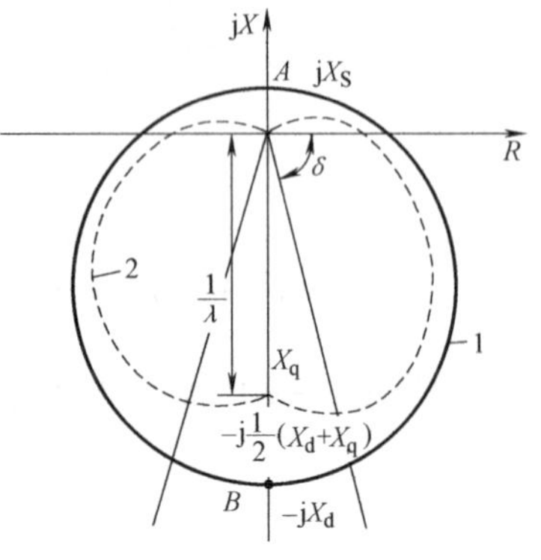

图7-40　以静态稳定极限为判据的失磁保护动作特性

（2）凸极发电机失磁保护的整定计算

因为凸极发电机的 $X_d \neq X_q$，所以它的稳定边界不是一个圆，而是一条苹果形的曲线（见图 7-40 中的曲线 2）。其整定计算如下：

1）将发电机的定子纵轴同步电抗标幺值 X_d^*、定子横轴同步电抗标幺值 X_q^* 及联系电抗 X_{xt}^* 的标幺值化为发电机额定情况下的电抗值。

2）将 X_d、X_q、X_{xt} 代入下式中求得无穷大系统母线端的测量电导 G_{xt}，电纳 B_{xt}。

$$\begin{cases} G_{xt} = \dfrac{1}{2}\left(\dfrac{1}{X_q + X_{xt}} - \dfrac{1}{X_d + X_{xt}}\right) \\ B_{xt} = \dfrac{1}{2}\left(\dfrac{1}{X_q + X_{xt}} - \dfrac{1}{X_d + X_{xt}}\right) \end{cases} \tag{7-60}$$

3）将 G_{xt}、B_{xt}、X_{xt} 分别代入下式可得凸极发电机临界失步时，机端测量电导 G_{GT} 及电纳 B_{GT}。

$$\begin{cases} G_{GT} = \dfrac{G_{xt}}{(1 + B_{xt} X_{xt})^2} \\ B_{GT} = \dfrac{B_{xt}}{(1 + B_{xt} X_{xt})^2} \end{cases} \tag{7-61}$$

4）按下式整定 λ 和 δ。

$$\begin{cases} \lambda = B_{GT} \\ \delta = \arctan \dfrac{G_{GT}}{K_{rel} \left| B_{GT} \right|} \end{cases} \tag{7-62}$$

式中，K_{rel} 为可靠系数，当 $X_{xt}^* < 0.4$ 时，$K_{rel} = 0.13$；当 $X_{xt}^* > 0.4$ 时，$K_{rel} = 0.15$（X_{xt}^* 是以发电机容量为基准容量的标幺值）。

4. 辅助判据及闭锁元件的整定

1）转子绕组电压闭锁元件 2KL 的整定应考虑在低励磁时能可靠动作。整定电压不能太高，否则在正常情况下励磁电压较低时可能误动作，使保护失去闭锁。但整定值也不能太低，否则在重负荷下低励磁，励磁电压元件可能不动，而导致保护拒动。究竟取多大，目前看法不一，有种方法是取动作电压稍低于空载励磁电压（U_{L0}），即

$$U_{op} = 0.8 U_{L0} \tag{7-63}$$

对于中小型机组，按式（7-63）取值就可以，对于大型机组来说该电压则偏低，可以取在实际可能最低负荷时在静态稳定边界上所对应的励磁电压，以尽量提高动作电压整定值。

2）负序电压闭锁元件 1KL 的整定值一般取 $0.2U_N$，其作用是防止相间短路时保护误动作。负序闭锁元件应有瞬时测定和必要的延时元件。

3）动作延时整定。对静态稳定边界为判据的失磁保护，当定子电路的判据能满足要求时，取长延时 1~1.5s 作用于自动减载或发信号。当定子和转子电路判据都能满足时，取短延时 0.2~0.3s 作用于跳闸（对水轮发电机）或动作于自动减载（对汽轮发电机）。

7.7 发电机相间短路后备保护及过负荷保护

7.7.1 过电流保护

发电机的过电流保护是发电机外部短路和定子绕组内部相间短路的后备保护，它的保护

范围一般包括升压变压器的高中压母线、厂用变压器低压侧和发电机电压母线上出线的末端。由于过电流保护的整定值需要考虑电动机自起动的影响，因而动作电流值较大，而发电机外部故障时稳态短路电流值往往很小，满足不了灵敏性的要求，因此过电流保护实际上只能够用在容量小于1000kW的发电机上。

7.7.2　复合电压启动的过电流保护

由于低电压继电器在电动机自起动时不会动作，如果将低电压继电器和过电流继电器的触点相串联后启动出口中间继电器，则电流继电器的动作电流就可以不考虑电动机的自起动电流。此外低电压继电器还可以起到闭锁的作用，以防止过电流继电器因误碰或误通电而引起的误动作。因此，对50MW以下的发电机，为了提高Yd联结变压器后面发生不对称短路时保护的灵敏性，可以广泛采用复合电压启动的过电流保护。

复合电压启动过电流保护的原理接线图如图7-41所示。图中，1KA、2KA、3KA为过电流继电器，接于发电机中性点侧电流互感器的二次侧，反映发电机内部或外部故障电流而动作。4KV为低电压继电器，接于负序电压滤过器的出口，反映负序电压而动作。负序电压滤过器输入端接于发电机出口的电压互感器二次侧，它只输出与输入端电压中所含有的负序分量成正比的负序电压。5KV为低电压继电器，其线圈经负序电压继电器4KV的触点跨接到同一电压互感器二次侧的相间电压上，反映正序电压而动作。

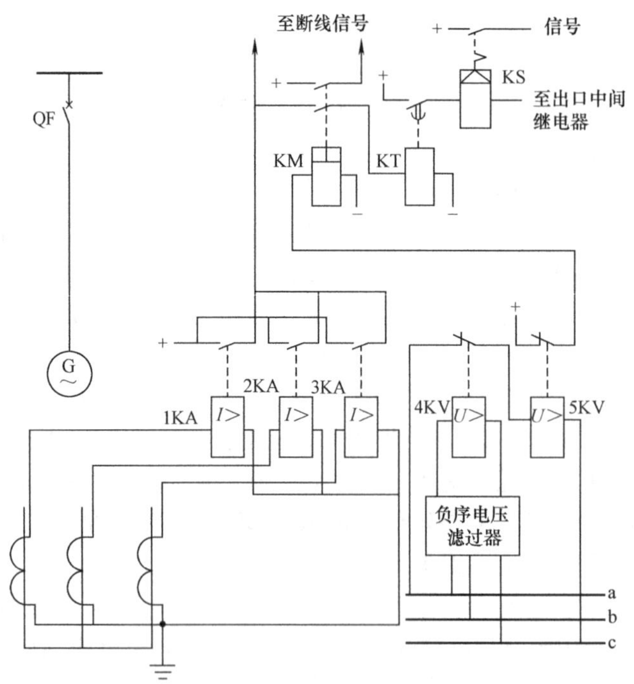

图7-41　发电机的复合电压启动过电流保护的原理接线图

当不对称短路时，由于出现负序电压，故4KV的常闭触点打开，5KV因线圈失去电压而闭合触点，于是中间继电器KM启动。其触点和过电流继电器的触点串联去启动时间继电器KT，经预定延时后，启动出口中间继电器，使发电机断路器和励磁开关跳闸。

当三相短路或a、c相间短路时，接于相间电压的低电压继电器5KV因电压降低而闭合触点，使中间继电器KM启动，其触点和过电流继电器触点串联后启动时间继电器KT，经预定延时，跳开发电机断路器和励磁开关。

电压回路断线时，负序电压滤过器将输出负序电压，使 4KV 的触点打开，导致 5KV 因失去电压而闭合触点，启动 KM，再由 KM 的一个触点通过发电机断路器的辅助触点给出电压回路断线信号。当发电机退出运行时，断线信号回路可以自动退出工作。电压回路断线时由于发电机并不过电流，电流继电器 1KA、2KA、3KA 不会动作，因此整套保护不会动作。

当发电机的定子触点保护需要过电流保护闭锁时，可以利用过电流继电器触点直接进行闭锁。过电流保护的动作电流 I_{op} 按照躲过发电机的额定电流 I_{NG} 整定，即

$$I_{op}=(1.3\sim1.4)I_{NG} \tag{7-64}$$

低电压继电器 5KV 的动作电压 U_{op} 按照躲过电动机自起动或发电机失磁而出现非同步运行方式时的最低电压整定。根据经验，汽轮发电机低电压继电器的动作电压通常整定为发电机额定电压 U_{NG} 的 60%；水轮发电机由于不允许无励磁运行，通常整定为额定电压的 70%。

负序电压继电器 4KV 的动作电压按照躲过正常运行方式下负序电压滤过器输出的最大不平衡电压整定。根据运行经验，负序电压继电器的动作电压通常整定为额定相间电压的 6%~12%。要求负序电压继电器在后备保护范围末端发生不对称短路时可靠动作。保护的动作时限应比发电机电压母线上所有出线保护中的最大时限大一个时限级差 Δt。

7.7.3　负序电流单相式低电压启动过电流保护

当电力系统发生不对称短路或非全相运行时，发电机定子绕组将流过负序电流，此电流产生负序旋转磁场，由于该磁场的旋转方向和转子运转方向相反，它相对转子的速度为两倍同步转速，因而会在转子铁心表面、槽楔、转子绕组、阻尼绕组和其他金属结构部件中感应出两倍工频的电流。由于转子深部感抗大，此电流只能在转子表面流通，将使转子损耗增大，引起转子过热。当此电流流过槽楔与大、小齿间的接触表面，转子本身和套箍间的接触表面时，将会引起局部高温，甚至可能使转子护环松脱，造成发电机的重大事故。此外，负序气隙旋转磁场与转子电流之间以及正序气隙旋转磁场与定子负序电流之间所产生的 100Hz 交变电磁转矩，将同时作用在转子大轴和定子机座上，从而引起 100Hz 的振动。

负序电流在转子中所引起的发热量，正比于负序电流的二次方及所持续时间的乘积。在最严重的情况下，假设发电机转子为绝缘体，则不使转子过热所允许的负序电流和时间的关系，可以用下式表示：

$$\int_0^t i_2^2 \mathrm{d}t = I_2^{2*} = A$$

$$I_2^* = \sqrt{\frac{\int_0^t i_2^2 \mathrm{d}t}{t}} \tag{7-65}$$

式中，i_2 为流经发电机的负序电流值；t 为 i_2 所持续的时间；I_2^* 为在时间 t 内 i_2^2 的平均值，应采用以发电机额定电流为基准的标幺值；A 为与发电机形式和冷却方式有关的常数。A 的大小可以参阅下值：间接冷却式汽轮发电机，$A=30$；间接冷却式水轮发电机，$A=40$；直接冷却式发电机，根据国标 GB/T 7064—2017 规定，容量 300MW 及以下，$A=8$；容量 600MW，$A=7$。

发电机能够承受的负序电流 i_2 和时间 t 的关系，可以用如图 7-42 所示的曲线表示。图中表明，从转子发热的观点来看，流过发电机的负序电流越大，允许负序电流持续的时间越短。

针对上述情况而装设的发电机负序过电流保护实际上是对定子绕组电流不平衡而引起转子过热的一种保护，因此应作为发电机转子过热的主保护。此外，由于大容量机组的额定电流很大，而在相邻元件末端发生两相短路时的短路电流可能很小，此时采用负荷电压启动的过电流保护往往不能满足要求。在这种情况下，采用负序电流保护作为后备保护，就可以提高不对称短路时的灵敏性。由于负序过电流保护不能反映三相短路，因此作为后备保护时，人们采用负序电流单相式低电压启动的过电流保护，这种保护利用一个附加的单相式低电压继电器来启动过电流保护。负序电流单相式低电压启动过电流保护的原理接线如图7-43所示。

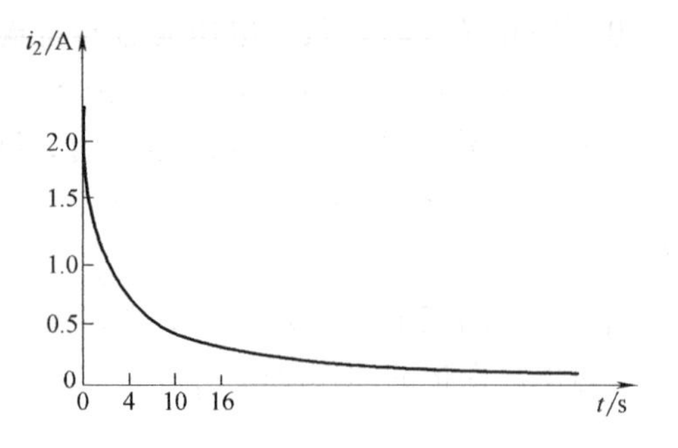

图7-42　发电机允许的负序电流和时间的关系特性

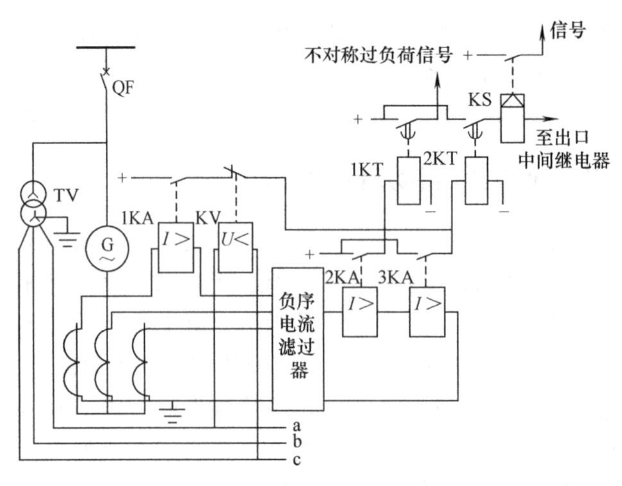

图7-43　负序电流单相式低电压启动过电流保护的原理接线图

图7-43中，2KA、3KA为负序电流继电器，接在负序电流滤过器回路中，它反映负序电流而动作。其中，2KA具有较小的动作电流值，称为灵敏元件。当发电机的负序电流超过长期允许值时，2KA动作，启动时间继电器1KT，延时发出发电机不对称过负荷信号，以便值班人员进行处理。3KA具有较大的动作电流，称为不灵敏元件，当发电机的负序电流超过转子的发热允许值时，启动时间继电器2KT，动作于发电机断路器和励磁开关跳闸，作为防止转子过热的保护和后备保护。由于三相短路时没有负序电流，因而负序过电流保护不反映三相短路。因此装设单相的低电压过电流保护（由元件1KA、KV、2KT组成）作为发电机外部和内部三相短路的后备保护。由于三相短路时，三相电流是对称的，因此用任意一相的电流电压都能反映三相短路。低电压继电器KV和过电流继电器1KA动作时，也启动时间继电器2KT，动作于发电机断路器和励磁开关跳闸。

负序过电流保护的整定值可以按照以下原则考虑：对过负荷的信号部分即灵敏元件（电流继电器2KA），其整定值应该按照躲开发电机长期允许的负序电流值和最大负荷下负序滤过器的不平衡电流来确定。根据有关规定，汽轮发电机的长期允许负序电流为6%~8%的额定电流，水轮发电机的长期允许电流为12%的额定电流；汽轮发电机的最大负荷下的负序滤过器不平衡电流一般约为发电机额定电流的10%，对于水轮发电机来说约为发电机额定电流的20%。因此，一般情况下，负序过电流保护的整定值可以取为$I_{2.op}=0.1I_{NG}$，其动作时限应保证在发电机外部发生不对称短路时有选择性地动作，一般取5~10s。

对于动作于跳闸的保护部分不灵敏元件（电流继电器3KA），其整定值应该按照发电机短时间允许的负序电流来确定。在选择动作电流时，应该给出一个计算时间，在该时间内，值班人员有可能采取措施来消除产生负序电流的允许方式，一般取$t_c=120s$，此时保护装置动作电流的标幺值应为

$$I_{2.op}^{*}\leqslant\sqrt{\frac{A}{120}} \tag{7-66}$$

对表面冷却的发电机组，$A=30$，代入式（7-66）可得

$$I_{2.op}=(0.5\sim0.6)I_{NG} \tag{7-67}$$

此外，不灵敏元件的负序动作电流值除了按照转子发热条件整定外，保护装置的启动电流还应与相邻元件的后备保护在灵敏系数上相配合。例如，当发电机电压母线所接升压变压器高压母线处发生不对称短路时，该变压器的负序电流保护应比发电机的负序电流保护动作灵敏。因此，不灵敏元件的动作电流为

$$I_{2.op}=K_{co}I_{2.c} \tag{7-68}$$

式中，K_{co}为配合系数，取1.1；$I_{2.c}$为在计算的运行方式下，发生外部不对称短路，流过变压器的负序电流正好等于变压器负序电流保护的动作电流时，流过发电机的负序电流。

保护的动作时限按照后备保护的时限阶梯特性整定，一般整定为3~5s。保护的灵敏性要求在后备保护范围末端发生不对称金属性短路时，灵敏系数大于1.2。

定时限的负序过电流保护由于接线简单，在保护范围内发生不对称短路故障时有较高的灵敏性，在变压器后短路时，保护的灵敏性不受变压器绕组接线方式的影响。但是根据发电机转子的发热条件，发电机可以承受的负序电流与持续时间的关系应是反时限的关系。采用定时限的负序电流保护不能满足要求，例如，当负序电流很大时，根据转子发热条件，要求保护快速动作，而定时限负序电流保护的延时太长，可能使鼓风机转子过热损坏；而当负序电流比不灵敏元件的动作电流值大得不多时，按照转子发热条件，发电机可以继续运行的时间较保护（不灵敏元件）动作时间要长，由定时限负序电流保护提前切除发电机，则不能充分利用发电机承受负序电流的能力。因此，对于大型发电机，应尽量采用能够模拟发电机允许的负序电流曲线的负序反时限过电流保护。

7.7.4　负序反时限过电流保护

负序反时限动作跳闸的特性与发电机允许的负序电流曲线相配合时，通常采用如图7-44所示的方法，即动作特性在允许电流曲线的上面，其间的距离由转子温升裕度决定。这样配合可以避免在发电机还没有达到危险状态时就把发电机切除，此时保护装置的动作特性可以表示为

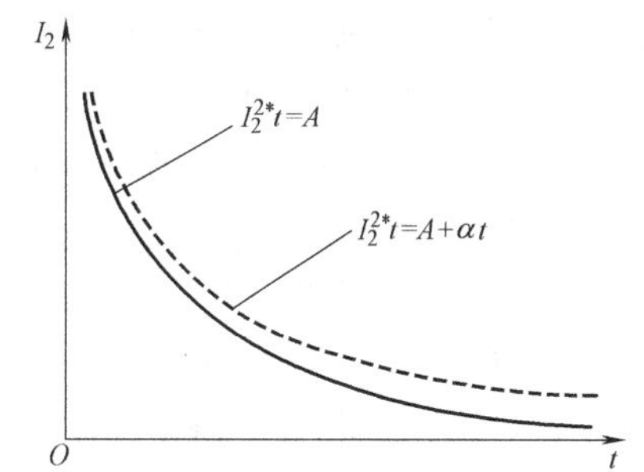

图7-44　保护跳闸特性与负序电流曲线的配合

$$\begin{cases}I_2^{2*}t=A\\I_2^{2*}t=A+\alpha t\end{cases} \tag{7-69}$$

式中，α为与转子的温升特性、温升裕度等因素有关的常数。

式（7-69）所代表的意义是，发电机允许负序电流的特性 $I_2^{2*}t=A$ 是在绝热的条件下给出的，实际上考虑转子的散热条件后，对于同一时间内所允许的负序电流值要比 $I_2^{2*}t=A$ 的计算值略高一些，因此在保护动作特性中引入了后面的一项 αt。

按照式（7-69）构成的负序反时限过电流保护即负序过负荷信号保护的一种原理框图如图7-45所示。

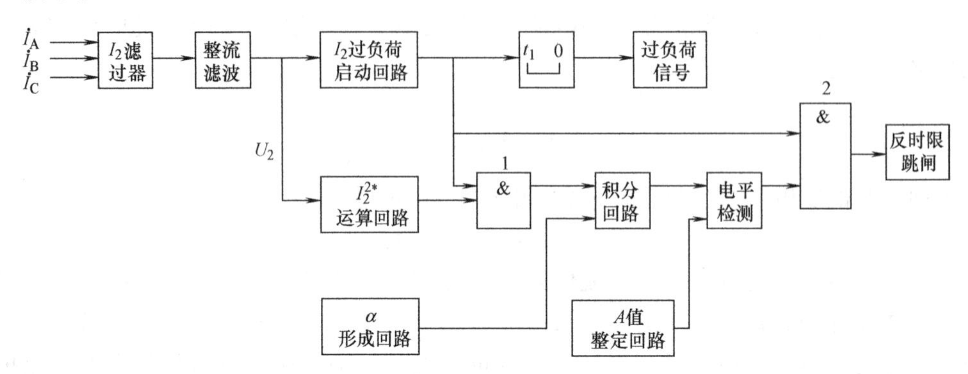

图7-45　负序反时限过电流保护原理框图

保护装置中，三相电流经过负序电流滤过器、整流及滤波，形成与负序电流成正比的电压 U_2，同时加于过负荷启动回路和 I_2^{2*} 运算回路。启动回路动作后，延时发出不对称过负荷信号。同时还输出信号至与门1和与门2的输入端，与门1用以开放反时限部分的计时回路，与门2用以开放反时限部分的跳闸回路，以防止由于保护装置内部元件损坏造成误动作。

在反时限部分中，与门1和 α 形成回路的输出接至积分回路的输入端，积分回路是一个减法积分运算电路，其输出电压反应于 $(I_2^2-\alpha)t$。电平检测器反应于 $(I_2^2-\alpha)t\geqslant A$ 而动作，动作后即可以通过与门2跳闸。从与门1开放至电平检测器输出信号的时间 t 满足式（7-69）。当用于 A 值不同的发电机时，可以利用 A 值整定回路选择适当的数值，以满足被保护发电机的要求。

7.7.5　过负荷保护

1. 定子过负荷保护

发电机定子绕组通过的电流和允许电流的持续时间成反时限的关系，即电流 I 越大，允许时间 t 越短。因此，对于大型发电机的过负荷保护，应尽量采用反时限特性的继电器，以模拟定子的发热特性，反映定子过负荷能力。为了正确反映定子绕组的温升情况，保护装置应采用三相式，动作时作用于跳闸。

对于定子绕组非直接冷却的中小容量的发电机，由于模拟定子发热特性的反时限继电器太复杂，通常采用接于一相电流的过负荷保护。如图7-46所示，过负荷保护由一个电流继电器KA和一个时间继电器KT组成，动作时发信号。

发电机定时限过负荷保护的整定值 I_{op} 按发电机额定电流 I_{NG} 的1.24倍整定，即

$$I_{op}=1.24I_{NG} \tag{7-70}$$

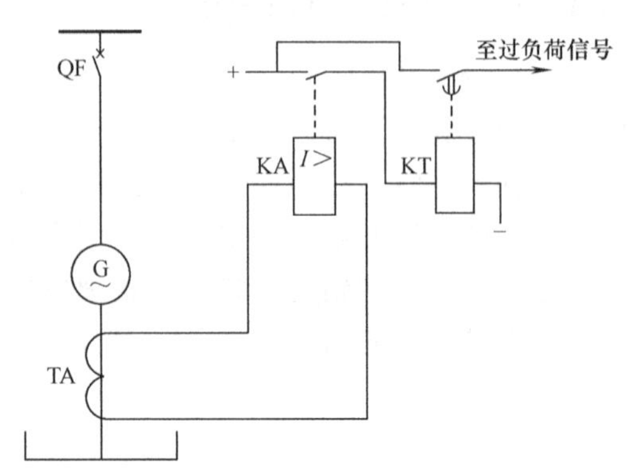

图7-46　发电机定时限过负荷保护的原理接线图

保护的动作时限比发电机过电流保护的动作时限大一时限级差，一般整定为10s左右。这样整定是为了防止外部短路时过负荷保护误动作。

对于定子绕组为直接冷却且过负荷能力较低（例如过负荷能力低于1.5倍额定电流、过负荷时间不超过60s）的发电机，过负荷保护应由定时限和反时限两部分组成：定时限部分动作于信号，有条件时，可以动作于自动减负荷；反时限部分动作于解列或程序跳闸。

2. 励磁绕组过负荷保护

当发电机励磁系统故障或强励磁时间过长时，转子的励磁回路都可能过负荷。采用半导体励磁系统的发电机由于半导体励磁系统某些元件易出故障（如晶闸管控制回路失灵），转子过负荷的机会就比直流机励磁的发电机多。大容量发电机的转子绕组一般用氢或水直接内冷，绕组导线所取电流密度较高，线径相对较小，因而允许过负荷的时间很短，国内生产的一些机组在两倍额定励磁电流时允许运行20s。如果让值班人员在这样短的时间内处理好励磁绕组过负荷问题是有困难的，因此，行业标准规定：容量为100MW及以上的采用半导体励磁的发电机，应装设励磁绕组过负荷保护。

励磁绕组允许的电流和电流持续时间的关系特性是反时限特性，即通过转子励磁绕组的电流越大，允许电流持续的时间越短。因此励磁绕组过负荷保护应该具有反时限特性。

反时限特性的励磁绕组过负荷保护通常利用直流互感器作为转子励磁绕组电流的测取元件，再利用半导体电路或计算机软件形成所需要的反时限特性（其动作特性应能反映发电机励磁绕组的热积累过程）。

由于反时限特性的励磁绕组过负荷保护实现起来比较复杂，因此行业标准规定：对于容量300MW以下，采用半导体励磁系统的发电机，可装设定时限的励磁绕组过负荷保护，保护装置带时限动作于信号和动作于降低励磁电流。对容量300MW及以上的发电机，励磁绕组过负荷保护可由定时限和反时限两部分组成：定时限部分的动作电流按正常运行最大励磁电流下可能可靠返回的条件整定，定时限动作于信号，并动作于降低励磁电流；反时限部分动作于解列灭磁。

励磁绕组过负荷保护一般接于转子回路的直流电压侧。对于用交流励磁电源经可控或不可控整流装置组成的励磁系统，励磁绕组过负荷保护可以配置在直流侧的好处是，当用备用励磁机时励磁绕组不会失去保护，但此时需要装设比较昂贵的直流变换设备（直流互感器或大型分流器）。为了使励磁绕组过负荷保护能兼作励磁机、整流装置及其引出线的短路保护，常把保护配置在励磁机中性点侧，当中性点没有引出端子时，则配置在励磁机的机端。此时，保护装置的动作电流要计及整流系数，换算到交流侧。

3. 转子表面负序过负荷保护（负序电流保护）

当电力系统三相负荷不对称（如由电气机车、电弧炉等单相负荷造成）或非全相运行，或发生外部不对称短路时，发电机定子绕组将流过负序电流，此电流产生负序旋转磁场。由于该磁场的旋转方向和转子运动方向相反，它相对转子的速度为两倍同步转速，因而会在转子中感应出两倍工频（即100Hz）的电流。由于转子深部感抗大，此电流只能在转子表面流通，将使转子损耗增大，引起转子过热。当此电流流过槽楔与大小齿间的接触表面、转子本体和套箍间的接触表面时，将会引起局部高温，甚至可能使转子护环松脱，造成发电机的重大事故。为了防止发电机转子遭受负序电流的损伤，需要装设转子表层负序过负荷保护。

关于发电机转子表层负序过负荷保护，行业标准规定：容量50MW及以上，$A \geq 10$的发电机，应装设定时限负序过负荷保护。保护装置的动作电流按躲过发电机长期允许的负序电流值和躲过最大负荷下负序电流滤过器的不平衡电流整定，保护带时限动作于信号。定时限负序过负荷保护可以和负序过电流保护组合在一起。图7-43中的2KA就是反映负序过负荷的继电器。行业标准还规定：容量100MW及以上，$A<10$的发电机，应装设由定时限和反时限两部分组成的转子表层负序过负荷保护。定时限部分动作于信号；反时限部分动作特性按发电机转子的热积累过程，不考虑在灵敏系数和时限方面与其他相同短路保护相配合，动作于解列或程序跳闸。

7.8　发电机的其他保护

除前几节介绍的保护类型外，有些大型发电机还具有以下几种保护。

7.8.1　逆功率保护

汽轮机运行中，由于各种原因关闭主汽门后，发电机将从电力系统吸收能量变为电动机运行。汽轮机在其主汽门关闭后，转子和叶片的旋转会引起风损。风损和转子叶轮直径及叶片长度有关，因而在汽轮机的排汽端风损最大；风损还和周围蒸汽密度成正比，一旦机组失去真空，使排出蒸汽的密度增大，风损将急剧增加；当在再热式机组的主蒸汽阀门与再热蒸汽截止阀之间留了高密度蒸汽，高压缸中的风损也是很大的。因为逆功率运行时，没有蒸汽流通过汽轮机，由风损造成的热量不能被带走，汽轮机叶片将过热以致损坏。

发电机变电动机运行时，燃气轮机可能有齿轮损坏问题。为了及时发现发电机逆功率运行的异常工作状况，欧洲一些国家，不论大中型机组，一般都装设逆功率保护。我国行业标准也规定，对发电机变电动机运行的异常运行方式，容量200MW以上的汽轮发电机，宜装设逆功率保护，对燃气轮发电机，应装设逆功率保护。保护装置由灵敏的功率继电器构成，带时限动作于信号，经长时限动作于解列。

逆功率继电器的最小动作功率（即灵敏系数）应该保证发电机逆功率运行出现最不利情况时有足够的灵敏系数。

当主汽门关闭后，发电机有功功率下降并变到某一负值。发电机的有功损耗，一般为额定值的1%~1.5%，而汽轮机的损耗与真空度及其他因素有关，一般为额定值的3%~4%，有些还要稍大一些。因此，发电机变为电动机运行后，从电力系统中吸取的有功功率稳态值为额定值的4%~5.5%，而最大暂态值可以达到额定值的10%左右。当主汽门有一定的漏泄时，实际逆向功率比上述数值要小一些。

主汽门关闭，可能在无功功率为任意值时发生，对逆功率继电器来说，最不利情况是在接近额定无功功率时，此时要在$\cos\varphi\approx0$的条件下检测出千分之几到百分之几额定值的有功功率来，而且希望从进相运行到滞相运行是有一定难度的。

逆功率继电器的最小动作功率，一般在$\cos\varphi=1$时为额定功率的0.5%~1.0%。在无功功率较大时，逆功率继电器的灵敏系数较无功功率小时低。我国生产的逆功率继电器，在$\cos\varphi$接近零时，灵敏系数不低于额定功率的0.75%。

7.8.2　低频保护

发电机输出的有功功率和频率成正比。当频率低于额定值时，发电机输出的有功功率也随之降低。在低频运行时，发电机如果发生过负荷，将会导致发电机的热损伤。但是限制汽轮发电机低频运行的决定因素是汽轮机而不是发电机。只要在额定视在容量（kV·A）和额定电压的 105%以内，并在汽轮机的允许超频率限值内运行，发电机就不会有热损伤的问题。

当发电机运行频率升高或降低到规定值时，汽轮机的叶片将发生谐振，叶片承受很大的谐振应力，使材料疲劳，达到材料不允许的限度时，叶片或拉金就要断裂，造成严重事故。材料的疲劳是一个不可逆的积累过程，因此汽轮机都给出在规定的频率下允许的累计运行时间。

极端的低频运行还会威胁厂用电的安全。火电厂和核电厂的电动给水泵和冷却泵受频率影响很大，严重时可能造成紧急停机；频率过高则可能导致锅炉主燃料系统的关闭或核反应堆的紧急停堆。

我国行业标准规定，对低于额定频率带负荷运行的异常运行状况下，容量 300MW 及以上汽轮发电机，应装设低频保护。保护装置由灵敏的频率继电器和计时器组成。保护动作于信号，并有累计时间显示。

频率异常保护本应包括反映频率升高部分和反映频率下降部分，因为从对汽轮机叶片及其拉金影响的积累作用方面看，频率升高对汽轮机的安全也是有危害的。但由于一般汽轮机允许的超速范围较小，通过各机组的调速系统或功频调节系统或切除部分机组等措施，可以迅速使频率恢复到额定值，且频率升高大多在轻负载或空载时发生，此时汽轮机叶片和拉金所承受的应力，要比满载时小得多，为了简化保护装置，故不设置反映频率升高部分，而只设置低频保护。

7.8.3　非全相运行保护

220kV 以上高压断路器多为分相操作断路器，常由于误操作、二次回路或机构方面的原因，使三相不能同时合闸或跳闸，或在正常运行中突然一相跳闸，造成两相运行。这种异常状态，对于发电机变压器组，将导致在发电机中流过负荷电流。如果靠反映负序电流的反时限保护动作，则动作时间过长；如果由相邻线路对侧保护动作，将使故障停电范围扩大。

因此，对于系统中占有重要地位的电力变压器，当 220kV 及以上电压侧断路器为分相操作时，都要装设非全相运行保护。

非全相运行保护由负序电流元件和非全相判别回路组成，如图 7-47 所示。

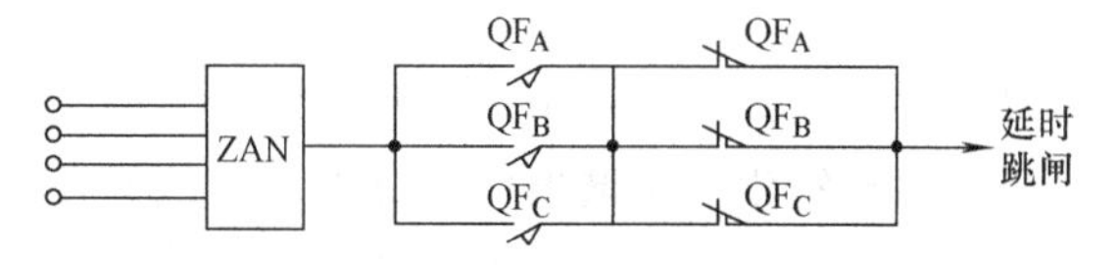

图 7-47　非全相运行保护原理图

QF_A、QF_B、QF_C—被保护断路器 A、B、C 相辅助触点

ZAN—负序电流滤过器

经延时 0.2~0.5s 动作于母线失灵保护，切断与本断路器有关的母线上的其他有源断路器。

7.8.4　过电压保护

对于中小型汽轮发电机，一般都不装设过电压保护，但是，对于容量 200MW 以上的大型汽轮发电机都要求装设过电压保护。这是因为，大型发电机的定子电压等级较高，相对绝缘裕度较低，并且在运行实践中，经常出现过电压的现象。

在正常运行中，尽管汽轮发电机的调速系统和自动励磁调节装置都投入运行，但当满负荷下突然甩负荷时，电枢反应突然消失，由于调速系统和自动励磁调节装置都存在有惯性，转速仍然上升，励磁电流不能突变，使得发电机电压在短时间内能达到额定电压的 1.3~1.5

倍，持续时间达几秒之久。如果这时自动励磁调节装置再退出位置，当甩负荷时，过电压持续时间将更长。

发电机主绝缘工频耐压试验一般为1.3倍额定电压且持续60s，而实际运行中出现的过电压值和持续时间往往超过这个数值，因此，这将对发电机主绝缘构成威胁。由于这些原因，大型发电机国内外无例外地都装设过电压保护。

目前，大型机组的过电压保护有以下三种形式：

1）一段式定时限过电压保护。该保护根据整定电压大小而取相应的延时，然后动作于信号或跳闸。

2）两段式定时限过电压保护。第Ⅰ段动作电压整定值按在长期允许的最高电压下能可靠返回的条件确定，经延时动作于信号。第Ⅱ段的动作电压取较高的整定值，按允许的时间动作于跳闸。

3）定时限和反时限过电压保护。定时限部分取较低的整定值，动作于信号。反时限部分的动作特性，按发电机允许的过电压能力确定。对于给定的电压值，经相应的时间动作于跳闸。例如，某厂进口500MW汽轮发电机过电压保护为两段式：第Ⅰ段动作电压整定为1.2倍额定电压，经2s发信号；第Ⅱ段的动作电压整定为1.3倍额定电压，0s跳闸。

7.8.5　过励磁保护

对于现代大容量发电机、变压器，其材料的利用率较高，因而其额定工作磁通密度接近于饱和磁通密度。《继电保护规程》规定，发电机、变压器允许运行持续过电压不超过额定电压的1.05倍。因此，在实际运行中，很容易造成过电压、过励磁。导致过励磁的原因通常有以下几种：

1）电力系统甩负荷或发电机自励磁可能引起过电压。

2）超高压长线上电抗器的切除引起过电压。

3）由于发电机多数采用静态励磁系统，因而在发电机与系统解列后，励磁系统的误调或失灵也可能引起过电压。

4）并列或停机过程中的误操作也可能引起过励磁。

5）由于发生铁磁谐振引起过电压，从而使变压器过励磁。

6）由于系统故障频率大幅度降低，从而造成变压器励磁电流增加。

发电机的允许过励磁倍数低于升压变压器的允许过励磁倍数，所以当电压频率比$U^*/f^*>1$（电压标幺值与频率标幺值的比值）时，也要遭受过励磁的危害。危害之一是铁心饱和谐波磁密增强，使附加损耗增大，引起局部过热；另一个危害是使定子铁心背部漏磁场增强，导致局部过热。过励磁保护所使用的继电器原理图如图7-48所示，其原理是反映电压标幺值与频率标幺值U^*/f^*比值的变化。

图7-48　过励磁继电器原理图

图7-48中，TVA为辅助电压互感器，其输入端接到发电机或变压器电压互感器的二次

侧，反映系统电压；输出端接 R、C 串联回路，从电容 C 分压上取得电压，经整流和滤波后加到执行元件上。U_C 的大小反映了工作磁通密度随电压频率比的变化值，直接反映了工作磁通密度的瞬时值。U_C 经整流、滤波后加到电平检测器上。当 U_C 达到整定值时，继电器动作，经一定延时动作于信号或跳闸。

一般用 $n=U^*/f^*$ 来表示变压器的过励磁倍数，U^*/f^* 的值越大，则表明 U_C 越大，磁通密度瞬时值越大，因而过励磁越严重。变压器允许的过励磁能力，一般由制造厂家给出。对变压器可能承受的最大过励磁倍数，应结合变压器结构及系统运行情况来决定。目前，结合国内外的情况，一般认为 U^*/f^* 为 1.05~1.2 时，可发信号；而 U^*/f^* 为 1.25~1.4 时，可动作于跳闸。

7.8.6 失步保护

当电力系统发生诸如负荷突变、短路等破坏能量平衡的事故时，往往会引起不稳定振荡，使一台或多台同步电机失去同步，进而使电网中两个或更多的部分不再运行于同步状态，这就是所谓的失步。失步就是同步机的励磁仍然维持着的非同步运行。这种状态表现为有功和无功功率的强烈摆动。

发电机失步振荡时，振荡电流的幅值可以和机端三相短路电流相比，且振荡电流在较长时间内反复出现，使大型机组遭受力和热的损伤。振荡过程中出现的扭转转矩，周期性地作用于机组轴系，会使大轴扭伤，缩短运行寿命。

基于失步对大型汽轮发电机的上述危害，英国中央发电局和法国电力公司规定，发电机失步运行持续时间不得超过 3s。我国行业标准也规定，对失步运行，容量为 300MW 及以上的发电机，宜装设失步保护。保护可以由双阻抗元件或测量振荡中心电压及变化率等原理构成。在短路故障、系统稳定振荡、电压回路断线等情况下保护不应动作。保护通常动作于信号，当振荡中心位于发电机-变压器组内部，失步运行时间超过整定值或电流振荡次数超过规定值时，保护还应动作于解列。由于系统振荡时，当两侧电动势夹角为 180°时，发电机-变压器组的断路器断口电压将为两电动势之和，远大于断路器的额定电压，此时断路器能开断的电流将小于额定开断电流。因此，失步保护在必要时，还应装设电流闭锁装置，以保证断路器开断时的电流不超过断路器的额定失步开断电流。

7.9 发电机-变压器组保护

发电机-变压器组的接线方式在电力系统中获得广泛的应用。发电机和变压器在单独运行时可能出现的各种故障和异常运行状态，在发电机-变压器组中都可能发生。因此，发电机-变压器组的保护与发电机、变压器的保护类型基本相同。

由于发电机-变压器组相当于一个工作单元，故某些同类型的保护可以合并，例如组合公共的纵差保护、后备保护和过负荷保护等，减少了保护的总套数，提高了经济性。

7.9.1 发电机-变压器组保护的特点

发电机-变压器组保护的特点如下。

(1) 纵差保护的特性

1) 当发电机和变压器之间无断路器时，一般共用一套纵差保护，如图 7-49a 所示。该种接线适用于容量不大的机组或发电机装有横差保护的机组。对于容量为100MV·A以上的机组或采用一套共用纵差保护对发电机内部故障的灵敏性不满足要求时，应加装发电机纵差保护，如图7-49b所示。

2）当发电机和变压器间有断路器时，发电机和变压器应分别装设纵差保护，厂用分支线也应包括在变压器的纵差保护范围内，如图7-49c所示。

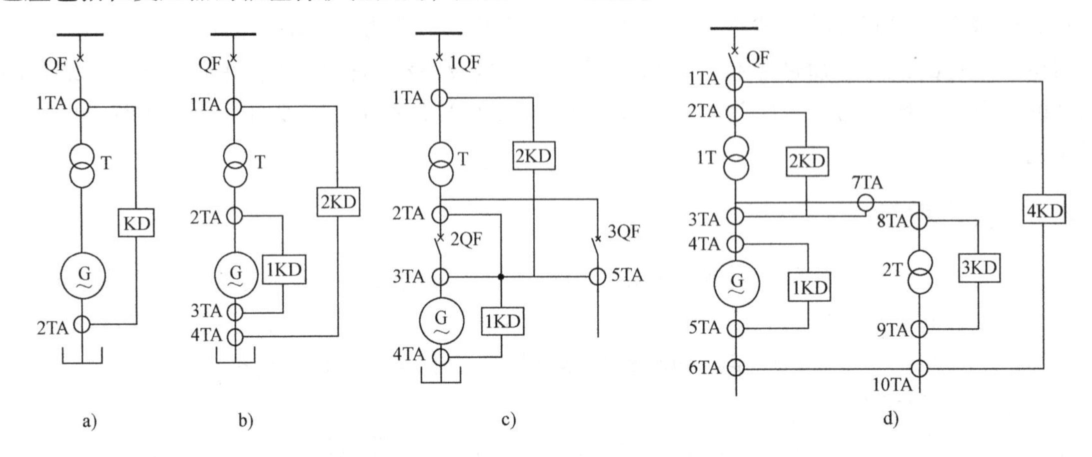

图7-49　发电机-变压器组纵差保护的配置

a）共用一套纵差保护　b）发电机和变压器分别装设纵差保护

c）发电机和变压器间有断路器时的纵差保护　d）双重纵差保护

（2）后备保护的特点

发电机-变压器组的后备保护，同时兼作相邻元件的后备保护。当实现远后备保护而使保护装置接线复杂时，可缩短对相邻线路后备作用范围，但对相邻母线上的三相短路应有足够的灵敏性。发电机-变压器组后备保护的电流元件应接在发电机中性点侧的电流互感器上，电压元件接在发电机端的电压互感器上。当有厂用分支线时，后备保护应带两段时限：以第Ⅰ段时限动作跳开变压器高压侧断路器，以第Ⅱ段时限动作跳开各侧断路器及发电机的灭磁开关。

对于大型发电机-变压器组，为确保快速性切除故障，可采用双重纵差保护，在发电机-变压器组高压侧加装一套后备保护，作为相邻母线保护的后备，其接线图如图7-49d所示。

（3）发电机侧接地保护的特点

发电机-变压器组中发电机单相接地时，由于发电机电压系统所连接的元件不多，接地电容电流较小（小于5A），因此接地保护可采用简单的零序电压保护或完善的100%定子接地保护，并作用于信号。

7.9.2　发电机-变压器组的辅助保护

发电机-变压器组的辅助保护主要包括非全相运行保护、断路器失灵保护、断路器误合闸保护、断路器断口闪络保护及起停机保护。下面简要介绍前两种保护。

1. 非全相运行保护

220kV及以上断路器通常采用分相操作，由于误操作或机械方面的原因，使三相不能同时合闸，或在正常运行时突然单相跳闸，这时发电机-变压器组将流过负序电流，如果靠反映负序电流反时限保护，则可能因为动作时间较长，而导致相邻线路对侧保护先动作，使故障范围扩大，甚至造成系统瓦解，因此，要求装设非全相运行保护。非全相运行保护逻辑框图如图7-50所示。

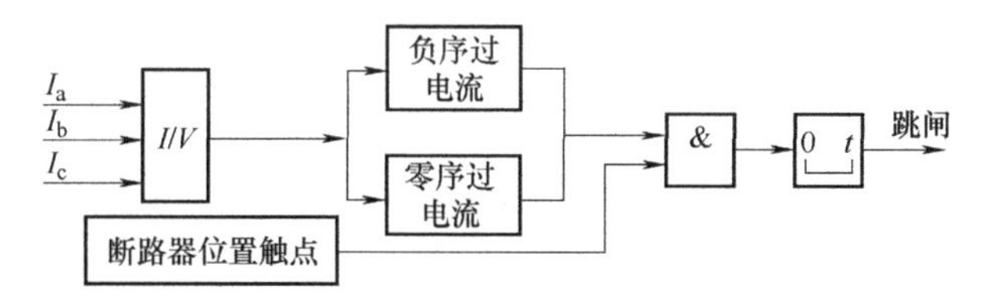

图7-50 非全相运行保护逻辑框图

非全相运行保护由灵敏的负序电流元件和非全相判别回路构成。保护经短延时（0.2～0.5s）动作于断开其他健全相。如果是操作机构故障，断开其他健全相不能成功，则应动作于启动断路器失灵保护元件，切断与本回路有关的母线段上的其他电源回路。

2. 断路器失灵保护启动元件

断路器失灵启动元件由灵敏的过电流继电器（三相）与有关的保护出口继电器的辅助触点共同完成。当发电机-变压器组范围内任一种保护出口跳闸时同时启动断路器失灵的启动元件，失灵启动元件启动母线失灵保护。

如果断路器跳闸成功，电流消失，失灵启动元件返回。若断路器发生故障无法正确跳闸，母线失灵保护则按规定的时限延时切除与本回路有关母线段上的所有其他电源。传统断路器失灵保护按规定延时切除与本回路有关母线段上的所有其他电源。

如图7-51所示，传统的断路器失灵保护启动元件的电流元件采用三套过电流继电器，分相安装。为了改善失灵启动元件性能，提出失灵启动元件同时能反映负序电流和零序电流。

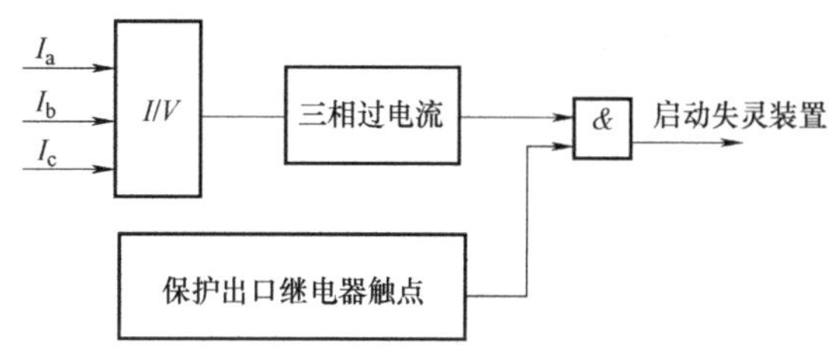

图7-51 断路器失灵启动元件逻辑图

7.9.3 发电机-变压器组的保护配置举例

某发电厂一次系统接线如图7-52a所示，其等效电路如图7-52b、c所示。

系统参数：最小运行方式 $X_{1s.min}=0.0122$，$X_{0s.min}=0.0323$；

最大运行方式 $X_{1s.max}=0.0182$，$X_{0s.max}=0.0365$。

发电机额定参数：额定容量 $P_{GN}=300\text{MW}$、$S_{GN}=353\text{MV}\cdot\text{A}$；额定功率因数 $\cos\varphi=0.85$，额定电压 $U_{GN}=20\text{kV}$；定子额定电流 $I_{GN}=10189\text{A}$；次暂态同步电抗 $X''_d=0.16$。

主变压器额定参数：SFP-370000/220kV，变压器额定容量 $S_{TN}=370\text{MV}\cdot\text{A}$；额定电压（236±2×2.5%）kV/20kV；联结组标号为YN11，阻抗电压 $U_k\%=14$；空载功率 $P_0=179.1\text{kW}$，空载电流 $I\%=0.2$。

（1）计算基准阻抗标幺值

选择基准容量 $S_B=100\text{MV}\cdot\text{A}$，最小运行方式基准电压 $U_{B1}=236\times0.95\text{kV}=224.2\text{kV}$，基准电流 $I_{B1}=\dfrac{S_B}{\sqrt{3}U_{B1}}=255\text{A}$；最大运行方式基准电压 $U_{B2}=236\times1.05\text{kV}=247.8\text{kV}$，基准电流 $I_{B2}=233\text{A}$。

计算各元件的基准电抗标幺值。

发电机：$X_{1G}^{*}=X''_{d}\dfrac{S_{B}}{S_{GN}}=0.16\times\dfrac{100}{353}=0.0453$

主变压器T1正序电抗和负序电抗相等：

$$X_{1.T1}^{*}=X_{2.T1}^{*}=X''_{d}\frac{S_{B}}{S_{TN}}=0.14\times\frac{100}{370}=0.0378$$

厂用变压器T2、T3正序电抗为

$$X_{1.T2}^{*}=X_{1.T3}^{*}=\frac{u_{K}\%}{100}\times\frac{S_{B}}{S_{TN}}=\frac{10.5}{100}\times\frac{100}{25}=0.42$$

$$X_{1\Sigma}^{*}=X_{2\Sigma}^{*}=0.0453+0.0378=0.0831$$

变压器零序阻抗：$X_{0.T1}^{*}=0.0378$

（2）绘制正序等效电路和零序等效电路

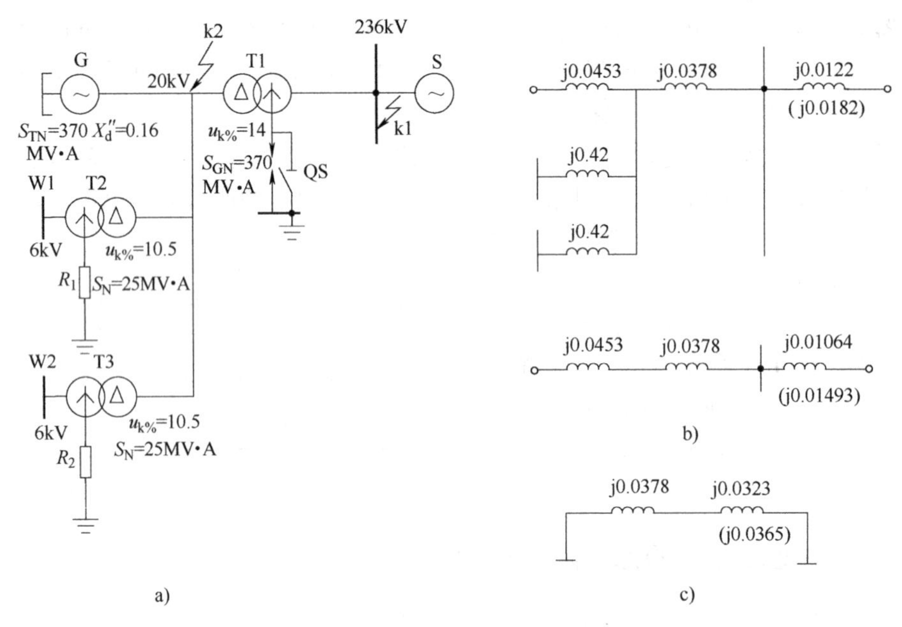

图7-52　某发电厂一次系统接线图和等效电路

a）一次系统接线　b）正序等效电路　c）零序等效电路

A厂有3台QFS-300-2型发电机组，1台QFSN-300-2X型发电机组。B厂有2台QFSN2-300-2型发电机组。A、B厂继电保护配置见表7-2。

表7-2　A、B厂继电保护配置表

序号	保护装置类型	A厂QFS-300-2型发电机组（DCT-801A型）	A厂QFSN-300-2X型发电机组（RCS-985型）	B厂QFSN2-300-2型发电机组（WFB-800型）	作用方式		
					程序跳闸	全停	信号
1	发电机纵差保护	○	○	○		○	
2	发电机-变压器组纵差保护	○	○	○		○	
3	主变压器纵差保护	○	○	○		○	

（续）

序号	保护装置类型	A 厂 QFS-300-2 型发电机组（DCT-801A 型）	A 厂 QFSN-300-2X 型发电机组（RCS-985 型）	B 厂 QFSN2-300-2 型发电机组（WFB-800 型）	作用方式		
					程序跳闸	全停	信号
4	发电机定子绕组匝间短路保护	发电机高灵敏横差保护	纵向基波零序过电压保护	×		○	
5	发电机转子接地保护	○					○
6	发电机定子绕组过电流保护	○	○	○		○	
7	发电机转子表层负序过负荷保护	○	○	○		○	
8	发电机转子绕组励磁过电流保护	○			○		
9	发电机失磁保护	○	○	○	○		
10	发电机失步保护	○	○	○	○		
11	发电机定子绕组过电压保护	○	○	○		○	
12	发电机主变压器过励磁保护	○	○	○		○	
13	发电机逆功率保护	○	○	○		○	
14	程序跳闸逆功率保护	○	○	○		○	
15	发电机频率异常保护	○	○	○			○
16	发电机-变压器组低阻抗保护	○	○	○		○	
17	发电机-变压器组复合电压闭锁过电流保护	○	○	○		○	
18	主变压器高压侧零序过电流保护	○	○	○		○	
19	主变压器高压侧中性点间隙零序过电流保护	○	○	○		○	
20	断路器非全相运行	○				○	
	断路器非全相运行失灵保护	○			启动失灵保护		
	断路器失灵保护	○	○	○			
21	电压回路断线（电压不平衡）保护	○	○	○			○
22	高压厂用变压器纵差保护	○	○			○	
23	高压厂用变压器分支低电压闭锁过电流保护	○	○	○	Ⅰ段跳分支、Ⅱ段全停		
24	高压厂用变压器 6kV 分支零序过电流保护			○			
25	高压厂用变压器复合电压闭锁过电流保护	○	○	○	Ⅰ段、Ⅱ段全停		

（续）

序号	保护装置类型		A厂QFS-300-2型发电机组（DCT-801A型）	A厂QFSN-300-2X型发电机组（RCS-985型）	B厂QFSN2-300-2型发电机组（WFB-800型）	作用方式		
						程序跳闸	全停	信号
26	发电机-变压器组非电量保护	发电机水内冷断水保护	○	○	○	○		
		主变压器轻瓦斯保护	○	○	○			○
		主变压器重瓦斯保护	○	○	○		○	
		主变压器冷却器保护	○	○	○		○	
		主变压器绕组及上层油温高保护	○	○	○	○		
27	高压厂用变压器非电量保护	变压器轻瓦斯保护	○	○	○			○
		变压器重瓦斯保护	○	○	○		○	
		变压器压力释放阀保护	○	○	○		○	
		变压器冷却器故障保护	○	○	○			○
		变压器油温高保护	○	○	○			○

表中圆圈表示选择。国内生产的发电机-变压器组微机保护有：

1）国电南京自动化股份有限公司生产的DCT-801A微机保护（A厂13、14号机组用）。

2）南瑞集团有限公司生产的RCS-985型的发电机-变压器组的微机保护（A厂11号机组用）。

3）许继集团有限公司生产的WFB-800型发电机-变压器组微机保护（B厂1、2号机组用）。

【例7-1】 QFSN2-300-2型发电机组采用DCT-801A型、WFB-800型微机保护装置，要求对发电机和主变压器的比率制动纵差保护整定计算。

发电机额定参数：额定容量 $P_{GN}=300MW$、$S_{GN}=353MV\cdot A$。额定功率因数 $\cos\varphi=0.85$，额定电压 $U_{GN}=20kV$；定子额定电流 $I_{GN}=10189A$；次暂态同步电抗 $X''_d=0.16$。主变压器型号：SFP-370000/220kV，额定容量370MV·A、变压器额定容量 $S_{TN}=370MV\cdot A$，额定电压（236±2×2.5%）kV/20kV。联结组标号为YN11，阻抗电压 $U_k\%=14$。空载功率 $P_0=179.1kW$，空载电流 $I\%=0.2$。

解： 发电机纵差保护整定计算：

（1）最小动作电流计算

1）按躲过正常最大负荷时的不平衡电流计算，则发电机额定二次电流为

$$I_{gn}=\frac{I_{GN}}{K_{TA}}=\frac{10189}{3000}A=3.4A$$

2）按躲过远处短路时不平衡电流计算，此时短路电流接近发电机额定电流。

$$I_{op.min}>K_{rel}I_{unb.max}=K_{rel}K_{np}K_{st}K_{err}\frac{I_{k.ou}}{K_{TA}}$$

$$=1.5\times1.5\times1\times0.06\frac{I_{GN}}{K_{TA}}=0.135I_{gn}=0.135\times3.4A=0.459A$$

按经验公式计算：

$$I_{op.min}=(0.2\sim0.4)I_{gn}=(0.2\sim0.4)\times3.4A=0.68\sim1.36A$$

取 $I_{op.min}=1.2A$，则 $I^{*}_{op.max}=\frac{1.2}{3.4}=0.353$

$$I_{res.min}=(0.8\sim1.0)I_{gn}=(0.8\sim1.0)\times3.4A=2.7\sim3.4A$$

取 $I_{res.min}=2.7A$。

（2）最大动作电流的计算

最大动作电流按躲过区外短路时最大不平衡电流为

$$I_{op.max}=K_{rel}I_{unb.max}=1.5\times2\times0.5\times0.1\frac{I_{k.max}}{K_{TA}}$$

$$I_{k.max}=\left(\frac{1.05}{X''_{d}}\right)I_{GN}$$

$$I_{op.max}=0.15\times\frac{1.05}{X''_{d}}\times\frac{I_{GN}}{K_{TA}}=0.15\times\frac{1.05}{X''_{d}}\times I_{gn}=\frac{0.15\times1.05\times3.4}{0.16}A=3.35A$$

$$I^{*}_{k.max}=\frac{1.05}{X''_{d}}=\frac{1.05}{0.16}=6.6$$

（3）制动系数 K_{res} 计算

区外短路故障最大短路电流相对值小，取

$$I^{*}_{res.max}=I^{*}_{k.max}=6.6$$

$$K_{res}=\frac{I_{op.max}-I_{op.min}}{I_{res.max}-I_{res.min}}=\frac{0.15\times6.6-0.35}{6.6-0.8}=0.11$$

根据经验公式计算 $K_{res}=0.3\sim0.5$，取 $K_{res}=0.4$。

（4）灵敏系数计算

发电机在未并入电力系统时出口两相短路时，TA 二次电流为

$$I^{(2)}_{k.min}=\frac{\sqrt{3}}{2}I^{(3)}_{k.min}=\frac{\sqrt{3}}{2}\left(\frac{3.4}{X''_{d}}\right)=\frac{1.732\times3.4}{2\times0.16}A=18.4A$$

保护区内短路差动保护的动作电流为

$$\begin{aligned}I_{op}&=K_{res}(I_{res}-I_{res.min})+I_{op.min}\\&=K_{res}(0.5I_{k.min}-I_{res.min})+I_{op.min}\\&=0.4\times(0.5\times18.4-2.7)A+1.2A=3.8A\end{aligned}$$

差动保护灵敏系数为

$$K_{sen}=\frac{I^{(2)}_{k.min}}{I_{op}}=\frac{18.4}{3.8}=4.8>2(\text{合格})$$

（5）发电机出口区外三相短路时差动保护动作电流为

$$I_{op}=K_{res}(I_{k.max}^{(3)}-I_{res.min})+I_{op.min}$$
$$=0.4\times\left(\frac{3.4}{0.16}-2.7\right)A+1.2A=8.62A$$
$$I_{op}^{*}=\frac{I_{op}}{I_{gn}}=\frac{8.62}{3.4}=2.5$$

（6）主变压器出口区外三相短路时差动保护动作电流为

$$I_{op}=K_{res}(I_{k.max}^{(3)}-I_{res.min})+I_{op.min}$$
$$=0.4\times\left(\frac{3.4}{0.16+0.14}-2.7\right)A+1.2A=4.65A$$
$$I_{op}^{*}=\frac{I_{op}}{I_{gn}}=\frac{4.65}{3.4}=1.37$$

（7）差动速断保护整定计算

1）差动速断保护动作电流的计算

$$I_{op.qu}=(3\sim4)I_{gn}=(3\sim4)\times3.4A=10.2\sim13.6A$$

取 $I_{op.qu}=13.6A$。

2）校验差动速断保护的灵敏系数

$$K_{sen}=\frac{I_{k.max}^{(2)}}{I_{op.qu}}=\frac{18.4}{13.6}=1.35>1.3$$

【例7-2】 主变压器纵联差动保护整定计算。

主变压器联结组标号为YN11，实际运行电压比为236/20，220kV侧：TA电流比为1250/5，完全星形联结。

解： 220kV侧额定电流二次值为

$$I_{h.n}=\frac{S_{TN}}{\sqrt{3}U_{HN}K_{TA}}=\frac{370000}{\sqrt{3}\times236\times250}A=\frac{905.2}{250}A=3.62A$$

20kV侧：TA电流比15000/5，为完全星形联结。20kV侧额定电流二次值为

$$I_{Ln}=\frac{S_{TN}}{\sqrt{3}U_{HN}K_{TA}}=\frac{370000}{\sqrt{3}\times20\times3000}A=\frac{10.681}{3000}A=3.56A$$

选定变压器低压侧为基本侧，基本侧二次电流为3.56A。

（1）最小动作电流整定

1）按躲过正常最大负荷时不平衡电流计算。采用微机保护装置DCT_801A，所以

$$\Delta U=0,\quad \Delta f_s=0,\quad K_{err}=0.06$$
$$I_{op.min}\geqslant K_{rel}I_{unb.1}=K_{rel}(K_{err}+\Delta U+\Delta f_s)\frac{I_{TN}}{K_{TA}}$$
$$=1.5\times(0.06+0+0)\times3.56A=0.32A$$

2）按躲过远区外短路不平衡电流计算。此时短路电流接近变压器额定电流。即 $I_{k.OU}\approx I_{TN}$，$\Delta U=\Delta f_s=0$，$K_{err}=0.06$

$$I_{op.min}\geqslant K_{rel}I_{unb.k}=K_{rel}K_{np}K_{st}K_{err}\frac{I_{TN}}{K_{TA}}$$
$$=1.5\times1.5\times1\times0.06\times3.56A\approx0.135\times I_{Ln}=0.48A$$

3）按经验公式计算

$$I_{op.min}=(0.5\sim0.6)I_{Ln}=(0.5\sim0.6)\times3.56\text{A}=1.78\sim2.14\text{A}$$

取 $I_{op.min}=2.0\text{A}$。

（2）最小制动电流计算

$$I_{res.0}=(0.5\sim1.0)\times\frac{I_{TN}}{K_{TA}}=(0.5\sim1.0)\times3.56\text{A}=1.78\sim3.56\text{A}$$

$I_{res.0}$取 2.8A。

（3）制动系数的计算

最大动作电流计算，按躲过区外短路最大不平衡电流计算，即

$$I_{k.max}^{(3)}=\frac{I_{GN}}{(X''_d+X_T)\ \ K_{TA}}=\frac{10189}{(0.16+0.14\times353/370)\times3000}\text{A}=11.57\text{A}$$

$$\begin{aligned}I_{op.max}&\geqslant K_{rel}I_{unb.max}=K_{rel}(K_{np}K_{st}K_{err}+\Delta U+\Delta f_s)\frac{I_{k.max}^{(3)}}{K_{TA}}\\&=1.5(2\times1\times0.1+0+0)I_{k.max}^{(3)}\\&=0.3\times11.57\text{A}=3.5\text{A}\end{aligned}$$

$$K_{res}=\frac{I_{op.max}-I_{op.min}}{I_{res.max}-I_{res.0}}=\frac{3.5-2.0}{11.53-2.8}=0.172$$

按经验公式计算，取 $K_{res}=0.5$。

（4）比率制动差动保护灵敏系数校验

发电机未并入系统且主变压器出口两相短路时电流为 11.53A，DCT-801A 型比率制动差动保护的制动电流为 11.53A，所以实际差动保护动作电流为

$$I_{op.r}=I_{op.min}+K_{res}(I_{k.min}-I_{res.0})=2.0\text{A}+0.5\times(11.53-2.8)\text{A}=6.36\text{A}$$

$$K_{sen}=\frac{I_{k.min}}{I_{op.r}}=\frac{11.53}{6.36}=1.81>1.5$$

（5）差动速断动作电流的计算

$$I_{op.qu}=K_{exs}I_{Ln}=4\times3.56\text{A}=14.24\text{A}$$

（6）差动速断灵敏系数校验

发电机-变压器组在并入系统后出口两相短路时系统提供的最小短路电流为

$$I_{k.min}^{(2)}=\frac{\sqrt{3}}{2}\frac{I_B}{X_S}\frac{U_{HN}}{U_{LN}}\frac{1}{K_{TA}}=\frac{\sqrt{3}}{2}\times\frac{251}{0.0182}\times\frac{236}{20}\times\frac{1}{3000}\text{A}=47\text{A}$$

$$(\text{基准电流})I_B=\frac{S_B}{\sqrt{3}U_B}=\frac{100}{\sqrt{3}\times0.23}\text{A}=251\text{A}$$

$$K_{sen}=\frac{I_{k.min}^{(2)}}{I_{op.qu}}=\frac{47}{14.24}=3.3\geqslant2$$

思考题与习题

7-1　发电机有哪些故障类型？应该装设哪些反映故障的保护装置？

7-2　试分析发电机纵差保护的作用及保护范围。

7-3　试说明图 7-2 具有断线监视装置的发电机纵联差动保护装置，在内部短路、电流互感器二次回路断

线等情况下的动作过程。当发生二次回路断线时的外部故障，保护将如何反应？

7-4　零序电压匝间短路保护能否反映单相接地？

7-5　为什么反映零序电压的定子绕组匝间短路保护要采用负序功率方向闭锁元件？

7-6　为什么发电机定子绕组单相接地的零序电流保护存在死区？如何减小死区？

7-7　大容量发电机为什么要采用 100%定子接地保护？简述利用发电机定子绕组三次谐波电压和零序电压构成的 100%定子接地保护的原理。

7-8　发电机失磁后，发电机机端测量阻抗如何变化？什么是等有功阻抗圆和等无功阻抗圆？

7-9　为什么大容量发电机采用负序电流保护？其动作值是按照什么条件选择的？

7-10　为什么要安装发电机励磁回路接地保护？一般有哪几种保护方式？

7-11　发电机的过负荷保护分为哪几种？

7-12　为什么要安装发电机的逆功率保护、过电压保护和过励磁保护？

7-13　已知发电机容量为 25MW，$\cos\varphi=0.8$，额定电压为 6.3kV，$X''_d=0.122$，$X_2=0.149$，假定发电机未与系统并联运行，试对发电机的 BCH-2 型纵联差动保护整定计算（即求 $I_{op.r}$、N_d、N_b、$K_{s.min}$）。已知电流互感器的电流比 $K_{TA}=3000/5$。

7-14　发电机额定参数及其差动保护用电流互感器的电流比等已知同题 7-13，发电机采用如图 7-2 所示高灵敏接线的 BCH-2（或 DCD-2）型纵联差动保护，试对该保护进行整定计算。假设系统最小运行方式下发电机的等值阻抗大于发电机的正序阻抗。

7-15　在额定电压 10.5kV 的发电机上装设负序电流保护，并附有单相式低电压启动过电流保护。发电机允许长期流过负序电流一般为发电机额定电流的 10%。当负序电流等于发电机额定电流的 50%时，保护应动作于跳闸。发电机电压母线上接有两台变压器，其后备保护（电流保护）的时间分别为 t_1、t_2，正常时可能长期出现的负序电流 $I_2=40\text{A}$，负序电流滤过器的不平衡电流折算到一次侧为发电机额定电流的 5%，发电机由构造形式和材料决定的耐热系数 $A=30$，可靠系数 $K_{rel}=1.2$，返回系数 $K_{re}=0.85$，时限阶段 $\Delta t=0.5\text{s}$，发电机额定容量为 20MV·A，电流互感器的电流比为 1500/5，变压器后备保护的动作时间 $t_1=1.2\text{s}$，$t_2=1.4\text{s}$。

7-16　为保证发电机负序电流保护在对称故障时动作，在该保护中设置单相式低电压启动过电流保护。已知电压继电器 1KV 的返回系数 $K_{re}=1.2$，电流继电器 1KA 的返回系数 $K_{re}=0.85$，可靠系数 $K_{rel}=1.2$，另外假定外部故障切除后，负荷电动机自启动过程中发电机的线电压残余值 $U_{rem}=7.5\text{kV}$，其他计算所需数据同题 7-15 计算结果。求该低压启动过电流保护的动作电流 I_{op}、动作电压 U_{op}和动作时间 t。

本章学习要点

思考题与习题解答

测试题四

测试题四参考答案

第 8 章

母线保护

基本要求

1. 了解母线的故障及不正常运行状态，母线故障后果的严重性和在什么情况下要安装专门的母线保护。
2. 掌握几种常见的母线保护工作原理，如完全差动保护和电流比相式母线保护。
3. 了解双母线固定连接运行时对母线保护的特殊要求。
4. 了解断路器失灵保护的基本概念。

本章讲述母线的故障及各种保护方式，重点讲述母线的电流差动保护，双母线同时运行的母线差动保护的工作原理、接线及整定计算，最后介绍断路器的失灵保护。

8.1 母线的故障及保护方式

8.1.1 母线的故障

发电厂和变电站的母线是电力系统中的重要组成元件之一，母线是电能集中和分配的重要元件。当母线上发生故障时，将使故障母线上所有元件在母线故障修复期间或切换到另一组母线所必需的时间内停电，母线故障引起母线电压极度下降，甚至使电力系统稳定运行破坏，导致电力系统瓦解，造成严重后果。

运行经验表明，大部分母线故障是由绝缘子对地放电所引起，故障开始阶段大多数表现为单相接地故障。而随着短路电弧的移动，故障往往发展成相间短路。

母线故障的原因主要是母线绝缘子和断路器套管的闪络、装于母线上的电压互感器和装于母线和断路器之间的电流互感器的故障、母线隔离开关和断路器的支持绝缘子损坏、运行人员的误操作等。

8.1.2 母线的保护方式

母线故障的保护方式有两种：一种是不设专门的母线保护，利用供电元件的保护兼母线的保护；另一种是采用专门的母线保护。

1. 利用供电元件的保护装置来保护母线

对于较低电压（如 35kV 及以下电压的母线）的发电厂和变电站，对保护的快速要求不太高时可以利用供电设备如发电机、线路、变压器等设备的第Ⅱ段、第Ⅲ段保护来反应并切除母线故障。

如图 8-1 所示，单母线接线，母线由发电机供电，其母线故障可由发电机的后备保护断开 1QF 和 2QF 断路器，切除母线故障。

如图 8-2 所示，在降压变电所低压母线上 k1 点故障，可以由变压器的过电流保护来切除。

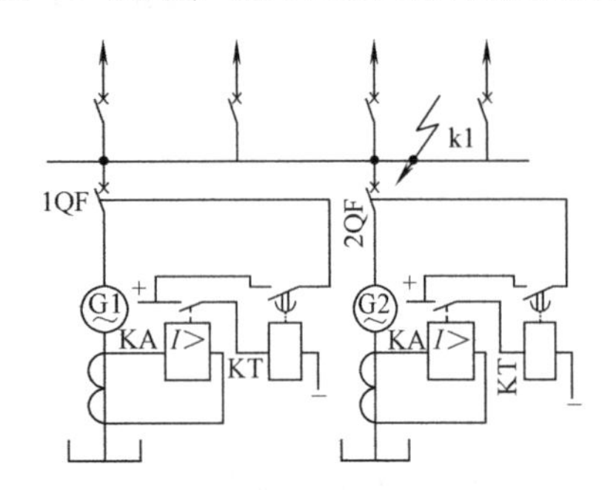

图 8-1　利用发电机后备保护切除母线故障

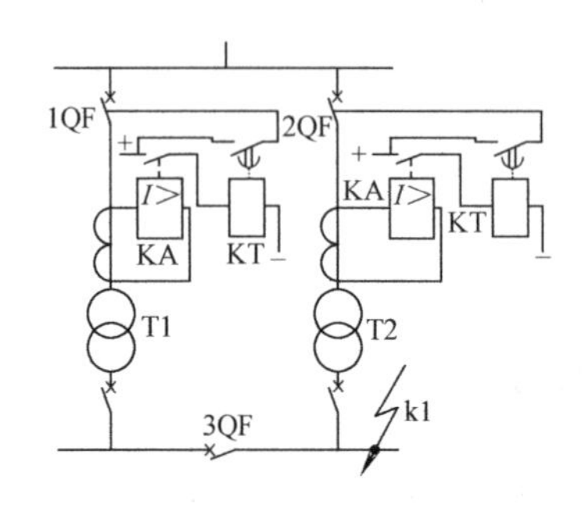

图 8-2　利用变压器过电流保护切除母线

在图 8-3 中变压器高压侧母线上 k2 点故障，可由供电电源线路保护 1、4 的第Ⅱ段动作切除。

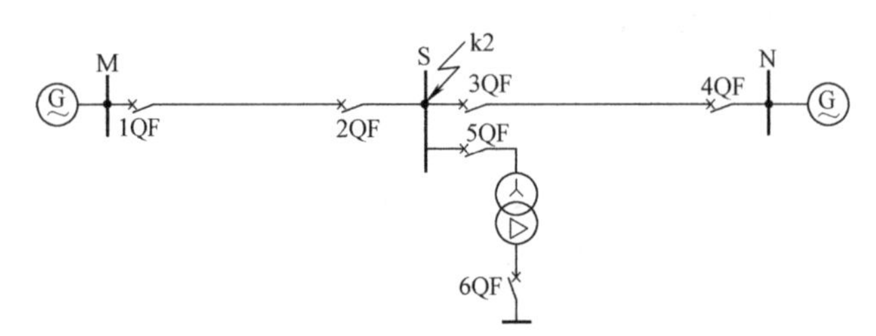

图 8-3　利用供电电源线路的第Ⅱ段保护切除母线故障

2. 装设专用母线保护

专用供电元件的保护来切除母线故障，不需要另外装设保护，简单、经济，但故障切除的时间一般较长。当双母线同时运行或母线为单母线分段时，专用供电元件的保护来切除母线故障，不需要另外安装保护，简单、经济，但故障切除时间较长。当双母线同时运行或母线为单母线分段时，上述保护不能选择故障母线，因此，必须装设专用母线保护。

根据《继电保护规程》的规定，在下列情况下应装设专用母线保护：

1）在 110kV 及以上电压等级电网的发电厂变电所的双母线和分段单母线。

2）110kV 及以上电压的单母线，重要发电厂 35kV 母线以及高压侧为 110kV 及以上重要降压变电所的 35kV 母线，若依靠供电元件的保护装置带有时限切除故障，会引起系统振荡、电力系统稳定性遭到破坏等极其严重的后果时，母线应装设能快速切除故障的专用保护。

3）在某些较简单的电网或电压较低电网中，虽然没有稳定性问题，但当母线上发生三相短路使主要发电厂厂用母线的残余电压低于 50%~60%的额定电压，切除时间又较长时，将影响厂用电的安全运行，而重要用户将会由于电压剧烈降低而自动切除负荷。为了保证对厂用电及重要用户的供电，也应该采用母线专用保护。此外，还必须考虑发电厂和变电所容量大小和在系统中的重要程度。

4）一般6~10kV供电线路的断路器是按照电抗器后短路选择的，母线应装设专用保护，以便在电抗器前短路时，由母线保护装置断开部分或全部供电元件，以减小供电线路的断路器所切断的短路功率。

母线的专用保护应该具有足够的灵敏性和工作可靠性。对中性点直接接地电网，母线保护采用三相式接线，以反映相间短路和单相接地短路；对于中性点非直接接地电网，母线保护采用两相式接线，只需反映相间短路。

8.2 母线电流差动保护

8.2.1 母线电流差动保护的基本原理和分类

1. 工作原理

为了满足速动性和选择性的要求，母线保护都采用差动保护原理构成。实现母线差动保护必须考虑在母线上连接较多电气元件（如线路、变压器、发电机等），因此保护接线比较复杂，但实现差动保护的基本原则仍然适用，即要满足下列条件：

1）在正常运行时以及母线范围外故障，母线上所有连接元件中，流入的电流和流出的电流相等，可以表示为$\sum\dot{I}=0$。

2）当母线上发生故障时，所有与母线相连的元件都向故障点提供短路电流（负荷电流除外），按基尔霍夫电流定律$\sum\dot{I}_k=0$（$\dot{I}_k$为短路点总短路电流）。

3）从每个连接元件中的电流相位来看，在正常运行及外部短路时，至少有一个元件的电流相位和其余元件中的电流相位相反。而当母线故障时，除电流等于零的元件除外，其他元件中的电流相位都相同。

根据原则1）、2）可构成电流差动保护，根据原则3）可构成比相式差动保护。

2. 分类

在母线电流保护中最主要的是母线差动保护。母线差动保护的原理是反映母线上各连接单元TA二次电流的相量和。当母线发生故障时，一般情况下，各连接单元的电流均流向母线；而在母线之外的故障时，各连接单元的电流有的流向母线，有的流出母线。母线上故障时母线差动保护应可靠动作，而母线外故障时，母线差动保护不动作。

按母线差动保护差动回路中阻抗分类，可以分为高阻抗母线差动保护、中阻抗母线差动保护和低阻抗母线差动保护。低阻抗母线差动保护通常又称为电流型母线差动保护。根据动作条件分类，电流型母线差动保护又可以分为电流差动式母线差动保护、母联电流比相式母线差动保护及电流相位比较式母线差动保护。

8.2.2 单母线完全电流差动保护

传统的母线保护都是低阻抗型，接于差动回路的电流继电器阻抗很小，在内部短路时，电流互感器负荷小、二次电压低，因而饱和度低、误差小。

单母线完全差动保护原理如图8-4所示，在图中和母线连接的所有元件上都装设具有相同电流比和特性的电流互感器。如图8-4a所示，当正常运行或外部故障时，流入母线电流等于流出母线电流，即流入继电器中的电流为

$$\dot{I}_{r}=\dot{I}_{1}'+\dot{I}_{2}'+\dot{I}_{3}'=\dot{I}_{unb}\approx 0$$

故差动保护不能动作。

如图8-4b所示，发生母线内部故障时，所有与电源连接的元件向k点提供短路电流，流入继电器中的电流为$\dot{I}_{r}=\sum\limits_{i=1}^{n}\dot{I}_{i}=\dfrac{\dot{I}_{k}}{K_{TA}}$。

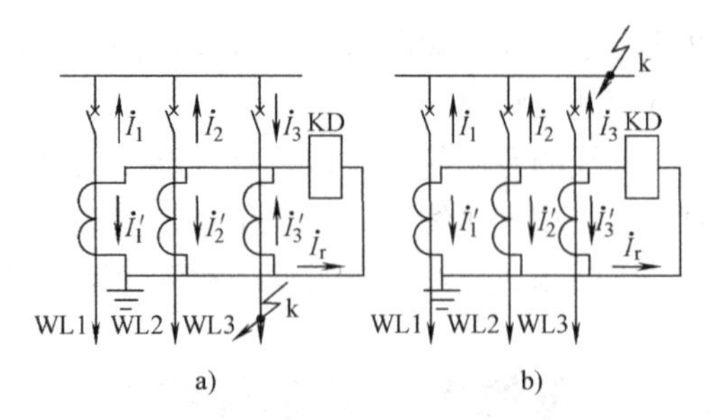

图8-4　单母线完全电流差动保护原理接线图
a）母线外部故障时的电流分布
b）母线内部故障时的电流分布

差动继电器动作电流按以下两个条件，并选取最大计算值。

（1）按躲过外部故障时最大不平衡电流整定

当母线所有连接元件的电流互感器都满足10%误差曲线的要求，且差动继电器具有速饱和铁心时，其动作电流计算式为

$$I_{op.r}=K_{rel}I_{unb.max}=K_{TA}K_{rel}\times 0.1I_{k.max}/K_{TA}\tag{8-1}$$

式中，K_{rel}为可靠系数，取1.3；$I_{k.max}$为在母线范围外任何一个元件上短路时，流过差动保护电流继电器TA一次侧的最大短路电流；K_{TA}为母线保护用电流互感器的电流比。

（2）按躲过电流互感器二次回路断线时整定

差动继电器动作电流应大于任何一个元件流经的最大负荷电流$I_{L.max}$，即

$$I_{op.r}=K_{rel}I_{L.max}/K_{TA}\tag{8-2}$$

式中，K_{rel}为可靠系数，取1.3。

保护装置灵敏系数按下式校验：

$$K_{s.min}=\frac{I_{k.min}}{K_{TA}I_{op.r}}\geqslant 2\tag{8-3}$$

式中，$I_{k.min}$为在母线上发生短路故障时的最小短路电流值。

单母线完全电流差动保护原理简单，适用于单母线或双母线经常一组母线运行的情况。

8.2.3　高阻抗母线差动保护

母线的电流差动保护接于差动回路的电流继电器阻抗很小，在内部短路时，电流互感器的负荷小、二次电压低，因而饱和度低、误差小。这种母线差动保护都是低阻抗型，所以也称为低阻抗型母线差动保护。

在母线发生外部短路时，一般情况下，非故障支路电流不大，它们的TA不易饱和，但故障支路电流集各电源支路电流之和，非常大，使其TA高度饱和，相应励磁阻抗很小。这时，虽然一次电流很大，但其几乎全部流入励磁支路，其二次电流近似为零。这时电流继电器将流过很大的不平衡电流，使电流母线保护误动作。为避免上述情况母线保护误动作，可采取母线的电压差动保护。

在各元件电流互感器电流比相等的环流法接线的差动回路中，用高阻抗（2.5~7.5kΩ）电压继电器作为执行元件，构成母线的电压差动保护，也称为高阻抗母线差动保护。其原理接线图如图8-5所示。

当母线内部发生故障时，各元件的TA一次电流接近于同相位流向母线，TA的二次电流也接近于同相位流向高阻抗电压继电器KV，在KV端产生高电压，使KV动作。

在正常运行或外部故障时，由于流入母线和流出母线的电流相等，理论上电压继电器端

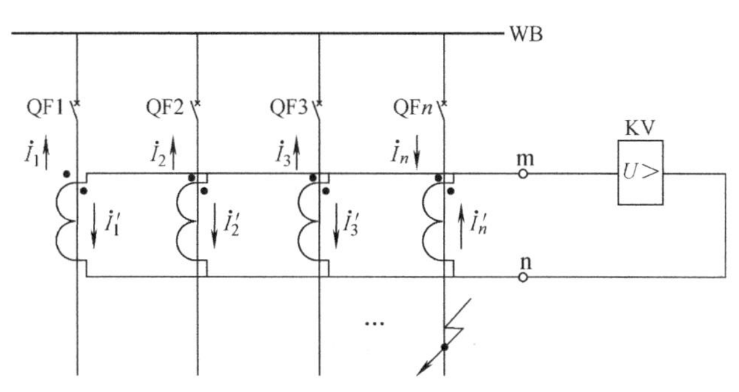

图 8-5 高阻抗母线差动保护的原理接线图

电压为零。实际上，由于 TA 的励磁特性差别和非线性，继电器 KV 端有不平衡电压。

如图 8-6 所示，其中点画线框内为故障支路的 TA 等效电路，Z_m 为 TA 的励磁阻抗，Z_1'和 Z_2 分别为 TA 的一次和二次绕组漏抗，r_1 为二次回路连线电阻，r_u 为电压继电器的内阻。

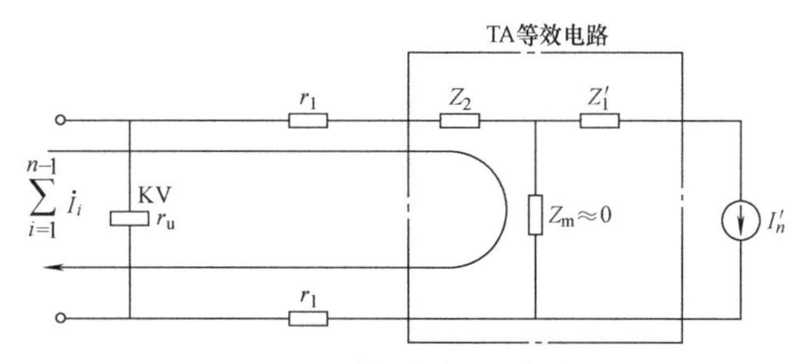

图 8-6 母线外部故障时的等效电路

在外部故障时，故障元件的 TA 高度饱和，Z_m 近似为零。所有非故障元件的 TA 二次电流被强制流入故障元件 TA 的二次绕组成环路，而流入电压继电器的电流很少，所以 KV 不会动作。但这时 KV 两端电压为故障元件的 TA 二次绕组的漏抗及二次回路连线电阻上产生的电压降之和。该电压降应以整定值躲过，以保证外部短路时母线保护不会误动作。

图 8-7 中表示出内、外部短路时差动回路电压 U_d 与短路电流 I_k 之间的关系，只要按大于最大外部短路电流 $I_{k.max}$对应的继电器不平衡电压整定继电器动作电压 $U_{op.r}$，就能区分保护区内、外故障，如采用瞬时测量的电压继电器，则保护不受互感器饱和的影响，并且保护动作时间不超过 10ms。

电压差动保护的优点是保护接线简单、选择性好、灵敏度高；缺点是用于双母线系统的 TA 二次回路不能随一次回路切换。

在保护区内故障时，由于 TA 二次侧有可能出现非常高的电压，所以二次回路电缆和其他部件应采取加强绝缘水平措施。

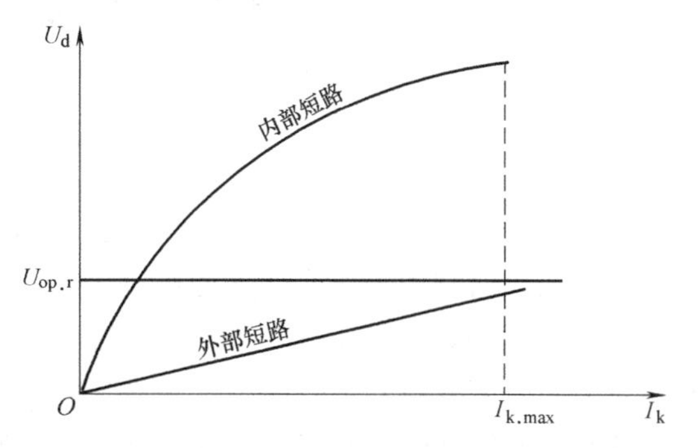

图 8-7 差动回路电压 U_d 与短路电流 I_k 的关系

8.2.4 具有比率制动特性的母线电流差动保护

在各元件电流互感器选用相同电流比的环流接线的电流母线差动保护中，以不同的制动量可以构成各种形式的带制动特性的电流差动保护。

1. 最大值制动式

以各元件二次电流中最大值作为制动量，各元件电流互感器二次电流为 $\dot{I}_1$，$\dot{I}_2$，…，$\dot{I}_n$，则制动电流 I_{res} 为

$$I_{res}=\{|\dot{I}_1|,|\dot{I}_2|,\cdots,|\dot{I}_n|\}_{max}=|\dot{I}_{max}| \tag{8-4}$$

动作方程为

$$\left|\sum_{i=1}^{n}\dot{I}_i\right|-K_{res}I_{res}\geqslant I_{set0} \tag{8-5}$$

$$\left|\sum_{i=1}^{n}\dot{I}_i\right|=|\dot{I}_1+\dot{I}_2+\cdots+\dot{I}_n| \tag{8-6}$$

式中，K_{res} 为制动系数；I_{set0} 为动作电流门槛值；$\left|\sum_{i=1}^{n}\dot{I}_i\right|$ 为保护动作量，当正常运行及外部短路时为最大不平衡电流，当内部短路故障时为总的短路电流。

2. 绝对值之和制动式

以各元件 TA 二次电流绝对值之和为制动量 I_{res}，即

$$I_{res}=\sum_{i=1}^{n}|\dot{I}_i|=|\dot{I}_1|+|\dot{I}_2|+\cdots+|\dot{I}_n| \tag{8-7}$$

保护装置动作方程为

$$\left|\sum_{i=1}^{n}\dot{I}_i\right|-K_{res}\sum_{i=1}^{n}|\dot{I}_i|\geqslant I_{set0} \tag{8-8}$$

3. 综合制动式

利用差电流于二次电流的综合量作为制动量称为综合制动方式，综合制动量有不同构成方式，其典型的制动方式制动量为

$$\begin{aligned}I_{res}&=\left\{[|\dot{I}_1|,|\dot{I}_2|,\cdots,|\dot{I}_n|]_{max}-K\left|\sum_{i=1}^{n}\dot{I}_i\right|\right\}^{+}\\&=\left\{|\dot{I}_{max}|-K\left|\sum_{i=1}^{n}\dot{I}_i\right|\right\}^{+}\end{aligned} \tag{8-9}$$

则动作方程为

$$\left|\sum_{i=1}^{n}\dot{I}_i\right|-K_{res}I_{res}\geqslant I_{set0} \tag{8-10}$$

式中，K 为系数，大括号上的“+”号表示只取正值，括号内为负值时取零。

以上最大值制动式和绝对值之和制动式母线电流差动保护在母线内、外故障时均有制动作用。综合制动式可保证在内部故障时制动量为零，在外部故障时有较高的制动特性。因此，在内部故障时有较高的灵敏性，在外部故障时具有更好躲过不平衡电流的特性。

当母线外部故障而使故障元件的 TA 严重饱和时，TA 的二次电流接近于零，使式（8-5）和式（8-8）中失去一个最大制动电流。为了弥补这一缺陷，可在差动回路中适当增加电阻，如图 8-6 所示，即使故障元件的 TA 严重饱和而使流向电压继电器 KV 的二次电流为零（$\dot{I}'_n=0$），该 TA 的二次回路（Z_2 回路）仍有电流通过，这些电流是从其他元件流入的，起制动作用。由于保留了比率制动特性，这种保护回路的电阻不像高阻抗母线差动保护的差动回路内阻那么高，也就不需要有限制高电压的措施。由于这种差动保护回路的电阻高于电流型差动保护而低于高阻抗母线差动保护，故称为中阻抗式母线差动保护。

8.2.5　电流比相式母线保护

电流比相式母线保护的基本原理是根据母线在内部故障和外部故障时，各连接元件电流相位的变化来实现的。母线故障时，所有和电源连接的元件都向故障点供应短路电流，在理想条件下，所有供电元件的电流相位相同；而在正常运行或外部故障时，至少有一个元件的电流相位和其余元件的电流相位相反，也就是说，流入电流和流出电流的相位相反。因此，利用这一原理可以构成比相式母线保护。

现在以只有两个连接元件的母线为例，来说明比相式母线保护的工作原理。

图8-8a示出了正常运行或外部故障时的电流分布。此时，流进母线的电流 $\dot{I}_1$ 和流出母线的电流 $\dot{I}_2$ 大小相等，相位相差180°；而在内部故障时，电流 $\dot{I}_1$ 和 $\dot{I}_2$ 都流向母线，如图8-8b所示，在理想情况下，两电流相位相同。

电流 $\dot{I}_1$ 和 $\dot{I}_2$ 经过电流互感器的变换，二次电流 $\dot{I}'_1$和 $\dot{I}'_2$输入中间电流变换器UA1和UA2的一次绕组。中间变流器的二次电流在其负载电阻上的电压降落造成其二次电压，如图8-9所示。中间电流变换器UA1和UA2的二次输出电压分为两组，分别经二极管VD1~VD4半波整流，接至小母线1、2、3上。小母线输出再接至相位比较元件。下面就其在不同情况下的工作来进行分析。

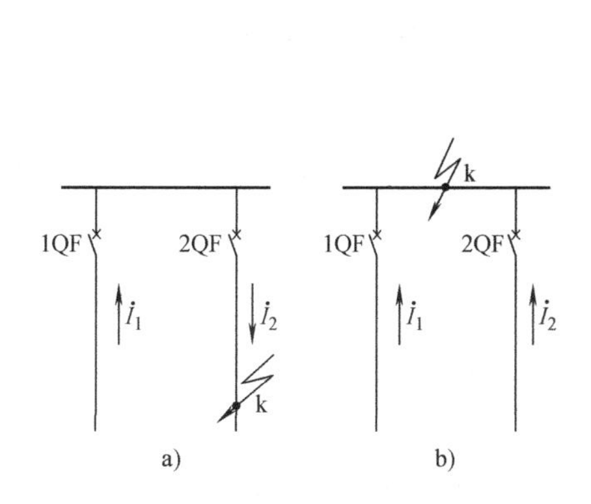

图8-8　母线外部故障和内部故障时的电流分布
a）外部故障　b）内部故障

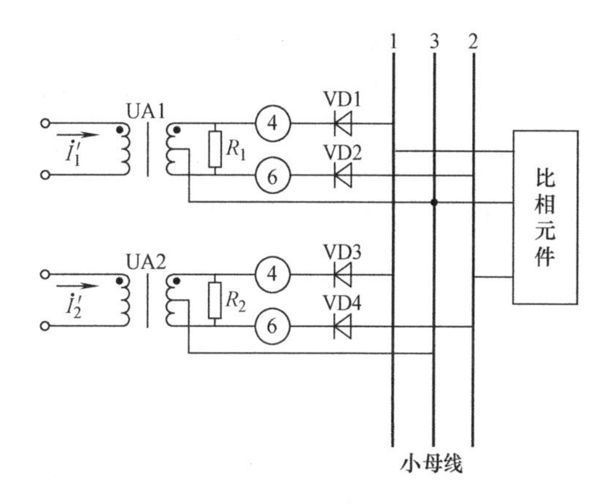

图8-9　电流比相式母线保护的原理接线图

1. 正常运行和外部故障情况

此时电流 $\dot{I}_1$ 和 $\dot{I}_2$ 相位相差180°，$\dot{I}'_1$和 $\dot{I}'_2$的波形如图8-10a所示。当 $\dot{I}'_1$为负半周时，UA1的二次侧④端为负，⑥端为正，因此二极管VD1导通；而当 $\dot{I}'_1$为正半周时，④端为正，⑥端为负，因此二极管VD2导通。VD1、VD2半波整流后的波形如图8-10b所示。同理，当 $\dot{I}'_2$为负半周时，VD3导通；$\dot{I}'_2$为正半周时，VD4导通。VD3、VD4半波整流后的波形也示于图8-10b中。由于二极管VD1、VD3的正极接于小母线1上，二极管的负极各经UA1、UA2的二次绕组接于小母线3上，因此经VD1、VD3半波整流后的波形在小母线1上叠加，如图8-10b所示。同理，VD2、VD4半波整流后的波形在小母线2上叠加，小母线2的波形也示于图8-10b。由于此时小母线1、2上呈现连续的负电位，因此比相元件没有输出，保护不会动作于跳闸。

2. 母线内部故障情况

此时电流 $\dot{I}_1$ 和 $\dot{I}_2$ 相位相同，$\dot{I}'_1$和 $\dot{I}'_2$的波形如图8-11a所示。$\dot{I}'_1$和 $\dot{I}'_2$为负半周时，VD2、

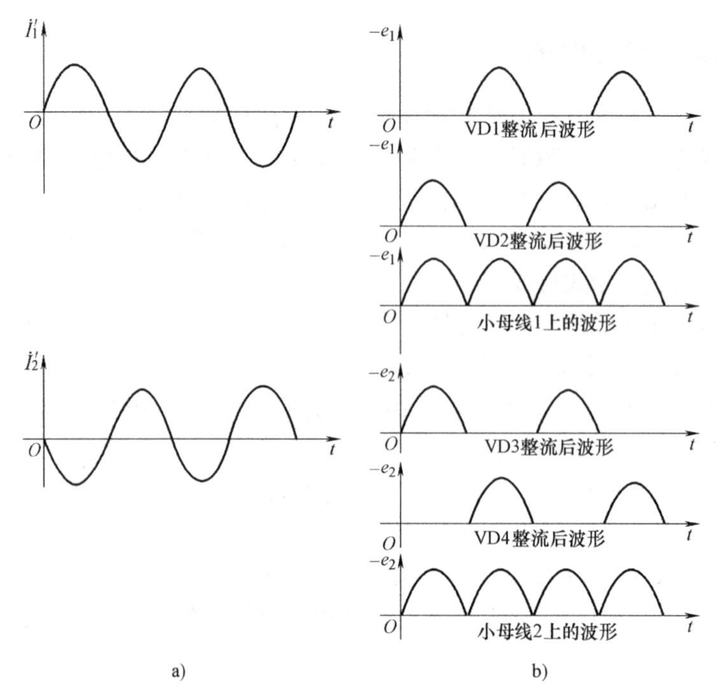

图 8-10　母线正常运行或外部故障时，UA 一次侧和二次侧的波形图

a）UA 一次电流波形　b）经 VD1～VD4 半波整流后的波形和小母线 1、2 上的波形

VD4 导通。二极管 VD1～VD4 半波整流后的波形如图 8-11b 所示。VD1、VD3 整流后的波形在小母线 1 上叠加；VD2、VD4 半波整流后的波形在小母线 2 上叠加。小母线 1、2 上呈现相间的断续负电位，一次比相元件有输出，保护动作于跳闸。

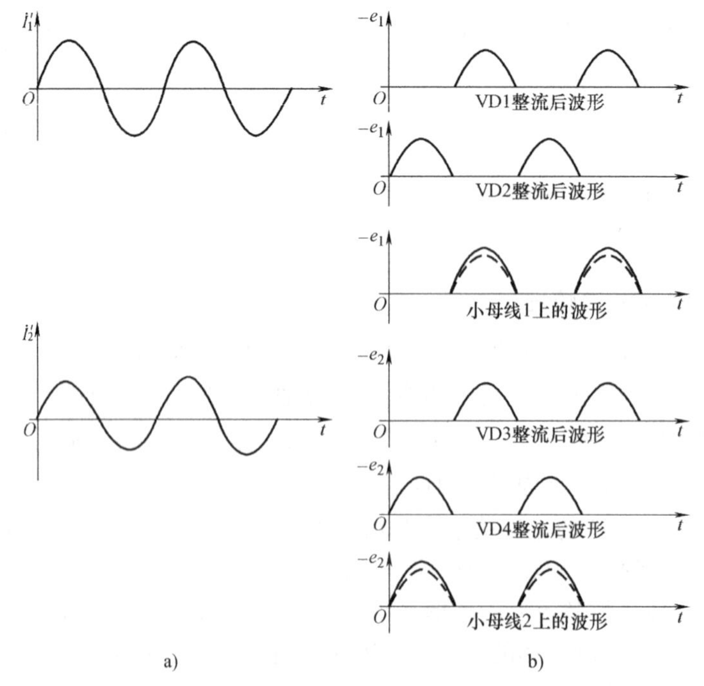

图 8-11　母线内部故障时，UA 一次侧和二次侧的波形图

a）UA 一次电流波形　b）经 VD1～VD4 半波整流后的波形和小母线 1、2 上的波形

由上述分析可知，比相式母线保护能在母线内部故障时正确动作于跳闸，而在正常运行或外部故障时可靠不误动作。

由于这种母线保护的工作原理是基于电流相位比较，因而对电流互感器的电流比和型号没有严格要求。当电流互感器型号、电流比不同时，并不妨碍该保护动作的使用，这就极大地放宽了母线保护的使用条件。此外，由于保护的动作原理和电流幅值无关，保护的动作值不用考虑不平衡电流的影响，从而提高了保护的灵敏系数。这种保护也可以用在母联断路器正常投入运行的双母线上，不过此时需要采用两套电流比相式保护（通过二次回路的自动切换即可使用）。

二次回路自动切换通常有两种方式：交直流回路全部切换方式和只在直流回路进行自动切换。图 8-12 示出了只在直流回路进行自动切换的比相式母线保护接线示意图。

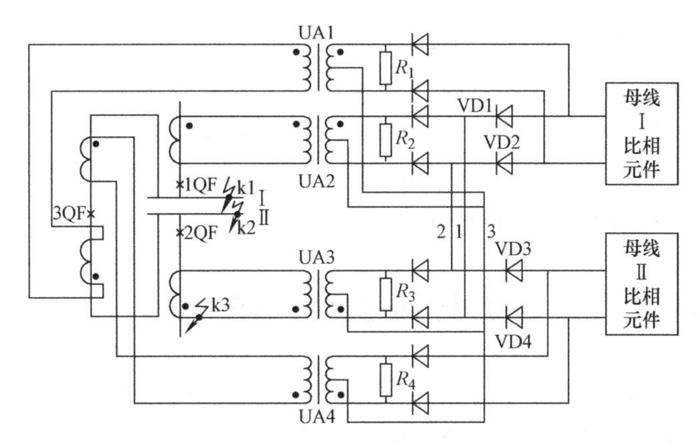

图 8-12 只在直流回路进行自动切换的比相式母线保护接线示意图

图中，双母线的所有连接元件的中间电流变换器 UA 的二次输出电压分为两组，分别经相应的二极管半波整流后，接至小母线 1、2、3 上。母联断路器两侧的电流互感器的二次电流分别输入中间电流变换器 UA1 和 UA4 的一次绕组，其二次输出电压也分为两组，经相应的二极管半波整流后，各自经隔离二极管 VD1 ~ VD4 接至小母线 1、2、3 上，并分别输入两母线的比相式元件。这样，就相当于对母联断路器电流和双母线全部连接元件合成电流进行相位比较。和母联相位差动保护的原理一样，它能正确地判别故障所在母线，并能有选择性地切除故障母线。例如，母线 I 内部故障时（如图中 k1 点短路），双母线所有带电源的连接元件的电流都流向母线 I，母联电流也流向母线 I，因此中间电流变换器 UA1、UA2、UA3 一次电流为同相位。经比相后呈现相间的断续负电位，因此母线 I 的比相元件有输出。保护动作切除母线 I 上的全部连接元件。这时中间电流变换器 UA4 一次电流相位和 UA2、UA3 的一次电流相位相反，一次母线 II 的比相元件输入端呈现连续的负电位，该比相元件无输出，母线 II 上的连接元件仍然可以继续运行。同理，母线 II 故障时，保护也能有选择性地动作切除母线 II 上的全部元件。而在外部短路时（如图中 k3 点短路），由于 UA1、UA3 和 UA2、UA4 一次电流的相位相反，因而母线 I 、II 的比相元件的输入端呈现连续的负电位，一次两母线的比相元件都无输出，保护可靠闭锁。

由于双母线的全部连接元件的中间电流变换器的二次侧都并联在一起，故母线运行方式发生改变时，所有连接元件可以任意切换，这就极大地提高了母线运行方式的灵活性。这种接线方式也有缺点，当母联断路器断开运行时，如果发生保护区内部故障，母线保护可能会拒绝动作。这是因为非故障母线可能不反映短路电流，结果使1、2小母线上呈现连续波形，以致使比相元件无输出。

保护的直流跳闸回路是通过位置继电器KMP自动进行切换的。图8-13示出了跳闸回路的切换线路图，图中，1KM和2KM分别为母线Ⅰ、Ⅱ保护的出口继电器。当母线Ⅰ（或母线Ⅱ）的比相元件有输出时，1KM（或2KM）就启动。1KMP和2KMP分别为断路器接于母线Ⅰ、Ⅱ的位置继电器。下面以断路器2QF为例，说明跳闸回路的切换。当2QF通过隔离开关接于母线Ⅱ时，该隔离开关的辅助触点便接通2KMP的启动回路，使2KMP启动。于是2KMP的常开触点闭合，通过2KM的常开触点为断路器2QF准备好跳闸回路，使2QF跳闸。当断路器2QF通过隔离开关切换至母线Ⅰ时，该隔离开关的辅助触点就接通1KMP的启动回路，使1KMP启动，其常开触点闭合后和1KM常开触点串联，为2QF准备好跳闸回路。这样，2QF的跳闸回路就随一次设备的切换而自动进行了切换。

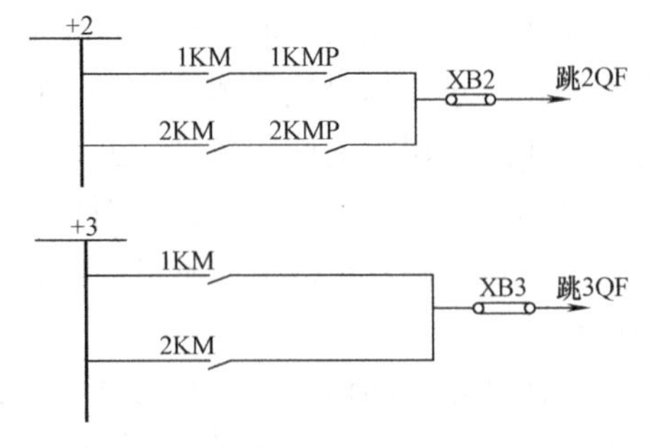

图8-13　跳闸回路的切换线路图

8.3　双母线同时运行时的母线差动保护

当发电厂和重要变电所的高压母线为双母线时，采用双母线同时运行（母联断路器投入），每组母线固定连接一部分（约1/2）供电和受电元件。这样，当一组母线发生故障并被切除后，另一组非故障母线及其连接的所有元件仍然可以继续运行，从而提高了供电的可靠性。这就要求母线保护具有选择故障母线的能力。

8.3.1　元件固定连接的双母线完全电流差动保护

元件固定连接的双母线完全电流差动保护单相的原理接线图如图8-14所示。

由图8-14中看出，保护有三组差动继电器。第一组由接在电流互感器1、2、5上的差动继电器1KD组成，1KD反映母线Ⅰ上所有元件电流之和，是母线Ⅰ故障的选择元件。差动继电器1KD动作时切除母线Ⅰ上的全部连接元件。第二组由接在电流互感器3、4、6上的差动继电器2KD组成，2KD反映母线Ⅱ上所有连接元件电流之和，是母线Ⅱ故障的选择元件。差动继电器2KD动作时切除母线Ⅱ上的全部连接元件。第三组实际是由接在电流互感器1、2、3、4上的差动继电器3KD组成的一个完全差动电流保护，当任一组母线发生故障时，它都启动，而在外部故障时，却不动作，它是整个保护装置的启动元件。在固定连接方式破坏后，还利用它防止外部故障时保护装置误动作。差动继电器3KD动作时直接作用母联断路器跳闸并供给选择元件正电源。

正常运行和母线差动保护范围外部故障时，电流分布如图8-15所示。

这时，由于一次侧各连接元件中流入母线的电流等于流出母线的电流，故接于二次侧的三组差动继电器在理想情况下没有电流流过（实际上由于各电流互感器存在误差，会流过不大的不平衡电流），此时启动元件和选择元件都不会动作。

母线差动保护范围内部故障时，电流分布如图8-16所示。

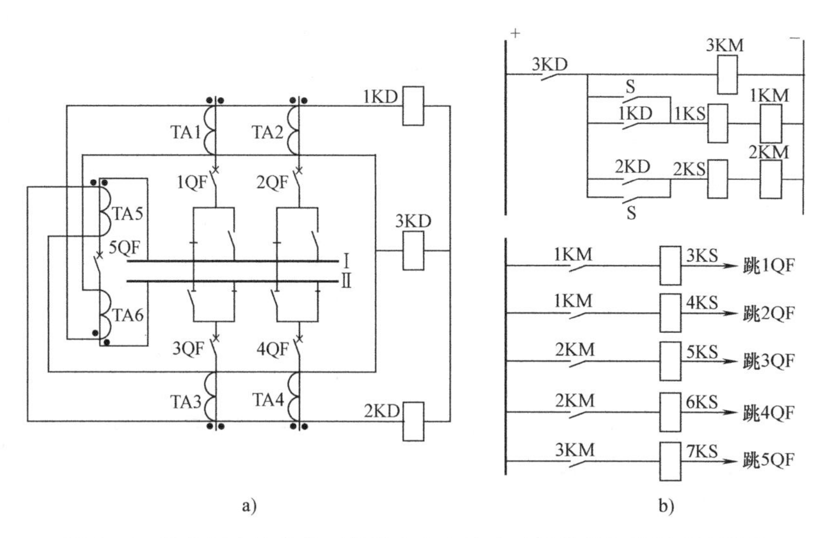

图 8-14 元件固定连接的双母线完全电流差动保护单相的原理接线图

a）交流回路 b）直流回路

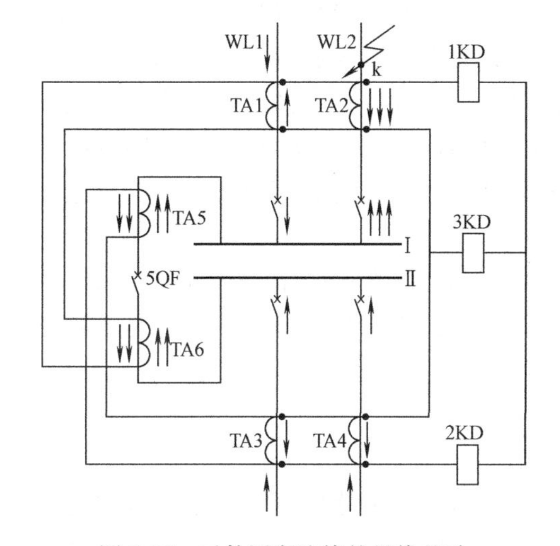

图 8-15 元件固定连接的母线差动保护范围外部故障时的电流分布图

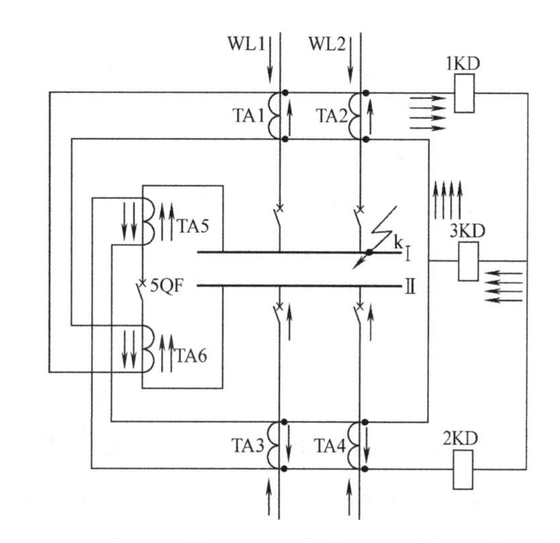

图 8-16 元件固定连接的母线差动保护范围内部故障时的电流分布图

图 8-16 中示出母线Ⅰ上 k 点故障的情况。此时启动元件 3KD 和选择元件 1KD 中流过全部故障电流，而选择元件 2KD 中不流过故障电流，故 1KD、3KD 动作，2KD 不动作。由图 8-14b 可知，3KD 动作后启动中间继电器 3KM，使母联断路器 5QF 跳闸，3KD 并接通选择元件 1KD 所在的正电源，待 1KD 动作后启动中间继电器 1KM，使母线Ⅰ的全部连接元件 1QF、2QF 跳闸。非故障母线Ⅱ由于其选择元件 2KD 没有动作，故仍继续运行。同理，母线Ⅱ故障时也只切除故障母线Ⅱ上的连接元件，而非故障母线Ⅰ上的连接元件仍继续运行。

固定连接方式破坏时，由于差动保护的二次回路不能随着一次元件进行切换，故流过差动继电器 1KD、2KD、3KD 的电流将随着变化。图 8-17 示出线路 2 自母线Ⅰ经倒闸操作切换到母线Ⅱ后发生外部故障时的电流分布。

由图 8-17 可知，此时选择元件 1KD、2KD 中都有电流流过，因此 1KD、2KD 都可能动作。但启动元件3KD中没有故障电流流过，不动作，故可以防止外部故障时保护误动作。

固定连接破坏后，保护范围内部故障时的电流分布如图8-18所示。

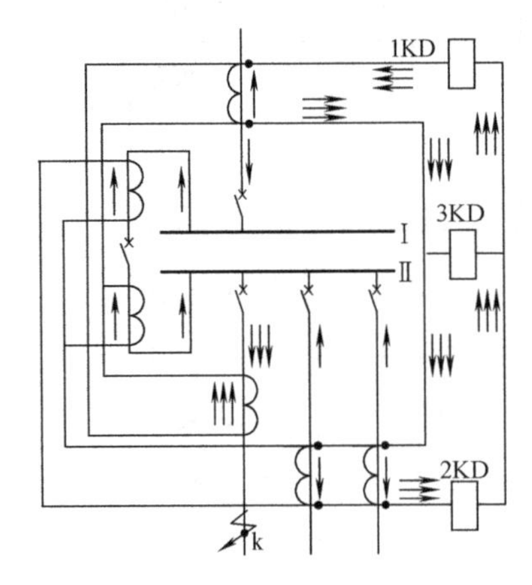

图8-17　固定连接破坏后外部故障时的电流分布图

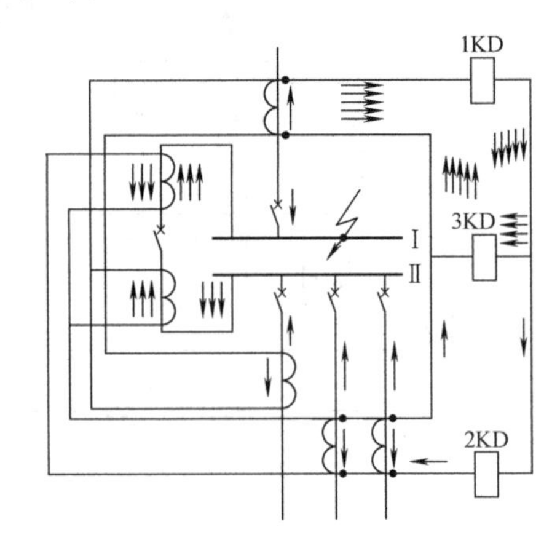

图8-18　固定连接破坏后内部故障时的电流分布图

此时启动元件3KD中流过全部短路电流，而选择元件1KD、2KD仅流过部分故障电流，因此启动元件3KD动作，选择元件1KD、2KD也会同时动作，无选择性地把两组母线上的连接元件全部切除。为了避免流过1KD、2KD的电流过小，以致选择元件不能可靠动作而使故障母线上的连接元件不能切除，特在固定连接方式破坏时投入刀开关S，把选择元件1KD、2KD的触点短接，如图8-14b所示。这样启动元件3KD动作时就能将两组母线上的连接元件无选择性地切除。

由上可见，固定连接的双母线完全差动电流保护，在母线按照固定连接方式运行时可以保证有选择性地动作。但在固定连接方式破坏时，保护就会无选择性地动作，这是该保护的主要缺点。

8.3.2　母联电流相位比较式母线差动保护

母联电流相位比较式母线差动保护是比较差动回路与母联电流的相位关系而取得选择性的一种差动保护。这种保护解决了固定连接方式破坏时，固定连接的全母线差动保护动作无选择性的问题。它不受元件连接方式的影响。

保护的工作原理是基于比较母联断路器回路中电流相位和母线完全电流总差动回路中电流相位来选择故障母线的。在一定运行方式下，无论哪一组母线短路，流过差动回路的电流相位恒定，而流过母联回路的电流，在母线Ⅰ上短路时，与在母线Ⅱ上短路时的相位有180°变化。若以电流从母线Ⅱ流向母线Ⅰ为母联回路电流的正方向，则母线Ⅰ短路时，母联回路电流与差动回路电流同相，母线Ⅱ短路时，母联回路电流与差动回路电流相位差180°。因此可以通过比较这两个电流的相位来选择故障母线。无论母线的运行方式如何改变，只要每组母线上有一个电源支路，母线短路时，有短路电流通过母联回路，保护都不会失去选择性。

保护装置的原理接线图如图8-19所示。

图中保护的主要部分由启动元件和选择元件组成。启动元件是一个接在差动回路的差动继电器KD，它在母线保护范围内部故障时动作，而在母线保护范围外部故障时不动作，

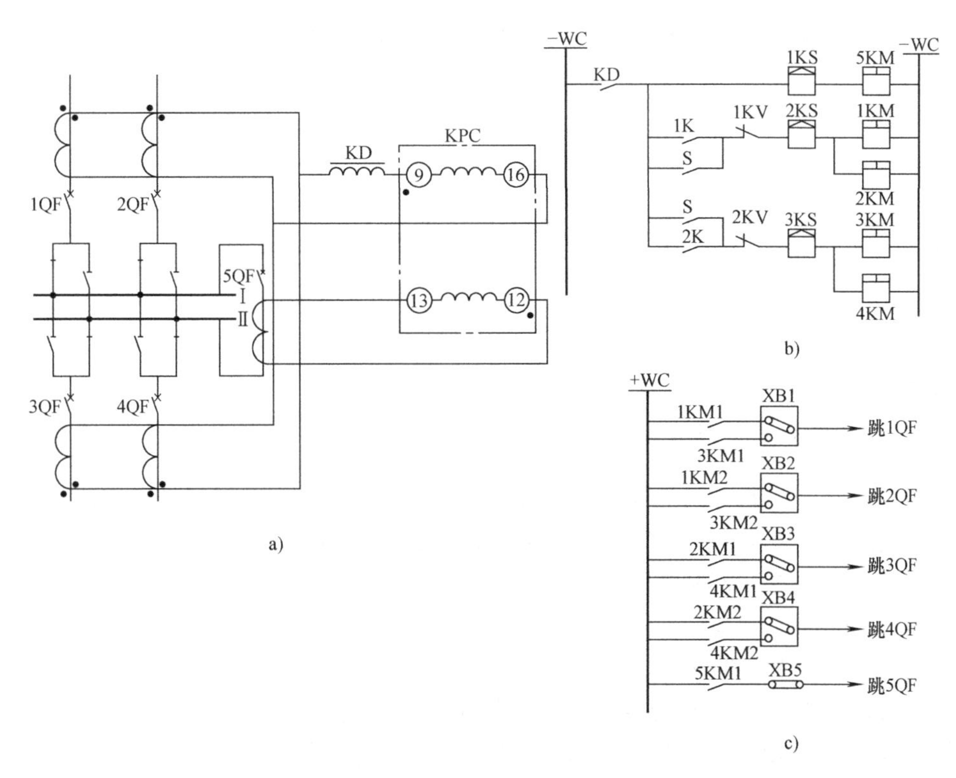

图 8-19　母联电流相位比较式母线差动保护的原理接线图

a）交流电流回路　b）直流回路　c）跳闸回路

用它可以防止外部故障时保护误动作。选择元件 KPC 是一个电流相位比较继电器，它的两组绕组 9-16 和 12-13 分别接入差电流和母线联络断路器的电流。它比较两电流的相位而动作。实际上它是一个最大灵敏角为 0°和 180°的双方向继电器。不同的母线故障时，反应母线总故障电流的差动回路的电流相位是不变的，而母线联络断路器上电流的相位却随故障母线的不同而变化 180°，因此比较母线联络断路器电流和差动回路电流相位，可以选择出故障母线。

下面分别分析母线Ⅰ、Ⅱ故障和外部故障时的电流分布。

图 8-20 表示母线Ⅰ故障时的电流分布。此时差动回路流过全部故障电流，故启动元件 KD 动作。它一方面经信号继电器 1KS 启动母线联络断路器的跳闸继电器 5KM，另一方面为启动跳闸继电器 1KM～4KM 准备好正电源。同时，母联回路的故障电流分别从选择元件 KPC 的极性端子 9 和 12 流入，两个进行比较的电流的相位差接近于 0，故相位比较继电器 KPC 处于 0°动作区的最灵敏状态，其执行元件 1K 动作，1K 的触点经电压闭锁继电器的触点 1KV 和信号继电器 2KS 去启动Ⅰ母线连接元件的跳闸继电器 1KM 和 2KM，使母线Ⅰ上所有的连接元件跳闸。

图 8-21 表示母线Ⅱ故障时的电流分布。此时差动回路亦流过全部故障电流，故启动元件动作。同时，母联回路流过母线Ⅰ连接元件供给的故障电流。差动回路的故障电流仍从选择元件 KPC 的非极性端子 9 流入，但母联回路的故障电流却从选择元件 KPC 的非极性端子 13 流入，两比较电流的相位差接近于 180°，故相位比较继电器 KPC 处于 180°动作区的最灵敏状态，其执行元件 2K 动作。2K 触点经电压闭锁继电器的触点 2KV 和信号继电器 3KS 去启动母

线Ⅱ上连接元件的跳闸继电器3KM和4KM，使母线Ⅱ上所有的连接元件跳闸。

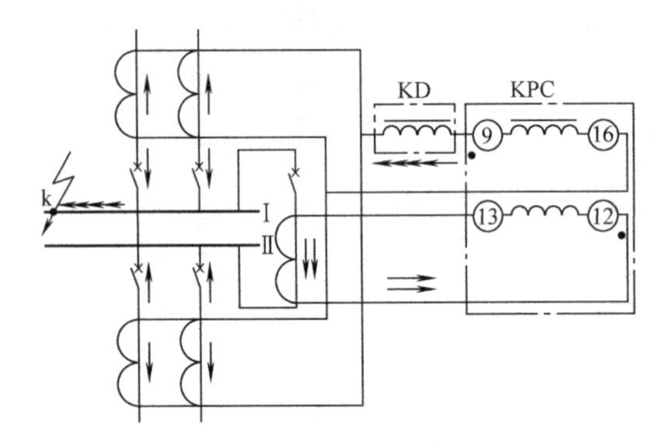

图8-20　母线Ⅰ故障时的电流分布

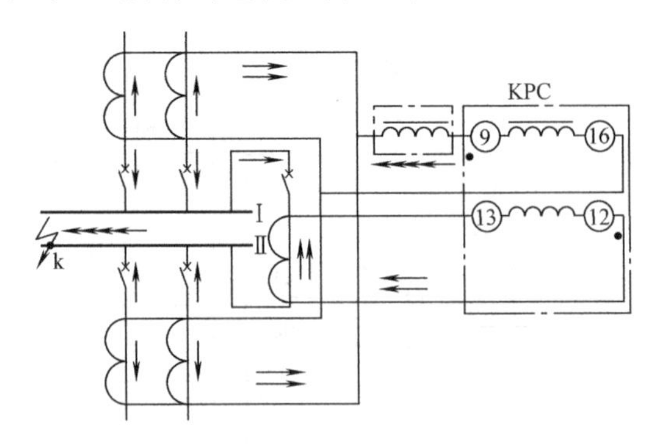

图8-21　母线Ⅱ故障时的电流分布

图8-22表示正常运行和母线保护区外部故障时的电流分布。此时差动电流回路仅流过很小的不平衡电流，故启动元件不会动作，整套母线保护不会动作。

由上可见，对母线联络断路器上的电流与差动回路中的电流进行相位比较，可以选择出故障母线。基于这种原理，当母线故障时，不管母线上的元件如何连接，只要母线联络断路器中有足够大的电流通过，选择元件就能正确动作。因此，对母线上的元件不必提出固定连接的要求。母线上连接元件进行倒闸操作时，只需将图8-19c中的连接片切换至相应母线的跳闸继电器触点回路即可。例如，当断路器QF1由母线Ⅰ切换至母线Ⅱ时，只需将连接片XB1从1KM1触点侧切换至3KM1触点侧即可。

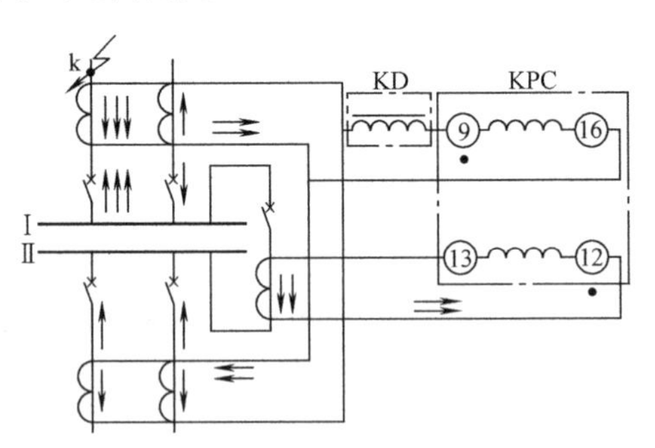

图8-22　正常运行和母线保护区外部故障时的电流分布

由于本保护的动作原理是基于母联电流与差电流相位的比较，因此，正常运行时，母线联络断路器必须投入运行。当母线联络断路器因故断开或单母线运行时，为了使整套母线保护仍能动作，可以将图8-19b中的刀开关S投入，以短接选择元件1K和2K的触点，解除1K和2K的作用。在这种情况下，可利用电压闭锁元件作为选择元件，以选出发生故障的母线。低电压闭锁元件为两组低电压继电器，如图8-19b中的1KV和2KV分别为它们的触点，其绕组分别接到两组母线的电压互感器的二次线电压上，以反映相应母线上的故障，当母联断开运行时，如某一组母线发生故障，该组母线电压就会降低，而没有故障的另一组母线的电压则较高，因此利用低电压继电器可以选出故障母线。

这种母线保护不要求元件固定连接于母线，可大大地提高母线运行方式的灵活性，这是它的主要优点。但这种保护也存在缺点，如：

1）正常运行时母联断路器必须投入运行。

2）当母线故障，母线保护动作时，如果母联断路器拒动，将造成由非故障母线的连接元件通过母联供给短路电流，使故障不能切除。

3）当母联断路器和母联电流互感器之间发生故障时，将会切除非故障母线，而故障母线反而不能切除。

4）两组母线相继发生故障时，只能切除先发生故障的母线，后发生故障的母线因这时母联断路器已跳闸，选择元件无法进行相位比较而不能动作，因而不能切除。

8.4 微机电流型母线差动保护

8.4.1 电流型母线差动保护原理与逻辑框图

当TA电流传变是线性时，则

$$\sum_{j=1}^{n} \dot{I}_j = 0 \tag{8-11}$$

式中，$\dot{I}_j$为母线所连第j条出线的电流。

母线正常运行及外部故障时，流入母线电流等于流出母线电流，各电流的相量和等于零。

当母线故障时，保护动作条件为

$$\left| \sum_{j=1}^{n} \dot{I}_j \right| \geqslant I_{op} \tag{8-12}$$

式中，$\dot{I}_{op}$为差动元件动作电流。

母线差动保护主要由三个分相元件构成，为提高保护动作可靠性，在保护中设置了启动元件、复合电压闭锁元件、TA二次回路断线闭锁及TA饱和检测元件。

双母线或单母线分段，某一相的母线差动保护逻辑框图如图8-23所示。图中大差元件用于检查母线故障，小差元件选择出故障所在那段或那条母线。双母线正常运行时，若小差元件、大差元件及启动元件同时动作，母线保护出口继电器才动作。此外，只有复合电压闭锁元件也动作，保护才能去跳各断路器。如果TA饱和鉴定元件鉴定出差流越限是由于区外故障而使TA饱和造成，母线差动保护不应误动，而应立即去闭锁母线差动保护，转入区内故障时，立即开放母线差动保护。

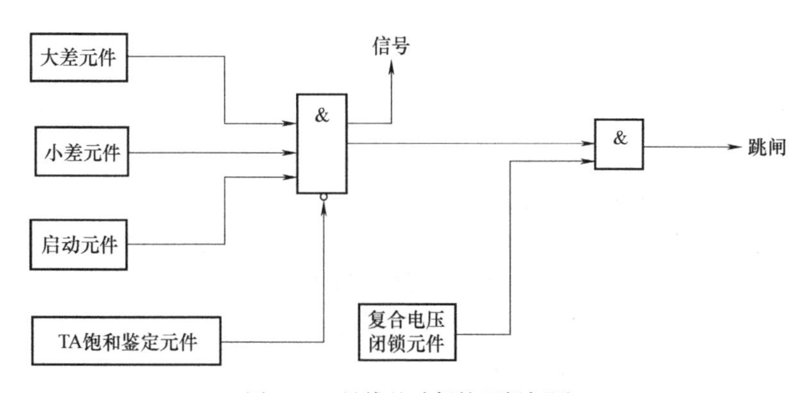

图8-23 母线差动保护逻辑框图

8.4.2 主要元件功能介绍

1. 小差元件

小差元件为某一条母线的差动元件，其引入电流为该条母线所有连接元件TA的二次电流。

（1）动作方程为

$$\begin{cases} \left| \sum_{j=1}^{n} \dot{I}_j \right| \geqslant I_{d0} \\ \left| \sum_{j=1}^{n} \dot{I}_j \right| \geqslant K_{res} \sum_{j=1}^{n} \left| \dot{I}_j \right| \end{cases} \tag{8-13}$$

式中，n 为母线连接元件数；I_j 为接在母线上第 j 个连接单元 TA 的二次电流；K_{res}为比率制动系数，其值小于 1；I_{d0}为小差元件动作电流门槛值。

（2）动作特性

根据式（8-12）绘制比率动作特性曲线如图 8-24 所示。

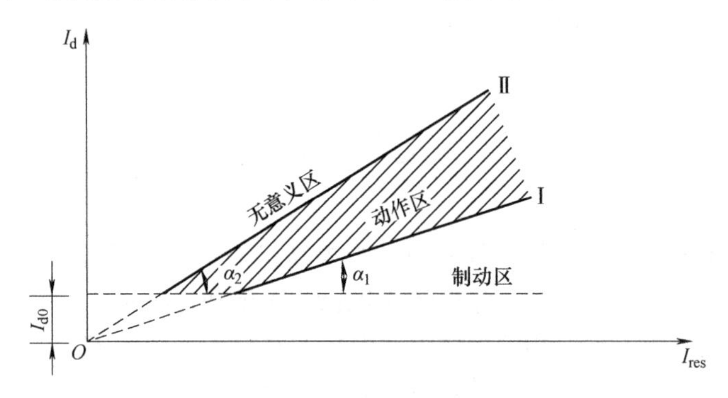

图 8-24　比率动作特性曲线

图 8-24 中，I_d为差动电流，$I_d = \left| \sum_{j=1}^{n} \dot{I}_j \right|$；$I_{res}$为制动电流，$I_{res} = \sum_{j=1}^{n} \left| \dot{I}_j \right|$；$\alpha_1$ 为整定动作曲线与制动电流 I_{res}轴的夹角，$\alpha_1 = \arctan \dfrac{I_d}{I_{res}}$；$\alpha_2$ 为整定动作曲线上限与制动电流 I_{res}轴的夹角。当 $I_d = I_{res}$时，$\alpha_2 = 45°$，$\tan\alpha_2 = 1$。

由图 8-24 可知，母线小差元件动作特性具有比率制动的特性。由于差动电流不可能大于制动电流，故差动元件不可能工作于 $\alpha_2 = 45°$曲线上方，因此，将此区域称为无意义区。

2. 大差元件

接入大差元件的电流为两条或两段母线所连接单元（除母联之外）TA 的二次电流。大差元件的动作方程及动作曲线与小差元件相似。但大差元件比率制动系数有两个，即高定值和低定值，比率制动特性为两段折线。当双母线母联断路器或单母线分段断路器断开时，采用低定值制动系数，而当双母线或单母线分段的两条或两段并列运行时采用高定值。而小差元件则固定采用比例制动系数高定值的启动元件。

为提高母线差动保护动作可靠性，设置了母线差动保护专用的启动元件。不同型号的母线差动保护采用不同的启动元件。通常采用的启动元件有电压工频变化量元件、电流工频变化量元件及差流越限元件。

（1）电压工频变化量元件

当两条母线上任一相电压工频变化量大于门槛值时，电压工频变化量元件启动母线差动保护。

动作方程为

$$\Delta U \geqslant \Delta U_{\mathrm{T}}+0.05U_{\mathrm{N}} \tag{8-14}$$

式中，ΔU 为相电压工频变化量瞬时值；U_{N}为额定电压（TV 二次值）；ΔU_{T} 为浮动动作门槛。

（2）电流工频变化量元件

动作方程为

$$\Delta I \geqslant KI_{\mathrm{N}} \tag{8-15}$$

式中，ΔI 为相电流工频变化量瞬时值；I_{N} 为标称额定电流；K 为小于 1 的常数。

（3）差流越限元件

当某一相大差元件测量电流大于某一值时，差流越限元件动作启动母线差动保护。

动作方程为

$$I_{\mathrm{d}} = \left|\sum_{j=1}^{n} \dot{I}_{j}\right| \geqslant I'_{\mathrm{op.0}} \tag{8-16}$$

式中，I_{d}为大差元件某相差动电流；$I'_{\mathrm{op.0}}$为差动电流启动门槛值。

3. TA 饱和鉴定元件

为防止区外故障时由于 TA 饱和引起母线差动保护误动作，在母线差动保护中设置 TA 饱和鉴定元件。

TA 饱和时其二次电流和内阻变化的特点如下：

1）在故障发生瞬间，由于铁心中磁通不能跃变，TA 不能立即进入饱和区，而是在一个时域为 3~5ms 的线性传递区，在线性传递区内，TA 二次电流与一次电流成正比。

2）TA 饱和后，在每个周期内一次电流过零点附近存在不饱和段，在此段内 TA 二次电流与一次电流成正比。

3）TA 饱和后其励磁阻抗减小很多，其内阻大大降低。

4）TA 饱和后二次电流含有大量二次谐波和三次谐波分量。

根据 TA 饱和后二次电流特点及其内阻变化规律构成 TA 饱和鉴定元件。鉴别方法主要是同步识别法及差流波形存在线性传递区的特点，也可以利用谐波制动原理防止母线差动保护误动作。

4. 复合电压闭锁元件

为防止保护出口继电器误动或其他原因误跳断路器，通常采用复合电压闭锁元件，只有当母线差动保护元件及复合电压闭锁元件均动作后才能跳各断路器。

动作方程为

$$\begin{cases} U_{\mathrm{p}} \leqslant U_{\mathrm{op}} \\ 3U_{0} \geqslant U_{0.\mathrm{op}} \\ U_{2} \geqslant U_{2.\mathrm{op}} \end{cases} \tag{8-17}$$

式中，U_{p} 为相电压（TV 的二次值）；$3U_{0}$ 为零序电压（利用 TV 的二次三相电压值获取）；U_{op}为低电压元件动作整定值；$U_{2.\mathrm{op}}$为负序电压元件动作整定值。

复合电压闭锁元件逻辑框图如图 8-25 所示，为防止差动元件出口继电器误动，复合电压闭锁元件采用出口继电器触点分别串联在差动元件出口继电器各出口触点回路中。跳母联或分段断路器，回路可以不串复合电压元件的触点。对于微机型保护，复合电压闭锁元件可以去闭锁保护的逻辑出口回路。

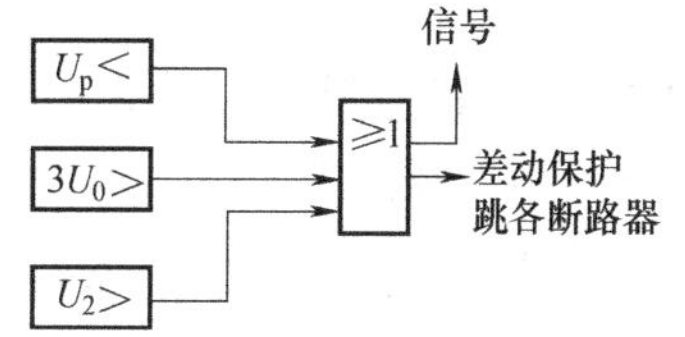

图 8-25 复合电压闭锁元件逻辑框图

8.4.3　中阻抗母线差动保护

所谓中阻抗母线差动保护是指差动回路阻抗较大的母线差动保护。该类保护特点是动作速度快，躲故障时 TA 饱和能力强。

1. 工作原理

（1）启动元件动作方程

$$\left|\sum_{j}^{n}\dot{I}_j\right| \geqslant I_{\mathrm{L.op}} \tag{8-18}$$

（2）动作元件动作方程

$$\left|\sum_{j}^{n}\dot{I}_j\right| \geqslant K_{\mathrm{res}}\sum_{j=1}^{n}\left|\dot{I}_j\right| + I_{\mathrm{h.op}} \tag{8-19}$$

式中，$\dot{I}_j$为第 j 个连接元件的电流；$I_{\mathrm{L.op}}$为启动元件的最小动作电流；$I_{\mathrm{h.op}}$为动作元件的最小动作电流；K_{res}为比率制动系数。

图 8-26 中，I_{d} 为差动电流，$I_{\mathrm{d}}=\left|\sum_{j}^{n}\dot{I}_j\right|$；$I_{\mathrm{res}}$为制动电流 $I_{\mathrm{res}}=\sum_{j=1}^{n}\left|\dot{I}_j\right|$；$K_{\mathrm{res}}$为制动系数，$K_{\mathrm{res}}=\dfrac{I_{\mathrm{d}}}{I_{\mathrm{res}}}=\tan\alpha$。直线 C 为动作元件上限边界线，直线 B 为动作元件动作边界线，直线 A 为启动元件动作边界线，直线 C 方程为 $I_{\mathrm{d}}=I_{\mathrm{res}}$，$\tan\alpha=1$。直线 C 上方为无意义区，直线 B 下方为制动区，阴影部分为动作区。

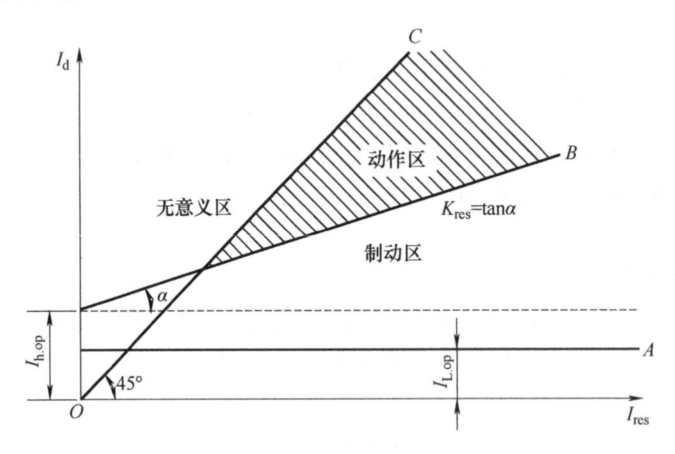

图 8-26　中阻抗母线差动保护特性

影响制动系数的因素是制动系数 $K_{\mathrm{res}}=\tan\alpha$，制动系数由继电器回路参数决定。差动 TA 的饱和影响：区外故障时差动 TA 饱和越严重，差动继电器越可靠不动作。原因是 TA 不饱和时，其内阻很大，比差动回路阻抗大很多，其他 TA 二次电流不会流过不饱和的 TA 二次，而 TA 饱和时其内阻大大降低，但由于差动回路电阻比较大，使非饱和 TA 二次电流的流向发生变化，不再经过差动继电器的差动回路，而是经过饱和的 TA 二次（辅助变流器二次）形成回路，故使流经差动继电器电流很小，差动保护不动作。

当区内故障时 TA 饱和，中阻抗母线差动保护的特点是动作速度快，内部故障后 3～5ms 之内，动作元件及启动元件动作并将动作状态记忆下来，从而保障母线差动保护可靠跳闸。

综上所述，中阻抗母线差动保护从原理上不受 TA 饱和的影响。

2. 逻辑框图

中阻抗母线差动保护动作逻辑框图如图 8-27 所示。

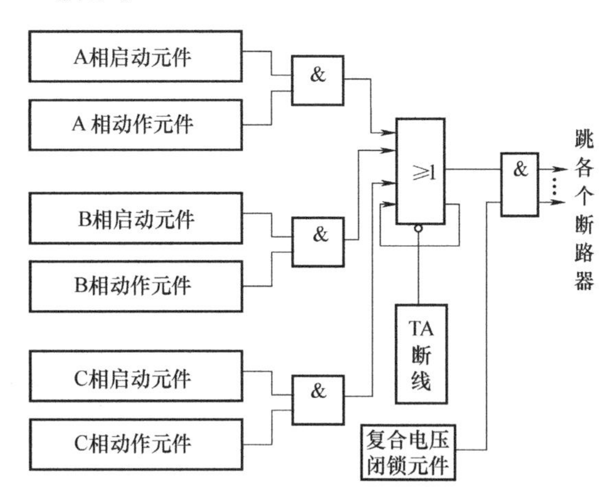

图 8-27　中阻抗母线差动保护动作逻辑框图

从图中看出，当差动保护中某一相差动继电器的启动元件和动作元件同时动作后，启动“或门”回路，回路动作后能将状态自保持，同时启动“与门”回路，此时，如复合电压闭锁元件满足动作条件，保护动作跳各个断路器。如果差动 TA 二次回路断线，则 TA 断线闭锁元件将全套保护闭锁。

图中复合电压闭锁元件由低电压元件、零序电压元件和负序电压元件构成。其逻辑框图如图 8-25 所示。

8.4.4　高阻抗母线差动保护

高阻抗母线差动保护是在差动回路中串接一个阻抗为 2.5~7.5kΩ 的电压继电器，故将该母线差动保护称为电压型母线差动保护，该保护特点是动作速度快，区外故障 TA 饱和时不误动。其原理接线和工作原理在 8.2.3 节中已阐述，这里不再讨论。

高阻抗母线差动保护优点是接线简单，选择性好，动作快，不受 TA 饱和影响，缺点是要求各 TA 的型号、电流比完全相同，并且还要求各 TA 的特性及二次负载要求相同。由于差动回路阻抗很高，区内故障时 TA 二次将出现很高电压，因此要求 TA 二次电缆及其部件绝缘水平要高。

8.5　断路器失灵保护

8.5.1　断路器失灵保护的构成原理

断路器失灵保护又称后备接线，是指当系统发生故障时，故障元件的保护动作，而且断路器操作机构失灵拒绝跳闸时，通过故障元件的保护作用于同一变电所相邻元件断路器使之跳闸切除故障的接线。这种保护能以较短的时限切除同一发电厂或变电所内其他有关的断路器，以便尽快地把停电范围限制到最小。

断路器失灵保护通常在断路器确有可能拒动的 220kV 及以上的电网（以及个别重要的 110kV 电网）中装设。断路器失灵保护的构成原理如图 8-28 所示。

图 8-28 中，1KM、2KM 为连接在单母线分段 I 段上的元件保护的出口继电器。这些继电器动作时，一方面使本身的断路器跳闸，另一方面启动断路器失灵保护的公用时间继电器 KT。时间继电器的延时整定得大于故障元件断路器的跳闸时间与保护装置返回时间之和。因此，断路器失灵保护在故障元件保护正常跳闸时不会动作跳闸，而是在故障切除后自动返回。只有在故障元件的断路器拒动时，才由时间继电器 KT 启动出口继电器 3KM，使接在 I 段母线上所有带电源的断路器跳闸，从而代替故障处拒动的断路器切除故障（如图中 k 点故障），起到了断路器 1QF 拒动时后备保护的作用。

由于断路器失灵保护动作时要切除一段母线上所有连接元件的断路器，而且保护接线中

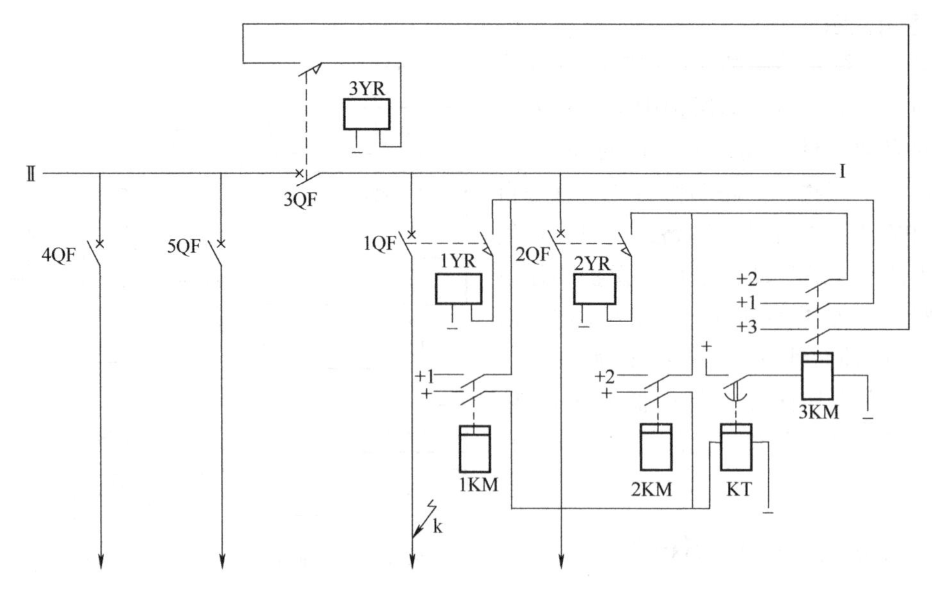

图8-28　断路器失灵保护的构成原理

是将所有断路器的操作回路连接在一起，因此，保护的接线必须保证动作的可靠性，以免保护误动作造成严重事故。为此，要求同时具备下述两个条件时保护才能动作。

1）故障元件保护的出口中间继电器动作后不返回。

2）在故障元件的被保护范围内仍存在故障。当母线上连接的元件较多时，一般采用检查故障母线电压的方式以确定故障仍然没有切除；当连接元件较少或一套保护动作于几个断路器（如采用多角形接线时）以及采用单相合闸时，一般采用检查通过每个或每相断路器的故障电流的方式，作为判别断路器拒动且故障仍未消除之用。

8.5.2　微机断路器失灵保护装置

1. 断路器失灵保护构成原则

1）断路器失灵保护应由故障设备的继电保护启动，手动跳闸不能启动失灵保护。

2）在断路器失灵保护的启动回路中除有故障设备的继电保护出口触点之外，还应有断路器失灵判别元件的触点（或动作条件）。

3）失灵保护应有动作延时，且最短的动作延时应大于故障设备断路器的跳闸时间与保护继电器返回时间之和。

4）在正常工况下，失灵保护回路中任一对触点闭合，失灵保护回路不应被误动或误跳断路器。

2. 失灵保护的逻辑框图

断路器失灵保护由四部分构成，包括启动回路、失灵判别元件、运行方式识别回路及复合电压闭锁元件。双母线断路器失灵的逻辑框图如图8-29所示。

（1）失灵启动及判别元件

失灵启动及判别元件由电流启动元件、保护出口动作触点及断路器位置辅助触点构成。电流启动元件由三个相电流元件组成。当灵敏系数不高时还可以接入零序电流元件。

保护出口跳闸触点有两类。在超高压输电线路保护中，有分相跳闸触点和三相跳闸触点。

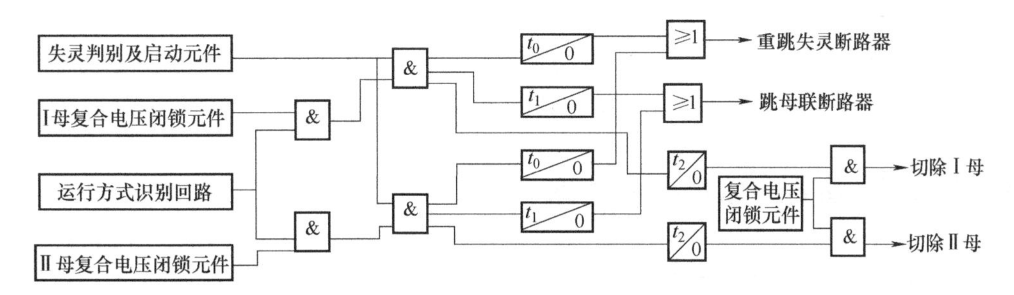

图 8-29　双母线断路器失灵的逻辑框图

在变压器或发电机-变压器组保护中，只有三相跳闸触点。保护出口跳闸触点不同，失灵保护启动及判别元件逻辑回路不同。

线路断路器失灵保护启动回路如图 8-30 所示。变压器（发电机-变压器组）断路器失灵保护启动回路如图 8-31 所示。

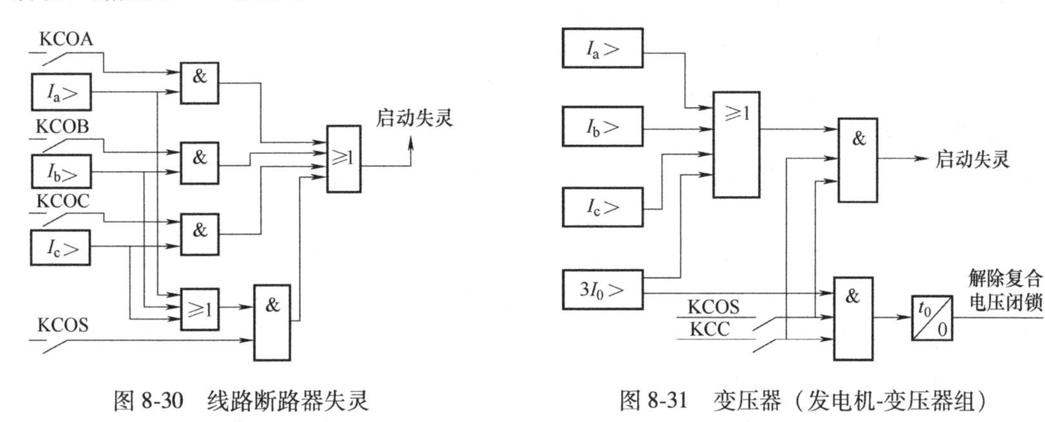

图 8-30　线路断路器失灵保护启动回路

图 8-31　变压器（发电机-变压器组）断路器失灵保护启动回路

图中，KCOA、KCOB、KCOC 为线路保护分相跳闸出口继电器触点；KCOS 为三相跳闸出口继电器触点；KCC 为断路器合闸位置继电器触点，断路器合闸时闭合；$I_a>$、$I_b>$、$I_c>$分别为 a、b、c 相过电流元件；$3I_0>$为零序过电流元件。

从图 8-30 中看出，线路保护任一相的出口继电器动作或三相出口继电器动作，若流过某相的断路器电流仍存在，则判断为断路器失灵，去启动失灵保护。从图 8-31 看出，保护出口继电器触点 KCOS 闭合，断路器仍在合闸位置（合闸位置继电器触点 KCC 闭合）。且流过断路器的相电流仍然存在，则去启动断路器失灵保护，并经过延时解除失灵保护的复合电压闭锁元件。

在小电流系统中，断路器失灵保护采用的复合电压闭锁元件中应设置零序电压判据。复合电压闭锁元件有三个判据，包括 TV 二次相电压（$U_p \leqslant U_{op}$）、零序电压（$3U_0 \geqslant U_{0.op}$）及负序电压（$U_2 \geqslant U_{2.op}$）。只要满足一个条件，复合电压闭锁元件就动作。

双母线的复合电压闭锁元件需要两套，分别用于两条母线所连元件的断路器失灵判别及跳闸回路的闭锁。

（2）运行方式识别回路

运行方式识别回路用于确定失灵断路器接在哪条母线上，从而决定失灵保护去切除该条母线。断路器所连母线由隔离开关位置决定，因此，用隔离开关辅助触点来进行运行方式的识别。

(3) 动作延时

根据对失灵保护的要求，其动作延时应有两个。以 $t_1=0.2\sim0.3\text{s}$ 延时跳母联断路器，以 $t_2=0.5\text{s}$ 延时切除失灵断路器母线上连接的其他元件。

8.6 母线差动保护的整定计算

国内微机型母线差动保护均采用分相完全电流型差动保护，其动作方程为

$$\begin{cases} \left|\sum_{j=1}^{n}\dot{I}_j\right| \geqslant I_{\text{L.op}} \\ I_{\text{res}} = \sum_{j=1}^{n} I_j \\ I_{\text{d}}-K_{\text{res}}I_{\text{res}} \geqslant 0 \end{cases} \tag{8-20}$$

式中，$\dot{I}_j$、$I_{\text{L.op}}$、I_{d}、I_{res}物理意义同式（8-19）及图8-26中给出。

在复合电压闭锁元件中有低电压、负序电压、零序电压及相电压增量 ΔU 等元件。母线差动保护整定计算就是合理选择差动元件和复合电压闭锁元件的物理整定值。

1. 最小启动电流

1）按躲过正常工作时最大不平衡电流整定最小启动电流，其计算公式为

$$I_{\text{L.op}}=K_{\text{rel}}(K_{\text{er}}+K_3+K_2)I_{\text{N}} \tag{8-21}$$

式中，K_{rel}为可靠系数，取1.5~2；K_{er}为差动各测TA相对误差，取0.06；K_2为保护装置通道传输及调整误差，取0.1；K_3为外部故障切除瞬间各侧TA暂态特性差异产生的误差，取0.1；I_{N}为TA二次侧标称额定电流（1A或5A）。

将K_{rel}、K_2、K_3取值代入式（8-21）得 $I_{\text{L.op}}=(0.39\sim0.52)I_{\text{N}}$。

2）按躲过TA二次断线由负荷电流引起的最大差流来整定最小启动电流 $I_{\text{L.op}}=I_{\text{N}}$。

当母线差动保护中有完善的TA二次断线闭锁，为保证该保护的灵敏度，取 $I_{\text{L.op}}=(0.4\sim0.5)I_{\text{N}}$。

2. 计算比率制动系数 K_{res}

1）按躲过区外故障，在差动回路产生最大差流整定。

$$I_{\text{unb.max}}=(K_{\text{er}}+K_2+K_3)I_{\text{k.max}} \tag{8-22}$$

取 $K_{\text{er}}=0.1$、$K_2=0.1$、$K_3=0.1$ 代入式（8-22）得 $I_{\text{unb.max}}=0.3I_{\text{k.max}}$。

按下式计算比率制动系数：

$$K_{\text{res}}=K_{\text{rel}}\frac{I_{\text{unb.max}}}{I_{\text{k.max}}} \tag{8-23}$$

式中，K_{rel}取1.5~2，得 $K_{\text{res}}=0.45\sim0.6$。

2）按确保动作灵敏系数整定。当母线出现故障时，其最小故障电流应大于母线保护启动电流2倍以上。满足上述条件，可以按下式计算比例系数：

$$K_{\text{res}}=1/K_{\text{sen}} \tag{8-24}$$

式中，K_{sen}取1.5~2，代入式（8-24）得 $K_{\text{res}}=0.5\sim0.67$。综上所述，$K_{\text{res}}$选取0.5~0.6是合理的。

3. 复合电压闭锁

(1) 低电压元件的整定电压

母线电压可能降低至（90%~85%）U_{N} 运行，考虑到母线TV的电压比误差（2%~3%），

母线差动保护低电压元件动作电压值取0.75~0.8倍的额定电压是合理的。即

$$U_{op}=(0.75\sim0.8)U_N$$

(2) 负序电压元件整定电压

按躲过正常运行时母线TV二次最大负序电压来整定，即

$$U_{2.max}=U_{2TV}+U_{2S.max} \tag{8-25}$$

式中，$U_{2.max}$为正常运行时母线TV二次的最大负序电压；U_{2TV}为一次系统对称时TV出现的负序电压（由于TV三相不对称或三相负载不均衡），通常为（2%~3%）U_N，实取0.3U_N；$U_{2S.max}$为正常运行时，系统出现的最大负序电压，取1.1×4%U_N。

将取值代入式（8-25）得$U_{2.max}=(0.03+0.044)U_N=0.074U_N=4.3\text{V}$。

负序电压元件的动作电压为

$$U_{2.op}=K_{rel}U_{2.max} \tag{8-26}$$

式中，K_{rel}取1.3~1.5，实取$U_{2.op}=5.5\sim7\text{V}$。

(3) 零序电压元件的动作电压

零序电压元件的动作电压与负序电压元件的动作电压相同，可取$3U_{0.op}=5.5\sim7\text{V}$。

4. 断路器失灵保护

(1) 相电流元件的动作电流

相电流元件的动作电流值I_{op}应按能躲过长线空充电时电容电流整定。另外，应保证在线路末端单相接地时，动作灵敏系数大于或等于1.3，并尽可能躲过正常运行时的负载电流。

(2) 时间元件的各段延时

失灵保护的动作时间应保证保护动作选择性的前提下尽量缩短。其第一级动作时间及第二级动作时间按下式计算：

$$\begin{cases} t_1=t_0+t_b+\Delta t_1 \\ t_2=t_1+\Delta t \end{cases}$$

式中，t_1、t_2为失灵保护第一级、第二级动作延时；t_0为断路器跳闸时间，取0.03~0.06s；t_b为保护动作返回时间，取0.02~0.03s；Δt_1为时间裕度，取0.1~0.3s；Δt为时间裕度，取0.15~0.2s。

思考题与习题

8-1 简述判别母线故障的基本方法。

8-2 什么是母线完全电流差动保护？

8-3 简述母线保护的装设原则。

8-4 分别简述高阻抗、中阻抗、低阻抗母线差动保护的工作原理。

8-5 双母线同时运行时，母线保护可以依据哪些原理来判断故障母线？

8-6 试述母线不完全差动保护的工作原理。

8-7 元件固定连接的双母线电流差动保护，当元件固定连接破坏后，母线保护如何动作？

8-8 电流比相式母线保护当母线外部故障和内部故障时，小母线上的波形分别如何变化？保护如何动作？

8-9 按照图8-19说出母联电流相位比较式母线差动保护的原理。

8-10 断路器失灵保护的作用是什么？

8-11 图8-32所示为单母线分段的主接线，为保证有选择性地切除任一段母线上发生的故障，该母线保护应如何实现？说明保护整定计算的基本原则。

8-12 如图8-33所示10.5kV母线的一次回路接线图，各段母线采用两相星形联结的不完全差动保护，

试为中间段母线选择两段式不完全差动保护，求一次侧动作电流，并在计算灵敏系数后进行评价。已知所有负荷元件（包括有母线供电的引出线和降压变压器）的断路器均不考虑切断本回路集中电抗之前短路。当有一段母线跳闸后，其负荷要转移到其余两段母线上。当计算母线保护Ⅰ段的动作电流时，除了要考虑电抗器后或降压变压器后短路时故障电流外，还应考虑本母线段的工作电流，由于负荷元件中电动机在短路期间可能制动，所以工作电流应计及一个提高系数 $K=1.3$。对母线保护段，当故障切除后，应不因为工作电流的增大而误动，取返回系数 $K_{re}=0.85$，此外，对无故障母线，

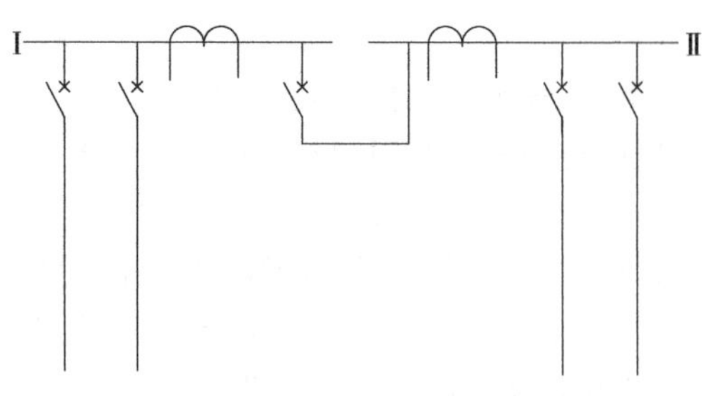

图 8-32　题 8-11 网络图

当故障母线被切除后，把它所供电的已被制动的电动机转接到无故障母线时，后者的保护Ⅱ段不应动作，为此取自起动系数 2.5。所有情况下可靠系数取 1.2。校验灵敏系数时不考虑工作电流。各段母线的综合工作电流以及在 10.5kV 不同点发生金属性短路的故障电流按 4 种方案列于表 8-1 中。

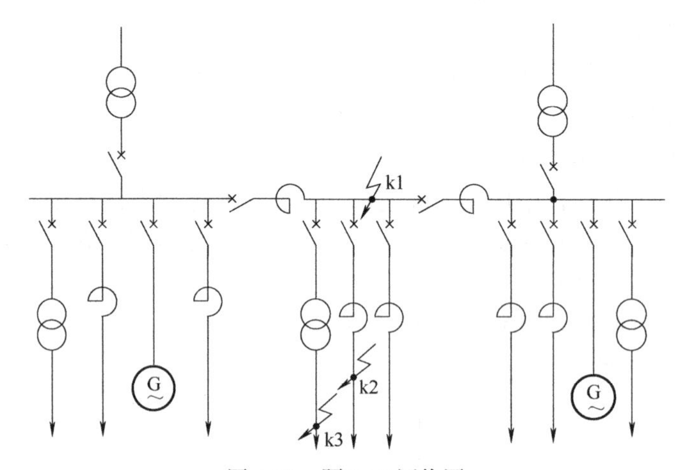

图 8-33　题 8-12 网络图

表 8-1　题 8-12 中已知电流数据　　（单位：A）

方案	母线的综合工作电流			不同地点短路电流最大值			不同地点短路电流最小值		
	左	中	右	k1	k2	k3	k1	k2	k3
1	2200	2160	1800	50000	15000	12000	38000	13700	11200
2	2200	1800	2160	55000	13000	16000	34000	11300	13500
3	3600	4200	3700	75000	12000	13000	60000	15000	11500
4	3700	3600	4200	70000	18000	16000	50000	16300	14700

8-13　为什么 220kV 及以上电压等级的母线要装设断路器失灵保护？

本章学习要点

思考题与习题解答

测试题五

测试题五参考答案

第9章

电动机和电力电容器的保护

基本要求

1. 了解电动机的故障、不正常工作状态及其保护方式。
2. 掌握厂用电动机纵差保护、电流速断保护及过负荷保护的工作原理、接线及整定计算。
3. 掌握电动机单相接地低电压保护的工作原理及整定计算。
4. 了解同步电动机的保护方式。
5. 了解电容器的保护方式。
6. 掌握电容器组过电流保护、横差保护、过电压保护的工作原理、接线及整定计算。

本章讲述电动机的故障、不正常运行状态及其保护方式，重点讲述厂用电动机的纵差保护、单相接地保护、低电压保护等工作原理、接线及整定计算，另外介绍电力电容器的几种常见保护方式。

9.1 电动机的故障、不正常工作状态及其保护方式

电动机的主要故障是定子绕组的相间短路、单相接地及一相匝间短路故障。定子绕组的相间短路是电动机最严重的故障，它会使电动机严重损坏，从而使供电网络电压显著下降，造成其他设备不能正常工作。因此，对于容量为2000kW及以上的电动机或容量小于2000kW的电动机，但有六个引出线端子的重要电动机，应该装设纵差保护。对于一般高压电动机则应装设两相式电流速断保护，以便尽快将故障电动机切除。

单相接地对电动机的危害程度取决于供电网络的接线方式。对于中性点直接接地系统，当电动机发生单相接地短路时，保护装置应快速动作于跳闸；对于小电流接地系统，高压电动机接地后，当接地电容电流大于5A时，应装设单相接地保护，当接地电流大于5A则应动作于信号，大于10A则应动作于断路器跳闸。

电动机的不正常工作状态主要是过负荷运行。产生过负荷的原因是所带机械过负荷、熔断器一相熔断造成两相运行、供电网络电压和频率降低使电动机转速降低从而使电动机转速下降。

电动机起动或自起动时间过长，较长时间的过负荷会使电动机温升超过它的允许值，加速绝缘老化，甚至会将电动机烧毁。所以应该根据电动机的重要程度及不正常工作条件而装设过负荷保护，动作于信号或跳闸。

当电动机电源电压下降时，转速下降甚至停转，当电压恢复时，由于电动机自起动将从系统中吸收很大的无功功率，造成电源电压不能恢复。为保证重要电动机的自起动，应装设低电压保护。

对于中小型电动机保护应根据经济条件和运行要求，力求简单、可靠。对电压在500V以下的低压电动机，特别是75kW及以下的电动机，广泛采用熔断器来作相间短路保护和单相接地保护，对于较大容量的高压电动机应装设由继电器构成的相间短路保护，瞬时作用于断路器跳闸。

9.2 厂用电动机的保护

对于厂用电动机，容量在2000kW以下，一般装设电流速断保护；容量在2000kW及以上，或容量小于2000kW，但有六个引出线端子的重要电动机，当电流速断保护不满足灵敏度要求时，应该装设纵差保护。

此外，对于生产过程中容易产生过负荷的电动机，应该装设过负荷保护。

9.2.1 纵联差动保护

在中性点不接地系统的供电网络中，电动机的纵联差动保护一般采用两相式接线，保护装置瞬时动作于跳闸。纵差保护的原理接线如图9-1所示。

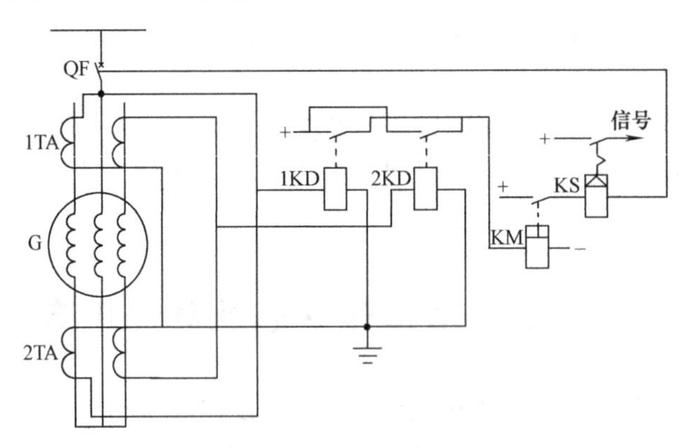

图9-1　电动机纵差保护的原理接线图

保护装置的动作电流，考虑到TA二次回路断线，按躲过电动机额定电流 I_N 整定，即

$$I_{op.r}=\frac{K_{rel}}{K_{TA}}I_N \tag{9-1}$$

式中，K_{rel}为可靠系数，当采用BCH-2型继电器时，取1.3；当采用DL-11型继电器时取1.5~2；K_{TA}为电流互感器的电流比。

保护装置灵敏度可按下式校验：

$$K_{sen}=\frac{I_{k.min}^{(2)}}{I_{op}}=\frac{0.87I_{k.min}^{(3)}}{K_{TA}I_{op.r}}\geqslant 2 \tag{9-2}$$

式中，$I_{k.min}^{(2)}$为在最小运行方式下，电动机出口两相短路电流周期分量的有效值。

9.2.2　电流速断保护及过负荷保护

中小容量电动机一般采用电流速断保护作为相间短路故障的主保护，保护装置的接线如图 9-2 所示。

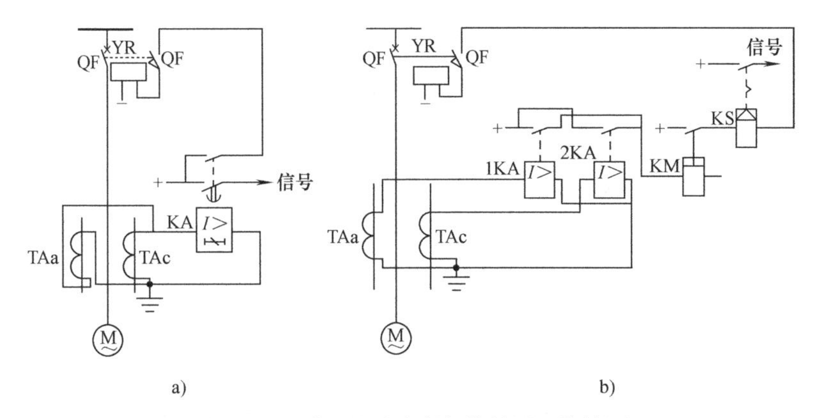

图 9-2　电动机电流速断保护的原理接线图

a）两相电流差接线方式　b）两继电器的两相式接线方式

1. 电流速断保护的整定计算

电动机电流速断保护装置的动作电流按躲过电动机起动电流 I_{ss}整定，即

$$I_{op.r}=\frac{K_{rel}K_{con}}{K_{TA}}I_{ss} \tag{9-3}$$

式中，K_{rel}为可靠系数，对于 DL-10 型继电器取 1.4~1.6，对 GL-10 型继电器取 1.8~2；K_{con}为保护装置接线系数，采用星形联结时取 1，采用两相电流差接线时取$\sqrt{3}$；I_{ss}为电动机起动电流周期分量有效值，应由制造厂提供，或由试验实测，通常取（4~8）I_N。

保护装置的灵敏度按下式校验：

$$K_{sen}=\frac{I_{k.min}^{(2)}}{I_{op}}=\frac{0.87I_{k.min}^{(3)}}{K_{TA}I_{op.r}}\geqslant 2 \tag{9-4}$$

2. 过负荷保护的整定计算

电动机过负荷保护装置的动作电流按躲过电动机额定电流 I_N 整定，即

$$I_{op.r}=\frac{K_{rel}K_{con}}{K_{TA}K_{re}}I_N \tag{9-5}$$

式中，K_{rel}为可靠系数，动作于信号时取 1.05，动作于跳闸取 1.2；K_{con}为保护装置的接线系数，采用两相电流差接线时取$\sqrt{3}$，采用两相星形联结时取 1；K_{re}为返回系数，取 0.85。

过负荷的动作时限应大于电动机带负荷的起动时间，一般取 10~15s。

如灵敏度不满足要求，为提高保护的灵敏度可以考虑采用带有比率制动特性的纵联差动保护，如采用 BCH-1 型差动继电器或微机保护装置。比率制动特性如图 6-16，其整定计算公式如式（6-15）、式（6-16）。

9.2.3　电动机单相接地保护

在小电流接地系统中的高压电动机，当容量小于 2000kW，而接地电流大于 10A 或容量等

于2000kW及以上，接地电流大于5A时，应装设接地保护，无时限地动作于断路器跳闸。

高压电动机单相接地的零序电流保护装置的原理接线如图9-3所示。

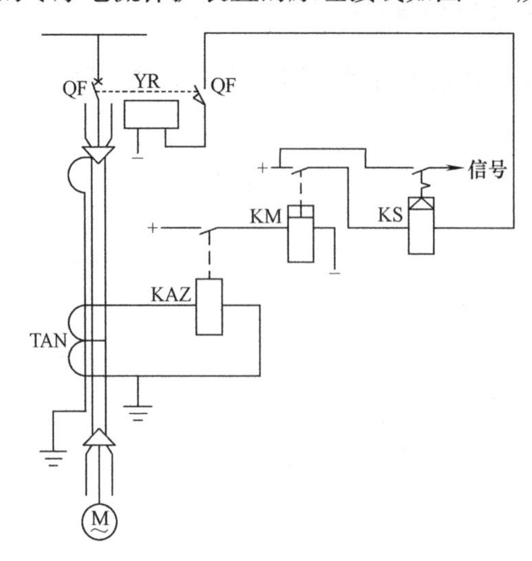

图9-3　高压电动机单相接地的零序电流保护装置的原理接线图

图中，TAN为一环形导磁体的零序电流互感器。正常运行以及相间短路时，由于零序电流互感器一次侧三相电流的相量和为零，故铁心内磁通为零，零序电流互感器二次侧无感应电动势，因此零序电流继电器KAZ中无电流通过，保护不会动作。外部单相接地时，零序电流互感器将流过电动机的电容电流。

保护装置的动作电流，应该大于电动机本身的电容电流，即

$$I_{\mathrm{op.r}}=\frac{K_{\mathrm{rel}}}{K_{\mathrm{TA}}}3I_{0C.\max} \tag{9-6}$$

式中，K_{rel}为可靠系数，取4~5；$3I_{0C.\max}$为外部发生单相接地故障，由电动机本身对地电容产生的流经保护装置的最大接地电容电流。

保护装置的灵敏系数可以按下式校验：

$$K_{\mathrm{sen}}=\frac{3I_{0C.\min}}{K_{\mathrm{TA}}I_{\mathrm{op.r}}}\geqslant 2 \tag{9-7}$$

式中，$3I_{0C.\min}$为系统最小运行方式下，被保护设备上发生单相接地故障时，流过保护装置零序电流互感器TAN的最小接地电容电流。

当K_{sen}不能满足要求时，应考虑增加保护动作时间，以躲过故障瞬间暂态过程的影响，将K_{sen}降低至1.25~1.5。

9.2.4　电动机的低电压保护

电动机低电压保护是一种辅助保护，只有在下列情况下才应装设低电压保护：

1）当电源电压短时降低或中断时，不需要自起动的电动机或为保证重要电动机（如给水泵、循环泵和矿井吸风机等一类负荷）的自起动，而需要断开次要电动机。

2）需要自起动，但为了保证人员和设备安全，或由于生产工艺条件和技术保安要求，在电源电压长时间消失以后，不允许再起动的电动机。

为了加速重要电动机的自起动，对第一种情况所装设的电动机低电压保护装置应采

取最小动作时限，但是根据满足选择性的要求，该时限应比上级变电所配出线短路快速保护大一个时限阶段，以躲过系统中某处发生短路故障而误动作，因为某处发生短路故障应由该处快速保护切除，此时网络电压降低，但低电压保护不应动作。因此，低电压保护动作时限一般整定为0.1~1s，为了保证重要电动机的自起动，动作电压整定为额定电压的60%~70%。

对第2）种情况所装设的低电压保护，其动作时限应足够大，只有在电源电压长时间降低或消失时，才断开需要自起动电动机的高压断路器，因此，动作时限常整定为5~10s，而动作电压整定为额定电压的40%~50%。

构成低电压保护的基本要求有以下几条：

1）能反映对称和不对称电压下降。三相电压对称下降到整定值时可靠地启动，使电压回路断线信号装置不误发信号。

2）当电压互感器一次侧隔离开关检修或操作断开以及二次侧熔断器一相、两相或三相同时熔断时，低压保护不应误动作。

3）当母线电压下降到额定电压的60%~70%时，首先以0.5~1s延时切除次要电动机，当电压继续下降到额定电压的40%~50%时，低电压保护再以5~10s的延时切除不允许长时间失电后再自起动的重要电动机。

根据上述要求拟定的比较完善的电动机低电压保护接线图如图9-4所示。

图中，1KV~4KV为低电压继电器，1KV~3KV用于0.5s跳闸的低电压保护，4KV用于10s跳闸的低电压保护。1KV、2KV所接电压为U_{ab}、U_{bc}，3KV和4KV所接电压为U_{ca}。3KV和4KV的专用熔断器（FU4、FU5）的额定电流比FU1~FU3熔断器的额定电流要大两级，在电压互感器二次回路故障时，FU1~FU3先熔断，从而保证3KV和4KV不至于因二次回路断线失电压而误动作。

当供给电动机的厂用母线失去电压或电压降低到低电压继电器1KV~3KV的整定值时，1KV~3KV动作，其常开触点断开，常闭触点闭合，经1KM的常闭触点启动时间继电器1KT，历时0.5s后，1KT延时触点闭合，启动信号继电器1KS，发出低电压保护跳闸信号，并将直流正电源加至低电压保护0.5s跳闸小母线WOF1，把次要电动机切除。如供电母线的电压仍不能恢复，则当电压降低到4KV的整定值时，4KV动作，其常闭触点闭合，启动时间继电器2KT，历时10s后，2KT的延时触点闭合，启动信号继电器2KS，发出低电压保护跳闸信号，并将直流正电源加至低电压保护10s跳闸小母线WOF2上，把相应的电动机切除。1KT和2KT启动后断开其常闭触点，分别在绕组回路中串入电阻R_1、R_2，以减少回路电流，从而使时间继电器能长期通电而不致烧毁。

当电压互感器一、二次侧断线时，1KV~3KV中相应于断线相无关的低电压继电器的常开触点闭合，光字牌HL1亮，发出电压回路断线信号。同时，1KM的常闭触点打开，断开1KT、2KT的操作电源，将低电压保护闭锁，因而可以防止低电压保护因电压回路断线而误动作。

当电压互感器一次侧隔离开关因误操作而断开时，直流回路的隔离开关常开辅助触点QS随之断开，将保护的直流电源断开，从而可以防止保护的误动作。同时，监视直流电源的继电器KVS失磁，其延时返回的常闭触点闭合，光字牌HL1亮，发直流回路断线信号。同理，当直流回路熔断器熔断时，也发出此信号。

保护装置动作电压的整定如下：

以10s延时切除重要电动机的低电压继电器4KV的整定值，在高温高压发电厂可以取为

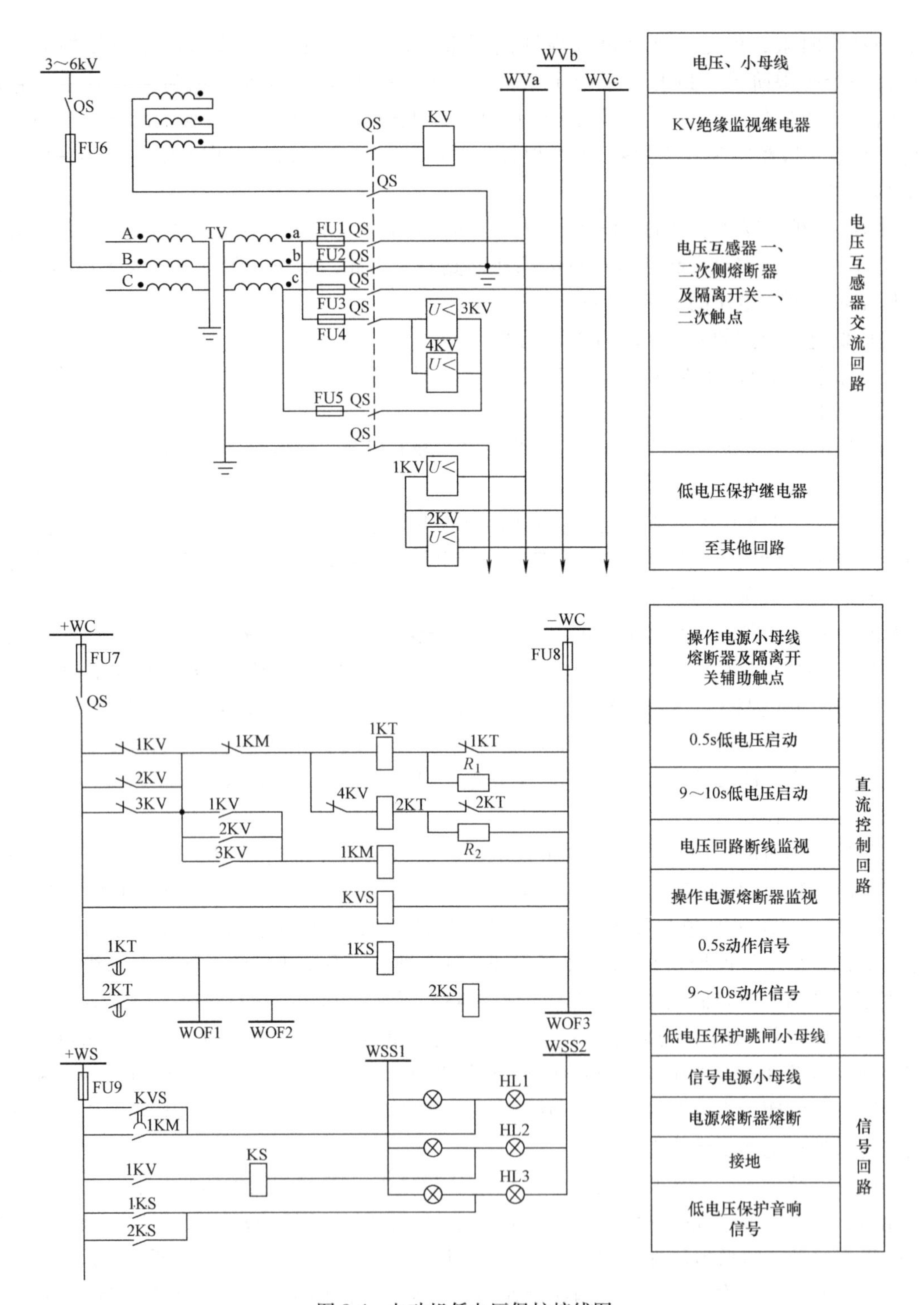

图 9-4　电动机低电压保护接线图

额定线电压的 45%，即 45V；在中温中压发电厂，可以取额定线电压的 40%，即 40V。

以 0.5s 延时切除不重要电动机的低电压继电器 1KV～3KV 的整定值，按照躲开最低运行电压及大容量电动机的起动电压来进行整定，一般可以取额定线电压的 65%～70%，即 65～70V。

9.3 同步电动机的保护

1kV 以上的电动机应该装设以下几种保护：相间短路保护、单相接地保护、低电压保护、过负荷保护、非同步冲击保护、失步保护、相电流不平衡保护和堵转保护。下面对其中的三种保护进行说明。

9.3.1 过负荷保护

过负荷保护的构成和异步电动机的相同。保护的动作电流整定为额定电流的 1.4~1.5 倍。保护延时动作于信号或跳闸，其动作时限大于同步电动机的起动时间。

9.3.2 非同步冲击保护

同步电动机在电源中断又重新恢复时，由于直流励磁仍然存在，会像同步发电机非同步并入电网一样，受到巨大的冲击电流和非同步冲击力矩。根据理论分析，在同步电动机的定子电动势和系统电源电动势夹角为 135°，滑差接近于零的最不利条件下合闸时，非同步冲击电流可能高达出口三相短路的 1.8 倍；非同步冲击力矩可能高达出口三相短路时冲击力矩的三倍以上。在这样大的冲击电流和冲击力矩的作用下可能发生同步电动机绕组崩断、绝缘损伤、联轴器扭坏等后果，还可能进一步发展成为电动机内部短路的严重事故。因此，《继电保护规程》规定：大容量同步电动机当不允许非同步冲击时，宜装设防止电源短路时中断再恢复时造成非同步冲击保护。

同步电动机在电源中断时，有功功率方向发生变化，因而可用逆功率继电器，作为同步冲击保护。同时，由于断电时转子转速在不断地降低，反映在电机端电压上，使其频率在不断降低，因此也可以利用反映频率降低、频率下降速度的保护作为非同步冲击保护。

非同步冲击保护应确保在供电电源重新恢复之前动作。保护作用于励磁开关跳闸和再同步控制回路。这样，电源恢复时，由于电动机已灭磁，就不会遭受非同步冲击。同时，电动机在异步力矩作用下，转速上升，转差率减小，等到转差率达到允许值时，再给电动机励磁，使其在同步力矩的作用下，很快拉入同步。对于不能再同步或根据生产过程不需要再同步的电动机，保护动作时应作用于断路器和励磁开关跳闸。

9.3.3 失步保护

同步电动机正常运行时由于动态稳定或静态稳定破坏，而导致的失步运行主要有两种情况：一种是存在直流励磁时的失步（以下简称带励失步）；另一种是由于直流励磁中断或严重减少而引起的失步（以下简称失磁失步）。

带励磁异步运行的主要问题是出现按转差频率脉振的同步振荡力矩（其最大值为最大同步力矩，即一般电动机产品样本上所提供的最大力矩倍数所相应的值）。这个力矩的量值高达额定力矩的 1.5~3 倍。它使电机绕组的端部绑线、电动机的轴和联轴器等部位受到正负交变的力矩的反复作用。力矩作用时间一长，将在这些部位的材料中引起机械应力，影响其机械强度和使用寿命。

失磁异步运行的主要问题是引起转子绕组（特别是阻尼绕组）的过热、开焊甚至烧坏。根据电动机的热稳定极限，允许电动机无励磁运行的时间一般为 10min。

从上述分析可以看出，带励失步和失磁失步都需要装设失步保护。失步保护通常按以下原理构成。

（1）利用同步电动机失步时转子励磁回路中出现的交流分量

同步电动机正常运行时，转子励磁回路中仅有直流励磁电流，而当同步电动机失步后，不论是带励磁失步或是失磁失步，也不论同步电动机是采用直流机励磁或采用晶闸管励磁，转子励磁回路中都会出现交流分量，因此利用这个交流分量，可以构成带磁励失步和失磁失步的失步保护。

（2）利用同步电动机失步时的定子电流的增大

带励磁失步时，由于同步电动机的电动势和系统电源电动势夹角 δ 的增大，使定子电流也增大，因此可以利用同步电动机的过负荷保护兼作失步保护，反映定子电流的增大而动作。同步电动机失磁运行时，其定子电流的数值取决于电动机的短路比、起动电流倍数、功率因数和负荷率。电动机的起动电流倍数和功率因数通常变化不大，因此考虑电动机的定子电流值时，主要考虑电动机的短路比和负荷率。电动机的短路比越大，电动机从系统吸取的无功功率越大，故定子电流越大。短路比大于 1 的电动机，负荷率影响不大，这种电动机的失磁运行时，定子电流可达额定电流的 1.4 倍以上，因此，利用电动机的过负荷保护兼作失步保护，保护能可靠动作。但当电动机的短路比小于 1 时，负荷率的影响就较大。负荷率较低时，定子电流就达不到额定电流的 1.4 倍，此时过负荷保护不能动作，因此不能利用过负荷保护兼作失步保护。

（3）利用同步电动机失步时定子电压和电流间相角的变化

带励失步时，由于电动机定子电动势和系统电源电动势间夹角 δ 发生变化，因而定子电压和定子电流间的相间也随着变化。失磁失步时，电机正常运行时的发送无功功率变为吸收无功功率，因而定子电压和电流间的相角也会变化。因此利用定子电压和电流间相角的变化，也可以构成失步保护。

失步保护应延时动作于励磁开关跳闸并作用于再同步控制回路。对于不能再同步或根据生产过程不需要再同步的电动机，保护动作时应作用于断路器和励磁开关跳闸。

9.4 失磁保护

负荷变动大的同步电动机，当用反映定子过负荷的失步保护时，应增设失磁保护，保护带时限动作于跳闸。

除以上四种保护外，其他几种保护的装设原则、构成原理及整定计算和异步电动机基本相同（低电压保护的动作电压较异步电动机略低，约为其额定电压的 50%），此外在保护动作跳闸时，还需断开励磁开关。

9.5 电力电容器的保护

电力电容器的保护是指并联电容器组，它的主要作用是利用其无功功率补偿工频交流电力系统中的感性负荷，提高电力系统的功率因数、改善电网质量、降低线路损耗。电容器组一般由许多单台小容量的电容器串、并联组成。安装时可以集中于变电所进行集中补偿，也可以分散到用户进行就地补偿。接线方式是并联在交流电气设备、配电网以及电力线路上。

为了抑制高次谐波电流和合闸涌流，并且能够同时抑制开关熄弧后的重燃，一般在电容器组主回路中串联接入一只小电抗器。为了确保电容器组停运后的人身安全，电容器组均装有放电装置，低压电容器一般通过放电电阻放电，高压电容器通常用电抗器或电压互感器作为放电装置。为了保证电力电容器安全运行，与其他电气设备一样，电力电容器也应该装设适当的保护装置。

9.5.1　并联电容器组的主要故障及其保护方式

1. 并联电容器的主要故障

(1) 电容器组与断路器之间连线的短路

电容器组与断路器之间连线的短路故障应采用带短时限的过电流保护而不宜采用电流速断保护，因为速断保护要考虑躲过电容器组合闸冲击电流及对外放电电流的影响，其保护范围和效果不能充分利用。

(2) 单台电容器内部极间短路

对单台电容器内部绝缘损坏而发生极间短路，通常是对每台电容器分别装设专用的熔断器，其熔丝的额定电流可以取电容器额定电流的1.5~2倍。熔断器的选型以及安装由电气一次专业完成。有的制造厂已将熔断器装在电容器壳内。单台电容器内部由若干带埋入式熔丝和电容元件并联组成。一个元件故障由熔丝熔断自动切除，不影响电容器的运行，因而对单台电容器内部极间短路，理论上可以不安装外部熔断器，但是，为防止电容器箱壳爆炸，一般都装设外部熔断器。

(3) 电容器组多台电容器故障

它包括电容器的内部故障及电容器之间连线上的故障。如果仅仅一台电容器故障，由其专用的熔断器切除，而对整个电容器组无多大影响，因为电容器具有一定的过载能力。但是当多台电容器故障并切除后，就可能使留下来继续运行的电容器严重过载或过电压，这是不允许的。电容器之间连线上的故障同样会产生严重后果，为此，需要考虑保护措施。

2. 电容器组不正常运行及其保护方式

电容器组的继电保护方式随其接线方案的不同而异。总的来说，尽量采用简单可靠而又灵敏的接线把故障检测出来。常用的保护方式有零序电压保护、电压差动保护、电桥差电流保护、中性点不平衡电流或不平衡电压保护和横差保护等。电容器组不正常运行及其保护方式如下。

(1) 电容器组的过负荷

电容器过负荷是由系统过电压及高次谐波所引起，按照国家标准规定，电容器在有效值为1.3倍的额定电流下长期运行，对于电容器具有最大正偏差的电容器，过电流允许达到1.43倍的额定电流。由于按照规定电容器组必须装设反映母线电压稳态升高的过电压保护，又由于大容量电容器组一般需要装设抑制高次谐波的串联电抗器，因而可以不装设过负荷保护。仅当系统高次谐波含量较高；或电容器组投运后经过实测，在其回路中的电流超过允许值时，才装设过负荷保护，保护延时动作于信号。为了与电容器的过载特性相配合，宜采用反时限特性的继电器。当用反时限特性继电器时，可以与前述的过电流保护结合起来。

(2) 母线电压升高

电容器组只能允许在1.1倍的额定电流下长期运行，因此，当系统引起母线稳态电压升高时，为保护电容器组不致损坏，应装设母线过电压保护，且延时动作于信号或跳闸。

（3）电容器组失压

当系统故障线路断开引起电容器组失去电源，而线路重合又使母线带电，电容器端子上残余电压又没有放电到10%的额定电压时，可能使电容器组承受长期允许的1.1倍额定电压的合闸过电压而使电容器组损坏，因此应装设电容器组失压保护。

9.5.2　电容器组与断路器之间连线短路故障的电流保护

当电容器组与断路器之间连线发生短路时，应装设反映外部故障的过电流保护，电流保护可以采用二相二继电器式或二相电流差接线，也可以采用三相三继电器式接线。电容器组三相三继电器式接线的电流保护原理图如图9-5所示。

当电容器组和断路器之间的连接线发生短路时，故障电流使电流继电器动作，常开触点闭合，接通KT线圈回路，KT触点延时闭合，使KM动作，其触点接通断路器跳闸线圈YR，使断路器跳闸。

过电流保护也可以用作电容器内部故障后的后备保护，但只有在一台电容器内部串联元件全部击穿而发展成相间故障时才能动作。

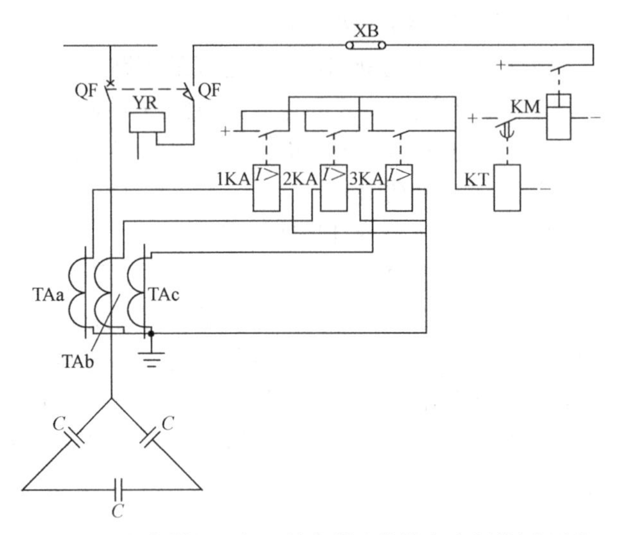

图9-5　电容器组三相三继电器式接线电流保护原理图

电流继电器的动作电流可以按照下式整定：

$$I_{\mathrm{op.r}}=\frac{K_{\mathrm{rel}}K_{\mathrm{con}}}{K_{\mathrm{TA}}}I_{\mathrm{NC}} \tag{9-8}$$

式中，K_{rel}为可靠系数，一般时限在0.5s以下时取2.5，较长时限时取1.3；K_{con}为接线系数，当采用三相三继电器或两相两继电器接线时取1，当采用两相电流差接线时，取$\sqrt{3}$；I_{NC}为电容器组的额定电流；K_{TA}为电流互感器的电流比。

保护的灵敏系数按照下式校验：

$$K_{\mathrm{sen}}=\frac{I_{\mathrm{k.min.r}}}{I_{\mathrm{op.r}}}\geqslant 2 \tag{9-9}$$

式中，$I_{\mathrm{k.min.r}}$为最小运行方式下，电容器首端两相短路时，流过继电器的电流。如果用两相电流差接线，电流互感器装在A、C相上，则取A、B或B、C两相短路时的电流。

9.5.3　电容器组的横联差动保护

电容器组的横联差动保护，用于保护双三角形联结电容器组的内部故障，其原理接线图如图9-6所示。

在A、B、C三相中，每相都分成两个臂，在每个臂中接入一只电流互感器，同一相两臂电流互感器二次侧按电流差接线，即流过每一相电流继电器的电流是该相两臂电流之差，也就是说它是根据两臂中电流的大小来进行工作的，所以叫作差动保护。各相差动保护是分相装设的，而三相电流继电器差动接成并联。

由于电容器组接成双三角形联结，对于同一相的两臂电容量要求比较严格，应该尽量做到相等。对于同一相两臂中的电流互感器的电流比也应相同，而且其特性也尽量一致。

在正常运行情况下，电流继电器都不会动作，如果在运行中任意一个臂的某一台电容器的内部有部分串联元件击穿，则该臂的电容量增大，其容抗减小，因而该臂的电流增大，使两臂的电流失去平衡。当两臂的电流之差大于整定值时，电流继电器动作，并经过一段时间后，中间继电器动作，作用于跳闸，将电源断开。由图9-6可以看出，差动和信号回路是各自分开的，而时间及出口回路是各相共用的。

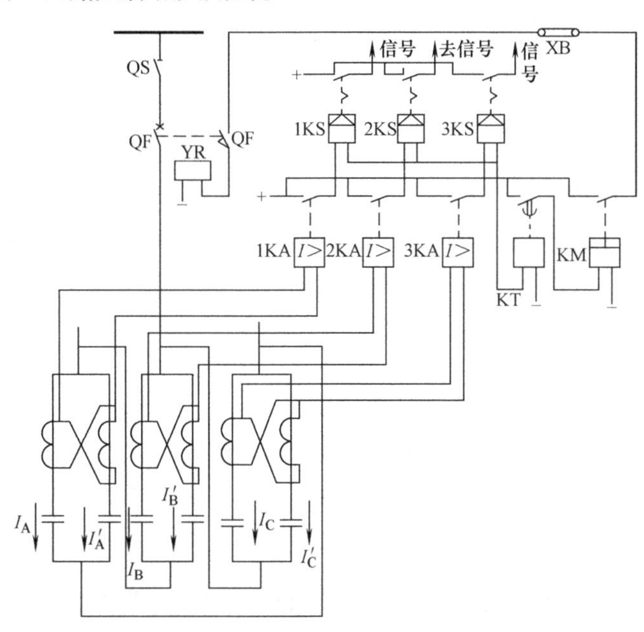

图9-6 电容器组横联差动保护的原理接线图

电流继电器的整定计算如下：为了防止误动作，电流继电器的整定值必须躲开正常运行时电流互感器二次回路中由于各臂的电容量配置不一致而引起的最大不平衡电流，以及当单台电容器内部50%~70%的串联元件击穿时，使保护装置灵敏系数 $K_{sen}\geqslant 1.5$，即

$$\begin{cases} I_{op.r}\geqslant K_{rel}I_{unb} \\ I_{op.r}\leqslant \dfrac{1}{K_{sen}K_{TA}}\dfrac{Q_N\beta_C}{U_N(1-\beta_C)} \end{cases} \tag{9-10}$$

式中，K_{rel}为横差保护的可靠系数，取2；U_N为电容器的额定电压（kV）；Q_N为单台电容器的额定容量（kvar）；β_C为单台电容器内部串联元件击穿的百分数，取0.5~0.7；K_{sen}为横差保护的灵敏系数，取1.5；I_{unb}为一台电容器内部50%~70%的串联元件击穿时，电流互感器二次回路中的不平衡电流。

为了躲开电容器投入合闸瞬间的充电电流，以免引起保护的误动作，在接线中采用了延时0.2s的时间继电器。

横差保护的优点是原理简单、灵敏系数高、动作可靠、不受母线电压变化的影响，因而得到了广泛的利用；其缺点是装置电流互感器太多，对同一相臂电容量的配合选择比较烦琐。

9.5.4 中性线的电流平衡保护

中性线的电流平衡保护用于保护双星形联结电容器组的内部故障，其原理接线图如图9-7

所示。

由图 9-7 可见，在两个星形联结的中性点之间的连线上，接入一只电流互感器 TA，其二次侧接入电流继电器 KA。这种接线方式的原理实质是比较每相并联支路中电流的大小。当两组电容器各对应相电容量的比值相等时，中性点连接线上的电流为零，而当其中任一台电容器内部故障有 50%~70%的串联元件击穿时，中性点连接线上出现的故障电流会使电流继电器动作，使断路器跳闸。

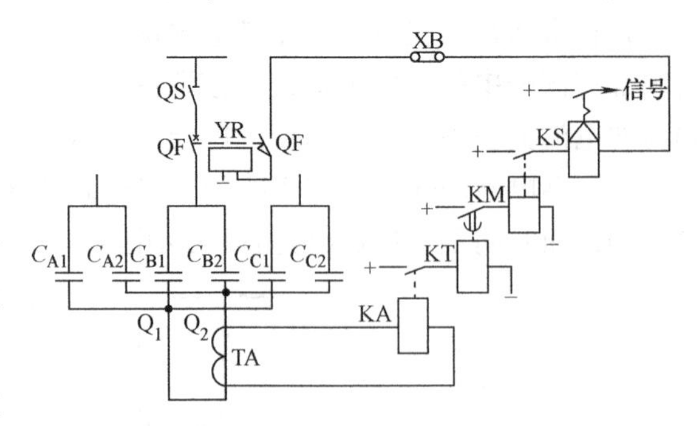

图 9-7　电容器组中性线电流平衡保护的原理接线图

电流继电器的整定计算如下：保护装置动作电流必须躲开正常运行时电流互感器二次回路中由于各臂的电容量配置不一致而引起的最大不平衡电流，以及当单台电容器内部 50%~70%的串联元件击穿时，使保护装置灵敏系数 $K_{sen}\geqslant 1.5$，即

$$\begin{cases} I_{op.r}\geqslant K_{rel}I_{unb} \\ I_{op.r}\leqslant \dfrac{1}{K_{sen}K_{TA}}\dfrac{Q\beta_C}{\{6n[m(1-\beta_C)+\beta_C]-5\beta_C\}} \end{cases} \tag{9-11}$$

式中，K_{rel}为可靠系数，取 1.5；n 为每相电容器的串联段数：m 为每相各串联段电容器的并联台数；K_{sen}为保护的灵敏系数，取 1.5；I_{unb}为单台电容器内部 50%~70%的串联元件击穿时，电流互感器二次回路中的不平衡电流。

9.5.5　电容器组的过电压保护、低电压保护和单相接地保护

1. 电容器组的过电压保护

为了防止在母线电压波动幅度比较大的情况下，导致电容器组长期过电压运行，应该装设过电压保护装置，如图 9-8 所示。

当电容器组有专用的电压互感器时，过电压继电器 KV 接于专用电压互感器的二次侧，如无专用电压互感器时，可以将电压继电器接于母线电压互感器的二次侧。

过电压继电器的动作电压按下式整定计算，即

$$U_{op.r}=\frac{1.1U_{NC}}{K_{TV}} \tag{9-12}$$

式中，U_{NC}为电容器的额定电压（V）；K_{TV}为电压互感器的电压比；1.1 为取决于电容器承受过电压能力的系数。

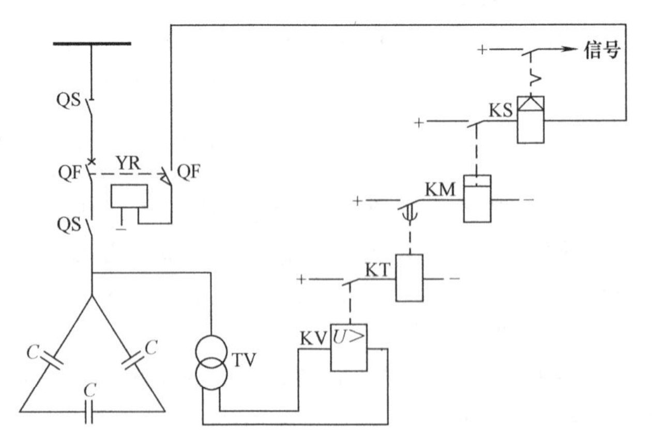

图 9-8　电容器组过电压保护的原理接线图

保护装置动作于信号或带 3~5min 时限动作于使断路器跳闸。

2. 低电压保护

保护装置动作电压按母线电压可能出现的低电压整定，即

$$U_{op.r}=K_{min}U_{r2} \tag{9-13}$$

式中，K_{min}为正常运行母线电压可能出现的最低电压系数，通常取0.5；U_{r2}为电压互感器的二次额定电压，取100V。

3. 单相接地保护

保护装置的一次动作电流按最小灵敏系数1.5整定，即

$$I_{op}\leqslant\frac{I_{C\Sigma}}{1.5} \tag{9-14}$$

式中，$I_{C\Sigma}$为电网的总单相接地电容电流（A）。

9.6　微机电动机保护原理

本节以MPS4260微机电动机差动保护装置和MPS4270微机电动机保护装置为例介绍微机电动机保护原理。

1. 差动保护

电动机的差动保护主要包括带时限的差动速断保护和比率差动保护，影响差动保护的因素是稳态和暂态不平衡电流。短路电流的非周期分量，特别是电动机刚起动时的暂态不平衡电流较大，可能造成电动机误动作。为保证电动机刚起动时、起动过程中和起动后正常工作时的差动保护不拒动、不误动，又要满足灵敏度要求，因此要设置带时限差动速断保护和比率差动保护。

动作电流：$I_{d\varphi}=(i_{H\varphi}+i_{L\varphi})$ 的二次值

制动电流：$I_{res}=0.5(i_{H\varphi}-i_{L\varphi})$ 的二次值

式中，φ表示A、B、C相；$i_{H\varphi}$、$i_{L\varphi}$分别表示电源侧、中性点侧经平衡系数校正后的电流相量。

（1）差动速断保护

动作条件：$I_{d\varphi.max}\geqslant I_{sd}$

时限：$t\geqslant T_{b1}$

式中，I_{sd}为差动速断电流定值；T_{b1}为比率差动速断保护时间定值。

（2）比率差动保护

动作条件：$I_{d\varphi.max}\geqslant\max\{I_{b1},(K_bI_{res}-K_bI_{res.b}+I_{b1})\}$

时限：$t\geqslant T_{b1}$

式中，I_{b1}为比率差动保护的动作电流值；$I_{res.b}$为比率制动电流定值；T_{b1}为比率差动保护的时间定值；K_b为比率制动系数定值。

（3）TA断线

在A、B、C三相电源投入工作时，TA断线时差动保护装置可闭锁各种保护并报警。注意当差动保护装置工作在A、C两相的条件下，即B相保护和TA不投入，本装置的TA断线功能不能投入使用。

差动保护逻辑图如图9-9所示。图中TJ1～TJ4分别为跳闸回路的中间继电器，S_×××分别为逻辑压板，也称为“软压板”。在控制字中对其进行设置，以选择功能是否投入。

2. 电动机起动判别元件

在电动机保护中，电动机起动过程的判别非常重要。采用电流继电器元件作为电动机起

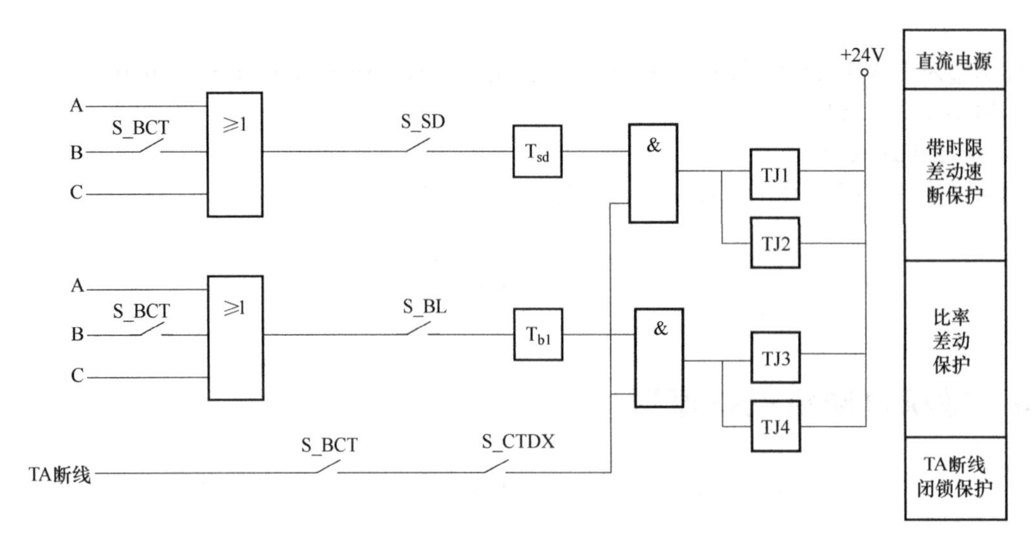

图 9-9 差动保护逻辑图

动的判别元件，动作判据为

$$动作条件：I_{\varphi.\max} \geqslant \max\{I_N \times 5\%, 0.1A\}$$

$$起动时间：t \leqslant T_{QD}$$

式中，φ 表示单相，A、B、C 相；I_φ 为相电流的有效值；I_N 为电动机的额定电流定值；T_{QD} 为电动机起动时间定值。

上式表示，当电流继电器元件检测到线路从无流状态起动（超越 5%的电动机额定电流）瞬间，电动机起动判别元件 QDJ 动作，并按电动机起动时间定值复归。

3. 带时限的速断保护

带时限的速断保护主要作为 2000kW 以下电动机的主保护，也可以作为 2000kW 以上电动机的后备保护。

动作判据为

$$I_{\varphi.\max} \geqslant I_{sd.1} \text{（在起动过程中）}$$

$$I_{\varphi.\max} \geqslant I_{sd.2} \text{（起动结束后）}$$

$$t \geqslant T_{sd}$$

式中，$I_{\varphi.\max}$ 表示 A、B、C 三相电流有效值中最大值；$I_{sd.1}$ 为电动机起动过程中的速断电流定值；$I_{sd.2}$ 为电动机起动过程后的速断电流定值；T_{sd} 为速断保护时限。

速断保护通过控制字 K4270B-1 的 S_SD 逻辑压板决定是否投入，投入后，速断保护的动作出口为 TJ1 并可以通过外接压板决定是否动作。

4. 过电流保护

带时限的过电流保护主要作为电动机的后备保护，其动作判据为

$$I_{\varphi.\max} \geqslant I_{gl}$$

$$t \geqslant T_{gl}$$

式中，$I_{\varphi.\max}$ 表示 A、B、C 三相电流有效值中最大值；I_{gl} 为过电流保护定值；T_{gl} 为过电流保护时限。

过电流保护在电动机起动时间内自动被闭锁。过电流保护由控制字 K4270B-1 的 S_GL 逻辑压板决定是否投入，投入后，过电流保护动作出口为 TJ2 并可以通过外接压板决定是否

动作。

5. 不平衡保护

三相电压不平衡或短相都可以造成电动机烧毁事故，可以采用两段定时限负序过电流元件构成电动机的不平衡保护。

（1）负序过电流Ⅰ段保护元件的动作条件为

动作电流：$I_2 \geqslant I_{2dz1}$

时限：$t \geqslant T_{2u}$

式中，I_{2dz1}为负序过电流Ⅰ段电流定值；T_{2u}为负序过电流Ⅰ段时间定值。

（2）负序过电流Ⅱ段保护元件的动作条件为

动作电流：$I_2 \geqslant I_{2dz2}$

时限：$t \geqslant T_{2d}$

式中，I_{2dz2}为负序过电流Ⅱ段电流定值；T_{2d}为负序过电流Ⅱ段时间定值。

上式中负序过电流Ⅲ段保护分别由控制字K4270B-1的S-I21和S-I21逻辑压板是否投入，投入后，分别由控制字K4270B-1的S-I21A和S-I22A选择动作于报警还是动作于TJ2出口。

6. 接地保护

由于电动机外壳接地，因此，当出现接地故障时，可能会造成电动机损毁，设置以零序TA采集的零序电流作为动作电流构成零序过电流保护。其动作条件为

动作电流：$3I_0 \geqslant I_{0.d.z}$

时限：$t \geqslant T_{0.d.z}$

式中，$I_{0.d.z}$为零序电流动作定值；$T_{0.d.z}$为零序过电流保护的时间定值。

零序过电流保护由控制字K4270B-1的S_I0逻辑压板是否投入，投入后，由控制字K4270B-1的S_I0A选择动作于报警，还是动作于TJ2出口。

7. 起动时间过长保护

当电动机堵转或满载起动而造成起动时间过长，电动机起动时间到达时，利用正序过电流继电器元件自动投入电动机起动时间过长保护。其动作条件为

动作电流：$I_1 \geqslant I_{1.d.z}$

时限：$t \geqslant T_{QD}$

式中，$I_{1.d.z}$为电动机起动时间到达时的正序过电流定值；T_{QD}电动机起动时间。

电动机起动时间过长保护由控制字K4270B-1的S_I1逻辑压板决定是否投入，投入后，由控制字K4270B-1的S_I1A选择动作于TJ3出口。

8. 正序过负荷保护

电动机由于机械故障、重负荷或电压过低等，转子处于堵转状态，电流急剧增大，使电动机在全压下运行容易烧坏，可以设置反映正序过电流继电器元件实现堵转的保护和对称性过负荷保护，该保护在电动机起动时间内自动被闭锁。其保护动作条件为

动作电流：$I_1 \geqslant I_{d.zh}$

时限：$t \geqslant T_{d.zh}$

式中，$I_{d.zh}$为正序过电流定值；$T_{d.zh}$为正序过电流时间定值。

正序过负荷保护由K4270B-1的S_Idzh逻辑压板决定是否投入，投入后，由控制字

K4270B-1 的 S_Idzh 选择动作于报警，还是动作于 TJ3 出口。

9. 过热保护

电动机会因过热而被损毁。根据正、负序电流热效应不同的电动机发热模型，提供电动机过热保护，过热保护动作条件为

$$\text{动作时间：}t=\frac{\tau_f}{K_1(I_1/I_N)^2+K_2(I_2/I_N)^2-1.05^2}$$

式中，τ_f为反映电动机承受过热能力的电动机发热时间常数；I_N 为电动机额定电流；K_1 为电动机正序电流发热系数；K_2 为电动机负序电流发热系数。

考虑到电动机不是在冷态起动时的热累积量，在过热保护采用热积累量元件。热积累量元件的表达式为

$$\begin{aligned}\theta_t &= t\int_0^t[K_1I_1^2+K_2I_2^2-(1.05I_N)^2]\mathrm{d}t\\ &\approx\theta_{t-\Delta t}+[K_1I_1^2+K_2I_2^2-(1.05I_N)^2]\Delta t\end{aligned}$$

式中，θ_t为当前时刻的热积累量；$\theta_{t-\Delta t}$为上一时刻热积累量；Δt 为热积累量采集时间间隔，取 $\Delta t=0.1\text{s}$。

本装置过热保护的动作量为过热比例系数 K_r，其表达式为 $K_r=\dfrac{\theta_t}{I_N^2\tau_f}$。

过热保护动作条件为 $K_r\geqslant1$

过热保护报警条件为 $K_r\geqslant K_{adz}$，K_{adz}为过热报警比例系数。

过热保护由控制字 K4270B-1 的 S_GR 逻辑压板决定是否投入，投入后动作于 TJ3 出口。过热报警由控制字 K4270B-1 的 S_GRA 选择报警功能的投退。

本装置在电动机停运后，将电动机的热积累量按电动机的散热时间常数 τ_s 的指数规律散热。在电动机停运后，本装置提供过热比例系数 K_r 超过比例系数 K_{rqd}时禁止合闸操作的过热禁止再起动功能。如需要紧急情况下起动电动机，可以通过面板上复位操作，手动将过热比例系数 K_r 清除。

过热禁止再起动保护由控制字 K4270B-1 的 S_RQD 逻辑压板决定是否投入，投入后，电动机闭锁本装置的合闸操作，并通过 DO1 出口至操作回路闭锁其他合闸操作。

10. 低电压保护

当电动机的供电母线电压短时降低又恢复时，为了防止电动机自起动使电源电压严重降低，应延时切除次要电动机，保证主要电动机自起动，本装置提供低电压保护。低电压保护动作条件为

$$\text{动作电压：}U_{\phi\phi.\max}\leqslant U_{qy}$$

$$\text{时限：}t\geqslant T_{qy}$$

式中，$U_{\phi\phi.\max}$为线电压最大值；U_{qy}为低电压定值；T_{qy}为低电压保护的时间定值。

低电压保护由控制字 K4270B-2 的 S_QY 逻辑压板决定是否投入，投入后动作于 TJ4 出口。低电压保护投入后，由控制字 K4270B-2 的 S_PTDX 逻辑压板决定是否经 TV 断线闭锁。

11. TV 断线报警

TV 断线判据：

1）正序电压 U_1 小于 30V，而任一相电流大于 0.3A。

2）负序电压 U_2 大于 8V。

上述任一条件满足，TV 断线延时 1s 报警，闭锁低电压保护。

12. 保护逻辑

保护逻辑如图 9-10 所示。图中，TJ1～TJ4 分别为跳闸回路中间继电器，S_×××分别为逻辑压板，也称为“软压板”。在控制字中对其进行设置，以选择功能是否投入。

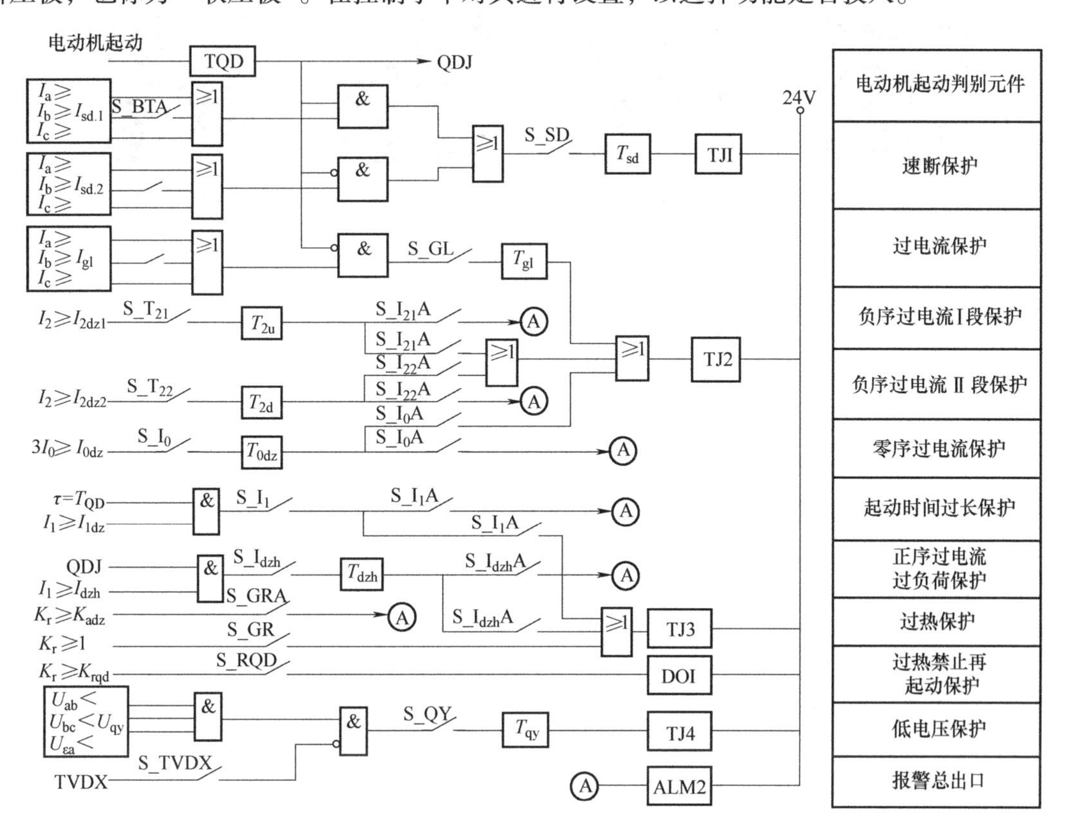

图 9-10　电动机保护逻辑图

思考题与习题

9-1　为什么容易过负荷的电动机的电流速断保护宜采用 GL-10 系列感应型电流继电器？

9-2　电动机装设低电压保护的目的是什么？对电动机低电压保护有哪些基本要求？

9-3　同步电动机和异步电动机的保护装置有何不同？

9-4　同步电动机的失步保护是按照什么原理构成的？

9-5　移相电容器的过电流保护有什么作用？

9-6　说明电容器组横联差动保护的作用和工作原理。在什么情况下电容器组可以装设横联差动保护？

9-7　在什么情况下电容器组可以采用中性线平衡保护？这种保护原理的实质是什么？

9-8　电容器组为什么要装设过电压保护？过电压继电器从哪里获得电压？

9-9　有一台 6kV 高压电动机容量为 850kW，额定电流 $I_{N.M}=97A$，起动电流倍数 $K_{ss}=5.8$，电流互感器的电流比 $K_{TA}=150/5$，最小运行方式下，电动机出口端三相短路电流 $I_{k.min}^{(3)}=9000A$，采用 GL-14/10 型的电流继电器，实现电流速断和过负荷保护，采用两相电流差接线。试进行保护的整定计算。

9-10　水泵站中有一台水泵电动机没有过负荷的可能性，但需要自起动。电动机的型号与数据：JSQ157-6 型，额定电压为 6kV，额定功率为 460kW，额定电流 $I_{N.M}=54.5A$，起动倍数 $K_{ss}=5.6$，电动机母线上的短路参数为

$I_{k.min}^{(3)}=9160\text{A}$，拟采用 LFX-10 型电流互感器，其电流比为 100/5，两只 TA 接成两相差式接线，取 $K_{rel}=1.6$，试确定保护方案并进行整定计算。

9-11　有一台 6kV，5000kW 的同步电动机，无须自起动，也无过负荷的可能，其次暂态电抗 $X''_{d*}=0.2$，$\cos\varphi=0.9$，$I_{N.M}=534.6\text{A}$，起动倍数 $K_{ss}=6$，已知 6kV 母线总电容电流为 10A，电动机馈线电容电流为 0.8A，在最小运行方式下系统供出 6kV 母线上短路电流为 $I_{k.min}^{(3)}=6250\text{A}$。试确定保护装置并进行整定计算。

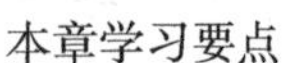
本章学习要点

思考题与习题解答

测试题六

测试题六参考答案

第 10 章

微机保护的软件原理

基本要求

微机继电保护基础

1. 理解微机继电保护装置的特点及优点。

2. 学习掌握微机继电保护装置的硬件系统构成和软件系统的数字滤波、继电保护的算法及软件流程图。

3. 了解抗干扰的措施。

本章介绍微机继电保护装置的基本知识及其发展方向，主要讲述微机继电保护装置的硬件系统和软件系统的构成原理，重点阐述继电保护的基本算法和提高微机继电保护可靠性的措施。

微机保护装置由硬件电路和软件程序共同构成。保护装置的原理、特性和性能特点主要通过软件实现。微机保护软件分为两大类，一类是监控程序，另一类是运行程序。

监控程序包括人机对话接口、键盘命令处理程序及为插件调试、定值整定和报告显示等所配置的程序；运行程序是指保护装置在运行状态下所需要执行的程序。

微机保护运行程序一般可分为主程序模块和中断服务程序模块。主程序模块包括初始化、全面自检和开放中断等；中断服务程序模块包含故障处理子程序模块，它是在保护启动后才投入，用以进行保护特性计算和判定故障性质等。

中断服务程序有采样中断和串行口中断等，前者包括数据采集及处理，保护启动判定；后者完成保护 CPU 与管理 CPU 之间的数据传送，例如保护的远方整定、复归、校对时间或保护动作信息上传等。

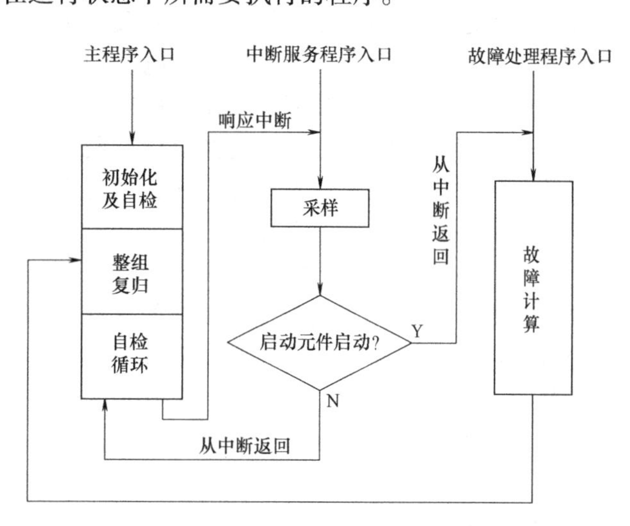

图 10-1　高频保护程序结构框图

高频保护的程序结构如图 10-1 所

示，高频保护软件由主程序、中断服务程序和故障处理程序组成。主程序包括上电或复位后对该保护系统初始化、各种自检、振荡闭锁和打印报告等功能。中断服务程序主要包括采样、电流求和与电压求和及自检、突变量启动元件等功能。故障处理程序的主要功能是完成故障计算、逻辑比较和跳闸逻辑，以实现高频保护功能。

上电或整组复归后，CPU执行主程序，在系统初始化后，开放中断，程序进入自检循环，每隔一个采样周期 T_s（如 $T_s=5/3\text{ms}$），主程序被中断一次，相应中断后执行中断服务程序。若被保护线路无故障，突变量元件DI1不应动作，在执行完中断服务程序后，仍返回中断前位置，继续执行主程序，进行自检循环。如线路发生故障，DI1感受到电流突变量而启动，先将存在堆栈中的中断返回地址修改为故障处理程序入口，不再执行主程序，而转入故障处理程序，进行故障处理计算。若故障发生在保护范围内，保护正确动作，在跳闸及合闸循环后，回到主程序中部的整组复归入口，保护整组复归；若是保护区外故障，将进入振荡闭锁程序，当在振荡闭锁模块确认系统稳定后，保护整组复归。

10.1　高频保护的主程序

微机保护高频保护的主程序流程图如图10-2所示，各部分功能在下面说明。

1. 初始化

初始化是指保护装置在上电或整组复归时首先执行的程序，它主要对微机系统及可编程扩展芯片工作方式初始化，设置各种标志、参数及整定值等，以便在后面的程序中按预定方案工作。

初始化包括初始化（一）、初始化（二）和数据采集系统初始化三部分。

初始化（一）是不论保护是否在运行位置，都必须进行的初始化项目，它主要是对微处理器CPU及其扩展芯片的初始化及保护输出开关量出口初始化，赋予正常值，以保证出口继电器均不动作。初始化（一）运行结束后，在人机接口显示器上显示主菜单，由运行人员选择运行或调试工作方式。如选择调试则进入监控程序，进行人机对话并执行调试命令。若选择运行，则开始运行初始化（二）程序。它主要包括采样定时器的初始化，对RAM区中所有运行时要使用的软件计数器及各种标志位清零等程序。读取所有开关量的输入状态，并将其保存在规定的RAM或FLASH地址单元内，以备在以后自检循环时，不断监视开关量输入是否变化。

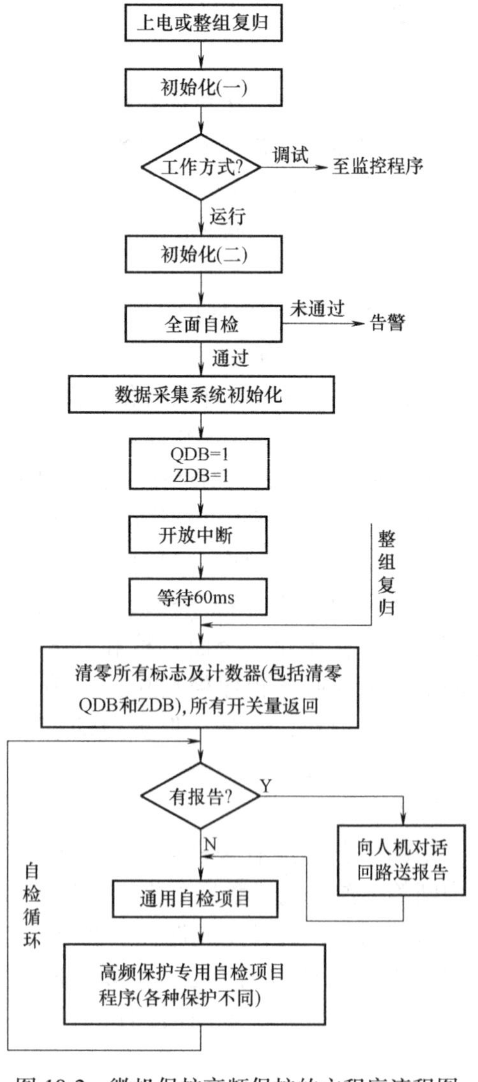

图10-2　微机保护高频保护的主程序流程图

2. 全面自检的内容

在完成初始化（二）后进入全面自检，包括

RAM、FLASH 或 ROM、EPROM 各开关量输入/输出通道、程序和定值等，保证装置在使用时处于完好状态。如果检查出存在错误，则驱动显示器显示故障信号和故障时间及故障类型说明。

经全面自检后，应将所有标志位清零，因为每一个标志代表一个“软件继电器”和逻辑状态，这些标志将控制程序流程的走向。一般还应将存放采样值的循环寄存器进行清零。

进行数据采样系统初始化，主要将采样数据寄存器指针 POINT 初始化，即把存放在各通道采样值转换结果的循环寄存器的首地址存入指针，另外对计算器 8253 初始化，规定 8253 的工作方式和赋予初值 0000H。

3. 开放中断与等待中断

在初始化的采样中断和串行口中断被 CPU 软开关关断，这时 A/D 转换器和串行口通信均处于禁止状态。当初始化后，进入运行之前应开始 A/D 转换并进行一系列采样计算。此时，开放中断，将数据采集系统投入工作，于是可编程序控制器按照初始化程序规定的采样间隔 T_s（如5/3ms）不断发出采样脉冲，控制各模拟通道的采样和 A/D 转换，并在每一次采样脉冲下降沿（或其他方式）向微机请求中断。只要微机不退出工作，保护装置无异常情况，就要不断地发出采样脉冲，实时监视和获取电力系统的采样信号。开放中断后等待 60ms 是为了确保采样数据的完整性和正确性。

4. 自检循环

开放中断后，主程序进入相应的主循环程序，主循环程序包括自检循环程序和中断服务程序。在保护装置正常运行且系统无故障时，则进行自检循环程序和中断服务程序。这部分程序包括查询检测报告、专用及通用自检等内容。在全面自检、专用自检及故障处理程序，返回主程序时均带有自检信息和保护动作信息，有必要将此信息打印出来供值班人员查看、保存，所以自检安排了查询、检测报告程序。

通用自检的内容通常是定值选择拨轮号监视和开入量监视。定值选择拨轮号关系到保护整定值是否正确，必须检测监视，一旦有变化或者接触不良就发呼唤信号。开入量的状态涉及系统运行方式，所以必须经常检测。CPU 预先读入开入量的状态并存入 RAM，然后通过不断读入开入量状态监视其是否变化。如有变化经延时发出呼唤信号，除了发信号外还可以通过打印报告，记载开入量的变化时间及变化前后的状态。专用自检的内容是根据不同的保护安排不同的自检内容，主要根据保护的要求，检测 $3I_0$ 和 $3U_0$，判断 TA、TV 是否断线，判断系统静稳定是否破坏等内容。

在循环过程中不断等待采样定时器的采样中断和串行口通信的中断请求信号，当保护 CPU 接收到中断请求信号，在允许中断后，主程序进入中断服务程序。每当中断服务程序结束后，又返回到自检循环并继续等待中断请求信号。主程序如此反复自检、中断，进入不断循环阶段。

在自检程序中，如果检测到故障启动标志 QDB = 1，则进入中断服务程序，故障处理程序进行各种保护的算法计算、跳闸逻辑判断与时序处理、告警与跳闸出口处理，以及事件报告、故障报告整理等。其中，保护的算法计算是完成微机保护功能的核心模块，其主要内容有数字滤波、故障特征量计算、保护的动作判据计算等。在故障处理程序完成保护跳闸和重合闸全部处理任务，整组复归时间到后，执行整组复归，清除所有临时标志，收回各种操作命令，保护装置返回到故障前的状态，为下一次保护动作做好准备。

5. 其他说明

若装置在上电或复归后进入运行状态，并且在所有初始化和全面自检通过后，先将两个重要标志 QDB 和 ZDB 置“1”。QDB 是启动标志，启动元件 DI1 动作后置“1”；ZDB 为振荡闭锁标志，进入振荡闭锁状态时置“1”。

将这两个标志置“1”的原因是在刚开放采样中断时不能立即投入突变电元件，因为它要用到前两个周波的电流采样值 $\Delta i_n = (|i_n - i_{n-1}| - |i_{n-N} - i_{n-2N}|)$，因此时采样区是空的，若立即投入启动元件，会因为突变量而误动，在中断服务程序中可看到，若将 QDB 和 ZDB 置“1”，可以使启动元件 DI1 旁路，即不投入。待中断开放后经 60ms 等待，装置进入稳定，采样区已有三周波的数据，再在整组复归环节中把所有标志清零，此时才投入启动元件 DI1。

装置上电式或复位时中断会自动关闭，故在初始化和自检完毕后，应由软件开放中断。本装置的四个 CPU 硬件完全相同，其初始化和自检软件也完全一样，但每种保护都有一些特殊功能要在循环自检中进行。循环自检程序分为通用和专用两部分。高频保护的专用自检程序中设有静态稳定破坏检测功能，它由一个反映 B 相第Ⅲ段阻抗元件和反映 A 相电流的按躲过最大负荷电流整定的电流元件构成。任一个元件动作后，使 QDB 或 ZDB 置“1”；从而闭锁 DI1，以免当振荡再度在 180°附近时因振荡电流很大导致其误动。如果在 30s 内阻抗和电流元件均返回，则判断为静态稳定破坏，程序转至振荡闭锁模块，待振荡停息后整组复归；如果阻抗和电流元件动作后，持续 30s 不返回，则判断为过负荷，此时报警“OVLOAD”，并闭锁保护。

10.2　中断服务程序

图 10-3 所示是采样中断服务程序流程图，它包括采样计算，TA、TV 断线自检和保护启动元件，同时还可以根据不同的保护特点，增加一些检测被保护系统的状态程序。

1. 采样计算概述

进入采样程序的流程图如图 10-3 所示。首先，三相电流、零序电流，三相电压、零序电压及线电压瞬时值同时采样，采样后将瞬时值存入随机存储器 RAM 的循环库存区。

应当指出，无论装置正常运行还是采样通道，调试都要进入中断服务程序，都要进行采样计算。

2. TV 断线自检和 TA 断线自检

在保护启动之前，先检查电压互感器 TV 的二次回路是否断线。在小接地电流系统中可简单地按下面两个判据检查 TV 的二次侧是否断线。

1）正序电压小于 30V，而任一相电流大于 0.1A。

2）负序电压大于 8V。

满足上述任一条件后还必须延时 10s 才能确定母线 TV 断线发出异常“TV 断线”信号。待电压恢复正常后信号复归。在 TV 断线期，软件中用专用的 TV 断线标志位置“1”来标志 TV 断线，并通过程序安排自动重合闸。这时，保护将根据整定的控制字决定退出与电压有关的保护。

当 TA 的二次侧断线或电流通道的中间环节接触不良时，保护可能误动作，因此，必须对二次侧进行监视，在断线时闭锁保护并应报警。在大接地电流系统中用下面两个条件对零序电流进行判断。

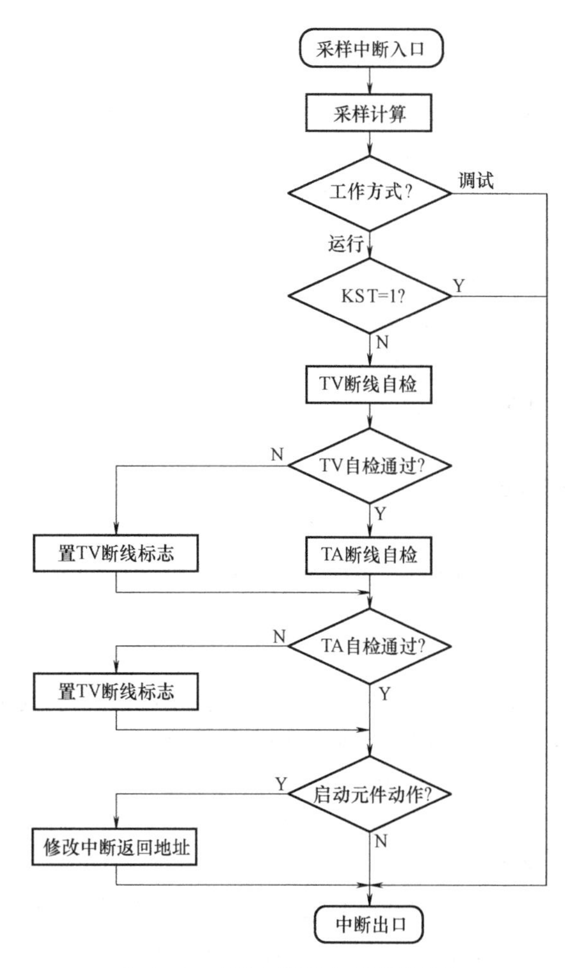

图 10-3 采样中断服务程序流程图

1）变压器三角形侧出现了零序电流，则判为该侧断线。

2）星形侧，比较三相电流量$\dot{I}_a$、$\dot{I}_b$、$\dot{I}_c$与零序电流 $3\dot{I}_0$，如出现差流则判断该侧 TA 断线。

具体判据为 $||\dot{I}_a+\dot{I}_b+\dot{I}_c|-|3\dot{I}_0||>I_{oc1}$，小于定值 $|3\dot{I}_0|<I_{oc2}$

式中，I_{oc1}、I_{oc2}为 TA 断线的两个电流定值。

对中低压电网微机保护中可选择较简单的方法判断 TA 二次侧断线，如变压器保护中用负序电流判断 TV 断线。

1）TA 断线时产生的负序电流仅在断线一侧存在，而在故障时至少两侧都有负序电流出现。

2）以上判据当在变压器空载时出现故障的情况下，会因为仅有电源侧出现负序电流而误判 TA 断线，因此要另加条件且变压器低压侧三相都要求有一定的负荷电流。

在 TA 断线期间，软件同样要发出运行异常“TA 断线”信号，并置 TA 断线标志位，而且根据整定的控制字决定是否退出运行。

3. 启动元件

为提高保护的可靠性，在保护装置出口均经启动元件闭锁，只有保护启动后，保护装置出口闭锁才能被解除。在微机保护中启动元件是由软件构成的，启动元件启动后，其标志位

KST置“1”。

不同型号的微机线路保护启动元件程序各不相同。在线路成套保护装置中常用相电流突变量启动方式为主、以零序电流为辅助启动方式的算法，为提高抗干扰能力，避免突变量元件误动作，一般在连续三次计算 Δi_k 都超过额定值时，启动元件才动作。在变压器成套保护中采用的启动方式有稳定差流启动、差流工频突变量启动和零序比率差动启动等。

当采样中断服务程序的启动元件判定保护启动，则程序转入故障处理程序。在进入故障处理程序后，CPU的定时采样仍不断进行。因此在执行故障处理程序过程中，每隔一个采样周期 T_3，程序将重新转入采样中断服务程序。

在采样计算完成后，检测保护是否启动过，如KST=1，则不再进入TV、TA自检及保护启动程序，直接转到采样中断服务程序出口，然后回到故障处理程序。

10.3　故障处理程序

故障处理程序包括保护软压板的投切检查、各种保护动作判据的计算及定值比较逻辑判断、跳闸处理和后加速以及事件报告等部分。下面以微机高频保护为例，简述故障处理程序的过程。

高频保护的故障处理程序（判相部分）流程图如图10-4所示。其中允许式逻辑未详细示出。在电流求和、自检时检出有错或启动元件DI1启动后，进入该程序。首先判断LHCB是否为“1”，若LHCB=1，程序将离开故障处理程序而去告警，而只有在启动元件动作之后（电流求和及自检通过）才能进入故障处理程序并进行故障计算。对流程图中主要环节说明如下。

1. 电流求和及自检出有错告警

由中断服务程序可知，当电流求和及自检不通过时，将LHCB置“1”，返回到故障处理程序入口，进入该程序后，首先检查标志LHCB，当LHCB=1时，则告警报告DACERR，熄灭运行灯。保护装置停止执行任何程序，等待运行人员处理。

2. 在判断压板是否投入之前驱动启动元件的执行元件KST

若LHCB=0，说明进入故障处理程序是由于启动元件动作引起的，此时系统有故障，驱动执行元件KST。然后判断高频保护压板是否投入，若不投入将不进行故障计算而转至振荡闭锁。这里不论压板是否投入，只要DI1动作，必将驱动KST。由此可见，某一个保护退出，只要将其压板退出，该插件仍投入运行，决不会影响启动回路工作。

3. 电压互感器二次回路断线时进入振荡闭锁

电压求和及自检发现有错，YHCB=1，三相电源失压时标志JWWYB=1（电压互感器二次回路断线）。在这种情况下，进入故障处理程序后并未真正执行高频保护程序，而是立即进入振荡闭锁状态。在YHCB=1时，同时给出DACERR报告，但不告警，也不应闭锁保护。

4. 手合于故障线路

在自检求和通过、二次回路完好情况下，进入故障处理程序，一定是系统内有故障，DI1动作所致，在进行故障计算之前，先判断是否手合于故障线路，以便加速跳闸。计算六个阻抗值（Z_{AB}，Z_{BC}，Z_{CA}，Z_A，Z_B，Z_C）中任一个动作，将给出手合出口报告GBSHCK，发出永跳命令（YT），跳后不重合。为了消除死区，这时阻抗元件的特性带偏移。

5. 判定故障相别

故障处理应先判相，只有判定了故障种类和相别，才能在计算阻抗时确定用什么相别的

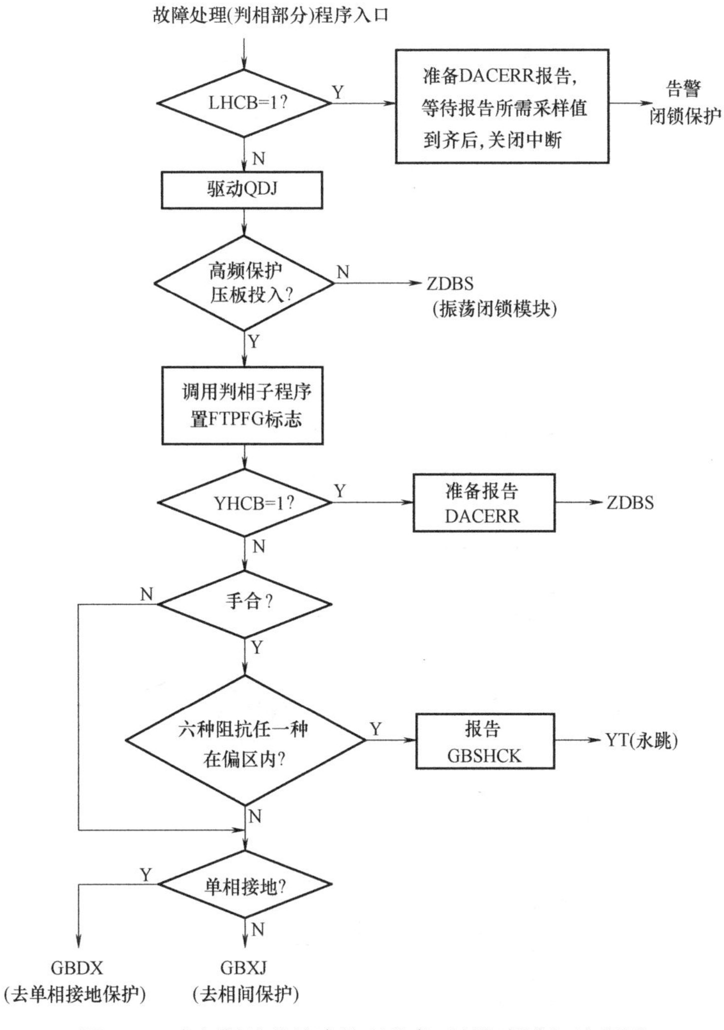

图 10-4　高频保护的故障处理程序（判相部分）流程图

电压和电流。显然，只有故障相间阻抗才能反映故障距离。这里采用相电流差突变量元件进行判相，判相结果存入记录故障相别的标志（FTPFG）中。当判为单相接地时，进入高频零序保护程序。

6. 系统发生相间故障

当系统发生相间故障时，程序转至高频距离保护模块（GBXJ）部分，如图 10-5 所示。程序模块主要功能说明如下。

（1）计算线路阻抗（R、X）

本装置采用微分方程算法计算测量阻抗的电阻分量 R 和电抗分量 X，与整定值进行比较，以判别故障是否在正方向及保护区内，若判定为反方向或保护区外，则报告高频启动（GBQD），同时，进入振荡闭锁。为保证出口三相故障能正确计算阻抗以判别故障方向，该阻抗元件采用记忆，记忆时间为一周波，其方法是调用故障前一周波的电压数据进行计算。

（2）停信

若在正方向而且在保护区内故障，则驱动停信继电器（KHS），并报告高频距离保护停信（GBJLTX）。显然，停信条件是启动元件动作、正方向，且故障在停信元件的动作范围内。

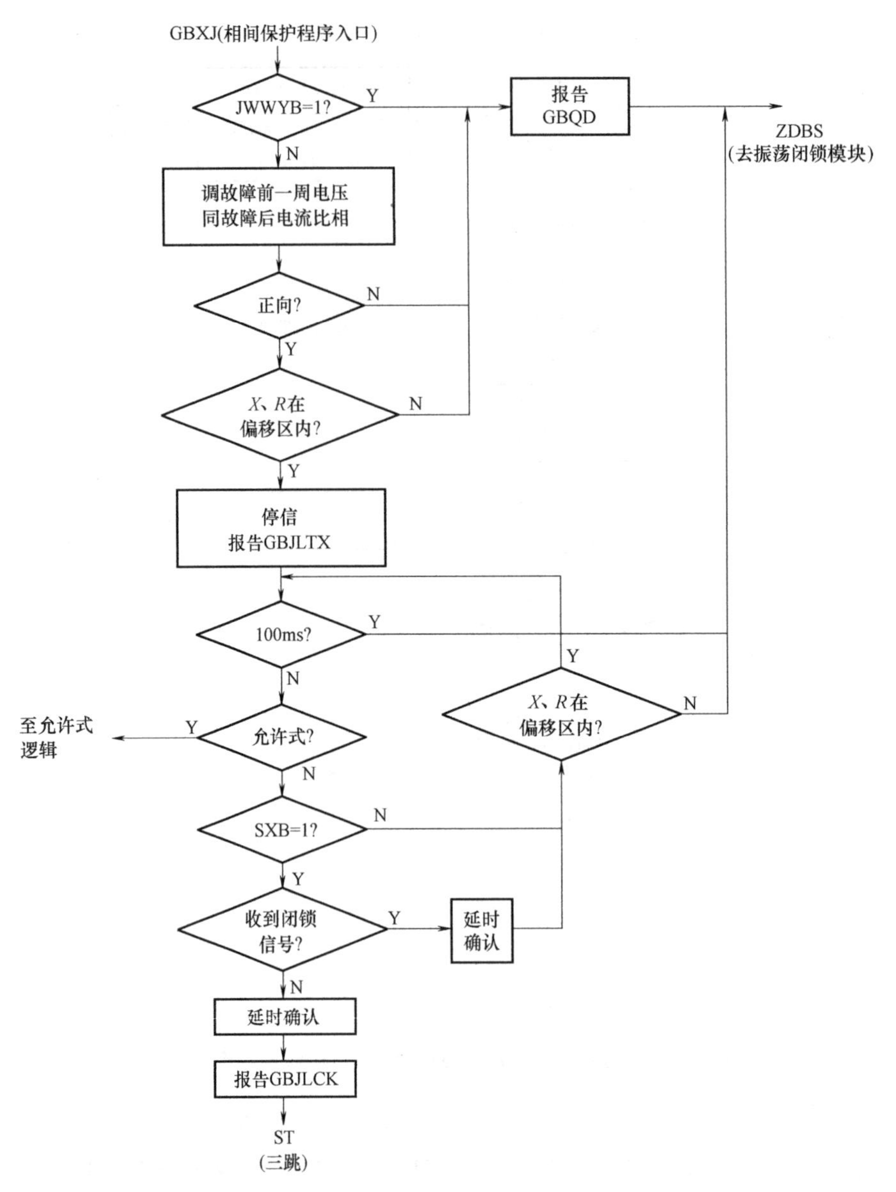

图 10-5 高频保护的故障处理程序（相间保护）流程图

（3）高频距离保护开放 100ms

停信后，高频距离保护开放 100ms。在 100ms 内，若满足出口条件：区内故障、SXB = 1，收不到对侧闭锁信号，则执行三相跳闸（三跳 ST）程序，并给出高频距离保护出口（GBJLCK）报告。在 100ms 内，或因收不到对侧闭锁信号（区外故障），或因 SXB = 0（从未收到高频信号或收到信号连续时间不到 5 ~ 7ms），或因故障不在阻抗元件动作范围之内等；保护未出口跳闸，则 100ms 后进入振荡闭锁程序，高频保护退出。

思考题与习题

10-1 微机继电保护装置有何特点和优点？

10-2 微机继电保护装置的硬件主要由哪几部分组成？各自承担什么功能？

10-3　微机继电保护装置的数字核心部件由哪些元件构成？作用如何？

10-4　简述微机保护 CPU 组合方案。

10-5　微机继电保护装置的模拟量输入（AI）接口主要由哪几部分构成？

10-6　微机继电保护装置的开关量输入（DI）及开关量输出（DO）接口如何构成？

10-7　简述微机保护中的数据采集系统。

10-8　模拟信号的采样序列如何表示？设输入相电压、相电流分别为 $u(t)=U_{m}\sin(\omega_1 t+\varphi_u)$，$i(t)=I_{m}\sin(\omega_1 t+\varphi_u-\theta)$，并已知每基频周期采样点数 $N=12$，$U_{m}=\frac{100\sqrt{2}}{\sqrt{3}}$V，$I_{m}=5\sqrt{2}$A，$\omega_1=100\pi$，$\varphi_u=\theta=\frac{\pi}{12}$，要求写出一个基频周期的采样值序列。

10-9　简述采样周期、采样频率及每基频周期采样点数的含义及其相互关系。

10-10　什么是采样定理？实用中如何选择采样频率？什么是数字式保护算法，它包含哪些基本内容？

10-11　前置模拟低通滤波器（ALF）有何作用？通常怎样实现？

10-12　设每基频周期采样点数 N，如何确定理想的前置模拟低通滤波器（ALF）的截止频率 f_c。若 $N=12$，则 f_s、T_s 及 f_c 各为多少？

10-13　设 $f_s=600$Hz，设计一个减法滤波器，要求滤掉直流分量及 2、4、6 等偶次谐波，写出其差分方程表达式。

10-14　采用二采样值积算法，利用题 10-8 得到的采样值序列，计算电压幅值、电流幅值、有功功率、无功功率、电阻及电抗。

10-15　采用微分方程算法，利用题 10-8 得到的采样值序列，计算电阻及电抗。

10-16　已知输入信号为 $u(t)=10\sin(\omega_1 t+\pi/6)$，每基频周期采样点数 $N=12$，列出一周期的采样序列，并用半周期绝对值积分法求出 U_m。

10-17　有一个积分滤波器，其滤波方程 $y(n)=\sum_{i=0}^{8}x(n-i)$，设每基频周期采样次数 $N=20$。试计算其响应时延 τ_c 及数据窗 D_w。

10-18　什么是系统的初始化？在什么时候进行系统的初始化？有哪些基本任务？

10-19　微机继电保护装置有哪些基本功能和要求？其主程序流程图、中断服务程序流程图和故障处理程序流程图如何构成？

10-20　简述电磁干扰对微机继电保护装置可靠性的影响。

10-21　简述微机继电保护抗干扰的具体措施。

10-22　简述微机继电保护采取抗干扰的软件对策。

本章学习要点

思考题与习题解答

附 录

附录A 常用文字符号

表A-1 设备、元件文字符号

序号	元件名称	文字符号	序号	元件名称	文字符号
1	发电机	G	31	复位与掉牌小母线	WR，WP
2	电动机	M	32	预报信号小母线	WFS
3	变压器	T	33	合闸绕组	YO
4	电抗器	L	34	跳闸绕组	YR
5	电流互感器，消弧线圈	TA	35	继电器	K
6	电压互感器	TV	36	电流继电器	KA
7	零序电流互感器	TAN	37	零序电流继电器	KAZ
8	电抗变换器（电抗变压器）	UX	38	负序电流继电器	KAN
9	电流变换器（中间变流器）	UA	39	正序电流继电器	KAP
10	电压变换器	UV	40	电压继电器	KV
11	整流器	U	41	零序电压继电器	KVZ
12	二极管、晶体管	V	42	负序电压继电器	KVN
13	断路器	QF	43	电源监视继电器	KVS
14	隔离开关	QS	44	绝缘监视继电器	KVI
15	负荷开关	QL	45	中间继电器	KM
16	灭磁开关	SD	46	信号继电器	KS
17	熔断器	FU	47	功率方向继电器	KW
18	避雷器	F	48	阻抗继电器	KR
19	连接片（切换片）	XB	49	差动继电器	KD
20	指示灯（光字牌）	HL	50	极化继电器	KP
21	红灯	HR	51	时间继电器，温度继电器	KT，KTE
22	绿灯	HG	52	干簧继电器	KRD
23	电铃	HA	53	热继电器	KH
24	蜂鸣器	HA	54	频率器	KF
25	控制开关	SA	55	冲击继电器	KSH
26	按钮	SB	56	启动继电器	KST
27	导线，母线，线路	W，WB，WL	57	出口继电器	KCO
28	信号回路电源小母线	WS	58	切换继电器	KCW
29	控制回路电源小母线	WC	59	闭锁继电器	KL
30	闪光电源小母线	WF	60	重动继电器	KCE

（续）

序号	元件名称	文字符号	序号	元件名称	文字符号
61	合闸位置继电器	KCC	70	停信继电器	KSS
62	跳闸位置继电器	KCT	71	收信继电器	KSR
63	防跳继电器	KFJ	72	气体继电器	KG
64	零序功率方向继电器	KWD	73	失磁继电器	KLM
65	负序功率方向继电器	KWH	74	固定继电器	KCX
66	加速继电器	KAC	75	匝间短路保护继电器	KZB
67	自动重合闸装置	AAR	76	接地继电器	KE
68	重合闸继电器	KRC	77	检查同频元件	KY
69	重合闸后加速继电器	KCP	78	合闸接触器	KO

表 A-2 物理量下脚标文字符号

文字符号	中文名称	文字符号	中文名称
exs	励磁涌流	op	动作
ph	额相	set	整定
N	额定	sen	灵敏
in	输入	unf	非故障
out	输出	unb	不平衡
max	最大	unc	非全相
min	最小	ac	精确
Loa 或 L	负荷	m	励磁
sat	饱和	err	误差
re	返回	p	保护、周期性
A，B，C	三相（一次侧）	d	差动
a，b，c	三相（二次侧）	np	非周期
qb	速断	s	系统或延时
res	制动	a	有功
rel	可靠	r	无功
f	故障	W	母线或工作
[0]	故障前瞬间	k	短路
TR	热脱扣器	0	中性线或零序
Σ 或 tot	总和	rem	残余
con	接线	oc	断路、开路

表 A-3 常用系数

K_{re}——返回系数	K_{TV}——电压互感器的电压比
K_{rel}——可靠系数	K_{st}——同型系数
K_{b}——分支系数	K_{np}——非周期分量系数
K_{sen}——灵敏系数	Δf_{s}——整定匝数相对误差系数
K_{ss}——自起动系数	K_{err}——10%误差系数
K_{TA}——电流互感器的电流比	K_{co}——配合系数
K_{res}——制动系数	K_{con}——接线系数

附录B　常用图形符号

序号	元　件	图　形	序号	元　件	图　形
1	过电流继电器	$I>$	14	电压互感器	
2	欠电压继电器	$U<$	15	负荷开关	
3	中间继电器（采用“快速继电器”线圈符号）		16	接触器（延时断开的常开触点）	
4	信号继电器（采用“机械保持继电器”线圈和“非自动复位”触点符号）		17	差动继电器	I_d
5	瓦斯继电器		18	时间继电器（延时闭合的动合触点）	
6	电铃		19	手动开关	
7	蜂鸣器		20	断路器	
8	报警器		21	延时断开的常开触点（瞬时闭合，延时断开的常开触点）	
9	按钮（常开按钮或常闭按钮）	或	22	热敏开关的常闭触点	
10	（1）连接片 （2）切换片	(1) (2)	23	带时限的电磁继电器线圈 （1）缓慢吸合线圈 （2）缓慢释放线圈	(1)　(2)
11	指示灯（信号灯）		24	机械保持继电器线圈	
12	熔断器		25	快速继电器线圈	
13	电流互感器		26	极化继电器线圈	

附录C 常用继电器的技术数据

表 C-1 DL-20（30）系列电流继电器的技术数据

型号	整定电流范围/A	线圈串联		线圈并联		动作时间	返回系数	最小整定电流时功率消耗/V·A	备注
		动作电流/A	长期允许电流/A	动作电流/A	长期允许电流/A				
DL-21C 31 DL-22C 32 DL-23C 33 DL-24C 34 DL-25C 35	0.125~0.05	0.0125~0.025	0.08	0.025~0.05	0.16	当1.2倍整定电流时不大于0.15s，当3倍整定电流时不大于0.03s	0.8	0.4	DL-21C型有一对常开触点；DL-22C型有一对常闭触点；DL-23C型常开、常闭触点各有一对；DL-24C型有两对常开触点；DL-25C型有两对常闭触点
	0.05~0.2	0.05~0.1	0.3	0.1~0.2	0.6			0.5	
	0.15~0.6	0.15~0.3	1	0.3~0.6	2			0.5	
	0.5~2	0.5~1	4	1~2	8			0.5	
	1.5~6	1.5~3	6	3~6	12			0.55	
	2.5~10	2.5~5	10	5~10	20			0.85	
	5~20	5~10	15	10~20	30			1	
	12.5~50	12.5~25	20	25~50	40			2.8	
	25~100	25~50	20	50~100	40			7.5	
	50~200	50~100	20	100~200	40		0.7	32	

注：1. 此系列继电器可以取代DL-10系列，用于电机、变压器、线路的过负荷及短路保护，作为启动元件。

2. 动作电流误差不大于±6%。

3. 触点开断容量：当不超过250V、2A时，在直流回路中不超过50W，在交流回路中不超过250V·A。

表 C-2 DY、LY系列电压继电器的技术数据

型号	特性	整定电压范围/V	线圈并联		线圈串联		动作时间/s	最小整定电压时功率消耗/V·A	备注
			动作电压/V	长期允许电压/V	动作电压/V	长期允许电压/V			
DY-21C~25C	过电压继电器	15~60 50~200 100~400	15~30 50~100 100~200	35 110 220	30~60 100~200 200~400	70 220 440	$1.2U_{set}$时0.15；$3U_{set}$时0.03	1	DY-21C、25C、LY-32为一对常开触点；DY-24C、29C、LY-37为两对常开触点；DY-22C、LY-31、34为一对常闭触点；LY-36、26C为两对常闭触点；其他为一组或两组转换触点
DY-30/60C		15~60	15~30	110	3~60			2.5	
LY-1A LY-21		6~12 60~200	3~6 60~100	100 110	6~12 100~200	100 200	$3U_{set}$时0.01；$1.1U_{set}$时0.12	10 1.5	
DY-26C 28C、29C	低电压继电器	12~48 40~160 80~320	12~24 40~80 80~160	35 110 220	24~48 80~160 160~320	70 220 440	$0.5U_{set}$时0.15	1	
LY-22		40~160	40~80	110	80~160	220	$0.7U_{set}$时0.02	1.5	
LY-31~37		15~60 40~160 80~320	15~30 40~80 80~160	110 110 220	30~60 80~160 160~320	220 220 440	$0.5U_{set}$时0.15	1	

注：1. 过电压继电器的返回系数不小于0.8，低电压继电器的返回系数不大于1.25。

2. 触点断开容量与DL-21（30）相同。

表C-3　短路线圈接入不同匝数比所对应的动作磁通势

短路线圈整定板上插孔位置	A_2—A_1，B_2—B_1 C_2—C_1，D_2—D_1	B_2—C_1	A_2—B_1	B_2—D_1
N''_k/N'_k	2	$\frac{16}{16}=1$	$\frac{6}{8}=0.75$	$\frac{16}{28}=0.57$
动作磁通势/安匝	60	80	100	120

附录D　短路保护的最小灵敏系数

<table>
<tr><th>保护分类</th><th>保护类型</th><th colspan="2">组成元件</th><th>灵敏系数</th><th>备注</th></tr>
<tr><td rowspan="19">主保护</td><td rowspan="2">带方向和不带方向的电流保护或电压保护</td><td colspan="2">电流元件和电压元件</td><td>1.3~1.5</td><td>200km以上线路，不小于1.3；50~200km线路，不小于1.4；50km以下线路不小于1.5</td></tr>
<tr><td colspan="2">零序或负序方向元件</td><td>2.0</td><td>—</td></tr>
<tr><td rowspan="3">距离保护</td><td rowspan="2">启动元件</td><td>负序和零序增量或负序分量元件</td><td>4</td><td>距离保护第Ⅲ段动作区末端故障大于2</td></tr>
<tr><td>电流和阻抗元件</td><td>1.5</td><td rowspan="2">线路末端短路电流应为阻抗元件精确工作电流两倍以上，200km以上线路，不小于1.3；50~200km线路，不小于1.4；50km以下线路，不小于1.5</td></tr>
<tr><td colspan="2">距离元件</td><td>1.3~1.5</td></tr>
<tr><td rowspan="4">平行线路的横联差动方向保护和电流平衡保护</td><td colspan="2" rowspan="2">电流和电压启动元件</td><td>2.0</td><td>线路两侧均为未断开前，其中一侧保护按线路中点短路计算</td></tr>
<tr><td>1.5</td><td>线路一侧断开后，另一侧保护按对侧短路计算</td></tr>
<tr><td colspan="2" rowspan="2">零序方向元件</td><td>4.0</td><td>线路两侧均未断开前，其中一侧保护按线路中点短路计算</td></tr>
<tr><td>2.5</td><td>线路一侧断开后，另一侧保护按对侧短路计算</td></tr>
<tr><td rowspan="3">方向比较式纵联差动保护</td><td colspan="2">跳闸回路中的方向元件</td><td>3.0</td><td>—</td></tr>
<tr><td colspan="2">跳闸回路中的电流和电压元件</td><td>2.0</td><td>—</td></tr>
<tr><td colspan="2">跳闸回路中的阻抗元件</td><td>1.5</td><td>个别情况下为1.3</td></tr>
<tr><td rowspan="2">相位比较式纵联差动保护</td><td colspan="2">跳闸回路中的电流和电压元件</td><td>2.0</td><td>—</td></tr>
<tr><td colspan="2">跳闸回路中的阻抗元件</td><td>1.5</td><td>—</td></tr>
<tr><td>发电机、变压器、线路和电动机纵差保护</td><td colspan="2">差电流元件</td><td>2.0</td><td>—</td></tr>
<tr><td>母线的完全电流差动保护</td><td colspan="2">差电流元件</td><td>2.0</td><td>—</td></tr>
</table>

（续）

保护分类	保护类型	组成元件	灵敏系数	备注
主保护	母线的不完全电流差动保护	差电流元件	1.5	—
	发电机、变压器、线路和电动机的电流速断保护	电流元件	2.0	按保护安装处短路计算
后备保护	远后备保护	电流、电压和阻抗元件	1.2	按相邻电力设备和线路末端短路计算（短路电流应为阻抗元件精确工作电流两倍以上），可考虑相继动作
		零序或负序方向元件	1.5	
	近后备保护	电流、电压和阻抗元件	1.3	按线路末端短路计算
		负序或零序方向元件	2.0	
辅助保护	电流速断保护	—	1.2	按正常运行方式保护安装处短路计算

注：1. 主保护的灵敏系数除表中注出者以外，均按保护区末端短路计算。

2. 保护装置如反映故障时增长的量，其灵敏系数为金属性短路计算值与保护整定值之比；如反映故障时减少的量，则为保护整定值与金属性短路计算值之比。

3. 各种类型的保护中，接于全电流和全电压的方向元件的灵敏系数不做规定。

4. 本表未包括的其他类型的保护，灵敏系数另做规定。

参考文献

[1] 刘学军，孙玉梅，王美春. 电力系统继电保护学习指导［M］. 北京：中国电力出版社，2016.

[2] 贺家李，李永丽，董新洲，等. 电力系统继电保护原理［M］. 5版. 北京：中国电力出版社，2018.

[3] 邵能灵，范春菊，胡炎. 现代电力系统继电保护原理［M］. 北京：中国电力出版社，2012.

[4] 杨奇逊，黄少锋. 微型机继电保护基础［M］. 4版. 北京：中国电力出版社，2013.

[5] 张宝会，尹项根. 电力系统继电保护［M］. 北京：中国电力出版社，2022.

[6] 黄少锋. 电力系统继电保护［M］. 北京：中国电力出版社，2015.

[7] 高亮. 电力系统微机继电保护［M］. 3版. 北京：中国电力出版社，2020.

[8] 张保会，潘贞存. 电力系统继电保护习题集［M］. 北京：中国电力出版社，2008.

[9] 焦彦军. 电力系统继电保护原理［M］. 北京：中国电力出版社，2017.

[10] 苏文博，李鹏博，张高峰. 继电保护事故处理技术与实例［M］. 北京：中国电力出版社，2002.

[11] 田友文，孙国恺. 电力网继电保护原理［M］. 2版. 北京：中国电力出版社，2020.

[12] 韩笑. 电力系统继电保护综合设计与训练［M］. 北京：中国电力出版社，2018.

[13] 霍利民，葛丽娟，吕佳. 电力系统继电保护［M］. 2版. 北京：中国电力出版社，2013.

[14] 何永华. 发电厂及变电所的二次回路［M］. 2版. 北京：中国电力出版社，2012.

[15] 刘学军，段慧达，辛涛. 继电保护原理［M］. 3版. 北京：中国电力出版社，2012.

[16] 邵玉槐，秦文萍，贾燕冰. 电力系统继电保护原理［M］. 3版. 北京：中国电力出版社，2018.

[17] 刘晓军. 电力系统继电保护原理辅导训练［M］. 北京：中国电力出版社，2014.

[18] 江苏省电力公司. 电力系统继电保护原理与实用技术［M］. 北京：中国电力出版社，2006.

[19] 高春如. 大型发电机组继电保护整定计算与运行技术［M］. 2版. 北京：中国电力出版社，2020.

[20] 李晶，路文梅. 电力系统继电保护［M］. 北京：中国电力出版社，2018.

[21] 王丽君. 电力系统继电保护［M］. 3版. 北京：中国电力出版社，2022.

[22] 朱声石. 高压电网继电保护原理与技术［M］. 北京：中国电力出版社，2005.

[23] 国家电力调度通信中心. 国家电网公司继电保护培训教材：上册［M］. 北京：中国电力出版社，2009.

[24] 国家电力调度通信中心. 国家电网公司继电保护培训教材：下册［M］. 北京：中国电力出版社，2009.

[25] 刘学军. 继电保护原理学习指导［M］. 2版. 北京：中国电力出版社，2020.

[26] 北京清大华康电子技术有限责任公司. MPS4000-260B微机电动机差动保护装置技术及使用说明书［Z］. 2006.

[27] 北京清大华康电子技术有限责任公司. MPS4000-270B微机电动机保护装置技术及使用说明书［Z］. 2006.